中 国 国 家 标 准 汇 编

403

GB 22708～22737

（2008 年制定）

中国标准出版社　编

中 国 标 准 出 版 社

北　京

图书在版编目（CIP）数据

中国国家标准汇编：2008年制定．403：GB 22708～22737/中国标准出版社编．—北京：中国标准出版社，2009

ISBN 978-7-5066-5371-8

Ⅰ．中… Ⅱ．中… Ⅲ．国家标准-汇编-中国-2008
Ⅳ．T-652.1

中国版本图书馆CIP数据核字（2009）第102298号

中国标准出版社出版发行
北京复兴门外三里河北街16号
邮政编码：100045

网址 www.spc.net.cn
电话：68523946 68517548
中国标准出版社秦皇岛印刷厂印刷
各地新华书店经销
*
开本 880×1230 1/16 印张 38.25 字数 1 152 千字
2009年8月第一版 2009年8月第一次印刷
*
定价 200.00 元

ISBN 978-7-5066-5371-8

9 787506 653718 >

出　版　说　明

1.《中国国家标准汇编》是一部大型综合性国家标准全集。自 1983 年起，按国家标准顺序号以精装本、平装本两种装帧形式陆续分册汇编出版。它在一定程度上反映了我国建国以来标准化事业发展的基本情况和主要成就，是各级标准化管理机构，工矿企事业单位，农林牧副渔系统，科研、设计、教学等部门必不可少的工具书。

2.《中国国家标准汇编》收入我国每年正式发布的全部国家标准，分为"制定"卷和"修订"卷两种编辑版本。

"制定"卷收入上一年度我国发布的、新制定的国家标准，顺延前年度标准编号分成若干分册，封面和书脊上注明"20××年制定"字样及分册号，分册号一直连续。各分册中的标准是按照标准编号顺序连续排列的，如有标准顺序号缺号的，除特殊情况注明外，暂为空号。

"修订"卷收入上一年度我国发布的、被修订的国家标准，视篇幅分设若干分册，但与"制定"卷分册号无关联，仅在封面和书脊上注明"20××年修订-1，-2，-3，……"字样。"修订"卷各分册中的标准，仍按标准编号顺序排列(但不连续)；如有遗漏的，均在当年最后一分册中补齐。需提请读者注意的是，个别非顺延前年度标准编号的新制定的国家标准没有收入在"制定"卷中，而是收入在"修订"卷中。

读者配套购买《中国国家标准汇编》"制定"卷和"修订"卷则可收齐上一年度我国制定和修订的全部国家标准。

3. 由于读者需求的变化，自 1996 年起，《中国国家标准汇编》仅出版精装本。

4. 2008 年我国制修订国家标准共 5946 项。本分册为"2008 年制定"卷第 403 分册，收入国家标准 GB 22708～22737 的最新版本。

中国标准出版社

2009 年 5 月

目　　录

ICS 29.080.10
K 48

中华人民共和国国家标准

GB/T 22708—2008

绝缘子串元件的热机和机械性能试验

Thermal-mechanical performance test and mechanical performance test on string insulator units

(IEC/TR 60575:1977,MOD)

2008-12-30 发布　　2009-10-01 实施

中华人民共和国国家质量监督检验检疫总局
中国国家标准化管理委员会　发布

前　言

本标准修改采用 IEC/TR 60575:1977《绝缘子串元件的热机和机械性能试验》(第一版)。

本标准根据 IEC/TR 60575:1977 重新起草。为了方便比较,在资料性附录 B 中列出了本标准条款与 IEC/TR 60575:1977 条款的对照一览表。

考虑到我国国情,在采用 IEC/TR 60575:1977 时,本标准做了一些修改。这些技术性差异用垂直单线标识在它们所涉及的条款页边空白处。在附录 C 中给出了这些技术差异及其原因的一览表以供参考。

为了便于使用,本标准还做了下列编辑性修改:

a) “本报告”一词改为“本标准”;

b) 删除 IEC/TR 60575:1977 的前言及目的,将目的中的注并入范围;

c) 增加了“规范性引用文件”和“术语和定义”两章。

本标准的附录 A、附录 B、附录 C 均为资料性附录。

本标准由中国电器工业协会提出。

本标准由全国绝缘子标准化技术委员会(SAC/TC 80)归口。

本标准起草单位:国家绝缘子避雷器质量监督检验中心、西安电瓷研究所、陕西省电力公司、辽宁省电力公司。

本标准主要起草人:危鹏、姚君瑞、云涛、胡文岐、陈刚。

本标准为首次发布。

绝缘子串元件的热机和机械性能试验

1 范围

本标准规定了标称电压高于1 000 V的交流和直流架空线路用的具有瓷或玻璃绝缘件的绝缘子串元件的热机和机械性能试验方法。

本标准也适用于变电站中具有类似结构的绝缘子。

注1：本标准适用于盘形悬式绝缘子串元件以及长棒形绝缘子串元件。

注2：热机性能试验建议作为主要试验。而机械性能试验作为次要的附加试验，并仅用于抽查试验，是否需要进行及试品数量由供需双方协商。

2 规范性引用文件

下列文件中的条款通过本标准的引用而成为本标准的条款。凡是注日期的引用文件，其随后所有的修改单(不包括勘误的内容)或修订版均不适用于本标准，然而，鼓励根据本标准达成协议的各方研究是否可使用这些文件的最新版本。凡是不注日期的引用文件，其最新版本适用于本标准。

GB/T 1001.1—2003 标称电压高于1 000 V的架空线路绝缘子 第1部分：交流系统用瓷或玻璃绝缘子元件 定义、试验方法和判定准则(IEC 60383-1:1993,MOD)

GB/T 2900.8 电工术语 绝缘子(GB/T 2900.8—1995,eqv IEC 60050-471:1984)

3 术语和定义

GB/T 2900.8确立的术语和定义适用于本标准。

4 热机性能试验

4.1 试品安装

试品应在经逐个试验合格后的产品中抽取。

试品在试验过程中应受拉伸负荷，试品可以串联或并联在试验机上，当并联时，每只试品应承受相等的拉伸负荷。

4.2 试验程序

4.2.1 循环试验

绝缘子元件应承受四个24 h冷却和加热循环，并同时施加拉伸负荷，该负荷的大小保持在所规定的机电或机械破坏负荷的(60～65)%之间。每个24 h循环中，首先应将其冷却到−30 ℃±5 ℃(或−40 ℃±5 ℃)，然后将其加热到+40 ℃±5 ℃。应控制冷却和加热循环的温度偏差，以保证记录的冷却和加热温度之间的最小温差为70 K(或80 K)。在温度循环中最高温度和最低温度至少均应连续保持4 h。

开始第一次冷热循环之前，应在室温下在绝缘子上施加拉伸负荷。在每次加热期终结时，完全卸除该拉伸负荷，并再重新施加，但最后一次热循环除外。在第四次24 h循环之后，将其冷却到室温，除去拉伸负荷。该试验程序用图示法表示见图1。

注：低温是否采用−40 ℃±5 ℃由供需双方协议，当低温采用−40 ℃±5 ℃时，最小温差为80 K。

4.2.2 破坏试验

循环试验结束后，应在从绝缘子元件上卸除拉伸负荷的同一天，对绝缘子元件进行机电或机械破坏负荷试验，以确定绝缘子元件的性能。机电或机械破坏负荷试验应按GB/T 1001.1—2003所规定的方法进行。

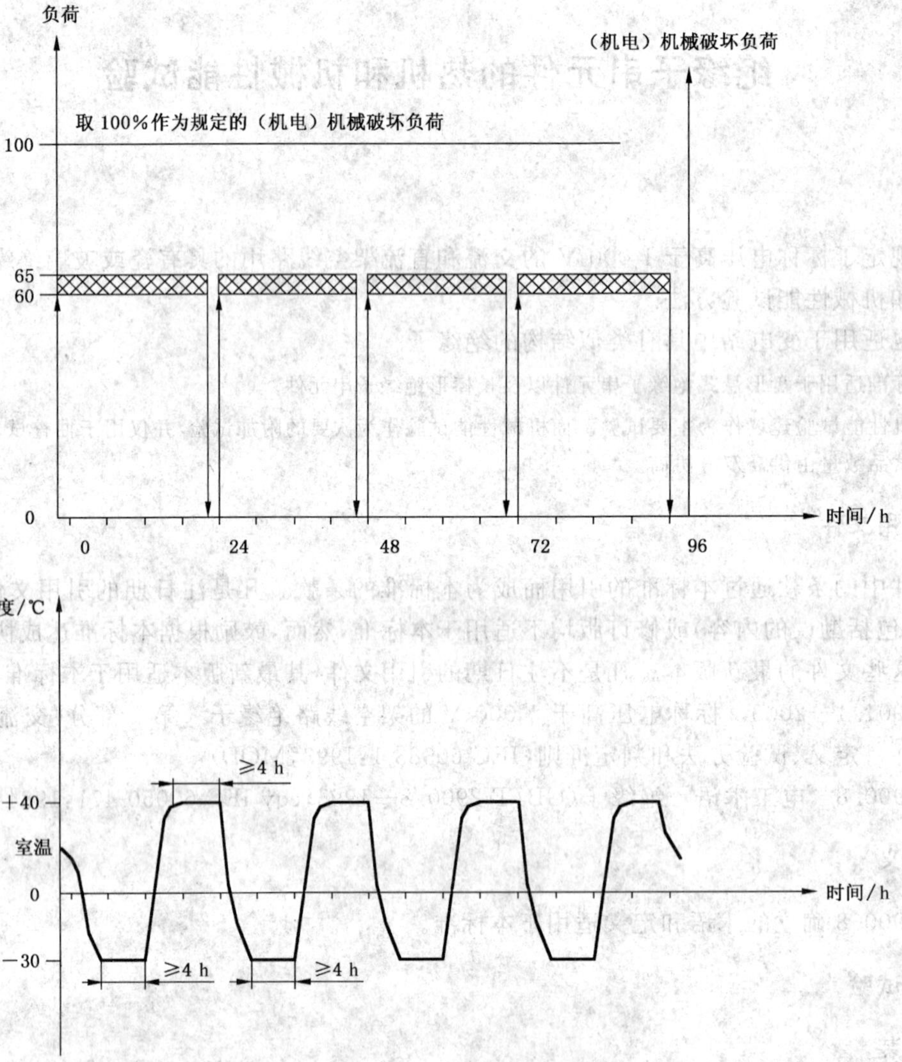

图 1 热机性能试验图示

4.3 结果判定

在循环期间中，有任何一个绝缘子损坏，则不符合本标准。

在本标准 4.2.2 中得到的破坏负荷值和破坏情况，应符合 GB/T 1001.1—2003 的 20.4 中型式试验判定程序的规定。

把按 GB/T 1001.1—2003 进行机电或机械破坏负荷试验得到的破坏负荷值和破坏情况，与按这里所规定的热机性能试验的最后阶段所进行的相同试验所得到的破坏负荷值和破坏情况相比较，以提供绝缘子元件性能的更多信息。

注 1：热机性能试验关系到与内部应力有关的绝缘子的基本结构。仅外形不同，即绝缘件的伞盘或金属附件的连接端不同者，可不再重复此试验。当内部结构或制造过程改变时，必须重新试验。

注 2：当破坏发生在金属附件，如铁帽的窝或 U 形槽，或绝缘子脚部位的时候，本试验不能提供关于内部应力区域方面的情况。只有采用适当加强的金属附件，使得破坏发生在绝缘子内部应力区域时，才可能研究绝缘子的基本结构。必须防止由于金属附件的加强而影响基本应力的分布。

注 3：可拆卸的连接件，例如长棒形绝缘子所用的，不属于此机械试验的范围，因为它们不是绝缘子内部结构的一部分(参见上述注 2)。

注 4：如果希望不改变试验循环而且能随时发现绝缘件的机械破坏(击穿)，可以在试验过程中对绝缘子元件(仅对 B 型元件)施加电压。

5 机械性能试验

5.1 试品安装

试品应在经逐个试验合格后的产品中抽取。

试品在试验过程中应受拉伸负荷,试品可以串联或并联在试验机上。当并联时,每只试品应承受相等的拉伸负荷。

5.2 试验程序

5.2.1 循环试验

对绝缘子元件施加拉伸负荷,该负荷的大小应在所规定的机电或机械破坏负荷的(60～65)%之间。该拉伸负荷达到规定值后应立即卸除,并连续4次此过程,也可以对施加负荷次数另做规定。

注:拉伸负荷连续卸除多于4次,试验将更为有效。

5.2.2 破坏试验

在施加和卸除负荷循环试验结束的同一天,对绝缘子元件进行机电或机械破坏负荷试验,以确定绝缘子元件的性能。机电或机械破坏负荷试验应按GB/T 1001.1—2003所规定的方法进行。

5.3 结果判定

在循环期间中,有任何一个绝缘子损坏,则不符合本标准。

在本标准5.2.2中得到的破坏负荷值和破坏情况,应符合GB/T 1001.1—2003的20.4中型式试验判定程序的规定。

把按GB/T 1001.1—2003进行机电或机械破坏负荷试验得到的破坏负荷值和破坏情况,与按这里所规定的机械性能试验的最后阶段所进行的相同试验所得到的破坏负荷值和破坏情况相比较,以提供绝缘子元件性能的更多信息。

注1:当破坏发生在金属附件,如铁帽的窝或U形槽,或绝缘子脚部位的时候,本试验不能提供关于内部应力区域方面的情况。只有采用适当加强的金属附件,使得破坏发生在绝缘子内部应力区域时,才可能研究绝缘子的基本结构。必须防止由于金属附件的加强而影响基本应力的分布。

注2:如果希望不改变试验循环而且能随时发现绝缘件的机械破坏(击穿),可以在试验过程中对绝缘子元件(仅对B型元件)施加电压。

注3:这种机械性能试验只有在出现严重制造缺陷的情况下才比通常的机电或机械破坏负荷试验更有效。

附 录 A
（资料性附录）
IEC/TR 60575:1977 附录 A 原文

A.1 背景

应该注意，从机械的观点来看，IEC 出版物 383 没有包含检验绝缘子在负荷变化和温度变化情况下的性能的任何试验。由于缺乏这种类型的试验，尽管绝缘子串元件可以满足 IEC 在该出版物中推荐的所有型式试验、抽查试验和逐个试验，但还是不能耐受住在运行中发生的负荷和温度变化。

上述情况，以及在运行中具有显著劣化率的不良绝缘子的性能就是各个国家进行种种试验的背景，并希望以一种标准形式来表示长时间试验或性能试验。现在由本报告提出的试验条文可作为不同国家试验实践的一个折衷方案。但是正如由 A.2 条所看到的，这个方案本身还不够完善。

A.2 绝缘子力学

在考虑性能试验方法时，懂得绝缘子串的力学是重要的。因此，对这个题目要作一简短的论述。

A.2.1 盘形悬式绝缘子

图 A.1 示出盘形悬式绝缘子的主要结构。在这种绝缘子中有三种不同的材料，按金属—胶合剂—绝缘材料—胶合剂—金属的顺序组合在一起。

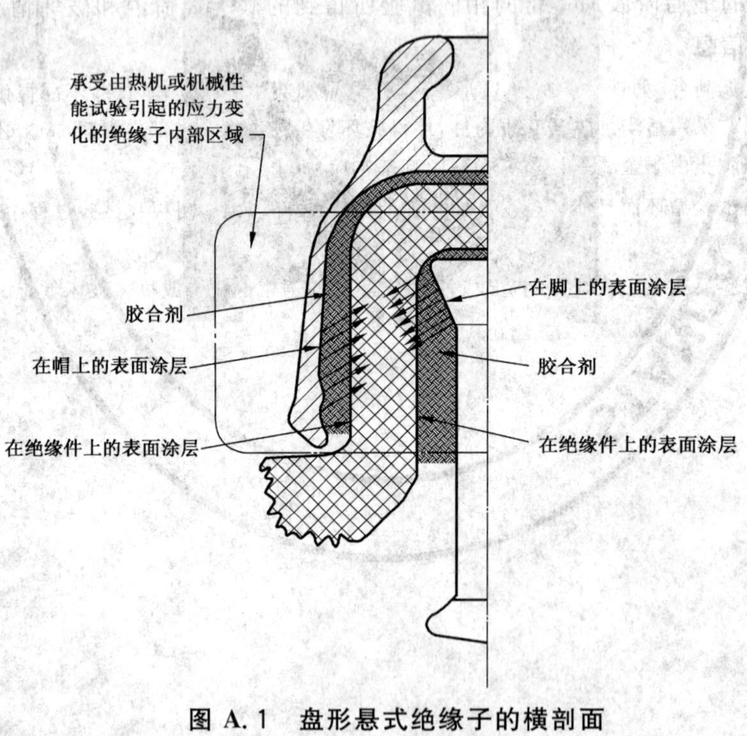

图 A.1 盘形悬式绝缘子的横剖面

金属材料比胶合剂及绝缘材料（如玻璃和瓷）具有较大的或大得多的热膨胀系数，为了避免大的热应力，金属附件和绝缘件彼此之间必须是可移动的。因此，在外部拉伸负荷下的帽应起些弹性缓冲作用，且应可以沿邻接胶合剂的倾斜表面上下移动。脚也应起到同样的作用。

在正常情况下，绝缘件的头部承受近于纯粹的压力。这种力是通过帽和脚的几何形状产生，并由胶合剂传递的。瓷和玻璃在压应力下是很坚固的材料。但是在拉应力或剪应力下它们就不那么坚固了。

一个极小的帽的角度 α（见图 A.2）可能造成帽的楔住变形，因此当负荷降低时，留下不希望有的残余应力。这个残余应力可随时间逐渐增加。另一方面，一个大的帽的角度 α 虽有利于复原的移动，但是可产生一个过大的剪切应力。类似的论点原则上也适用于脚。因此，帽的平面角和脚的反作用表面对绝缘子元件的持久能力来说是很重要的。

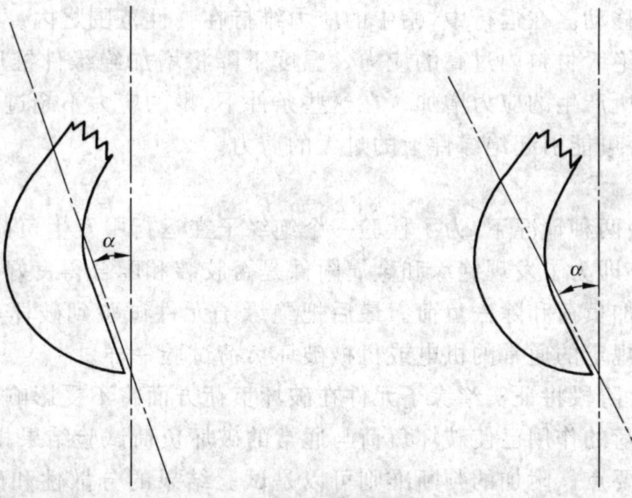

图 A.2　帽的角度

在帽发生楔住变形的情况下，温度下降可以在绝缘件的头部引起更大的压力，以产生附加的应力使得由于楔住而早已存在的那些不希望有的应力加大。当脚楔住的情况下，出现相反的关系，即当温度升高时脚膨胀而产生附加应力。

A.2.2　长棒形绝缘子

图 A.3 表示了长棒形绝缘子的主要内部结构。这种绝缘子只有一个材料顺序：绝缘材料—胶合剂—金属。

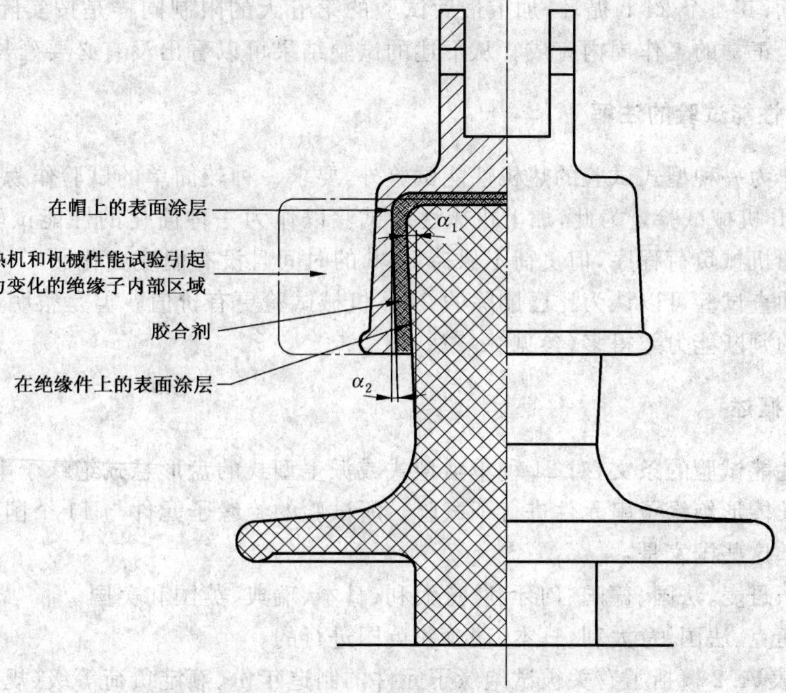

图 A.3　长棒形绝缘子横剖面

金属材料比所用的大部分胶合剂或绝缘材料(如瓷)具有较大的热膨胀系数。为了避免绝缘子在负荷作用下温度化时产生不希望有的应力，绝缘子结构上要考虑到这点。

帽的角度和绝缘件锥度(图 A.3 中的 α_1 和 α_2)的正确选择是很重要的,这些角度宜在 4°～12°范围内,通常为 8°。在这样的角度下,当逐个机械试验(通常为最小破坏负荷的 80%)后,帽不能回到它原来的状态,而在绝缘件的锥形端仍处于紧张状态。温度弯化引起的热膨胀和运行中负荷的变化都不会引起绝缘件在帽中的进一步移动。在运行中,帽中的应力维持在弹性范围之内。

过分小的角度能引起绝缘材料内过高的应力。温度下降将增加绝缘件锥形端的压力,因而使在逐个试验时由于最初的位移所产生的应力增加。在这些条件下,帽的应力不超过弹性极限。

另一方面,很大的角度可能引起绝缘件上的过大的剪力。

A.2.3 试验程序

在 A.2.1 和 A.2.2.2 两种情况下,为了检验一个绝缘子在运行中发生负荷变化和温度变化的情况下是否具有满意的性能,亦即为了发现绝缘和金属附件是否胶装和配合得良好,这一性能的型式试验应包括在温度变化的同时施加负荷和除去负荷。最后把绝缘子元件试验到破坏,破坏试验的方法与 IEC 出版物 383 第 26 或 27 章规定的通常的机电或机械破坏负荷试验一样。

此时,这种试验的最后阶段将证实绝缘子元件在破坏负荷方面将不受影响,或是上述的在温度变化的同时施加负荷和除去负荷的作用已使破坏负荷与通常的破坏负荷试验结果相比有明显的降低。这将是判断性能试验结果的主要点。附加的判断准则可以是试验结果的分散性和破坏情况。总之,这样的性能试验结果判断应与通常的机电或机械破坏负荷试验全面地进行比较(参见 A.6)。

注:参见 4.3 条注 2,给出金属件破坏的有关信息还不可能发现绝缘子内部性能的变化。

A.3 关于热机性能试验的注解

为了不超过一些帽和脚材料在正常情况下,即当绝缘子元件正常运行时的屈服点应力,其在 4 个冷却和加热的 24 h 循环期间施加的试验负荷被限定为规定机电或机械坏破坏负荷的 60%。

对于温度循环,必须指出,其在每个 24 h 期间的冷却和加热循环是按实际情况选择的。如果实际情况需要的话,冷却可以在白天人工地进行。

还应该注意,其 4 个 24 h 循环,加上最后试验的第五天的限制同样是按实际情况规定的。因此整个试验将在一个正常的工作周内完成。从下述的试验结果可以看出没有必要延长试验时间。

A.4 关于机械性能试验的注解

除了规定作为一种型式试验的热机性能试验外,要求一种较简单的试验作为抽查试验,以代替几年前已删除的 24 h 机械试验。为此,加上机械性能试验以作为一种简化的性能试验,它包括了与热机性能试验中同样的机械负荷程序,但负荷不保持 24 h 的时间且没有温度变化。

这样一种抽查试验可以认为比已删除的 24 h 机械试验更有价值。但是很明显,其机械性能试验比热机性能试验的判断能力差得多(参见 A.5)。

A.5 试验结果概述

严格地按性能试验的条文,对 21 种单独型式或派生型式的盘形悬式绝缘子串元件及 9 种单独型式或派生型式的长棒形绝缘子串元件进行了试验。所试验的绝缘子元件与 11 个国家中的 16 个或更多的制造厂有关系。这些国家是:

中国、捷克、丹麦、法国、德国、匈牙利、意大利、日本、瑞典、英国和美国。

试验是在捷克、法国、意大利、日本、瑞典和英国进行的。

表 A.1 和表 A.2 概括了有关被试绝缘子元件的制造年份、额定负荷等级(规定的破坏负荷)和其他细节。

关于所用的标志代号,应该注意,盘形悬式绝缘子元件以“CP”和从 1～21 的各种型式的编号来表示。同样,长棒形绝缘子元件以“LR”和从 1～9 的各种型式的编号来表示。

表 A.1 被试盘形悬式绝缘子串元件的特点

绝缘子串元件型式(标志代号)	制造年限	额定机电或机械破坏负荷(相当于)	备 注
CP1	1938 1949 和 1950	7 500 kgf	由于串中元件有电气缺陷,1977 年从 220 kV 输电线路上取下的元件
CP2	1940 和 1948	7 500 kgf	在仓库中保存直到 1971 年试验的元件
CP3	1946 1947 和 1950	6 800 kgf (1 500 lb)	在 70 kV 输电线路上运行 17 年后为供第二工作组(WG2)试验而取下的元件
CP4	1950	12 000 kgf	1968 或 1969 年从输电线路上取下的元件,没有收到进一步的资料
CP5	1950 和 1951	9 000 kgf	在 220 kV 输电线路上运行 17 年后为第二工作组试验而取下的元件(CP5A),其余元件在仓库中从 1951 年保存到 1971 年试验(CP5B)
CP6	1960	10 000 kgf (100 kN)	在 400 kV 输电线路上运行 9 年后,为第二工作组试验而取下的元件
CP7	1962	7 500 kgf	在仓库中保存到 1971 年第二工作组试验的元件
CP8	1964 和 1965	19 000 kgf (42 000 lb)	在运行 5 年后为第二工作组试验而取下的元件
CP9	1965	19 000 kgf (42 000 lb)	在运行 5 年后为第二工作组试验而取下的元件
CP10	1966	6 800 kgf (15 000 lb)	由工厂或仓库提供第二工作组试验的元件
CP11	1970	8 200 kgf (18 000 lb)	由工厂或仓库提供第二工作组试验的元件
CP12	1970	11 300 kgf (25 000 lb)	由工厂或仓库提供第二工作组试验的元件
CP13	1970	11 300 kgf (25 000 lb)	从制造厂买来供第二工作组试验的元件
CP14	1970	21 000 kgf	从 1970 年交货的一批中随机抽取的元件
CP15	1971	7 000 kgf	由制造厂提供作型式试验的元件
CP16	1971	11 300 kgf (25 000 lb)	由制造厂提供第二工作组试验的元件
CP17	1971	6 400 kgf	由制造厂提供作型式试验的元件
CP18	1971	12 000 kgf	由制造厂提供第二工作组试验的元件
CP19	1971	12 000 kgf	由制造厂提供第二工作组试验的元件
CP20	1970	8 000 kgf	由制造厂提供第二工作组试验的元件
CP21	1952	8 000 kgf	运行 15 年后为第二工作组试验而取下的元件

表 A.2　被试的长棒形绝缘子串元件的特点

绝缘子串元件型式（标志代号）	制造年限	额定机械破坏负荷（kgf）	备　　注
LR1	1970	10 000	由制造厂提供第二工作组试验的元件，逐个试验负荷 8 000 kgf
LR2	1970 和 1971	10 000	由制造厂提供第二工作组试验的元件，逐个试验负荷 8 000 kgf
LR3	1970	15 000	由制造厂提供第二工作组试验的元件，逐个试验负荷 12 000 kgf
LR4	1970	15 000	由制造厂提供第二工作组试验的元件，逐个试验负荷 12 000 kgf
LR5	1970	15 000	由制造厂提供第二工作组试验的元件，逐个试验负荷 12 000 kgf
LR6	1970 和 1971	15 000	由制造厂提供第二工作组试验的元件，逐个试验负荷 12 000 kgf
LR7	1971	13 000	从制造厂买来供第二工作组试验的元件，逐个试验负荷 13 000 kgf
LR8	1971	10 000	制造厂提供第二工作组试验的元件，逐个试验负荷 4 000 kgf
LR9	1971	16 500	制造厂提供第二工作组试验的元件，逐个试验负荷 6 600 kgf

每一试验，即热机性能试验、机械性能试验和通常的机电或机械破坏负荷试验，各自使用的样品数为 9～14 个元件。表 A.3 和表 A.4 摘要示出了所得到的破坏负荷值，并注明了破坏情况。在这些摘要中，破坏负荷是用对额定机电或机械破坏负荷的比例来表示的。使用的统计术语是算术平均值和表示试验结果的分散性的标准差：

$$\overline{R}=\frac{R_1+R_2+\cdots+R_n}{n}$$

$$S=\sqrt{\frac{\sum_{i=1}^{n}R_i^2-\left(\sum_{i=1}^{n}R_i\right)^2/n}{n-1}}$$

参考抽样规则和接收判据（IEC 报告，出版物 591），为了清晰地表示试验结果，表 A.3 至表 A.6 包含有标准差的图标资料和低于规定等级的值。

关于摘要中有关破坏情况的说明，应该注意到，“绝缘件的破坏”已经被用作盘形悬式绝缘子串元件的一般术语，它表示瓷绝缘件的击穿或根本破坏和钢化玻璃绝缘件的粉碎性破坏。

在本概述中所包括的盘形悬式绝缘子串元件中，型式 CP1～CP5 可归入比较旧的和近乎陈旧的这一类。它们是在二十世纪三十年代末期、四十年代和五十年代初期制造的。它们的运行性能不能令人满意。关于 CP1、CP2、CP3 和 CP4 型，从二十世纪四十年代末直至现在，有关输电线路上绝缘子的每年检查的统计资料是可利用的。这些统计资料示出各年劣化率的变化，每年 10 000 个元件中最高损坏率 CP1 元件为 132 只，CP2 元件为 21 只，CP3 元件为 41 只，CP4 元件为 139 只。CP5 型绝缘子劣化率在每年 10 000 个元件中为 2.2 只。从表 A.3 可见，这些劣化率的数字与这 5 种型式绝缘子元件的试验结果非常一致，这 5 种型式绝缘子经试验证明都不是安全可靠的。

对 CP6 型绝缘子元件，已表明其运行劣化率约低于每年每 10 000 个元件中 1 只。这是否是偶然现象，因为它与试验时的破坏情况有所差别，12 只元件进行通常的机电破坏负荷试验时有 2 只击穿，而 12 只进行机械性能试验时有 5 只击穿，12 只进行热机性能试验时有 7 只击穿。

CP7 型绝缘子元件在输电线路上使用仅 10 年左右，这种型式的元件至今为止根据绝缘子统计在运行中是完善的。

至于 CP8、CP11、CP12 和 CP14 型绝缘子元件其试验结果与最好的运行经验相关。例如在瑞典，在定期检测输电线路的情况下，自二十世纪五十年代使用这些型式的绝缘子元件以来，据记载完全没有劣化率。只有极偶然地发现有少数元件是电气损坏的。还要指出，这样型式的绝缘子一般是以金属附件的破坏而不是以绝缘件的破坏作为其特征的。

对于 CP9 绝缘子元件已表明没有劣化率的数字。

CP10 和 CP13 是同一来源的绝缘子元件而分别在法国和瑞典试验的。在两个国家都得到了不好的试验结果，CP13 元件是 1970 年在市场上正式出售的，CP10 元件也可以说成是近期产品，是 1966 年制造的。

CP15、CP16、CP17、CP18、CP19 和 CP20 型绝缘子元件是在 1970～1972 年提供试验的。由表 A.5 可以看出，特别是 CP15 元件和 CP17 元件显示了不好的试验结果。

对于是 1952 年制造的 CP21 型缘子元件，运行中有少数绝缘子串由于帽拉脱而损坏的记载。观察到该绝缘子元件在性能试验时也出现了那样的破坏。

关于在本概述中所包含的长棒形绝缘子串元件，必须指出，试验结果仅涉及绝缘子元件，也就是说试验中没有包括和元件一起使用的可拆卸的连接件。略去可拆的连接件的理由在于这样在连接件不构成绝缘子整个内部结构的一部分。特别要提出注意的是，要从试验方法的观点来看有关 LR4 型元件的试验结果。在热机性能试验中，尽管预先施加过 12 000 kgf 的逐个试验负荷，在试验的开始阶段在 60％的负荷，即 9 000 kgf 作用下，还有不少于 8 只帽破坏。在机械性能试验中，低于 15 000 kgf 额定负荷时，出现 5 只帽破坏。这些帽在低负荷下的破坏是由于被试批的帽材料的微观结构不良。

在表 A.7 和表 A.8 中很简单的概括了所有的试验结果，示出了在低于额定负荷值下出现破坏的数量。

表 A.3 盘形悬式绝缘子串元件 CP1～CP5 试验结果摘要

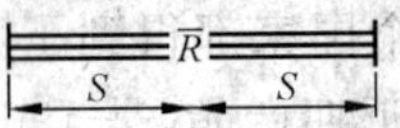

在热机性能试验中平均值 $\overline{R}$ 和标准差 S

在机械性能试验中平均值 $\overline{R}$ 和标准差 S

在通常的机械破坏负荷试验中平均值 $\overline{R}$ 和标准差 S

○ 单个的数值

绝缘子串元件型式（标志代号）	机电或机械破坏负荷	破坏情况
CP1（从线路上取下的元件）	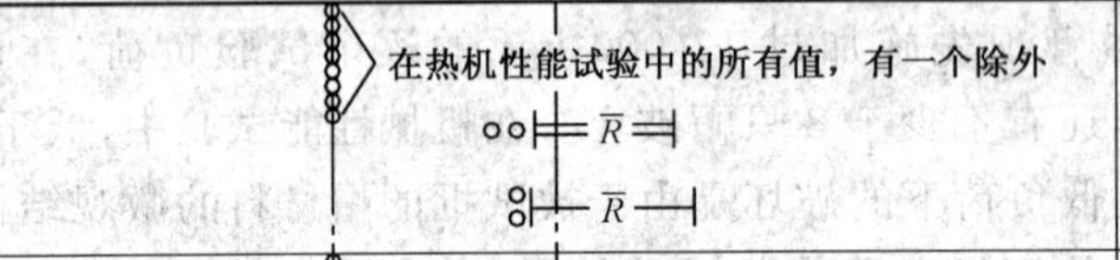	27 只绝缘件破坏，其中有 12 只低于额定负荷值
CP2	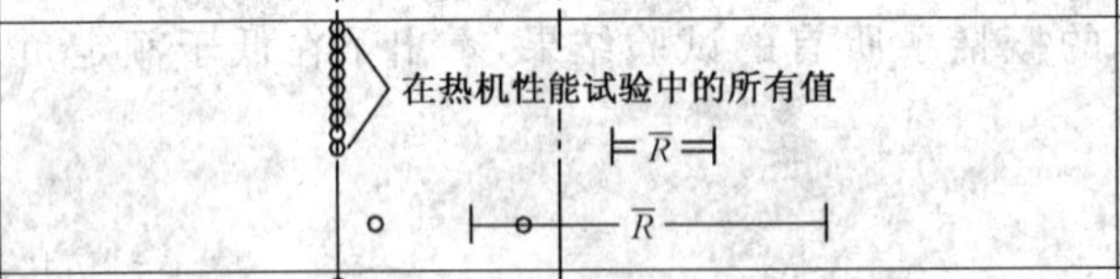	26 只绝缘件破坏，其中有 11 只低于额定负荷值和 1 只金属附件破坏
CP3（从线路上取下的元件）	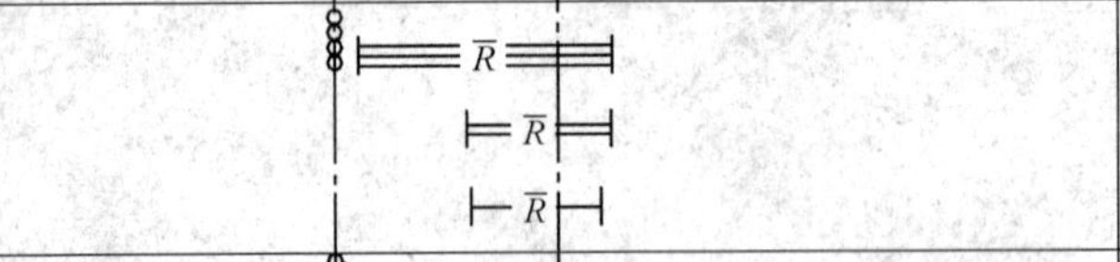	39 只绝缘件破坏，其中有 23 只低于额定负荷值
CP4（从线路上取下的元件）	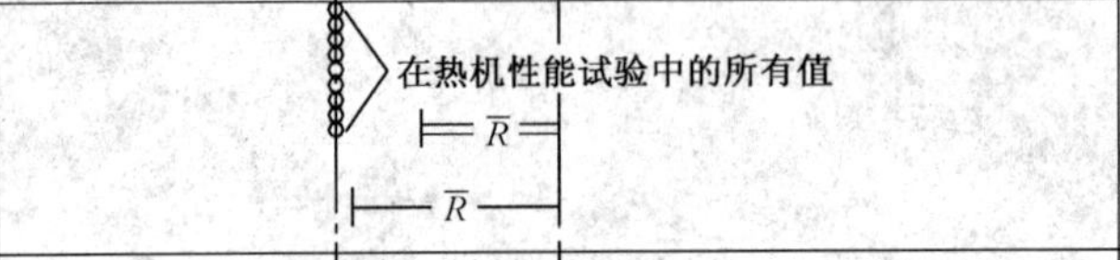	28 只绝缘件破坏，其中有 26 只低于额定负荷值，1 只金属附件破坏，1 只帽拉脱
CP5A（从线路上取下的元件）	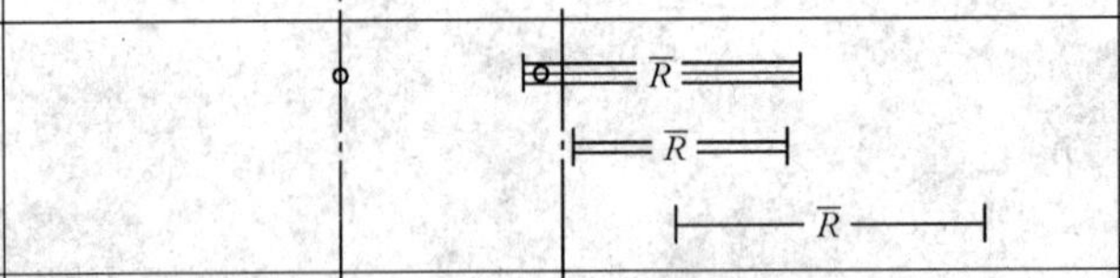	31 只绝缘件破坏，其中有 2 只低于额定负荷值，5 只金属附件破坏
CP5B（仓库中保存的元件）	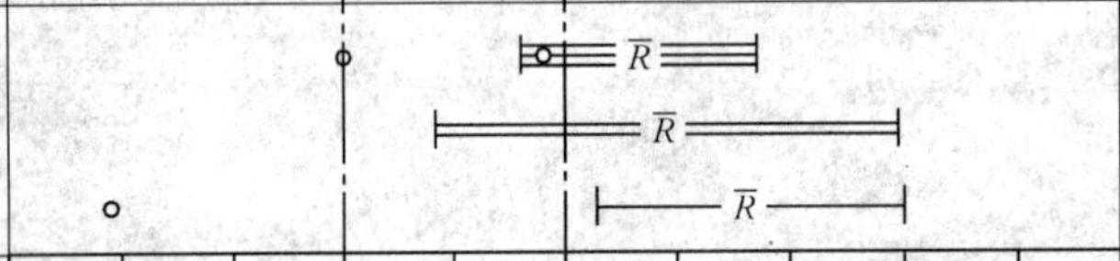	28 只绝缘件破坏，其中有 3 只低于额定负荷值，2 只金属附件破坏

0　0.2　0.4　0.6　0.8　1.0　1.2　1.4　1.6　1.8　2.0×额定机电或机械破坏负荷

在热机性能试验开始阶段期间和机械性能试验开始阶段期间的负荷（在这个 60% 负荷水平的圆“○”表示当负荷增加到那个数值时发生了破坏）

表 A.4 盘形悬式绝缘子串元件 CP6～CP13 试验结果摘要

在热机性能试验中平均值 $\overline{R}$ 和标准差 S

在机械性能试验中平均值 $\overline{R}$ 和标准差 S

在通常的机械破坏负荷试验中平均值 $\overline{R}$ 和标准差 S

○ 单个的数值

绝缘子串元件型式（标志代号）	机电或机械破坏负荷	破坏情况
CP6（从线路上取下的元件）		14 只绝缘件破坏，其中有 1 只低于额定负荷值，21 只金属附件破坏，1 只脚拉出
CP7		15 只绝缘件破坏，9 只金属附件破坏
CP8（从线路上取下的元件）		2 只绝缘件破坏，27 只金属附件破坏，7 只帽拉脱
CP9（从线路上取下的元件）		13 只绝缘件破坏，其中有 1 只低于额定负荷值，15 只金属附件破坏，8 只帽拉脱（被替换的元件未包括）
CP10		22 只绝缘件破坏，其中有 2 只低于额定负荷值
CP11		仅金属件破坏
CP12		仅金属件破坏
CP13		36 只绝缘件破坏，其中有 17 只低于额定负荷值

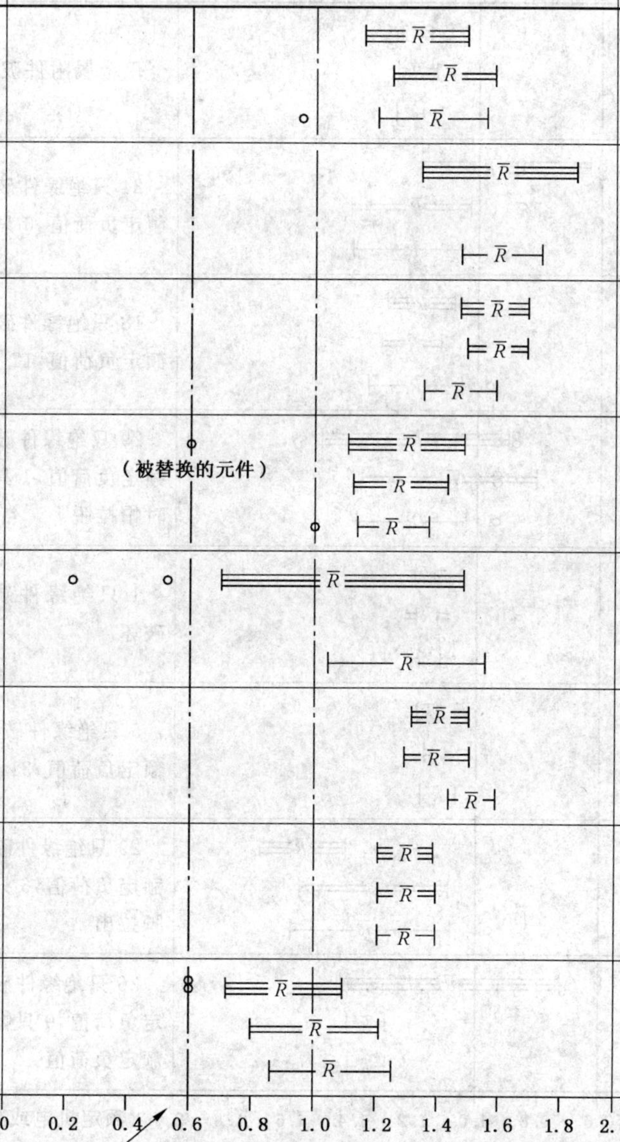

在热机性能试验开始阶段期间和机械性能试验开始阶段期间的负荷（在这个60％负荷水平的圆“○”表示当负荷增加到那个数值时发生了破坏）

表 A.5　盘形悬式绝缘子串元件 CP14～CP21 试验结果摘要

在热机性能试验中平均值 $\overline{R}$ 和标准差 S

在机械性能试验中平均值 $\overline{R}$ 和标准差 S

在通常的机械破坏负荷试验中平均值 $\overline{R}$ 和标准差 S

○　单个的数值

绝缘子串元件型式（标志代号）	机电或机械破坏负荷	破坏情况
CP14		仅金属附件破坏
CP15		24 只绝缘件破坏，其中有 6 只低于额定负荷值，6 只金属附件破坏
CP16		18 只绝缘件破坏，其中有 1 只低于额定负荷值，12 只金属附件破坏
CP17		29 只绝缘件破坏，其中有 7 只低于额定负荷值，1 只在低于额定负荷值时帽拉脱
CP18		1 只绝缘件破坏，35 只金属附件破坏
CP19		5 只绝缘件破坏，其中有 2 只低于额定负荷值，31 只金属附件破坏
CP20		29 只绝缘件破坏，其中有 1 只低于额定负荷值，6 只金属附件破坏，1 只脚拉出
CP21（从线路上取下的元件）		26 只绝缘件破坏，其中 1 只低于额定负荷值，9 只帽拉脱，其中 3 只低于额定负荷值

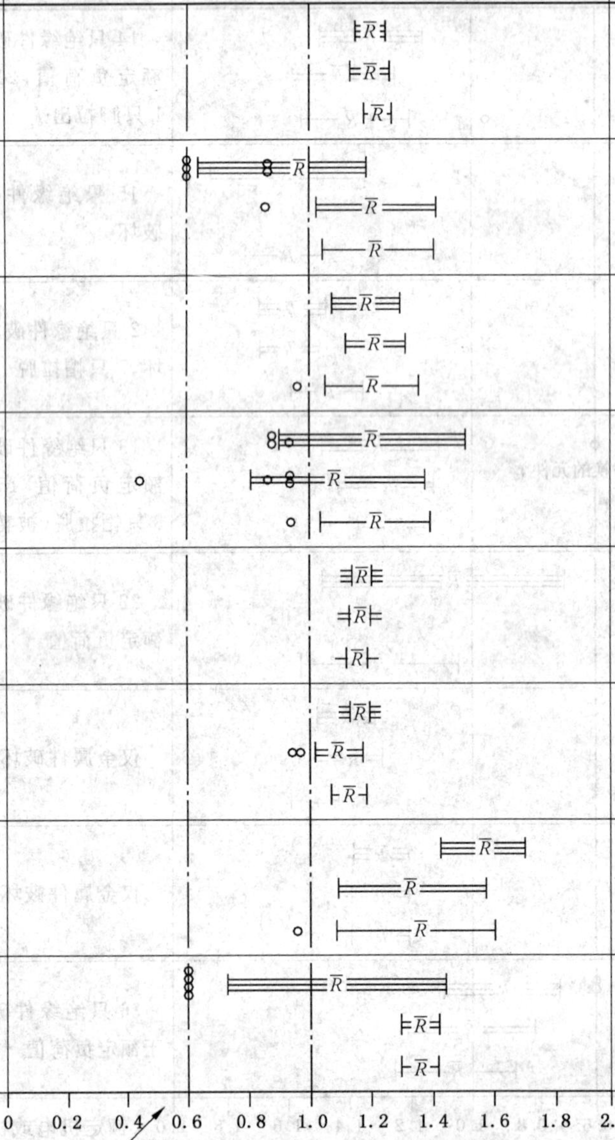

2.0×额定机电或机械破坏负荷

在热机性能试验开始阶段期间和机械性能试验开始阶段期间的负荷（在这个60%负荷水平的圆“○”表示当负荷增加到那个数值时发生了破坏）

表 A.6 长棒形绝缘子串元件试验结果摘要

在热机性能试验中平均值 $\overline{R}$ 和标准差 S

在机械性能试验中平均值 $\overline{R}$ 和标准差 S

在通常的机械破坏负荷试验中平均值 $\overline{R}$ 和标准差 S

○ 单个的数值

绝缘子串元件型式（标志代号）	机电或机械破坏负荷	破坏情况
LR1		36 只绝缘件破坏，其中有 1 只低于额定负荷值
LR2		33 只绝缘件破坏及 3 只帽拉脱
LR3		35 只绝缘件破坏，其中有 1 只低于额定负荷值及 1 只帽破坏
LR4		15 只绝缘件及 21 只帽破坏，其中有 14 只低于额定负荷值
LR5		34 只绝缘件破坏，其中有 1 只低于额定负荷值及 2 只帽破坏
LR6		36 只绝缘件破坏，其中有 2 只低于额定负荷值
LR7		36 只绝缘件破坏
LR8		21 帽破坏及 3 只帽拉脱
LR9		24 只帽拉脱

在热机性能试验开始阶段期间和机械性能试验开始阶段期间的负荷（在这个60%负荷水平的圆“○”表示当负荷增加到那个数值时发生了破坏）

表 A.7　盘形悬式绝缘子串元件在低于额定负荷值下出现破坏的数量

绝缘子串元件型式(标志代号)	热机性能试验	机械性能试验	通常的机电或机械破坏负荷试验
CP1 (从线路上取下的元件)	8	2	2
CP2	9	无	2
CP3 (从线路上取下的元件)	8	7	8
CP4 (从线路上取下的元件)	10	8	8
CP5 (从线路上取下的元件)	2	无	无
CP5 (1951～1971 年库存元件)	2	1	无
CP6 (从线路上取下的元件)	无	无	(1)[a]
CP7 (从线路下取下的元件)	无	—	无
CP8 (从线路下取下的元件)	无	无	无
CP9 (从线路下取下的元件)	(1)[b]	无	(1)[a]
CP10	2	—	无
CP11	无	无	无
CP12	无	无	无
CP13	7	5	5
CP14	无	无	无
CP15	5	1	无
CP16	无	无	1
CP17	3	4	1
CP18	无	无	无
CP19	无	2	无
CP20	无	无	1
CP21 (从线路上取下的元件)	4	无	无

[a] 恰好低于额定负荷值破坏的元件。

[b] 被另一元件替换下的元件。

表 A.8　长棒形绝缘子串元件在低于额定负荷值下出现破坏的数量

绝缘子串元件型式(标志代号)	热机性能试验	机械性能试验	通常的机电或机械破坏负荷试验
LR1	(1)[a]	无	无
LR2	无	无	无
LR3	无	1	无
LR4	8	5	(1)[a]
LR5	1	无	无
LR6	1	无	1
LR7	无	无	无
LR8	无	—	无
LR9	无	—	无
[a] 恰好低于额定负荷值破坏的原件。			

A.6　试验结果判断标准

正如从结果概述中看到的，某些型式的绝缘子其性能试验结果与通常的机电或机械破坏负荷试验结果完全一致，而另一些则不一致。显然可以说，在热机性能试验中所包含的温度变化及施加负荷与除去负荷在某种情况下对绝缘子串元件的机械强度有影响，同样在机械性能试验中，仅仅施加负荷和除去负荷在某些情况下也会降低绝缘子的强度，但不太显著。就已讲到的运行经验来说，这些情况或多或少与现场中事故频率相关。相对的情况也是存在的，即在试验中良好的绝缘子性能与极好的运行记载相关。

当判断性能试验结果时，基本对点是性能试验的结果与通常的机电或机械破坏负荷试验结果相一致。因此对通常的机电或机械破坏负荷试验所规定的机电或机械破坏负荷在性能试验中也应达到。

考虑破坏情况可能是有帮助的。

试验结果连同运行经验是接收或拒收这样一个不可争辩的依据。此外，可加上达到最大负荷和最终破坏之前不允许发生击穿这样一种严格的判断。

在前面已提及的 IEC 报告(出版物 591)中与平均值和标准差的公式一起，推荐了一个计及平均值大小和标准差大小的指数 Q_s。采用这个指数作为接收或拒收的一个基本依据是有效的。该指数由下式表示：

$$Q_s = \frac{\overline{R} - R_s}{S}$$

式中：

$\overline{R}$——试验的平均值；

R_s——规定的机电或机械破坏负荷(额定负荷值)；

S——标准差。

因为设计准则和材料的不同，Q_s 的变化范围对不同的盘形悬式绝缘子的结构是不相同的，并且盘形悬式绝缘子的变化范围和长棒形绝缘子的变化范围也可能是不同的。

下面给出相应于不同试品数量的不同接收常数 K：

试品数量	接收常数 K
5 个元件	1.40
10 个元件	1.58
15 个元件	1.65
20 个元件	1.69
25 个元件	1.72
30 个元件	1.73

如果 Q_s 等于或大于接收常数 K，则认为满足了要求。这个要求的意思简单地说就是其 $\overline{R}$ 对于5只被试元件的情况应至少等于 $Q_s+1.40S$，而对于10只被试元件的情况应至少等于 $R_s+1.58S$，等等。

已将表A.3至表A.6所给出的在性能试验中和通常的机电或机械破坏负荷试验中所得到的平均值和标准差值转化为 Q_s 值(见表A.9和表A.10)。用括号标注的数字是低于接收常数的。

表A.9　被试盘形悬式绝缘子串元件指数值 Q_s(参见表A.3、表A.4和表A.5)

绝缘子串元件型式 (标志代号)	相应于热机性能 试验结果的 Q_s 值[a]	相应于机械性能 试验结果的 Q_s 值[a]	相应于通常的机电或机械破坏 负荷试验结果的 Q_s 值[a]
CP1 (从线路上取下的元件)	(−2.08)	(0.88)	(0.84)
CP2	(—)[b]	1.69	(0.51)
CP3 (从线路上取下的元件)	(−0.78)	(0.47)	(−0.46)
CP4 (从线路上取下的元件)	(—)[b]	(0.97)	(−1.02)
CP5 (从线路上取下的元件)	(0.75)	(1.16)	1.93
CP5 (1951～1971年库存元件)	(0.54)	(0.41)	(1.18)
CP6 (从线路上取下的元件)	1.98	2.90	2.22
CP7 (从线路上取下的元件)	2.49	—	4.35
CP8 (从线路上取下的元件)	6.66	7.93	4.21
CP9 (从线路上取下的元件)	1.80[c] (0.97)	2.37	2.74
CP10	(0.21)	—	(1.47)
CP11	7.06	4.92	15.04
CP12	5.50	3.88	4.00
CP13	(−0.37)	(0.07)	(0.23)
CP14	8.00	4.05	6.79
CP15	(−0.32)	(1.31)	(1.46)
CP16	2.10	2.53	(1.50)
CP17	(−0.65)	(0.28)	(1.38)
CP18	5.86	6.83	9.00
CP19	10.75	(1.50)	3.00
CP20	4.38	(1.53)	(1.41)
CP21 (从线路上取下的元件)	(0.27)	4.67	6.44

[a] 括号内的数字是低于接收常数 K 的。

[b] 在试验的开始阶段期间施加60%的负荷后发现所有的绝缘子元件都已破坏。

[c] 考虑了被替换元件时的 Q_s 值。

从表 A.9 可以看到，盘形悬式绝缘子串元件 CP6、CP7、CP8、CP9(被替换的元件不考虑)、CP11、CP12、CP14 和 CP18 在所有三项试验中均满足了接收常数 K。同时还看到 Q_s 值从 1.8 到 15.04 差别很大。一般地说，大大超过接收常数 K 的 Q_s 值是由于试验结果中分散性极小所致，而分散性小是因为试验时试品数量很小引起的。也就是说这是个偶然性问题，而不能作为性能优越的标志。例如，CP11 元件在试验中得到的强度用平均值和标准偏差表示时几乎等于(113.2±4.7)kN、(112.0±6.5)kN 和(120.6±2.7)kN，而且仅是金属附件破坏。但是其相应的 Q_s 值很不一样，分别为 7.06、4.92 和 15.04。

表 A.10　被试长棒形绝缘子串元件的指数值 Q_s(参见表 A.6)

绝缘子串元件型式 (标志代号)	相应于热机性能 试验结果的 Q_s 值[a]	相应于机械性能 试验结果的 Q_s 值[a]	相应于通常的机电或机械破坏 负荷试验结果的 Q_s 值[a]
LR1	3.04	4.79	3.45
LR2	1.91	1.98	1.72
LR3	(−0.04)	(1.58)	3.95
LR4	1.83	(0.63)	(1.17)
LR5	(1.42)	3.75	3.17
LR6	2.71	1.74	(1.50)
LR7	12.11	3.73	5.17
LR8	6.87	—	9.25
LR9	—	—	5.11

[a] 括号内的数字是低于接收常数 K 的。

盘形悬式绝缘子串元件 CP1、CP2、CP3、CP4、CP5、CP10、CP13、CP15 和 CP17(见表 A.9)不论在性能试验中或是在通常的破坏负荷试验中，除 CP2 元件的 Q_s 值 1.69 和 CP5 元件的 Q_s 值 1.93 外，其余的 Q_s 值都没有达到或等于接收常数 K。但是，可以讲明，就 CP5、CP10、CP15 和 CP17 元件而言，相应于通常的破坏负荷试验结果的 Q_s 值或多或少地是取决于偶然性的。在这些情况中，Q_s 值也可能等于或大于接收常数 K，但是，在热机性能试验中所获得的结果非常清楚地说明这些元件按机械强度来分应属于坏的一类。

盘形悬式绝缘子串元件 CP21 仅在热机性能试验方面显示出不良的性状。

盘形悬式绝缘子串元件 CP16、CP19 和 CP20 在通常的破坏负荷试验和(或)机械性能试验中显示出低于接收常数 K 的 Q_s 值。因此，可以把它们当作近乎有疑问的型式(或批次)。

关于长棒形绝缘子串元件，显而易见，LR4 元件在帽在强度方面是不好的(见表 A.6)。

A.7　结论

正如运行经验表明，热机性能试验中所获得的结果能与运行记录很好地吻合。显然，实用的热机试验方法可以考虑作为一种有效的型式试验。

建议将机械性能试验作为一种抽查试验以代替旧的 24 h 机械试验。这种试验似乎仅对有严重制造缺陷的情况有效果。但这种试验无论如何可以认为比 24 h 试验更严格些。但是有必要指出，希望有一种更为有效的抽查试验。

附 录 B
（资料性附录）
本标准章条编号与 IEC/TR 60575：1977 章条编号对照

表 B.1 给出了本标准章条编号与 IEC/TR 60575：1977 章条编号对照一览表。

表 B.1 本标准章条编号与 IEC/TR 60575：1977 章条编号对照

本标准章条编号	IEC 60575：1977 章条编号
1	1
2	—
3	—
4	3
5	4
附录 A	附录 A
附录 B	—
附录 C	—

附 录 C
（资料性附录）
本标准与 IEC/TR 60575:1977 技术性差异及原因

表 C.1 给出了本标准与 IEC/TR 60575:1977 技术性差异及原因的一览表。

表 C.1 本标准与 IEC/TR 60575:1977 技术性差异及原因

本标准章条编号	技术差异	原 因
4.2.1	对绝缘子串元件所施加的拉伸负荷大小由"规定的机电或机械破坏负荷的 60%"修改为"规定的机电或机械破坏负荷的 60%～65%"。 低温由原来的"－30 ℃±5℃ "修改为"－30 ℃±5 ℃（或－40 ℃±5 ℃）" 冷热循环试验中增加了最小温差 70 K（或 80 K）的要求。	GB/T 1001.1—2003 中采用此规定，在此本标准做相应修改，使本标准能满足 GB/T 1001.1—2003 的要求。 低温为"－40 ℃"是我们使用方提出的要求，并已得到广泛的采用。
5.2.1	对绝缘子串元件所施加的拉伸负荷大小由"规定的机电或机械破坏负荷的 60%"修改为"规定的机电或机械破坏负荷的 60%～65%"。	与本标准 4.2.1 统一。
4.3 5.3	增加判据"在循环期间中，有任何一个绝缘子损坏，则这些绝缘子不符合本标准。" 在破坏负荷试验中增加判据"得到的破坏负荷值和破坏情况，应符合 GB/T 1001.1 的 20.4 中型式试验判定程序的规定"。	IEC/TR 60575:1977 中没有明确提出判据，使其执行存在一定困难。在此本标准增加判据，以保证本标准的完整性和可执行性。

ICS 29.080.10
K 48

中华人民共和国国家标准

GB/T 22709—2008

架空线路玻璃或瓷绝缘子串元件绝缘体机械破损后的残余强度

Residual strength of string insulator units of glass or ceramic material for overhead lines after mechanical damage of the dielectric

(IEC/TR 60797:1984,MOD)

2008-12-30 发布　　　　2009-10-01 实施

中华人民共和国国家质量监督检验检疫总局
中国国家标准化管理委员会　发布

前 言

本标准修改采用 IEC/TR 60797:1984《架空线路玻璃或瓷绝缘子串元件绝缘体机械破损后的残余强度》(英文版)。

本标准根据 IEC/TR 60797:1984 重新起草。为了方便比较,在附录 B 中列出了本标准章条编号与 IEC/TR 60797:1984 章条编号的对照一览表。

考虑到我国国情,本标准在采用 IEC/TR 60797:1984 时进行了一些修改。有关技术性差异已编入正文中,并在它们涉及的技术性条款的页边空白处用垂直单线标识。在附录 C 中给出了这些技术差异及其原因的一览表以供参考。

为了便于使用,本标准还做了下列编辑性修改:

——“本报告”一词改为“本标准”;

——删除 IEC 60797:1984 的前言;

——将 IEC 60797:1984 的 4.1 条修改后并入本标准的“范围”内;

——增加了“2 规范性引用文件”和第 3 章的标题和导语。

本标准的附录 A、附录 B 和附录 C 为资料性附录。

本标准由中国电器工业协会提出。

本标准由全国绝缘子标准化技术委员会(SAC/TC 80)归口。

本标准起草单位:国家绝缘子避雷器质量监督检验中心、西安电瓷研究所、华东电网有限公司、陕西省电力公司。

本标准主要起草人:危鹏、姚君瑞、钱之银、云涛、刘志强、陆洲。

本标准为首次发布。

引　言

运行中的各类绝缘子都可能因诸如交流电弧、恶意破坏和其他各种原因造成损伤。B 型绝缘子(见 GB/T 1001.1—2003《标称电压高于 1 000 V 的架空线路绝缘子　第 1 部分:交流系统用瓷或玻璃绝缘子元件　定义、试验方法和判定准则》的第 4 章),如盘形悬式绝缘子的绝缘部分,也可能因电气击穿而引起损伤。IEC 出版物 383 不包括检验残余强度的试验。只要绝缘子不是完全损坏,它的残余机械强度肯定重要。

本标准仅考虑了盘形悬式钢化玻璃和瓷绝缘子以及长棒形瓷绝缘子。

这三类绝缘子在实际损伤及残存的性能各有不同。因此在讨论残余强度和残余强度试验时,有必要对每一类绝缘子分别考虑,即使这三种类型的绝缘子同样用作架空线路绝缘子串元件。

对盘形悬式瓷绝缘子,其损坏程度是变化的,这取决于机械碰撞的种类和力的大小,瓷绝缘子的破损会导致绝缘子机械强度的降低。

对于盘形悬式钢化玻璃绝缘子,任何破损都将导致包括帽内部分的所有玻璃体立即全部破碎成小块,绝缘子机械强度的下降是可想而知的。

长棒形瓷绝缘子的损伤的程度差别很大,可能是伞裙的微裂,也可能是整体的损坏。棒体的损伤会降低其机械强度。对长棒形瓷绝缘子至今仍无法规定残余强度试验,原因是既不能规定有代表性的样品制备方法,又不能找到损伤程度与机械强度下降之间的关系(关于长棒形瓷绝缘子残余强度更详细的情况见附录 A.1)。

已经发现盘形悬式钢化玻璃和瓷绝缘子的残余强度取决于绝缘子的设计,而与制造、材料的选用以及损伤程度关系不大(后者因素仅适用于瓷绝缘子)。

架空线路玻璃或瓷绝缘子串元件绝缘体机械破损后的残余强度

1 范围

本标准规定了 GB/T 1001.1—2003 第18章的型式试验项目中的残余强度试验。

本标准适用于采用钢化玻璃或瓷材料绝缘体的盘形悬式绝缘子串元件。

注1：尽管制造条件和材料选用可能对残余强度有一些影响，但主要是由绝缘子设计决定的，GB/T 1001.1—2003 规定的抽样试验和逐个试验足以检验制造质量和所用的材料质量。

注2：由于附录A给出的原因，本标准给出的试验程序不适用于长棒形瓷绝缘子，本标准也不考虑盘形悬式退火玻璃绝缘子串元件。

2 规范性引用文件

下列文件中的条款通过本标准的引用而成为本标准的条款。凡是注日期的引用文件，其随后所有的修改单（不包括勘误的内容）或修订版均不适用于本标准，然而，鼓励根据本标准达成协议的各方研究是否可使用这些文件的最新版本。凡是不注日期的引用文件，其最新版本适用于本标准。

GB/T 1001.1—2003 标称电压高于1 000 V的架空线路绝缘子 第1部分：交流系统用瓷或玻璃绝缘子元件 定义、试验方法和判定准则（IEC 60383-1：1993，MOD）

GB/T 4056—2008 绝缘子串元件的球窝连接尺寸（IEC 60120：1984，IDT）

GB/T 2900.8 电工术语 绝缘子（GB/T 2900.8—1995，eqv IEC 60050-471：1984）

3 术语和定义

GB/T 2900.8 确立的以及下列术语和定义适用于本标准。

3.1

盘形悬式绝缘子残余强度 residual strength of a cap and pin insulator

残余强度是在规定的条件下试验其绝缘体已按规定的方式遭受了机械损伤时的绝缘子元件能达到的最大机械负荷。

4 试品准备

4.1 试品数量

残余强度试验的样品数量为25只。

4.2 预试验

试品应在经逐个试验合格后的产品中抽取。

在残余强度试验前应按 GB/T 1001.1—2003 第24章规定的方法进行温度循环试验。当采用了高铝水泥胶装绝缘子元件时，热浴水温应保持在75 ℃以下（见A.2）。

注：在进行残余强度试验前，已考虑了试品是经受了交变负荷或是热机械性能试验。因为实验室研究已经证明这些试验没有明显影响，所以不必考虑它们与残余强度试验的关联。

4.3 试品的制备

绝缘子在温度循环之后，应采用机械的方法（例如锤子敲击）打掉其伞裙，伞裙残存部分不应超出铁帽最大直径，在敲击过程中应注意不要损伤试品帽内的绝缘体。

注1：根据以往的经验可知，打碎伞裙的方法不会引起残余强度试验结果的差异，伞裙破坏期间出现的机械负荷也不会影响残余强度试验的结果。

注2：为了实现残余强度试验结果的再现性，去除铁帽最大直径外的全部瓷体，作为确定瓷体破损量的唯一可能的准则。

注3：应该注意的是，在运行中这样的损伤量非常罕见，如电弧、枪击等造成的损伤一般不太严重，因而机械强度的降低程度通常较小。

注4：钢化玻璃伞裙被打坏时，铁帽最大直径外的所有玻璃总是被完全去掉。

5 残余强度试验

试品应独个经受施加在两个金属附件上的拉伸负荷。对于具有球窝连接和槽形连接的绝缘子，试验机连接件的基本尺寸应符合GB/T 4056—2008的规定。

拉伸负荷应从零迅速而平稳地升到约为完整绝缘子规定的机电或机械破坏负荷值的50%；然后拉伸负荷应以规定机电或机械负荷的0.5%/s～1%/s的速率增加，直至试品发生破坏。

记录试验时达到的最大负荷作为试品的残余强度。

6 结果判定

在残余强度试验中，达到最大负荷时，试品可能呈现两种破坏状况：

——帽和脚分离，如脚被拉脱；

——或者是金属附件被破坏(帽或脚)。

因此，为评定残余强度而规定的一种方法是与SFL相比较，这里的SFL是完整绝缘子规定的机电或机械破坏负荷。

a) 若25只试品全部是金属附件分离，则应计算破坏负荷的平均值($\overline{X}_r$)和标准差S，接收常数K_r以下列公式(1)计算得出：

$$K_r = \frac{\overline{X}_r - 1.645S}{SFL} \quad \cdots\cdots(1)$$

式中：

K_r——接收常数；

$\overline{X}_r$——破坏负荷平均值，单位为kN；

S——标准差，单位为kN；

SFL——规定的机电或机械破坏负荷，单位为kN。

通常认为接收常数$K_r \geqslant 0.65$。

b) 若25只试品有一只或更多(但不超过15只)为金属附件破坏，金属附件破坏的负荷值应不低于SFL。而其余试品的接收常数K_r仍按a)所述方法计算。

注：只有假定试验结果的分布为正态(高斯)分布时，才需要考虑改变使用作为数理统计上的接收准则。25只试品出现不同破坏情况时不属此类。另外，a)中给出的公式在出现金属附件分离破坏状况的试品数量较小时是无效的。

c) 若金属附件分离的试品数目少于10个时，则每个金属附件分离的负荷值应不低于$0.65SFL$，金属附件破坏的负荷值应不低于SFL。

附 录 A
（资料性附录）
长棒形瓷绝缘子的残余强度与高铝水泥胶装的绝缘子的预试验

A.1 长棒形瓷绝缘子的残余强度

当长棒形瓷绝缘子遭受例如交流电弧这种类型的损伤，即棒体和伞裙根部仍保持完整，绝缘子的强度将不会明显降低。甚至棒体上的釉层部分脱落和（或）变色，也不会显著降低其机械强度。

另一方面，当一个或更多伞根局部或完全破损，但圆柱形棒体仍然没有受到损伤时，预期绝缘子强度会有所下降。基于陶瓷材料均质且各向同性的假设条件下的理论研究表明，如果伞裙和伞根在超过120°的扇形区域受到损伤，绝缘子机械强度降低约35%。在其他状况下，强度的下降会有或多或少的变化。

不管绝缘子的棒体是被机械还是被电弧原因损伤，都不可能使破损量与机械强度的下降互相关联。两个损伤状态明显相同的瓷棒体的机械强度的降低可以不同。

A.2 高铝水泥胶装的绝缘子的预试验（温度循环试验）

GB/T 1001.1—2003 中规定机电或机械破坏负荷试验前应进行温度循环试验。对于用高铝水泥胶装的绝缘子，残余强度试验存在一些特殊问题。当此类绝缘子在高湿度下被加热到75 ℃以上时，水泥结构在短时间内会发生不可逆转的改变，类似于长期运行中发生的情况。这种结构变化能够造成水泥剪切强度的降低。由于剪切强度与水泥结构的改变的速率有关，所以绝缘子经受超过75 ℃的热浴后立即试验残余强度可能会出现残余强度严重下降的情况，而运行中残余强度的降低是轻微的（正如经过多年运行后的线路绝缘子的大量试验所证明的）。

因此，对于用高铝水泥胶装的绝缘子，最好的解决办法是限制热浴温度不超过75 ℃。

附 录 B
（资料性附录）
本标准章条编号与 IEC/TR 60797:1984 章条编号对照

表 B.1 给出了本标准章条编号与 IEC/TR 60797:1984 章条编号对照一览表。

表 B.1 本标准章条编号与 IEC/TR 60797:1984 章条编号对照

本标准章条编号	IEC/TR 60797:1984 章条编号
1	1 和 4.1
2	序言
3	3
4.1	4.2
4.2	4.3
4.3	4.4
5	4.5
6	4.6
A.1	A.1
A.2	A.2
B	—
C	—

附　录　C
（资料性附录）
本标准与 IEC/TR 60797:1984 技术性差异及原因

表 C.1 给出了本标准与 IEC/TR 60797:1984 技术性差异及原因的一览表。

表 C.1　本标准与 IEC/TR 60797:1984 技术性差异及原因

本标准章条编号	技术差异	原　　因
—	删除了 IEC 60797:1984 中的“2 目的”	在本标准中已经不适用。
6	增加“c）若金属附件分离的试品数目少于 10 个时，则每个金属附件分离的负荷值应不低于 0.65*SFL*，金属附件破坏的负荷值应不低于 *SFL*。” b）条内容改为“若 25 只试品有一只或更多（但不超过 15 只）为金属附件破坏，……”	IEC/TR 60797 的结果判定中已经注明“对于金属附件分离的试品数目较少时是无效的”，但是没有给出准确数值。而 GB/T 19443—2004 中给出了详细的判断规定，在此引用其内容，增加了标准的可执行性。

ICS 29.130.20
K 32

中华人民共和国国家标准

GB/T 22710—2008

低压断路器用电子式控制器

Electronic controller for low-voltage circuit breaker

2008-12-30 发布　　2009-10-01 实施

中华人民共和国国家质量监督检验检疫总局
中国国家标准化管理委员会　发布

前言

本标准的附录 A 为资料性附录。

本标准由中国电器工业协会提出。

本标准由全国低压电器标准化技术委员会(SAC/TC 189)归口。

本标准主要起草单位:上海电器科学研究所(集团)有限公司、上海磊跃自动化设备有限公司。

本标准参加起草单位:浙江正泰电器股份有限公司、人民电器集团有限公司、常熟开关制造有限公司、北京人民电器厂、虎牌控股集团有限公司、上海精益电器厂有限公司、德力西电气有限公司、浙江科丰电子有限公司、施耐德电气(中国)投资有限公司、浙江科能达电气有限公司、浙江瑞安市工泰电器有限公司、广东珠江开关有限公司。

本标准主要起草人:施惠冬、朱建高、周积刚、季慧玉。

本标准参加起草人:萧红卫、高文乐、殷建强、魏占勇、龙骥、胡正业、黄蓉蓉、倪仕杰、何巍伟、项林新、蔡甫寒、李富德。

本标准为首次发布。

低压断路器用电子式控制器

1 总则

1.1 范围

本标准规定了适用于低压断路器用电子式控制器(以下简称控制器)的分类、结构、性能要求、试验方法及检验规则等。

本标准规定的控制器包括信号采集单元(包含电流传感器)、处理和执行单元(包含脱扣元件),并至少应具有一个由被保护线路能量产生的自生电源。

本标准规定的控制器适用于额定电压不超过交流1 000 V、频率为50 Hz或60 Hz电路中使用的断路器,用来保护线路及电气设备,使其免受过电流和其他影响其安全运行的故障(如欠压、接地、断相等)的危害,并可具有合理的人机界面、自身故障诊断与处理功能,以及充分发挥电子技术优势的其他可选功能。

注:如果制造商生产的控制器仅与自身的断路器配套,只要配套后的断路器符合GB 14048.2—2008及相关标准的要求,则其控制器不必单独按本标准进行试验。

1.2 规范性引用文件

下列文件中的条款通过本标准的引用而成为本标准的条款。凡是注日期的引用文件,其随后所有的修改单(不包括勘误的内容)或修订版均不适用于本标准,然而,鼓励根据本标准达成协议的各方研究是否可使用这些文件的最新版本。凡是不注日期的引用文件,其最新版本适用于本标准。

GB/T 2423.4—1993 电工电子产品基本环境试验规程 试验Db:交变湿热试验方法(eqv IEC 60068-2-30:1980)

GB/T 2900.18—2008 电工术语 低压电器

GB/T 4207—2003 固体绝缘材料在潮湿条件下相比电痕化指数和耐电痕化指数的测定方法(IEC 60112:1979,IDT)

GB 4824—2004 工业、科学和医疗(ISM)射频设备 电磁骚扰特性 限值和测量方法(CISPR 11:2003,IDT)

GB 14048.1—2006 低压开关设备和控制设备 第1部分:总则(IEC 60947-1:2001,MOD)

GB 14048.2—2008 低压开关设备和控制设备 第2部分:断路器(IEC 60947-2:1995,IDT)

GB/T 16935.3—2005 低压系统内设备的绝缘配合 第3部分:利用涂层、罐封和模压进行防污保护(IEC 60664-3:2003,IDT)

GB/T 17626.2—2006 电磁兼容 试验和测量技术 静电放电抗扰度试验(IEC 61000-4-2:1995,IDT)

GB/T 17626.3—2006 电磁兼容 试验和测量技术 射频电磁场辐射抗扰度试验(IEC 61000-4-3:1995,IDT)

GB/T 17626.4—2008 电磁兼容 试验和测量技术 电快速瞬变脉冲群抗扰度试验(IEC 61000-4-4:2004,IDT)

GB/T 17626.5—2008 电磁兼容 试验和测量技术 浪涌(冲击)抗扰度试验 (IEC 61000-4-5:2005,IDT)

GB/T 17626.6—2008 电磁兼容 试验和测量技术 射频场感应的传导骚扰抗扰度(IEC 61000-4-6:2006,IDT)

GB/T 17626.11—2008 电磁兼容 试验和测量技术 电压暂降、短时中断和电压变化的抗扰度

试验(IEC 61000-4-11:2004,IDT)

GB/T 17626.13—2006 电磁兼容 试验和测量技术 交流电源端口谐波、谐间波及电网信号的低频抗扰度试验(IEC 61000-4-13:2002,IDT)

GB/T 18858.3—2002 低压开关设备和控制设备 控制器—设备接口(CDI)第3部分:DeviceNet(IEC 62026-3:2000,IDT)

2 术语和定义、符号

2.1 术语和定义

除下列规定的术语和定义外,其余均符合GB/T 2900.18—2008、GB 14048.1—2006、GB 14048.2—2008中的有关规定。

2.1.1

控制器自生电源 self-produced power supply of controller

由被保护回路中的电流通过低压断路器电流互感器感应产生的、在一定条件下可维持控制器基本功能的电源。

2.1.2

低压断路器用电子式控制器 electronic controller for low-voltage circuit breaker

对电路中的电量信号进行采集、处理,并根据预先的设定值控制断路器的断开或报警,从而对被保护电路和设备进行保护的装置。该装置可以根据自身的设计情况配置有利于提高线路和设备安全运行的其他保护功能和辅助功能,例如:电量测量、区域选择性联锁、负载监控、通信等功能。

2.1.3

三相电流不平衡率 three phase current imbalance

三相电流不平衡是指在运行过程中,由于线路电流不完全相等而存在一定的差异,用三相电流不平衡率来衡量三相电流的差异程度(通常以百分数表示),推荐采用以下计算方法:

$$\varepsilon_i = \frac{\operatorname{Max}_{j=1}^{3} | I_j - I_{avg} |}{I_{avg}} \times 100\%$$

式中:

$I_{avg} = \frac{\sum_{j=1}^{3} I_j}{3}$,$I_{avg}$为三相电流的平均值,$I_j$为第$j$相电流的有效值。

注1:上式中的电流均指有效值;

注2:当采用不同于上式的公式计算或其他方法判别时,制造商应在说明书或其他资料中加以说明。

2.1.4

三相电压不平衡率 three phase voltage imbalance

三相电压不平衡是指在运行过程中,由于线路电压不完全相等而存在一定的差异,用三相电压不平衡率来衡量三相电压的差异程度(通常以百分数表示),推荐采用以下计算方法:

$$\varepsilon_u = \frac{\operatorname{Max}_{j=1}^{3} | U_j - U_{avg} |}{U_{avg}} \times 100\%$$

式中:

$U_{avg} = \frac{\sum_{j=1}^{3} U_j}{3}$,$U_{avg}$为三相电压的平均值,$U_j$为第$j$相电压的有效值。

注1:上式中的电压均指有效值;

注2:当采用不同于上式的公式计算或其他方法判别时,制造商应在说明书或其他资料中加以说明。

2.1.5

热记忆 thermal memory

在断路器过电流时电流恢复正常或断开一个短时间(在此期间电器和设备还不能恢复至冷态)后

再出现过电流，控制器能根据电流恢复正常或断开时间长短持续记录设备因电流而产生的能量，并将该能量值作为与设定值比较的依据。如果能量未衰减到零之前电路再次过电流，控制器的保护延时时间将比规定的时间短。

这种保护功能可防止反复间歇性过载对电路或设备造成的损害。

2.1.6

区域选择性联锁　zone-selective interlocking

区域选择性联锁是一种提高配电系统选择性保护性能的措施。通过电网中各级断路器控制器之间的数据信息交换实现保护动作的配合，确保离故障点最近的断路器瞬时分断，从而缩短清除故障所需要的时间，降低短路或接地故障对电气设备造成的危害程度。

2.2 符号

I	主回路电流
I_{cs}	额定运行短路分断能力(电流)
I_{cu}	额定极限短路分断能力(电流)
I_{cw}	额定短时耐受电流
I_e	额定工作电流
I_g	接地故障整定电流
I_i	短路瞬时脱扣整定电流
I_n	断路器额定工作电流
$I_{\Delta n}$	额定剩余动作电流
I_R	过载长延时脱扣整定电流
I_{sd}	短路短延时脱扣整定电流
t_g	接地故障延时整定时间
t_R	过载长延时整定时间
t_{sd}	短路短延时整定时间
U_c	额定控制电路电压
U_e	额定工作电压
U_i	额定绝缘电压
U_{imp}	额定冲击耐受电压
U_s	额定控制电源电压
ZSI	区域选择性联锁
ε_i	电流不平衡率
ε_u	电压不平衡率

3 分类

控制器可按下列型式分类：

3.1 按配套的断路器的型式分

——万能式断路器用控制器；

——塑料外壳式断路器用控制器。

3.2 按有无辅助电源分

——无辅助电源的控制器；

——有辅助电源的控制器。

注：控制器的基本保护功能应与辅助电源无关。在需要增加通信或显示等功能时，或负载电流小于一定值时为保证工作稳定性，可采用辅助电源作为控制器的供电电源，这种情况下，制造商应在其提供的相关资料中予以说明。

3.3 按通信接口分

——无通信接口的控制器；

——有通信接口的控制器。

4 控制器的特性

4.1 特性概述

控制器的特性可用下列项目(如适用时)表明：

——控制器的型式(4.2)；

——配套断路器的额定值(4.3)；

——控制器的功能(4.4)；

——辅助电源(4.5)；

——整定操作方式(4.6)；

——显示方式(4.7)；

——机械特性。

注：控制器的机械特性因控制器的结构而异，具体技术要求由制造商在相应的产品标准中规定。

4.2 控制器的型式

4.2.1 极数

——二极断路器用控制器；

——三极断路器用控制器；

——四极断路器用控制器。

4.2.2 配套用断路器型式

——万能式断路器用控制器；

——塑料外壳式断路器用控制器。

4.3 配套断路器的额定值

指与控制器相配套的断路器额定工作电流(I_n)。

4.4 控制器的功能

4.4.1 概述

控制器的基本保护功能是必备功能，其他功能由制造商根据条件配置。

4.4.2 基本保护功能

——过载长延时保护；

——短路短延时保护；

——短路瞬时保护。

注：控制器至少应具有上述一种基本保护功能。

4.4.3 附加保护功能

本标准推荐的附加保护功能如下，制造商也可增加其他新的附加保护功能。

——接通电流脱扣保护；

——接地故障保护；

——剩余电流保护；

——电流不平衡保护；

——中性极过电流保护；

——电压不平衡保护；

——过电压保护；

——欠电压保护；
——热记忆功能；
——频率(最大、最小)保护；
——相序保护；
——逆功率保护；
——区域选择性联锁；
——试验功能；
——自诊断功能；
——温度保护功能。

4.4.4 输入输出功能

——有触点输入/输出(例如用于负载监控的继电器输出)；
——无触点输入/输出。

4.4.5 测量功能

——电压测量；
——电流测量；
——有功功率测量；
——无功功率测量；
——视在功率测量；
——功率因数测量；
——频率测量；
——谐波分析；
——需用量测量(如需用功率、需用电流)。

4.4.6 通信功能

——采用 Modbus 协议通信；
——采用 DeviceNet 协议总线通信；
——采用 Profibus-DP 协议总线通信；
——采用工业以太网或其他通信协议通信。

4.4.7 扩展功能(事件和记录功能)

——事件记录；
——故障录波；
——电能量监视；
——其他扩展功能。

4.5 辅助电源

——AC：220(230)V、380(400)V；
——DC：24 V、48 V、110 V、220 V；
——其他电源。

4.6 整定操作方式

——采用旋钮整定；
——采用按键整定；
——采用其他整定。

4.7 显示方式

——面板刻度指示；
——数码管显示；

——液晶显示；
——其他显示方式。

5 产品数据和资料

5.1 控制器标志

每台控制器应以清晰、耐久的方式标志以下的内容：

a) 制造商名称或商标；
b) 型号或系列号；
c) 额定工作电压；
d) 配用的断路器的型号；
e) 配用的断路器的额定电流；
f) 整定电流调节范围；
g) 额定频率值(或范围)(例如 50 Hz)；
h) 接线端子或接线端头标志或编号；
i) 接线图。

上述标志中

——b)、c)、e)、f)、g)、h)标志应位于控制器的本体上，或按配套断路器制造商的要求；
——a)、b)、c)、d)、e)、f)、g)、h)、i)标志在制造商出版的资料中。

6 正常工作、安装及运输条件

GB 14048.1—2006 中第 6 章适用并补充如下。

6.1 工作环境温度

控制器正常工作的环境温度为−5 ℃～+40 ℃。

6.2 安装类别

控制器安装类别应与配套的断路器的安装类别相匹配。

6.3 污染等级

除非制造商另有规定，控制器应能在污染等级为 3 的环境条件下正常工作。

6.4 运输和贮存条件

控制器应能承受下列在运输和贮存过程中可能发生的极限温度，其性能不应发生不可逆的变化。

极限温度范围：−25 ℃～+85 ℃。

如果运输和贮存条件超出上述范围时，应由用户与制造商协商。

6.5 安装条件

控制器的安装使用位置及安装方式应与配套的断路器匹配。

7 结构和性能要求

7.1 一般要求

7.1.1 控制器应操作灵活，状态转换可靠，面板指示(文字、图形和符号)和屏幕显示应清晰、正确。

7.1.2 控制器金属件不应有裂纹、麻点、镀层脱落等现象，塑料件表面应平整、光洁、无气泡、裂纹、划痕等缺陷。

7.1.3 控制器标牌的商标、型号和技术数据等应以清晰、耐久的方式标识。

7.1.4 控制器线路板组件应采取涂层保护或其他更好的方式，以达到绝缘要求。

7.2 结构要求

7.2.1 控制器的爬电距离和电气间隙应符合 GB 14048.1—2006 中表 13 和表 15 有关规定确定。线路板的爬电距离和电气间隙,按 GB/T 16935.3—2005 中表 1 的规定。

7.2.2 控制器的绝缘材料应能承受 650 ℃的着火危险试验。

7.2.3 控制器绝缘材料的相比电痕化指数不小于 100。

7.2.4 控制器组件的外形尺寸和安装方式应和所配套的断路器良好配合。

7.2.5 控制器接线端子的结构应保证良好的电接触和预期的载流能力,其所有的接触部件和载流部件都应由导电良好的金属制成,并应有足够的机械强度。

7.3 电气性能要求

7.3.1 温升

控制器的温升应符合 GB 14048.2—2008 中 7.2.2 的要求,并补充规定如下:

控制器单独进行温升试验时,考虑断路器温升的影响,控制器接线端子和易接近部件的温升极限值应符合表 1 的要求。

表 1 接线端子和易接近部件的温升极限值

部件名称[a]	温升极限值/K
与外部连接的接线端子	60
人力操作部件:	
——金属零件;	10
——非金属零件。	15
可触及但不是手握的部件:	
——金属零件;	20
——非金属零件。	30
正常操作时无需触及的部件:	
——金属零件;	30
——非金属零件。	40
[a] 除上述所列部件外,对其他部件不作温升规定,但以不引起相邻绝缘部件损坏为限。	

7.3.2 介电性能

控制器各部件应能承受表 2 规定的工频试验电压,试验时间为 1 min,试验过程中应无绝缘击穿或闪络现象。常规试验时施加电压的时间为 1 s。

表 2 控制器的介电性能

单位为伏特

部件名称	工频试验电压值(交流有效值)	额定绝缘电压 U_i
所有输入端子对控制器外壳;辅助电源端子对其他输入端;互感器对主回路	1 500	$60<U_i\leqslant300$
	1 890	$300<U_i\leqslant690$
	2 000	$690<U_i\leqslant800$
	2 200	$800<U_i\leqslant1\,000$
注:如被试电路之间有电压吸收器件,试验时可断开。		

7.3.3 操作条件

7.3.3.1 无辅助电源的情况下,主电路所有相电流不小于 $0.4I_n$ 时,控制器应能可靠工作,且必须能实现基本保护功能;主电路所有相电流小于 $0.4I_n$ 时,控制器不应误动作。

7.3.3.2 控制器具有通信或显示等功能时,或负载电流小于一定值时,为保证工作稳定性可采用辅助电源作为控制器的供电电源。这种情况下,辅助电源电压在 $85\%U_e\sim110\%U_e$ 范围内,控制器应可靠工作。

7.3.3.3 如果控制器具有脱扣试验功能,连续进行 5 次脱扣操作试验,控制器应能可靠驱动断路器分断。

7.4 控制器的功能要求

控制器的基本保护功能是指断路器的基本保护要求，包括过载长延时、短路短延时和短路瞬时保护三种保护特性。控制器可以选择其中的一项或几项作为自身的基本保护特性，但基本保护特性必须满足本标准及 GB 14048.2—2008 的相关技术要求，且应能在 7.3.3.1 的条件下可靠工作。

在不影响基本保护功能的情况下，控制器可以增加其他功能，如附加保护功能、输入输出功能、测量功能、扩展功能、显示功能、通信功能和区域选择性联锁等。

7.4.1 基本保护功能

在低压断路器的基本保护中，瞬时保护优先于短延时保护，短延时保护优先于过载长延时保护。对于每个保护功能，必须明确给出以下特征参数：

——保护特性的类型：定时限、反时限、瞬时；

——保护电流的整定范围；

——延时时间的整定范围；

——时间/电流特性曲线（可以用公式和/或符合 GB 14048.1—2006 中 4.8 注释要求的曲线来描述）；

——延时时间的误差范围。

在描述整定参数的范围时，可以采用公式或表格等形式表示。

7.4.2 附加功能

控制器的附加功能要求指控制器按特定功能和用途，由制造商自行选择增加的功能要求。

7.4.2.1 附加保护功能

制造商在说明附加保护功能时，推荐使用如下特征参数对其特性进行描述：

——保护特性的类型：定时限、反时限、瞬时；

——动作阈值的整定范围；

——返回阈值（如果有）的整定范围；

——时间/保护特征量特性曲线；

——延时时间的误差范围。

附加保护功能的动作方式可设计成脱扣和/或报警。

7.4.2.2 输入输出功能

制造商应在控制器资料中说明输入/输出功能以下特征：

——用途；

——输入/输出信号的型式（如方波、正弦波、持续电平等）；

——信号的电压/电流等级；

——与外部系统的连接方式和要求，推荐采用图示法；

——其他需要说明的情况。

7.4.2.3 测量功能

制造商应在控制器资料中明确测量功能的以下特征：

——测量参数的名称、单位；

——测量的量程和误差范围；

——测量结果的表达方式（如数字、曲线或其他形式）；

——测量方法（需要的情况下）。

7.4.2.4 扩展功能

制造商应在控制器资料中明确扩展功能的种类、特性等。

7.4.2.5 显示功能

控制器无论采用何种显示方式，显示内容出现的术语、符号均应优先采用 GB 14048.1—2006、GB 14048.2—2008 和 GB/T 2900.18—2008 中规定的术语和符号。上述标准未规定的术语和符号，制造商应在资料中加以说明。

7.4.2.6 **通信功能**

实现通信功能时，优先选用国际、国内的标准通信协议。如果采用自定义协议，必须参考 ISO 模型对网络各层的特性予以详细说明。

7.5 **控制器的基本保护功能的保护特性**

7.5.1 **控制器的过载保护特性**

过载长延时保护推荐采用反时限保护方式，其时间-电流特性曲线描述如下：

$$t=\frac{K}{n^{\alpha}-\beta}\times t_R;n=\frac{I}{I_R}$$

式中 t_R 为过载长延时整定时间，I_R 为过载长延时脱扣整定电流，K、α、β 均为常数，制造商可自行定义以上参数的具体值、精度或范围。

对于 α，推荐采用值：0.02、0.5、1.0、2.0、4；

对于 β，推荐在 0～1.15 之间(包含两端值)。

过载长延时保护应符合 GB 14048.2—2008 的 7.2.1.2.4 中表 6 规定的要求。过载保护整定值调节范围、保护特性及误差范围的一种示例参见附录 A 表 A.1，其中，α 为 2，β 为 0，K 为 2.25。

7.5.2 **控制器短延时保护特性**

短路短延时保护可以采用定时限或反时限特性曲线。推荐采用曲线描述如下：

——定时限特性：$t=K\times t_{sd}$

——反时限特性：$t=\frac{K}{n^2}\times t_{sd};n=\frac{I}{I_R}$

式中 t_{sd} 为短路短延时整定时间，K 为常数，制造商可自行定义以上参数的具体值、精度或范围。

当控制器采用反时限保护特性时，其特性曲线应充分考虑 GB 14048.1—2006 中定义 2.4.27 注的要求。即当上述公式中的 n 达到较大值时，控制器按定时限方式动作。短路短延时保护整定值调节范围、保护特性及误差范围的一种示例参见附录 A 表 A.1，其中，对于定时限，K 为 1；对于反时限，K 为 64。

7.5.3 **控制器短路瞬时保护特性**

瞬时脱扣电流产生时，控制器除自身固有的动作时间外，使断路器无任何人为延时脱扣的保护。

控制器短路瞬时保护特性其整定值调节范围、保护特性及误差范围的一种示例见附录 A 表 A.1。

7.6 **附加保护功能的特性**

7.6.1 **接通电流脱扣保护特性**

控制器的接通电流脱扣保护功能仅在断路器合闸时起作用。如电流超过保护动作值时，控制器瞬时脱扣。该功能在断路器闭合后自动退出。

该功能必须能在控制器无辅助电源的情况下实现。试验时不接辅助电源，断路器的动作时间应小于 200 ms(包括断路器固有分断时间)，动作电流的设定值一般应大于等于短延时保护的电流整定值。

7.6.2 **控制器的接地故障保护特性**

接地故障保护可以采用定时限或反时限特性曲线。推荐采用曲线描述如下：

——定时限特性：$t=K\times t_g$

——反时限特性：$t=\frac{K}{n^2}\times t_g;n=\frac{I}{I_n}$

式中 t_g 为接地故障延时整定时间，K 为常数，制造商可自行定义以上参数的具体值或范围。

控制器接地故障保护特性的整定值调节范围、保护特性及误差范围的一种示例可参见附录 A 表 A.1，其中，对于定时限和反时限，K 都为 1。

7.6.3 **控制器的剩余电流保护特性**

额定剩余动作电流优先值为：0.006 A，0.01 A，0.03 A，0.1 A，0.3 A，0.5 A，1 A，3 A，5 A，10 A，

30 A。其动作特性可分为非延时型和延时型二种，非延时型的剩余电流保护特性应符合 GB 14048.2—2008 附录 B 中表 B.1 的要求；延时型在 $2I_{\Delta n}$ 时的极限不驱动时间的优选值为：0.06 s，0.1 s，0.2 s，0.3 s，0.4 s，0.5 s，1 s，其动作特性应符合 GB 14048.2—2008 附录 B 中 B.4.2.4.2.2 的要求。

剩余电流动作保护可设为故障断开或故障报警。

7.6.4 控制器的电流不平衡保护特性

电流不平衡保护是针对断相、负载不平衡等状况设计的保护功能，控制器的动作方式可以是脱扣或报警。保护特性整定范围、整定值、动作特性及误差范围的推荐值见表 3，制造商也可采用其他的整定值及更小的误差范围。

表 3 电流不平衡保护特性

整定范围		电流不平衡/整定值	动作特性	动作时间误差范围
动作阈值	5%～60%	≤0.9	不动作	±10%
		≥1.1	动作	
动作延时	1 s～40 s	≥1.1	定时限特性	
返回阈值[a]	5%～动作阈值	≥1.1	不返回	
		≤0.9	返回	
返回延时	10 s～200 s	≤0.9	定时限特性	

[a] 仅当动作方式为“报警”时，才有此设定值。

7.6.5 控制器的中性极过电流保护特性

在应用时中性极所用的电缆及电流特性和其他三相常常有很大差别，根据配电系统的特性及不同的保护要求，中性极需要过电流保护时，可采用如下几种整定值：

a) $0.5I_n$；

b) I_n；

c) $1.5I_n$ 或 $2I_n$。

控制器的中性极过电流保护特性可参见附录 A 表 A.1 的过载长延时、短路短延时和短路瞬时保护特性。

7.6.6 控制器的电压不平衡保护特性

电压不平衡保护是针对三相电压不平衡状况设计的保护功能，控制器的动作方式可以是脱扣或报警。保护特性整定范围、整定值、动作特性及误差范围的推荐值见表 4，制造商也可采用其他的整定值及更小的误差范围。

表 4 电压不平衡保护特性

整定范围		电压不平衡/整定值	动作特性	动作时间误差范围
动作阈值	2%～30%	≤0.9	不动作	±10%
		≥1.1	动作	
动作延时	0.2 s～60 s	≥1.1	定时限特性	
返回阈值[a]	2%～动作阈值	≥1.1	不返回	
		≤0.9	返回	
返回延时	0.2 s～60 s	≤0.9	定时限特性	

[a] 仅当动作方式为“报警”时，才有此设定值。

7.6.7 控制器的过电压保护特性

过电压保护是针对线路出现过电压状况设计的保护功能，控制器的动作方式可以是脱扣或报警。

保护特性整定范围、整定值、动作特性及误差范围的推荐值见表5,制造商也可采用其他的整定值及更小的误差范围。

表5　过电压保护特性

整定范围		电压实际值/整定值	动作特性	动作时间误差范围
动作阈值	$1.15U_e \sim 1.3U_e$	≤0.9	不动作	±10%
		≥1.1	动作	
动作延时	1 s～5 s	≥1.1	定时限特性	
返回阈值[a]	$1.15U_e$～动作阈值	≤0.9	返回	
		≥1.1	不返回	
保护返回延时	1 s～36 s	≤0.9	定时限特性	

[a] 仅当动作方式为“报警”时,才有此设定值。

7.6.8　控制器的欠电压保护特性

欠电压保护是针对线路出现欠电压状况设计的保护功能,控制器的动作方式可以是脱扣或报警。保护特性整定范围、整定值、动作特性及误差范围的推荐值见表6,制造商也可采用其他的整定值及更小的误差范围。

表6　欠电压保护特性

整定范围		电压实际值/整定值	动作特性	动作时间误差范围
动作阈值	$0.35U_e \sim 0.70U_e$	<0.9	动作	±10%
		>1.1	不动作	
动作延时	1 s～5 s	≤0.9	定时限特性	
返回阈值[a]	动作阈值～$0.85U_e$	<0.9	不返回	
		>1.1	返回	
保护返回延时	1 s～36 s	≥1.1	定时限特性	

[a] 仅当动作方式为“报警”时,才有此设定值。

7.6.9　控制器的热记忆功能

控制器在过载反时限或短延时反时限动作时具有热记忆功能。

制造商应明确规定各种保护的热记忆恢复时间,如长延时热记忆的恢复时间可以是:30 min、20 min、10 min。短延时的恢复时间可以是:15 min、10 min、5 min。在规定的热记忆时间内,能量按一定规律衰减释放结束,在此时间内再出现同类故障,则故障延时动作时间按衰减剩余的能量相应缩短。

推荐按照电器散热方程对热量进行衰减,但不排斥其他方法。

注:控制器断电后能量自动释放。

7.6.10　控制器的最大、最小频率保护特性

控制器频率保护以电压频率为基准,对频率超过极限范围时进行保护,控制器的动作方式可以是脱扣或报警。本标准只针对50/60 Hz配电系统,其他频率在考虑中。保护特性整定范围、整定值、动作特性及误差范围的推荐值见表7,制造商也可采用其他的整定值及更小的误差范围。

表 7　最大、最小频率保护特性

类　型	整定范围		频率实际值	动作特性	动作时间误差范围
最大频率保护	动作阈值	50.0 Hz～65.0 Hz	≤阈值－1 Hz	不动作	±10%
			≥阈值＋1 Hz	动作	
	动作延时	0.2 s～5.0 s	≥阈值＋1 Hz	定时限特性	
	返回阈值[a]	45.0 Hz～动作阈值	≤阈值－1 Hz	返回	
			≥阈值＋1 Hz	不返回	
	返回延时	1 s～360 s	≤阈值－1 Hz	定时限特性	
最小频率保护	动作阈值	45.0 Hz～60.0 Hz	≤阈值－1 Hz	动作	
			≥阈值＋1 Hz	不动作	
	动作延时	0.2 s～5.0 s	≤阈值－1 Hz	定时限特性	
	返回阈值[a]	动作阈值～60.0 Hz	≤阈值－1 Hz	不返回	
			≥阈值＋1 Hz	返回	
	返回延时	1 s～360 s	≥阈值＋1 Hz	定时限特性	

[a] 仅当动作方式为"报警"时，才有此设定值。

7.6.11　控制器的相序保护特性

控制器的相序保护以电压相序为基准，当控制器检测相序与相序保护设定方向相反时，动作方式可以是脱扣或报警，推荐采用定时限延时，时间 0.3 s 或按制造商的规定。一旦缺相，控制器应立即禁止该功能。

7.6.12　控制器的逆功率保护特性

控制器的逆功率保护以有功功率为基准，当它检测到的三相总有功功率的流向与用户设定功率方向相反并大于设定值时，控制器的动作方式可以是脱扣或报警。保护特性整定范围、整定值、动作特性及误差范围的推荐值见表 8，制造商也可采用其他的整定值及更小的误差范围。

表 8　逆功率保护特性

整　定　范　围		有功功率实际值/整定值	动作特性	动作时间误差范围
动作阈值	[a]	≤0.9	不动作	±10%
		≥1.1	动作	
动作延时	0.2 s～20 s	≥1.1	定时限特性	
返回阈值[b]	[a]～动作阈值	≤0.9	返回	
		≥1.1	不返回	
返回延时	1 s～360 s	≤0.9	定时限特性	

[a] 由制造商自定。

[b] 仅当动作方式为"报警"时，才有此设定值。

7.6.13　控制器的区域选择性联锁(ZSI)功能

控制器的区域选择性联锁(ZSI)功能用于多极串联断路器之间短路短延时保护和接地故障保护的选择性配合。通过下级断路器控制器的区域联锁输出端与上级断路器控制器的区域联锁输入端连接实现上下级断路器的区域联锁。

具有区域选择性联锁(ZSI)功能的控制器按照如下规律实现选择性配合。

一旦控制器检测到短路或接地故障,立即发送一个联锁信号到相邻的上级控制器。此刻如果本级控制器收到相邻下级的联锁信号,则启动预置的延时,反之瞬时脱扣。相邻的上级控制器如果也检测到短路或接地故障且接收到本级的联锁信号,则启动预置的延时;如果相邻的上级控制器只检测到故障而没有收到本级的联锁信号,则瞬时脱扣。

7.6.14 控制器的试验功能

控制器的试验功能主要用于验证控制器与断路器之间配合的有效性。推荐采用瞬时脱扣方式,如果符合 7.3.3.3 的要求,则说明控制器与断路器之间的配合有效。

7.6.15 控制器自诊断功能

控制器可具有自诊断功能,对系统关键部件、组件的实时故障检测并报警。推荐的自诊断功能,例如开机自检、脱扣线圈断线、断路器拒动、互感器断线或其他故障时能显示相应的出错信息,同时可发出报警信号。

7.6.16 控制器的温度保护功能

控制器的温度保护功能用于防止温度超出正常范围时可能造成的误脱扣或永久性故障。当控制器温度超过一定值时,控制器应能作相应处理,例如显示温度并报警(控制器仍然能够正常工作),或显示温度并脱扣(此时控制器不能保证正常工作)。该温度值以及检测位置、处理方式由制造商的具体产品标准中规定。

7.7 控制器的负载监控功能

控制器的负载监控功能是一种用于过负荷情况下保障重要负荷持续供电的保护措施。可以通过检测电流或功率的方式实现,控制器的动作方式可以是报警或卸载/重合闸。

当本级控制器检测到电流或功率超过整定值时,启动保护功能,直接切断下级次要负荷的供电或通过报警方式提示相关人员需要切断次要负荷,其延时过程称为卸载延时。当电流或功率小于整定值时,控制器退出保护,恢复下级次要负荷供电或提示相关人员可以恢复下级次要负荷供电,其延时过程称为重合闸延时。控制器负载监控方式、整定范围、整定值、动作特性及误差范围的推荐值见表 9 和表 10,制造商也可采用其他的整定值及更小的误差范围。

7.7.1 电流方式的负载监控保护特性

电流方式的负载监控保护的卸载延时采用与过载长延时相同形式的特性曲线,但电流和时间整定值不同。重合闸延时一般采用定时限方式。

表 9 电流方式负载监控保护特性

整定范围		电流实际值/整定值	动作特性	动作时间误差范围
卸载阈值	$(0.4\sim1.0)I_R$	≤0.9	不动作	±10%
		≥1.1	动作	
卸载延时	$(0.2\sim0.8)t_R$	≥1.1	7.5.1 的公式	
重合闸阈值	$0.2I_R$~卸载阈值	≤0.9	返回	
		≤1.1	不返回	
重合闸延时	10 s~600 s	≤0.9	定时限特性	

7.7.2 功率方式的负载监控保护特性

功率方式的负载监控可以以三相总有功功率或总视在功率为基准,制造商必须在资料中申明。

表 10 功率方式负载监控保护特性

整定范围		有功功率实际值/整定值	动作特性	动作时间误差范围
卸载阈值	[a]	≤0.9	不动作	±10%
		≥1.1	动作	
卸载延时	10 s～3 600 s	≥1.1	定时限特性	
重合闸阈值	[a]～卸载阈值	≤0.9	返回	
		≤1.1	不返回	
重合闸延时	10 s～3 600 s	≤0.9	定时限特性	

[a] 由制造商自定。

7.8 控制器的显示功能

控制器的显示功能用于人机交互的信息显示；具体形式、内容由制造商确定；但应确保显示内容的准确性、标准化；尽量消除晦涩难懂和容易误读的显示形式和内容。

本标准推荐在控制器设计允许的情况下显示下列内容：

——实时显示控制器、断路器运行状态下的各种工况参数、状态；

——完成所有人工操作状态下的显示。

7.8.1 控制器的测量参数范围及显示精度

控制器的测量参数量程及误差范围的推荐值见表 11。

表 11 测量参数量程及误差范围

测量的参数	量 程	误差范围
电流 I_1、I_2、I_3、I_N	$0.4I_n$～$1.5I_n$	测量范围的±2%
接地故障电流 I_g	$0.2I_n$～I_n	测量范围的±2%
线电压 U_{12}、U_{23}、U_{31}	(30%～120%)额定线电压	测量范围的±1%
相电压 U_{1N}、U_{2N}、U_{3N}	(30%～120%)额定相电压	测量范围的±1%
线电压的当前平均 UL_{avg}	(30%～120%)额定线电压	测量范围的±1%
相电压的当前平均 U_{avg}	(30%～120%)额定相电压	测量范围的±1%
视在功率 SL_1、SL_2、SL_3	[a]	测量范围的±2.5%
总视在功率	[a]	测量范围的±2.5%
有功功率 PL_1、PL_2、PL_3	[a]	视在功率的±2.5%；($\cos\varphi>0.6$)
总有功功率	[a]	视在功率的±2.5%；($\cos\varphi>0.6$)
无功功率 QL_1、QL_2、QL_3	[a]	视在功率的±4%
总无功功率	[a]	视在功率的±4%
功率因数 $\cos\varphi L_1$、$\cos\varphi L_2$、$\cos\varphi L_3$	−0.6～1～+0.6	±0.04
总功率因数	−0.6～1～+0.6	±0.04
频率	45 Hz～65 Hz	±0.1 Hz

[a] 由制造商自定。

7.8.2 控制器的动作电流误差范围

控制器的动作电流误差范围的推荐值见表 12。

表 12 动作电流误差范围

动 作 类 别	电流误差范围	
	高 精 度	一 般 精 度
过载长延时	±5%	±10%
短延时(包括定时限和反时限)	±5%	±10%
短路瞬时	±10%	±15%
接地故障	±5%	±10%

7.9 控制器的通信功能

控制器可具有通信功能,根据相应的通信协议(Modbus、DeviceNet、Profibus 等),可实现通信数据传输及控制功能。

测量参数可包括:三相电流、接地/剩余电流、三相电流不平衡率、三相线电压/相电压、频率、功率因数、有功功率等。

控制参数可包括:控制器的各种保护电流值、时间值、通信参数、区域联锁、合闸指令、分闸指令等;状态参数可包括:合/分、故障信息、储能位置、断开/连接/试验位置等。

7.10 控制器的电磁兼容(EMC)特性

控制器的电磁兼容性能应符合 GB 14048.2—2008 中附录 F 和附录 J 的要求。

验证控制器抗扰度性能的试验见 8.9.1。

验证控制器电磁发射的试验见 8.9.2。

7.11 耐干热性能

控制器的耐干热性能应符合 GB 14048.2—2008 附录 F 中 F.7 的规定,即试验在规定的环境温度下,通以断路器壳架等级的最大额定电流持续运行 168 h。试验后控制器应符合 7.5.1 规定。

7.12 耐湿热性能

控制器的耐湿热性能应符合 GB 14048.2—2008 附录 F 中 F.8 的规定,即在高温温度为+55 ℃,周期数 6 昼夜的交变湿热中试验。试验后,控制器应符合 7.5.1 规定。

7.13 在规定变化率下的温度变化循环

控制器在规定变化率下的温度变化循环下应符合 GB 14048.2—2008 附录 F 中 F.9 的规定,即在温度变化时温度上升和下降应为(1±0.2)K/min,温度一旦达到,至少应维持 2 h。循环数应为 28,期间控制器不发生误动作。试验后,控制器应符合 7.5.1 规定。

7.14 额定极限短路分断能力

控制器应能通过 GB 14048.2—2008 中 8.3.5 额定极限短路分断能力试验,试验时控制器应能可靠动作以使断路器脱扣。试验后,控制器应符合 7.5.1 规定。

8 试验方法

除另有规定外,控制器应安装在大气中,在任何合适温度下进行试验,控制器试验可单独试验也可与配套断路器一并进行,试验电流可以用实际电流,亦可经隔离变压器输出的模拟电压信号、或标准电流发生器等方法生成的信号进行试验。

带通信功能的控制器按正常使用条件连接辅助电源。通过专用的通信接口与上位机连接,或通过专用的通信适配器与现场总线系统连接。用上位机相关测试软件(如 Modbus 串口调试工具)或现场总线中的测试站(见 GB/T 18858.3—2002 中图 49 的测试配置)对控制器通信及监视通信信号。

8.1 一般检查

8.1.1 目测控制器的金属件和塑料件应符合 7.1.2 规定要求。

8.1.2 目测控制器的标牌应符合 7.1.3 规定要求,控制器工作后检查控制器的设定参数及功能应和技术数据标牌一致。

8.1.3　目测控制器的线路板组件应有涂层保护或其他合适的保护。

8.1.4　用手操作控制器旋钮或轻按各按键，操作应灵活可靠，同时目测指示灯、数码管或显示屏(适用时)应正常显示，无乱闪、发暗或不亮等现象。

8.2　结构检查

8.2.1　爬电距离和电气间隙测量

按 GB 14048.1—2006 中附录 G 进行测量，应符合 7.2.1 的要求。

8.2.2　绝缘材料着火危险试验

按 GB 14048.1—2006 中 8.2.1.1 进行，应符合 7.2.2 的要求。

8.2.3　绝缘材料相比电痕化指数测定

按 GB/T 4207 进行试验，应符合 7.2.3 的要求。

8.2.4　与断路器安装配合性能验证

按制造商的说明书将控制器与和配套的断路器进行安装配合验证，应能正确安装，断路器应能正常操作和复位，并无卡死和滑扣现象。操作试验装置或对断路器主电路通以脱扣电流，控制器应能使断路器正常脱扣。

8.3　电气特性试验

8.3.1　温升试验

按 GB 14048.1—2006 中 8.3.3.3 进行试验，测量本标准表 1 规定的各部位的温升。

控制器单独试验时温升极限应符合本标准表 1 的规定，控制器与断路器一起试验时温升极限应符合 GB 14048.2—2008 表 7 的规定。

8.3.2　介电性能试验

按 GB 14048.1—2006 中 8.3.3.4 进行试验，试验电压和部位按本标准表 2 的规定。

8.3.3　操作条件试验

按 7.3.3 要求进行试验。

8.4　基本保护特性试验

控制器的基本保护特性必须用实际电流进行试验。

下列试验是对附录 A 推荐的特性曲线示例进行试验，制造商如规定了其他的特性曲线，则按相应的特性进行验证，但除了验证的参数不同外，验证的方法和要求应按下列的规定。

当控制器有几种保护特性曲线时，由制造商确定是否应对其余保护特性曲线进行试验。

8.4.1　过载保护特性试验

过载保护特性试验在断路器各极同时通电和每极独立通电情况下验证。

过载长延时动作电流整定值分别设定在下限值($I_R=0.4I_n$，但在每极独立通电时下限值应符合 GB 14048.2—2008 中 8.3.5 的规定)和上限值($I_R=1.0I_n$)。

验证过载长延时动作特性时，短延时和瞬时保护功能的电流整定值应设置为上限值或关闭。

如果动作时间可调，动作时间整定值应分别设定在制造商规定的最小值、最大值。然后各相线极分别通以 $1.05I_R$、$1.3I_R$、$2I_R$、$7.2I_R$(适用时)的试验电流，控制器的动作时间应符合制造商的规定的值，试验过程中控制器各种显示应符合 7.4.2.5 要求(适用时)。

如控制器具有过载热记忆功能，在每次试验前应全部释放热记忆。

8.4.2　短延时保护特性试验

短延时保护特性试验在断路器每极独立通电情况下验证。

短延时保护特性试验时设定长延时电流整定值 $I_R=1.0I_n$。

验证短延时动作特性时，瞬时保护功能的电流整定值应设置为上限值或关闭。

a)　验证反时限特性

试验时，短延时动作电流整定值设定在下限值($I_{sd}=1.5I_R$)，动作时间整定值应分别设定在0.1 s和0.4 s。分别通以$1.1\times1.5I_R$和$1.1\times8I_R$的试验电流，控制器的动作时间应符合附录A中短延时反时限特性曲线规定的要求(即$1.1\times1.5I_R$时为2.35 s或9.4 s，$1.1\times8I_R$时为0.1 s或0.4 s)。然后再通以$12I_R$的试验电流，控制器的动作时间应分别为0.1 s和0.4 s。

b) 验证定时限特性

试验时，短延时动作电流整定值设定在下限值($I_{sd}=1.5I_R$)，动作时间整定值应分别设定在0.1 s和0.4 s。分别通以$1.1\times1.5I_R$、$8I_R$和$12I_R$的试验电流，控制器的动作时间应分别为0.1 s和0.4 s。

重复上述试验，试验电流通以制造商规定的不脱扣持续时间，然后试验电流降到$0.9\times1.5I_R$持续到大于2倍的短延时时间，控制器不应动作。

接着，短延时动作电流整定值设定在上限值($I_{sd}=12I_R$)，动作时间整定值应分别设定在0.1 s和0.4 s。分别通以$1.1\times12I_R$试验电流，控制器的动作时间应分别为0.1 s和0.4 s。

再重复上述试验，试验电流通以制造商规定的不脱扣持续时间，然后电流降到$0.9\times12I_R$持续到大于2倍的短延时时间，控制器不应动作。

试验过程中控制器各种显示应符合7.4.2.5要求(适用时)。

8.4.3 短路瞬时保护特性试验

短路瞬时保护特性试验在断路器每极独立通电情况下验证，如有接地故障保护应关闭或使其不动作。

a) 瞬时动作电流整定值设定在下限值($I_i=2I_n$)，各相分别突加$0.85\times2I_n$试验电流，控制器的动作时间应符合附录A短路瞬时保护特性规定的要求，应在0.2 s内不动作；各相分别突加$1.15\times2I_n$试验电流，应在0.2 s内动作。

b) 瞬时动作电流整定值设定在上限值($I_i=15I_n$)，各相分别突加$0.85\times15I_n$试验电流，控制器的动作时间应符合附录A短路瞬时保护特性规定的要求，应在0.2 s内不动作；各相分别突加$1.15\times15I_n$试验电流，应在0.2 s内动作。

试验过程中控制器各种显示应符合7.4.2.5要求(适用时)。

8.5 控制器附加功能试验

8.5.1 接通电流脱扣保护特性试验

断路器闭合前电网已处在故障状态，在断路器闭合瞬间出现较大短路故障电流时(大于短延时的整定电流)，控制器无需辅助电源能使断路器瞬时断开。试验过程中控制器各种显示应符合7.4.2.5要求(适用时)。试验方法及试验条件可参照断路器短路试验的"CO"试验，但试验电流为规定的接通电流。

8.5.2 接地故障保护特性试验

验证接地故障保护特性时，其他保护功能设置为上限值或关闭，不应早于接地故障动作。示例可参照本标准附录A，也可按制造商提供其他数据进行验证。

a) 接地动作值测定。

接地动作时间设定在下限值0.1 s，动作值设定在下限值($I_g=0.2I_n$)，保护特性整定在定时限，任选一单相L1、L2、L3、N(如果有)单独测试(接地互感器通电流信号)通以$0.1I_n$，控制器在0.2 s内不应动作。通以$0.3I_n$，控制器在0.1 s内动作。其动作特性应符合7.6.2要求。

b) 接地定时限动作时间测定。

定时限延时时间设定在上限值0.4 s，动作值设定在上限值($I_g=I_n$)，任选一单相通以$0.9I_n$，控制器在0.8 s内不应动作。通以$1.1I_n$，测量控制器延时动作时间在0.4 s。特性应符合7.6.2要求。

c) 接地反时限动作时间测定。

延时时间设定在0.4 s，接地动作值I_g设定在下限值($I_g=0.2I_n$)，保护特性整定在反时限，任选一单相输入 1.1I_g 电流，控制器动作时间应大于 0.4 s。再输入 10I_g 电流，控制器在 0.4 s 内动作。动作特性应符合 7.6.2 要求。

d) 如果带有接地报警功能，应验证报警功能。

设定接地动作电流为 0.8I_n，任选一单相输入 0.9I_n 电流，控制器应在规定时间内报警。接着将试验电流调节至 0.7I_n，报警应自动复位。如果控制器带有接地故障报警信号输出功能，在试验时还应测定其输出端口的工作状态，输出端口应正常工作。

试验过程中控制器各种显示应符合 7.4.2.5 要求(适用时)。

8.5.3 剩余电流保护特性试验

验证剩余电流保护特性时，其他保护功能设置为上限值或关闭，试验方法见 GB 14048.2—2008 中附录 B 适用，并补充下列的要求：

a) 试验过程中控制器各种显示应符合 7.4.2.5 要求(适用时)；

b) 如果带有剩余电流报警功能，应验证剩余电流报警功能。

如果额定剩余动作电流可调，应整定在最小值。对控制器通以 $I_{\Delta n}$ 的试验电流，控制器应在规定时间内报警。接着将试验电流调节至 50%$I_{\Delta n}$，报警应自动复位。如果控制器带有剩余电流报警信号输出功能，在试验时还应测定其输出端口的工作状态，输出端口应正常工作。

8.5.4 电流不平衡保护特性试验

验证电流不平衡保护特性时，其他保护功能设置为上限值或关闭，不应早于电流不平衡动作。

a) 电流不平衡动作值测试：在整定范围内分别设定上限值和下限值，三相同时通 I_n 信号然后分别调节 I_1、I_2、I_3 相信号，直至不平衡延时报警或延时脱扣，记录电流值，按 2.1.3 中的公式计算电流不平衡率，其动作状况应符合表 3 规定。

b) 电流不平衡报警或动作时间测试：在整定范围内分别设定上限值和下限值，调好三相动作信号，突加信号至不平衡延时报警或延时脱扣，延时动作值误差应符合表 3 要求。

试验过程中控制器各种显示应符合 7.4.2.5 要求(适用时)。

8.5.5 中性极过电流保护特性试验

中性极过电流保护特性按 7.6.5 进行试验。

8.5.6 电压不平衡保护特性试验

验证电压不平衡保护特性时，其他保护功能设置为上限值或关闭，不应早于电压不平衡动作。

a) 电压不平衡动作值测试：在整定范围内分别设定上限值和下限值，三相同时通 U_e 信号然后分别调节 U_1、U_2、U_3 相信号，直至不平衡延时报警或延时脱扣，记录电压值，按 2.1.4 中的公式计算电压不平衡率，其动作状况应符合表 4 规定。

b) 电压不平衡报警或动作时间测试：在整定范围内分别设定上限值和下限值，调好三相动作信号，突加信号至不平衡延时报警或延时脱扣，延时动作值误差应符合表 4 要求。

试验过程中控制器各种显示应符合 7.4.2.5 要求(适用时)。

8.5.7 过电压保护特性试验

验证过电压保护特性时，其他保护功能设置为上限值或关闭，不应早于过电压动作。

a) 过电压保护动作电压整定值设定在下限 1.15U_e，动作时间整定值应分别设定在 1 s 和 5 s。通以 1.1×1.15U_e 的试验电压使控制器延时动作，延时动作值误差应符合表 5 要求。

重复上述试验，但试验电压通以制造商规定的不脱扣持续时间，然后试验电压降到 0.9×1.15U_e 持续到大于 2 倍的延时时间，控制器不应动作。

b) 过电压保护动作电压整定值设定在上限 1.3U_e，动作时间整定值应分别设定在 1 s 和 5 s。通以 1.1×1.3U_e 的试验电压使控制器动作，延时动作值误差应符合表 5 要求。

重复上述试验，但试验电压通以制造商规定的不脱扣持续时间，然后试验电压降到 0.9×1.3U_e 持续到大于 2 倍的延时时间，控制器不应动作。

试验过程中控制器各种显示应符合 7.4.2.5 要求(适用时)。

8.5.8 欠电压保护特性试验

验证欠电压保护特性时，其他保护功能设置为上限值或关闭，不应早于欠电压动作。

a) 欠电压保护动作电压整定值设定在下限 0.35U_e，动作时间整定值应分别设定在 1 s 和 5 s。通以 0.9×0.35U_e 的试验电压使控制器动作，延时动作值误差应符合表 6 要求。

重复上述试验，但试验电压通以制造商规定的不脱扣持续时间，然后试验电压升到 1.1×0.35U_e 持续到大于 2 倍的延时时间，控制器不应动作。

b) 欠电压保护动作电压整定值设定在上限 0.70U_e，动作时间整定值应分别设定在 1 s 和 5 s。通以 0.9×0.7U_e 的试验电压使控制器动作，延时动作值误差应符合表 6 要求。

重复上述试验，但试验电压通以制造商规定的不脱扣持续时间，然后试验电压升到 1.1×0.7U_e 持续到大于 2 倍的延时时间，控制器不应动作。

试验过程中控制器各种显示应符合 7.4.2.5 要求(适用时)。

8.5.9 热记忆功能测定

验证热记忆功能时，调节电流至控制器动作后，在 7.6.9 规定时间内，再次通同样故障电流，则反时限动作时间比第一次短。若断电复位或超过 7.6.9 规定时间，再通同样故障电流测定脱扣器延时动作时间应符合 7.5.1 和 7.5.2 要求。

8.5.10 最大、最小频率保护特性试验

本试验验证申明适用于多种频率的断路器脱扣特性。但不适用于额定频率仅为 50 Hz～60 Hz 的断路器。试验应在每个额定频率下进行或当申明适用于一系列频率时则在最低和最高频率下进行，其动作特性应符合 GB 14048.2—2008 附录 F 中 F.6 的要求。

8.5.10.1 最小频率保护特性试验

a) 最小频率保护动作频率整定值设定在下限 45 Hz，动作时间整定值应分别设定在 0.2 s 和 5 s。通以频率为 43 Hz 的试验电压使控制器动作，延时动作值误差应符合表 7 要求。

然后重复上述试验，但试验电压频率通以制造商规定的不脱扣持续时间，然后试验电压频率升到 47 Hz 持续到大于 2 倍的延时时间，控制器不应动作。

b) 最小频率保护动作频率整定值设定在上限 50 Hz，动作时间整定值应分别设定在 0.2 s 和 5 s。通以频率为 48 Hz 的试验电压使控制器动作，延时动作值误差应符合表 7 要求。

然后重复上述试验，但试验电压频率通以制造商规定的不脱扣持续时间，然后试验电压频率升到 52 Hz 持续到大于 2 倍的延时时间，控制器不应动作。

试验过程中控制器各种显示应符合 7.4.2.5 要求(适用时)。

8.5.10.2 最大频率保护特性试验

a) 最大频率保护动作频率整定值设定在下限 50 Hz，动作时间整定值应分别设定在 0.2 s 和 5 s。通以频率为 52 Hz 的试验电压使控制器动作，延时动作值误差应符合表 7 要求。

然后重复上述试验，但试验电压频率通以制造商规定的不脱扣持续时间，然后试验电压频率降到 48 Hz 持续到大于 2 倍的延时时间，控制器不应动作。

b) 最大频率保护动作频率整定值设定在上限 55 Hz，动作时间整定值应分别设定在 0.2 s 和 5 s。通以频率为 57 Hz 的试验电压使控制器动作，延时动作值误差应符合表 7 要求。

然后重复上述试验，但试验电压频率通以制造商规定的不脱扣持续时间，然后试验电压频率降到 53 Hz 持续到大于 2 倍的延时时间，控制器不应动作。

试验过程中控制器各种显示应符合 7.4.2.5 要求(适用时)。

8.5.11 相序保护特性测定

a) 相序保护动作整定值设定为 A、B、C，改变断路器输入端电压或电流任意两相的顺序，比如为 A、C、B，B、A、C 等，控制器应动作，延时动作时间应符合 7.6.11 的要求。

b) 相序保护动作整定值设定为 A、C、B，改变断路器输入端电压或电流任意两相的顺序，比如为 A、B、C，B、A、C 等，控制器应动作，延时动作时间应符合 7.6.11 的要求。

试验过程中控制器各种显示应符合 7.4.2.5 要求(适用时)。

8.5.12 **逆功率保护特性试验**

a) 逆功率保护动作的有功功率整定值设定在下限 $0.1P_n$(可由制造商自定),动作时间整定值应分别设定在 0.2 s 和 20 s,功率流向和用户设定的方向相反。通以数值为 $1.1\times0.1P_n$ 的试验有功功率使控制器动作,延时动作值误差应符合表 8 要求。

然后重复上述试验,但试验的有功功率通以制造商规定的不脱扣持续时间,然后试验的有功功率降到 $0.9\times0.1P_n$ 持续到大于 2 倍的延时时间,功率流向和用户设定的方向相反,控制器不应动作。

b) 逆功率保护动作的有功功率整定值设定在上限 $0.3P_n$(可由制造商自定),动作时间整定值应分别设定在 0.2 s 和 20 s,功率流向和用户设定的方向相反。通以数值为 $1.1\times0.3P_n$ 的试验有功功率使控制器动作,延时动作值误差应符合表 8 要求。

然后重复上述试验,但试验的有功功率通以制造商规定的不脱扣持续时间,然后试验的有功功率降到 $0.9\times0.3P_n$ 持续到大于 2 倍的延时时间,功率流向和用户设定的方向相反,控制器不应动作。

试验过程中控制器各种显示应符合 7.4.2.5 要求(适用时)。

注:P_n 由制造商自定。

8.5.13 **控制器区域选择性联锁(ZSI)功能试验**

控制器与配套断路器一起做试验时,各断路器根据区域选择性联锁试验接线图(图 1),选择三级联锁或四级联锁将断路器串联接在同一电路中,控制器之间区域选择性联锁信号线的长度由制造商自定,但在这一试验电路中的每个断路器控制器都要做试验。

在做试验前,试验电路中先不施加电流或不大于末级断路器(AC1)的 I_n 三相或单相电流先施加于试验电路中。

为了确保断路器与串联在同一试验电路中在短路条件下的配合,则需要考虑各台断路器各自的特性及它们连接在一起的性能,并按照 GB 14048.2—2008 中规定。

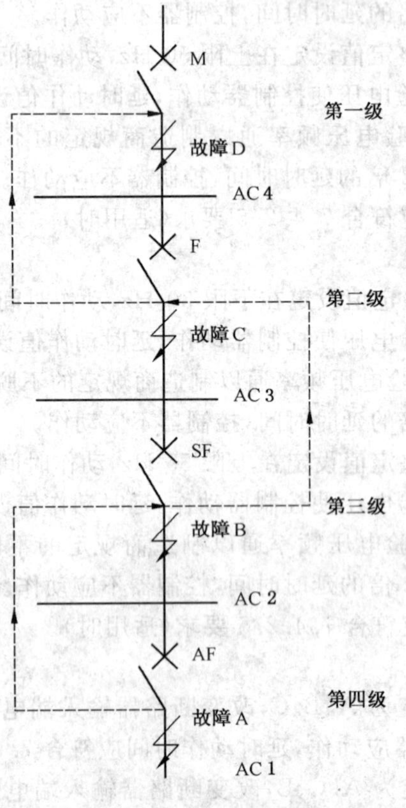

图 1 区域选择性联锁试验接线图

试验线路图见区域选择性联锁试验接线图 1，试验按如下进行：

a) 区域选择性联锁短路故障试验方法

验证区域选择性联锁短路故障保护功能时，其他保护功能设置为上限值或关闭，不应早于区域选择性联锁短路故障动作。在这一试验电路中区域选择性联锁设置应符合 $I_{sdAC4} \geqslant I_{sdAC3} \geqslant I_{sdAC2} \geqslant I_{sdAC1}$，$t_{sdAC4} > t_{sdAC3} > t_{sdAC2} > t_{sdAC1}$。

1) 短路故障电流（$\geqslant I_{sdAC4}$，下同）分别施加于某级断路器（AC1、AC2、AC3、AC4）上，验证被施加短路故障电流的这一级断路器瞬时分断，而其余各级断路器不分断；

2) 短路故障电流分别施加于某级断路器（AC2、AC3、AC4）上，验证被施加短路故障电流的断路器不动作时上级断路器延时分断，而剩下的各级断路器不分断；

3) 短路故障电流施加于末级断路器（AC1 或 AC2）上，验证被施加短路故障电流的末级断路器延时分断，而剩下的各级断路器不分断。

试验过程中控制器各种显示应符合 7.4.2.5 要求（适用时）。

b) 区域选择性联锁接地故障试验方法

验证区域选择性联锁接地故障保护功能时，其他保护功能设置为上限值或关闭，不应早于区域选择性联锁接地故障动作。在这一试验电路中区域选择性联锁设置应符合 $I_{gAC4} \geqslant I_{gAC3} \geqslant I_{gAC2} \geqslant I_{gAC1}$，$t_{gAC4} > t_{gAC3} > t_{gAC2} > t_{gAC1}$。

1) 接地故障电流（$\geqslant I_{gAC4}$，下同）分别施加于某级断路器（AC1、AC2、AC3、AC4）上，验证被施加接地故障电流的这一级断路器瞬时分断，而其余各级断路器不分断；

2) 接地故障电流分别施加于某级断路器（AC2、AC3、AC4）上，验证被施加接地故障电流的断路器不动作时上级断路器延时分断，而剩下的各级断路器不分断；

3) 接地故障电流施加于末级断路器（AC1 或 AC2）上，验证被施加短路故障电流的末级断路器延时分断，而剩下的各级断路器不分断。

试验过程中控制器各种显示应符合 7.4.2.5 要求（适用时）。

8.5.14 试验检查功能测定

按制造商提供要求进行相关试验。

8.5.15 自诊断功能测定

按制造商提供要求进行相关试验。

8.5.16 温度保护功能测定

温度保护功能按 7.6.16 进行测定。

8.6 负载监控功能测定

负载监控功能测定应结合制造商的具体产品标准要求进行，在测定负载监控功能时，单相试验时关闭接地功能，过载保护定值设于 I_n。

8.6.1 电流卸载

a) 卸载阈值整定值设定在下限 $0.4I_R$，卸载延时整定值设定在 $0.2t_R$；重合闸阈值整定值设定在 $0.2I_R$，重合闸延时整定值设定在 10 s。通以 $1.1\times0.4I_R$ 的试验电流使控制器在 $0.2t_R$ 后卸载，然后调整试验电流为 $0.9\times0.2I_R$，控制器应在 10 s 后使负载重合闸，延时动作值误差应符合表 9 要求。

b) 卸载阈值整定值设定在上限 $1.0I_R$，卸载延时整定值设定在 $0.8t_R$；重合闸阈值整定值设定在 $0.6I_R$，重合闸延时整定值设定在 600 s。通以 $1.1\times1.0I_R$ 的试验电流使控制器应在 $0.8t_R$ 后卸载；然后调整试验电流为 $0.9\times0.6I_R$，控制器应在 600 s 后使负载重合闸，延时动作值误差应符合表 9 要求。

试验过程中控制器各种显示应符合 7.4.2.5 要求（适用时）。

8.6.2 功率卸载

功率卸载测定按 8.6.1 电流卸载试验方法。

8.7 显示功能测定

显示功能测定结合 8.1、8.4、8.5、8.6、8.9～8.12 进行，在参数设定、试验、运行及故障查询、故障延时过程中及故障发生动作后等的各种状态时目测其指示和显示应符合 7.8 要求。

显示误差测量时采用标准 0.2 级以上功率信号源验证控制器的电压表、电流表、有功功率表、频率表和功率因数表功能，测量并计算其显示误差应符合 7.8.1 要求。

8.8 通信功能验证

传送数据正确，能进行参数设定，无任何出错信息或明显传输延迟；可采用专用监控管理软件，验证控制器的遥测、遥信、遥调、遥控的数据传输，应正确无误；在电磁兼容试验过程中，采用同样方法验证控制器的通信接口功能。

8.8.1 在常温(20±5)℃的条件下，控制器通信功能验证

通过 RS-485/RS-232 转换器与 PC 机(上位机)连接，设定控制器在网络控制状态下，用相关测试软件(如 Modbus 串口调试工具)进行通信测试，在试验过程中通信无故障。

8.8.2 控制器通信数据读取验证

主电路施加任何合适的试验电压和试验电流，上位机应能正确显示基本 I/O 数据以及相关设定参数。

改变控制器的参数设置，上位机应能迅速正确显示相应的数据变化。

8.8.3 控制器通信参数设定验证

通过上位机对控制器进行常规控制操作(如闭合和断开)，控制器能正确动作，并能正确返回动作特性数据。通过上位机对控制器进行各种保护参数的修改，控制器能快速修改并保存这些参数，并返回修改结果。对于所修改的保护参数可任选一个或几个进行特性验证，(如有必要可对其全部保护参数进行特性验证，并取代不可通信控制器产品的特性试验。特性试验方法和要求等同于同类型的不带通信功能的控制器产品)。

8.8.4 在极限温度下控制器通信功能验证

在－5 ℃和＋60 ℃的环境温度下重复 8.8.1 的试验，在试验过程中通信无故障。

8.9 控制器的电磁兼容（EMC）试验

对于控制器，在整个电磁兼容性试验过程中，设备按一般试验条件进行连线布置，如有通信功能和用到辅助电源在正常工作条件下进行通信时，控制器的电磁兼容性能应符合规定的要求。

对于抗干扰试验(8.9.1)每壳架等级，每种电流传感器结构形式的断路器都进行试验；匝数的改变在本标准中不看作不同的结构。

电流整定值 I_R 应调整到最小值。

短延时和瞬时保护的动作电流整定值(如适用)应调整到最小值，但不小于 2.5 倍 I_R。

EMC 试验应采用合适的试验电路进行，如下文规定，要考虑到缺相敏感特征。

对于带电子过电流保护的断路器，可认为脱扣特性相同，则试验按如下进行：

——多极断路器的一个相极；

——二极或三极串联；

——按三极连接。

注：这可以将不同试验顺序所要求的不同相极组成所得到的试验结果作比较。

对于配合剩余电流功能的断路器(亦可见 GB 14048.2—2008 中附录 B、附录 M)。

——在 8.9.1.4、8.9.1.5 和 8.9.1.7 情况下，试验在多极断路器每二极上进行避免由剩余电流引起脱扣。

——在 8.9.1.1 和 8.9.1.2 情况下，试验在任一相极组合下进行，由于剩余电流已避免，试验可长

达约定脱扣时间。

8.9.1 **抗扰度试验**

抗扰性试验采用下列判别标准：

——判别标准 A：当控制器按预期要求使用时，不允许性能有超过规定限度的退化。

保护特性：

第一步：断路器在 0.9 倍电流整定值时不应脱扣，同时监控功能（如具有时）应正确指示断路器的状态。

第二步：当负载在 2 倍电流整定值时，断路器应在制造商规定的时间电流特性的 0.9 倍最小到 1.1 倍最大值之内脱扣，同时监控功能（如具有时）应正确指示断路器的状态。

——判别标准 B：实际操作状态或存贮数据不允许改变。在试验过程中允许性能的退化，例如显示或控制屏暂时的信息可视的变化或丧失，暂时的通信干扰，可能有内部及外部装置的出错报告等。试验后，按预期要求使用时，不允许性能有超过规定限度的退化或功能丧失。

判别标准 A（试验过程中）和判别标准 B（试验后）的具体判别要求见表 13，根据不同的抗扰度试验，不允许出现表 13 中判别标准 A 或判别标准 B 规定的状况。

表 13 抗扰性试验判别标准

功能类型		判别标准 A	判别标准 B
任意模块		保护特性改变 出现意外操作 锁死 操作员干涉 损坏	保护特性改变 出现意外操作 锁死 操作员干涉 损坏
外部通信		节点离线	节点离线
内部通信	辐射，传导	＞1 次出错/10 次传送	
	快速瞬态群		＞1 次出错/10 次传送
	静电放电		锁死
	浪涌		锁死

控制器整套 EMC 抗扰度试验程序见表 14。

表 14 EMC-抗扰度试验

试验项目	参考标准	试验水平[a]			性能标准	安装	试验条件
		主回路	辅助电源	信号线			
谐波	GB/T 17626.13—2006		[b]		A	自由空气	通信联调
静电放电	GB/T 17626.2—2006		8 kV 接触放电 8 kV 空气放电		B	外壳 图 J.1	通信联调
射频电磁场辐射	GB/T 17626.3—2006		10 V/m		A	自由空气[c]	通信联调
电快速瞬变/脉冲群	GB/T 17626.4—2008	$U_e \geqslant 100$ V，A.C 或 D.C：4 kV	$U_e \geqslant 100$ V，A.C 或 D.C：4 kV $U_e < 100$ V，A.C 或 D.C：2 kV	信号端口：2 kV	B	外壳 图 J.1	通信联调

表 14（续）

试验项目	参考标准	试验水平[a]			性能标准	安 装	试验条件
		主回路	辅助电源	信号线			
浪涌	GB/T 17626.5—2008	U_e≥100 V，A.C： 4 kV 线—地 2 kV 线—线	(GB 14048.2—2008 中附录 F 和附录 N) 4 kV 线—线 (GB 14048.2—2008 中附录 B 和附录 M)[e] U_e<100 V，A.C： 2 kV 线—地 1 kV 线—线	2 kV 线—地 1 kV 线—线	B	外壳 图 J.1	通信试后验证
射频场感应的传导骚扰	GB/T 17626.6—2008	10 V			A	自由空气[c]	通信联调
电压暂降和中断	GB/T 17626.11—2008	[d]			B	自由空气	通信联调
电流暂降	[b]	[b]			A	自由空气	通信联调

a 规定的抗扰度水平一般高于 GB 14048.1—2006 的要求，以保证断路器电路保护功能更可靠。

b 在没有适合的基本标准情况下，对 GB 14048.2—2008 中附录 F 的电子过电流保护装置规定了专用的试验程序。

c 除非断路器指定仅用于专用单独外壳中，则在此情况下断路器应在此外壳中试验，包括外壳尺寸的细节应在试验报告中规定。外壳应按制造商的说明连接至接地板。

d 在没有适合的基本标准情况下，对 GB 14048.2—2008 中附录 B 的 CBR(功能与电源电压有关)和 GB 14048.2—2008 中附录 M 的 MRCD(功能与电源电压有关)规定了专用的试验程序和性能标准。这些试验不适用于 GB 14048.2—2008 中附录 F 的带电子过电流保护的断路器，但用电流暂降和中断试验来代替。

e 剩余电流装置的抗扰度水平较高，因为它们要履行安全功能。

8.9.1.1 谐波电流试验

按 GB 14048.2—2008 附录 F 中 F.4.1 进行试验。

8.9.1.1.1 概述

这些试验适合于那些电流传感器被制造商规定按有效值(r.m.s)采样的断路器。这应以有效值形式在断路器上标记或给予制造商资料中，或两者兼有。

试品应在自由空气中试验，除非它指定仅用于专用的外壳中，在这种情况下就应在外壳中试验，包括外壳尺寸的详情应载明于试验报告中。

试验应在额定频率时进行。

注：试验电流可由基于用晶闸管饱和电铁心构成的程序控制电源或其他相似的电源发出(见 GB 14048.2—2008 附录 F 图 F.1)。

8.9.1.1.2 试验电流

试验电流波形由下列方案 a)和方案 b)两种方案组成：

方案 a)二种波形成功应用：

——由基波和 3 次谐波构成的波形；

——由基波和 5 次谐波构成的波形。

方案 b)由基波 3 次、5 次和 7 次谐波分类组成的波形。

试验电流：

对方案 a)

3 次谐波和峰值系数试验：

——72%基波分量≤3 次谐波≤88%基波分量；

——峰值系数：2.0±0.2。

5 次谐波和峰值系数试验：

——45%基波分量≤5 次谐波≤55%基波分量；

——峰值系数：1.9±0.2。

对方案 b)：

试验电流，对每周期，由两个相等的半波构成，定义如下：

——电流导通时间，对每半波为≤21%周期；

——峰值系数：≥2.1。

注 1：峰值系数是电流峰值除以电流波有效值。对此相关公式见(GB 14048.2—2008 附录 F 中图 F.1)。

注 2：方案 b)的试验电流至少有基波的如下谐波成分：

3 次谐波>60%；

5 次谐波>14%；

7 次谐波>7%。

还可能出现高次谐波。

注 3：方案 b)的试验电流波形，例如由两个背对背的晶闸管产生(见 GB 14048.2—2008 附录 F 中图 F.1)

注 4：试验电流 $0.9I_R$ 和 $2.0I_R$(见性能标准 A)为合成波形的有效值。

8.9.1.1.3 试验方法

根据 GB 14048.2—2008 附录 F 中 F.4.1 连接试验回路。欠压脱扣器(如具有时)应通电或拆除，试验时所有的辅助装置应不连接。

验证对约定不脱扣(在 0.9 倍电流整定值)的干扰试验持续时间应为 10 倍于相当 2 倍电流整定值的脱扣时间。

8.9.1.1.4 试验结果

判别标准 A(见表 13)。

8.9.1.2 静电放电抗扰度试验

试验要求根据 GB/T 17626.2—2006，按下列方法每个极性应施加 10 次放电：

——对于非金属设备外壳采用空气放电，试验电压为±8 kV；

——对金属设备外壳采用接触放电，试验电压为±8 kV。

试验方法根据 GB 14048.2—2008 附录 J，特别是 J.2.2 适用外，补充以下：

直接和间接放电应和 GB/T 17626.2—2006 相一致，直接放电试验应在断路器的正常使用者可接触的部位，诸如整定装置、钥匙盘、显示器、按钮等上进行。试验点应载明于试验报告中。直接放电每极性 10 次，间隔≥1 s。间接放电应施于外壳表面上的选定点，在每一个选定点试验对每极性 10 次，间隔≥1 s。

判别标准 B(见表 13)。

8.9.1.3 射频电磁场辐射抗扰度试验

试验要求根据 GB/T 17626.3—2006 中规定，并在下述条件下进行：

——电流线路无电流，电流端开路；

——电压和辅助线路加参比电压；

——频率范围：80 MHz～2 000 MHz；

——严酷等级：3；

——试验场强：10 V/m。

试验方法根据试验分两步进行：第一步试品在全频率范围内进行误操作试验。第二步试品在各个频率内正确动作试验。

对第一步，频率应按 GB/T 17626.3—2006 第 8 章的要求在 80 MHz～1 000 MHz 和 1 400 MHz～2 000 MHz 范围内扫描，每一频率的调整载波的停顿时间在 500 ms～1 000 ms 之间。每步长为先前频率 1%。

对第二步，为了验证功能特征，试验在如下频率中挨个进行：80 MHz，100 MHz，120 MHz，180 MHz，240 MHz，320 MHz，480 MHz，640 MHz，960 MHz，1 400 MHz 和 1 920 MHz，在每一个频率磁场稳定后验证其动作。

判别标准 A(见表 13)。

8.9.1.4 电快速瞬变脉冲群抗扰度试验

试验要求根据 GB/T 17626.4—2008。

——在通信介质的电缆上使用电容耦合夹应施加最大为±2 kV、频率为 5 kHz 的试验电压；

——在控制器辅助电源上应施加最大为±4 kV、频率为 2.5 kHz 的试验电压；

——在互感器穿芯的主回路上应施加最大为±4 kV、频率为 2.5 kHz 的试验电压。

试验方法根据 GB 14048.2—2008 附录 J，特别是 J.2.4 适用。

根据 GB 14048.2—2008 附录 F 中 F.4.4 连接试验回路。

判别标准 A 适用。但是在试验期间监控功能(如不希望的 LED 灯亮)暂时改变是许可的，在该情况下，在试验后验证监控功能。对第二步，干扰应一直施加到断路器脱扣。

判别标准 B(见表 13)。

8.9.1.5 浪涌抗扰度试验

试验要求根据 GB/T 17626.5—2008。

——在控制器的交流辅助电源线与地之间施加 5 次最大为±2 kV 的浪涌电压；

——在控制器的交流辅助电源线之间施加 5 次最大为±1 kV 的浪涌电压；

——在控制器使用直流电源的按直流电源浪涌要求考核；

——在互感器穿芯的主回路线与地之间施加 5 次最大为±4 kV 的浪涌电压；

——在互感器穿芯的主回路线之间施加 5 次最大为±2 kV 的浪涌电压；

试验方法根据 GB 14048.2—2008 附录 J，特别是 J.2.5 适用。

根据 GB 14048.2—2008 附录 F 中 F.4.5 连接试验回路。

应对控制器辅助电源和控制器主回路施加正负两极性脉冲，相角为 0°或 90°。每极性和每相角各施加 5 个脉冲(脉冲总数：20)，两个脉冲之间间隔约 1 min。还可采用更短的时间间隔。

判别标准 B(见表 13)。

8.9.1.6 射频传导抗扰度试验

试验要求根据 GB/T 17626.6—2008。

——在 150 kHz～80 MHz 频率范围上有效值为 10 V 的调幅波。

试验方法根据 GB 14048.2—2008 附录 J，特别是 J.2.6 适用。

根据 GB 14048.2—2008 附录 F 中 F.4.6 连接试验回路。

判别标准 A(见表 13)。

8.9.1.7 电流暂降和中断试验

8.9.1.7.1 试验方法

根据 GB 14048.2—2008 附录 F 中 F.4.7 连接试验回路。

根据 GB 14048.2—2008 附录 F 中 F.4.7 施加试验电流。

每一个试验时间应在相应于 2 倍的电流整定值时最大脱扣时间的 3 倍～4 倍之间或 10 min，取较小者。

8.9.1.7.2 试验结果

判别标准A(见表13)。

8.9.2 发射试验

GB 14048.2—2008附录J.3适用。控制器的发射限值应符合下列要求。

8.9.2.1 射频辐射发射

控制器的射频辐射发射的限值应符合GB 14048.1—2006中表19环境2的辐射发射限值的要求(GB 4824中A级Ⅰ组的要求)。

8.9.2.2 射频传导发射

控制器的射频传导发射的限值应符合GB 14048.1—2006中表19环境2的传导发射限值的要求(GB 4824中A级Ⅰ组的要求)。

8.10 耐干热性能试验

根据GB 14048.2—2008附录F中F.7进行试验，本试验结合可靠性一起进行。

在40 ℃的环境温度下，按温升试验的要求，对控制器通以额定电流，四极断路器可对三个相线极通以试验电流，至温度稳定后，持续时间168 h。

a) 试验过程中，控制器如有通信功能，通信正常，数据不间断，不应有任何异常或死机、复位等和产品实际使用有出入的状况；

b) 试验后验证控制器基本功能。

断路器各极同时通以1.05倍整定电流在约定时间内不应动作，通以1.3倍整定电流应在1 h内动作。

8.11 耐湿热性能试验

根据GB 14048.2—2008附录F中F.8进行试验。

试验方法按GB/T 2423.4规定的试验Db进行。

试验严酷等级：温度上限为55 ℃±2 ℃；试验周期：6 d。

控制器在上述条件下进行试验，也可只对控制器在试验室中进行试验。

a) 试验过程中，控制器如有通信功能，通信正常，数据不间断，不应有任何异常或死机、复位等和产品实际使用有出入的状况；

b) 试验后验证控制器保护功能是否正常。

8.12 在规定变化率下的温度变化循环试验

根据GB 14048.2—2008附录F中F.9进行试验。

进行本试验时，控制器安装在断路器内也可单独安装进行试验。断路器如正常使用一样供电。

8.12.1 控制器单独安装进行试验

控制器应能承受按GB 14048.2—2008附录F中图F.15规定的温度变化循环，温度上升或下降的速率应为(1±0.2)K/min。达到规定温度(上限+80 ℃，下限−25 ℃)后，至少应持续2 h。循环次数为28个周期。

8.12.2 控制器安装在断路器内进行试验

控制器分别放置在周围温度为(−5±2)℃和(+40±2)℃的环境中至温度稳定，然后重复8.12.1的试验。

a) 试验过程中，控制器如有通信功能，通信应正常，数据传送不能间断，不应有任何异常情况，可正常工作；

b) 试验后按8.4.1的方法验证过载保护特性。

注：如试验设备尚不具备，本试验可暂不进行。

8.13 额定极限短路分断能力试验

按 GB 14048.2—2008 附录 F 中 8.3.5 进行试验。

9 检验规则

9.1 试验种类

控制器的试验分为：

——型式试验；

——常规试验。

9.1.1 型式试验项目

控制器型式试验项目汇总见表 15。

表 15 型式试验项目汇总

序　号	试验项目	试验要求	备　注
1	一般检查	8.1	—
2	爬电距离和电气间隙测量	8.2.1	—
3	绝缘材料着火危险试验	8.2.2	可由材料厂提供合格的试验报告
4	绝缘材料相比电痕化指数测定	8.2.3	
5	温升试验	8.3.1	—
6	介电性能试验	8.3.2	—
7	操作条件试验	8.3.3	—
8	过载保护特性试验	8.4.1	试验项目由制造商申明
9	短延时保护特性试验	8.4.2	
10	短路瞬时保护特性试验	8.4.3	
11	接通电流脱扣保护特性试验	8.5.1	
12	接地故障保护特性试验	8.5.2	
13	剩余电流保护特性试验	8.5.3	
14	电流不平衡保护特性试验	8.5.4	
15	中性极过电流保护特性试验	8.5.5	
16	电压不平衡保护特性试验	8.5.6	
17	过电压保护特性试验	8.5.7	
18	欠电压保护特性试验	8.5.8	
19	热记忆功能测定	8.5.9	
20	最大、最小频率保护特性试验	8.5.10	
21	相序保护特性测定	8.5.11	
22	逆功率保护特性试验	8.5.12	
23	控制器区域选择性联锁(ZSI)功能试验	8.5.13	
24	试验检查功能测定	8.5.14	
25	自诊断功能测定	8.5.15	
26	温度保护功能测定	8.5.16	

表 15（续）

序　号	试 验 项 目	试验要求	备　注
27	负载监控功能测定	8.6	试验项目由制造商申明
28	通信功能验证	8.8	
29	谐波电流试验	8.9.1.1	—
30	静电放电抗扰度试验	8.9.1.2	—
31	射频电磁场辐射抗扰度试验	8.9.1.3	—
32	电快速瞬变脉冲群抗扰度试验	8.9.1.4	—
33	浪涌抗扰度试验	8.9.1.5	—
34	射频传导抗扰度试验	8.9.1.6	—
35	电流暂降和中断试验	8.9.1.7	—
36	射频辐射发射试验	8.9.2.1	—
37	射频传导发射试验	8.9.2.2	—
38	耐干热性能试验	8.10	—
39	耐湿热性能试验	8.11	—
40	在规定变化率下的温度变化循环试验	8.12	—
41	额定极限短路分断能力试验	8.13	—

9.1.2　**型式试验规则**

用作型式试验的控制器必须是正式试制的样品，每个试验项目一台(在不影响试验结果的前提下，经制造商同意，同一台试品可进行多个试验项目)。型式试验中对不构成威胁安全或严重降低性能指标的项目，如有失误允许按原试品数量加倍复试，复试合格仍认为型式试验合格。

9.2　**常规试验**

对正常生产的每个控制器均应进行常规试验，以检验制造和装配中的缺陷。试验合格后的控制器应加封印，并给出检验合格证。常规试验项目按表 15 中第 1 栏、第 6 栏～第 10 栏规定的项目进行，如有其他功能，再按实际情况由制造商规定要求实施试验。

附 录 A
（资料性附录）
断路器的保护特性参数示例

本附录给出了断路器保护特性的有关数据。

表 A.1 提供了控制器的保护特性、整定值及误差范围的实例。

表 A.1 控制器的保护特性、整定值及误差范围

<table>
<tr><td rowspan="2">保护类型</td><td colspan="9">整定范围</td><td rowspan="2">动作时间误差范围</td></tr>
<tr><td colspan="2">电 流</td><td colspan="7">动作时间</td></tr>
<tr><td rowspan="6">过载长延时</td><td>I_R</td><td>$0.4I_n \sim I_n$</td><td colspan="7">—</td><td>—</td></tr>
<tr><td rowspan="5">xI_R</td><td>$1.05I_R$</td><td rowspan="5">t_R</td><td colspan="6" rowspan="2">按 GB 14048.2—2008 中表 6 的规定</td><td rowspan="2">—</td></tr>
<tr><td>$1.30I_R$</td></tr>
<tr><td>$1.50I_R$ [a]</td><td>15 s</td><td>30 s</td><td>60 s</td><td>120 s</td><td>240 s</td><td>480 s</td><td rowspan="3">±10%</td></tr>
<tr><td>$2.0I_R$ [a]</td><td>8.4 s</td><td>16.88 s</td><td>33.76 s</td><td>67.6 s</td><td>135 s</td><td>270 s</td></tr>
<tr><td>$7.20I_R$ [a]</td><td>—</td><td>—</td><td>2.6 s</td><td>5.2 s</td><td>10.4 s</td><td>20.8 s</td></tr>
<tr><td>短延时</td><td>I_{sd}</td><td>$1.5I_R \sim 12I_R$</td><td>t_{sd} [b]</td><td colspan="6">定时限短延时 t_{sd1}：0.1 s、0.2 s、0.3 s、0.4 s
反时限 t_{sd2}：按 $I^2\ t_{sd2}=(8I_R)^2\ t_{sd1}$ 变化（仅当 $I \leqslant 8I_R$ 可设置为反时限，$I>8I_R$ 始终为定时限）</td><td>±10%</td></tr>
<tr><td>短路瞬时</td><td>I_I</td><td>$2I_n \sim 15I_n$</td><td>—</td><td colspan="6">$<0.85I_I$ 不动作，$>1.15I_I$ 动作</td><td><200 ms</td></tr>
<tr><td>接地故障</td><td>I_g</td><td>$0.2I_n \sim I_n$
（$I_g \leqslant 1\ 200$ A）</td><td>t_g</td><td colspan="6">定时限短延时 t_{g1}：0.1 s、0.2 s、0.3 s、0.4 s
反时限 t_{g2}：按 $I^2\ t_{g2}=I_n^2\ t_{g1}$ 变化（仅当 $I \leqslant I_n$ 可设置为反时限，$I>I_n$ 始终为定时限）</td><td>±10%</td></tr>
<tr><td colspan="11">[a] $1.5I_R$ 和 $2.0I_R$、$7.2I_R$、$8I_R$ 动作时间是按 I^2t 设定的，需要时也可按其他变化形式处理，其中 $7.2I_R$ 动作时间应符合电动机保护要求。
[b] 短延时的可返回时间由制造商的具体产品标准中规定。</td></tr>
</table>

ICS 29.160.30
K 21

中华人民共和国国家标准

GB/T 22711—2008

高效三相永磁同步电动机技术条件（机座号132～280）

Specification for high efficiency three-phase permanent magnet synchronous motor (frame size 132～280)

2008-12-30发布

2009-10-01实施

中华人民共和国国家质量监督检验检疫总局
中国国家标准化管理委员会
发布

前言

本标准的电机效率指标参照GB 18613—2006《中小型三相异步电动机能效限定值及能效等级》中2级能效等级(高效)的规定。机座号范围132～280,功率范围2.2 kW～55 kW。

本标准的附录A为规范性附录。

本标准由中国电器工业协会提出。

本标准由全国旋转电机标准化技术委员会(SAC/TC 26)归口。

本标准负责起草单位:上海电器科学研究所(集团)有限公司、上海电科电机科技有限公司。

本标准参加起草单位:浙江中龙电机有限公司、河南特高特电机科技发展有限公司、江门江晟电机厂有限公司。

本标准主要起草人:陈伟华、姚丙雷、鲍周清、张宝强、朱兴恒、刘权。

本标准为首次发布。

高效三相永磁同步电动机技术条件
（机座号 132～280）

1 范围

本标准规定了自起动高效三相永磁同步电动机的型式、基本参数与尺寸、技术要求、检验规则以及包装、标志与保用期的要求。

本标准适用于自起动高效三相永磁同步电动机（机座号 132～280）（以下简称电动机）。本标准规定的高效三相永磁同步电动机适用于油田游梁式抽油机及类似高起动转矩负载，极数为 6 极、8 极，转子带笼形起动绕组。本标准不包含交流伺服永磁同步电动机。

2 规范性引用文件

下列文件中的条款通过本标准的引用而成为本标准的条款。凡是注日期的引用文件，其随后所有的修改单（不包括勘误的内容）或修订版均不适用于本标准，然而，鼓励根据本标准达成协议的各方研究是否可使用这些文件的最新版本。凡是不注日期的引用文件，其最新版本适用于本标准。

GB/T 191—2008 包装储运图示标志（ISO 780:1997,MOD）

GB 755—2008 旋转电机 定额和性能（IEC 60034-1:2004,IDT）

GB/T 997—2008 旋转电机结构型式、安装型式及接线盒位置的分类（IM 代号）（IEC 60034-7:2001,IDT）

GB/T 1032—2005 三相异步电动机试验方法

GB 1971—2006 旋转电机 线端标志与旋转方向（IEC 60034-8:2002,IDT）

GB/T 1993—1993 旋转电机 冷却方法（eqv IEC 60034-6:1991）

GB/T 4772.1—1999 旋转电机尺寸和输出功率等级 第1部分：机座号 56～400 和凸缘号 55～1080（idt IEC 60072-1:1991）

GB/T 4942.1—2006 旋转电机整体结构的防护等级（IP 代码） 分级（IEC 60034-5:2000,IDT）

GB 10068—2000 轴中心高为 56 mm 及以上电机的机械振动 振动的测量、评定及限值（idt IEC 60034-14:1996）

GB/T 10069.1—2006 旋转电机噪声测定方法及限值 第1部分：旋转电机噪声测定方法（ISO 1680:1990 MOD）

GB/T 12665—2008 电机在一般环境条件下使用的湿热试验要求

GB 14711—2006 中小型旋转电机安全要求

JB/T 9615.1—2000 交流低压电机散嵌绕组匝间绝缘试验方法

JB/T 9615.2—2000 交流低压电机散嵌绕组匝间绝缘试验限值

3 型式、基本参数与尺寸

3.1 电动机型号：

高效三相永磁同步电动机的名称代号用“TYJX”表示。

示例 TYJX 225 M-8

- 8 —— 极数
- M —— 铁心长度代码
- 225 —— 机座号
- TYJX —— 产品名称代码(T 表示“同”步电动机，Y 表示“永”磁，J 表示高转“矩”，X 表示高“效”)

3.2 电动机的外壳防护等级为 IP55(见 GB/T 4942.1—2006)。

3.3 电动机的冷却方式为 IC411(见 GB/T 1993—1993)。

3.4 电动机的结构及安装型式为 IMB3、IMB5、IMB35、IMV1。

3.5 电动机的定额是以连续工作制(S1)为基准的连续定额。

3.6 电动机的额定频率为 50 Hz，额定电压 380 V，Y 接。

3.7 电动机应按下列额定功率制造：

2.2 kW，3 kW，4 kW，5.5 kW，7.5 kW，11 kW，15 kW，18.5 kW，22 kW，30 kW，37 kW，45 kW，55 kW。

3.8 电动机的机座号与转速及功率的对应关系应符合表 1 的规定。

表 1

机座号	转速/(r/min)	
	1 000	750
	功率/kW	
132S	3	2.2
132M1	4	3
132M2	5.5	
160M1	7.5	4
160M2		5.5
160L	11	7.5
180L	15	11
200L1	18.5	15
200L2	22	
225S	—	18.5
225M	30	22
250M	37	30
280S	45	37
280M	55	45

注：S、M、L 后面的数字 1、2 分别代表同一机座号和转速下不同的功率。

3.9 电动机尺寸及公差

3.9.1 电动机的安装尺寸及公差应符合表 2～表 5 的规定；外形尺寸应不大于表 2～表 5 的规定。

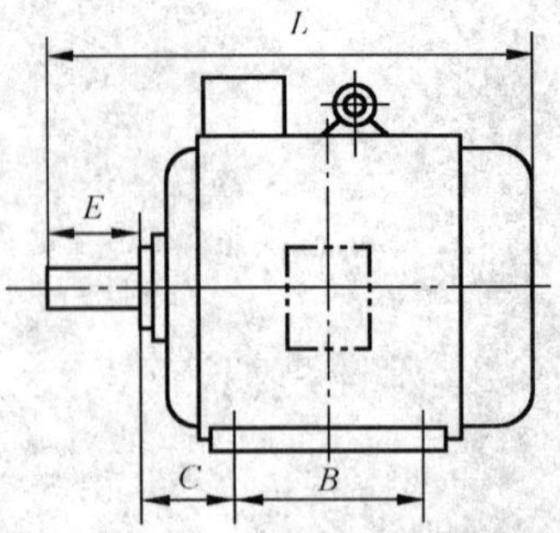

机座号 132

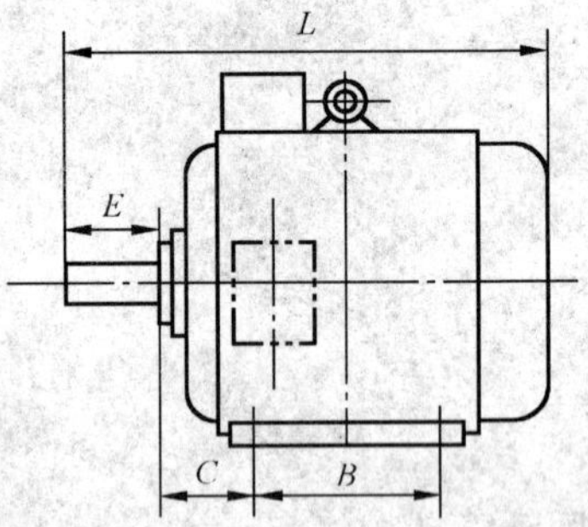

机座号 160-280

表 2　机座带底脚，端盖上

机座号	极数	安装尺寸										
		A	$A/2$	B	C		D		E		F	
		基本尺寸	基本尺寸	基本尺寸	基本尺寸	极限偏差	基本尺寸	极限偏差	基本尺寸	极限偏差	基本尺寸	极限偏差
132S	6,8	216	108	140	89	±2.0	38	+0.018 +0.002	80	±0.37	10	0 −0.036
132M				178								
160M		254	127	210	108	±3.0	42		110	±0.43	12	0 −0.043
160L				254								
180L		279	139.5	279	121		48				14	
200L		318	159	305	133		55	+0.030 +0.011			16	
225S	8	356	178	286	149	±4.0	60		140	±0.50	18	
225M	6,8			311								
250M		406	203	349	168		65					
280S		457	228.5	368	190		75				20	0 −0.052
280M				419								

a $G=D-GE$，GE 极限偏差为$\left(\begin{smallmatrix}+0.20\\0\end{smallmatrix}\right)$。

b K 孔的位置度公差以轴伸的轴线为基准。

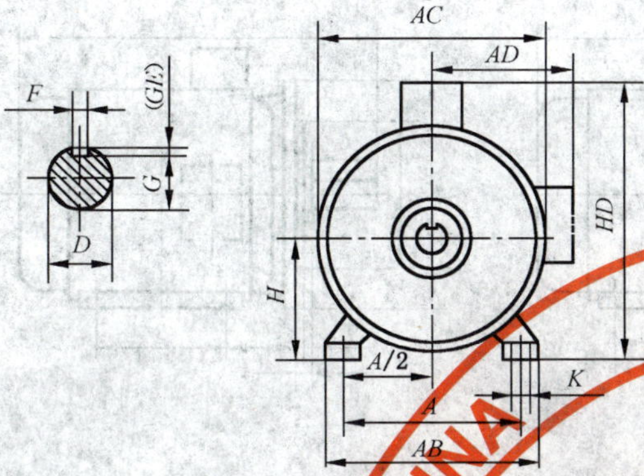

机座号 132-280

无凸缘的电动机

单位为毫米

及公差							外形尺寸				
G[a]		H		K[b]							
基本尺寸	极限偏差	基本尺寸	极限偏差	基本尺寸	极限偏差	位置度公差	AB	AC	AD	HD	L
33	0 −0.20	132	0 −0.5	12	+0.43 0	ϕ1.0Ⓜ	270	275	210	345	470 510
37		160		14.5		ϕ1.2Ⓜ	320	330	255	420	615 670
42.5		180					355	380	280	455	740
49		200		18.5	+0.52 0		395	420	305	505	770
53		225					435	470	335	560	820 845
58		250		24		ϕ2.0Ⓜ	490	510	370	615	910
67.5		280	0 −1.0				550	580	410	680	985 1 035

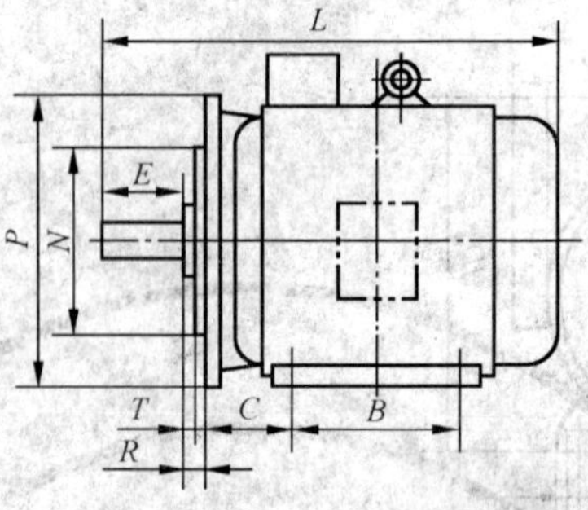

机座号 132

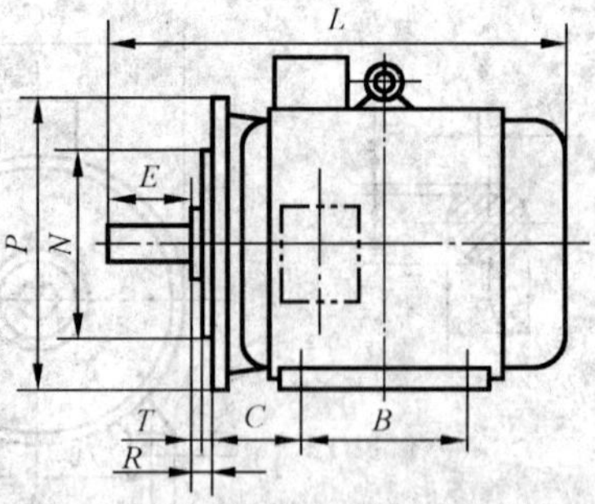

机座号 160-280

表 3 机座带底脚，端盖上

机座号	凸缘号	极数	安装尺寸														
			A	A/2	B	C		D		E		F		G[a]		H	
			基本尺寸	基本尺寸	基本尺寸	基本尺寸	极限偏差	基本尺寸	极限偏差	基本尺寸	极限偏差	基本尺寸	极限偏差	基本尺寸	极限偏差	基本尺寸	极限偏差
132S	FF265	6,8	216	108	140	89	±2.0	38	$^{+0.018}_{+0.002}$	80	±0.37	10	$^{0}_{-0.036}$	33	$^{0}_{-0.20}$	132	$^{0}_{-0.5}$
132M					178												
160M	FF300		254	127	210	108	±3.0	42		110	±0.43	12	$^{0}_{-0.043}$	37		160	
160L					254												
180L			279	139.5	279	121		48				14		42.5		180	
200L	FF350		318	159	305	133		55	$^{+0.030}_{+0.011}$			16		49		200	
225S	FF400	8	356	178	286	149	±4.0	60		140	±0.50	18		53		225	
225M		6,8			311												
250M			406	203	349	168		65						58		250	
280S	FF500		457	228.5	368	190		75				20	$^{0}_{-0.052}$	67.5		280	$^{0}_{-1.0}$
280M					419												

[a] $G=D-GE$，GE 极限偏差为($^{+0.20}_{0}$)。

[b] K、S 孔的位置度公差以轴伸的轴线为基准。

[c] P 尺寸为最大极限值。

[d] R 为凸缘配合面至轴伸肩的距离。

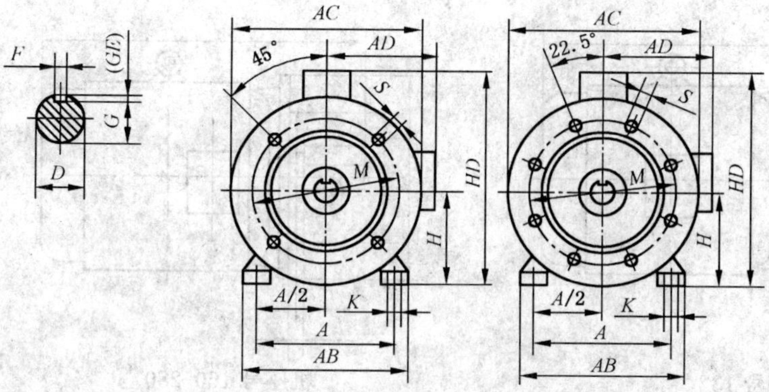

机座号 132-200　　机座号 225-280

有凸缘(带通孔)的电动机

单位为毫米

及公差															外形尺寸				
K^{b}			M	N		P^{c}	R^{d}		S^{b}			T		凸缘孔数	AB	AC	AD	HD	L
基本尺寸	极限偏差	位置度公差		基本尺寸	极限偏差		基本尺寸	极限偏差	基本尺寸	极限偏差	位置度公差	基本尺寸	极限偏差						
12	+0.43 0	ϕ1.0Ⓜ	265	230	+0.016 −0.013	300	0	±2.0	14.5	+0.43 0	ϕ1.2Ⓜ	4	0 −0.12	4	270	275	210	345	470
																			510
14.5		ϕ1.2Ⓜ	300	250		350		±3.0	18.5	+0.52 0		5			320	330	255	420	615
																			670
															355	380	280	455	740
18.5	+0.52 0		350	300	±0.016	400									395	420	305	505	770
			400	350	±0.018	450		±4.0						8	435	470	335	560	820
																			845
24		ϕ2.0Ⓜ	500	450	±0.020	550									490	510	370	615	910
															550	580	410	680	985
																			1 035

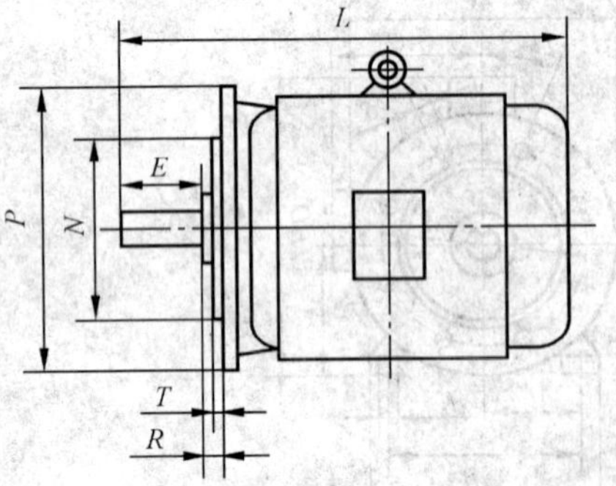

机座号 132

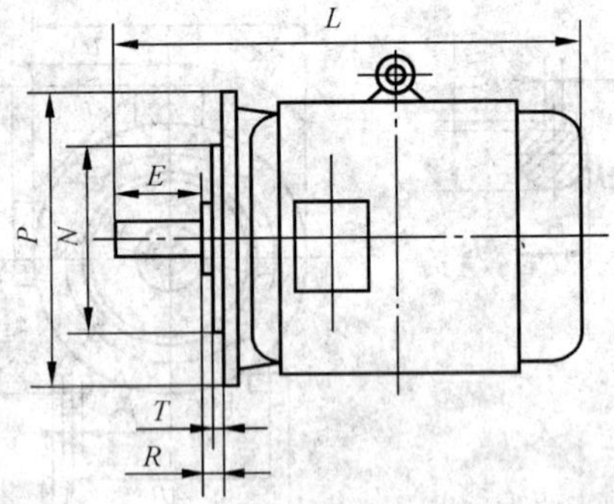

机座号 160-280

表 4 机座不带底脚，端盖上

机座号	凸缘号	极数	安装尺寸											
			D		E		F		G[a]		M	N	
			基本尺寸	极限偏差	基本尺寸	极限偏差	基本尺寸	极限偏差	基本尺寸	极限偏差		基本尺寸	极限偏差
132S	FF265	6,8	38	+0.018 +0.002	80	±0.37	10	0 −0.036	33	0 −0.20	265	230	+0.016 −0.013
132M													
160M	FF300		42		110	±0.43	12	0 −0.043	37		300	250	
160L													
180L			48				14		42.5				
200L	FF350		55	+0.030 +0.011			16		49		350	300	±0.016
225S	FF400	8	60		140	±0.50	18		53		400	350	±0.018
225M		6,8											
250M	FF500		65						58		500	450	±0.020
280S			75				20	0 −0.052	67.5				
280M													

a $G=D-GE$，GE 极限偏差为（$^{+0.20}_{0}$）。

b S 孔的位置度公差以轴伸的轴线为基准。

c P 尺寸为最大极限值。

d R 为凸缘配合面至轴伸肩的距离。

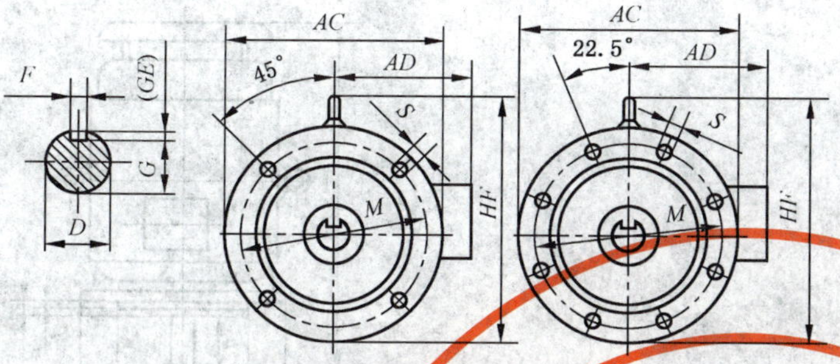

机座号 132-200　　　　机座号 225-280

有凸缘(带通孔)的电动机

单位为毫米

P^c	R^d 基本尺寸	R^d 极限偏差	S^b 基本尺寸	S^b 极限偏差	S^b 位置度公差	T 基本尺寸	T 极限偏差	凸缘孔数	AC	AD	HF	L
及公差									外形尺寸			
300	0	±2.0	14.5	$^{+0.43}_{0}$	$\phi 1.2$Ⓜ	4	$^{0}_{-0.12}$	4	275	210	315	470
												510
350		±3.0	18.5	$^{+0.52}_{0}$		5			330	255	385	615
												670
									380	280	430	740
400									420	305	480	770
450		±4.0						8	470	335	535	820
												845
550									510	370	595	910
									580	410	650	985
												1 035

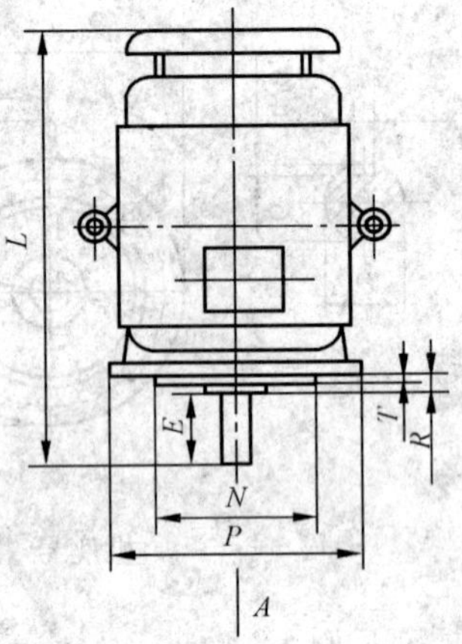

表 5　立式安装，机座不带底脚，端盖上

<table>
<tr><th colspan="14" align="right">安装尺寸</th></tr>
<tr><th rowspan="2">机座号</th><th rowspan="2">凸缘号</th><th rowspan="2">极数</th><th colspan="2">D</th><th colspan="2">E</th><th colspan="2">F</th><th colspan="2">G[a]</th><th rowspan="2">M</th><th colspan="2">N</th></tr>
<tr><th>基本尺寸</th><th>极限偏差</th><th>基本尺寸</th><th>极限偏差</th><th>基本尺寸</th><th>极限偏差</th><th>基本尺寸</th><th>极限偏差</th><th>基本尺寸</th><th>极限偏差</th></tr>
<tr><td>180L</td><td>FF300</td><td rowspan="2">6,8</td><td>48</td><td>+0.018
+0.002</td><td rowspan="2">110</td><td rowspan="2">±0.43</td><td>14</td><td rowspan="5">0
−0.043</td><td>42.5</td><td rowspan="7">0
−0.20</td><td>300</td><td>250</td><td>+0.016
−0.013</td></tr>
<tr><td>200L</td><td>FF350</td><td>55</td><td rowspan="6">+0.030
+0.011</td><td>16</td><td>49</td><td>350</td><td>300</td><td>±0.016</td></tr>
<tr><td>225S</td><td rowspan="2">FF400</td><td>8</td><td rowspan="2">60</td><td rowspan="5">140</td><td rowspan="5">±0.50</td><td rowspan="3">18</td><td rowspan="2">53</td><td rowspan="2">400</td><td rowspan="2">350</td><td rowspan="2">±0.018</td></tr>
<tr><td>225M</td><td rowspan="4">6,8</td></tr>
<tr><td>250M</td><td rowspan="3">FF500</td><td>65</td><td>58</td><td rowspan="3">500</td><td rowspan="3">450</td><td rowspan="3">±0.020</td></tr>
<tr><td>280S</td><td rowspan="2">75</td><td rowspan="2">20</td><td rowspan="2">0
−0.052</td><td rowspan="2">67.5</td></tr>
<tr><td>280M</td></tr>
</table>

a $G=D-GE$，GE 极限偏差为（$^{+0.20}_{0}$）。

b S 孔的位置度公差以轴伸的轴线为基准。

c P 尺寸为最大极限值。

d R 为凸缘配合面至轴伸肩的距离。

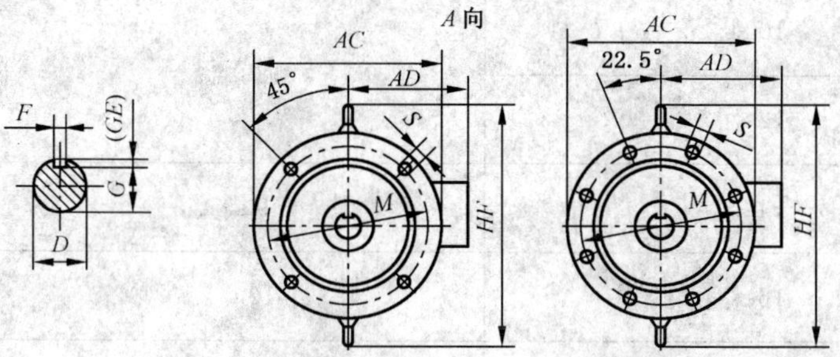

机座号 180-200　　机座号 225-280

有凸缘(带通孔),轴伸向下的电动机

单位为毫米

及公差									外形尺寸			
P^c	R^d		S^b			T		凸缘孔数	AC	AD	HD	L
	基本尺寸	极限偏差	基本尺寸	极限偏差	位置度公差	基本尺寸	极限偏差					
350	0	±3.0	18.5	+0.52 0	ϕ1.2Ⓜ	5	0 −0.12	4	380	280	500	800
400									420	305	550	840
450		±4.0						8	470	335	610	910
												935
550									510	370	650	1 015
									580	410	720	1 110
												1 150

3.9.2 电动机轴伸键的尺寸及公差应符合表 6 的规定。

表 6

单位为毫米

轴伸直径	键　宽	键　高
38	$10_{-0.022}^{0}$	$8_{-0.090}^{0}$
42	$12_{-0.027}^{0}$	
48	$14_{-0.027}^{0}$	$9_{-0.090}^{0}$
55	$16_{-0.027}^{0}$	$10_{-0.090}^{0}$
60	$18_{-0.027}^{0}$	$11_{-0.110}^{0}$
65		
75	$20_{-0.033}^{0}$	$12_{-0.110}^{0}$

3.9.3 轴伸长度一半处的径向圆跳动公差应符合表 7 的规定。

表 7

单位为毫米

轴伸直径	圆跳动公差
＞38～50	0.050
＞50～75	0.060

3.9.4 凸缘止口对电动机轴线的径向圆跳动和凸缘配合面对电动机轴线的端面圆跳动公差应符合表 8 的规定。

表 8

单位为毫米

凸缘止口直径	圆跳动公差
＞250～450	0.125
＞450～680	0.160

3.9.5 电动机轴线对底脚支承面的平行度公差应符合表 9 的规定。

表 9

单位为毫米

机座号	平行度公差
≥132～250	0.40
＞250～280	0.75

3.9.6 电动机底脚支承面的平面度公差应符合表 10 的规定。

表 10

单位为毫米

AB 或 *BB* 中的最大尺寸	平面度公差
＞250～400	0.20
＞400～550	0.25
注：*AB* 为电动机底脚外边缘间的距离(端视)；*BB* 为电动机底脚外边缘间的距离(侧视)。	

3.9.7 电动机轴伸上键槽的对称度公差应符合表 11 的规定。

表 11

单位为毫米

键槽宽度(*F*)	对称度公差
10	0.022
12	0.030
14	
16	
18	
20	0.037

4 技术要求

4.1 电动机应符合本标准的要求，并按照经规定程序批准的图样及技术文件制造。

4.2 在下列的海拔、环境空气温度条件下，电动机应能额定运行。

4.2.1 海拔不超过 1 000 m。

4.2.2 环境空气最高温度随季节而变化，但不超过 40 ℃。

注：如电机在海拔超过 1 000 m 或最高环境空气温度高于或低于 40 ℃的条件下使用时，应按 GB 755—2008 的规定。

4.2.3 环境空气最低温度为 −15 ℃。

4.3 电动机运行期间电源电压和频率与额定值的偏差应按 GB 755—2008 的规定。

4.4 电动机在功率、电压及频率为额定时，其效率的保证值应符合表 12 的规定。

表 12

功率/kW	转速/(r/min)	
	1 000	750
	效率(η)/%	
2.2	—	84.2
3	85.0	84.8
4	86.2	86.0
5.5	87.4	86.5
7.5	89.0	87.5
11	90.0	89.2
15	91.0	91.0
18.5	91.5	91.4
22	92.0	91.8
30	92.5	92.5
37	93.0	93.0
45	93.5	93.5
55	93.8	—

4.4.1 电动机的效率由间接损耗分析法确定，杂散损耗按额定输入功率的 0.5%计算。非额定点杂散损耗按电流二次方折算。

4.4.2 电动机的效率应换算到电阻基准温度 130(B)级 95 ℃时进行(见 GB/T 1032—2005)。

4.4.3 在计算中，效率值取四位有效位数，功率因数值取三位有效位数。

4.5 电动机在功率、电压及频率为额定时，其功率因数的保证值应不低于 0.94。

4.6 在额定电压下，电动机堵转转矩与额定转矩之比的保证值应符合表 13 的规定。

表 13

<table>
<tr><th rowspan="3">功率/kW</th><th colspan="2">转速/(r/min)</th></tr>
<tr><th>1 000</th><th>750</th></tr>
<tr><th colspan="2">堵转转矩/额定转矩</th></tr>
<tr><td>2.2</td><td>—</td><td rowspan="5">2.8</td></tr>
<tr><td>3</td><td rowspan="12">2.8</td></tr>
<tr><td>4</td></tr>
<tr><td>5.5</td></tr>
<tr><td>7.5</td></tr>
<tr><td>11</td><td rowspan="7">2.7</td></tr>
<tr><td>15</td></tr>
<tr><td>18.5</td></tr>
<tr><td>22</td></tr>
<tr><td>30</td></tr>
<tr><td>37</td></tr>
<tr><td>45</td></tr>
<tr><td>55</td><td>—</td></tr>
</table>

4.7 在额定电压下，电动机失步转矩与额定转矩之比保证值应不低于 2.2。

4.8 在额定电压下，电动机牵入转矩与额定转矩之比的保证值应不低于 1.3。

4.9 在额定电压下，电动机起动过程中最小转矩与额定转矩之比的保证值应不低于 1.2。

4.10 在额定电压下，电动机堵转电流与额定电流之比保证值应符合表 14 的规定。

表 14

<table>
<tr><th rowspan="3">功率/kW</th><th colspan="2">转速/(r/min)</th></tr>
<tr><th>1 000</th><th>750</th></tr>
<tr><th colspan="2">堵转电流/额定电流</th></tr>
<tr><td>2.2</td><td>—</td><td rowspan="10">9.0</td></tr>
<tr><td>3</td><td rowspan="9">9.5</td></tr>
<tr><td>4</td></tr>
<tr><td>5.5</td></tr>
<tr><td>7.5</td></tr>
<tr><td>11</td></tr>
<tr><td>15</td></tr>
<tr><td>18.5</td></tr>
<tr><td>22</td></tr>
<tr><td>30</td></tr>
</table>

表 14(续)

功率/kW	转速/(r/min)	
	1 000	750
	堵转电流/额定电流	
37	9.5	9.0
45		
55		—

4.11 电动机电气性能保证值的容差应符合表 15 的规定。

表 15

序　号	电气性能名称	容　差
1	效率 η	$-0.15(1-\eta)$
2	功率因数 $\cos\varphi$	-0.02
3	堵转转矩倍数	保证值的－15%,＋25%(经协议可超过＋25%)
4	失步转矩倍数	保证值的－10%
5	最小转矩倍数	保证值的－15%
6	堵转电流倍数	保证值的＋20%
7	牵入转矩倍数	保证值的－10%

4.12 电动机定子绕组温升

4.12.1 电动机采用 155(F)级绝缘,当海拔高度和环境空气温度符合 4.2 的规定时,电动机定子绕组的温升(电阻法)按 130(B)级绝缘 80 K 考核。温升数值修约间隔为 1。

如试验地点的海拔或环境空气温度与 4.2 的规定不同,温升限值应按 GB 755—2008 的规定修正。

4.12.2 用电阻法测量绕组温度时,应在热试验结束就尽快使电动机停转。电动机断电后能在表 16 给出的时间内测得第一点读数,则以此读数计算得到的温升不需要外推至断电瞬间。如不能按照上述间隔时间内测得第一点读数,则应按照 GB 755—2008 的规定。

表 16

额定功率/kW	断电后间隔时间/s
≥2.2～45	30
55	90

4.12.3 电动机轴承的允许温度(温度计法)应不超过 95 ℃。

4.13 电动机在热状态和逐渐增加转矩的情况下,应能承受 4.7 所规定的失步转矩值(计及容差),历时 15 s 而无转速突变、停转及发生有害变形。此时,电压和频率应维持在额定值。

4.14 电动机应能承受 1.5 倍额定电流,历时不小于 2 min 的偶然过电流试验而不损坏。

4.15 电动机在空载情况下,应能承受 1.2 倍的最高额定转速,历时 2 min 而不发生有害变形。

4.16 电动机定子绕组绝缘电阻在热状态时或热试验后,应不低于 0.38 MΩ。

4.17 电动机的定子绕组应能承受为时 1 min 的耐电压试验而不击穿,试验电压的频率为 50 Hz,并应尽可能为正弦波形,电压的有效值为 1 760 V。

在传送带上大批连续生产的电动机进行检查试验时,允许将试验时间缩短至 1 s,而试验电压的有效值为 2 110 V。

4.18 电动机定子绕组应能承受匝间冲击耐电压试验而不击穿，其试验冲击电压峰值按 JB/T 9615.2—2000 的规定。

4.19 电动机的定子绕组在按 GB/T 12665—2008 所规定的 40 ℃交变湿热试验方法进行 6 周期试验后，绝缘电阻应不低于 0.38 MΩ，并应能承受 4.17 所规定的耐电压试验而不击穿，但电压的有效值为 1 500 V，试验时间为 1 min。

4.20 电动机在空载时测得的振动速度有效值应不超过表 17 的规定。在测得振动速度有效值的数值时，振动值修约间隔为 0.1。

表 17

单位为毫米

电动机的中心高 H	132	$132<H\leqslant225$	$225<H\leqslant280$
振动速度有效值	1.80	2.80	3.50

4.21 电动机在空载时测得的 A 计权声功率级的噪声数值应符合表 18 所规定的数值。噪声数值的容差为 +3 dB(A)，修约间隔为 1。

表 18

功率/kW	转速/(r/min)	
	1 000	750
	声功率级/dB(A)	
2.2	—	71
3	73	71
4	73	72
5.5	73	72
7.5	73	72
11	73	76
15	77	79
18.5	80	79
22	80	80
30	80	80
37	82	82
45	85	82
55	85	—

4.22 当三相电源平衡时，电动机的三相空载电流中任何一相与三相平均值的偏差应不大于三相平均值的 15%。

4.23 电动机在检查试验时，空载的电流及损耗应在某一数据范围之内，该数据范围应能保证电动机性能符合 4.4～4.11 的规定。

4.24 电动机有一个圆柱形轴伸，双方另有协议时允许电动机制成两个轴伸，第二轴伸应能传递额定功率，但只能用联轴器传动。

4.25 电动机应制成具有六个出线端。从主轴伸端视之，电动机的接线盒应置于机座右面或顶部。电动机的接线盒内应有接地端子，应在接地端子的附近设置接地标志，此标志应保证在电动机整个使用时期内不易磨灭。

4.26 电动机的旋转方向应符合 GB 1971—2006 的规定。

4.27 电动机的安全性能应符合 GB 14711—2006 的要求。

5 检测规则

5.1 每台电动机需检验合格后才能出厂，并应附有产品合格证。

5.2 每台电动机应经过检查试验，检查试验项目包括：

a) 机械检查(按 5.5、5.6 的规定)；

b) 定子绕组对机壳及绕组相互间绝缘电阻的测定(检查试验时可测量冷态绝缘电阻，但应保证热状态时绝缘电阻不低于 4.16 的规定)；

c) 定子绕组在实际冷状态下直流电阻的测定；

d) 耐电压试验；

e) 匝间绝缘试验；

f) 空载电流和损耗的测定；

注：在型式试验时需量取空载特性曲线。

g) 噪声的测定(按 5.6 的规定)；

h) 振动的测定(按 5.6 的规定)；

i) 旋转方向的检查；

j) 空载反电动势的测定。

5.3 凡遇下列情况之一者，必须进行型式试验：

a) 经鉴定定型后制造厂每一次试制或小批试生产时；

b) 电动机设计或工艺上的变更足以引起某些特性和参数发生变化时；

c) 当检查试验结果和以前进行的型式试验结果发生不可容许的偏差时；

d) 成批生产的电动机定期的抽试，每年抽试一次。当需要抽试的数量过多时，抽试时间间隔可适当延长，但至少每两年抽试一次。

5.4 电动机的型式试验项目包括：

a) 检查试验的全部项目；

b) 热试验；

c) 效率，功率因数的测定；

d) 堵转电流、堵转转矩和损耗的测定；

注：需量取堵转特性曲线。

e) 短时过转矩试验；

f) 失步转矩的测定；

g) 起动过程中最小转矩的测定；

h) 超速试验；

i) 牵入转矩的测定。

5.5 电动机的机械检查项目包括：

a) 转动检查：电动机应能正常转动。

b) 外观检查：检查电动机的装配是否完整正确，电动机表面油漆应干燥完整、均匀、无污损、碰坏、裂痕等现象。

c) 安装尺寸、外形尺寸及键的尺寸检查：安装尺寸及外形尺寸应符合 3.9.1 的规定；键的尺寸应符合 3.9.2 规定。

d) 圆跳动、底脚支承面的平行度和平面度及键槽对称度的检查：圆跳动应符合 3.9.3 和 3.9.4 的规定。底脚支承面的平行度和平面度应分别符合 3.9.5 和 3.9.6 的规定。键槽的对称度应符合 3.9.7 的规定。底脚支承面的平面度和键槽对称度允许在零部件上进行检查。

5.6 5.5的a)和b)应逐台检查,5.2的g)和h)及5.5的c)和d)可以进行抽查,抽查办法由制造厂制定。

5.7 5.2(其中的e),f),g),h),j)除外)和5.4(其中的d),f),g),i)除外),其试验方法按照GB/T 1032—2005进行,5.2的e)按照JB/T 9615.1—2000进行。5.2的g)按GB/T 10069.1—2006进行。5.2的h)按GB 10068—2000进行。5.2的f)、j)和5.4的d)、f)、g)、i)规定的各项试验按附录A进行。5.5所规定的安装尺寸及公差的检查按照GB/T 4772.1—1999进行。

5.8 电动机外壳防护等级的试验,偶然过电流试验及40℃交变湿热试验,可在产品结构定型或当结构和工艺有较大改变时进行。外壳防护等级的试验方法按照GB/T 4942.1—2006进行。40 ℃交变湿热试验按照GB/T 12665—2008进行。

6 标志、包装及保用期

6.1 铭牌材料及铭牌上数据的刻划方法,应保证其字迹在电动机整个使用期间内不易磨灭。

6.2 铭牌应固定在电动机机座的上半部,应标明的项目如下:

a) 制造厂名称及地址;
b) 电动机名称;
c) 电动机型号;
d) 外壳防护等级(允许另作铭牌);
e) 额定功率,单位为kW;
f) 额定频率,单位为Hz;
g) 额定电流,单位为A;
h) 额定电压,单位为V;
i) 额定转速,单位为r/min;
j) 热分级;
k) 接线方法;
l) η;
m) $\cos\varphi$;
n) 制造厂出品年月和出品编号;
o) 质量,单位为kg;
p) 标准编号。

6.3 电动机定子绕组的六个出线端及在接线板的接线位置上均应有相应的标志,并应保证其字迹在电动机整个使用期间内不易磨灭。其标志按表19的规定。

表19

定子绕组名称	出线端标志	
	始　端	末　端
第一相	U_1	U_2
第二相	V_1	V_2
第三相	W_1	W_2

6.4 电动机的轴伸平键须绑扎在轴上。轴伸及平键表面应加防锈及保护措施。凸缘式电动机并须在凸缘的加工面上加防锈及保护措施。

6.5 电动机的轴伸平键、使用维护说明书(同一用户同一型式的一批电动机至少供应一份)及产品合格证书应随同每台电动机供给用户。

6.6 电动机的包装应能保证在正常的储运条件下,自发货之日起的一年时间内不致因包装不善而导致受潮与损坏。

6.7 包装箱外壁的文字和标志应清楚整齐，内容如下：

a) 发货站及制造厂名称；

b) 收货站及收货单位名称；

c) 电动机型号和出品编号；

d) 电动机的净重及连同箱子的毛重；

e) 箱子外形尺寸；

f) 在箱子的适当位置应标有“小心轻放”、“防潮”等字样，其图形应符合 GB/T 191—2008 的规定。

6.8 在用户按照使用说明书的规定，正确地使用与存放电动机的情况下，制造厂应保证电动机在开始使用一年内，或自制造厂起运的日期不超过两年的时间内能良好地运行。如在此规定时间内电动机因制造质量不良而发生损坏或不能正常工作时，制造厂应无偿地为用户修理或更换零件或电动机。

附　录　A
（规范性附录）
自起动三相永磁同步电动机试验方法

A.1　范围

本附录规定了自起动三相永磁同步电动机的试验方法。

本标准适用于自起动三相永磁同步电动机，不适用于有直流励磁绕组的同步电动机。

A.2　空载试验

A.2.1　空载电流和空载损耗的测定

在进行空载试验时，读取并记录试验数据之前输入功率应稳定，输入功率相隔半小时的两个读数之差应不大于前一个读数的3%。

检查试验时，空载运转的时间可适当缩短。

被试电机施以额定频率的电压，电压的变化范围从125%的额定电压开始逐步降低，其中应包括100%额定电压的测点。随电压降低，电流逐渐减小。当电流出现拐点后，应继续降低电压，直至电流回升到超过100%额定电压时的电流值出现，取10～12个电压点（大致均匀分布）。但在电流出现拐点处，测点应适当加密。

在每个电压点，测取空载电流 I_0、外施电压 U_0、空载输入功率 P_0，并应测取 θ_0 或 R_0，根据温度与电阻成比例关系，利用试验开始前测得的绕组初始端电阻 R_1、初始温度 θ_1 及测取的每点温度，可确定每个电压点处的端电阻 R_0。

定子绕组的端电阻也可用下列a)或b)确定。

检查试验时，可仅测取 $U_0=U_N$ 时的 I_0 和 P_0。

a)　每一电压点处的定子绕组端电阻值可用线性内插法确定，起点是最高电压点读数之前的电阻值，末点是最低电压点读数之后的电阻值。

b)　空载试验后，立即测取定子绕组端电阻，将此电阻作为每个电压点处的电阻值。

A.2.2　铁耗 P_{Fe} 和风摩耗 P_{fw} 的确定

空载输入功率 P_0 是电动机空载运行时的总损耗。由 P_0 减去试验温度下的定子 I^2R 损耗，得到铁耗（其中包括空载杂散损耗）和风摩耗之和 P'_0，见式（A.1）：

$$P'_0 = P_0 - P_{0cu1} = P_{Fe} + P_{fw} \qquad \text{(A.1)}$$

根据测得的 I_0 和 P'_0，作 I_0 和 P'_0 与 U_0 的关系曲线，如图A.1。U_N 时的 P'_{0N} 应从空载特性曲线上查取。

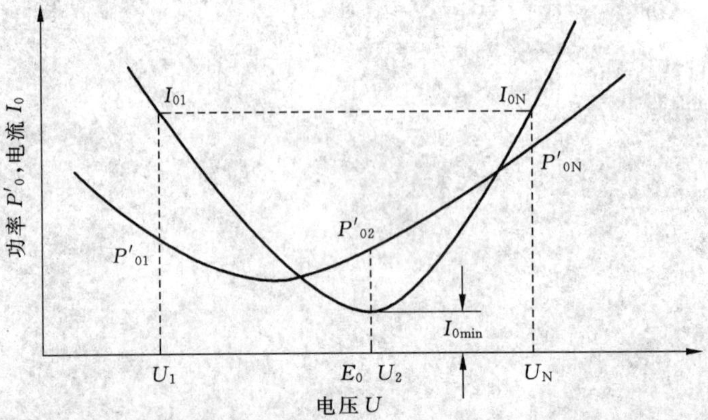

图A.1　空载电流 I_0 和空载损耗 P'_0 与空载电压 U_0 的关系曲线

A.2.3 空载反电动势测定

空载反电动势测定为永磁同步电动机特有的试验项目。可用反拖法和最小电流法测定。推荐采用反拖法。

A.2.3.1 反拖法(发电机法)

用原动机与被试电动机机械连接,原动机拖动被试电动机在额定转速下作为发电机空载运行。分别测量被试电动机的出线端电压 U_{ab},U_{bc},U_{ca},取其平均值作为空载反电动势线电压值,并记录此时电动机铁心的温度和环境温度。

A.2.3.2 最小电流法

电动机在额定电压、额定频率下空载运转达到稳定,调节电动机的外加端电压。使其空载电流最小,此时的外加端电压可近似认为电动机的空载反电动势。分别测量被试电动机的出线端电压 U_{ab},U_{bc},U_{ca},取其平均值作为空载反电动势线电压值的近似值,并记录此时电动机铁心的温度和环境温度。

A.3 堵转试验

A.3.1 堵转时的电流、转矩和功率的测定

堵转试验在电机接近实际冷状态下进行。试验前,应尽可能事先用低电压确定对应于最大堵转电流和最小堵转转矩的转子位置。试验时,应将转子堵住。

电机在堵转状态下,转子振荡较大,应考虑采取措施减小波动。试验时,可以先将电源电压调整到额定值的20%以下,接入被试电机,保持额定频率,尽快升高电源电压,并在电气稳定后,迅速同时读取电压、电流、输入功率和转矩的稳定读数。为避免电机过热,试验必须从速进行。

A.3.1.1 测取堵转特性曲线,即堵转时的电流 I_K、转矩 T_K 与外施电压 U_K 的关系曲线,如图 A.2 所示。

图 A.2 堵转特性曲线(Ⅰ)

试验时,施于定子绕组的最高电压尽可能从不低于0.9倍额定电压开始,然后逐步降低电压,其间共测取5~7点读数,每点应同时测取下列数值:U_K、I_K、T_K 或 P_K。每点读数时,通电持续时间应不超过10 s,以免绕组过热。

A.3.1.2 如限于设备,对100 kW以下的电动机,堵转试验时的最大 I_K 应不低于4.5倍 I_N。在最大电流至额定电流范围内,均匀地测取不少于5点读数。

根据试验数据,绘制三相线电流平均值对三相线电压平均值的关系曲线如图 A.3 所示,并将电压—电流曲线上的最高试验电压处顺曲线的直线部分延长,与横轴交于 U' 点。

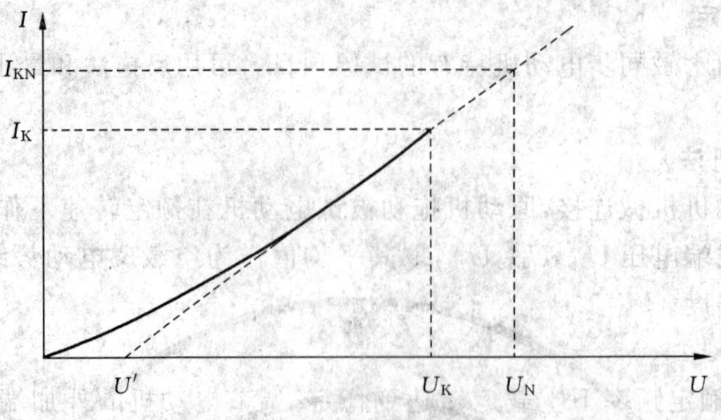

图 A.3 堵转特性曲线(Ⅱ)

试验时,电源的频率应稳定,功率测量应按需要采用低功率因数功率表,其电压回路应接至被试电机的出线端。被试电机通电后,应迅速进行试验,并同时读取 U_K、I_K 和 P_K。试验结束后,立即测量定子绕组的端电阻。

A.3.2 试验结果计算

A.3.2.1 堵转电流和堵转转矩的确定

若堵转试验时的最大电压在 0.9 倍～1.1 倍额定电压范围内,堵转电流 I_{KN}和堵转转矩 T_{KN}可由图 A.2 堵转特性曲线查取;若堵转试验时的最大电压低于 0.9 U_N,则可由图 A.3 堵转特性曲线查取 U_K、I_K 和 U'值,则额定电压下被试电机的堵转电流 I_{KN}和堵转转矩 T_{KN}(N·m)按式(A.2)和式(A.3)求取:

$$I_{KN} = I_K \cdot \frac{U_N - U'}{U_K - U'} \qquad \cdots\cdots(A.2)$$

$$T_{KN} = T_K \cdot \left(\frac{U_N - U'}{U_K - U'}\right)^2 \qquad \cdots\cdots(A.3)$$

式中:

U_N——额定电压值,单位为伏(V);

U_K——堵转时最高试验电压值,单位为伏(V);

U'——电压—电流曲线上最高试验电压处顺曲线的直线部分延长,与横轴交点的电压值,单位为伏(V);

I_K——试验电压为 U_K 时测得的堵转电流值,单位为安(A);

T_K——试验电压为 U_K 时测得的堵转转矩值,单位为牛米(N·m)。

A.3.2.2 转矩计算

如堵转时不实测堵转转矩,则堵转转矩 T_K(N·m)可按式(A.4)计算:

$$T_K = 9.549 \cdot \frac{P_K - P_{Kcul} - P_{KS}}{n_S} \qquad \cdots\cdots(A.4)$$

式中:

P_K——堵转时的输入功率,单位为瓦(W);

P_{Kcul}——堵转时的定子绕组 I^2R 损耗,单位为瓦(W);

P_{KS}——堵转时的杂散损耗(包括铁耗),单位为瓦(W);取 $P_{KS}=0.05P_K$;

n_S——同步转速,单位为转每分钟(r/min)。

A.4 失步转矩的测量

A.4.1 概述

失步转矩用直接法测定。试验时宜用负载均匀可调的转矩测量仪、制动器、校正过的直流发电机作负载。被试电动机应接到额定频率、额定电压三相平衡的电源上，将被试电动机调到额定负载状态下运行，然后逐渐增加被试电动机的负载使之失步，在失步瞬间从转矩测量仪、制动器上测量得的转矩数值，即为被试电动机的失步转矩。

a） 转矩测量仪法；

b） 制动器、校正过直流电机法。

采用上述试验方法时，应在额定频率、额定电压下进行测定。如试验电压不能达到额定电压，最小转矩值应按 A.4.2 换算。

A.4.1.1 转矩测量仪法

用转矩测量仪法测定失步转矩时，可用自动记录仪直接描绘转矩转速特性曲线和被试电机端电压与转速的关系曲线，失步转矩从曲线上求取。

试验过程中，应防止被试电机过热而影响测量的准确性。

以直流电机作负载时，被试电动机与传感器、直流电机用联轴器联轴。直流电机他励，其电枢由可调电压和可变极性的电源供电。被试电动机应接到额定频率、额定电压三相平衡的电源上，被试电机与直流电机的转向应一致。调节直流电机的电源电压，逐渐增加被试电动机的负载使之失步，在失步瞬间的转矩值即为失步转矩 T_{PO}。

A.4.1.2 制动器、校正过直流电机法

如果被试电动机的负载为制动器，则失步转矩可在失步瞬间在制动器上读取。

如果被试电动机的负载为校正过的直流发电机时，则被试电动机的失步转矩可由失步瞬间测得的直流发电机的输出功率，并根据效率曲线求出其输入功率，即为被试电动机的输出功率 P，按式（A.5）计算电动机的失步转矩 T_{PO}（N·m）：

$$T_{PO} = 9\ 549 \cdot \frac{P + P_{fw}}{n_N} \qquad \text{（A.5）}$$

式中：

P_{fw}——被试电动机的风摩耗，单位为千瓦（kW）。

试验过程中，应防止被试电机过热而影响测量的准确性，被试电机的端电压应在其出线端上测量。

A.4.2 失步转矩的换算

当试验电压 U_t 不低于 0.9 倍额定电压时，则额定电压时的失步转矩按式（A.6）计算：

$$T_{PON} = T_{PO} \cdot \left(\frac{U_N}{U_t}\right)^2 \qquad \text{（A.6）}$$

式中：

T_{PO}——在试验电压 U_t 时测得的失步转矩值。

当试验电压 U_t 低于 0.9 倍额定电压时，应尽可能在 1/2～3/4 额定电压范围内，均匀测取至少三个不同电压下的失步转矩值。作 $\lg T_{PO} = f(\lg U_t)$ 曲线，延长曲线，求出对应于额定电压时的失步转矩 T_{PON}。

A.5 最小转矩的测定

A.5.1 概述

在起动过程中最小转矩的测量方法有下列几种：

a） 校正过直流电机法；

b） 转矩测量仪法。

测定时，被试电机应接近实际冷状态，在额定频率和额定电压下进行。如试验电压不能达到额定电压，最小转矩值应按 A.5.2 换算。

A.5.1.1 校正过直流电机法

用校正过直流电机作被试电机的负载，最小转矩按试验时的转速和校正过直流电机的电枢电流，从直流电机的校正曲线 $T_d = f(I_a)$ 上求得。

试验时，将被试电机与校正过直流电机用联轴器联接，先在低电压下确定被试电机出现最小转矩的中间转速（即额定转速的1/13～1/7范围内的某一转速，机组在该转速下能稳定运行而不升速）。断开被试电机的电源，调节校正过直流电机的电源电压，使其转速约为中间转速的1/3。然后，合上被试电机的电源，迅速校正过直流电机的电源电压。直至校正过直流电机的电枢电流出现最小值，读取此数值和被试电机的端电压。采用校正过直流电机时，需同时读取转速值。

试验过程中，应防止被试电机过热。

A.5.1.2 转矩测量仪法

用转矩测量仪法测定最小转矩时，必须测取被试电机的转矩转速特性曲线，最小转矩从曲线上求取。

转矩转速特性曲线可逐点测定后人工描绘，也可用自动记录仪直接描绘。逐点测定转矩转速曲线时，测定的点数应满足正确求取各种转矩（堵转转矩、最小转矩、牵入转矩、失步转矩）的需要。在这些转矩附近，测量点应尽可能密一些。

试验过程中，应防止被试电机过热而影响测量的准确性，必要时，转矩转速特性曲线可分段测量。

以直流电机作负载时，被试电机与传感器、直流电机用联轴器连接。直流电机他励，其电枢由可调电压和可变极性的电源供电。被试电动机与直流电机的转向应一致。调节直流电机的电源电压，逐渐增加被试电机的负载，并同时读取转矩、转速和电压值。或用自动记录仪描绘转矩—转速特性曲线和被时电机的端电压与转速的关系曲线，见图A.4。

永磁同步电动机在堵转时振动较剧烈，所以配接的负载惯量应至少为被试电机惯量的3倍以上，以尽可能减小转矩值振荡对准确读数的影响。需要测取从反转到正转起动过程中的转矩—转速特性曲线 $T = f(n)$。在测量过程中，电动机的端电压如有变化，必须进行电压修正，因此应同时测取电机端电压变化曲线。

用自动记录仪描绘转矩—转速特性曲线时，建议在被试电动机转速上升和下降的情况下测取两条转矩—转速特性曲线，取其平均值。每条曲线的描绘时间应不少于15 s。

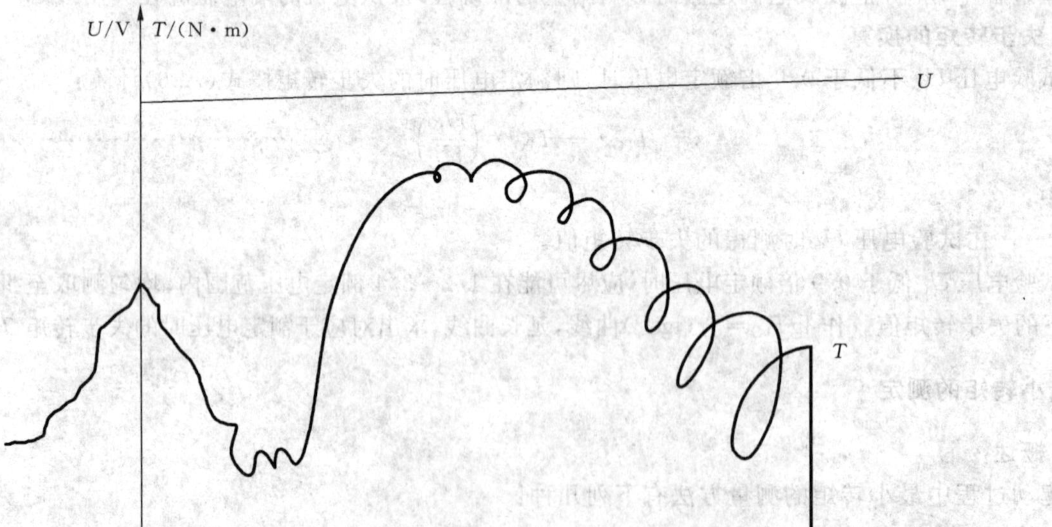

图A.4 转矩—转速特性曲线 $T = f(n)$

A.5.2 最小转矩的换算

永磁同步电动机起动起动过程中的转矩是由异步转矩 T_a 与永磁制动转矩 T_h(通常为负值)相叠加而得，前者与外施电压平方成正比，后者与外施电压值无关。因此，由于外施电压不是额定值而需换算时，至少应测取两条不同电压 U_1、U_2 下的转矩—转速特性曲线，取最小转矩附近多个同一转速下测得的转矩值 T_1 和 T_2，然后按式(A.7)和式(A.8)求得 T_a、T_h。

$$T_a = \frac{T_1 - T_2}{\left(\frac{U_1}{U_N}\right)^2 - \left(\frac{U_2}{U_N}\right)^2} \qquad \text{(A.7)}$$

$$T_h = \frac{\left(\frac{U_2}{U_N}\right)^2 \cdot T_1 - \left(\frac{U_1}{U_N}\right)^2 \cdot T_2}{\left(\frac{U_1}{U_N}\right)^2 - \left(\frac{U_2}{U_N}\right)^2} \qquad \text{(A.8)}$$

则额定电压 U_N 时的最小转矩 T_{min}(N·m)见式(A.9)：

$$T_{min} = T_a + T_h \qquad \text{(A.9)}$$

式中：

U_N——额定电压，单位为伏(V)；

U_1、U_2——试验时的实际电压，单位为伏(V)；

T_1、T_2——电压为 U_1、U_2 时测得的最小转矩，单位为牛·米(N·m)。

在最小转矩附近多个转速下的 T 值画成曲线取最小值，即为所求的最小转矩 T_{min}(N·m)。

A.6 牵入转矩的测定

A.6.1 标称牵入转矩的测定

标称牵入转矩(s=0.05 时的转矩)可用直接负载法或转矩转速测量仪法测定。

测定时，被试电动机应接近实际冷状态。

A.6.1.1 直接负载法

被试电机应接到额定频率，电压可调三相平衡电源上作异步电动机运转，试验应在冷态下进行，被试电机的试验电压应尽可能提高，一般应在额定值的50%以上，调节被试电机的负载，使其转差率为0.05，同时读取被试电机的电枢电压、电枢电流、转速或转差率、输入功率。如果采用分析过的直流电机作为负载时，应同时量取分析过直流电机的端电压、电枢电流和励磁电流。

被试电机在转差率为 s 时的电磁转矩 T_M(N·m)，按式(A.10)计算：

$$T_M = 9\,549\,\frac{P + P_{fws}}{(1-s)n_N} \qquad \text{(A.10)}$$

式中：

P——被试电机的输出功率，即负载电机的输入功率，单位为千瓦(kW)；

P_{fws}——被试电机在转差率为 s 时的机械损耗，单位为千瓦(kW)。

被试电机在额定电压时的标称牵入转矩 T_{piN}(N·m)按式(A.11)计算：

$$T_{piN} = \left(\frac{U_N - U'}{U - U'}\right)^2 \cdot T_M \qquad \text{(A.11)}$$

式中：

U——求得 T_M 时的试验电压，单位为伏(V)；

U'——由图 A.3 确定的电压值，单位为伏(V)；

T_M——转差率 s=0.05 时求得的电磁转矩，单位为牛米(N·m)。

标称牵入转矩的标么值 t_{pin} 按式(A.12)计算：

$$t_{pin} = \left(\frac{U_N - U'}{U - U'}\right)^2 \cdot \frac{P + P_{fws}}{(1-s)P_N} \qquad \text{(A.12)}$$

试验中如果转差率为0.05的点不易准确建立时，则可调节被试电机的负载，使转差率为0.05左右取4～5点，按上述方法计算转矩，然后作出转矩对转差的曲线。从曲线上确定转差率为0.05时的转矩值。

用转矩测量仪法求取转矩转速特性曲线，从曲线上 $s=0.05$ 处求取标称牵入转矩值。

A.6.1.2 转矩转速测量仪法

被试电机与转矩转速传感器以及负载可调的负载机械对接。被试电机接到额定频率，电压可调三相平衡电源上。试验开始时，使被试电机处于空载或轻载运行，被试电机的试验电压应尽可能提高，一般应在额定值的50%以上。逐步调节被试电机的负载，使其转差率从0.1至0，并记录下这个变化过程的 $T-n$ 和 $U-n$ 曲线，至少均匀测取三个不同电压下的 $T-n$ 和 $U-n$ 变化曲线，分别从曲线上查得转差为0.05的牵入转矩 T_{pi} 和试验电压 U_t。作 $\lg T_{pi}=f(\lg U_t)$ 曲线，延长曲线，求出对应于额定电压时的牵入转矩 T_{pin}。

ICS 29.160.30
K 21

中华人民共和国国家标准

GB/T 22712—2008

变频电机用G系列冷却风机技术规范

Specification for G series cooling fans applying to variable frequency motors

2008-12-30 发布

2009-10-01 实施

中华人民共和国国家质量监督检验检疫总局
中国国家标准化管理委员会 发布

前　言

随着变频电机应用的日益广泛，冷却风机作为变频电机的配件，市场也日趋增大，且规格品种繁多，迫切需要制定一个《变频电机用G系列冷却风机技术规范》规范市场，以利于国民经济的发展。

由于目前市场上变频电机品种繁多，性能指标和安装尺寸有较大地不同，在本标准中难以统一，所以本标准以YVF2系列(IP54)变频调速专用变频电机三相异步电动机所配用的G系列冷却风机作为基本系列。其他的变频调速专用三相异步电动机可参照本标准选用冷却风机。凡属该风机所派生的各种风机也可参照执行。

本标准由中国电器工业协会提出。

本标准由全国旋转电机标准化技术委员会(SAC/TC 26)归口。

本标准负责起草单位：上海电器科学研究所(集团)有限公司、上海电科电机科技有限公司、无锡市明通动力附件厂。

本标准参加起草单位：无锡锡山特种风机有限公司、无锡市双超风机有限公司。

本标准主要起草人：邹淑芳、顾德军、胡春雷、濮晓明、张伟德、佘峰超。

本标准为首次发布。

变频电机用G系列冷却风机技术规范

1 范围

本标准规定了变频器供电的YVF2系列(IP54)变频调速专用三相异步电动机用G系列冷却风机的型式、基本参数与尺寸,技术要求,检验规则,标志、包装及保用期的要求。

本标准适用于变频器供电的YVF2系列(IP54)变频调速专用三相异步电动机用G系列冷却风机(轴流式)(以下简称风机),由变频器供电的其他系列的变频调速专用三相异步电动机也可参照此标准选用风机。凡属该风机所派生的各种风机也可参照执行。

2 规范性引用文件

下列文件中的条款通过本标准的引用而成为本标准的条款。凡是注日期的引用文件,其随后所有的修改单(不包括勘误的内容)或修订版均不适用于本标准,然而,鼓励根据本标准达成协议的各方研究是否可使用这些文件的最新版本。凡是不注日期的引用文件,其最新版本适用于本标准。

GB/T 191—2008 包装储运图示标志(ISO 780:1997,MOD)

GB 755—2008 旋转电机 定额和性能(IEC 60034-1:2004,IDT)

GB/T 1032—2005 三相异步电动机试验方法

GB/T 1236—2000 工业通风机用标准化风道进行性能试验

GB 1971—2006 旋转电机 线端标志与旋转方向(IEC 60034-8:2002,IDT)

GB/T 1993—1993 旋转电机冷却方法(eqv IEC 60034-6:1991)

GB/T 2888—2008 风机和罗茨鼓风机噪声测量方法

GB/T 4942.1—2006 旋转电机整体结构的防护等级(IP代码)分级(IEC 60034-5:2000,IDT)

GB/T 5171—2002 小功率电动机通用技术条件

GB 10068—2008 轴中心高为56 mm及以上电机的机械振动 振动的测量、评定及限值(IEC 60034-14:2007,IDT)

GB 12350—2000 小功率电动机的安全要求

GB/T 12665—2008 电机在一般环境条件下使用的湿热试验要求

JB/T 6445—2005 工业通风机叶轮超速试验

JB/T 7118—2004 YVF2系列(IP54)变频调速专用三相异步电动机 技术条件(机座号80~135)

JB/T 8658—1997 外转子低噪声三相异步电动机

JB/T 9101—1999 通风机转子平衡

JB/T 9615.1—2000 交流低压电机散嵌绕组匝间绝缘试验方法

JB/T 9615.2—2000 交流低压电机散嵌绕组匝间绝缘试验限值

JB/T 10562—2006 一般用途轴流通风机 技术条件

3 型式、基本参数与尺寸

3.1 风机型号含义

示例：G-180 A

A——标准型

180——规格代号，表示配用变频电机中心高 180 mm

G——系列代号，轴流式

3.2 风机为电动机直连式，电动机为外转子结构。允许采用内转子结构。

3.3 风机所采用的电动机（以下简称风机电动机）的冷却方式为 IC01（见 GB/T 1993—1993）。

3.4 风机的外壳防护等级

3.4.1 风机电动机防护等级为 IP54。

注：铭牌上标注的防护等级为 IP54。

3.4.2 风机的外罩防护等级为 IP20。

3.4.3 风机的接线盒防护等级为 IP54。

3.5 风机电动机定额是以连续工作制（S1）为基准的连续定额。

3.6 风机电动机额定频率为 50 Hz。额定电压为 380 V（三相）（其他频率和电压的风机电动机由用户与制造厂协商）。

3.7 风机电动机的额定功率应按 GB/T 5171—2002 的规定选取。

3.8 风机应按下列型号制造：G-80A，G-90A，G-100A，G-112A，G-132A，G-160A，G-180A，G-200A，G-225A，G-250A，G-280A，G-315A。

3.9 风机电动机应按下列同步转速制造：1 500 r/min 或 3 000 r/min

3.10 风机的安装尺寸和外形尺寸

3.10.1 单支撑安装结构的风机安装尺寸和外形尺寸应符合图 1 和表 1 的规定。

3.10.2 双支撑安装结构的风机安装尺寸和外形尺寸应符合图 2 和表 1 的规定。

表 1 安装尺寸和外形尺寸

单位为毫米

型号	安装尺寸									外形尺寸	
	D		L_1	L_2	δ	A	R	K	n	L_3	AD
	基本尺寸	极限偏差									
G-80A	153	$^{+1.6}_{0}$	15	48	1.5	10	3	120	3	155	260
G-90A	173	$^{+1.6}_{0}$	15	48	1.5	10	3	120	3	160	280
G-100A	193	$^{+1.85}_{0}$	20	62	1.5	10	3	120	3	180	300
G-112A	217	$^{+1.85}_{0}$	22	62	1.5	10	3	120	3	180	320
G-132A	256	$^{+2.1}_{0}$	22	72	1.5	10	3	120	3	190	360
G-160A	311	$^{+2.1}_{0}$	36	92	2	12	3.5	45	4	210	440
G-180A	352	$^{+2.3}_{0}$	42	97	2	14	3.5	45	4	260	480
G-200A	394	$^{+1.4}_{0}$	47	117	2	14	3.5	45	4	280	520
G-225A	442	$^{+1.5}_{0}$	52	119	2	18	5	45	4	285	570
G-250A	481	$^{+1.5}_{0}$	57	154	2	18	5	45	4	320	620
G-280A	543	$^{+1.7}_{0}$	68	175	2	18	5	45	4	390	670
G-315A	616	$^{+1.7}_{0}$	72	178	2	25	6	45	4	395	740
注：L_3 为参考尺寸。由制造厂家根据选用电机的不同自行决定。											

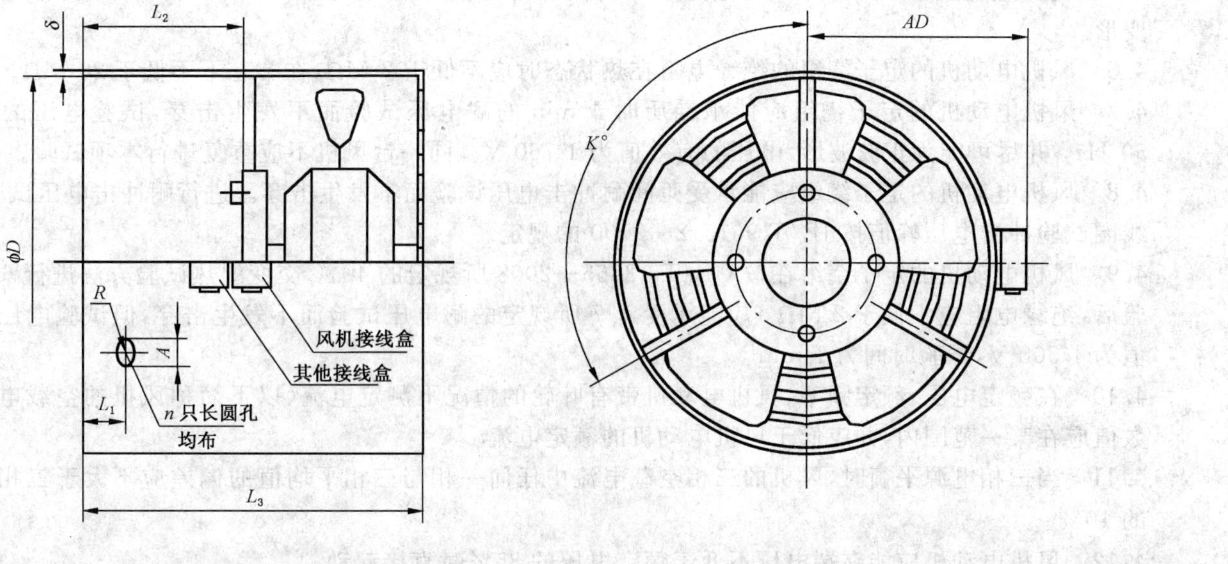

图 1 单支撑安装结构的风机安装尺寸和外形尺寸

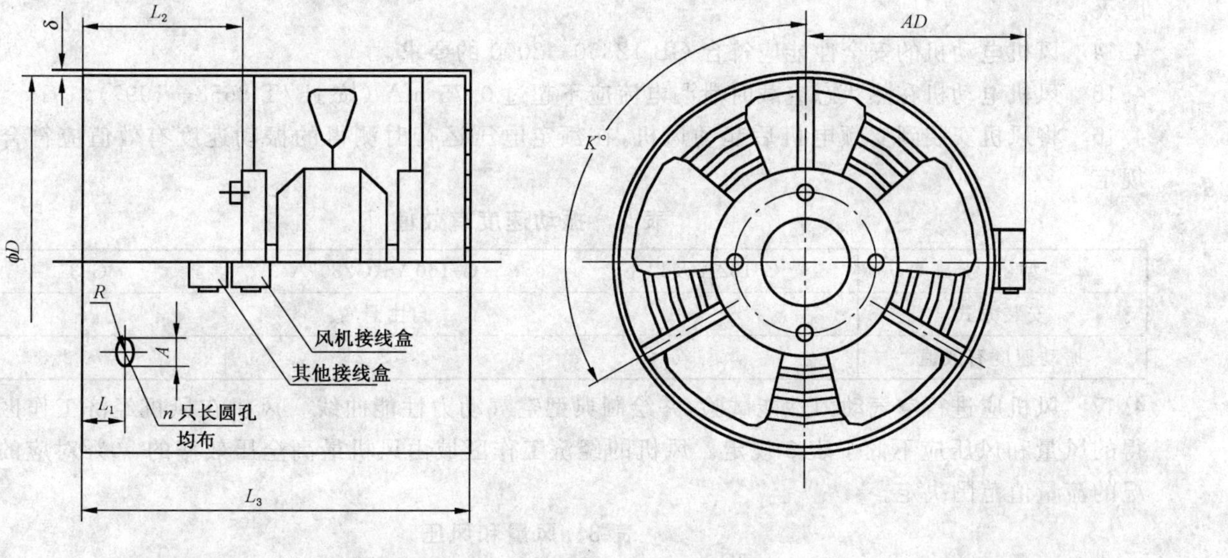

图 2 双支撑安装结构的风机安装尺寸和外形尺寸

4 技术要求

4.1 在下列海拔、环境空气温度和相对湿度条件下，风机应能额定运行。

4.1.1 海拔不超过 1 000 m。

4.1.2 最高环境空气温度随季节而变化，但不超过 40 ℃。

注：当运行地点的海拔高度超过 1 000 m 或最高环境空气温度高于或低于 40 ℃ 的条件下使用时，应按 GB/T 5171—2002 的规定。

4.1.3 最低环境空气温度为－15 ℃。

4.1.4 最湿月月平均最高相对湿度为 90%，同时该月月平均最低温度不高于 25 ℃。

4.2 风机电动机运行期间电源电压和频率与额定值的偏差应按 GB 755—2008 的规定。

4.3 风机电动机采用 155(F)级绝缘，定子绕组的温升(电阻法)按 80 K 考核。

4.4 风机电动机在热状态和逐渐增加转矩的情况下，应能承受历时 15 s 超过额定转矩 60%的过转矩而不发生转速突变或停转，此时电压和频率维持在额定值。

4.5　风机电动机在空载情况下，应能承受提高转速至其额定值的120%，历时2 min而不发生有害变形。

4.6　风机电动机的定子绕组的绝缘电阻在热状态时应不低于2 MΩ，在常态下不低于20 MΩ。

4.7　风机电动机的定子绕组应能承受历时1 min的耐电压试验而不发生击穿，试验电压的频率为50 Hz，并尽可能为正弦波形，电压的有效值为1 760 V。同一台风机不应重复进行本项试验。

4.8　风机电动机的定子绕组应能承受匝间耐冲击电压试验而不发生击穿。进行耐冲击电压试验时，其线圈试验冲击电压峰值按JB/T 9615.2—2000的规定。

4.9　风机电动机的定子绕组在按GB/T 12665—2008所规定的40 ℃交变湿热试验方法进行6周期试验后，绝缘电阻应不低于2 MΩ，应能承受4.7所规定的耐电压试验而不发生击穿，但试验电压的有效值为1 500 V，试验时间为1 min。

4.10　在额定电压、额定频率、风机电动机带有叶轮的情况下测定电流（以下简称风机的空载电流），该数值应在某一范围内，并应低于风机电动机的额定电流。

4.11　当三相电源平衡时，风机的三相空载电流中任何一相与三相平均值的偏差应不大于三相平均值的10%。

4.12　风机电动机应能在端电压不低于额定电压的85%时直接起动。

4.13　风机电动机应制成三个出线端子，并设有接线标志图，此标志应保证在风机整个使用期内不易磨灭。

4.14　风机电动机的安全性能应符合GB 12350—2000的要求。

4.15　风机电动机在热状态空载时泄漏电流应不超过0.75 mA（按JB/T 8658—1997）。

4.16　将风机安装到变频电机后起动风机，在额定电压运行时测得的振动速度有效值应符合表2的规定。

表2　振动速度有效值

mm/s

型　号	G-132A及以下	G-160A～G280-A	G-315A
安装方式	自由悬置		
振动速度有效值	≤1.6	≤2.2	≤2.8

4.17　风机应进行空气动力性能试验，并绘制典型空气动力性能曲线。风机在风机经济工作区域内测得的风量和风压应不低于表3规定。风机的经济工作区域由风机最高全压效率的90%对应的两个工况的流量值范围决定。

表3　风量和风压

型　号	风量/(m^3/h)	风压(全压)/Pa
G-80A	58	60
G-90A	91	80
G-100A	142	80
G-112A	229	80
G-132A	337	35
G-160A	609	40
G-180A	686	55
G-200A	1 679	65
G-225A	1 786	70
G-250A	1 813	80
G-280A	2 415	85
G-315A	2 820	110

4.18 风机在规定的风压和风量运行时测得的 A 计权声功率级的噪声应符合表 4 所规定的数值。噪声数值的容差为+3 dB(A)。

表 4 噪声数值

dB(A)

型号	噪声
G-80A	62
G-90A	65
G-100A	67
G-112A	67
G-132A	69
G-160A	72
G-180A	72
G-200A	72
G-225A	74
G-250A	75
G-280A	78
G-315A	81

4.19 风机应具有独立的接线盒,并与所配电机的接线盒所置方向一致。接线盒设有接地端子和接地标志,此标志应保证在风机整个使用期内不易磨灭。当变频电机附加其他装置如编码器或制动器时,风机应另单独安装接线盒,接线盒接线端子数量应满足附加装置的要求(此时由用户与制造厂协商)。

4.20 当变频电机有加油和泻油装置时,风机的外罩应有便于加、泻油的孔,并应加装防尘塞。

4.21 当变频电机附加有其他装置如编码器或制动器时,风机的外罩应有满足编码器出线或制动器手柄行程的孔(此时由用户与制造厂协商)。

4.22 风机应在外罩明显位置处标明风机的旋转方向,在风机的整个使用期内应保证该标志清晰、不磨灭。并应保证安装后仍能清晰的检查。

4.23 风机的外罩材料应具有良好的拉伸强度和弯曲强度。

4.24 风机的外罩外形应平整,焊接牢固,无脱焊、虚焊、未铆紧等缺陷。

4.25 风机的转子组件应进行静平衡或动平衡试验。叶轮的平衡品质等级 $G \leqslant 5.6$ mm/s(按 JB/T 9190—1999)。平衡品质等级 G 由转子质量偏心距 ε 与转子的最高工作角速度 ω 之积除以 1 000 所得值来表示。

4.26 风机的叶轮应按 JB/T 6445—1992 规定进行叶轮超速试验。

4.27 风机的叶轮铆接应牢固,铆接的表面和铆钉头部应光滑平整,不应有裂纹、歪斜、未铆紧等缺陷。

5 检验规则

5.1 每台风机须经检验合格后才能出厂,并应附有产品合格证。

5.2 出厂检查试验项目包括:

a) 机械检查(按 5.5 的规定);

b) 风机电动机定子绕组对机壳间绝缘电阻的测定(检查时可测量冷态绝缘电阻,但应保证热状态时绝缘电阻不低于本标准 4.6 的规定);

c) 风机电动机定子绕组在实际冷状态下直流电阻的测定;

d) 风机电动机绕组耐电压试验;

e) 风机电动机绕组匝间耐冲击电压试验;

f) 风机叶轮超速试验；

g) 风机的空载电流的测定。

5.3 凡遇下列情况之一者，必须进行型式试验：

a) 经鉴定定型后制造厂第一次试制或小批试制生产时；

b) 当设计或工艺上的变更足以引起某些特性和参数发生变化时；

c) 当检查试验结果和以前进行的型式试验结果发生不可容许的偏差时；

d) 成批生产风机的定期抽查试验，每两年至少一次。

5.4 风机的型式试验项目包括：

a) 检查试验的全部项目；

b) 热试验；

c) 风机的空气动力性能试验；

d) 噪声的测定；

e) 振动的测定；

f) 风机电动机的泄漏电流；

g) 风机电动机的湿热试验。

5.5 风机的机械检查项目包括：

a) 运转检查：风机叶轮转动时，应平稳轻快，无停滞现象；

b) 外观检查：检查风机的装配是否完整正确，风机表面油漆应干燥完整、均匀、无污损、碰坏、裂痕等现象；

c) 安装尺寸、外形尺寸检查：安装尺寸及外形尺寸应符合 3.10 的规定。

5.6 5.4 的 b) 热试验按 GB/T 5171—2002 的有关规定进行；5.4 的 c) 空气动力性能试验按 GB/T 1236—2000 的规定进行；5.4 的 d) 噪声测试方法按 GB/T 2888—1991 的规定进行；5.4 的 e) 振动的测定方法按 GB 10068—2008 规定进行；5.4 的 f) 泄漏电流的测定方法按 GB 12350—2000 的规定进行；5.2 的 b) 和 d) 按 GB/T 5171—2002 的规定进行；5.2 的 c) 和 g) 按 GB/T 1032—2005 的规定进行；5.2 的 e) 按 JB/T 9615.1—2000 的规定进行；5.2 的 f) 按 JB/T 10562—2006 的规定，每批生产 20 台应抽试一台；风机的电动机外壳防护等级的试验，可在产品结构定型或当结构和工艺有较大变动时进行，外壳防护等级的试验方法按照 GB/T 4942.1—2006 进行。

6 标志、包装及保用期

6.1 铭牌及其数据应保证在风机使用期内不易脱落、磨灭。

6.2 风机铭牌应固定在风机外罩的明显位置上，应标明项目如下：

a) 制造厂名；

b) 风机名称；

c) 风机型号；

d) 风量；

e) 风压（全压）；

f) 风机额定转速；

g) 电动机额定功率；

h) 电动机额定电压；

i) 电动机额定频率；

j) 电动机额定电流；

k) 电动机接线方法（允许在接线盒内明示）；

l) 电动机外壳防护等级（允许另作铭牌）；

m） 制造厂出品年月和出品编号；

n） 生产单位地址；

o） 标准编号。

6.3 风机电动机定子绕组的各出线端及在接线板的接线位置上均应有相应的标志，并应保证其字迹在风机使用期内不易磨灭，其标志按表5的规定（允许以颜色代替线端标志）。

表5 风机电动机定子绕组的各出线端标志

定子绕组名称	出线端标志（颜色）
第一相	U（红）
第二相	V（绿）
第三相	W（黄）

6.4 风机的产品合格证应随同每台风机提供给客户。使用说明书可根据用户要求提供。

6.5 风机的包装应能保证在正常的储运条件下，自发货之日起的一年时间内，不致因包装不善而导致受潮与损坏。

6.6 包装箱外壁的文字和标志应清楚整齐，内容如下：

a） 发货站及制造厂名称；

b） 收货站及收货单位名称；

c） 风机型号及出品编号；

d） 风机的净重及连同箱子的毛重；

e） 箱子尺寸；

f） 在箱外适当位置应标有“小心轻放”、“怕雨”等字样，其图形应符合GB/T 191—2008的规定。

6.7 在用户按照使用说明书的规定，正确地使用与存放风机的情况下，制造厂应保证风机在使用的一年内，但自制造厂起运的日期不超过2年的时间内能良好地运行。如在此规定的时间内，风机因制造质量不良而发生损坏或不能正常工作时，制造厂应无偿地为用户修理、更换零件或风机。

ICS 29.160.30
K 21

中华人民共和国国家标准

GB/T 22713—2008/IEC 60034-26:2006

不平衡电压对三相笼型感应电动机性能的影响

Effects of unbalanced voltages on the performance of three-phase cage induction motor

(IEC 60034-26:2006,IDT)

2008-12-30 发布　　2009-10-01 实施

中华人民共和国国家质量监督检验检疫总局
中国国家标准化管理委员会　发布

前　言

本标准等同采用 IEC 60034-26:2006《不平衡电压对三相笼型感应电动机性能的影响》。

本标准在技术内容上与 IEC 60034-26:2006 无差异。

本标准中的附录 A、附录 B 为资料性附录。

本标准由中国电器工业协会提出。

本标准由全国旋转电机标准化技术委员会(SAC/TC 26)归口。

本标准负责起草单位:上海电器科学研究所(集团)有限公司、山东华力电机集团股份有限公司、山西电机制造有限公司、北京毕捷电机股份有限公司、西门子(中国)有限公司、河北电机股份有限公司、上海电科电机科技有限公司、浙江金龙电机股份有限公司。

本标准主要起草人:李军丽、王庆东、陈璞、周守廉、徐绍辉、杨秀军、叶锦武。

本标准为首次发布。

不平衡电压对
三相笼型感应电动机性能的影响

1 范围

本标准规定了不平衡电压对三相笼型感应电动机性能的影响。

本标准适用于三相笼型感应电动机。

2 规范性引用文件

下列文件中的条款通过本标准的引用而成为本标准的条款。凡是注日期的引用文件，其随后所有的修改单(不包括勘误的内容)或修订版均不适用于本标准，然而，鼓励根据本标准达成协议的各方研究是否可使用这些文件的最新版本。凡是不注日期的引用文件，其最新版本适用于本标准。

GB/T 21210 单速三相笼型感应电动机起动性能(GB/T 21210—2007,IEC 60034-12:2002,IDT)

3 不平衡电压对电动机性能的影响

下列3.1～3.3描述了不平衡电压对电动机性能的影响。

3.1 电流

不平衡电压的负序分量在电动机气隙中产生一个与转子旋转方向相反的磁场。电压中很小的负序分量可能使得流过绕组的电流比电压平衡时的电流大很多。流过转子鼠笼条中的电流频率几乎是额定频率的2倍，因此转子鼠笼条中电流的挤流效应使得转子绕组的损耗增加值比定子绕组损耗增加值大很多。

电动机在不平衡电压下以额定转速运行时，电流的不平衡程度很大，约为电压不平衡程度的6倍～10倍。

电压不平衡时，堵转电流的不平衡程度与电压的不平衡程度一样，但堵转视在功率的增加值很小。

3.2 发热

电动机在不平衡电压下运行时，由于电流和电压中的负序分量引起定子损耗增加，因此，定子绕组温升比在平衡电压下运行时的温升高。

转子损耗的增加程度由于电流的挤流效应而加大。

此外，电压的不平衡通常与电压中正序分量的减少有关，这使得定转子中正序分量的电流增加。

3.3 转矩

当电压不平衡时，堵转转矩、最小转矩和最大转矩都减小。如果电压不平衡很严重，则电动机不可能正常运行。

电压不平衡与频率为2倍工频的振荡转矩的产生有关。振荡转矩幅值的增加与电压中正序分量和负序分量的乘积成线性关系。当不平衡度 $f_u=0.05$(见第4章)时，振荡转矩的峰值在额定转矩的25%范围内。当振荡转矩的临界扭转频率接近2倍工频时，整个轴系可能会产生不允许的扭转振动。

3.4 满载转速

当电动机在不平衡电压下满载运行时，由于转差率随着转子附加损耗的增加而增大，因而此时转速会略微下降。

4 电动机降低定额运行以防止过热

当交流电动机的工频供电电源所连接的三相电压系统中，负序分量长期(至少为电机热时间常数)

超过1%正序分量时，电动机允许的输出功率应低于额定功率以减小电动机损坏的可能性。图1为假定电源电压中的正序分量接近电机额定电压时，GB/T 21210中N设计电动机的典型定额降低因数。电动机运行时，建议电压不平衡不超过5%。

图1中不平衡度 f_u 的确定如下：

$$f_u = U_n/U_p$$

式中：

U_n——电源电压中负序分量的均方根值；

U_p——电源电压中正序分量的均方根值。

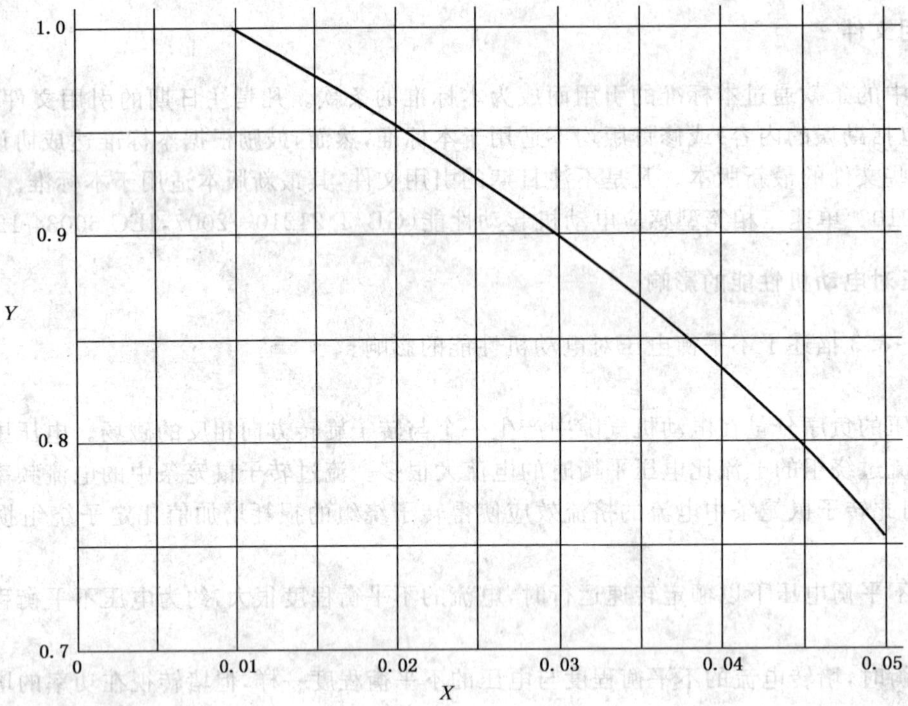

图示符号：

Y——定额降低因数；

X——电压不平衡度 f_u。

图1 GB/T 21210中N设计三相笼型感应电动机的典型定额降低因数

附 录 A
（资料性附录）
确定三相系统中线电压 $\boldsymbol{U}_1$、$\boldsymbol{U}_2$、$\boldsymbol{U}_3$ 的对称分量

A.1 图解法

图 A.1 相量图

图解法确定对称分量 U_p 和 U_n 的步骤：

- 绘出三个电压相量 $\underline{U}_1$、$\underline{U}_2$ 和 $\underline{U}_3$，其和始终为零；
- 以其中一个相量长度为边长，确定一个等边三角形（图 A.1 中选择相量 $\underline{U}_1$ 的长度为边长）；
- 连接两个三角形的顶端，形成辅助相量 $\underline{U}_i$；
- 垂直于相量 $\underline{U}_i$ 画一条直线与三个电压相量 $\underline{U}_1$、$\underline{U}_2$ 和 $\underline{U}_3$ 组成的三角形对应角相交；
- 延长这条直线得到负序相量 $\underline{U}_n$，其长度为 $\underline{U}_i/\sqrt{3}$；
- 连接相量 $\underline{U}_n$ 和相量 $\underline{U}_i$ 的顶部得到正序分量 $\underline{U}_p$。

A.2 解析法

通过公式计算对称分量：

正序分量 $\underline{U}_{p}=\frac{1}{3}(\underline{U}_{1}+\underline{a}\underline{U}_{2}+\underline{a}^{2}\underline{U}_{3})$

负序分量 $\underline{U}_{n}=\frac{1}{3}(\underline{U}_{1}+\underline{a}^{2}\underline{U}_{2}+\underline{a}\underline{U}_{3})$

其中：

$\underline{a}=e^{j\frac{2}{3}\pi}$，$1+\underline{a}+\underline{a}^{2}=0$。

当三个电压相量的模和相角已知，可通过以上的复数公式直接计算得出对称分量。

如果已知电压的均方根值，可通过以下公式计算得出对称分量，公式中的值为实数：

$$U_{n}=\frac{1}{\sqrt{3}}\sqrt{U_{1}{}^{2}+U_{2}{}^{2}-2U_{1}U_{2}\cos\left(\varphi_{1}-\frac{\pi}{3}\right)}$$

$$U_{p}=\sqrt{U_{n}{}^{2}+U_{1}{}^{2}-2U_{n}U_{1}\cos|\varphi_{n}|}$$

其中：

$$|\varphi_{n}|=\left|\arcsin\left[\frac{\frac{\sqrt{3}}{2}|U_{1}|-|U_{2}\sin\varphi_{1}|}{|\sqrt{3}U_{n}|}\right]-\frac{\pi}{2}\right|$$

$$\varphi_{1}=\arccos\left[\frac{U_{1}{}^{2}+U_{2}{}^{2}-U_{3}{}^{2}}{2U_{1}U_{2}}\right]$$

附 录 B
（资料性附录）
近似确定法

实际应用中，使用如下的简化公式来确定不平衡度 f_u' 的大小并应用到图 1 中：

$$f_u' = \frac{U_{max} - U_{average}}{U_{average}}$$

其中：

U_{max}——三个电压 U_1、U_2、U_3 中均方根值最大值；

$U_{average}$——三个电压均方根值的平均值。

注：从附录 A 和附录 B 来看，f_u 和 f_u' 这两个因数的确定并不存在数学上的关系。根据附录 B 所确定的因数仅为近似值。尽管常规下根据附录 A 确定的不平衡度小于 3％，但非常规情况下确定的不平衡度可达到 14％，比根据附录 B 确定的值大，这导致得到的定额降低因数偏差最大为 7％。

ICS 29.160.01
K 20

GB

中华人民共和国国家标准

GB/T 22714—2008

交流低压电机成型绕组匝间绝缘试验规范

Test specifications of interturn insulation of form-wound winding for AC low-voltage electrical machines

2008-12-30 发布　　　　2009-10-01 实施

中华人民共和国国家质量监督检验检疫总局
中国国家标准化管理委员会　发布

前　言

本标准由中国电器工业协会提出。

本标准由全国旋转电机标准化技术委员会(SAC/TC 26)归口。

本标准负责起草单位:上海电器科学研究所(集团)有限公司、上海电科电机科技有限公司、江门市江晟电机厂有限公司、浙江金龙电机股份有限公司、苏州巨峰绝缘材料有限公司、上海申发检测仪器厂、上海海鹰机电检测设备厂。

本标准参加起草单位:桂林电器科学研究所、哈尔滨电机厂交直流电机有限责任公司。

本标准主要起草人:张生德、戎伟康、李锦梁、张妃、刘权、叶叶、徐伟宏、徐保弟、吴亚旗、于龙英、方建国。

本标准为首次发布。

交流低压电机成型绕组匝间绝缘试验规范

1 范围

本标准规定了交流电机成型绕组匝间绝缘试验方法、试验参数和试验限值。

本标准适用于额定电压为 1 140 V 及以下的中小型交流电机成型绕组匝间绝缘检测。

2 规范性引用文件

下列文件中的条款通过本标准的引用而成为本标准的条款。凡是注日期的引用文件，其随后所有的修改单(不包括勘误的内容)或修订版均不适用于本标准，然而，鼓励根据本标准达成协议的各方研究是否可使用这些文件的最新版本。凡是不注日期的引用文件，其最新版本适用于本标准。

GB 755—2008　旋转电机　定额和性能(IEC 60034-1:2004,IDT)

GB/T 8170—2008　数值修约规则与极限数值的表示和判定

JB/T 9615.1—2000　交流低压电机散嵌绕组匝间绝缘试验方法

JB/T 9615.2—2000　交流低压电机散嵌绕组匝间绝缘试验限值

JB/T 10098—2000　交流电机定子成型线圈耐冲击电压水平

3 术语和定义

下列术语和定义适用于本标准。

3.1

冲击波形比较法　comparison method of impulse waveforms

用冲击电压试验电机绕组(或线圈)匝间绝缘的一种方法。

其原理是将具有规定峰值和波前时间的冲击电压波，交替地(或同时)直接施加于同一设计的被试品和基准绕组(或线圈)上，利用冲击电压在两者中引起的衰减振荡波形有否差异，来检测电机绕组(或线圈)匝间绝缘是否良好。

3.2

绕组　winding

旋转电机内具有规定功能的一组线匝或线圈。

3.3

线圈　coil

具有一个或多个线圈单元的组件，通常具有公共绝缘。

3.4

基准绕组(或线圈)　reference winding (or coil)

在用冲击波形比较法检测电机绕组(或线圈)匝间绝缘时，用以与被试绕组(或线圈)进行比较的电机绕组(或线圈)。

基准绕组(或线圈)的各参数必须与被试绕组(或线圈)相同。

基准绕组(或线圈)可在同一台电机中任选，也可在同规格电机中任选。

基准绕组(或线圈)可以是匝间绝缘确认为正常的或假定为正常的绕组(或线圈)。

4 试验原理

本标准采用“冲击波形比较法”，见 JB/T 9615.1—2000 中的附录 A。

5 试验仪器及要求

5.1 仪器输出的两组冲击电压波应对称，容差为±3%。

5.2 仪器的冲击电压峰值应连续可调(可预设定)，并有指示。容差为±5%或±3%。优先推荐采用±3%和数显式峰值电压表。

5.3 仪器输出的最大冲击电压峰值应能满足试品最高试验电压要求。

5.4 仪器利用电容器的阻尼振荡放电作为匝间试验电压。制造厂与用户之间若无其他规定，电容器放电次数定为 5 次。第一次电压峰值的视在波前时间可为 0.2 μs (容差$^{+0.3}_{-0.1}$ μs)和 1.2 μs(容差±30%)，优先推荐波前时间为 0.2 μs。

5.5 仪器应能清晰显示和分辨波形。显示采样频率不小于 25 Hz，若能达到同样清晰和稳定程度，允许采用其他频率。

5.6 仪器应有测试专用接线，接地端子和必要的安全警示设施。

6 试验方法

6.1 准备

6.1.1 仪器外壳应可靠接地。

6.1.2 检查试验波形重合，将仪器两组测量线，分别接至同一绕组上，两振荡波形应基本重合。

6.2 线圈试验

线圈匝间绝缘试验可在嵌线前和(或)嵌线后接线前进行。

6.2.1 线圈嵌线前试验

在每只线圈嵌入铁心槽之前，任取两只线圈分别作为基准线圈和被试线圈，在两线圈首尾引出线间施加规定峰值和波前时间的冲击电压波，比较两衰减振荡波形之间的同异。试验接线示意图同图 1。

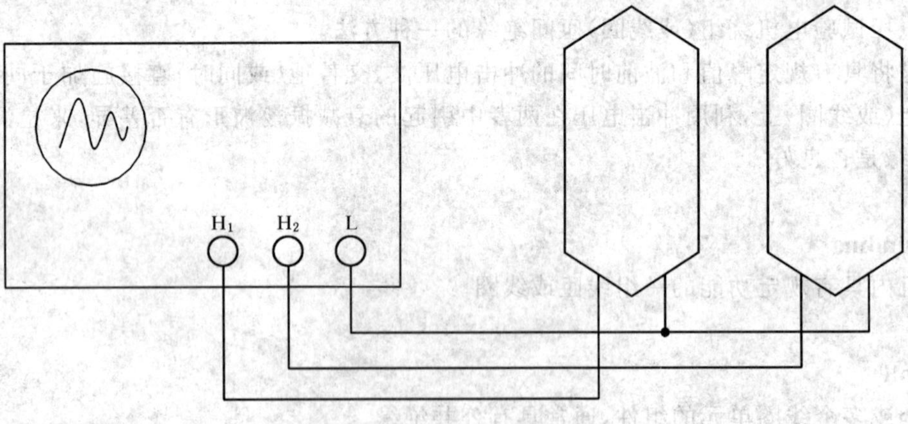

H_1、H_2——高电位端子；

L——低电位端子。

图 1 线圈试验接线示意图例

6.2.2 线圈嵌线后接线前试验

在每只线圈嵌入铁心槽后连成绕组之前，依次任取两只线圈分别作为基准线圈和被试线圈，在两线圈首尾引出线间施加规定峰值和波前时间的冲击电压波，比较两衰减振荡波形之间的同异。

试验接线示意图同图 1。

注：若测量时铁心已接地，则在匝间绝缘试验的同时，对地绝缘也承受了同样的冲击电压。

6.3 **绕组试验**

6.3.1 对电机绕组,根据被试绕组的不同接线,可有三种试验方法。

6.3.2 ∅(相)接法

任选一相绕组(例U相)作为基准绕组,另一相绕组(例V相)作为被试绕组,在U相和V相交替地(或同时)施加规定的峰值和波前时间的冲击电压波,比较两衰减振荡波形之间的同异。再依次转换,重复试验一次。试验接线见图2,每次试验后,不参与试验的绕组应予放电。

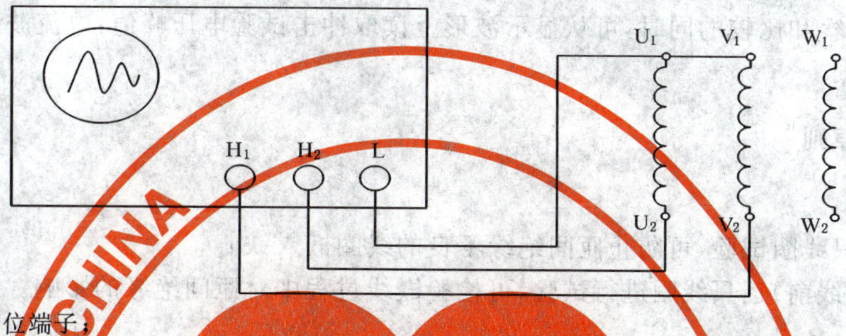

H_1、H_2——高电位端子;
L——低电位端子。

图2 ∅(相)接法接线示意图例

6.3.3 Y(线)接法

对已接成Y接法的电机绕组,任选一个(两相串联)绕组(例UW)作为基准绕组,另一个(两相串联)绕组(例VW)作为被试绕组,在UW和VW上交替地(或同时)施加规定峰值和波前时间的冲击电压波,比较两衰减振荡波形之间的同异。再依次转换,重复试验一次。接线示意图见图3。

H_1、H_2——高电位端子;
L——低电位端子。

图3 Y(线)接法接线示意图例

6.3.4 △(角)接法

对已接成△接法的电机绕组,任选一个(两相绕组串联与第三相绕组并联)绕组(例UW)作为基准绕组,另一个(两相绕组串联与第三相绕组并联)绕组(例VW)作为被试绕组,在UW和VW上交替地(或同时)施加规定峰值和波前时间的冲击电压波,比较两衰减振荡波形之间的同异。再依次转换,重复试验一次。接线示意图见图4。

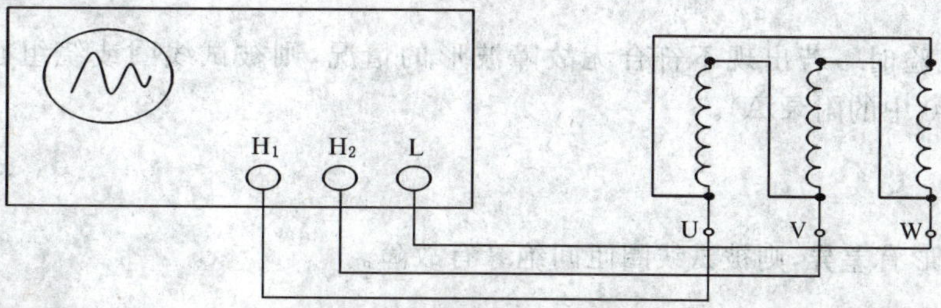

H_1、H_2——高电位端子;
L——低电位端子。

图4 △(角)接法接线示意图例

7 试验波形及显示

7.1 试验波形的显示

试验波形应显示于显示屏上供观察比较。

7.2 试验显示波形

试验显示波形可为电压波形或电流波形。

电压波形在观察和比较的同时，可从显示波形上读取冲击试验电压峰值；电流波形仅供试验波形的观察和比较。

8 试验方法选择原则

8.1 线圈试验

8.1.1 嵌线前逐只线圈试验，可防止匝间绝缘不良的线圈嵌入铁心。

8.1.2 嵌线后(接线前)逐只线圈进行试验，可检验嵌线过程中对匝间绝缘的影响。

8.2 绕组试验

8.2.1 ∅(相)接法

适用于检测每相绕组两端均有引出端子的绕组，或引出中点 N 的 Y 接法绕组，或解开连接点的△接法绕组。

∅(相)接法是判断绕组匝间绝缘故障的基本方法。

8.2.2 Y(线)接法

适用于检测 Y 接法电机绕组。

对功率较大的电机绕组，推荐用 Y(线)接法。

8.2.3 △(角)接法

适用于检测△接法电机绕组。

9 试验判别

9.1 概述

本标准以试验波形差作为判别依据。

9.2 无故障波形

9.2.1 线圈试验

若所显示的波形与匝间绝缘确认为正常的基准线圈显示波形基本重合无显著差异(简称重合)，则该试验显示波形为无故障波形。

9.2.2 绕组试验

若两次试验所显示的衰减振荡波形均基本重合无显著差异(简称重合)，并为正常波形，则该试验显示波形为无故障波形。

9.3 故障波形

线圈或绕组试验时，若出现不符合无故障波形的情况，则被试线圈或绕组匝间绝缘有故障(见 JB/T 9615.1—2000 中的附录 A)。

9.4 故障判别

9.4.1 线圈试验

若试验显示波形有差异，则被试线圈匝间绝缘有故障。

9.4.2 绕组试验

按不同的接线方法分别作故障判别。

若 2 次试验波形之一显示有差异，则一相绕组中有故障；若 2 次试验波形显示均有差异，则需进行第 3 次试验。

若第3次试验波形显示重合，则一相绕组中有故障；若仍有差异，则表示两相及以上绕组中有故障。凡第2次和第3次试验，仅需任选一种接线方式即可作出判断。

9.4.2.1 ∅(相)接法

∅(相)接法故障判别式列见表1，其余类推。

表1 ∅(相)接法故障判别式列(接线见示意图2)

<table>
<tr><th rowspan="2">序号</th><th rowspan="2">试验次别</th><th colspan="3">仪器端子接线</th><th rowspan="2">波形显示</th><th rowspan="2">故障判别</th></tr>
<tr><th>H_1</th><th>H_2</th><th>L</th></tr>
<tr><td rowspan="3">1</td><td>1</td><td>U_2</td><td>V_2</td><td>U_1 和 V_1</td><td>√</td><td rowspan="3">W 相故障</td></tr>
<tr><td rowspan="2">2</td><td>U_2</td><td>W_2</td><td>U_1 和 W_1</td><td>×</td></tr>
<tr><td>V_2</td><td>W_2</td><td>V_1 和 W_1</td><td>×</td></tr>
<tr><td rowspan="3">2</td><td>1</td><td>U_2</td><td>V_2</td><td>U_1 和 V_1</td><td>×</td><td></td></tr>
<tr><td rowspan="2">2</td><td>U_2</td><td>W_2</td><td>U_1 和 W_1</td><td>√</td><td>V 相故障</td></tr>
<tr><td>V_2</td><td>W_2</td><td>V_1 和 W_1</td><td>√</td><td>U 相故障</td></tr>
<tr><td rowspan="7">3</td><td>1</td><td>U_2</td><td>V_2</td><td>U_1 和 V_1</td><td>×</td><td></td></tr>
<tr><td rowspan="2">2</td><td>U_2</td><td>W_2</td><td>U_1 和 W_1</td><td>×</td><td rowspan="2">做第3次试验</td></tr>
<tr><td>V_2</td><td>W_2</td><td>V_1 和 W_1</td><td>×</td></tr>
<tr><td rowspan="4">3</td><td rowspan="2">V_2</td><td rowspan="2">W_2</td><td rowspan="2">V_1 和 W_1</td><td>√</td><td>U 相故障</td></tr>
<tr><td>×</td><td>两相及以上故障</td></tr>
<tr><td rowspan="2">U_2</td><td rowspan="2">W_2</td><td rowspan="2">W_1 和 U_1</td><td>√</td><td>V 相故障</td></tr>
<tr><td>×</td><td>两相及以上故障</td></tr>
<tr><td colspan="7">注1：√——波形重合；×——波形有差异。
注2：U 相指 U-V 端子间的绕组；V 相指 V-W 端子间的绕组；W 相指 W-U 端子间的绕组。</td></tr>
</table>

9.4.2.2 Y(线)接法

Y(线)接法故障判别式列见表2，其余类推。

表2 Y(线)接法故障判别式列(接线见示意图3)

<table>
<tr><th rowspan="2">序号</th><th rowspan="2">试验次别</th><th colspan="3">仪器端子接线</th><th rowspan="2">波形显示</th><th rowspan="2">故障判别</th></tr>
<tr><th>H_1</th><th>H_2</th><th>L</th></tr>
<tr><td rowspan="3">1</td><td>1</td><td>U</td><td>V</td><td>W</td><td>√</td><td></td></tr>
<tr><td rowspan="2">2</td><td>V</td><td>W</td><td>U</td><td>×</td><td rowspan="2">W 相故障</td></tr>
<tr><td>U</td><td>W</td><td>V</td><td>×</td></tr>
<tr><td rowspan="3">2</td><td>1</td><td>U</td><td>V</td><td>W</td><td>×</td><td></td></tr>
<tr><td rowspan="2">2</td><td>V</td><td>W</td><td>U</td><td>√</td><td>U 相故障</td></tr>
<tr><td>U</td><td>W</td><td>V</td><td>√</td><td>V 相故障</td></tr>
<tr><td rowspan="7">3</td><td>1</td><td>U</td><td>V</td><td>W</td><td>×</td><td></td></tr>
<tr><td rowspan="2">2</td><td>V</td><td>W</td><td>U</td><td>×</td><td rowspan="2">做第3次试验</td></tr>
<tr><td>U</td><td>W</td><td>V</td><td>×</td></tr>
<tr><td rowspan="4">3</td><td rowspan="2">U</td><td rowspan="2">W</td><td rowspan="2">V</td><td>√</td><td>V 相故障</td></tr>
<tr><td>×</td><td>两相及以上故障</td></tr>
<tr><td rowspan="2">V</td><td rowspan="2">W</td><td rowspan="2">U</td><td>√</td><td>U 相故障</td></tr>
<tr><td>×</td><td>两相及以上故障</td></tr>
<tr><td colspan="7">注1：√——波形重合；×——波形有差异。
注2：U 相指 U-V 端子间的绕组；V 相指 V-W 端子间的绕组；W 相指 W-U 端子间的绕组。</td></tr>
</table>

9.4.2.3 △(角)接法

△(角)接法故障判别式列见表3,其余类推。

表3 △(角)接法故障判别式列(接线见示意图4)

序号	试验次别	仪器端子接线			波形显示	故障判别
		H_1	H_2	L		
1	1	U	V	W	√	
	2	U	W	V	×	U 相故障
		V	W	U	×	
2	1	U	V	W	×	
	2	U	W	V	√	W 相故障
		V	W	U	×	做第 3 次试验
	3	U	W	V	√	W 相故障
					×	两相及以上故障
3	1	U	V	W	×	
	2	U	W	V	×	做第 3 次试验
		V	W	U	√	V 相故障
	3	V	W	U	×	两相及以上故障
					√	V 相故障

注1:√——波形重合;×——波形有差异。

注2:U 相指 U-V 端子间的绕组;V 相指 V-W 端子间的绕组;W 相指 W-U 端子间的绕组。

10 试验参数和比较参数

10.1 试验参数

试验参数为冲击试验电压峰值、波前时间、试验次数和试验时间。

10.2 比较参数

试验时比较参数为试验显示波形的幅值和振荡频率。

11 试验限值

11.1 冲击试验电压峰值

11.1.1 冲击试验电压峰值测量

冲击试验电压可选用下述任一种方法,在电机线圈或绕组(端子)上进行测量:

a) 以电压波形的幅值与倍率计算;

b) 指针式峰值电压表;

c) 数显式峰值电压表。

优先推荐采用数显式峰值电压表测量。

11.1.2 冲击电压峰值测量准确度

冲击试验电压峰值测量的准确度为±5.0%或±3.0%。

优先推荐采用±3.0%。

11.1.3 冲击试验电压峰值

11.1.3.1 冲击试验电压峰值计算公式

电机绕组或线圈匝间绝缘冲击试验电压峰值应不低于用式(1)进行计算,并按 GB/T 8170—2008

的规定修约到百位数(百伏)的数值。

$$U'_{P} = K_1 \times K_2 \times U_G \quad \cdots\cdots (1)$$

式中：

U'_{P}——电机绕组或线圈匝间绝缘冲击试验电压峰值，单位为伏(V)；

K_1——电压系数；

K_2——运行系数；

U_G——定子或转子绕组对地绝缘工频耐电压试验值(有效值)，单位为伏(V)。U_G 按 GB 755—2008 或产品标准规定值选取。

11.1.3.2 电压系数 K_1

电压系数 K_1 取$\sqrt{2}$。

11.1.3.3 运行系数 K_2

运行系数 K_2 根据被试线圈或绕组在绝缘处理前后取不同的数值(见表 4)。

表 4 运行系数 K_2

绝缘处理情况	浸渍前	浸渍后
K_2	自定	1.0～1.2

11.2 波前时间

冲击试验电压波的波前时间可为 0.2 μs (容差$^{+0.3}_{-0.1}$ μs)和 1.2 μs(容差±30%)，优先推荐 0.2 μs。

11.3 试验时间

每次(转换)接线的冲击试验时间为 1 s ～3 s，自动测试时可缩短(见 JB/T 9615.2—2000)。

11.4 试验次数

11.4.1 线圈试验次数

对单个线圈只需进行一次冲击电压试验。

11.4.2 绕组试验次数

对电机绕组，按 6.3 中任选一种试验接法，并按电机绕组工作时可能有的每种联接方式和冲击试验电压的输入方向，都至少应转换一次重复进行冲击电压试验。

12 重复试验及试验工序

12.1 重复试验

对电机绕组中的每一线圈，在不同工序中都允许重复进行多次冲击电压试验，其试验电压峰值不变。

12.2 试验工序

电机应进行匝间(绝缘)冲击耐电压试验。在各个工序均可进行试验，也可只选其中某几个工序进行试验。试验所处工序由生产厂自定。

允许以装配前的绕线转子绕组和定子绕组分别进行试验，代替电机匝间(绝缘)冲击耐电压试验。

在电机匝间(绝缘)能承受第 11 章规定的冲击耐电压试验情况下，在出厂(检查)试验时亦允许以嵌线后浸渍前的线圈或绕组进行试验代替电机匝间(绝缘)冲击耐电压试验(见 JB/T 10098—2000)。

ICS 29.160.30
K 20

中华人民共和国国家标准

GB/T 22715—2008/IEC 60034-15:1995

交流电机定子成型线圈耐冲击电压水平

Impulse voltage withstand levels of form-wound stator coils for rotating a. c. machines

(IEC 60034-15:1995,IDT)

2008-12-30 发布　　　　2009-10-01 实施

中华人民共和国国家质量监督检验检疫总局
中国国家标准化管理委员会　发布

前　言

本标准等同采用IEC 60034-15:1995《交流电机定子成型线圈耐冲击电压水平》(第二版,英文版)。

本标准在技术内容上与IEC 60034-15:1995无差异。为便于使用,本部分做了下列编辑性修改:

——删除了国际标准的前言;

——本部分第2章"规范性引用文件"中的引用文件,凡有与之对应国家标准(或行业标准)的IEC标准均以国家标准(或行业标准)替代,随后文中引用的IEC标准号也作相应修改。

本标准的附录A为资料性附录。

本标准由中国电器工业协会提出。

本标准由全国旋转电机标准化技术委员会(SAC/TC 26)归口。

本标准负责起草单位:上海电器科学研究所(集团)有限公司、山东齐鲁电机制造有限公司、上海电科电机科技有限公司、江门市江晟电机厂有限公司、浙江金龙电机股份有限公司、苏州巨峰绝缘材料有限公司、上海申发检测仪器厂、上海海鹰机电检测设备厂。

本标准参加起草单位:桂林电器科学研究所、哈尔滨电机厂交直流电机有限责任公司。

本标准主要起草人:张生德、戎伟康、李锦梁、张妃、周长平、刘权、叶叶、徐伟宏、徐保弟、吴亚旗、于龙英、方建国。

本标准为首次发布。

交流电机定子成型线圈耐冲击电压水平

1 范围

本标准规定了对额定电压为3 kV～15 kV、由定子成型线圈构成的交流电机规定了相对地耐冲击电压水平和试验规程以及施加于样品线圈主绝缘和匝间绝缘上的电压,以检验电机的适应能力。

本标准适用于额定电压为3 kV～15 kV、由定子成型线圈构成的交流旋转电机。

2 规范性引用文件

下列文件中的条款通过本标准的引用而成为本标准的条款。凡是注日期的引用文件,其随后所有的修改单(不包括勘误的内容)或修订版均不适用于本标准,然而,鼓励根据本标准达成协议的各方研究是否可使用这些文件的最新版本。凡是不注日期的引用文件,其最新版本适用于本标准。

GB 311.1—1997 高压输变电设备的绝缘配合(eqv IEC 60071-1:1993)

GB 755—2008 旋转电机 定额和性能(IEC 60034-1:2004,IDT)

GB/T 16927.1—1997 高电压试验技术 第一部分:一般试验要求(neq IEC 60060-1:1989)

3 术语和定义

本标准采用以下的术语和定义。

3.1

随机抽样试验 sample test

对于能够充分代表线圈的最终结构,并且使用于电机上的线圈所进行的试验。其目的是为了评定构成绝缘结构的基本设计、材料类型、制造方法及工艺过程。

3.2

检查试验 routine test

对于电机的全部线圈所进行的试验。

3.3

定子成型线圈 form-wound stator coil

嵌入定子之前已预先加工成型的线圈。

4 耐冲击电压水平

3 kV～15 kV的电机,其规定耐冲击电压水平可用表1下面的注2和注4列出的算式求得,得出的数值圆整到最接近的整数。对于通常的额定电压等级,表1给出了规定耐冲击电压水平以及按GB 755—2008规定的相应耐工频电压(有效值)数值。

表 1 旋转电机规定绝缘水平

1 额定电压/kV	2 规定耐雷电冲击电压(峰值)/kV(见注 1、注 2)	3 规定耐陡波前冲击电压(峰值)/kV(见注 3、注 4)	4 按 GB 755—2008 规定工频耐电压(有效值)/kV
U_N	U_p	U'_p	$2U_N+1$
3	17	11	7
3.15[a]	17.6	11.4	7.3
3.3	18	12	7.6
4	21	14	9.0
6	29	19	13
6.3[a]	30.2	19.6	13.6
6.6	31	20	14.2
10	45	29	21
10.5[a]	47	30.6	22
11	49	32	23
13.2	58	38	27.4
13.8	60	39	28.6
15	65	42	31

注 1：第 2 栏的水平是根据 GB/T 16927.1—1997 规定的标准雷电冲击波确定的，其视在波前时间为 1.2 μs，视在半峰值时间为 50 μs。

注 2：第 2 栏的水平是用下式求得的：

$$U_p = 4U_N + 5\ \text{kV}$$

式中：

U_p——规定耐雷电冲击电压(峰值)，单位为千伏(kV)；

U_N——额定电压，单位为千伏(kV)。

注 3：第 3 栏的水平是根据视在波前时间为 0.2 μs 的冲击波确定的。

注 4：第 3 栏的水平是用下式求得的：

$$U'_p = 0.65U_p$$

式中：

U'_p——规定耐陡波前冲击电压(峰值)，单位为千伏(kV)。

注 5：考虑到电机的正常性能及“通常”的运行条件，第 2 栏、第 3 栏内列出的水平要求是合适的。

因此，上面提及的水平对于“特殊”运行条件(例如断续起动或电机直接与架空线连接)来说是不合适的。在这些情况下，电机的绕组或者是设计成耐受另外数值的冲击水平或者是以适当方式加以防护。

a 按我国实际情况增加。

5 试验

5.1 随机抽样试验

5.1.1 概述

如附录 A 中 A.3.2 所说明的那样，进行这些试验是作为间接的检验。被试线圈应为完工后的线圈，如有防晕处理也应包括在内。把线圈嵌入槽内或者是以接地的导电带或金属箔包绕在线圈的直线部分上。除制造厂与用户另有协议外，样品线圈数量定为 2 个。

所有被试线圈均应符合下面规定的要求,如有损伤应进行调查研究,以确定损伤的原因。

5.1.2 匝间绝缘的耐冲击试验

5.1.2.1 在样品线圈的两引出端之间施加电压,进行匝间绝缘的冲击试验。

5.1.2.2 利用电容器的阻尼振荡放电作为匝间试验电压。制造厂与用户之间若无其他协议,电容器放电次数定为5次。第一次电压峰值的视在波前时间定为0.2 μs,容差为$^{+0.3}_{-0.1}$ μs。

5.1.2.3 施加于样品线圈两引出端之间的峰值电压应达到表1第3栏规定数值或者是用表1下面注4列出的算式求得的数值并圆整到最接近的整数。

5.1.3 主绝缘耐冲击试验

5.1.3.1 概述

应用工频电压(见5.1.3.2)或冲击电压(见5.1.3.3)试验主绝缘的耐冲击水平。

5.1.3.2 工频电压试验

在线圈引出端与地之间应施加以规定的工频电压($2U_N$+1 kV)为时1 min,接着以1 kV/s的速率提高电压,使之达到2($2U_N$+1 kV),然后立即以至少1 kV/s的速率降低电压到零值,过程中如不发生击穿,即认为主绝缘相应的耐冲击水平和端部防晕已满足了表1的要求。

注1:由于电机的冲击水平决定于纵向电压分布(见A.1.1和A.1.2)的匝间电压,表1中第2栏、第3栏列出的规定冲击水平要比试验引伸出的峰值电压值$2\sqrt{2}(2U_N+1\ \text{kV})$低。较高的交流试验水平的目的是要在槽部刚出口区域产生一个尽可能接近于冲击试验所形成的电压梯度。

注2:如制造厂与用户之间达成协议,本标准容许采用直流试验电压取代上面规定的工频电压。在协议书中规定直流电压水平,该水平至少应高达GB 755—2008规定的1 min工频试验电压的1.7倍。

5.1.3.3 冲击电压试验

5.1.3.3.1 主绝缘的冲击试验应在线圈引出端与地之间施加电压。

5.1.3.3.2 以冲击电压发生器提供主绝缘试验电压。按GB/T 16927.1—1997的规定,其冲击电压的波前时间为1.2 μs。如制造厂与用户之间无其他协议,冲击波次数定为5次。

5.1.3.3.3 线圈引出端与地之间的电压峰值应为表1第2栏所列数值的100%,或者是按照$U_p=4U_N+5\ \text{kV}$(见第4章)计算所求得数值的100%并圆整到最接近的整数。

5.2 常规试验

所有线圈嵌入定子铁心后,在接线之前应进行常规试验。

由于涉及到不同的工艺(例如模压工艺、VPI工艺),尚不能规定相应的试验数值。

注:制造厂负责规定足够充分的数值,保证线圈在嵌入定子铁心后接线之前无缺陷。

附　录　A
（资料性附录）
耐冲击电压水平和试验方法标准中所涉及到的原理

A.1　电机绕组的冲击电压应力(强度)

A.1.1　当电机的一个端子和地之间出现陡峭电压冲击时，该相所有各点处不可能“突然地”(亦即在冲击上升时间期内)达到同一电位，因此在绕组内出现两种类型的电压升高：绕组铜导线与地之间的电压(横向电压)和沿绕组铜导线长度上的电压(纵向电压)。

A.1.2　在横向电压胁及主绝缘的同时，纵向电压也威胁着匝间绝缘。两种类型的最高电压部分通常出现在绕组的第一个线圈上或者是入口线圈上。

A.1.3　实际上，电压冲击波可能具有不同的形状，波前时间甚至可降到 0.1 μs 左右。

A.2　电机绕组的耐冲击水平

A.2.1　电机绕组在绝缘配合的系统内应具有规定的耐冲击水平。

A.2.2　表 1 第 2 栏规定的耐冲击水平是以计算式 $U_p=4U_N+5$ kV 为依据的(见第 4 章)。

基于 A.3.2.2 叙述的理由，为方便计对于电机绕组上的横向电压采用表 1 第 2 栏列出的数值作为指标。

A.2.3　表 1 第 3 栏规定的耐冲击水平是以计算式 $U'_p=0.65U_p$ 为依据的。

基于 A.3.2.3 叙述的理由，为方便计对于电机绕组入口线圈上的纵向电压采用表 1 第 3 栏列出的数值作为指标。

A.3　耐冲击电压水平的检验

A.3.1　不推荐在整机上进行冲击试验。这是因为以整机试验时，按目前的知识状态，任何匝间故障都是难于检测的。因此，耐冲击电压水平只能以单个线圈的随机抽样试验来间接地检验。

A.3.2　线圈随机抽样试验的间接检验

A.3.2.1　样品线圈在随机抽样试验时应施加以尽可能接近实际情况的电应力，如同整机绕组中承受最大匝间和/或对地电应力的线圈(亦即通常的绕组入口线圈)一样。根据这一原则整机绕组的耐冲击电压水平可用样品线圈试验来进行间接检验。

A.3.2.2　出现在入口线圈上(因此，对随机抽样试验而言就是在样品线圈上)的横向电压峰值(铜导线与地之间)等于完整绕组上的冲击电压峰值。该峰值可能高于工频常规试验峰值电压$\sqrt{2}(2U_N+1\text{ kV})$，但通常不会高于 5.1.3.2 试验引伸出来的数值。

A.3.2.3　出现在入口线圈上的纵向电压峰值至少因下列因素而有很大的变化：

—— 冲击电压上升时间 t_s；

—— 入口线圈铜导线的长度；

—— 导线的匝数及排列。

实际的数值可通过在整机端子上施加以例如几百伏峰值电压的“模拟冲击电压”进行调查研究。

归纳有关的调研结果,难以得出依据电机的具体结构计算求取峰值电压的简单规律。

因此,应考虑到以上三个因素的复杂性以致不能作为实际规范的基本原则。

ICS 29.160.30
K 23

GB

中华人民共和国国家标准

GB/T 22716—2008

直流电机电枢绕组匝间绝缘试验规范

Test specifications of interturn insulation of armature winding for DC electrical machines

2008-12-30 发布 2009-10-01 实施

中华人民共和国国家质量监督检验检疫总局
中国国家标准化管理委员会 发布

前言

本标准由中国电器工业协会提出。

本标准由全国旋转电机标准化技术委员会(SAC/TC 26)归口。

本标准负责起草单位:上海电器科学研究所(集团)有限公司、上海电科电机科技有限公司、江门市江晟电机厂有限公司、浙江金龙电机股份有限公司、苏州巨峰绝缘材料有限公司、上海申发检测仪器厂、上海海鹰机电检测设备厂。

本标准参加起草单位:桂林电器科学研究所、哈尔滨电机厂交直流电机有限责任公司。

本标准主要起草人:张生德、戎伟康、李锦梁、张妃、刘权、叶叶、徐伟宏、徐保弟、吴亚旗、于龙英、方建国。

本标准为首次发布。

直流电机电枢绕组匝间绝缘试验规范

1 范围

本标准规定了直流电机电枢绕组匝间绝缘试验方法及试验限值。

本标准适用于额定电压为110 V及以上的直流电机电枢绕组匝间绝缘耐电压试验。其他直流电机除另有要求外，亦应参照使用。

本标准不适用于微型电机。

2 术语和定义

下列术语和定义适用于本标准。

2.1

跨距法 setover method

用冲击电压试验直流电机电枢绕组匝间绝缘的一种方法。

在电枢换向器上取一段跨距，在首尾换向片上施加冲击电压进行试验。

2.2

片间法 segment method

用冲击电压试验直流电机电枢绕组匝间绝缘的一种方法。

在电枢换向器的相邻两换向片上施加冲击电压进行试验。

3 线圈下线前检查试验

3.1 试验目的

用于控制单只线圈的匝间绝缘质量。

3.2 试验要求

3.2.1 应模拟线圈在铁心槽内的实际状态，对被试线圈的线匝采取固紧措施，并将其搁置在对地绝缘良好的架子上进行试验。

3.2.2 对于额定电压为660 V及以下的一般用途电机，如匝间绝缘质量已稳定并形成批量生产时，单只线圈及均压线一般可不进行下线前匝间耐电压检查试验。对于大型电机(电枢外径为990 mm及以上)、起重冶金等特殊用途电机以及额定电压为660 V以上的电机，单只线圈及均压线应进行下线前匝间耐电压检查试验。

3.3 试验方法及限值

3.3.1 不同线圈单元间匝间耐电压试验

各类成型线圈及均压线制造完成后，在下线前应优先采用工频电压或直流电压进行不同线圈单元匝间耐电压试验，试验电压施加于两相邻线匝间。

试验电压按以下规定：

对于额定电压为660 V及以下的一般用途电机，工频试验电压有效值不低于220 V，直流试验电压应不低于400 V。对于起重冶金等特殊用途电机以及额定电压为660 V以上的电机，工频试验电压有效值应不低于530 V，直流试验电压应不低于960 V。

工频电压或直流电压试验时间为1 s～3 s。

3.3.2 同一线圈单元匝间耐电压试验

多匝成型线圈制造完成后，在下线前应采用冲击电压进行同一线圈单元匝间耐电压试验。

将由电容器放电产生的冲击电压直接施加于被试线圈引出线间。

每个线圈单元的冲击电压峰值应不低于 700 V,冲击次数应不少于 5 次。

4 匝间绝缘耐电压水平试验

4.1 试验目的

用于考核匝间绝缘耐电压水平的稳定性。

4.2 试验要求

对电枢线圈及均压线,应进行匝间耐电压试验。

4.3 试验方法及限值

试验方法及限值按 3.3 规定。

5 线圈下线后检查试验

5.1 试验目的

用于考核电枢绕组的匝间绝缘质量。

5.2 试验要求

试验应在电枢绕组下线打箍后浸渍前进行。亦可根据需要,在电枢绕组制造其他工序阶段按 5.3 与 5.4 规定进行试验。

5.3 试验方法

将由电容器放电产生的冲击电压直接施加于换向器片间。试验时,电枢轴应接地。

匝间短路的判别可采用波形比较法。以被试绕组波形与正常波形比较,波形一致者为合格。亦可采用其他有效的判别方法。

试验方法应根据绕组类型选择。

5.3.1 跨距法

选取跨距内的换向片数目应根据绕组类型和试验设备具体确定,使片间冲击电压峰值符合 5.4 规定,一般推荐 5 片～7 片。施加于试样上的试验电压应低于对地绝缘出厂工频试验电压有效值的 1.8 倍。

为了使每一片间都经受一个相同条件的电压试验,推荐逐片进行试验(可根据均压线的连接方式减少试验次数)。

5.3.2 片间法

依次对换向器上一对相邻换向片进行试验。试验时,若未试线圈中产生高的感应电压,则应在被试换向片两侧的换向片上设置接地装置,并良好接地。

5.4 试验限值

对于额定电压为 660 V 及以下的一般用途电机,片间冲击电压峰值应不低于 350 V。对于起重冶金等特殊用途电机及额定电压为 660 V 以上的电机,片间冲击电压峰值应不低于 500 V。冲击次数应不少于 5 次。

6 直流电机(电枢绕组)的匝间冲击耐电压试验

直流电机(电枢绕组)应按 5.3 与 5.4 规定在总装前的电枢绕组上进行匝间冲击耐电压试验。允许在电枢绕组下线打箍后浸渍前进行。

ICS 29.160.01
K 20

GB

中华人民共和国国家标准

GB/T 22717—2008

电机磁极线圈及磁场绕组匝间绝缘试验规范

Test specifications of interturn insulation of field pole coil and field winding for electrical machines

2008-12-30 发布

2009-10-01 实施

中华人民共和国国家质量监督检验检疫总局
中国国家标准化管理委员会
发布

前　言

本标准由中国电器工业协会提出。

本标准由全国旋转电机标准化技术委员会(SAC/TC 26)归口。

本标准负责起草单位:上海电器科学研究所(集团)有限公司、上海电科电机科技有限公司、江门市江晟电机厂有限公司、浙江金龙电机股份有限公司、苏州巨峰绝缘材料有限公司、上海申发检测仪器厂、上海海鹰机电检测设备厂。

本标准参加起草单位:桂林电器科学研究所、哈尔滨电机厂交直流电机有限责任公司。

本标准主要起草人:张生德、戎伟康、李锦梁、张妃、刘权、叶叶、徐伟宏、徐保弟、吴亚旗、于龙英、方建国。

本标准为首次发布。

电机磁极线圈及磁场绕组匝间绝缘试验规范

1 范围

本标准规定了电机磁极线圈及磁场绕组的匝间绝缘试验方法及试验限值。

本标准适用于直流电机、同步电机磁极线圈及磁场绕组的匝间绝缘耐电压试验。

2 规范性引用文件

下列文件中的条款通过本标准的引用而成为本标准的条款。凡是注日期的引用文件，其随后所有的修改单(不包括勘误的内容)或修订版均不适用于本标准，然而，鼓励根据本标准达成协议的各方研究是否可使用这些文件的最新版本。凡是不注日期的引用文件，其最新版本适用于本标准。

GB/T 1029—2005　三相同步电机试验方法

3 试验仪器要求

匝间冲击耐电压试验仪器应符合以下要求：

——仪器利用电容器的阻尼振荡放电作为匝间试验电压。制造厂与用户之间若无其他规定，电容器放电次数定为5次。第一次电压峰值的视在波前时间可为0.2 μs (容差$^{+0.3}_{-0.1}$ μs)或1.2 μs (容差±30%)，优先推荐波前时间为0.2 μs。

——仪器输出的两组冲击电压波应对称(容差为±3%)。允许仪器输出单组冲击电压波或将单组冲击电压经转换成两组冲击电压波输出。

——仪器输出的最大冲击电压峰值应能满足对有关试品的最高试验限值要求，容差为±5%或±3%，优先推荐±3%。

——仪器输出的冲击电压峰值应连续可调，并有指示或可预设定。

——仪器应能清晰显示和分辨波形，波形扫描频率可调。

——仪器应能连续可靠运行。

——仪器应配有专用测试线、可靠的接地端子和必要的安全警示设施，试验转换接线应方便可靠。

4 试验方法及限值

4.1 直流电机

4.1.1 匝间冲击耐电压试验

用于考核匝间绝缘承受冲击电压的能力，控制匝间绝缘质量。

将由电容器放电产生的冲击电压直接施加于磁极线圈或磁场绕组的引出线间。

单只磁极线圈应搁置在对地绝缘良好的架子上进行试验。装入定子(或转子)后的磁极线圈，可根据需要，取磁极线圈、部分绕组或整个绕组依次进行试验，与被试线圈或绕组磁路相关的其余不投试线圈或绕组的引出线端应短接并连同铁心接地，以防在这些线圈中产生感应电压。螺旋反绕线圈的反绕线匝层间必须设有绝缘。

匝间短路判别可采用波形比较法，以被试线圈或绕组的波形与正常波形比较，波形一致者为合格。亦可采用其他有效的判别方法。波形比较可就某一线圈或绕组在正常状态与异常状态情况下的波形进行比较，亦可就两个相同规格的线圈或绕组波形进行比较。对两个线圈或绕组进行试验时，应使两者之间相隔足以排除电磁相互干扰的距离，并应注意接线方向一致。

每次试验应将被试线圈或绕组的首尾接线交换，重复试验一次。

线圈或绕组进行匝间冲击耐电压试验的冲击电压峰值 U'_p 为：

$$U'_p = \sqrt{2} \times (2U_N + 1)\text{kV} \qquad \cdots\cdots(1)$$

最低为 $\sqrt{2}\times1.5$ kV(运行中与电枢绕组串联的磁极线圈或磁场绕组除外)。

式中：

U_N——电机额定电压，单位为千伏(kV)。对他励磁极线圈或磁场绕组，U_N 指被试线圈或绕组的最高额定励磁电压；对运行中与电枢绕组串联的磁极线圈或磁场绕组，U_N 指被试线圈或绕组的工作电压降，工作电压降亦允许取电机额定电压的10%。

被试线圈的匝数或被试绕组的总匝数为6匝及以下者，冲击电压峰值为250 V×被试线圈的匝数或被试绕组的总匝数，最低为1 000 V。

每次试验的冲击次数不少于5次。

允许采用中频电压试验考核匝间绝缘承受冲击电压能力，中频电压试验限值与冲击电压试验峰值相当。

4.1.2 匝间短路检查试验

检查匝间短路的其他有效方法可采用中频电压比较法、工频电压降法或感应电压法。试验按工厂规定进行。

4.2 同步电机

4.2.1 匝间冲击耐电压试验

用于考核匝间绝缘承受冲击电压的能力，控制匝间绝缘质量。

将由电容器放电产生的冲击电压直接施加于磁极线圈或磁场绕组的引出线间。

单只凸极式线圈应搁置在对地绝缘良好的架子上进行试验。

装极后的凸极及直接绕整体凸极线圈、隐极式磁场绕组，可根据需要，取磁极线圈、部分绕组或整个绕组依次进行试验。螺旋反绕线圈的反绕匝间必须设有绝缘。

有关匝间短路判别、试品距离、接线方向、重复试验次数的规定同4.1.1。

匝间冲击耐电压试验的线圈或绕组冲击电压峰值为：

电机额定励磁电压500 V以下者为 $\sqrt{2}\times10$ 倍电机额定励磁电压，单位为千伏(kV)，最低为 $\sqrt{2}\times1.5$ kV。

电机额定励磁电压500 V及以上者为 $\sqrt{2}\times$(4 kV+2倍电机额定励磁电压)，单位为千伏(kV)。

每次试验的冲击次数不少于5次。

允许采用中频电压试验考核匝间绝缘承受冲击电压的能力，中频电压试验限值与冲击电压试验峰值相当。

4.2.2 匝间短路检查试验

用于检查线圈或绕组匝间绝缘是否短路。

对隐极式大、中型转子磁场绕组，嵌线过程中可采用工频电压对绕组进行匝间短路检查，匝间工频试验电压有效值应不低于2.5 V，上限为5 V，推荐采用5 V，根据电流大小变化情况检查匝间短路。在超速试验中和总装试运行前后可采用交流阻抗法检查匝间短路，在超速试验的升、降速过程中和静止状态时监视磁场绕组在规定工频电压下电流和相应的阻抗值有无突变来检查匝间是否短路。试验按GB/T 1029—2005及企业标准进行。

对凸极式磁极线圈，在热压过程中及热压结束后可采用工频电压或中频电压对线圈进行匝间短路检查试验，在线圈引出线两端施加10倍额定励磁电压(每极)的工频电压有效值或中频电压值，根据电流大小(采用中频电压试验时，电流值的偏差应不大于2%)及局部发热情况检查匝间是否短路。对磁极线圈连接成绕组后，可采用工频电压降法检查匝间短路，在绕组两端施加 220 V 工频电压有效值，根据各个磁极线圈两端的电压大小(偏差应小于 5%)检查匝间是否短路。

5 试验工序

对直流电机主极、换向极、串极线圈以及凸极式同步电机磁极线圈，可在线匝固紧(线匝固紧力与装配后相同)后，装入铁心前及装入铁心后的各个工序进行试验。对直流电机补偿线圈和隐极式同步电机磁场绕组可在嵌入铁心并固定后的各个工序进行试验。试验工序由企业自定。

对直流电机和同步电机的磁极线圈及磁场绕组，匝间冲击耐电压试验按 4.1.1、4.2.1 规定，在总装前的定子或转子的线圈或绕组上进行。允许在线匝固紧(线匝固紧力与装配后相同)后的线圈或绕组上进行。按 4.2.2 匝间短路检查试验合格的汽轮发电机(磁极线圈及磁场绕组)可暂不进行匝间冲击耐电压试验。

ICS 29.160.30
K 20

中华人民共和国国家标准

GB/T 22718—2008

高压电机绝缘结构耐热性评定方法

Thermal evaluation methods of insulation systems for high-voltage electrical machines

2008-12-30 发布 2009-10-01 实施

中华人民共和国国家质量监督检验检疫总局
中国国家标准化管理委员会 发布

前　言

本标准的附录A为资料性附录。

本标准由中国电器工业协会提出。

本标准由全国旋转电机标准化技术委员会(SAC/TC 26)归口。

本标准负责起草单位:上海电器科学研究所(集团)有限公司、山东齐鲁电机制造有限公司、上海电科电机科技有限公司、江门市江晟电机厂有限公司、浙江金龙电机股份有限公司、苏州巨峰绝缘材料有限公司。

本标准参加起草单位:哈尔滨电机厂交直流电机有限责任公司、桂林电器科学研究所。

本标准主要起草人:张生德、李锦梁、戎伟康、张妃、王鹏、刘权、叶叶、徐伟宏、于龙英、方建国。

本标准为首次发布。

高压电机绝缘结构耐热性评定方法

1 范围

本标准规定了3 kV及以上高压电机绝缘结构耐热性评定方法。本标准规定的耐热性评定方法是以被试结构与具有实际运行经验的参考结构在同样试验条件下相对比较为基础的。

本标准适用于电压等级3 kV及以上三相交流旋转电机的绝缘结构耐热性评定。

2 规范性引用文件

下列文件中的条款通过本标准的引用而成为本标准的条款。凡是注日期的引用文件，其随后所有的修改单(不包括勘误的内容)或修订版均不适用于本标准，然而，鼓励根据本标准达成协议的各方研究是否可使用这些文件的最新版本。凡是不注日期的引用文件，其最新版本适用于本标准。

GB/T 11021—2007 电气绝缘 耐热性分级(IEC 60085:2004,IDT)

GB/T 11026.4—1999 确定电气绝缘材料耐热性的导则 第4部分:老化烘箱 单室烘箱(idt IEC 60216-4-1:1990)

GB/T 17948—2003 旋转电机绝缘结构功能性评定 总则(IEC 60034-18-1:1992,IDT)

GB/T 17948.3—2006 旋转电机绝缘结构功能性评定 成型绕组试验规程 50 MVA、15 kV及以下电机绝缘结构热评定和分级(IEC 60034-18-31:1992,IDT)

JB/T 1544—1999 电气绝缘浸渍漆和漆布快速热老化试验方法——热重点斜法

JB/T 9238—1999 工业热电偶 技术条件

3 10.5 kV及以下的高压电机圈式线圈绝缘结构耐热性评定方法

3.1 试样

3.1.1 试样结构

试样可以是实际电机上使用的圈式线圈，也可以是模型线圈或线棒。若是模型线圈，则必须能体现实际线圈基本组合的特性。

采用本标准进行评定的线圈样品，其使用的绝缘材料和元件，应当首先进行适当的筛选。应当指出，单一的绝缘材料和元件的耐热等级不等于绝缘结构的耐热等级。

附录A是一种典型模型线圈组合结构图，这种尺寸的模型线圈常用于评定50 MVA、15 kV及以下的高压电机绝缘结构。

3.1.2 试样数量

为了获得有效的统计数据，对每个绝缘结构在每个老化温度下宜采用足够数量的试样进行老化试验，该数量不能少于5个。

3.1.3 质量保证试验

在开始第一个热老化分周期前，应对试样外观进行肉眼观察检查和耐压试验，只有通过检查的试样，才能投入热老化试验。

3.1.4 初始诊断试验

在开始第一个热老化分周期前，每个完整的试品应进行试验规程规定的全部诊断试验。

3.2 热老化试验

3.2.1 老化温度和试验周期

试样的热老化至少应在三个温度点进行。电气绝缘的耐热性分级见表1(GB/T 11021—2007)。

表 1 电气绝缘耐热性分级

相对耐热指数(RTE)	耐热等级	以前表示方法
≤90	70	—
>90～105	90	Y
>105～120	105	A
>120～130	120	E
>130～155	130	B
>155～180	155	F
>180～200	180	H
>200～220	200	—
>220～250	220	—
>250	250	—
注：本表给出了耐热等级表示方法，对于电气绝缘材料(EIM)的 RTE 的不同温度范围，第 3 列字母表示等级，见较早的版本中，"Y"级也表示其应使用于 RTE 值低于 90 的范围。		

老化温度与老化分周期长度的选择按表 2(GB/T 17948—2003)的规定。

表 2 建议的温度和老化分周期

预期等级温度数值	105		120		130		155		180		200		老化分周期/d(天数)
$t_1 < t_A \leqslant t_2$	t_1	t_2	t_1	t_2	t_1	t_2	t_1	t_2	t_1	t_2	t_1	t_2	
老化温度建议范围 t_A/℃	170	180	185	195	195	205	220	230	245	255	265	275	1～2
	160	170	175	185	185	195	210	220	235	245	255	265	2～3
	150	160	165	175	175	185	200	210	225	235	245	255	4～6
	140	150	155	165	165	175	190	200	215	225	235	245	7～10
	130	140	145	155	155	165	180	190	205	215	225	235	14～21
	120	130	135	145	145	155	170	180	195	205	215	225	28～35
	110	120	125	135	135	145	160	170	185	195	205	215	45～60
注：本表根据老化温度和老化分周期长度制定，可让实验室灵活选择老化时间和温度，以最佳利用人力和设备，本表适应理想情形(基于 10 K 规则)，允许老化温度每降低 10K 老化时间就加倍(如老化 1 d、2 d、4 d、8 d、16 d、32 d 和 64 d)。还允许在较低老化温度时老化时间是一周的倍数(如老化 1 d、2 d、4 d、7 d、14 d、28 d 和 49 d)。也允许最大限度地利用 5 天工作制来进行老化，这就是老化分周期总是从星期五开始，而诊断试验在星期一(如老化 3 d、10 d、17 d、35 d 和 59 d)。													

必须保证最低老化温度点的试样寿命不低于 5 000 h，最高温度点的试样寿命不低于 100 h，两个相邻温度点的温度间隔应为 20 ℃或 20 ℃以上，如果试验在 3 个以上温度点进行，则温度间隔不应小于 10 ℃。

对每一温度点的老化天数的选择，应考虑大致能使试样在 10 个周期左右寿终破坏(按表 2 选择温度与老化天数，实际经验表明一般试样寿命在 10 周期左右)。

3.2.2 热老化烘箱

用热老化烘箱对试样加热是既方便又经济的方法。但烘箱内必须能保持恒定的温度和均匀的温度分布，同时应保证在烘箱中的分解产物能及时地被通风带走。本标准要求烘箱温度在 180 ℃以下时其波动范围为±2 ℃，在 180 ℃～300 ℃时，其波动范围为±3 ℃(GB/T 11026.4—1999)。

3.2.3 热老化程序

热老化周期开始，试样应直接放入已达到设定温度的烘箱，并开始计时。热老化周期结束，试样应立即从烘箱内取出放入室温环境，或用其他方式冷却到室温，然后开始诊断试验。

3.3 诊断试验

3.3.1 机械振动试验

机械振动试验应在室温下的振动台上进行，试验时不在试样上施加电压。首选振幅为峰-峰 0.2 mm 或 0.3 mm，相应的试验频率分别为 60 Hz 或 50 Hz，该量值对应大约 1.5 g 的加速度（15 m/s^2），振动时间为 1 h。

3.3.2 常规潮湿试验

潮湿诊断试验是将试样放入温度在室温（15 ℃～35 ℃）范围，相对湿度在 95%以上的潮湿环境中至少 48 h，该环境必须保证能使试样上有可见凝露。

3.3.3 耐电压试验

耐电压试验应在潮湿试验之后立即进行。此时试样应保持潮湿并大致保持在室温。如果因试样表面水份存在而使试验电压不能施加，可以在施加电压前将水份擦去。

试验电压应为工频电压，其频率范围在 45 Hz～65 Hz 之间。试验电压应施加在线圈导体与接地的槽模型（或夹板）之间，如有必要，也可施加在线圈导体与另一线圈导体之间。

试验电压的数值为 2 U_N（U_N 为该绝缘结构的预期电压等级），匝间试验电压值为 115 V，试验时间均为 10 min。

耐电压试验中试样的任何对地、匝间、层间的击穿都认为是整个试样的破坏，并作为试样寿终的判据。

3.4 分析、报告和定级

每一试样的寿终时间应取其最后 2 个周期的中间值（例如该试样在第 11 周期击穿，则其寿终时间取 10.5 周期）。

热老化中每一个试样在每一老化温度点上的寿命小时数均应记录。并以热老化温度（用热力学温度表示，K）的倒数为横座标值，以其寿命小时数的对数值为纵座标值，进行线性回归分析，做出阿仑尼乌斯热寿命图。阿仑尼乌斯图可适当外推，但外推时不应大于最低温度点 25 ℃。

在阿仑尼乌斯图上，以 20 000 h 为纵标所对应的横标温度值即为该绝缘结构的等级温度。按表 1 的规定，取该等级温度相邻的较低的耐热等级为其耐热等级。例如若该结构的等级温度为 139 ℃，则其耐热等级为 B 级。

报告上要记录下试验的所有相关细节，包括下述各项：

a） 引用的国家标准和 IEC 试验标准；

b） 被试绝缘结构（基准结构和待评结构）的描述；

c） 每种绝缘结构的老化温度和老化分周期长度；

d） 每种绝缘结构采用的诊断试验项目，包括应用试验或应力水平；

e） 试样和试品的结构；

f） 每种绝缘结构在每一温度下的试样数量；

g） 烘箱类型及其他设备情况；

h） 单一试样的失效时间和失效模式；

i） 寿终时间的平均对数值，和对数均方误差，或较低置信界限；

j） 阿仑尼乌斯方程及热寿命图；

k） 耐热等级。

4 10.5 kV 及以上的高压电机线棒绝缘结构耐热性评定方法

4.1 试样

4.1.1 试样结构

试验样品可以是实际电机线圈，也可以是试验线棒。若是试验线棒，则必须能体现实际线圈绝缘结构的主要部分，并且其使用材料，绝缘规范和工艺过程应和生产制造过程相同。

样棒应按规程进行防晕处理，试样的试验电极两宽边用 3 mm 厚的钢板夹紧，而试验电极的上下两窄边用半导体垫条楔紧。

4.1.2 试样数量

同 3.1.2。

4.1.3 质量保证试验

同 3.1.3。

4.1.4 初始诊断试验

同 3.1.4。

4.2 热老化试验

同 3.2。

4.3 诊断试验

4.3.1 机械振动试验

同 3.3.1。

4.3.2 常规潮湿试验

同 3.3.2。

4.3.3 耐电压试验

耐电压试验应在受潮试验之后立即进行。试验电压应施加在线棒或线圈的导体与钢夹板之间。

试验电压的数值为 2 U_N，试验时间为 10 min。耐压试验中线圈或线棒任何部位的击穿均被认为是整个试样的破坏，并作为试样寿终的判据。

4.4 分析、报告和定级

同 3.4。

5 10.5 kV 及以下的高压电机对地绝缘热寿命和耐热等级的快速评定方法

5.1 内容和范围

本方法用常规老化试验求取高压模型线圈单点热寿命值，用逸气分析法或热重分析法求取热寿命曲线的斜率，从而得到寿命曲线，将曲线外推以确定高压电机线圈对地绝缘的热寿命和温度等级。

5.2 试验设备及要求

5.2.1 常规老化试验用的设备有烘箱、振动台、潮湿试验箱和耐电压试验装置。这些设备应能符合第 3 章常规老化试验的技术要求。

5.2.2 逸气分析仪和气相色谱仪，此设备要求能匀速升降温，并在浓度为 $(1\sim10^5)\times10^{-6}$ 的逸出气体范围内，保证有 1 000 mV·mL/mg 灵敏度。

5.2.3 热分析天平。热分析天平感量为 0.1 mg，电炉升温方式为匀速升温，升温速度偏差小于 ±5%，在试验温度范围内，热分析天平的零点漂移小于 0.1 mg，重量自动记录准确度为 ±0.1 mg，温度自动记录仪的精度不低于 1.0 级，热电偶符合 JB/T 9238—1999 的规定，温度记录系统应进行校准。

5.3 试样制备

5.3.1 常规老化试验用的试样为待评的绝缘结构的模拟定子线圈或线棒。

5.3.2 逸气分析法所用的试样取自线圈直线部分的主绝缘，将其加工成粉末，细度要求为 100 目～200 目。

5.3.3 热重分析法的试样同逸气分析法，但细度要求为100目。

5.4 试验方法

5.4.1 模型线圈单点常规老化试验

5.4.1.1 概述

模型线圈单点常规老化试验按若干个相同的周期连续进行，直至试样损坏为止，每一周期的试验顺序为热暴露，机械振动试验，耐潮试验，耐电压试验。

5.4.1.2 热暴露

试样在烘箱内的热暴露温度与时间按表2选择，建议选择的温度的老化周期天数在1 d～2 d或2 d～3 d。

5.4.1.3 机械振动试验

同3.3.1。

5.4.1.4 常规潮湿试验

同3.3.2。

5.4.1.5 耐电压试验

同3.3.3或同4.3.3。

5.4.2 用逸气分析——气相色谱仪求热寿命方程的斜率

5.4.2.1 试样的预处理

取试样粉末约150 mg，置于一金属小盒之中，在流动的氮气气氛中从室温升至250 ℃后保温1 h，再降温到室温。

5.4.2.2 逸出气体量的测定

将处理过的试样置于分析仪的加热炉中，调节空气流量到30 mL/min。加热炉以2 ℃/min的速率升温。约在到达预期等级温度时开始测量，每隔15 ℃～20 ℃测一点，至少测得4组数据，在每一测量点应保持该点温度5 min后再测量。测量时用分析仪的转换开关将逸出气体导入气相色谱仪中。气相色谱仪的不锈钢柱内应充填60目～80目的活性炭。色谱仪应能自动记录逸出气体量，温度控制的精度为±1 ℃。

5.4.3 用热重分析法求热寿命方程的斜率

5.4.3.1 试验预处理

将细度为100目的试样在高于预计温度指数30 ℃的温度下烘培8 h～24 h，然后降至室温，取8 mg～20 mg备用。

5.4.3.2 试样活化能(E_P)的测定

按JB/T 1544—1999的第6.2.2、7.2和8.2进行试验并计算求取试样活化能(E_P)。

5.5 试验结果的计算

5.5.1 模型线圈单点常规老化寿命时间取各试样损坏时间的中值或平均值。

5.5.2 当采用逸气分析法时，热寿命方程斜率的计算

以各测量点温度（用热力学温度表示，K）的倒数为横坐标，相应的逸出气体量为纵坐标作图，用回归分析法作出直线，其斜率即为热寿命方程 $\lg\tau = A + B/T$ (τ 为寿命小时数，T 为热力学温度，A 为常数)的斜率 B。

5.5.3 当采用热重分析法时，热寿命方程斜率的计算

采用热重分析法时，热寿命方程的斜率 $B = \frac{E_P}{4.576}$。

5.5.4 等级温度或热寿命计算

将上述已知的单点寿命和斜率值代入寿命方程，求取热寿命曲线，再将曲线延长外推，即可求得高压模型线圈的等级温度或热寿命。

附 录 A
（资料性附录）
成型模型线圈结构（示例）

图 A.1 和图 A.2 表示典型的槽装配图。

单位为毫米

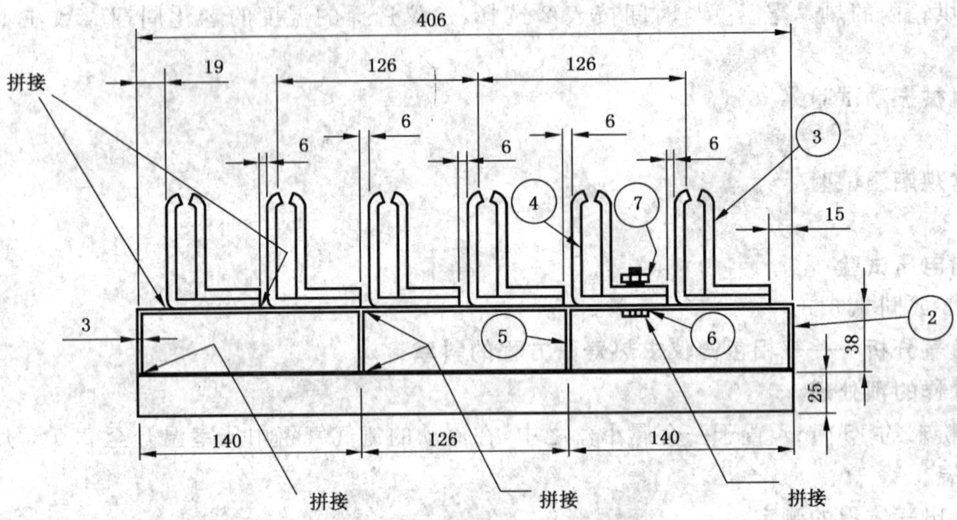

②——支架；
③——动槽壁；
④——定槽壁；
⑤——筋；
⑥——螺栓；
⑦——螺母。

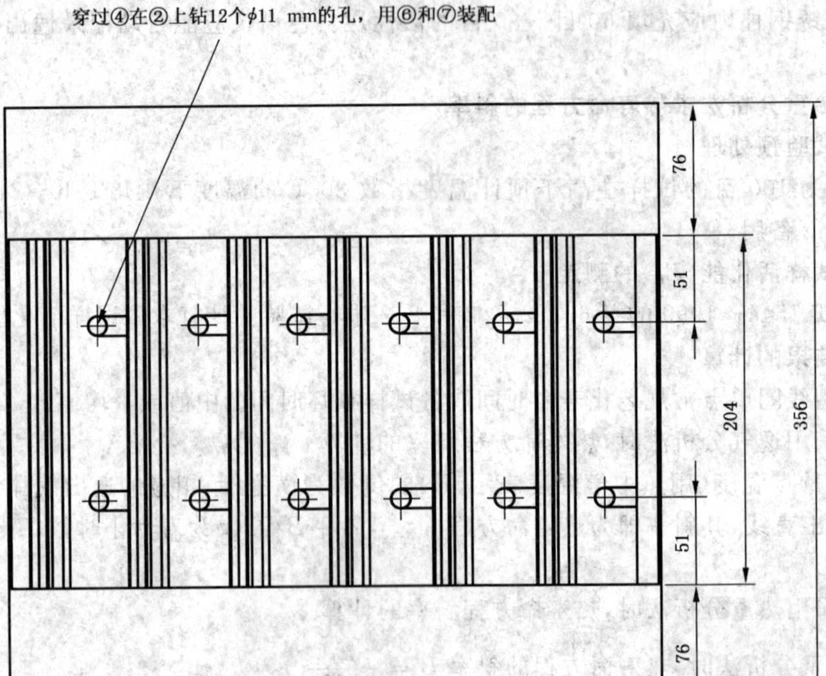

图 A.1 典型槽装配图

单位为毫米

①——底座；

②——支架；

③——动槽壁；

④——定槽壁。

图 A.2 典型槽装配图

ICS 29.160.01
K 20

中华人民共和国国家标准

GB/T 22719.1—2008

交流低压电机散嵌绕组匝间绝缘
第1部分:试验方法

Interturn insulation of random-wound winding for AC low-voltage electrical machines—Part 1:Test methods

2008-12-30 发布　　2009-10-01 实施

中华人民共和国国家质量监督检验检疫总局
中国国家标准化管理委员会　发布

前言

GB/T 22719《交流低压电机散嵌绕组匝间绝缘》由下列两部分组成：

——第1部分：试验方法；

——第2部分：试验限值。

本部分为GB/T 22719的第1部分。

本部分的附录A为资料性附录。

本部分由中国电器工业协会提出。

本部分由全国旋转电机标准化技术委员会(SAC/TC 26)归口。

本部分负责起草单位：上海电器科学研究所(集团)有限公司、上海电科电机科技有限公司、上海海鹰机电检测设备厂、江门市江晟电机厂有限公司、浙江金龙电机股份有限公司、苏州巨峰绝缘材料有限公司、上海申发检测仪器厂。

本部分参加起草单位：桂林电器科学研究所、哈尔滨电机厂交直流电机有限责任公司。

本部分主要起草人：张生德、戎伟康、李锦梁、张妃、吴亚旗、刘权、叶叶、徐伟宏、徐保弟、于龙英、方建国。

本部分为首次发布。

交流低压电机散嵌绕组匝间绝缘
第1部分:试验方法

1 范围

GB/T 22719的本部分规定了交流电机散嵌绕组匝间绝缘试验的试验方法。

本部分适用于额定电压为1 140 V及以下的三相或单相交流电机散嵌绕组匝间绝缘检测。

2 规范性引用文件

下列文件中的条款通过GB/T 22719的本部分的引用而成为本部分的条款。凡是注日期的引用文件,其随后所有的修改单(不包括勘误的内容)或修订版均不适用于本部分,然而,鼓励根据本部分达成协议的各方研究是否可使用这些文件的最新版本。凡是不注日期的引用文件,其最新版本适用于本部分。

JB/T 9615.2—2000 交流低压电机散嵌绕组匝间绝缘试验限值

3 术语和定义

本部分采用下列术语和定义。

3.1

冲击波形比较法 comparison method of impulse waveforms

用冲击电压试验电机绕组(或线圈)匝间绝缘的一种方法。

其原理是将具有规定峰值和波前时间的冲击电压波,交替地(或同时)直接施加于同一设计的被试绕组和基准绕组(或线圈)上,利用冲击电压在两者中引起的衰减振荡波形有否差异,来检测电机绕组(或线圈)匝间绝缘是否良好。参见附录A。

3.2

基准绕组(或线圈) reference winding(or coil)

在用冲击波形比较法检测电机绕组(或线圈)匝间绝缘时,用以与被试绕组(或线圈)进行比较的电机绕组(或线圈)。

基准绕组(或线圈)的各参数必须与被试绕组(或线圈)相同。

基准绕组(或线圈)可在同一台电机中任选,也可在同规格电机中任选。

基准绕组(或线圈)可以是匝间绝缘确认为正常的或假定为正常的绕组(或线圈)。

3.3

试验波形差异量 difference quantity between test waveforms

在用冲击波形比较法检测电机绕组(或线圈)匝间绝缘时,在被试绕组(或线圈)和基准绕组(或线圈)中,因匝间绝缘故障,或因材料与工艺波动等非绝缘故障引起两者中试验波形之间的差异量,通常以百分数表示。

对因匝间绝缘故障引起的试验波形差异量常称有害差异量。

对非绝缘故障引起的试验波形差异量常称无害差异量或允许差异量。

4 试验仪器

4.1 仪器输出的两组冲击电压波应对称(容差为±3%)。

允许仪器输出单组冲击电压波或将单组冲击电压波转换成两组冲击电压波输出。

4.2 仪器利用电容器的阻尼振荡放电作为匝间试验电压。制造厂与用户之间若无其他协议，电容器放电次数定为5次。第一次电压峰值的视在波前时间可为0.2 μs(容差$^{+0.3}_{-0.1}$ μs)和1.2 μs(容差±30%)，优先推荐波前时间为0.2 μs。

4.3 仪器输出的最大冲击电压峰值应能满足JB/T 9615.2—2000对有关试品的试验限值要求，容差为±5%或±3%，优先推荐±3%。仪器输出的冲击电压峰值应连续可调，并有指示或可预设定。

4.4 仪器应能清晰显示和分辨波形，波形扫描频率可调。

4.5 仪器应能连续可靠运行。

4.6 仪器应配有专用测试线、可靠的接地端子和必要的安全警示设施，试验转换接线应方便可靠。

4.7 仪器可配置微机接口，并可具有试验波形存贮、比较参数设定、试验波形差异量显示、自动判别和报警等功能。仪器可配置试验电压转换测试装置。

5 试验方法

5.1 准备

5.1.1 检查仪器外壳应可靠接地。

5.1.2 按JB/T 9615.2—2000规定的冲击试验电压峰值和波前时间进行预置。

5.1.3 检查试验波形重合，将仪器两组测量线分别接至同一绕组(或线圈)上，检查仪器输出的两振荡波形应基本重合。

5.1.4 选择基准绕组(或线圈)。基准绕组(或线圈)的各参数(线规、匝数、绕法、连接形式等)均应与被试绕组(或线圈)相同。

对三相电机，其基准绕组(或线圈)可在同一台电机各绕组(或线圈)中任选，也可在同规格电机各绕组中(或线圈中)任选。试验时基准绕组(或线圈)可以相对固定或依此轮选。推荐在同一台电机中任选并依此轮选。

基准绕组(或线圈)可以是匝间绝缘已经确认为正常的或假定为正常的绕组(或线圈)。

对单相电机，选某一台匝间、绕组间和对地绝缘均完好的电机绕组作为基准绕组。

5.1.5 试品铁芯可妥善接地，也可对地绝缘(此时铁芯带电)。

试验时试品铁芯接地与否会改变试品阻抗并影响试验波形显示。试验时试品铁芯接地不良处的放电，会干扰试验波形的显示和判别。

5.2 三相电机试验

5.2.1 Ø(相)接法

任选一相绕组(例U相)作为基准绕组，另一相绕组(例如V相)作为被试绕组(见图1)，在U相和V相交替地(或同时)施加JB/T 9615.2—2000规定的峰值和波前时间的冲击电压波，比较两衰减振荡波形之间的差异量。再依次转换成V相和W相(或U相和W相)重复试验一次。

每次试验后非被试绕组应予放电。

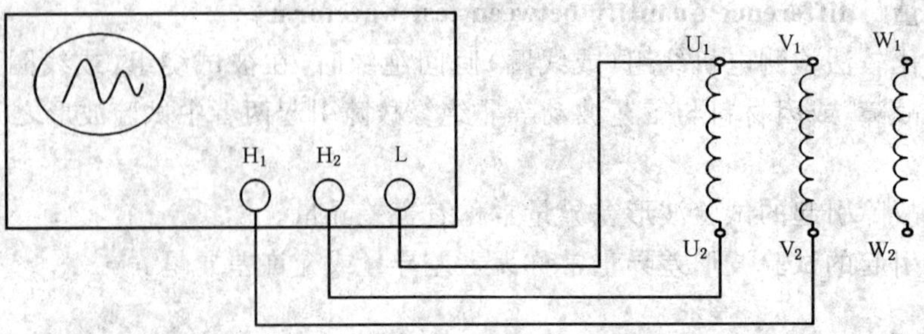

H_1、H_2——仪器高电位端子；

L——仪器低电位端子。

图1 Ø(相)接法接线示意图例

5.2.2 **Y(线)接法**

对已接成Y接法的电机绕组，任选一个(两相串联)绕组(例如UW)作为基准绕组，另一个(两相串联)绕组(例如VW相)作为被试绕组(见图2)，在UW和VW上交替地施加JB/T 9615.2—2000规定的峰值和波前时间的冲击电压波，比较两衰减振荡波形之间的差异量。再依次将L端转换接至U(或V)端，重复试验一次。

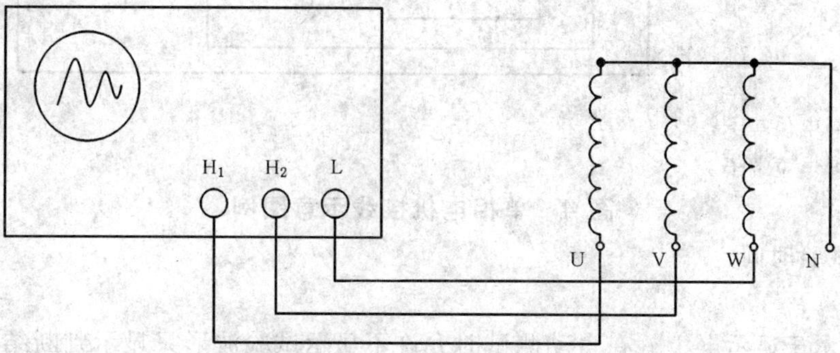

H_1、H_2——仪器高电位端子；
L——仪器低电位端子。

图2 Y(线)接法接线示意图例

5.2.3 **Δ(角)接法**

对已接成Δ接法的电机绕组，任选一个(两相绕组串联与第三相绕组并联)绕组(例如UW)作为基准绕组，另一个(两相绕组串联与第三相绕组并联)绕组(例如VW)作为被试绕组(见图3)，在UW和VW上交替地(或同时)施加JB/T 9615.2—2000规定的峰值和波前时间的冲击电压波，比较两衰减振荡波形之间的差异量。再依次将L端转换接至U(或V)端，重复试验一次。

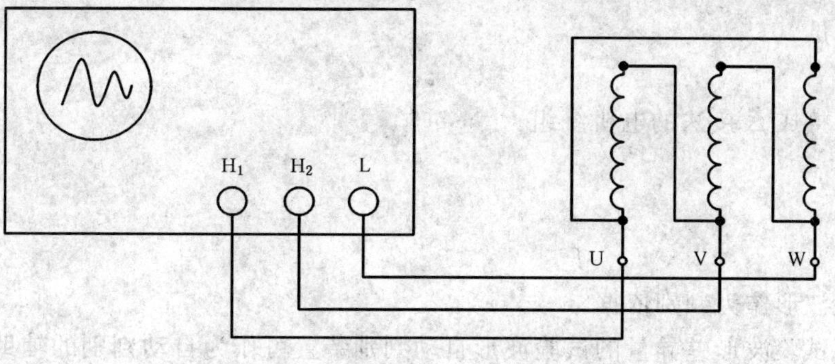

H_1、H_2——仪器高电位端子；
L——仪器低电位端子。

图3 Δ(角)接法接线示意图例

5.3 **单相电机**

在被试绕组和基准绕组对应绕组(例如Z_1Z_2)上(见图4)，交替施加JB/T 9615.2—2000规定的峰值和波前时间的冲击电压波，比较两衰减振荡试验波形之间的差异量。再在被试绕组和基准绕组的另一对应绕组(例如U_1U_2)上重复试验一次。

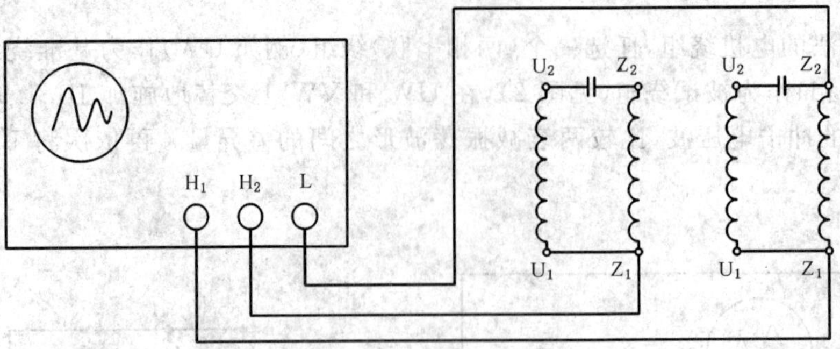

H_1、H_2——仪器高电位端子；

L——仪器低电位端子。

图 4 单相电机接线示意图例

5.4 试验显示和试验时间

5.4.1 试验显示

试验波形应显示于显示屏上。在自动测试时允许不显示试验波形只显示判断结果。

5.4.2 试验时间

试验时间按 JB/T 9615.2—2000 中 4.3 的规定。

6 试验接法选择原则

6.1 Ø(相)接法

适用于检测每相两端均有引出端子的绕组，或引出中点 N 的 Y 接法绕组，或解开连接点的 Δ 接法绕组。也适用于检测绕组的极相组或单个线圈等可比单元试品。

Ø(相)接法是判断匝间绝缘故障的基本接法。

6.2 Y(线)接法

适用于检测 Y 接电机绕组。

Y(线)接法可提高试品阻抗和扩大试验仪器的可测试品容量范围。对容量较大的电机绕组，推荐选用 Y(线)接法测试。

6.3 Δ(角)接法

适用于检测已接成 Δ 接法的电机绕组。

7 试验判别

7.1 概述

本部分以试验波形作为判别依据。

能比较和计算试验波形差异量的试验波形自动判别装置可作为自动判别的辅助判别手段。

7.2 正常波形

若两次试验时显示的衰减振荡波形均基本重合无显著差异(简称重合)，并为正常波形，即被试绕组匝间绝缘无故障，参见附录 A。

7.3 故障波形

若出现不符合正常波形的情况，则绕组匝间绝缘有故障，参见附录 A。

7.4 三相电机故障判别

7.4.1 三相电机应按不同的接线方法分别作故障判别。

若 2 次试验波形之一显示有差异，则一组绕组中有故障；若 2 次试验波形显示均有差异，则需进行第 3 次试验。

若第 3 次试验波形显示重合，则一组绕组中有故障；若仍有差异，则表示两相及以上绕组中有故障。

凡第 2 次和第 3 次试验，仅需任选一种接线方法即可做出判断。

7.4.2　Ø(相)接法故障判别举例见表 1(接线见示意图 1)，其余类推。

表 1　Ø(相)接法故障判别示例

序号	试验次别	仪器端子接线			波形显示[a]	故障判别[b]
		H_1	H_2	L		
1	1	U_2	V_2	U_1 和 V_1	√	
	2	U_2	W_2	U_1 和 W_1	×	W 相故障
		V_2	W_2	V_1 和 W_1	×	
2	1	U_2	V_2	U_1 和 V_1	×	
	2	U_2	W_2	U_1 和 W_1	√	V 相故障
		V_2	W_2	V_1 和 W_1	√	U 相故障
3	1	U_2	V_2	U_1 和 V_1	×	
	2	U_2	W_2	U_1 和 W_1	×	做第 3 次试验
		V_2	W_2	V_1 和 W_1	×	
	3	V_2	W_2	V_1 和 W_1	√	U 相故障
					×	两相及以上故障
		U_2	W_2	W_1 和 U_1	√	V 相故障
					×	两相及以上故障

[a] √——波形重合；×——波形有差异；

[b] U 相指 U-V 端子间的绕组；V 相指 V-W 端子间的绕组；W 相指 W-U 端子间的绕组。

7.4.3　Y(线)接法故障判别示例见表 2(接线见图 2)，其余类推。

表 2　Y(线)接法故障判别示列

序号	试验次别	仪器端子接线			波形显示[a]	故障判别[b]
		H_1	H_2	L		
1	1	U	V	W	√	
	2	V	W	U	×	W 相故障
		U	W	V	×	
2	1	U	V	W	×	
	2	V	W	U	√	U 相故障
		U	W	V	√	V 相故障
3	1	U	V	W	×	
	2	V	W	U	×	做第 3 次试验
		U	W	V	×	
	3	U	W	V	√	V 相故障
					×	两相及以上故障
		V	W	U	√	U 相故障
					×	两相及以上故障

[a] √——波形重合；×——波形有差异；

[b] U 相指 U-V 端子间的绕组；V 相指 V-W 端子间的绕组；W 相指 W-U 端子间的绕组。

7.4.4　Δ(角)接法故障判别示例见表 3(接线见示意图 3)，其余类推。

表 3 Δ(角)接法故障判别示列

序号	试验次别	仪器端子接线			波形显示[a]	故障判别[b]
		H_1	H_2	L		
1	1	U	V	W	√	
	2	U	W	V	×	U 相故障
		V	W	U	×	
2	1	U	V	W	×	
	2	U	W	V	√	W 相故障
		V	W	U	×	做第 3 次试验
	3	U	W	V	√	W 相故障
					×	两相及以上故障
3	1	U	V	W	×	
	2	U	W	V	×	做第 3 次试验
		V	W	U	√	V 相故障
	3	V	W	U	×	两相及以上故障
					√	V 相故障

a √——波形重合；×——波形有差异。

b U 相指 U-V 端子间的绕组；V 相指 V-W 端子间的绕组；W 相指 W-U 端子间的绕组。

7.5 单相电机故障判别

若试验波形显示有差异，则被试电机对应绕组有故障。

8 自动测试和自动判别

8.1 对大批连续生产的电机绕组，优先推荐采用试验电压转换测试装置和自动判别报警装置。

转换测试装置应符合本部分 5.2～5.3 和 JB/T 9615.2—2000 中 4.4 的测试转换要求。

自动判别报警装置应能计算、比较和指示试验波形的差异量，且能设定自动判别报警范围。

自动测试时，允许只显示判别结果而不显示试验波形。

8.2 当被试电机绕组的试验波形差异量超过设定值时，通过仪器报警和指示，即自动判别该绕组的匝间绝缘存在故障。

当对自动判别报警结果有异议时，按本部分第 7 章要求应以试验波形直接判别为准。

附 录 A
（资料性附录）
冲击波形比较法

A.1 基本原理

将具有规定峰值和波前时间的冲击电压波，交替地（或同时）直接施加于同一设计的被试绕组（或线圈）和基准绕组（或线圈）上，利用冲击电压在两者中引起的衰减振荡波形有否差异来检测电机绕组（或线圈）匝间绝缘是否良好。

同一设计的电机绕组，其各相绕组的 R、L、C 的设计值通常应是对称和平衡的。

若绕组发生匝间短路等故障时，绕组阻抗将产生变化。

当冲击电压波侵入绕组时，在绕组中将形成衰减振荡，其振荡频率为：

$$f=\frac{1}{2\pi\sqrt{LC}} \qquad \cdots\cdots\cdots\cdots (A.1)$$

式中：

f——冲击波衰减振荡频率，单位为赫兹（Hz）；

L——绕组电感，单位为亨（H）；

C——绕组电容，单位为法（F）。

衰减的状态与绕组（或线圈）的 Q 值有关（见图 A.1）。

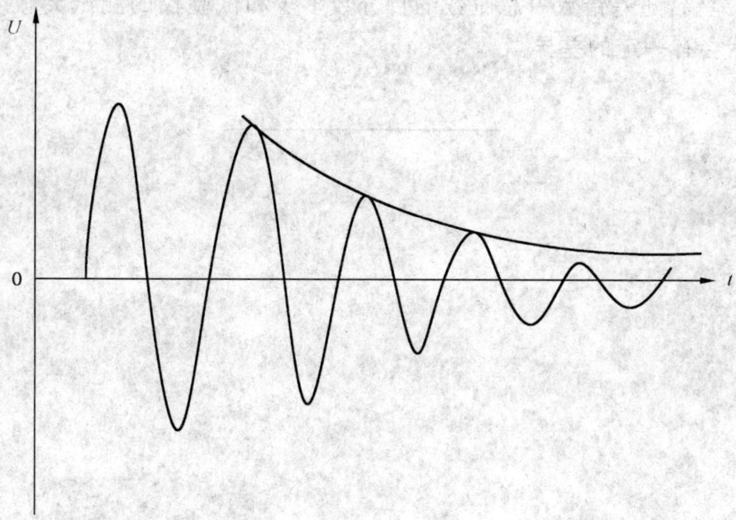

图 A.1

在基准绕组和被试绕组中交替地输入冲击电压波，比较两者中衰减振荡波形重合与否，即可判断绕组匝间等绝缘是否良好。

由于在基准绕组和被试绕组中同时出现故障部位和故障程度完全相同的绝缘故障的机率甚小，因此比较试验中的被试绕组和基准绕组是可以任选的。即使完全相同的绝缘故障同时出现，通过适当转换试品接线亦可判断。

A.2 匝间绝缘无故障波形显示

匝间绝缘无故障的电机绕组，冲击电压波在基准绕组和被试绕组中的衰减振荡波形应该是完全重合的。

但是，由于材料和加工工艺的波动，常会引起绕组阻抗的微小变化。因此，在基准绕组和被试绕组中的衰减振荡波形实际上只是基本重合无显著差异（简称重合）。

试验波形重合时亦可能有特殊故障，见A.3.2和A.4.2。

A.3 匝间绝缘故障的波形显示

A.3.1 绕组匝间绝缘的缺陷（薄弱点或损伤点）在一定的冲击电压下将被击穿而形成匝间短路。此时比较试验波形显示在时间（周期）、幅值和面积上会有差异，其差异程度随故障程度和部位而不同。

匝间绝缘击穿时，有时会伴有放电火花和放电声，试验波形显示放电毛刺和跳动，可作为匝间绝缘故障判别的辅助手段。

A.3.2 对于Y接法和Δ接法，当匝间绝缘故障存在于比较回路的公共部分时，冲击电压波在基准绕组和被试绕组中的衰减振荡波形也将显示重合，但其在时间（周期）、幅值和面积上与无故障波形不同。

A.4 绕组其他故障的波形显示

A.4.1 除匝间绝缘短路外，绕组有接错线和嵌错槽等故障时，也会改变绕组阻抗。比较试验时，衰减振荡波形也将发生变化。

A.4.2 部分接错和嵌错等非对称性故障，比较试验时试验波形显示有差异，其差异程度随接错或嵌错的程度而不同。有时会与匝间绝缘故障波形显示十分相似，但无放电现象。

A.4.3 各组绕组全部同样接错和嵌错，其阻抗是平衡和对称的。比较试验时两试验波形显示重合，但其振荡频率有变化，与正确接线和嵌线绕组显然不同。

A.4.4 绕组断线，试验时不成回路，不能显示振荡波形。有时在断线处也会有放电现象。

A.4.5 绕组匝数有差错，随差错数占总匝数的百分数多少和试验仪的测试灵敏度而不同，比较试验时的衰减振荡波形显示会有一定的差异。

ICS 29.160.01
K 20

中华人民共和国国家标准

GB/T 22719.2—2008

交流低压电机散嵌绕组匝间绝缘 第2部分:试验限值

Interturn insulation of random-wound winding for AC low-voltage electrical machines—Part 2: Test limits

2008-12-30 发布

2009-10-01 实施

中华人民共和国国家质量监督检验检疫总局
中国国家标准化管理委员会 发布

前　言

GB/T 22719《交流低压电机散嵌绕组匝间绝缘》由下列两部分组成：

——第1部分：试验方法；

——第2部分：试验限值。

本部分为GB/T 22719的第2部分。

本部分的附录A为资料性附录。

本部分由中国电器工业协会提出。

本部分由全国旋转电机标准化技术委员会(SAC/TC 26)归口。

本部分负责起草单位：上海电器科学研究所(集团)有限公司、上海电科电机科技有限公司、上海海鹰机电检测设备厂、江门市江晟电机厂有限公司、浙江金龙电机股份有限公司、苏州巨峰绝缘材料有限公司、上海申发检测仪器厂。

本部分参加起草单位：桂林电器科学研究所、哈尔滨电机厂交直流电机有限责任公司。

本部分主要起草人：张生德、李锦梁、戎伟康、张妃、吴亚旗、刘权、叶叶、徐伟宏、徐保弟、于龙英、方建国。

本部分为首次发布。

交流低压电机散嵌绕组匝间绝缘 第2部分：试验限值

1 范围

GB/T 22719的本部分规定了交流电机散嵌绕组匝间绝缘试验的试验参数、试验限值和自动测试判别时试验波形差异量的允许值。

本部分适用于额定电压为1 140 V及以下的三相或单相交流电机散嵌绕组匝间绝缘检测。

2 规范性引用文件

下列文件中的条款通过GB/T 22719的本部分的引用而成为本部分的条款。凡是注日期的引用文件，其随后所有的修改单(不包括勘误的内容)或修订版均不适用于本部分，然而，鼓励根据本部分达成协议的各方研究是否可使用这些文件的最新版本。凡是不注日期的引用文件，其最新版本适用于本部分。

GB 755—2008 旋转电机 定额和性能(IEC 60034-1:2004,IDT)

GB/T 8170—1987 数字修约规则

JB/T 9615.1—2000 交流低压电机散嵌绕组匝间绝缘试验方法

3 术语和定义

下列术语和定义适用于本部分。

3.1

比较参数 comparison parameter

冲击波形比较法中，用以比较试验波形差异量的参数。

3.2

(试验)波形面积差 waveform area difference

在任意指定的比较判别区间内，被试绕组(或线圈)和基准绕组(或线圈)中两试验波形曲线各自与横坐标(时间 t)之间所包面积(见图1)的差值。

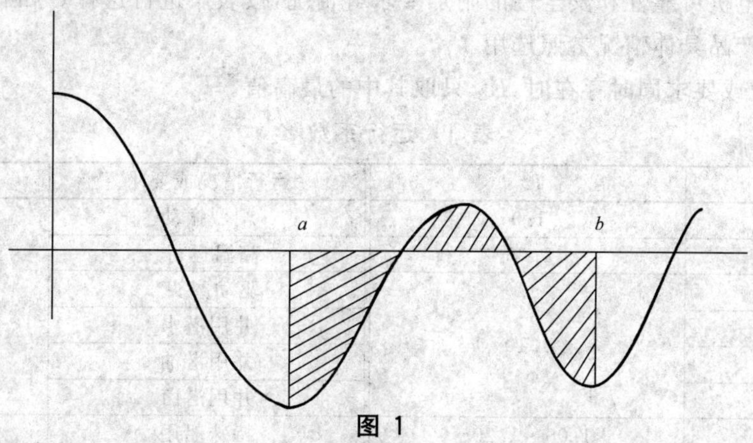

图 1

3.3

(试验)波形差的面积 area of waveforms difference

在任意指定的比较判别区间内，被试绕组(或线圈)和基准绕组(或线圈)中两试验波形曲线之间的面积(见图 2)。

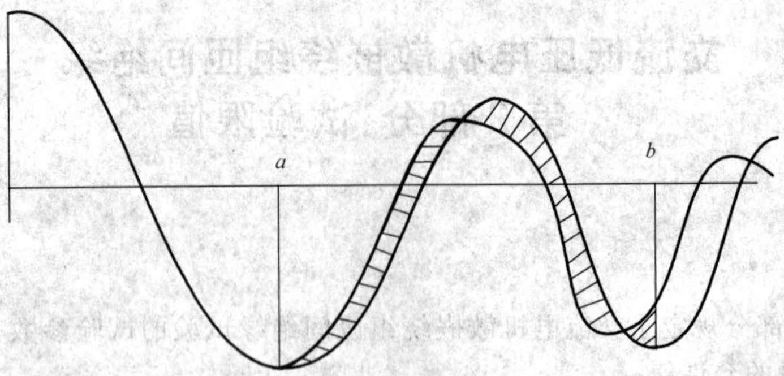

图 2

4 试验参数

4.1 概述

试验参数为冲击试验电压峰值、波前时间、试验时间、试验电压输入方向、试验次数和试验能量等。

关键试验参数为冲击试验电压峰值和波前时间。

4.2 冲击试验电压峰值

4.2.1 电机绕组匝间绝缘冲击试验电压峰值应不低于用式(1)计算,并按 GB/T 8170—1987 规定修约到百位数(百伏)的数值。

$$U_p' = K_1 \times K_2 \times U_G \qquad \cdots\cdots(1)$$

式中:

U_p'——电机绕组匝间绝缘冲击试验电压峰值,单位为伏(V);

K_1——电压系数;

K_2——运行系数;

U_G——定子或转子绕组对地绝缘工频耐电压试验值(有效值),单位为伏(V)。

U_G 按 GB 755—2008 或产品标准规定值选取。

4.2.2 电压系数 K_1 取$\sqrt{2}$。

4.2.3 运行系数 K_2 根据电机运行视环境条件的严酷程度,电机起动或正逆转的频繁程度,电机安装或维修的难易程度,电机可靠性和安全性的附加要求等情况,按表 1 进行选择。如有表 1 中未列的运行情况或要求,可根据产品具体情况参照选用。

凡几种运行情况或要求同时存在时,K_2 只取其中的最高值。

表 1 运行系数 K_2

<table>
<tr><th>运行情况或要求</th><th>K_2</th><th>运行情况或要求</th><th>K_2</th></tr>
<tr><td>一般运行</td><td>1.0</td><td>剧烈振动</td><td rowspan="6">1.20</td></tr>
<tr><td>浅水潜水</td><td>1.05</td><td>高温运行[c]</td></tr>
<tr><td>湿热环境</td><td rowspan="4">1.10</td><td>驱动磨头[d]</td></tr>
<tr><td>化工防腐</td><td>井用潜水</td></tr>
<tr><td>高速运行[a]</td><td>井用潜油</td></tr>
<tr><td>一般船用</td><td>井用潜卤</td></tr>
<tr><td>隔爆、增安</td><td>1.05～1.20[b]</td><td>特殊船用</td><td rowspan="2">1.30</td></tr>
<tr><td>屏蔽运行</td><td rowspan="2">1.10～1.20[b]</td><td>耐氟制冷</td></tr>
<tr><td>频繁起动或逆转</td><td>特殊运行[e]</td><td>1.40</td></tr>
<tr><td colspan="4">[a] 电机转速＞3 600 r/min。</td></tr>
</table>

表 1（续）

运行情况或要求	K_2	运行情况或要求	K_2

[b] 根据实际工况选用。

[c] H 级以上。

[d] 装入磨床内直接驱动砂轮。

[e] 特殊运行可根据生产厂与用户协商确定。

4.2.4　冲击试验电压峰值的容差为±5.0%或±3.0%，优先推荐采用±3.0%。

4.2.5　冲击试验电压峰值可选用下述任一种方法，在电机绕组（端子）进行测量：

a）　以电压波形的幅值与倍率计算；

b）　指针式峰值电压表；

c）　数显式峰值电压表。

优先推荐采用数显式峰值电压表测量。

4.3　波前时间

冲击试验电压的波前时间为 0.2 μs（容差为 $^{+0.3}_{-0.1}$ μs）和 1.2 μs（容差为±30%），优先推荐 0.2 μs。

4.4　试验时间

每次转换接线的冲击电压试验时间以能在试验波形上做出正确判断为准。通常取 1 s～3 s，自动测试时可缩短。

4.5　冲击试验电压的输入方向

冲击试验电压的输入方向应根据运行时电源与电机接线端子的实际连接方式进行选择。

4.5.1　对具有一种额定电压的单速电机，若其接线方式固定（例如电机绕组内部已接成 Y 或△），冲击试验电压应从接电源端子输入绕组；若其有多种接线方式而电源进线方向不固定（例如可从 U_1、V_1、W_1 端子进线，也可从 U_2、V_2、W_2 端子进线），冲击试验电压应分别从可能的几种电源进线方向输入绕组。

4.5.2　对具有多种额定电压的单速电机，冲击试验电压应从每种额定电压的接线方式及其可能的几种电源进线方向输入绕组。

4.5.3　对变极多速电机，冲击试验电压应从每种转速的接线方式及可能的每种电源进线方向输入绕组。

4.6　试验次数和工序试验

4.6.1　对三相电机，根据 JB/T 9615.1—2000 第 5 章规定的试验接法及选择原则，在相（ϕ）、线（Y）和角（△）接法中任选一种接法，再按 4.4 规定的冲击试验电压每一输入方向都进行冲击试验。

4.6.2　对单相电机，按 JB/T 9615.1—2000 规定，每一对应绕组只需进行一次冲击电压试验。

4.6.3　每次试验中试品实际承受冲击电压次数视各试验仪器而定。

4.6.4　除电机总装后应按 JB/T 9615.1—2000 规定进行匝间绝缘冲击耐电压试验外，在其余各个工序中均可进行试验，也可只选其中某几个工序进行试验。试验所处工序和工序冲击试验电压峰值由生产厂自定。推荐在定子绕组浸渍前和总装后进行试验。当整机试验有困难时，允许在装配前以绕线转子绕组和压入机壳后的定子绕组分别按 4.1 要求进行试验代替电机（整机）匝间绝缘冲击耐电压试验。

5　比较参数

5.1　概述

比较参数为试验波形的幅值、振荡周期、波形面积差和波形差的面积。

5.2　试验波形幅值和振荡周期

在人工测试中通常比较两试验波形在幅值和振荡周期上的差异。

5.3 试验波形面积差和波形差的面积

在自动测试中除比较幅值和振荡周期上的差异外，还可对试验波形面积差和波形差的面积进行计算比较。

5.4 试验波形差异量的允许值

自动测试判别时，总体试验波形差异量的允许值应按附录A规定进行预试验和计算。

以总体试验波形差异量的允许值作为该批电机绕组（总体）匝间绝缘冲击耐电压试验自动判别和报警范围的设定值。

附 录 A
（资料性附录）
试验波形差异量的允许值及其设定

A.1 抽样及预试验

从被试电机中任取10台电机绕组作为试验样本(样本容量 $n=10$)。

以每台电机绕组作为试验样本单位(试验个体)。

试验样本应与需作自动判别设定的某批电机绕组(试验总体)相一致,两者具有相同的规格、材料、工艺和工序特征。

试验样本的匝间绝缘应先按本部分规定的冲击试验电压峰值进行冲击电压试验。每个试验个体的试验波形显示均应为JB/T 9615.1—2000中规定的"正常无故障波形"。否则应补取试验个体重新试验直至达到规定的样本容量。

A.2 个体试验波形差异量

根据JB/T 9615.1—2000规定的试验接线方法,按第4章规定测量每个试验个体各次试验波形的差异量 X。

取每台电机绕组各次试验时试验波形差异量 X(绝对值)中的最大值 X_{max},作为该试验个体的试验波形差异量 X_i。

A.3 样本试验波形差异量

A.3.1 平均值 X

将测得的10个试验个体的试验波形差异量 X_i,按式(A.1)计算样本试验波形差异量的平均值 X:

$$\overline{X}=\frac{\sum_{i=1}^{n}X_i}{n} \qquad \text{(A.1)}$$

A.3.2 标准差 S

按小样本标准差 S 的计算公式(A.2),计算样本试验波形差异量的标准差 S:

$$S=\sqrt{\frac{\sum_{i=1}^{n}(X_i-\overline{X})^2}{n-1}} \qquad \text{(A.2)}$$

A.4 总体试验波形差异量的允许值及其判别设定

总体试验波形差异量的允许值为样本标准差 S 与各试验个体的试验波形差异量中最大值 X_{imax} 或样本试验波形差异量的平均值 $\overline{X}$ 之和。

优先推荐采用样本标准差 S 与样本试验波形差异量的平均值 $\overline{X}$ 之和。

以总体试验波形差异量的允许值作为该批被试电机绕组(总体)匝间绝缘冲击耐电压试验时自动判别的设定值。

ICS 29.160.10
K 20

中华人民共和国国家标准

GB/T 22720.1—2008/IEC 60034-18-41:2006

旋转电机　电压型变频器供电的旋转电机Ⅰ型电气绝缘结构的鉴别和型式试验

Rotating electrical machines—Qualification and type tests for type Ⅰ electrical insulation systems used in rotating electrical machines fed from voltage converters

(IEC 60034-18-41:2006,IDT)

2008-12-30 发布　　2009-10-01 实施

中华人民共和国国家质量监督检验检疫总局
中国国家标准化管理委员会　发布

前　言

《电压型变频器供电的旋转电机电气绝缘结构》分为以下几个部分：

——第1部分：电压型变频器供电的旋转电机Ⅰ型电气绝缘结构的鉴别和型式试验；

——第2部分：电压型变频器供电的旋转电机Ⅱ型电气绝缘结构耐局部放电的鉴别和验收试验。

本部分为GB/T 22720的第1部分。

本部分等同采用IEC 60034-18-41:2006《旋转电机　电压型变频器供电的旋转电机Ⅰ型电气绝缘结构的鉴别和型式试验》(英文版)。

本部分在技术内容上与IEC 60034-18-41:2006无差异。为便于使用，本部分做了下列编辑性修改：

a)　删除了国际标准的前言；

b)　本部分第2章“规范性引用文件”中的引用文件，凡有与之对应国家标准(或行业标准)的IEC标准均以国家标准(或行业标准)替代，随后文中引用的IEC标准号也作相应修改。

本部分的附录A和附录B为资料性附录。

本部分由中国电器工业协会提出。

本部分由全国旋转电机标准化技术委员会(SAC/TC 26)归口。

本部分负责起草单位：上海电器科学研究所(集团)有限公司、上海电科电机科技有限公司、江门市江晟电机厂有限公司、浙江金龙电机股份有限公司、苏州巨峰绝缘材料有限公司。

本部分参加起草单位：桂林电器科学研究所、哈尔滨电机厂交直流电机有限责任公司。

本部分主要起草人：张生德、李锦梁、戎伟康、张妃、刘权、叶叶、徐伟宏、于龙英、方建国。

本部分为首次发布。

引　言

《电压型变频器供电的旋转电机绝缘结构》包含以下两部分。

0.1　本部分

本部分集中了必要的参考性引用文件和定义以评价因使用变频器产生的影响。确立了鉴别规程的技术基础之后描述了概念方法。这将绝缘结构分成两类：Ⅰ型，使用寿命期间检测不到局部放电；Ⅱ型，在整个使用寿命期间始终有局部放电。

本部分论述Ⅰ型绝缘结构。Ⅰ型绝缘结构通常用于额定电压 700 V 以下，定子为散嵌绕组的旋转电机。此处描述的规程是：

——绝缘结构的鉴别；

——电机完整定子的型式试验。

在进行任何试验之前，制造厂须决定结构必须耐受的严酷水平。严酷程度取决于尖峰电压的大小和电机端冲击上升时间的快慢。对于供电的系统一体机而言，描述出绕组将要承受的最恶劣尖峰电压和最短电压上升时间的特性很重要。电机设计者可从被分成不同频段的预期值的这两个独立参数完整范围表来选择。试验在每一频段的极值下进行。

在鉴别试验中，绝缘结构被用来组成不同的代表性试品。这些试品除按 GB/T 17948.1—2000 或 GB/T 17948.3—2006 规定进行试验外，进行高频电压试验和局部放电试验。局部放电试验必须使用冲击试验设备，见 IEC 61934。若试验结束之前，试品在规定试验条件下无局部放电，则鉴别绝缘结构为所选严酷频段。

用完整定子进行型式试验，以证明对于制造商所选严酷频段，定子在冲击电压条件下无局部放电。

0.2　制定中

旋转电机　电压型变频器供电的旋转电机Ⅰ型电气绝缘结构的鉴别和型式试验

1　范围

GB/T 22720 的本部分规定了脉宽调制(PWM)变频器供电的定子/转子绕组绝缘结构的评估标准。本部分适用于变频器供电的单相或多相交流电机定子/转子绕组绝缘结构。

本部分阐述了用典型试样或完整电机进行的鉴别或/和型式试验,以验证与电压型变频器的匹配程度。

本部分不适用于:

——仅由变频器起动的旋转电机;

——额定电压有效值≤300 V 的旋转电机;

——牵引电气设备和结构。

2　规范性引用文件

下列文件中的条款通过 GB/T 22720 的本部分的引用而成为本部分的条款。凡是注日期的引用文件,其随后所有的修改单(不包括勘误的内容)或修订版均不适用于本部分,然而,鼓励根据本部分达成协议的各方研究是否可使用这些文件的最新版本。凡是不注日期的引用文件,其最新版本适用于本部分。

GB/T 7354—2003　局部放电测量(IEC 60270:2000,IDT)

GB/T 12668.2—2002　调速电气传动系统　第 2 部分:一般要求　低压交流变频电气传动系统额定值的规定(IEC 61800-2:1998,IDT)

GB/T 16935.1—1997　低压系统内设备的绝缘配合　第一部分:原则、要求和试验(idt IEC 60664-1:1992)

GB/T 17948—2003　旋转电机绝缘结构功能性评定　总则(IEC 60034-18-1:1992,IDT)

GB/T 17948.1—2000　旋转电机绝缘结构功能性评定　散嵌绕组试验规程　热评定与分级(idt IEC 60034-18-21:1992)

GB/T 17948.3—2006　旋转电机绝缘结构功能性评定　成型绕组试验规程 50 MVA、15 kV 及以下电机绝缘结构热评定及分级(IEC 60034-18-31:1992,IDT)

GB/T 21209—2007　变频器供电笼型感应电动机设计和性能导则(IEC 60034-25:2004,IDT)

IEC 60172　测定漆包绕组线温度指数的试验方法

IEC 61934　电气绝缘材料和结构瞬时上升和重复冲击电压条件下的局部放电(PD)电气测量

3　术语和定义

以下术语和定义适用于本部分。

3.1

局部放电　partial discharge;PD

导体间绝缘仅被部分桥接的电气放电。

注:可以发生在绝缘内,也可以发生在导体附近。

3.2

局部放电起始电压　partial discharge inception voltage;PDIV

当施加于试品上的电压从某一观测不到局部放电的较低值逐渐增加到在试验回路中初次观测到局部放电时的最低电压。

注:施加正弦电压,PDIV 定义为电压的有效值。施加冲击电压,PDIV 定义为峰-峰电压。

3.3

局部放电熄灭电压　partial discharge extinction voltage;PDEV

当加于试品上的电压从某一观测到局部放电的较高值逐渐降低到在试验回路中局部放电消失的电压。

注:施加正弦电压,PDEV 定义为电压的有效值。施加冲击电压,PDEV 定义为峰-峰电压。

3.4

重复局部放电起始电压　repetitive partial discharge inception voltage;RPDIV

在规定试验时间内,施加于试样的电压从 0 V 起逐渐升高,平均每两次电压冲击重复出现一次或多次 PD 脉冲的最小峰-峰电压。

3.5

单极式冲击　unipolar impulse

极性为正极或负极的冲击电压。

注:术语冲击(impulse)常用来描述加载电机端的瞬时应力电压,术语脉冲(pulse)用来描述局部放电信号。

3.6

双极式冲击　bipolar impulse

极性从正极至负极交替变化的冲击电压,反之亦然。

3.7

冲击电压重复率　impulse voltage repeption rate

f

无论单极式或双极式冲击,两次极性一致的连续冲击之间平均时间的倒数。

3.8

上升时间　rise time

t_r

峰值电压从 10%上升至 90%的时间。

3.9

冲击上升时间　impulse rise time

峰值电压从 0 上升至 100%的时间。

注:除另有说明外,设为电压从 10%上升至 90%所需时间的 1.25 倍。

3.10

突变电压　jump voltage

$U''_{pk/pk}$

变频器供电的电机端的瞬时电压变化。

3.11

电气绝缘结构　electrical insulation system

用于电气设备的与导电部分结合在一起的含有一种或多种电气绝缘材料(EIM)的绝缘组合。

3.12

成型绕组试验模型　formette

用于成型绕组电气绝缘结构评定的特殊试验模型。

3.13

散嵌绕组试验模型　motorette

用于散嵌绕组电气绝缘结构鉴别的特殊试验模型。

3.14

(电)应力　(electric) stress

电场强度,以 V/mm 表示。

3.15

额定电压　rated voltage

电机在规定运行条件下的电压值,通常由制造商规定。

3.16

基频　fundamental frequency

从周期性时间函数的傅立叶转换得到的频谱中的频率,频谱中的所有频率均与其有关。

注:电机端电压的基频决定变频电机的转速。

3.17

冲击持续时间(或宽度)　impulse duration (or width)

冲击瞬时值达到其冲击幅值的规定值或规定阀值的第一瞬时和最后瞬时的时间间隔。

3.18

峰值(冲击)电压　peak (impulse) votage

U_p

单极式冲击电压期间达到的最高电压数值(例如图 1 中的 U_p)。

注 1:对于双极式冲击电压,峰值电压为峰-峰电压的一半(见图 3);

注 2:峰-峰电压的定义见第 4 章。

U——电压;

t——时间。

图 1　冲击电压波形参数

3.19

稳态冲击电压值　steady state impulse voltage magnitude

U_a

冲击电压的终值(见图 1)。

3.20

尖峰电压　voltage overshoot

U_b

超过稳态冲击电压的峰值电压值(见图 1)。

3.21

尖峰频率　overshoot frequency

四倍冲击上升时间的倒数。

4　使用变频器产生的影响

由于电源半导体开关特性,现代变频器输出电压的上升时间可在 50 ns～2 000 ns 的范围内。变频器供电的电机端电压取决于电源供电系统的几个特性(见 GB/T 12668.2—2002),如:

a)　变频器的电网运行电压;

b)　变频器的结构和控制体系;

c)　变频器和电动机之间的滤波器;

d)　变频器和电动机之间的电缆长度;

e)　电机绕组的设计。

为了将本部分应用于绕组绝缘结构的鉴别和试验,有必要明确电机端电压的必要参数(见第 7 章)。

振幅和电机终端电压的上升时间取决于接地系统、各种电缆设计外形、电机浪涌阻抗以及任何滤波器的存在,这些都会增加脉冲上升时间。电机端的变频器冲击特性通用范围见表 1。

表 1　变频器供电的电机端电压的特性通用范围

特　　性	数值范围
峰值电压	0.5 kV～15 kV
上升时间	0.05 μs～2.0 μs
冲击重复率	100 Hz～20 kHz
冲击持续时间	10 μs～10 ms
波形	方波
极性	单极式或双极式
基频	10 Hz～1 kHz
冲击间平均时间	≥0.6 μs

表 2 中缩略词适用于本部分。

表 2　缩略词定义

缩　　写	参　　数	单　　位	供电类型
U_{line}	相间(额定)电压	V(有效值)	电网
U_{phase}	相对中性点(地面)电压	V(有效值)	电网
$U_{max}=\sqrt{2}\,U_{phase}$	相对中性点(地面)最大电压	V	变频器
$U_{pk/pk}$	峰-峰电压	V	变频器
U_{dc}	直流总线电压	V	变频器

电源供电系统可产生重复性尖峰电压。图 2 所示为施加于常规电机的工频电压,纵坐标为 U_{max} (U_{dc}/k)。图 3 所示为在 2 电平变频器供电的电机端测得的相间电压变量,纵坐标为 U_{dc}。图 3 也显示出基频下峰-峰冲击电压、冲击频率下峰-峰冲击电压和突变电压(在变频器信号中电压变化最小)之间

、的差异。

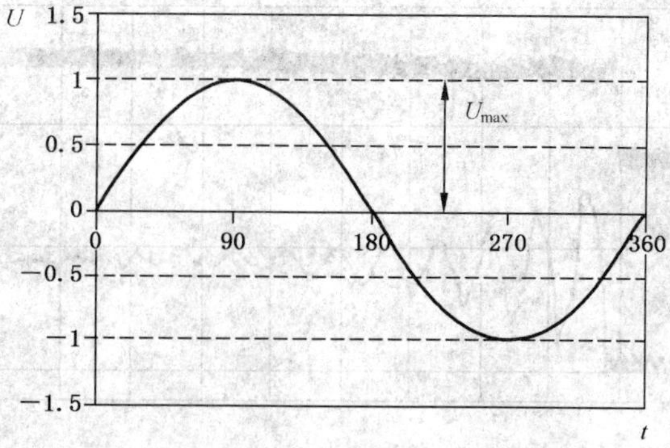

U——电压；

t——时间。

图 2 正弦波交流电压

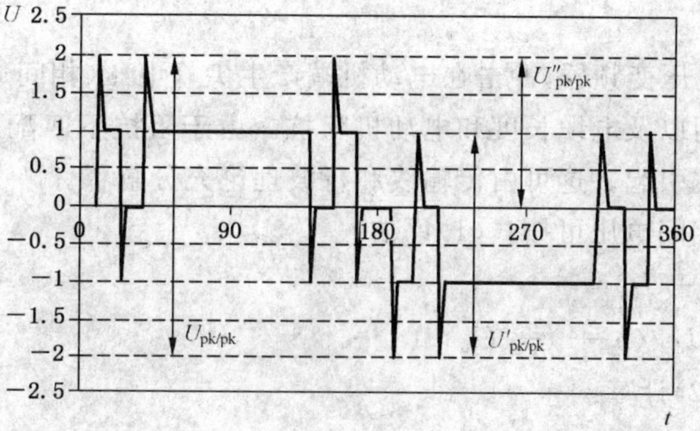

$U_{pk/pk}$——基频下峰-峰冲击电压；

$U'_{pk/pk}$——冲击频率下峰-峰冲击电压；

$U''_{pk/pk}$——突变电压。

图 3 2 电平变频器供电的电动机端电压

图 4 所示为 3 电平变频器供电的电动机端电压，其符号同图 3。典型变频器供电的浪涌电压示波器轨迹如图 5 所示。

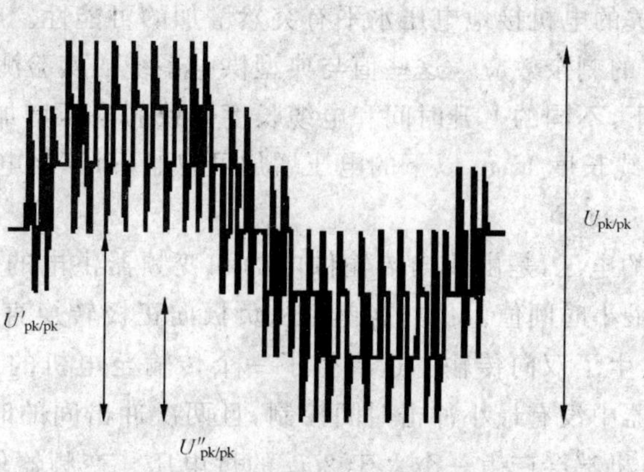

图 4 3 电平变频器供电的电动机端电压

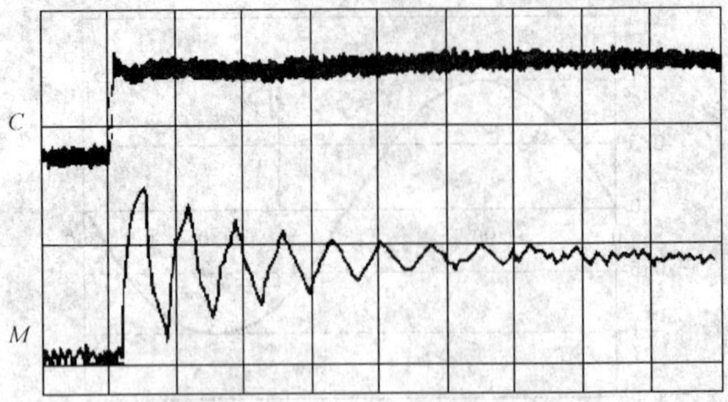

C——变频器相电压；
M——电机相电压。

图 5　电动机端规则的相对地快速上升时间冲击典型示波器图例
(1 μs/div)

若使用 2 电平或其他电压变频器，冲击在电动机端产生尖峰电压(相间通常达到 $2U_{dc}$)，取决于变频器输出冲击电压的上升时间以及电缆长度和电动机阻抗。由于阻抗不匹配，此尖峰电压由电缆与电机或与变频器端之间的反射波引起。这可由传输线和行波理论充分解释。

对于“n”电平变频器，相间电压可按式(1)评估：

峰-峰基频电压 $=2(U_{dc}+U_b)$ ……………………………(1)

峰-峰冲击频率电压 $=U_{dc}/(n-1)+2U_b$

相对地电压值可按式(2)计算：

峰-峰基频电压 $=0.7\times2\ (U_{dc}+U_b)$ ……………………………(2)

峰-峰冲击频率电压 $=0.7[U_{dc}/(n-1)+2U_b]$

突变电压按式(3)计算：

$$0.7[U_{dc}/(n-1)+U_b] \qquad \text{……………………………(3)}$$

第一匝的突变电压比例见图 9。

这些公式中的 U_b 值为图 1 所示电机端的相间电压值。根据这些公式评估的相对地电压值可能比实际上的或大或小，这取决于对地系统、变频器控制体系和其他因素。上述的有些等式引入系数 0.7 是考虑到与变频器直流零点有关的电机接地电压水平有突然增加的可能性。电容法可测得不超过 1/3 的理论增加电压，说明约有 0.7 的剩余效应。这些值与典型供电系统的实验测量值一致。

在 2 电平变频器的情况下，不同的上升时间和电缆长度导致的电压增加示例见图 6。这种情况下，冲击上升时间为 1 000 ns，电缆长度 15 m 以下的电压增加可忽略不计，当电缆长度大于 50 m 时电压增加仅超过 1.2。

电机端会产生大于 $2U_{dc}$ 的电压，是由双向传输供电的和变频器供电的运算法则造成的，该运算法则不允许用连续冲击之间的最小时间值。例如当单相从负极向正极转换直流总线电压的同一瞬时，另一相从正极向负极转换，就发生了双向传输。这产生了一个传输至电机的 $2U_{dc}$ 电压波，并且在电机端反射时幅值会增加。若变频器中没有最小冲击时间控制，且两次冲击间的时间同变频器与电动机之间的电缆时间常数相匹配，则电机端会产生一个大于 $2U_{dc}$ 的过电压。变频器使用滤波器能减弱或防止电机端或变频器端的反射。

当系统的中性点不接地，其中一相发生接地故障的情况下，制造商允许电机运行几个小时直至安排适当的修理间隔。这种情况下，其他相的匝对地绝缘的电压应力将增加。

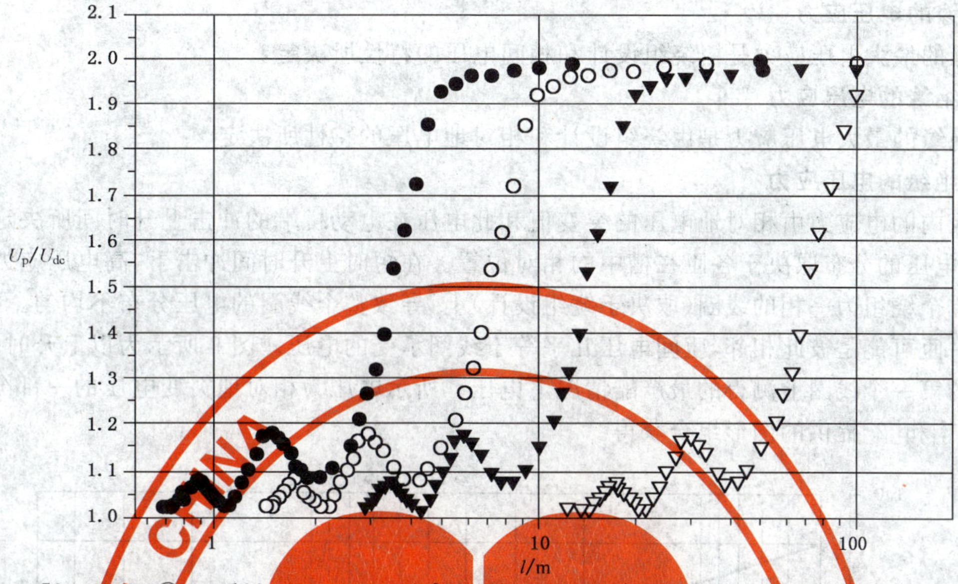

注：● t_r=50 ns；○ t_r=100 ns；▼ t_r=200 ns ▽ t_r=1 000 ns；

l(m)——电缆长度；

U_p/U_{dc}——电机峰值电压与变频器端部峰值电压之比。

图 6 以电缆长度为函数的不同冲击上升时间的电动机端增加电压

5 电机绕组绝缘结构上的电应力

5.1 概述

若绕组承受幅值很大的短时上升冲击电压，则下列位置将产生高电压应力(图 7 和图 8)：

a) 不同相的导体之间；

b) 导体和地之间；

c) 引线端处的线圈相邻匝间。

由于空间放电和表面放电产生于绝缘组件内，电应力不仅取决于瞬时电压自身，也取决于先前绝缘承受的峰值电压。通常经验表明，在变频供电系统的某一有效限值内，应力参数是峰-峰电压，这也是不论单极式和双极式在具有相同的峰-峰电压值时产生的应力也相同的原因。

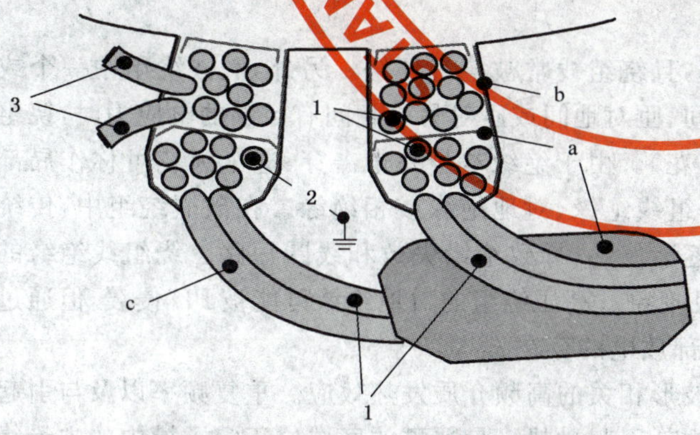

a——相绝缘/端部绝缘；

b——对地绝缘；

c——匝绝缘。

1——相间；

2——相对地；

3——匝间。

图 7 散嵌绕组设计示例

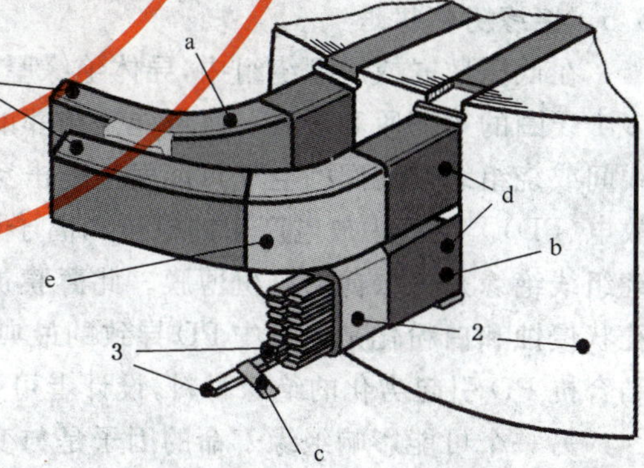

a——相绝缘/端部绝缘；

b——对地绝缘；

c——匝绝缘；

d——槽部防晕；

e——端部防晕(应力梯度)。

1——相间；

2——相对地；

3——匝间。

图 8 成型绕组设计示例

5.2 相间绝缘的电压应力

相间绝缘的最大电压应力是由绕组设计和相间电压的特性所决定。

5.3 相对地绝缘的电压应力

相对地绝缘的最大电压应力是由绕组设计和相对地电压的特性所决定。

5.4 匝对股绝缘的电压应力

绕组绝缘内的电应力由相对地电压的突变值和此电压在电动机端的冲击上升时间所决定。对于散嵌绕组，瞬时电压的分布取决于各匝在槽中的相对位置。在短时上升时间冲击下，高电压应力分布在第一个线圈或单个绕组为一相的线圈(取决于绕组设计)上，导致整个线圈的电压分布不均匀。实际上，第一匝和最后一匝可能是彼此相邻，匝间电压几乎等于线圈承受的电压。图9所示为以上升时间为函数，在各种定子的第一个线圈上测得的最严酷情况下电压。所示电压为相对地突变电压的一部分，数据已从参考文献[1]和[2]提供的图形组合获得。

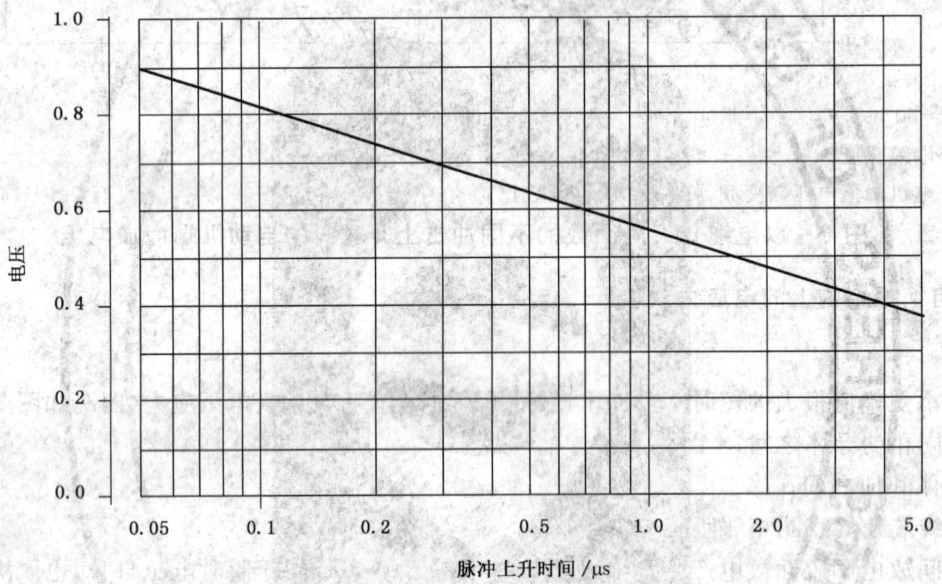

注：1.0是电机端相对地的突变峰值电压(基于参考文献[1]和[2]，见参考文献)。

图9 以冲击上升时间为函数的各散嵌绕组定子匝间绝缘承受的最严酷电压

5.5 绝缘劣化机理

在低压散嵌或成型绕组中，导体绝缘厚度很薄，且绕组线常被空气环绕。另外，散嵌绕组中一个或多个线圈的第一匝和最后一匝可能是相邻的。匝间、匝对地间或匝对另一相间有足够的电应力时，绕组线间或绕组线对地间的空气可能发生电击穿(即火花)。由于绝缘本身并未击穿，这个火花可称作局部放电(PD)。空气中放电产生的电子和离子侵袭绕组线绝缘、对地绝缘或相绝缘。在散嵌绕组中，传统绕组线绝缘是一层薄的有机薄膜。此薄膜被PD逐渐侵蚀，导致绝缘失效和线圈短路。绕组线绝缘的孔状侵蚀和白粉化是运行中PD导致的最典型可见现象。高压绕组的对地绝缘可能被PD侵袭，但通过结合抗PD引起劣化的绝缘材料，设计者可允许局部放电的存在。

另一个可能影响绝缘寿命的因子是与变频器波形相关的高频介质发热效应。重复频率以及与引起陡波上升时间有关的频率都将使绝缘材料因介质损耗引起过热。最严酷的区域位于定子槽中的主绝缘和相间绝缘。

6 电机绝缘类型

本部分和IEC 60034-18-42将绕组绝缘分为两类。Ⅰ型绕组绝缘预计其寿命期间不承受PD(图8)。Ⅱ型绕组绝缘在寿命期间可能经受PD，因此应包含防止PD的材料(图9)。额定电压700 V及以下电机可能既有Ⅰ型也有Ⅱ型绕组绝缘。额定电压700 V以上电机通常为Ⅱ型绕组绝缘。制造商为每台电机指定一个工频下的额定电压,假定工频电源是50 Hz或60 Hz的正弦电压,电机在变频器供电的情况下,尽管制造商标明50 Hz/60 Hz的额定电压并将其打在电机的铭牌上,但传统的额定电压定义已不适用。在变频运行条件下,必须规定绝缘结构的类型,且是经过鉴别的。由制造商对电机标明的工频额定电压可能已不适合变频器供电时的电机绝缘类型。按本部分进行试验时无局部放电出现的作为Ⅰ型绝缘。

7 变频器供电的电机用Ⅰ型绝缘结构的应力类型

对电动机设计者而言,变频器供电的一体机必须详细说明将会出现在电动机端的电压。采购说明书中宜包含此电压,以及一些常规数值如额定电压、热级、湿度等。尤其必须为电机端电压的以下参数规定限值。重复频率不作为Ⅰ型绝缘结构鉴别的关键参数。

a) 预期出现在电机端的峰值冲击电压 U_p(0～峰值)。对于散嵌绕组电机,U_p 的默认值可以是GB/T 21209—2007中图17所示的峰值电压。

b) 冲击上升时间 t_r。

表3给出Ⅰ型绝缘结构组分受变频器波形影响程度的表示方式。值得注意的是冲击上升时间和突变冲击电压对匝间绝缘的联合影响是最主要的。

表3 电机端电压特性对Ⅰ型绝缘结构不同组分的影响

绝缘组分	基频	冲击重复频率	峰-峰冲击电压(基频)	峰-峰冲击电压(冲击频率)	突变电压	冲击上升时间
匝间绝缘	○	○	○	○	●	●
主绝缘	○	○	●	●	○	○
相间绝缘	○	○	●	●	○	○
注:○较不重要;●较重要。						

公认的是采购者可明确这些独立因素有很多可能性组合,但商业经验证明对于Ⅰ型绝缘结构有其适当的组合存在。这就意味着制造商选择一个特定的应力类型后即可鉴别电机设计是否符合市场需求。表4给出Ⅰ型绝缘结构的应力类型。

表4 基于2电平变频器Ⅰ型绝缘结构的应力类型

应力类型	尖峰系数 U_p/U_{dc}	冲击上升时间 t_r/μs
A——温和	≤1.1	≥1
B——中等	≤1.5	≥0.3
C——严酷	≤2.0	≥0.1
D——极端	≤2.5	≥0.05

表4中尖峰系数的温和级是用于涉及变频器直接或通过一短电缆连接至电机的情况,如表A.1举例。然而,得到公认的是实际上 U_p/U_{dc} 的理论值一般达不到1.0,因为这将要求电机端不会产生尖峰电压。为了允许这些实际问题,应力类型A的值已上升10%至1.10。对于以长电缆连接电机的变频器,表A.1所述条件产生的应力类型A的值为2.0。实际使用时频段1.1～2.0已分成两部分。极限值2.5应用于运行时可能经受的最极端条件。

冲击上升时间不受尖峰系数影响,例如,对于特定的绝缘结构,严酷级的尖峰系数可能与中等级的冲击上升时间相结合。这些数值取自于当前技术经验。极端级预计仅会在极少的情况下出现。特定应力类型组合的鉴别试验必须以每一频段的极值进行。

8 Ⅰ型绝缘结构的鉴别和型式试验

8.1 引言

变频器供电的电机电气绝缘试验分两个阶段进行。第一阶段是对材料、设计规程和生产工艺进行鉴别。对于Ⅰ型绝缘结构，用 motorette 或 formette 进行热循环和诊断规程试验，诊断规程试验包括机械试验、潮湿试验、电压试验以及其他试验，其目的是评估是否有 PD。第二阶段是特殊的设计试验(型式试验)。Ⅰ型绝缘结构用完整绕组或电机进行试验。

8.2 鉴别试验

用来考察各种应力耐受能力的鉴别试验适用于本部分。Ⅰ型绝缘结构的鉴别试验以热循环前后的 PDIV 测量和 GB/T 17948.1—2000、GB/T 17948.3—2006 定义的其他试验，以及第 7 章规定的应力类型之一乘以附录 B 中 B.2 所述安全系数后的电压应力为基础。本部分的鉴别仅须进行 GB/T 17948.1—2000、GB/T 17948.3—2006 规定的 3 个老化温度中的低温点热老化试验。

8.3 型式试验

对于Ⅰ型绝缘结构，当完整绕组或电机经受乘以安全系数 1.3 后(附录 B)的所选应力类型的电压波形时，测量 PDIV 以证明不存在局部放电。

9 试验设备

9.1 工频 PD 测量

传统实验室 PD 测量仪采用高压耦合电容器或无线频率电流互感器，当给试品施加的是一个正弦 50 Hz 或 60 Hz 波形的电压时，能用此来测量 PD 起始电压和熄灭电压。测量设备、方法和校准详见 GB/T 7354—2003。对电容性试品如各个线圈、formette 和 motorette，宜保留采用施加 50 Hz 或 60 Hz 的电压以及按 GB/T 7354—2003 所述的 PD 测量方法。测得的相对地 PDIV 是主要结果，单位为 V(有效值)。

9.2 冲击电压 PD 测量

所加电压为短时上升冲击电压时不能使用如 GB/T 7354—2003 所述的采用 50 Hz 或 60 Hz 电压的传统 PD 测量仪。100 ns 的上升时间在频率大于 3 MHz 时有谐波含量，这意味着冲击电压有些组分在大多数 GB/T 7354—2003 型监测器的接受频段内，导致显示信号为局部放电脉冲幅值的数百倍。由于这个原因，局部放电脉冲将难以从冲击电压的高频组分中区分出来。除此之外，冲击电压的幅值可能足以破坏局部放电监测仪的电子器件。

为了从冲击电压的短时上升时间组分中区分出局部放电，需要其他类型的 PD 监测仪。监测仪宜使电压所有频率的组分减弱至小于结合着局部放电的高频组分。显示仪器使用标准示波器或脉宽分析仪。IEC 61934 给出了测量方法和设备的导则。短时上升时间冲击的 PD 测量是新兴技术，其中某些技术必须从任意残留冲击电压中分离出 PD。

没有该技术，试品则可能被归类为具有低于实际的 PDIV 值。相对地，就可能探测不出 PD 传感器遥传的 PD。因此必须注意这些 PD 测量。

9.3 冲击电压发生器

为了在冲击电压条件下进行局部放电起始电压和熄灭电压试验，要求使用冲击电压发生器。为正确模拟相关应力类型的冲击，冲击电压发生器的上升时间宜适合应力类型。冲击电压发生器宜具备一可控输出幅值，从 0 V 至定子额定电压所需的最高电压。

RPDIV 是主要结果。报告结果时，宜提供下述数据：

a) 冲击电压发生器输出的单极式或双极式峰-峰电压，因为峰-峰电压为关键参数。

b) 冲击上升时间。

c) 冲击下降时间，除非其大于冲击上升时间的 5 倍。

9.4 灵敏度

总之，局部放电探测仪的灵敏度随负载阻抗的减小(或电容增加)而下降。作为参考，本部分所涉及鉴别和型式试验预期的灵敏度在 50 Hz/60 Hz 下每 nF 电容性负载时宜为 1 pC，最低灵敏度为 1 pC。能达到此灵敏度的测量系统对和阻抗相等的感应负载进行 PDIV 测量时，被认定为已足够灵敏。

当对试品进行冲击电压供电的 PD 测量时，宜按 IEC 61934 中的规程测量背景噪声，以 mV 表示。

9.5 PDIV 和 RPDIV 测量

9.5.1 工频电压下的 PDIV 测量

本部分适用的是匝间试样、motorette 和 formette 试样，在 50 Hz/60 Hz 下测得的局部放电小于 5 pC 则为无局部放电。这些值也是测量期间允许的噪声最高水平。按 GB/T 7354—2003 中规程测量 PDIV。

9.5.2 冲击电压下的 RPDIV 测量

按 IEC 61934 测量重复性 PD 起始电压。背景噪声水平以 mV 表示。按 IEC 61934 测得的背景噪声水平和灵敏度应写入报告。

10 Ⅰ型绝缘结构的鉴别

10.1 引言

对于Ⅰ型绝缘结构，不通过电击穿试验来鉴别是否失效。试样按 GB/T 17948—2003、GB/T 17948.1—2000 和 GB/T 17948.3—2006 经受热循环和机械循环，并且进行各种电气耐受试验。每个分周期后，对试品进行局部放电诊断试验，若 PDIV 下降至所选应力类型所规定试验电压的 1.3 倍以下，则判为失效。或者，PDIV 必须高于运行经验已证实的，并在如 10.4 所述相同条件下已通过鉴别的基准结构所测得的数值。在 9.4 所述的灵敏度范围内测得的起始电压为可监测到的局部放电最低电压。

已经过运行经验考验的特殊结构，包含特殊变频器/电机的组合是被认可的。仅对于这些电机，制造商可用此经验替代鉴别试验。这由制造商和采购者达成一致。

10.2 方法

10.2.1 概述

Ⅰ型绝缘结构适用于其整个寿命期间无局部放电。该结构必须在附录 B 规定的并乘以安全系数的试验电压下测得局部放电起始电压。不同的绝缘结构组分允许的电压波形如表 5 所示。

必须用适合生产的材料以及制造路线来制备试品。试品既可以代表绝缘结构的一部分也可以代表绝缘结构整体。

表 5 受试结构组分的允许电压波形

	绞线对或等效试样		Motorette 或 formette		完整定子	
	正弦波	冲击波	正弦波	冲击波	正弦波	冲击波
匝间	允许	允许	a	允许	a	允许
相间	不允许	不允许	允许	允许	允许	允许
相对地	不允许	不允许	允许	允许	允许	允许

a 要求用特殊试验绕组——至少用两根电气绝缘的导体平行绕制的匝间绝缘，其中一根导体接地，另一根导体接电源。

10.2.2 绞线对或等效结构

为确定 motorette/formette 试验期间平行导体之间的电压应力水平，可用绞线对或在扁线的情况下用相邻导体进行匝间试验。从 PDIV 方面讲，正弦电压和冲击电压获得等效结果，因为完整绕组承受的电压分布未被表现出来。对这些试品而言，使用正弦波电压就足以测量 PDIV。必须增加电压应力，使其大于运行时预期的每匝平均应力，以解决 5.4 所述的应力集中。附录 B 中 B.3 规定的试验水平是峰-峰电压。

10.2.3 motorette（散嵌绕组）或 formette（成型绕组）

motorette 和 formette 模型可用来模拟相间和相对地绝缘。也可用平行导体模拟匝间绝缘。此模型结构宜按表 5 进行试验。模型中的电压分布应可再现完整电机内的电压分布。若运行电机的绕组必须浸漆，则应以浸过漆的试样进行试验。

10.2.4 完整定子绕组

允许相间和相对地绝缘进行试验。传统绕组的匝间绝缘试验宜使用冲击电压。试验时冲击波形的优势在于绕组的所有部位均能以典型的方式承受应力作用，甚至即使以星形接线。然而，仍须考虑定子线圈内的电压分布的重要性。若运行电机的绕组必须浸漆，则应以浸过漆的试样进行试验。

若以双线制备特殊绕组，则允许正弦波测量 PD 强度，且两相邻匝间的预期最大电压施加在相邻匝间。此时宜使用表 5 给出的正弦波电压或冲击电压。

10.3 试品制备

10.3.1 概述

散嵌绕组试样宜尽可能地接近 GB/T 17948.1—2000 所述设计，而成型绕组试样尽可能接近 GB/T 17948.3—2006 所述设计或定子绕组产品。

10.3.2 匝间绝缘试样

匝间试验以简单的绞线对试样（见 IEC 60172）或等效结构试样测量 PDIV。此试验是 motorette/formette 试验期间确定平行导体间电压应力水平的基础。

浸漆试样的局部放电试验不可用来评估用在 motorette、formette 或完整绕组中的浸渍树脂和制造工艺。仅允许使用 motorette、formette 或完整绕组进行该项评估。

10.3.3 motorette/formette 试样或完整绕组

使用与实际的线圈相同的材料和工艺制备试样。相间绝缘及主绝缘所有的爬电距离和电气间隙（相间）应与实际的绕组产品的相同。每种类型的绝缘结构受试试样使用的绝缘材料及厚度应与实际的绕组产品的相同。

10.4 鉴别试验的方法

10.4.1 概述

鉴别试验的目的是在绝缘结构的鉴别条件下测量绝缘结构组分及相关部位在热老化试验期间的 PDIV，热老化试验按 GB/T 17948—2003、GB/T 17948.1—2000 和 GB/T 17948.3—2006 进行。在试验结束时，结构被鉴别的应力类型（第 7 章）、老化规程和诊断数据宜写入报告。若在老化周期结束时 PDIV 仍高于规定试验值，则可认定该绝缘结构合格。为获得统计有效的试验结果，至少要用五个试样进行 PD 试验，一个足够完整的定子试样的情况除外。若基准结构满足 10.1 规定的条件，则可用于鉴别规程。

10.4.2 诊断试验

依下列各项，在第一个老化周期之前及每一老化分周期之后均应对试样进行诊断试验。各 motorette/formette 或绕组组分的每一线圈宜进行电气诊断试验。除 GB/T 17948.1—2000 和 GB/T 17948.3—2006 规定的诊断试验外，宜进行 PD 试验以确保规定试验水平下（表 4 和附录 B 中 B.2）不出现起始局部放电。

10.4.3 老化周期

相间绝缘是指在同一槽中有不同相的两个线圈的情形，模型或完整绕组必须复现这个设计特点。宜在室温下进行 24 h 的预诊断电老化试验，施加增大的频率，并且按附录 B 中 B.2 乘以安全系数抬高峰值电压。此试验的目的是在早期阶段探测出存在介质损耗过大的任何绝缘材料，尽管其在工频下的试验情况令人满意，但也可导致变频器使用期间偶然的高频过热。频率的选择取决于运行时预期的冲击电压最大重复率。

为鉴别结构的必要热分级，试样宜进行 GB/T 17948—2003 规定的合适热老化分周期。若试验中绝缘结构的热分级已按 GB/T 17948.1—2000 及 GB/T 17948.3—2006 进行过鉴别，则仅需进行合适的低温点老化。GB/T 17948—2003、GB/T 17948.1—2000 和 GB/T 17948.3—2006 中规定的诊断分周期也应进行。诊断分周期宜包括机械试验、潮湿试验和电压试验。宜注意的是潮湿试验可影响 PDIV 试验结果。因此，宜在规程的不同阶段进行潮湿试验以使最后的 PD 试验不紧随其后。

10.4.4 PD 测量

应进行以下的 PDIV 测量：

a) 相间；

b) 相对地；

c) 匝间。

PD 试验的电压仅需升至试验值，并确保不会产生 PD 起始电压。PDIV 不必进行测量。当对相间绝缘试验时，施加的电压信号穿过两个端子，其他端子悬空且叠片铁芯接地。以上三种可能性组合均宜依次进行试验。相对地试验时，每相均宜在其他两端子和铁芯接地时依次进行试验。这些规程采用的绕组接法既可为 Y 接法也可为△接法。匝间试验时，导体平行放置就可用正弦波交流电压进行试验。否则要求使用冲击电压供电和监测器。

若使用完整定子或标准绕组制成的 formette 及 motorette，可借助冲击电压试验设备产生匝间电压应力。对于有标准绕组的完整定子，要求用冲击试验设备进行线圈间绝缘试验。这些试验期间将有必要监测局部放电活动，且测量设备能在冲击条件下使用(见 IEC 61934)。

宜对试样进行外观检查以观察绝缘材料的状态，并写入报告，但这并非鉴别的终点标准。

10.5 鉴别合格标准

Ⅰ型试品鉴别的合格标准是使测得的 PDIV 大于乘以安全系数(见 B.2)后的已选应力类型电压(表 B.2 和表 B.3)，且进行试验的试样应通过最低的老化温度。

或者，PDIV 必须高于如 10.4 所述相同条件下已通过鉴别的且已被运行经验证实的基准结构所测得的数值。

11 Ⅰ型绝缘结构的型式试验

11.1 概述

以完整定子绕组或电机进行型式试验。对于已选的应力类型，要求 PDIV 超过规定值，并且以适合波形进行试验。由购买者和制造商达成协议进行本试验。

11.2 型式试验方法

完整定子在冲击条件下进行局部放电试验(按表 5 的试验方案)，规定适合应力类型的上升时间和按 B.2 安全系数扩大的峰值浪涌电压。绕组温度宜为 20 ℃±10 ℃。施加冲击的重复率可低于规定值。

按表 B.3 选择的相间试验电压已考虑了安全系数 1.3。然而，得到公认的是这可能使匝间绝缘产生过大应力，因而产生不可信的低 RPIDV。在这些情况下，型式试验也可用以下规程进行替换：

a) 用表 B.2 中的值以冲击波形进行相对地 PD 试验。若 RPDIV 超过合格标准，则绕组通过型式试验。若 RPDIV 低于合格标准，可能是由于匝间绝缘承受的应力过高，则可使用以下替换规程。

b) 用表 B.2 中的值以正弦 50 Hz/60 Hz 波形进行相对地 PD 试验。本试验可鉴别主绝缘的质量。若 PDIV 低于合格标准，则绝缘结构失效。若 PDIV 超过合格标准，则匝间绝缘进行下一个试验。

c) 用表 B.2 中的值,以等于突变电压的冲击电压进行相对地 PD 试验,突变电压对应于变频器类型(2 电平、3 电平等)。本试验在匝间绝缘上进行。若 RPDIV 低于合格标准,则绕组失效。若 RPDIV 高于合格标准,则绕组通过型式试验。

11.3 型式试验合格标准

RPDIV 或 PDIV 必须大于检验电压。

12 分析、报告和分级

宜采用 GB/T 17948—2003 中 5.6 给出的分析、报告和分级方法,以可追溯的方式对所有相关数据进行正确分析和编制报告。

附 录 A
（资料性附录）
变频器供电的电机端电压

A.1 变频器供电的电机端电压

电压型变频器、脉宽调制(PWM)或矢量电机电源控制器产生恒幅值电压方波，该方波的宽度和重复率可变。变频器输出冲击电压至多不超过直流总线电压(U_{dc})，冲击电压水平取决于整流主电压，或制动电压水平，或功率因数修正整流电压。

图 A.1 所示为变频器/电机系统的简化电路图。

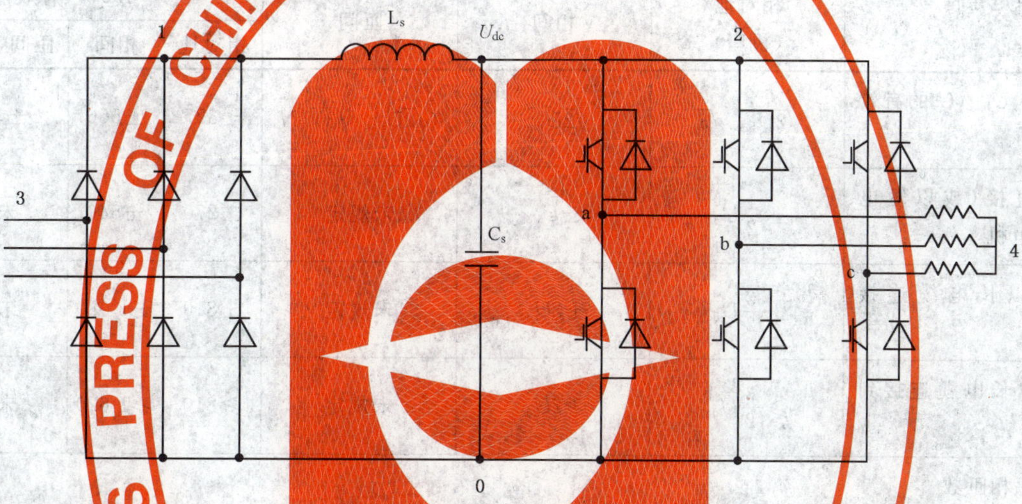

1——整流器；
2——PWM 逆变器；
3——AC 输入；
4——电机绕组。

图 A.1 变频器/电机系统的电路图

第一步需规定所有可参考电压的中性点。例如，在三相系统中：

$u_1(t)=\sqrt{2}\,U\sin(\omega t)$

$u_2(t)=\sqrt{2}\,U\sin(\omega t-2\pi/3)$

$u_3(t)=\sqrt{2}\,U\sin(\omega t-4\pi/3)$

这也适用于多相系统。整流后多相交流电压的电压规定值符合以下一般原则：

$$U_{dc}=a(\phi/\pi)\sin(\pi/\phi)U_{max}=kU_{max}$$

式中：

k——常数；

a——整流类型(半波整流 $a=1$，全波整流 $a=2$)；

ϕ——相数(最小值为 2)。

该公式仅适用于平衡系统，因此 ϕ 的最小值为 2。在单相供电的特殊情况下，有必要认为电压为两个电压的组合，每个电压为$\sqrt{2}\,U/2$，$\phi=2$。

可用上述公式计算出直流总线(U_{dc})的输出电压和变频器输出电压的峰值。例如，一般情况下充分整流的三相正弦电压遵循以下原则：

$$U_{dc}=2(3/\pi)\sin(\pi/3)\sqrt{2}\,U_{phase}=2(3/\pi)(\sqrt{3}/2)\sqrt{2}\,U_{phase}=(3/\pi)\sqrt{3}\,U_{phase}\sqrt{2}$$

且$\sqrt{3}\,U_{phase}=U_{line}$(即相间电压的有效值)。

所以,$U_{dc}=(3/\pi)\sqrt{2}\,U_{line}$

举例,若$U_{line}=400$ V(有效值),则$U_{dc}=400(3/\pi)\sqrt{2}=540$ V$=1.35\,U_{line}=1.65\,U_{max}$

系数1.35是理论数据,实际值可能更大。例如,再生制动情况下,直流总线电压最大限值是运行时的切断点电压,这将大大高于来自直流总线电压主体本身。表A.1示例为电机输入端在不同供电条件下显示的最大电压。

表A.1　不同供电条件下散嵌绕组星形接法电机其定子绕组绝缘在不同位置上承受的最大电压示例(1级、2电平变频器)

供电条件	定子绕组在不同位置承受的最大峰值电压					
	相对地(机座)	相间	匝间	以$U_{line}=400$ V(有效值)为例		
				相对地	相间	匝间(Y接法)
正弦电压,U_{line}(U的有效值)	$\sqrt{2}U_{line}/\sqrt{3}$	$\sqrt{2}U_{line}$	$(\sqrt{2}U_{line}/\sqrt{3})/N$	±327	±566	±327/N
变频器直接(或以短电缆)连接电机	$\pm\frac{1}{2}U_{dc}$	$\pm U_{dc}$	未规定	±270	±540	未规定
变频器以长电缆连接电机	$\pm\frac{3}{2}U_{dc}$	$\pm 2U_{dc}$	未规定	±810	±1 080	未规定
变频器以长电缆连接到制动的电机	$\geqslant\frac{3}{2}U_{dc}$	$\geqslant 2U_{dc}$	未规定	≥810	≥1 620	未规定

N=每相匝数

注:匝间电压不可一直简单计算(见5.4)。

A.2　2电平变频器最大峰值电压的计算

峰值电压是由表A.1示例的电缆和电机结构而引起的,从而引起叠加于变频器输出电压的尖峰电压。表A.2所示值由下述方法计算得到。

最大系统电压=额定电压×1.1(得第2栏)

U_{dc}=直流总线电压$=(3/\pi)\sqrt{2}\,U_{line}=(3/\pi)\sqrt{3}\,U_{max}$(×1.1,得第3栏)

电机相间电压=直流总线电压×尖峰系数(1、2或2.5)(得第5栏)

为转换到U_{max},除以A.1中计算的系统中性点对相间的最大电压。举例见表A.2。

表A.2　最大峰值电压示例

额定电压(有效值)/V	额定电压×1.1(有效值)/V	U_{dc}/V	尖峰系数	U_p/V	U_{max}/V	U_p/U_{max}
500	550	741	1	741	408	1.82
500	550	741	2	1 482	408	3.64
500	550	741	2.5	1 853	408	4.54

增加10%额定电压的理由是考虑到运行时可能产生的最大电压。对于大部分电机寿命而言可能不发生这种情况,但考虑到局部放电的问题,有必要使用运行时可能发生的最大电压。

本方法可与GB/T 21209—2007的图17,即本部分中图A.2(也可见参考文献[2])相比较。这说明附录A中上升时间大于500 ns并允许反射和突变(即尖峰系数=2)时,两电动机相端间所允许的最大冲击电压为1 556 V。

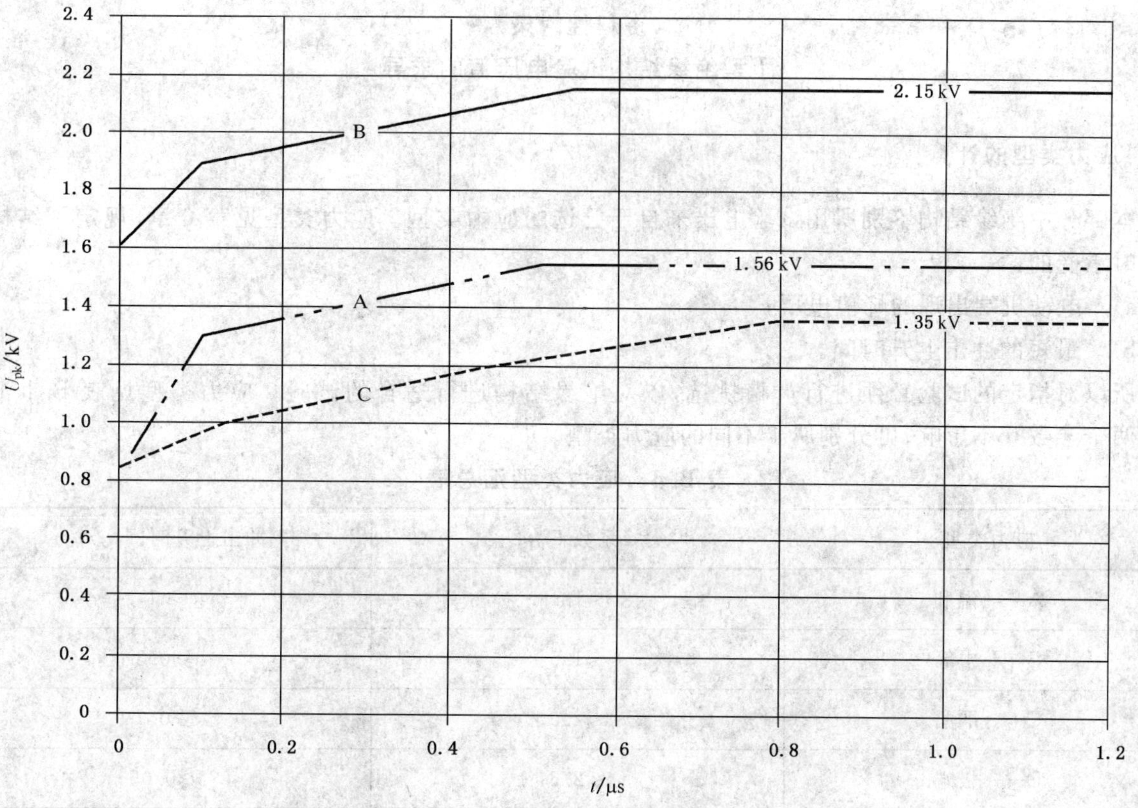

B——无滤波器,690 V及以下交流电动机;

A——无滤波器,500 V及以下交流电动机;

C——从IEC 60034-17获得的曲线。

图A.2 两电动机相端间所允许冲击电压U_{pk}的限制曲线,以冲击上升时间t_r为函数

附　录　B
（资料性附录）
Ⅰ型绝缘结构试验电压值的求导

B.1　应力类型的计算

本部分中绝缘结构鉴别所用试验电压来自于已选的应力类型。应力类型见第6章，规定了结构在运行时承受的：

a）　电动机端出现的峰值电压；

b）　最短的冲击上升时间。

所以对指定的试验必须进行严格挑选，以对绝缘结构进行适合的试验。应力类型见表B.1汇总表。两个参数互不影响，可分别属于不同的应力类型。

表B.1　应力类型汇总表

应力类型	尖峰系数 U_p/U_{dc}	冲击上升时间 $t_r/\mu s$
A——温和	≤1.1	≥1
B——中等	≤1.5	≥0.3
C——严酷	≤2.0	≥0.1
D——极端	≤2.5	≥0.05

B.2　对于PDIV测量的安全系数

宜考虑有两个因素使Ⅰ型绝缘结构鉴别和型式试验中规定的基础PDIV水平增高。第一个因素来自于GB/T 16935.1—1997的要求，该标准列出了宜使PD试验电压增高的安全系数。采用的基本安全系数1.2掩盖了环境因素的影响，例如环境温度也可能对PD造成影响。更进一步的一个系数1.25和滞后效应有关，由于滞后效应，根据实际经验PDEV要比PDIV低25%。相应地，若PD是由一个高于正常峰值电压的瞬时过电压激发，则PD会持续除非允许该系数存在。但此种概括的叙述对电动机绝缘结构不大可行，因预计其PD起始电压和熄灭电压仅有微小差异。第二个增高因素被认为来自于GB/T 21209—2007中7.4规定，即绕组温度从25 ℃上升至155 ℃通常导致PDIV跌落30%。此因素已被部分考虑进上述规定的基本安全系数。综合以上所有因素，安全系数的推荐值为1.3。

B.3　鉴别和型式试验

对于Ⅰ型绝缘结构的鉴别和型式试验，PDIV试验的电压水平可根据应力类型计算得到，对于2电平变频器按表B.2、表B.3的示值。宜将第7章选择的单独应力类型进行相同组合后使用。已假定冲击条件下测RPDIV的峰-峰值和50 Hz/60 Hz下测PDIV的值相同。且注意U_p值和U_b为电机端相间测量值。

2电平变频器供电的电机端的重要相间电压和相对地电压如图B.1所示。注意因开关冲击较小可以忽略不计，则$U_{pk/pk}$为相间绝缘的主要应力电压。U_p为突变电压，是匝间绝缘的重要电压。这些值用于第4章中的公式。

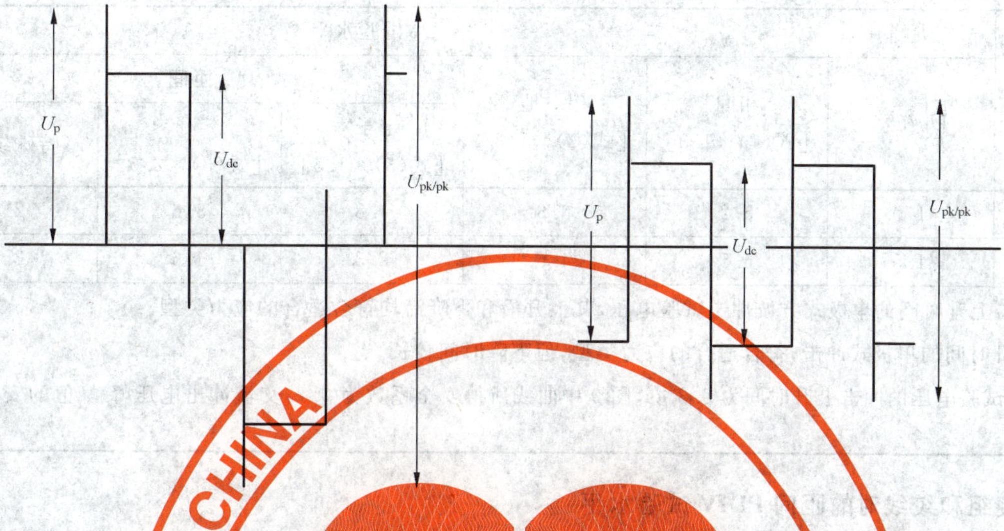

图 B.1 相间电压和相对地电压(2 电平变频器)的对比
(无相间电压和相对地电压标尺的图解)

型式试验是以完整定子或电动机进行的。型式试验由冲击试验电压按序施加于成对端子的一系列相间 PD 测量组成。若 RPDIV 高于所有情况下合适试验的值,则定子通过试验。若 RPDIV 的任一次测量值均低于合格值,则由于施加的相间电压可能超过匝间绝缘所能承受的电压应力,而运行时未产生 PD,所以绕组的型式试验未必不合格。若每次施加冲击电压期间可以测出相对地电压,就能检查出相对地绝缘是否承受过应力了。如果相对地绝缘明显未承受过应力,则绕组型式试验不合格。

若相对地绝缘承受了过应力,或未进行此测量,则可采用 11.2 所述的替换试验规程。该替换规程包括对每相按序进行相对地冲击试验的 RPDIV 测量。若 RPDIV 又一次低于合格值,则用第一个线圈第一匝的最严酷情况突变电压进行相对地冲击试验之后对每相按序进行 50/60 Hz 相对地 PD 试验。若起始电压低于上述任一试验的合格值,则绕组不合格。注意试验中所用冲击电压发生器极可能在下降的末端产生尖峰电压。此尖峰电压提高了相间和相对地承受的电压,有助于测量 RPDIV,因此必须允许此尖峰电压。匝间试验不考虑尖峰电压,由于尖峰电压仅有陡峭上升前沿,在测量 RPDIV 时,尖峰电压很重要。

表 B.2 所示的匝间试验电压与冲击电压发生器的两种不同波形有关。第一个试验值(第 5 栏)适用于有上升时间的单极式方波冲击试验电压,其上升沿和下降沿均符合适合的应力类型。上升沿和下降沿之间的时间相对较短。匝间绝缘承受应力取决于电压波形的导数,所以上升沿和下降沿均起作用。

若传统冲击电压发生器的下降时间比上升时间长,比如 100 μs 比 1 μs,则由于匝间绝缘仅承受上升沿应力,数值就加倍(第 6 栏)。最后一栏适用于特殊绕组的正弦试验,其中上升时间为 0.3 μs 时采用图 9 中的最严酷系数 0.7。这些值是第 6 栏中数值的 0.7 倍。

表 B.2 2 电平变频器与 U_{dc} 有关的峰-峰试验(×1.3 安全系数)

尖峰系数	尖峰	U_{dc} 试验水平				
		相间	相对地	匝间		
U_p/U_{dc}	U_b/U_{dc}	[式(1)×1.3]	[式(2)×1.3]	定子[a] [式(3)×1.3]	定子[b] [式(3)×2.6]	特殊绕组[c]
1.1	0.1	2.9	2.0	1.0	2.0	1.4
1.5	0.5	3.9	2.7	1.4	2.7	1.9

表 B.2（续）

尖峰系数	尖峰	U_{dc}试验水平				
				匝间		
U_p/U_{dc}	U_b/U_{dc}	相间 [式(1)×1.3]	相对地 [式(2)×1.3]	定子[a] [式(3)×1.3]	定子[b] [式(3)×2.6]	特殊绕组[c]
2.0	1.0	5.2	3.6	1.8	3.6	2.5
2.5	1.5	6.5	4.6	2.3	4.6	3.2

[a] 有冲击上升时间的单极式方波冲击试验电压，其上升沿和下降沿均符合适合的应力类型。

[b] 有上升时间的单极式冲击，符合适合的应力类型，但下降时间较长。

[c] 例如：试验电压的冲击上升时间为 0.3 μs，图 9 中曲线所得安全系数为 0.7，交流冲击电压峰-峰值的安全系数为 2。

B.4 特殊绕组和绞线对的匝间 PDIV 试验水平

在特殊绕组（见表 5）或绞线对的情况下的匝间绝缘试验指南见表 B.3。其规定了三种状态。若无可利用资料，必须假定穿过绝缘可形成的线圈全突变电压。若可知电机端电压的冲击上升时间，宜假定图 9 所示的最严酷情况电压分布。

在电压分布已知的情况下，可以用实际值。绞线对的试验电压是相同峰-峰值的正弦电压。其他试验宜使用具有适当冲击上升时间的冲击电压。

表 B.3 特殊绕组和绞线对的匝间 PDIV 试验水平

可利用资料	试验电压
无	突变电压
上升时间已知	突变电压×图 9 中对应适当冲击上升时间的比率
绕组中电压分布及冲击上升时间	实际值

B.5 试验电压举例

相间、相对地和匝间试验电压可用第 4 章公式和表 B.2 计算出。举例见表 B.4。试验值的计算建立在该系统的 U_{dc} 为 648 V 基础上。计算中已包括安全系数 1.3。

表 B.4 2 电平变频器供电的额定电压 480 V 定子绕组的型式试验电压举例，假定冲击上升时间为 0.3 μs 以及图 9 确定的最严酷系数为 0.7

U_p/U_{dc}	U_b/U_{dc}	与 U_{dc} 有关的包含安全系数 1.3 的峰-峰试验电压				
		相间[a]	相对地[a]	定子[b] (表 B.2 第 5 栏)	定子[b] (表 B.2 第 6 栏)	模型[a]
1.1	0.1	1 853	1 297	649	1 297	908
1.5	0.5	2 527	1 769	885	1 769	1 238
2.0	1.0	3 370	2 359	1 179	2 359	1 651
2.5	1.5	4 212	2 948	1 474	2 948	2 064

[a] 电机线端电压峰-峰值：测量试验电压时必须允许冲击电压发生器电压波形的上升部分和下降部分存在尖峰电压。

[b] 仅冲击电压发生器电压波形的陡峭上升前沿出现的电压变化包括在试验电压幅值测量中。

参 考 文 献

[1] STONE G C, CAMPBELL S, TETREAULT S. Inverter Duty Motors: Which Motors are at Risk, IEEE Industry Applications Magazine, Sept 2000, pp 17-22.

[2] Variable speed drives and motors—Motor insulation voltage stresses under PWM inverter operation. Technical Report No. 1. Joint GAMBICA/REMA Working Group.

ICS 29.120.50
K 31

中华人民共和国国家标准化指导性技术文件

GB/Z 22721—2008/IEC/TR 62350:2006

正确使用家用和类似用途剩余电流动作保护电器(RCD)的指南

Guidance for the correct use of residual current-operated protective devices (RCDs) for household and similar use

(IEC/TR 62350:2006,IDT)

2008-12-30 发布 2009-10-01 实施

中华人民共和国国家质量监督检验检疫总局
中国国家标准化管理委员会 发布

前　言

本指导性技术文件等同采用IEC/TR 62350:2006《正确使用家用和类似用途剩余电流动作保护电器(RCD)的指南》,在格式上按GB/T 1.1—2000的要求,做了编辑性修改。

本指导性技术文件的附录A、附录B、附录C和附录D均为资料性附录。

本指导性技术文件由中国电器工业协会提出。

本指导性技术文件由全国低压电器标准化技术委员会(SAC/TC 189)归口。

本指导性技术文件负责起草单位:上海电器科学研究所(集团)有限公司。

本指导性技术文件参加起草单位:南京电力高等专科学校、施耐德电气(中国)投资有限公司、德力西电气有限公司、环宇集团有限公司、北京人民电器厂。

本指导性技术文件主要起草人:刘金琰、周积刚。

本指导性技术文件参加起草人:李家贤、冯丁、黄蓉蓉、李丽芳、赵志群。

本指导性技术文件为首次发布。

引 言

本指导性技术文件的目的是从优化RCD提供的保护长期可用性的角度,给设计者、制造商、安装者、用户以及对固定电气装置中负责RCD选择、安装和使用的维护人员提供指南和信息。

在最近的40年里,IEC技术委员会(尤其在SC 23E内部)比较和使用了由制造商、试验室、安装者、用户和安装机构积累的经验,IEC通过修订RCD标准,在RCD可靠性方面取得了进展。围绕这个目标,已对这些IEC标准中的技术要求和试验进行增加和改进。当SC 23E决定引入诸如模拟RCD老化的28天环境试验等技术要求时,就取得了相当大的进步。

需要通告用户、安装者和IEC其他委员会的是,同早期的RCD相比,虽然符合相关RCD标准的RCD可靠性已取得了实质性改进,但由RCD提供的保护可用性与许多参数有关,不仅与RCD本身有关,还与安装和使用环境有关。

本指导性技术文件全面地确定和阐述了影响RCD保护可用性的主要因素,以便进一步促进RCD使用时可靠运行,并增强由此电器提供的有价值的保护功能。为了逐步实施通过出版本指导性技术文件所已完成的工作,SC 23E将继续监控这个重要的领域(可靠性)。

附加信息:在TC 64和SC 23E官员之间举行的会议中,确认本指导性技术文件与TC 64的标准没有矛盾,而且本指导性技术文件的目的是为了提供信息,以更好地理解和正确使用RCD。

正确使用家用和类似用途剩余电流动作保护电器(RCD)的指南

1 范围

本指导性技术文件提供了由符合家用和类似用途的国家标准的剩余电流动作保护电器(RCD)提供的保护可用性的概要。本指导性技术文件重点描述了影响保护可用性的主要参数,并提供了关于如何安装和使用RCD的信息以及安装后的环境条件。

本指导性技术文件给出了固定电气装置中有关保护可用性以及在使用期间(安装和维护)如何高水平保持保护可用性的一般信息;本指导性技术文件的制定有益于各标准化技术委员会、安装者、检查者和用户。

注1:术语RCD是一个适用于当剩余电流等于或超过RCD的额定剩余动作电流 $I_{\Delta n}$ 时能自动断开的产品族的通用术语。该通用术语通常适用于:

RCCB——不带过电流保护的剩余电流断路器;

RCBO——带过电流保护的剩余电流断路器;

SRCD——插座剩余电流电器;

PRCD——移动式剩余电流电器。

RCCB与RCBO的区别在于RCBO增加了过电流保护功能,而RCCB对过电流无保护功能。

注2:PRCD不被视为固定电气装置的一部分,因此不在本指导性技术文件的范围之内。

2 规范性引用文件

下列文件中的条款通过本指导性技术文件的引用而成为本指导性技术文件的条款。凡是注日期的引用文件,其随后所有的修改单(不包括勘误的内容)或修订版均不适用于本指导性技术文件,然而,鼓励根据本指导性技术文件达成协议的各方研究是否可使用这些文件的最新版本。凡是不注日期的引用文件,其最新版本适用于本指导性技术文件。

GB 16895(所有部分) 建筑物电气装置

GB/T 16895.16—2002 建筑物电气装置 第4部分:安全防护 第44章:过电压保护 第444节:建筑物电气装置电磁干扰(EMI)防护(IEC 60364-4-444:1996,IDT)

GB/T 16895.18—2002 建筑物电气装置 第5部分:电气设备的选择和安装 第51章:通用规则(IEC 60364-5-51:1997,IDT)

GB 16916(所有部分) 家用和类似用途的不带过电流保护的剩余电流动作断路器(RCCB)

GB 16916.1—2003 家用和类似用途的不带过电流保护的剩余电流动作断路器(RCCB) 第1部分:一般规则(IEC 61008-1:1996,MOD)

GB 16917(所有部分) 家用和类似用途的带过电流保护的剩余电流动作断路器(RCBO)

GB 16917.1—2003 家用和类似用途的带过电流保护的剩余电流动作断路器(RCBO) 第1部分:一般规则(IEC 61009-1:1996,MOD)

GB/T 17045—2006 电击防护 装置和设备的通用部分(IEC 61140:2001,IDT)

GB 18499—2008 家用和类似用途的剩余电流动作保护器(RCD) 电磁兼容性(IEC 61543:1995,IDT)

IEC 60364-4-44:2001　建筑物电气装置　第4-44部分　安全防护　电压扰动和电磁扰动防护

IEC 61008-1:1996＋A1:2002＋A2:2006　家用和类似用途的不带过电流保护的剩余电流动作断路器(RCCB)　第1部分:一般规则

IEC 61009-1:1996＋A1:2002＋A2:2006　家用和类似用途的带过电流保护的剩余电流动作断路器(RCBO)　第1部分　一般规则

3　术语和定义

见附录B。

4　有关RCD保护可用性的一般信息

4.1　RCD保护的可用性

RCD保护的可用性是在适当的电气装置内和给定条件下,在一个给定的时间周期内执行所要求的保护功能的能力。RCD保护可用性不只受设备限制,而且还包括电气装置的技术参数,例如PE的连续性、合适的接地电阻值、绝缘电阻和环境条件等。

注1:建议电气装置的周期性验证包括电气负载的验证和组装有RCD的设备验证。验证之后,采取合适的修正措施,如修理装置或更换故障设备等。

当在同样的装置内考虑同一种类的RCD时,RCD保护可用性的值可以用百分数的形式来表示,或者表示单台RCD在一限定的时间段后执行保护功能的概率。

注2:保护是指当需要动作时按所要求的功能动作,不要求动作时不动作。

注3:保护措施的可用性与用户的实际需要相适应。

图1表示如果电气装置不进行验证,RCD的保护可用性将降低。例如如果经过一段时间后接地电阻增加,用于间接接触保护的300 mA的RCD可能不会脱扣。

图2表示在电气装置周期性验证时,如果采取适当的修正措施,例如更换故障设备,RCD保护可用性恢复到100%。

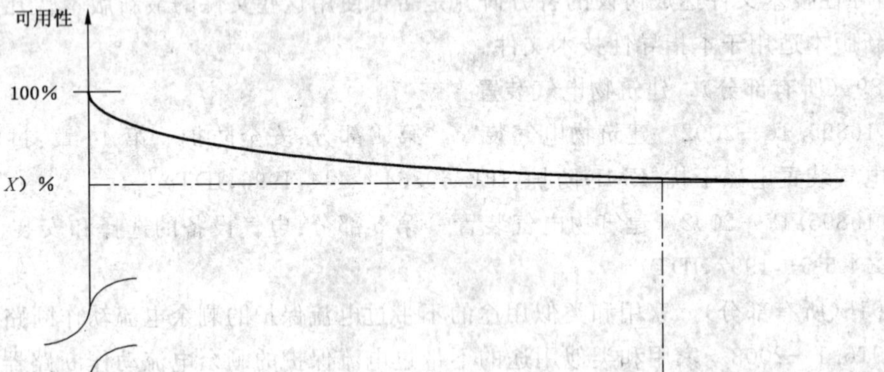

图1　在电气装置内没有修正措施的理论上的保护可用性

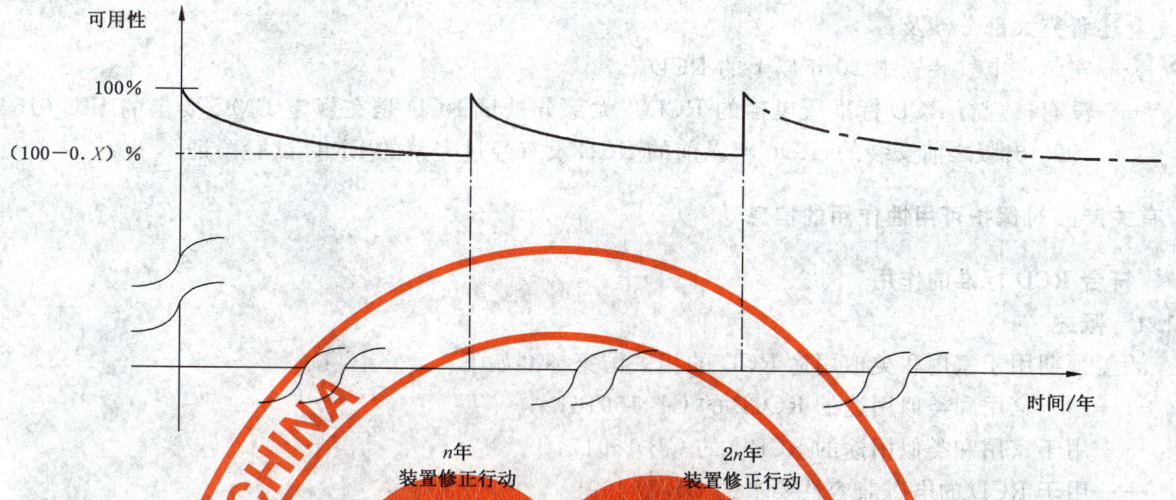

注：本图是基于图3的假设，假设在使用寿命期间失效率是恒定的。

图2 周期性验证期间，在电气装置内有修正措施的理论上的保护可用性

4.2 RCD动作失效

RCD动作失效是指本该动作却没有按预期要求动作。

4.3 失效率

在给定时间内，动作失效发生的概率。

4.4 使用寿命

在给定条件下，从开始使用到失效水平达到不可接受时的时间间隔。见图3。

注：由于特定的运行条件的影响，RCD的使用寿命不能以小时或年表示。耐久性试验、短路试验和加速寿命试验等是常规的评估预期使用寿命的方式。

注：在使用寿命周期结束时，失效率增加，保护可用性只能由更换的RCD来保证。

图3 失效率和使用寿命

4.5 可用性调查

已经出版了几个有关多年来在许多国家及各种型式的电气装置中安装RCD的调查报告。

这些调查分析突出了以下主要信息：

——在随后的试验室试验时，发现高达50%的“故障”RCD功能是完好的，这些失效是由安装条件引起的，如安装缺陷、接线错误等。

——许多RCD安装在对环境条件缺乏应有重视的农舍的电气装置中，其使用的环境条件比家用和类似场所中的条件更为严酷。

——气候和电磁环境条件是主要的影响因素。值得注意的是，在相关RCD标准规定的条件范围外

使用的 RCD,失效率会明显增加。

上述研究大部分涉及:

——安装在电气装置中 20 年以上的 RCD。

——没有被现行 RCD 标准所包括的 RCD。大部分被试 RCD 是在规定 EMC 要求的 IEC 61543:1995 出版之前安装的,1996 年以前的 RCD 没有经过完整的 EMC 试验验证。

5 有关产品对保护可用性作用的信息

5.1 符合 RCD 标准的作用

5.1.1 概述

涵盖预期用于家用和类似用途 RCD 的相关国家标准如下:

——用于家用和类似用途的 RCCB 的 GB 16916;

——用于家用和类似用途的 RCBO 的 GB 16917;

——用于 RCD 的电磁兼容性要求的 GB 18499。

制造商必须确保所有生产的 RCD 符合相关的产品标准,这种符合性可以通过以下措施得到保证:

——型式试验合格评定(制造商自我声明或认证);

——按标准要求的常规试验。

安装者和用户应该只使用完全符合相关标准的 RCD。

相关 RCD 产品标准中给出了 RCD 的额定参数,除了这些产品标准规定的容许偏差以外,不能超过 RCD 的额定参数。超出 RCD 规定的额定参数运行,很可能导致 RCD 损坏并损害保护功能的可用性。

5.1.2 标准的环境条件对保护可用性的作用

符合 GB 16916、GB 16917 和 GB 18499 的 RCD 预期使用在家用和类似用途的正常户内条件下:

——极限温度范围不超过−5 ℃～+40 ℃,基准值为+20 ℃;

——40 ℃时相对湿度不超过 50%;

——大气压强保持在(70～106)kPa 范围内(海拔≤2 000 m)[1];

——大气质量一般预期为家用条件,无腐蚀气体并有足够的通风;

——外磁场在任何方向不超过地磁场的 5 倍。

5.1.3 标准化的试验对保护可用性的作用

在其使用寿命期间以及在预见的使用条件下,RCD 保护可用性可认为通过各个不同的型式试验程序中特定的试验(见下面关于 GB 16916 的列表)来验证。

这些特定要求和试验或模拟 RCD 的老化,或对使用期间随时可能产生的各种应力的耐受能力进行验证:

——标志;

——机构;

——自由脱扣机构;

——耐热性;

——绝缘冲击耐压;

——+40 ℃时的可靠性;

——电子元件的老化;

——机械和电气耐久性;

——误脱扣;

——额定剩余接通和分断能力 $I_{\Delta m}$ 下的性能;

---

1) IEC 原文可能有误,采标时将"<2 000"改为"≤2 000"。

——试验装置；

——在过电流条件下的不动作电流；

——额定限制短路电流 I_{nc} 下的协调配合；

——额定接通和分断能力 I_m 下的性能；

——额定接通和分断能力 I_m 下的协调配合；

——额定限制剩余短路电流 $I_{\Delta c}$ 下的协调配合；

——可靠性(气候试验)。

EMC 要求，GB 18499：

——μs 级和 ms 级单向传导瞬变；

——高频电压传导和辐射；

——ns 级单向传导瞬变(脉冲群)；

——静电放电。

5.2 设计和制造的作用

5.2.1 概述

电器的可靠性基本上是一个设计参数，例如制造商规定的技术性能，也能受到电气装置条件的影响。

制造商必须采用那些说明对可靠性有影响的机械、电气、软件及其他因素的设计理念。

另外，制造商可以采取下列措施：

——追随试验(正如 GB 16916.1 和 GB 16917.1 附录中规定的)(制造商声明或认证)；

——质量保证(符合 GB/T 19000 系列标准)[2)]；

——持续改进。

5.2.2 机械和电气设计

所有 RCD 包含电路和机构部件，并且也可能包含电气和电子元件，所有这些部件和元件均对保护功能有影响。

这样的电路、机构和元件可能对温度、湿度和电压应力敏感。只要设计和制造合理，这些部件能承受在相关标准所规定的家用和类似条件下正常使用所预期的温度、湿度、腐蚀和电压应力。

6 装有 RCD 的电气装置的保护可用性

6.1 一般考虑

虽然由 RCD 或其他电气设备提供的保护可用性与良好的设计和高质量的制造有关，但也必须认识到 RCD 不是单独使用，而是构成电气装置的一部分。

电气装置安装和使用因素可能影响电气设备(例如 RCD)安装以后保护的可用性或正常运行。这种可用性不能通过产品标准中的试验得到验证，因而要求对电气装置进行周期性验证。

按 GB 16916 或 GB 16917 试验过的 RCD，预期由非熟练人员和未受培训的人员使用，安装在不须维修的电气装置或设备中。尽管如此，最好对电气装置进行定期验证，包括 RCD 的验证，以保持高水平的保护可用性(见图 2)。

——安装后用来检查 RCD 正确脱扣的设备应小心使用，因测量可能会受到与安装有关参数的影响。对某些看上去不起作用的 RCD 的分析表明，实际上是接线错误或安装不正确。

——环境条件对 RCD 的老化和保护的可用性有相当大的影响，RCD 在指定范围之外的操作和使用可能会降低它动作的正确性和可靠性。这样的环境条件可包括：高湿度、极端的温度、腐蚀性气体的存在、高闪电平、反复过电压、振动等。

---

2) 原文未将 ISO 9000 系列标准在规范性引用文件中列出，采标时将相应的国家标准增列入参考文献。

——电源的质量也能影响 RCD 的老化，电压偏差、暂降、频率、正弦波畸变等都应考虑在内。

电气设备(例如 RCD)的过度运行或非正常使用，会降低保护的可用性。因此，若非正常使用，应更换 RCD。过度运行或非正常使用的例子有：

——快速连续地多次重复闭合(如为了确定电气装置中的故障位置)；

——在潮湿环境下使用无合适外壳的 RCD；

——超过规定限值之外的温度；

——过度的冲击或振动。

基于上述考虑及由于大量影响 RCD 正确运行的参数，就可以理解要以年或月来预测 RCD 的预期寿命是不可能的。

尽管如此，RCD 用户也应理解到，虽然根据 GB 16916 或 GB 16917 试验过的 RCD 被认为是可靠的，并无须维修，但也无法提供永久的保护。考虑保护可用性的所有方面，因此重要的是：

——当交付使用时，检查电气装置，包括 RCD 功能。

——在电气装置寿命期内，定期验证电气装置、电气负载和电气设备，包括 RCD。更换损坏的负载和电气设备，包括 RCD。

——根据使用或电气装置的状况，考虑在一定的年限以后，更换负载或电气设备，包括 RCD。

建议考虑更换按照 1996 年前公布的 IEC 标准，或没有根据气候试验(如 28 d 试验)进行试验的 RCD，因为这样的 RCD 不大可能设计成能满足以后标准和试验的更严酷的要求。

6.2 关于正确使用试验按钮的建议

RCD 上的试验按钮提供了快速而简捷的在 RCD 内模拟故障电流的方法，用于检查 RCD 动作功能。操作试验按钮时 RCD 脱扣，表明 RCD 能正确动作。由于电气装置可能影响测试，采用任何外部手段试验 RCD 应小心。

注：有几个报告提及在电气装置内试验 RCD 有时是困难的，因为电气装置可能会影响结果。现场研究表明，在电气装置试验时 RCD 初看起来被认为有故障，但拆下来再试验时却工作完好。电气装置的对地泄漏电流(如通过电子负载的滤波器或电缆的对地电容)对试验结果会有很大的影响。当用外部设备试验 RCD 时，电气装置的特性也需要考虑在内。

当电气装置进行定期验证时，建议使用试验按钮。在 RCD 上和/或 RCD 邻近处的标志应突出此建议。试验按钮的使用示例参见附录 D。

6.3 在电气装置内试验 RCD 保护可用性的建议

RCD 的下端电路可能有固有泄漏，负载泄漏，储能或中性线异常接地故障，这会影响试验结果，增加测量的脱扣时间。

注 1：为了可靠地测量 RCD 的性能，强烈建议断开所有连接到 RCD 电路下端的负载。在某些情况下，RCD 下端电缆的长度很长，应考虑由于电缆电容产生的固有泄漏电流。

注 2：优先采用符合 IEC 61557-6 的 RCD 试验设备。

试验电流应施加于 RCD 的进线端和出线端之间。

RCD 可能包含某些元件，例如 SPD，其可能通不过绝缘试验并且耐受电压可能低于直流 500 V。有些 RCD 可以在中性线和接地之间有电子电路。

由于以下两个原因，在一个相线端子与地之间进行的试验是不适合的：

——在 PE 断开的情况下可能是危险的；

——由于电气装置的特性可能会导致错误的测量。

所以，应按照有关产品标准程序进行测量。

应由熟练人员操作使用 RCD 试验设备和仪器进行测试。

注 3：熟练人员是有相关的教育和经验、能确保其避免危险并防止电可能产生危险的人。

在本指导性技术文件范围内，熟练人员也是具有必要的实践和理论技术的人，已经通过培训获得资格、经验或上述的综合能力，以便正确地承担现场 RCD 试验。

——熟练人员应：

1） 根据本指导性技术文件提供的信息能安全有效地使用试验设备；
2） 对电危险有很好地了解，因而能正确地识别检查和试验的需求；
3） 熟悉Ⅰ类和Ⅱ类设备的结构，了解术语：基本绝缘、加强绝缘和双重绝缘，保护接地和接地连续性，绝缘电阻和对地泄漏电流的含义；
4） 熟悉 RCD 相关产品标准的应用和要求；
5） 跟踪可获得的试验仪器和被检测设备的技术发展。

除非制造商同意，否则不宜进行绝缘电阻试验；若同意测试，相线与中线连接在一起和地之间的阻值一般不宜小于 0.5 MΩ[3]。

注 4：带有功能接地(FE)连接的 RCD 的绝缘电阻不应小于 0.1 MΩ。另一方面，需要电源闭合的移动式 RCD 和具有 FE 连接的单元可以进行泄漏电流的试验，最大值允许为 2.5 mA。（功能接地是一种与地连接，确保 RCD 在电源中线连接断开时正确地正常动作。）

6.4 有关 RCD 选择和安装的建议

6.4.1 根据接地故障电流的类型选择

建议根据应用的类型和可能出现的接地故障电流来选择 RCD。

根据对各种类型的接地故障电流确保保护的能力，RCD 分成如下不同的类型(附加信息参见附录 C)：

——AC 型 RCD

对突然施加或缓慢上升的剩余正弦交流电流确保脱扣的 RCD。

——A 型 RCD

确保下列情况下脱扣的 RCD：

1） 如同对 AC 型；
2） 脉动直流剩余电流；
3） 脉动直流剩余电流叠加 0.006 A 的平滑直流电流。

无论有无相角控制，突然施加或缓慢上升，并与极性无关。

——B 型 RCD[4]

RCD 如同 GB 16916.1 或 GB 16917.1(适用时)的 A 型那样，并增加在下列情况下能确保脱扣：

1） 至 1 000 Hz 的正弦交流剩余电流；
2） 交流电流叠加 0.4 倍额定剩余电流($I_{\Delta n}$)的平滑直流剩余电流或 10 mA 的平滑直流剩余电流(两者取较大值)；
3） 脉动直流电流叠加 0.4 倍额定剩余电流($I_{\Delta n}$)的平滑直流剩余电流或 10 mA 的平滑直流剩余电流(两者取较大值)；
4） 由二相或多相产生的脉动整流直流剩余电流；
5） 多相电路产生的平滑直流剩余电流。

以上规定的剩余电流可以是突然施加或缓慢上升的。

6.4.2 根据剩余动作电流选择 RCD(灵敏度)

RCD 能提供任何值的额定剩余动作电流 $I_{\Delta n}$，而国家及相关标准中使用的标准值如下：

6 mA、10 mA、30 mA、100 mA、300 mA 和 500 mA。

注：30 mA 是人体电击防护所允许的最大值，而 300 mA 是火灾防护所允许的最大值。如使用非标准值的 RCD，不可以超过电击防护和火灾防护的极限值。见 7.4.2。

6.4.3 误脱扣的最小化

按照相关的产品标准，RCD 必须满足 GB 18499 规定的 EMC 要求。因此，它们对公共电网中常遇

3） IEC 原文有误。采标时将“一般宜小于 0.5 MΩ”修改为“一般不宜小于 0.5 MΩ”。

4） 删去“考虑中”。因为 B 型 RCD 的标准 IEC 62423 已于 2007 年出版，且下段已将 B 型 RCD 的特性描述清楚。

到的骚扰具有足够的抗扰度。然而,由于许多因素的影响,RCD可能会出现误脱扣的现象。最通常的情况是:

a) 电气装置中固有泄漏电流的影响;

b) 谐波和高频泄漏电流的影响;

c) 电气装置中瞬时剩余电流的影响(如接通和断开负载引起的);

d) 雷击引起的电涌电流。

对上述任何一种主要因素持怀疑态度的用户或安装者应考虑到下列的可能性(见7.3)。

——应考虑将电气装置分成几个独立电路,每一个电路由一个RCD保护;或减少连接到一个RCD上负载的长度和数量。

——若SPD安装在由一个RCD保护的电路中,应考虑其对RCD动作的影响。

——使用S型RCD,或专门设计的滤波器装置,或使用专用的RCD应小心,尽可能遵照制造商随产品提供的说明书。

注:由单个RCD保护的插座电路中,尤其RCD的 $I_{\Delta n}$ 小于或等于30 mA时,应考虑所保护插座的数量,并考虑与插座相连接的设备的特性。

7 有关现场安装和使用RCD的信息

7.1 有关严酷环境的一般考虑和措施

符合GB 16916、GB 16917和GB 18499的RCD预期使用于"家用和类似用途(见5.1.1)"的正常室内环境。它们无须维修。

在GB 18499中给出了EMC环境要求,符合上述标准的RCD理所当然地能确保提供长期的保护可用性。因为特定环境条件和严酷等级组合的数量太多了,以至无法进行实际的分类,所以不可能将RCD按环境条件分成不同的类别。

如果RCD使用在不同于GB 16916.1—2003表2或GB 16917.1—2003表4所规定的条件下(例如农舍、户外使用、邻近无线电发射台、靠近海边,在腐蚀性的环境如漂白剂或其他腐蚀物质等),为避免加速老化,应采取特殊的预防措施。

为了保持高水平的保护可用性,建议核对制造商的文件,以确定RCD是否适合于严酷的环境条件使用,如专用的IP等级,高电涌额定值的RCD。应考虑是否需要推荐附加的保护措施。

——首先,按照本指导性技术文件的建议,定期检查电气装置、外壳和设备,例如RCD。应考虑在比通常正常环境条件下更短的内更换RCD。

——将RCD安装在合适的保护壳体中以减少外部环境条件的影响,例如采用外壳,通风,加热和干燥手段。防护的结果应是相当于正常的环境条件。

注1:对于特殊电气装置,设备或其外壳提供的最小的IP防护等级按IEC 60364第7部分[5](IEC 60364-7 建筑物电气装置 第7部分 特殊装置或场所的要求)相关条款规定。

注2:为了减小相对湿度,加热外壳可能是不恰当的。加热系统的效率取决于通风和湿度控制。加热湿润的空气可能比什么都不做更差。干燥空气比加热更好。

7.2 需考虑的重要参数

7.2.1 概述

下表取自GB/T 16895.18—2002,该表详细地阐述了有关RCD功能和保护可用性的最重要的外部影响,同时按照家用和类似用途的外部影响提出了标准水平。

对于更严酷的条件,要注意相关判别标准的重要性,其可能损害RCD的功能。在此情况下,选择和

---

5) IEC 60364-7的第701、702、703、704、705、706、707、710、711、740部分已等同转化为国家标准,相应的标准号为GB 16895.13、GB 16895.19、GB 16895.14、GB 16895.7、GB 16895.27、GB 16895.8、GB/T 16895.9、GB 16895.24、GB 16895.25、GB 16895.26。

安装 RCD 前应听取制造商的意见。

GB/T 16895.18 分类				现行的 RCD 标准
代码	外部影响[d]	重要性[b]	标准水平	相应的标准特性
AA	温度(℃)	++	AA4	−5 ℃～+40 ℃[c]
AB	温度和湿度	+++[a]	AB4	5%～95%
AC	海拔(m)	+	AC1	≤2 000 m
AD	水	++[a]	AD1	IPX0
AE	异物	++	AE1	IP2X
AF	腐蚀	+++[a,d]	AF1	可忽略
AG	冲击	+	AG1	低严酷
AH	振动	+	AH1	低
AK	植物和霉菌生长	+	AK1	无危害
AL	动物群	+	AL1	无危害
AM	辐射(EMC)	+++	见 GB 18499	
AQ	雷击	++	AQ2	间接暴露按 GB 16895.12

a 由于对绝缘的腐蚀和影响，湿度对设备的电子、电气和机械部件表面的影响可损害其可靠性。

b “+”号的数目表示外部影响重要性的近似评估，负号表示对保护的可用性没有影响。

c 在有些国家，现行标准包括按照环境温度进行分类：

——−5/+40 ℃；

——−25/+40 ℃。

d 环境试验的一个实例是 GB/T 9789—1988 规定的耐蚀试验。

7.2.2 识别

虽然有时使用“选择性”这个词，但在一个 RCD 的上端安装另一个 RCD，通常是用来识别的。这种识别的一般目的是确保支路的剩余电流仅引起保护该支路的 RCD 脱扣，而不使上端 RCD 脱扣，除非故障持续超过了某一设定的时间。

确保适当识别的一般规则是根据必须满足的两种条件：

——上端 RCD 的最小不驱动时间应大于安装在下端 RCD 的最大分断时间；

——上端 RCD 的额定剩余动作电流应至少是安装在下端 RCD 的额定剩余动作电流的 3 倍。

如在一般型 30 mA 的 RCD 的上端安装一台 S 型 100 mA 的 RCD 可以确保识别。假设故障电流为 500 mA，下端 30 mA 的 RCD 的最大脱扣时间是 40 ms，而上端 RCD 的最小不驱动时间为 50 ms，所以可确保识别。

注：也可见 IEC 60364-5-53 的 535.3。

7.2.3 电涌保护器(SPD)的使用

在电涌保护器工作时，由于限制电气装置中的瞬态过电压的结果，可能使大的电涌电流流入大地。

在特殊的情况下，当 SPD 连接到 RCD 的下端时，其产生的对地电涌电流会被 RCD 检测为剩余电流。在此情况下，RCD 会脱扣。为避免误脱扣，选择和安装就须考虑 RCD 的分类。

RCD 标准包括两个电涌电流的抗扰度等级：

——一般型 RCD，最小电涌电流抗扰度波形为 200 A，0.5 μs/100 kHz；

——S 型 RCD，最小电涌电流抗扰度波形为 3 000 A，8/20 μs。

因此建议：

- 一般而言,SPD 安装在 RCD 上端(RCD 安装在 SPD 的上端可能会在预期电涌电流时动作);
- 如果 SPD 安装在 RCD 的下端,预期对地电涌电流不应超过 RCD 的抗扰度值。

注:也可见 GB 16895.22—2004 的 534.2.6。

7.3 避免 RCD 误动作的选择和安装的建议

7.3.1 电源频率(50/60 Hz)下固有泄漏电流的影响

电路中固有泄漏电流一般是由相与地之间低绝缘水平或者是相与地之间存在滤波器或电容器而引起的。这样的固有泄漏电流可能是额定频率(50/60 Hz)的泄漏电流,也可能是谐波的泄漏电流。

对于负载连接到电源插座或由固定电气装置供电,GB/T 17045—2006 推荐了如下最大固有泄漏电流:

——对于适用于额定电流不超过 32 A 的单相或多相插头插座系统的插入式用电设备的值;

设备额定电流	最大保护导体电流
≤4 A >4 A 但≤10 A >10 A	2 mA 0.5 mA/A(每安培 0.5 毫安) 5 mA

——对于永久连接的用电设备和固定式用电设备(两种设备的保护导体均无特殊措施)或对于适用于额定电流大于 32 A 的单相或多相插头插座系统的插入式用电设备的值;

设备额定电流	最大保护导体电流
≤7 A >7 A 但≤20 A >20 A	3.5 mA 0.5 mA/A(每安培 0.5 毫安) 10 mA

以下是常用电器可能产生的泄漏电流电平的典型示例:

——计算机为 1 mA~2 mA;

——打印机为 0.5 mA~1 mA;

——小型移动式电器为 0.5 mA~0.75 mA;

——电传复印机为 0.5 mA~1 mA;

——复印机为 0.5 mA~1.5 mA;

——滤波器约为 1 mA。

计算不同电器总的泄漏电流并不是按照算术求和,而需要用 0.7/0.8 的因数修正。

因为 RCD 的动作范围通常从 $0.5I_{\Delta n}$~$I_{\Delta n}$,建议电路中的固有泄漏电流不超过额定频率下 RCD 的 $0.3I_{\Delta n}$,在泄漏电流>$0.3I_{\Delta n}$ 情况下,建议将被保护电路分成若干个分支电路并在每个分支电路中安装一台 RCD。

带有配电中性线的 IT 系统中发生第一个故障后,固有泄漏电流会提高到 2.6 倍。

7.3.2 谐波和高频泄漏电流的影响

特殊设备能产生高频泄漏电流,如电子镇流器,电机调速控制器等。

注:在某些场合,当安装的设备产生大量谐波电流时,安装滤波器或采用特殊的电路配置可能是必要的或明智的,以便将谐波电流的影响降至可承受的水平。

符合 GB 18499 可确保 RCD 对高频泄漏电流的抗扰度,GB 18499 的要求是根据 GB/T 17626.3—2006,GB/T 17626.6—1998 和 GB/T 17626.16—2007 而定的。

7.3.3 瞬态剩余电流的影响

瞬态剩余电流一般通过下述方式构成对地的通路:

a) 电涌保护器(SPD);

b) 电容：

——电涌保护器，见7.2.3；

——电容。

当相与地或中性线与地之间出现电涌电压时，电涌电流通过共模电容流向大地。雷击能感应出几千伏范围内的共模电压。开关操作也能产生很大的瞬态过电压。

在某些情况下，共模电容有 nF 级的电容值，滤波电容器能有 30 nF 左右的电容值。贯穿电气装置的电缆每米长度有 150 pF～400 pF 的电容量。

7.4 RCD 保护可用性和其选择的关系

7.4.1 选择有或无过电流保护的 RCD

产品标准认可两种主要类型的 RCD：

——符合 GB 16916 的不带过电流保护的 RCD(RCCB)；

——符合 GB 16917 的带过电流保护的 RCD(RCBO)。

RCD 的选择必须考虑 RCD 下端电路的保护，以及其自身对过电流和过热影响的保护。

选择带过电流保护的 RCD(RCBO)来保护电路的场合，没必要考虑 RCD 的外部保护，因为内置过电流保护会保护 RCD。

只要 RCD 的过电流保护的额定值适合于被保护电路，RCD 内置的过电流保护也会对下端的电路提供足够的过电流保护。

在使用不带过电流保护的 RCD(RCCB)的场合，必须提供过电流保护电器以保护 RCD 和下端电路。在此情况下，就需要 RCD 与过电流保护电器之间的协调配合，有关过电流协调配合的资料见制造商的说明书。

对于单一线路的保护(1 相、2 相或 3 相)，选择带过电流保护的 RCD(RCBO)提供剩余电流和过电流保护是较方便的。这种解决方法避免了上述任何协调配合的问题。

如果单个 RCD 保护几路电路的剩余电流故障，可选带过电流保护的 RCD(RCBO)或不带过电流保护的 RCD(RCCB)。对于住宅应用，这可能是一种更经济的配置，但必须用以下的一些保护措施保证过电流保护和最少的误脱扣：

——过电流保护

1) 若使用 RCBO，则其会对本身和导线提供过电流保护；

2) 若使用 RCCB，则其无过电流保护，必须保证所承载电流不能超过额定电流。RCCB 的额定值一定不能小于上端过电流设备的额定值，或下端电路断路器额定值的总和乘以同时系数(如，3×20 A MCB(小型断路器)，60 A×0.9＝54 A)或计算的设计电流(如一台 25 A的 RCCB 可适用于 3×20 A 的插座电路)。

——误脱扣

1) RCD 的额定剩余动作电流应至少是固有泄漏电流的 3 倍(见 7.3.1)；

2) 下端电路应分成几个支路，以避免 RCD 脱扣时整个电气装置断电，例如应确保不是所有区域的照明灯都关闭。

7.4.2 根据保护类型选择 RCD

RCD 能用于必须防止电路或电气装置出现危险的剩余电流的场合，这种保护的三个主要区域如下：

——火灾保护

RCD 是一种排除电气装置中引发火灾危险的泄漏电流的有效保护电器，这种电流称为电痕化电流，电痕化电流与电气装置的老化有关，其绝缘材料表面湿度降低和污染干燥可导致绝缘材料的退化及碳的沉积。

在需要火灾保护的电气装置或电路的进线端，建议使用和选择额定剩余动作电流不超过

300 mA的 RCD。在电气装置不进行维修的家用场所，强烈建议使用这种 RCD。用于火灾保护时，RCD 必须分断所有相线和中性线。为了实现与其他 RCD 的选择性，可以使用 S 型 RCD。

——故障保护(间接接触防护)

如果带电部件与地之间发生绝缘故障，剩余电流通过接地电路回流到变压器，会使外露金属部件达危险接触电压。触摸到这个带电部件的人可能面临潜在的致命电击危险。这被称作故障保护(间接接触保护)。

RCD 的选择必须遵循 GB 16895 针对不同接地系统提出的建议。一般而言，可以选择中等灵敏度的 RCD 用于这种类型的故障保护，如额定剩余动作电流不超过 300 mA 的 RCD。如果此值是合适的，可采用单台 RCD 来进行火灾保护和故障保护(间接接触防护)。

——基本保护(直接接触防护)

如果人与带电导体发生直接接触，剩余电流会流过人体。如果不迅速切断，该电流可能致人死亡。额定剩余动作电流不超过 30 mA 的 RCD 会在这样的情况下提供足够的保护(附加电击防护)。[6)]

在家用场合，在电气装置进线端使用的 30 mA 的 RCD 能够提供有效的保护，包括火灾保护、故障保护(间接接触防护)和基本保护(直接接触防护)。用于基本保护(直接接触防护)的 RCD 不应是延时型(选择性型)的。

---

6) 删去接下来的注，因与此句重复。

附 录 A
(资料性附录)
有助于保护措施可用性的一般图示

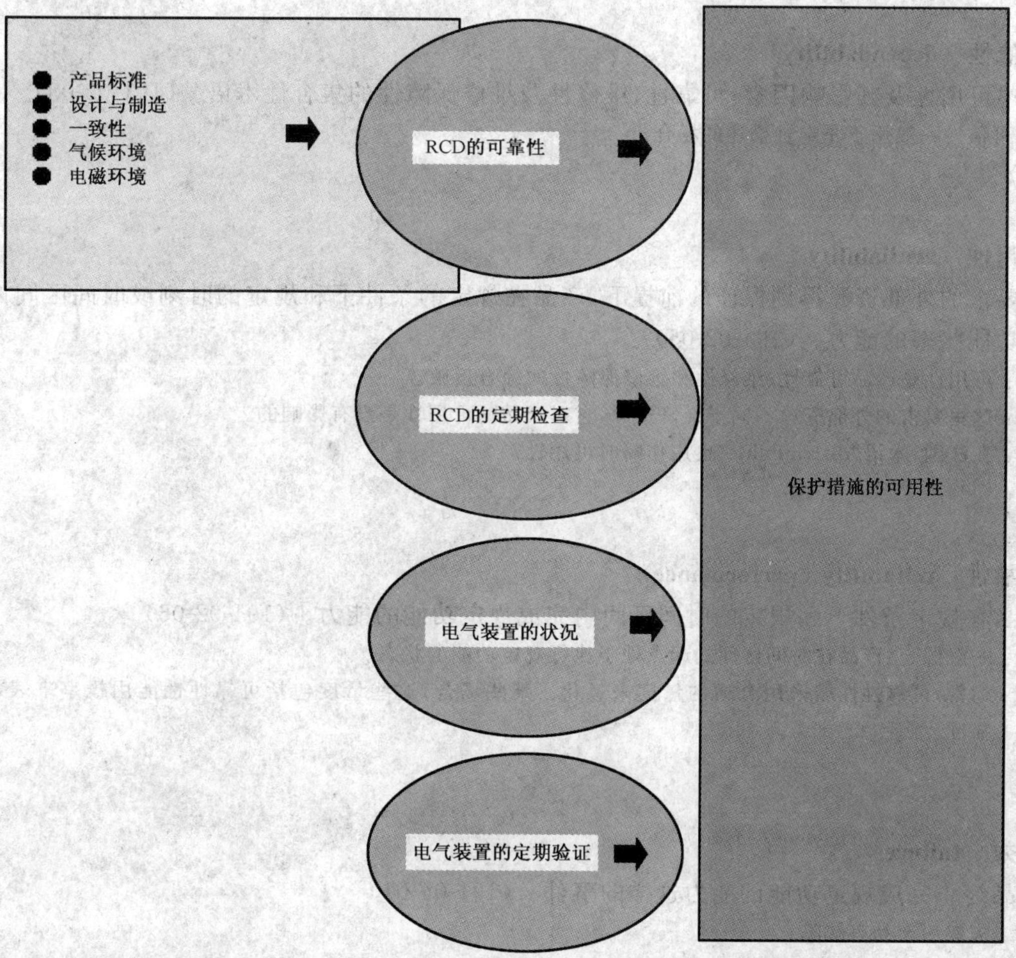

附 录 B
（资料性附录）
选自 IEV 的术语和定义

B.1

可信性 dependability

描述可用性及其影响因素：可靠性、维修性及维修保障性的集合性术语。（191-02-03）

注：可信性一般用于非定量描述的场合。

B.2

可用性 availability

在要求的外部资源得到保证的前提下，产品在规定的条件下和规定的时刻或时间区间内处于可执行规定功能状态的能力。（191-02-05）

注 1：可用性是产品可靠性、维修性和维修保障性的综合反映。

注 2：这里要求的外部资源不同于维修资源，它对产品的可用性是没有影响的。

注 3：在法国，术语“disponibilite”也用作瞬时可用性。

B.3

可靠性 reliability（performance）

产品在规定条件下和规定的时间区间内完成规定功能的能力。（191-02-06）

注 1：一般假定：产品在时间区间的起点处于执行规定功能的状态。

注 2：通常，可靠性性能采用合适的量度来量化。某些场合，这些量度包括可靠性性能用概率来表示，也称作可靠度。

B.4

失效 failure

产品终止完成规定功能的能力这样的事件。（191-04-01）

注 1：失效后产品有缺陷。

注 2：“失效”是一个事件；不同于“故障”，它是一种状态。

注 3：此概念不适用于仅由软件组成的产品。

B.5

使用寿命 useful life

产品在规定的条件下，从规定时刻开始，到失效密度变到不可接受或产品的故障被认为不可修理时止的时间区间。（191-10-06）

B.6

（瞬时）失效率 （instantaneous）failure rate

设产品在时刻 t 处于可用状态，在给定时间区间 $(t, t+\Delta t)$ 内不修理产品出现失效的时间条件概率与区间长度 Δt 之比，当 Δt 趋于 0 时的极限（如果存在）。（191-12-02）

注 1：瞬时失效率计算公式为：

$$\lambda(t) = \lim_{\Delta t \to 0} \frac{1}{\Delta t} \cdot \frac{F(t+\Delta t) - F(t)}{R(t)} = \frac{f(t)}{R(t)}$$

式中 $F(t)$和 $f(t)$分别为失效分布函数和瞬时失效概率密度，$R(t)$是可靠度函数，与可靠度 $R(t_1,t_2)$关系是 $R(t)=R(0,t)$

注 2：瞬时失效率的估计值可以用规定的时间区间已经失效产品的数量除以时间区间的起始时刻未失效产品的数量得到。

注 3：在英国瞬时失效率时常被称为“故障函数”(hazard function)。

B. 7

保护的正确动作　correct operation of protection；correct operation of relay system (USA)

保护以预定方式启动跳闸信号或其他指令去响应电力系统故障或电力系统其他的异常情况。(448-12-01)

B. 8

保护的不正确动作　incorrect operation of protection；incorrect operation of relay protection (USA)

拒动或误动。(448-12-02)

B. 9

保护误动　unwanted operation of protection

在电力系统没有任何故障或其他异常情况，或虽有故障或其他的异常情况而保护不应当动作时，保护所发生的动作。(448-12-03)

B. 10

保护拒动　failure to operate of protection；failure to trip (USA)

本该动作却没有动作的保护动作失效。(448-12-04)

B. 11

保护的可靠性　reliability of protection；reliability of relay system (USA)

在给定条件下的给定时间间隔内，保护能完成所需功能的概率(448-12-05)

注：对保护所需功能是当需要动作时便动作，不需要动作时便不动作。

B. 12

保护的安全性　security of protection；security of relay system (USA)

在给定条件下的给定时间间隔内，保护不误动的概率。(448-12-06)

B. 13

保护信赖性　dependability of protection；dependability of relay system (USA)

在给定条件下的给定时间间隔内，保护不拒动的概率。(448-12-07)

附　录　C
（资料性附录）
可能的故障电流下 RCD 动作

含有半导体的电路可能发生的故障电流如表 C.1 所示。

表 C.1　半导体器件连接回路中的故障电流

序号	接线	正常供电电流	故障接地电流
1	单相 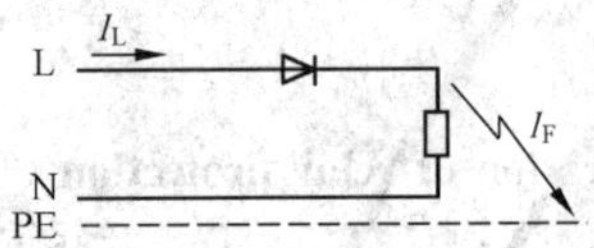	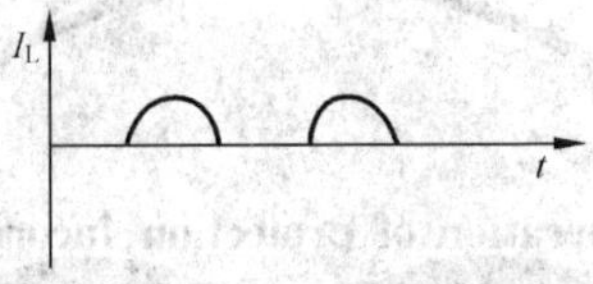	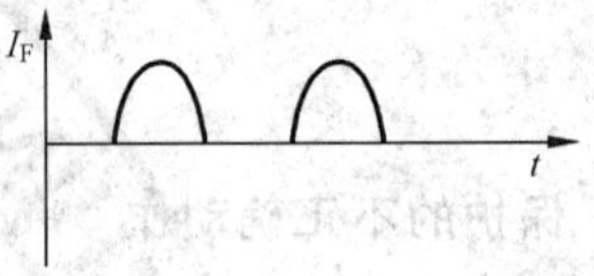
2	单相带滤波 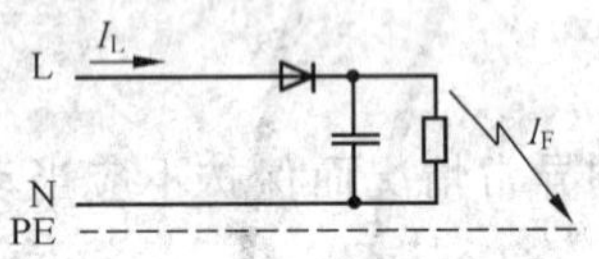	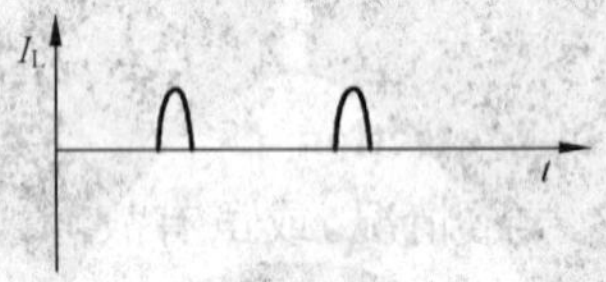	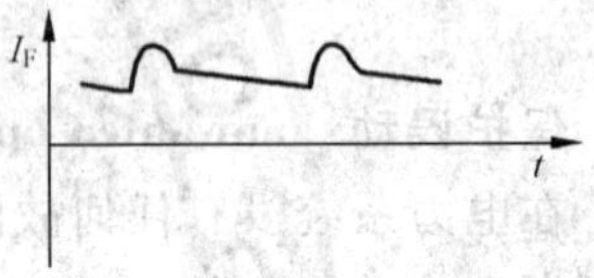
3	三相星形 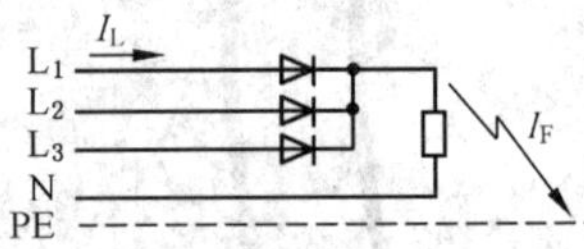	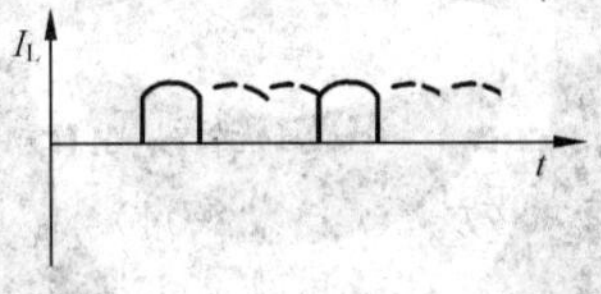	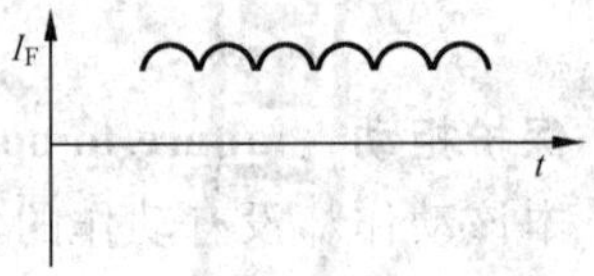
4	双脉冲桥式 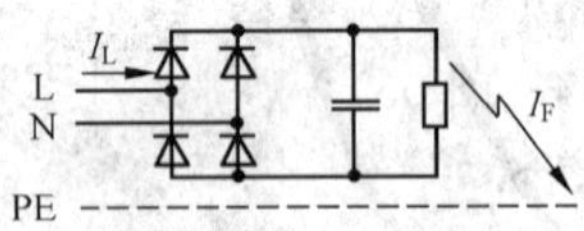	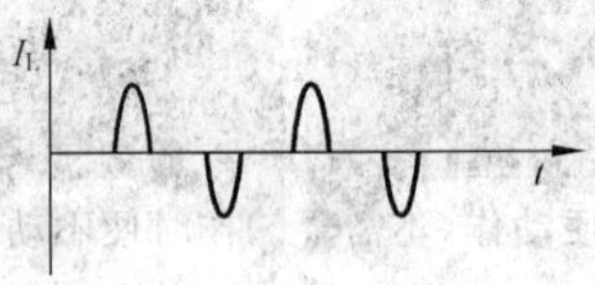	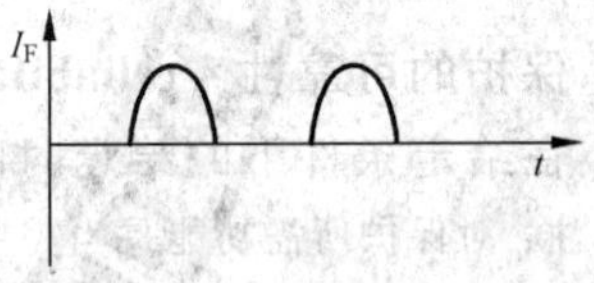
5	双脉冲桥式，半波相位控制 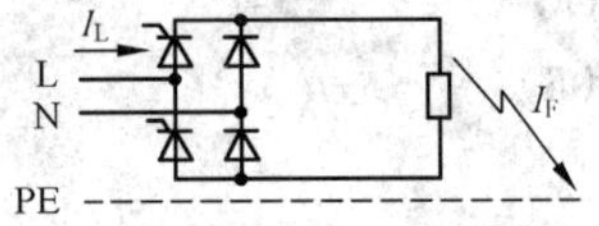	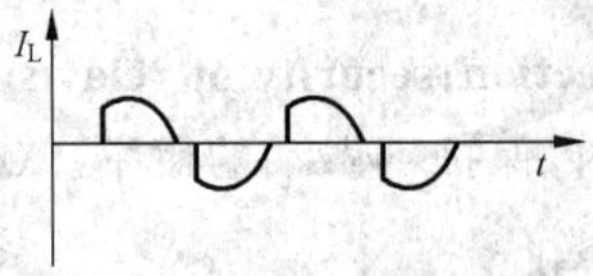	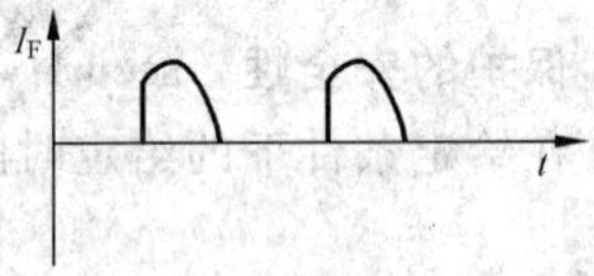
6	相间双脉冲桥式 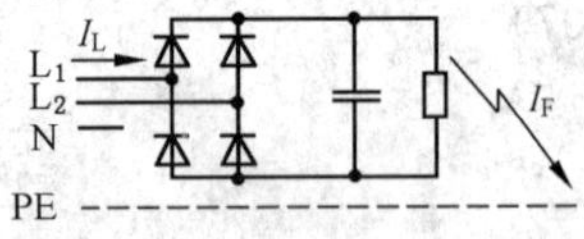	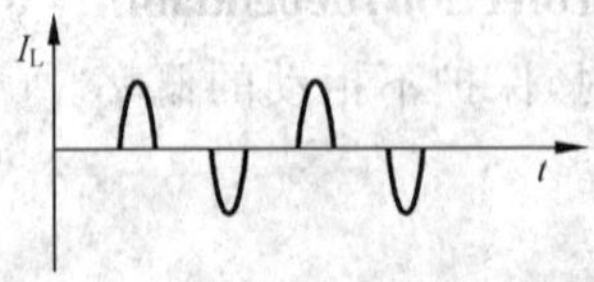	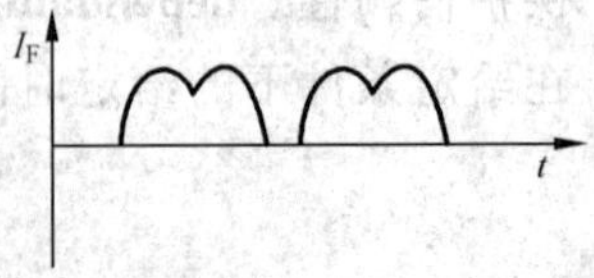
7	六个脉冲桥式 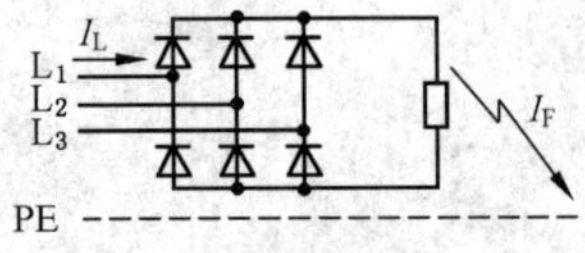	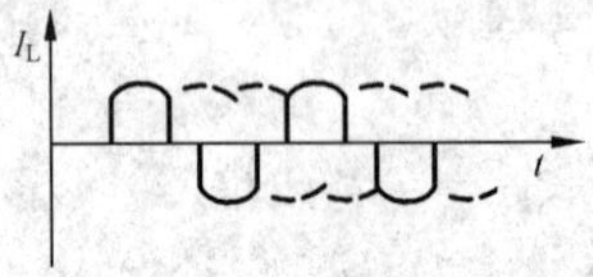	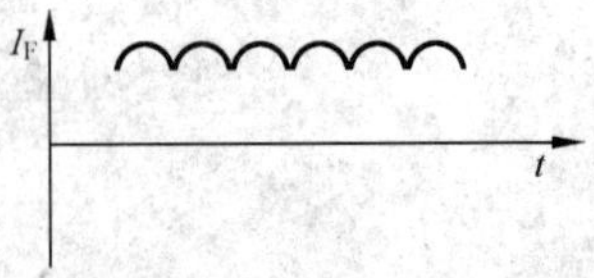

表 C.1（续）

序号	接线	正常供电电流	故障接地电流
8	相位控制 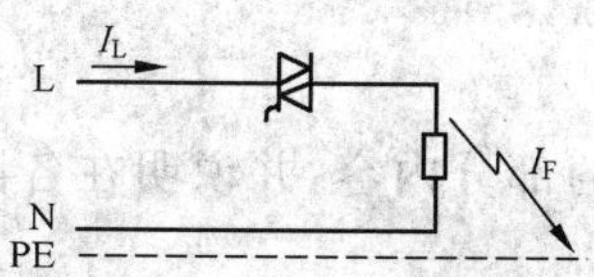	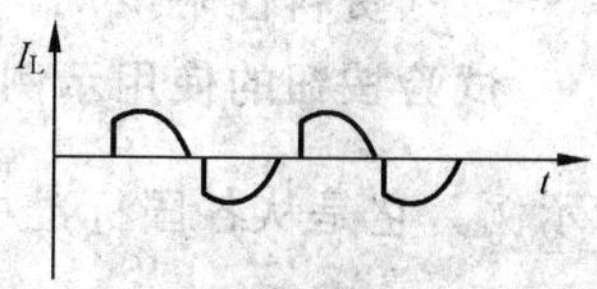	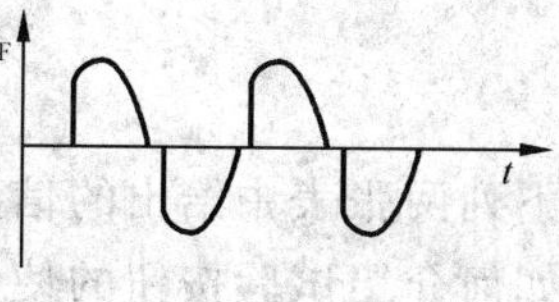
9	脉冲控制 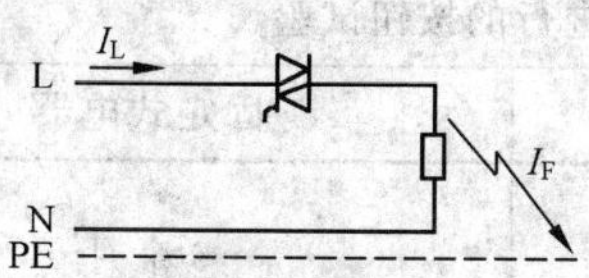	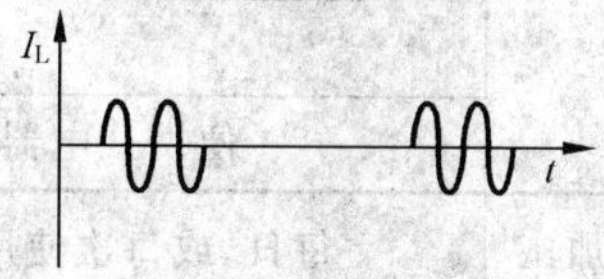	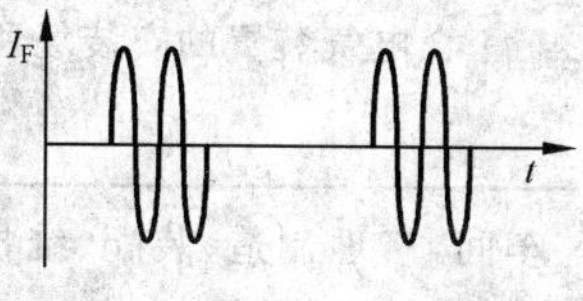

AC 型 RCD 能对表 C.1 中的图 8 和图 9 所示的接地故障电流提供保护，A 型 RCD 能对表 C.1 中的图 1、图 4、图 5、图 8 和图 9 所示的接地故障电流提供保护，B 型 RCD 能对表 C.1 中的图 1～图 9 所示的接地故障电流提供保护。

附　录　D
（资料性附录）
试验按钮的使用示例

下列两张表中给出的信息仅作为示例。它是从各国标准中摘录的部分内容，并说明在各国的标准中是如何介绍试验按钮的使用。

电气装置的安装场所	检查和试验的时间间隔	
	由用户进行的按钮试验	
	便携式电器	固定式电器
工厂、车间，修理制造、装配、维护或生产加工的工作场所	每日，或每次使用前，两者中取较长时间	6个月
试验室、卫生保健和教育机构、茶室、办公楼厨房	3个月	6个月
办公环境场所	3个月	6个月
租赁设备	每次租用前 每月试验	不适用
商用清洁设备	3个月	不适用
住宅区：居住场所、旅馆、供膳寄宿处、医院、招待所、汽车旅馆、宿舍等类似场所	6个月	6个月

电气装置的安装场所	验证的类型	频率
医疗场所	用等于 $I_{\Delta n}$ 的剩余试验电流进行动作验证	一年
建筑和拆除工地的电气装置	建筑工地最好6个月进行定期验证，其内容包括： ——RCD正确动作的验证	6个月（建议）
历史和艺术场所	用试验按钮进行RCD动作试验，这类RCD必须每个月操作试验按钮验证，每年用外部试验设备验证	6个月
学校	用试验按钮进行RCD动作试验； 用外部试验设备进行RCD动作试验	6个月 3年

参 考 文 献

[1] GB/T 3187—1994 可靠性、维修性术语(idt IEC 60050-191:1991)

[2] GB/T 9789—1988 金属和其他非有机覆盖层 通常凝露条件下的二氧化硫腐蚀试验(eqv ISO 6988:1985)

[3] GB/T 17626.3—2006 电磁兼容 试验和测量技术 射频电磁场辐射抗扰度试验(IEC 61000-4-3:2002,IDT)

[4] GB/T 17626.6—1998 电磁兼容 试验和测量技术 射频场感应的传导骚扰抗扰度(idt IEC 61000-4-6:1996)

[5] GB/T 17626.16—2007 电磁兼容 试验和测量技术 0 Hz～150 kHz 共模传导骚扰抗扰度试验(IEC 61000-4-16:2002,IDT)

[6] GB 16895.22—2004 建筑物电气装置 第5-53部分:电气设备的选择和安装 隔离、开关和控制设备 第534节:过电压保护电器(IEC 60364-5-53:2001,IDT)

[7] GB/T 19000 质量管理体系(系列标准)(ISO 9000系列,IDT)

[8] IEC 60050-191:1990 电工术语 可信性和运行质量

[9] IEC 60050-826:2004 国际电工词汇 电气装置

[10] IEC 60364-7 建筑物电气装置 第7部分 特殊装置或场所的要求

[11] IEC 61557-6 交流1 000 V和直流1 500 V及以下低压配电系统电气安全 防护检测的试验、测量或监控设备 第6部分:TT和TN系统中的剩余电流装置(RCD)

[12] ISO 6988:1985 金属和其他非有机覆盖层 通常凝露条件下的二氧化硫腐蚀试验

ICS 29.160.30
K 20

中华人民共和国国家标准

GB/T 22722—2008

YX3 系列(IP55)高效率三相异步电动机技术条件(机座号 80～355)

Specification for YX3 series(IP55)high efficiency three-phase induction motor (frame size 80～355)

2008-12-30 发布 2009-10-01 实施

中华人民共和国国家质量监督检验检疫总局
中国国家标准化管理委员会 发布

前　言

本标准的效率指标达到GB 18613—2006《中小型三相异步电动机能效限定值及能效等级》中的2级标准，满足高效电机的效率要求，同时满足欧洲EFF1的效率指标。在性能指标上达到了高效率、低振动、低噪声，为目前国内外领先水平。

本标准由中国电器工业协会提出。

本标准由全国旋转电机标准化技术委员会(SAC/TC 26)归口。

本标准负责起草单位：上海电器科学研究所(集团)有限公司、上海电科电机科技有限公司、河北电机股份有限公司、北京毕捷电机股份有限公司、山东华力电机集团股份有限公司、江苏清江电机有限公司、浙江金龙电机股份有限公司、江门市江晟电机厂有限公司、西安西玛电机有限公司、广东江门电机股份有限公司、卧龙电气集团股份有限公司、江苏大中电机股份有限公司、衡水电机股份有限公司、嘉兴新华年电机有限公司、安徽六安江淮电机股份有限公司、江苏锡安达防爆股份有限公司、宁波东力传动设备股份有限公司、威海恒大电机(集团)有限公司、浙江永发机电有限公司、佳木斯电机股份有限公司、南阳防爆集团有限公司、闽东亚南电机有限公司、德州恒力电机有限责任公司、浙江光陆振动器股份有限公司、山西电机制造有限公司。

本标准参加起草单位：河南豫通电机股份公司、江苏微特利电机制造有限公司、苏州德能电机有限公司、博山特型电机有限公司、青岛和力达电气有限公司、上海浩正电气有限公司、安徽皖南电机股份有限公司。

本标准主要起草人：李秀英、陈伟华、顾德军、葛荣长、虞维廉、周守廉、张文斌、刘宇琼、叶锦武、刘权、吴建兵、陈飞鸿、严伟灿、曹中水、岳辰明、王庆东、陆进生、姚丽新、宋青、徐鹤江、李红军、王宛丽、陈璞、郭代春、孙跃、茆雄华、张卫国、张杰、郑艳坤、顾宝华。

本标准是首次发布。

YX3 系列(IP55)高效率三相异步电动机技术条件(机座号 80～355)

1 范围

本标准规定了 YX3 系列高效率电动机的型式、基本参数与尺寸,技术要求,检验规则,标志、包装及保用期的要求。

本标准适用于 YX3 系列(IP55)高效率三相异步电动机(机座号 80～355)(以下简称电动机)。凡属本系列电动机所派生的各种系列电动机也可参照执行。

2 规范性引用文件

下列文件中的条款通过本标准的引用而成为本标准的条款。凡是注日期的引用文件,其随后所有的修改单(不包括勘误的内容)或修订版均不适用于本标准,然而,鼓励根据本标准达成协议的各方研究是否可使用这些文件的最新版本。凡是不注日期的引用文件,其最新版本适用于本标准。

GB/T 191—2008 包装储运图示标志(ISO 780:1997,MOD)

GB 755—2008 旋转电机 定额和性能(IEC 60034-1:2004,IDT)

GB/T 997—2008 旋转电机结构型式、安装型式及接线盒位置的分类(IM 代码)(IEC 60034-7:2001,IDT)

GB/T 1032—2005 三相异步电动机试验方法

GB 1971—2006 旋转电机 线端标志与旋转方向(IEC 60034-8:2002,IDT)

GB/T 1993—1993 旋转电机冷却方法

GB/T 4772.1—1999 旋转电机尺寸和输出功率等级 第1部分 机座号 56～400 和凸缘号 55～1080(idt IEC 60072-1:1991)

GB/T 4942.1—2006 旋转电机整体结构的防护等级(IP 代码)分级(IEC 60034-5:2000,IDT)

GB 10068—2008 轴中心高为 56 mm 及以上电机的机械振动 振动的测量、评定及限值(IEC 60034-14:2007,IDT)

GB/T 10069.1—2006 旋转电机噪声测定方法及限值 第1部分:旋转电机噪声测定方法(ISO 1680:1999,MOD)

GB/T 12665—2008 电机在一般环境条件下使用的湿热试验要求

GB 14711—2006 中小型旋转电机安全要求

GB 18613—2006 中小型三相异步电动机能效限定值及能效等级

JB/T 9615.1—2000 交流低压电机散嵌绕组匝间绝缘试验方法

JB/T 9615.2—2000 交流低压电机散嵌绕组匝间绝缘试验限值

3 型式、基本参数与尺寸

3.1 电动机型号

示例:

YX3—90S—4

- 4 —— 极数
- 90S —— 机座号
- YX3 —— 高效率三相异步电动机第三次改型设计

3.2　电动机的外壳防护等级为IP55(见GB/T 4942.1—2006)。

3.3　电动机的冷却方法为IC411(见GB/T 1993—1993)。

3.4　电动机的结构及安装型式为IM B3、IM B5、IM B6、IM B7、IM B8、IM B14、IM B34、IM B35、IM V1、IM V3、IM V5、IM V6、IM V15、IM V17、IM V18、IM V19、IM V35和IM V37(见GB/T 997—2008),按表1的规定制造。

表1　结构及安装代码

机座号	结构及安装代码(IM)
80～112	B14、B34、V18、V19
80～160	B3、B5、B6、B7、B8、B35、V1、V3、V5、V6、V15、V17、V35、V37
180～280	B3、B5、B35、V1
315～355	B3、B35、V1

3.5　电动机的定额是以连续工作制(S1)为基准的连续定额。

3.6　电动机的额定频率为50 Hz,额定电压为380 V。功率在3 kW及以下者为Y接法,其他功率均为△接法。

3.7　电动机应按下列额定功率制造:

0.55 kW,0.75 kW,1.1 kW,1.5 kW,2.2 kW,3 kW,4 kW,5.5 kW,7.5 kW,11 kW,15 kW,18.5 kW,22 kW,30 kW,37 kW,45 kW,55 kW,75 kW,90 kW,110 kW,132 kW,160 kW,200 kW,250 kW,315 kW。

3.8　电动机的机座号与转速及功率的对应关系应按表2的规定。

表2　机座号与转速及功率的对应关系

机座号	同步转速/(r/min) 3 000	同步转速/(r/min) 1 500	同步转速/(r/min) 1 000
	功率/kW		
80M1	0.75	0.55	—
80M2	1.1	0.75	—
90S	1.5	1.1	0.75
90L	2.2	1.5	1.1
100L1	3	2.2	1.5
100L2		3	
112M	4	4	2.2
132S1	5.5	5.5	3
132S2	7.5		
132M1	—	7.5	4
132M2			5.5
160M1	11	11	7.5
160M2	15		

表 2（续）

机座号	同步转速/(r/min)		
	3 000	1 500	1 000
	功率/kW		
160L	18.5	15	11
180M	22	18.5	—
180L	—	22	15
200L1	30	30	18.5
200L2	37	30	22
225S	—	37	—
225M	45	45	30
250M	55	55	37
280S	75	75	45
280M	90	90	55
315S	110	110	75
315M	132	132	90
315L1	160	160	110
315L2	200	200	132
355M1	250	250	160
355M2			200
355L	315	315	250
注：S、M、L 后面的数字 1、2 分别代表同一机座号和转速下的不同功率。			

3.9 电动机尺寸及公差

3.9.1 电动机的安装尺寸及公差应符合表 3～表 8 的规定；外形尺寸应不大于表 3～表 8 的规定。

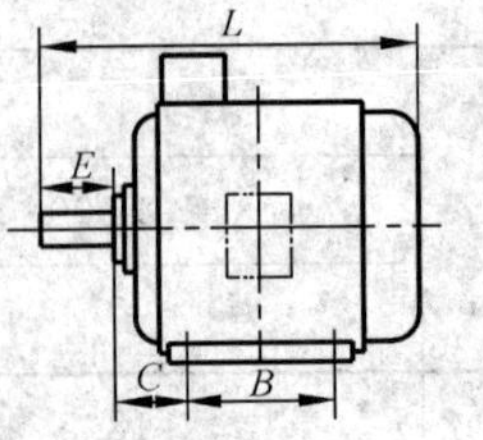

H80～H90

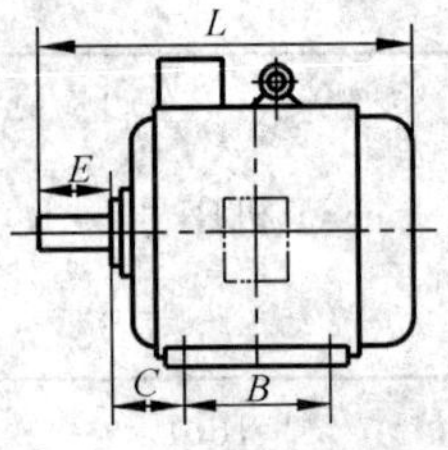

H100～H132

表 3　机座带底脚、端盖

机座号	极数	安装尺寸										
		A	A/2	B	C		D		E		F	
		基本尺寸	基本尺寸	基本尺寸	基本尺寸	极限偏差	基本尺寸	极限偏差	基本尺寸	极限偏差	基本尺寸	极限偏差
80M	2、4、6	125	62.5	100	50	±1.5	19	+0.009 −0.004	40	±0.31	6	0 −0.030
90S		140	70		56		24		50		8	0 −0.036
90L				125								
100L		160	80	140	63	±2.0	28		60	±0.37		
112M		190	95		70							
132S		216	108		89		38	+0.018 +0.002	80		10	
132M				178								
160M		254	127	210	108	±3.0	42		110	±0.43	12	0 −0.043
160L				254								
180M		279	139.5	241	121		48				14	
180L				279								
200L		318	159	305	133		55	+0.030 +0.011			16	
225S	4	356	178	286	149	±4.0	60		140	±0.50	18	
225M	2			311			55		110	±0.43	16	
	4、6						60		140	±0.50	18	
250M	2	406	203	349	168							
	4、6						65					
280S	2	457	228.5	368	190							
	4、6						75				20	0 −0.052
280M	2			419			65				18	0 −0.043
	4、6						75				20	0 −0.052
315S	2	508	254	406	216		65				18	0 −0.052
	4、6						80		170		22	0 −0.043
315M	2			457			65		140		18	0 −0.052
	4、6						80		170		22	0 −0.052
315L	2			508			65		140		18	0 −0.043
	4、6						80		170		22	0 −0.052
355M	2	610	305	560	254		75		140		20	
	4、6						95	+0.035 +0.013	170		25	
355L	2			630			75	+0.030 +0.011	140		20	
	4、6						95	+0.035 +0.013	170		25	

a $G=D-GE$，GE 的极限偏差对机座号 80 为 $\left(\begin{smallmatrix}+0.10\\0\end{smallmatrix}\right)$，其余为 $\left(\begin{smallmatrix}+0.20\\0\end{smallmatrix}\right)$。

b K 孔的位置度公差以轴伸的轴线为基准。

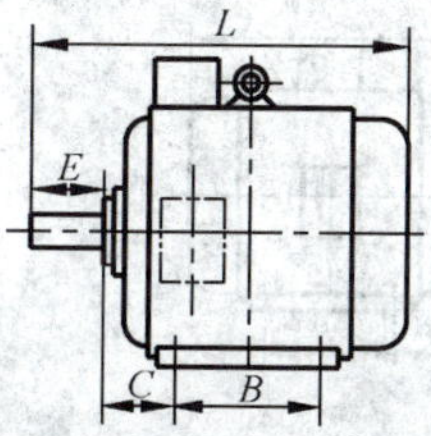

H160～H355

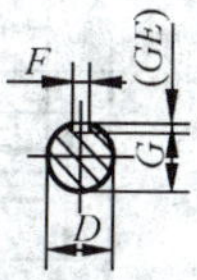

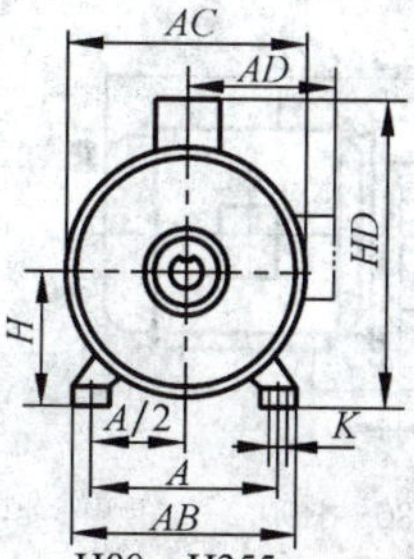

H80～H355

上无凸缘的电动机

单位为毫米

G^a		H		K^b			外形尺寸				
基本尺寸	极限偏差	基本尺寸	极限偏差	基本尺寸	极限偏差	位置度公差	AB	AC	AD	HD	L
15.5	0 −0.10	80	0 −0.5	10	+0.36 0	ϕ1.0Ⓜ	165	175	145	220	305
20	0 −0.20	90					180	195	165	260	360
24											390
		100		12	+0.43 0		205	215	180	270	435
33		112					230	240	190	300	470
		132					270	275	210	345	510
											560
37		160		14.5		ϕ1.2Ⓜ	320	330	255	420	670
											700
42.5		180					355	380	280	455	740
											790
49		200		18.5			395	420	305	505	790
53		225					435	470	335	560	830
49											825
53											855
58		250		24		ϕ2.0Ⓜ	490	510	370	615	915
67.5		280					550	580	410	680	985
58											1 035
67.5											
58		315		28	+0.52 0		635	645	530	845	1 180
71											1 290
58											1 210
71											1 320
58											1 210
71											1 320
67.5		355					730	710	655	1 010	1 500
86											1 530
67.5											1 500
86											1 530

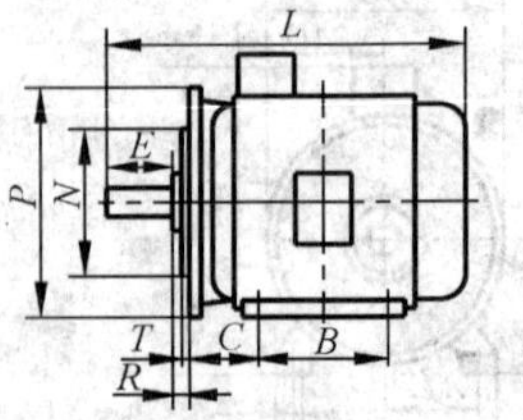

H80～H90

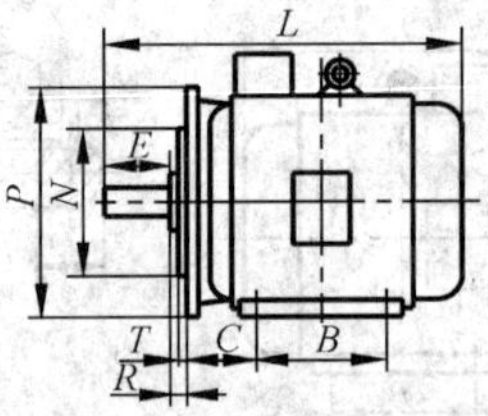

H100～H132

表 4　机座带底脚、端盖上有

机座号	凸缘号	极数	安装尺寸														
			A	A/2	B	C		D		E		F		G[a]		H	
			基本尺寸	基本尺寸	基本尺寸	基本尺寸	极限偏差	基本尺寸	极限偏差	基本尺寸	极限偏差	基本尺寸	极限偏差	基本尺寸	极限偏差	基本尺寸	极限偏差
80M	FF165	2、4、6	125	62.5	100	50	±1.5	19	+0.009 −0.004	40	±0.31	6	0 −0.030	15.5	0 −0.10	80	0 −0.5
90S			140	70		56		24		50		8	0 −0.036	20	0 −0.20	90	
90L					125												
100L	FF215		160	80	140	63	±2.0	28		60	±0.37			24		100	
112M			190	95		70										112	
132S	FF265		216	108		89		38		80		10		33		132	
132M					178												
160M	FF300		254	127	210	108	±3.0	42	+0.018 +0.002	110	±0.43	12		37		160	
160L					254												
180M			279	139.5	241	121		48				14		42.5		180	
180L					279												
200L	FF350		318	159	305	133		55				16	0 −0.043	49		200	
225S	FF400	4	356	178	286	149	±4.0	60	+0.030 +0.011	140	±0.50	18		53		225	
225M		2			311			55		110	±0.43	16		49			
		4、6						60		140	±0.50	18		53			
250M	FF500	2	406	203	349	168										250	
		4、6						65						58			
280S		2	457	228.5	368	190										280	
		4、6						75				20	0 −0.052	67.5			
280M		2			419			65				18	0 −0.043	58			
		4、6						75				20	0 −0.052	67.5			
315S	FF600	2	508	254	406	216		65				18	0 −0.052	58		315	0 −1.0
		4、6						80		170		22	0 −0.043	71			
315M		2			457			65		140		18	0 −0.052	58			
		4、6						80		170		22	0 −0.052	71			
315L		2			508			65		140		18	0 −0.043	58			
		4、6						80		170		22	0 −0.052	71			
355M	FF740	2	610	305	560	254		75		140		20		67.5		355	
		4、6						95	+0.035 +0.013	170		25		86			
355L		2			630			75	+0.030 +0.011	140		20		67.5			
		4、6						95	+0.035 +0.013	170		25		86			

a $G=D-GE$，GE 极限偏差对机座号 80 为 $\left(\begin{smallmatrix}+0.10\\0\end{smallmatrix}\right)$，其余为 $\left(\begin{smallmatrix}+0.20\\0\end{smallmatrix}\right)$。

b K、S 孔的位置度公差以轴伸的轴线为基准。

c P 尺寸为最大极限值。

d R 为凸缘配合面至轴伸肩的距离。

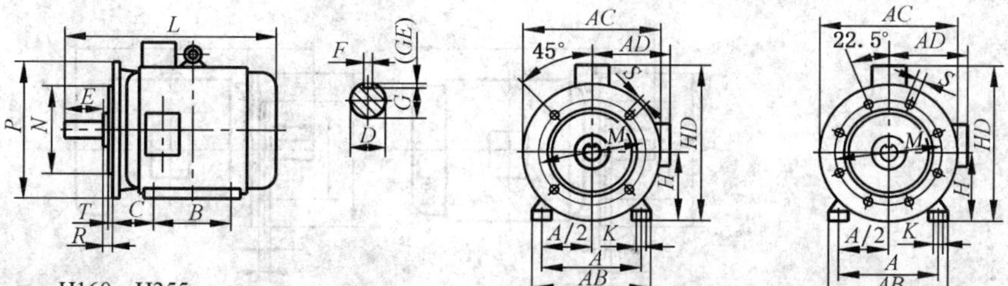

H160～H355　　H80～H200　　H225～H355

凸缘(带通孔)的电动机　　　　　　　　　　　　　　　　　　　　　单位为毫米

及公差															外形尺寸				
K^b			M	N		P^c	R^d		S^b			T		凸缘孔数	AB	AC	AD	HD	L
基本尺寸	极限偏差	位置度公差		基本尺寸	极限偏差		基本尺寸	极限偏差	基本尺寸	极限偏差	位置度公差	基本尺寸	极限偏差						
10	+0.36 0		165	130	+0.014 +0.011	200		±1.5	12		ϕ1.0Ⓜ	3.5			165	175	145	220	305
															180	195	165	260	360
																			390
12		ϕ1.0Ⓜ	215	180		250				+0.43 0					205	215	180	270	435
															230	240	190	300	470
			265	230		300		±2.0	14.5			4		4	270	275	210	345	510
																			560
14.5	+0.43 0		300	250	+0.016 +0.013	350		±3.0							320	330	255	420	670
																			700
															355	380	280	455	740
																			790
		ϕ1.2Ⓜ	350	300	±0.016	400							0 −0.12		395	420	305	505	790
18.5			400	350	±0.018	450			18.5		ϕ1.2Ⓜ	5			435	470	335	560	830
																			825
																			855
															490	510	370	615	915
24			500	450	±0.020	550	0			+0.52 0					550	580	410	680	985
																			1 035
28	+0.52 0	ϕ2.0Ⓜ	600	550	±0.022	660		±4.0	24		ϕ2.0Ⓜ	6	0 −0.15	8	635	645	530	845	1 180
																			1 290
																			1 210
																			1 320
																			1 210
																			1 320
			740	680	±0.025	800									730	710	655	1010	1 500
																			1 530
																			1 500
																			1 530

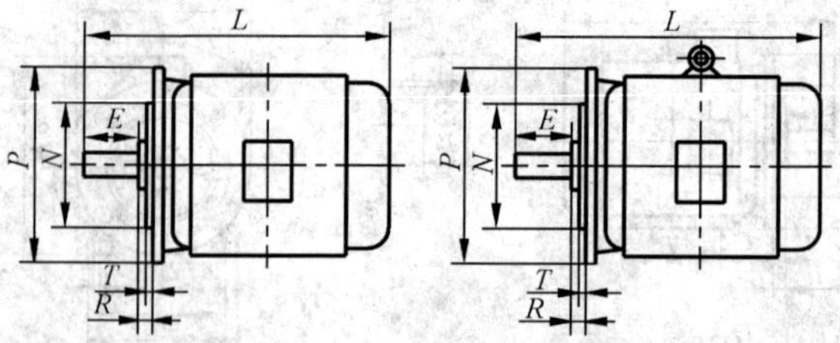

H80～H90　　　　H100～H132

表 5　机座不带底脚、端盖上有凸

机座号	凸缘号	极数	安装尺寸										
			D		*E*		*F*		*G*[a]		*M*	*N*	
			基本尺寸	极限偏差	基本尺寸	极限偏差	基本尺寸	极限偏差	基本尺寸	极限偏差		基本尺寸	极限偏差
80M	FF165	2、4、6	19	+0.009 −0.004	40	±0.31	6	0 −0.030	15.5	0 −0.10	165	130	+0.014 +0.011
90S			24		50		8	0 −0.036	20	0 −0.20			
90L													
100L	FF215		28		60	±0.37			24		215	180	
112M													
132S	FF265		38	+0.018 +0.002	80		10		33		265	230	+0.016 +0.013
132M													
160M	FF300		42		110	±0.43	12	0 −0.043	37		300	250	
160L													
180M			48				14		42.5				
180L													
200L	FF350		55				16		49		350	300	±0.016
225S	FF400	4	60	+0.030 +0.011	140	±0.50	18		53		400	350	±0.018
225M		2	55		110	±0.43	16		49				
		4、6	60		140	±0.50	18		53				
250M	FF500	2									500	450	±0.020
		4、6	65						58				
280S		2											
		4、6	75				20	0 −0.052	67.5				
280M		2	65				18	0 −0.043	58				
		4、6	75				20	0 −0.052	67.5				

a $G=D-GE$，GE 极限偏差对机座号 80 为 $\left(^{+0.10}_{\ 0}\right)$，其余为 $\left(^{+0.20}_{\ 0}\right)$。

b S 孔的位置度公差以轴伸的轴线为基准。

c P 尺寸为最大极限值。

d R 为凸缘配合面至轴伸肩的距离。

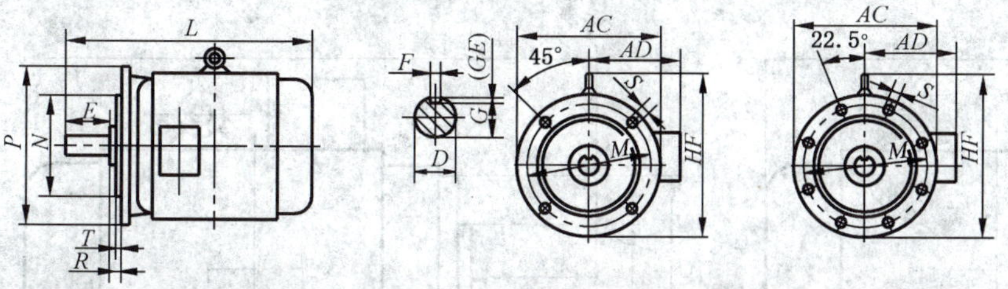

H160～H280　　H80～H200　　H225～H280

缘(带通孔)的电动机

单位为毫米

及公差									外形尺寸			
P^c	R^d 基本尺寸	R^d 极限偏差	S^b 基本尺寸	S^b 极限偏差	S^b 位置度公差	T 基本尺寸	T 极限偏差	凸缘孔数	AC	AD	HF	L
200	0	±1.5	12	+0.43 0	ϕ1.0Ⓜ	3.5	0 −0.12	4	175	145		305
									195	165		360
												390
250		±2.0	14.5			4			215	180	245	435
									240	190	265	470
300									275	210	315	510
												560
350		±3.0							330	255	385	670
												700
									380	280	430	740
												790
400									420	305	480	790
450			18.5	+0.52 0	ϕ1.2Ⓜ	5		8	470	335	535	830
												825
												855
550		±4.0							510	370	595	915
									580	410	650	985
												1 035

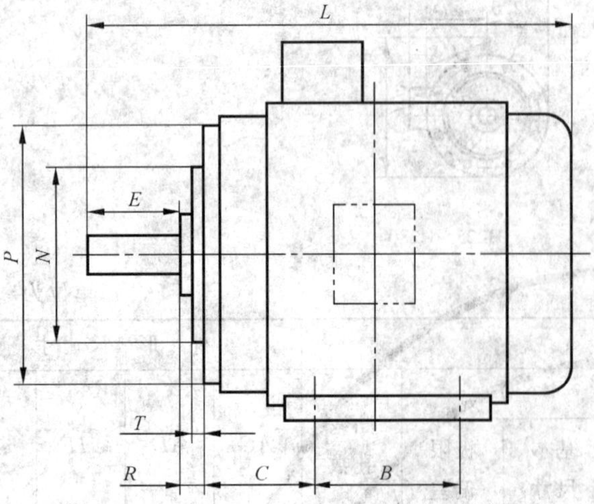

H80～H90

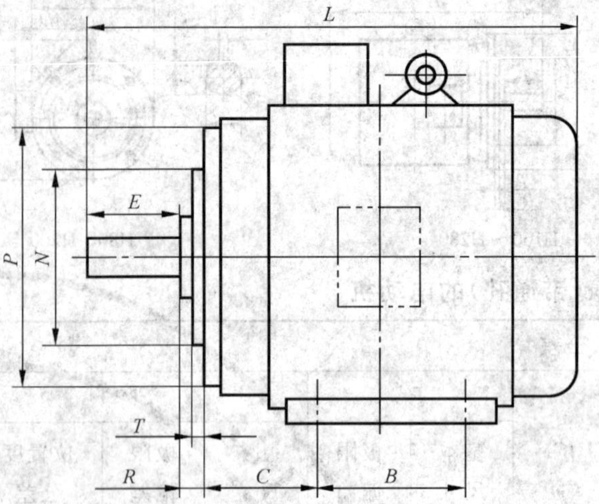

H100～H112

表 6 机座带底脚、端盖上有凸

<table>
<tr><th rowspan="3">机座号</th><th rowspan="3">凸缘号</th><th rowspan="3">极数</th><th colspan="15">安装尺寸</th></tr>
<tr><th>A</th><th>A/2</th><th>B</th><th colspan="2">C</th><th colspan="2">D</th><th colspan="2">E</th><th colspan="2">F</th><th colspan="2">G[a]</th><th colspan="2">H</th></tr>
<tr><th>基本尺寸</th><th>基本尺寸</th><th>基本尺寸</th><th>基本尺寸</th><th>极限偏差</th><th>基本尺寸</th><th>极限偏差</th><th>基本尺寸</th><th>极限偏差</th><th>基本尺寸</th><th>极限偏差</th><th>基本尺寸</th><th>极限偏差</th><th>基本尺寸</th><th>极限偏差</th></tr>
<tr><td>80M</td><td>FT100</td><td rowspan="5">2、4、6</td><td>125</td><td>62.5</td><td rowspan="2">100</td><td>50</td><td rowspan="3">±1.5</td><td>19</td><td rowspan="5">+0.009
−0.004</td><td>40</td><td rowspan="3">±0.31</td><td>6</td><td>0
−0.030</td><td>15.5</td><td>0
−0.10</td><td>80</td><td rowspan="5">0
−0.5</td></tr>
<tr><td>90S</td><td rowspan="2">FT115</td><td rowspan="2">140</td><td rowspan="2">70</td><td rowspan="2">56</td><td rowspan="2">24</td><td rowspan="2">50</td><td rowspan="4">8</td><td rowspan="4">0
−0.036</td><td rowspan="2">20</td><td rowspan="4">0
−0.20</td><td rowspan="2">90</td></tr>
<tr><td>90L</td><td>125</td></tr>
<tr><td>100L</td><td rowspan="2">FT130</td><td>160</td><td>80</td><td rowspan="2">140</td><td>63</td><td rowspan="2">±2.0</td><td rowspan="2">28</td><td rowspan="2">60</td><td rowspan="2">±0.37</td><td rowspan="2">24</td><td>100</td></tr>
<tr><td>112M</td><td>190</td><td>95</td><td>70</td><td>112</td></tr>
</table>

[a] $G=D-GE$，GE 极限偏差对机座号 80 为 $\left(\begin{smallmatrix}+0.10\\0\end{smallmatrix}\right)$，其余为 $\left(\begin{smallmatrix}+0.20\\0\end{smallmatrix}\right)$。

[b] K、S 孔的位置度公差以轴伸的轴线为基准。

[c] P 尺寸为最大极限值。

[d] R 为凸缘配合面至轴伸肩的距离。

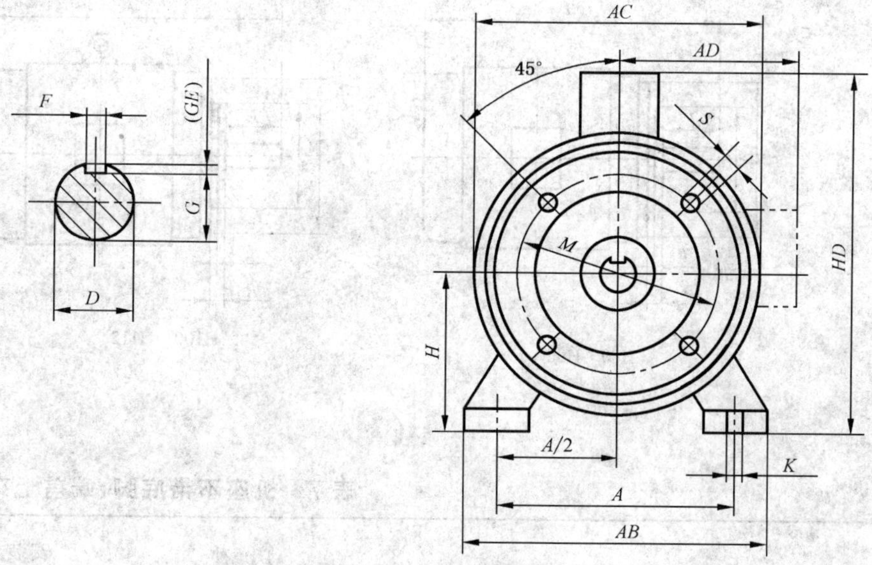

H80～H112

缘(带螺孔)的电动机

单位为毫米

及公差														外形尺寸				
K^{b}			M	N		P^{c}	R^{d}		S^{b}		T		凸缘孔数	AB	AC	AD	HD	L
基本尺寸	极限偏差	位置度公差		基本尺寸	极限偏差		基本尺寸	极限偏差	基本尺寸	位置度公差	基本尺寸	极限偏差						
10	+0.36 0	φ1.0Ⓜ	100	80	+0.013 +0.009	120	0	±1.5	M6	φ0.5Ⓜ	3.0	0 −0.10	4	165	175	145	220	305
			115	95		140			M8	φ1.0Ⓜ				180	195	165	260	360
																		390
12	+0.43 0		130	110		160					3.5	0 −0.12		205	215	180	270	435
														230	240	190	300	470

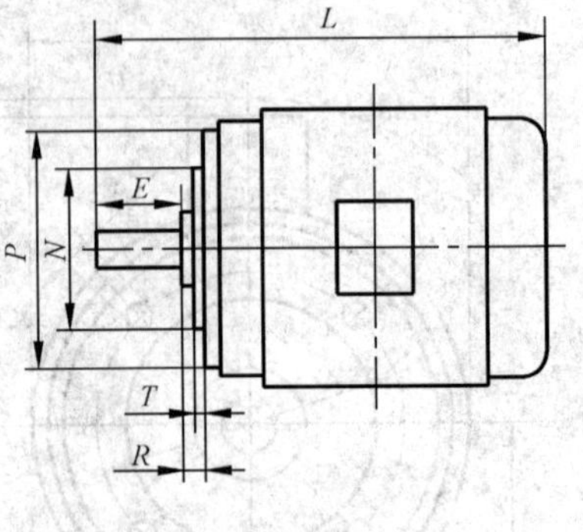

H80～H90

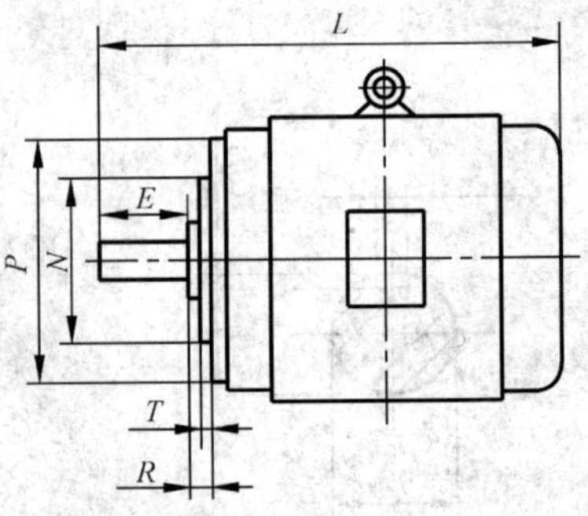

H100～H112

表 7 机座不带底脚、端盖上有凸

<table>
<tr><th rowspan="3">机座号</th><th rowspan="3">凸缘号</th><th rowspan="3">极数</th><th colspan="11">安装尺寸</th></tr>
<tr><th colspan="2">D</th><th colspan="2">E</th><th colspan="2">F</th><th colspan="2">G[a]</th><th rowspan="2">M</th><th colspan="2">N</th></tr>
<tr><th>基本尺寸</th><th>极限偏差</th><th>基本尺寸</th><th>极限偏差</th><th>基本尺寸</th><th>极限偏差</th><th>基本尺寸</th><th>极限偏差</th><th>基本尺寸</th><th>极限偏差</th></tr>
<tr><td>80M</td><td>FT100</td><td rowspan="5">2、4、6</td><td>19</td><td rowspan="5">+0.009
−0.004</td><td>40</td><td rowspan="3">±0.31</td><td>6</td><td>0
−0.030</td><td>15.5</td><td>0
−0.10</td><td>100</td><td>80</td><td rowspan="5">+0.013
+0.009</td></tr>
<tr><td>90S</td><td rowspan="2">FT115</td><td rowspan="2">24</td><td rowspan="2">50</td><td rowspan="4">8</td><td rowspan="4">0
−0.036</td><td rowspan="2">20</td><td rowspan="4">0
−0.20</td><td rowspan="2">115</td><td rowspan="2">95</td></tr>
<tr><td>90L</td></tr>
<tr><td>100L</td><td rowspan="2">FT130</td><td rowspan="2">28</td><td rowspan="2">60</td><td rowspan="2">±0.37</td><td rowspan="2">24</td><td rowspan="2">130</td><td rowspan="2">110</td></tr>
<tr><td>112M</td></tr>
</table>

[a] $G=D-GE$,GE 极限偏差对机座号 80 为 $\left(^{+0.10}_{0}\right)$,其余为 $\left(^{+0.20}_{0}\right)$。

[b] S 孔的位置度公差以轴伸的轴线为基准。

[c] P 尺寸为最大极限值。

[d] R 为凸缘配合面至轴伸肩的距离。

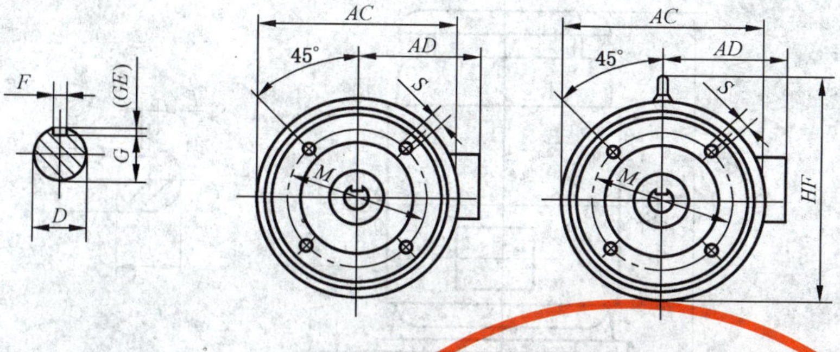

H80～H90　　　　H100～H112

缘（带螺孔）的电动机

单位为毫米

P^c	R^d 及公差		S^b		T		凸缘孔数	外形尺寸			
	基本尺寸	极限偏差	基本尺寸	位置度公差	基本尺寸	极限偏差		AC	AD	HF	L
120	0	±1.5	M6	ϕ0.5Ⓜ	3.0	0 −0.10	4	175	145		305
140			M8	ϕ1.0Ⓜ				195	165		360
											390
160					3.5	0 −0.12		215	180	245	435
								240	190	265	470

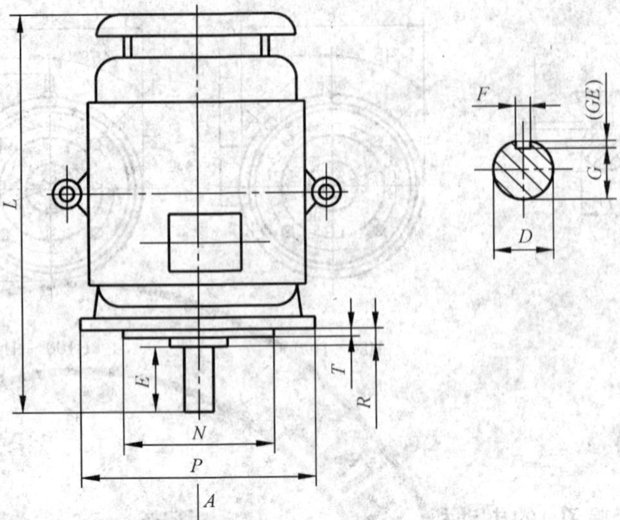

表 8　立式安装、机座不带底脚、端盖上有

机座号	凸缘号	极数	安装尺寸 D 基本尺寸	D 极限偏差	E 基本尺寸	E 极限偏差	F 基本尺寸	F 极限偏差	G[a] 基本尺寸	G[a] 极限偏差	M	N 基本尺寸	N 极限偏差
180M	FF300	2、4、6	48	+0.018 +0.002	110	±0.43	14	0 −0.043	42.5	0 −0.20	300	250	+0.016 +0.013
180L													
200L	FF350		55	+0.030 +0.011			16		49		350	300	±0.016
225S	FF400	4	60		140	±0.50	18		53		400	350	±0.018
225M		2	55		110	±0.43	16		49				
		4、6	60		140	±0.50	18		53				
250M	FF500	2									500	450	±0.020
		4、6	65						58				
280S		2											
		4、6	75				20	0 −0.052	67.5				
280M		2	65				18	0 −0.043	58				
		4、6	75				20	0 −0.052	67.5				
315S	FF600	2	65				18	0 −0.043	58		600	550	±0.022
		4、6	80		170		22	0 −0.052	71				
315M		2	65		140		18	0 −0.043	58				
		4、6	80		170		22	0 −0.052	71				
315L		2	65		140		18	0 −0.043	58				
		4、6	80		170		22	0 −0.052	71				
355M	FF740	2	75		140		20		67.5		740	680	±0.025
		4、6	95	+0.035 +0.013	170		25		86				
355L		2	75	+0.030 +0.011	140		20		67.5				
		4、6	95	+0.035 +0.013	170		25		86				

[a] $G=D-GE$，GE 极限偏差为 $\left(\begin{smallmatrix}+0.20\\0\end{smallmatrix}\right)$。

[b] S 孔的位置度公差以轴伸的轴线为基准。

[c] P 尺寸为最大极限值。

[d] R 为凸缘配合面至轴伸肩的距离。

A向

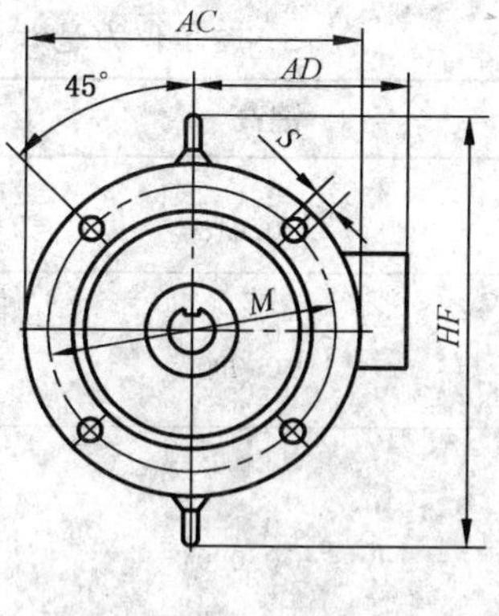

H180～H200

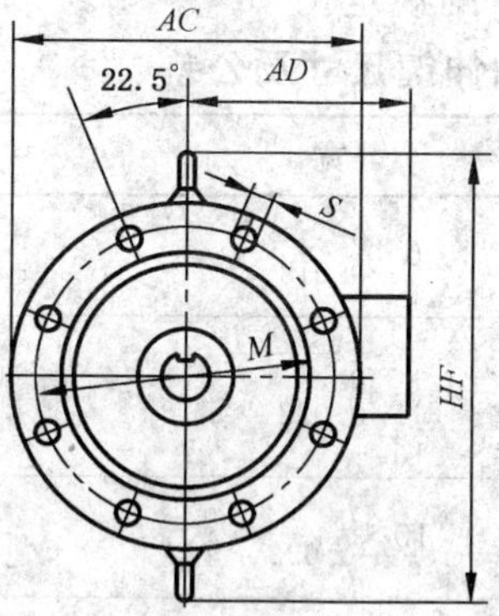

H225～H355

凸缘(带通孔)、轴伸向下的电动机

单位为毫米

及公差									外形尺寸			
P^c	R^d 基本尺寸	R^d 极限偏差	S^b 基本尺寸	S^b 极限偏差	S^b 位置度公差	T 基本尺寸	T 极限偏差	凸缘孔数	AC	AD	HF	L
350	0	±3.0	18.5	0	ϕ1.2Ⓜ	5	$^{0}_{-0.12}$	4	380	280	500	800
												850
400									420	305	550	860
450		±4.0						8	470	335	610	920
												915
												945
									510	370	650	1 020
550									580	410	720	1 110
												1 150
660			24		ϕ2.0Ⓜ	6	$^{0}_{-0.15}$		645	530	900	1 300
												1 420
												1 330
												1 450
												1 330
												1 450
800									710	655	1 010	1 640
												1 670
												1 640
												1 670

3.9.2 电动机轴伸键的尺寸及公差应符合表9的规定。

表9 轴伸键尺寸及公差

单位为毫米

<table>
<tr><th>轴伸直径</th><th>键宽</th><th>键高</th></tr>
<tr><td>19</td><td>$6_{-0.018}^{\ 0}$</td><td>$6_{-0.018}^{\ 0}$</td></tr>
<tr><td>24</td><td rowspan="2">$8_{-0.022}^{\ 0}$</td><td rowspan="2">$7_{-0.090}^{\ 0}$</td></tr>
<tr><td>28</td></tr>
<tr><td>38</td><td>$10_{-0.022}^{\ 0}$</td><td rowspan="2">$8_{-0.090}^{\ 0}$</td></tr>
<tr><td>42</td><td>$12_{-0.027}^{\ 0}$</td></tr>
<tr><td>48</td><td>$14_{-0.027}^{\ 0}$</td><td>$9_{-0.090}^{\ 0}$</td></tr>
<tr><td>55</td><td>$16_{-0.027}^{\ 0}$</td><td>$10_{-0.090}^{\ 0}$</td></tr>
<tr><td>60</td><td rowspan="2">$18_{-0.027}^{\ 0}$</td><td rowspan="2">$11_{-0.110}^{\ 0}$</td></tr>
<tr><td>65</td></tr>
<tr><td>75</td><td>$20_{-0.033}^{\ 0}$</td><td>$12_{-0.110}^{\ 0}$</td></tr>
<tr><td>80</td><td>$22_{-0.033}^{\ 0}$</td><td rowspan="2">$14_{-0.110}^{\ 0}$</td></tr>
<tr><td>95</td><td>$25_{-0.033}^{\ 0}$</td></tr>
</table>

3.9.3 轴伸长度一半处的径向圆跳动公差应符合表10的规定。

表10 径向圆跳动公差

单位为毫米

轴伸直径	圆跳动公差
19～30	0.040
＞30～50	0.050
＞50～80	0.060
＞80～95	0.070

3.9.4 凸缘止口对电动机轴线的径向圆跳动和凸缘配合面对电动机轴线的端面圆跳动公差应符合表11的规定。

表11 径向圆跳动及端面圆跳动公差

单位为毫米

凸缘止口直径	圆跳动公差
80～95	0.080
＞95～230	0.100
＞230～450	0.125
＞450～680	0.160

3.9.5 电动机轴线对底脚支承面的平行度公差应符合表12的规定。

表 12 平行度公差

单位为毫米

机座号	平行度公差
≥80～250	0.40
>250～315	0.75
>315～355	1.00

3.9.6 电动机底脚支承面的平面度公差应符合表 13 的规定。

表 13 平面度公差

单位为毫米

AB 或 *BB* 中的最大尺寸	平面度公差
>100～160	0.12
>160～250	0.15
>250～400	0.20
>400～630	0.25
>630～1 000	0.30

注：*AB* 为电动机底脚外边缘间的距离（端视）；*BB* 为电动机底脚外边缘间的距离（侧视）。

3.9.7 电动机轴伸上键槽的对称度公差应符合表 14 的规定。

表 14 键槽的对称度公差

单位为毫米

键槽宽度（*F*）	对称度公差
6	0.018
8	0.022
10	
12	0.030
14	
16	
18	
20	0.037
22	
25	0.050

4 技术要求

4.1 电动机应符合本标准的要求，并按照经规定程序批准的图样及技术文件制造。

4.2 在下列的海拔和环境空气温度下，电动机应能额定运行。

4.2.1 海拔不超过 1 000 m。

4.2.2 环境空气最高温度随季节而变化，但不超过 40 ℃。

注：如电机在海拔超过 1 000 m 或最高环境空气温度高于或低于 40 ℃的条件下使用时，应按 GB 755—2008 的规定。

4.2.3 环境空气最低温度为－15 ℃。

4.3 电动机运行期间电源电压和频率与额定值的偏差应按 GB 755—2008 的规定。

4.4 电动机在功率、电压及频率为额定时，其效率和功率因数的保证值应符合表 15 的规定(其中效率保证值同时符合 GB 18613—2006 表 1 中 2 级能效等级的规定)。

4.4.1 电动机的效率由间接损耗分析法确定，杂散损耗按额定输入功率的 0.5%计算。非额定点杂散损耗按电流二次方折算。

4.4.2 电动机的效率计算应换算到电阻基准温度 130(B)级 95 ℃时进行(见 GB/T 1032—2005)。

4.4.3 在计算中，效率值取 4 位有效位数，功率因数值取 3 位有效位数。

表 15 效率和功率因数的保证值

功率/kW	同步转速/(r/min)					
	3 000	1 500	1 000	3 000	1 500	1 000
	效率 η/%			功率因数 $\cos\varphi$		
0.55	—	80.7	—	—	0.75	—
0.75	77.5	82.3	77.7	0.83	0.75	0.72
1.1	82.8	83.8	79.9	0.83	0.75	0.73
1.5	84.1	85.0	81.5	0.84	0.75	0.74
2.2	85.6	86.4	83.4	0.85	0.81	0.74
3	86.7	87.4	84.9	0.87	0.82	0.74
4	87.6	88.3	86.1	0.88	0.82	0.74
5.5	88.6	89.2	87.4	0.88	0.82	0.75
7.5	89.5	90.1	89.0	0.89	0.83	0.78
11	90.5	91.0	90.0	0.89	0.85	0.79
15	91.3	91.8	91.0	0.89	0.86	0.81
18.5	91.8	92.2	91.5	0.89	0.86	0.81
22	92.2	92.6	92.0	0.89	0.86	0.82
30	92.9	93.2	92.5	0.89	0.86	0.81
37	93.3	93.6	93.0	0.89	0.86	0.84
45	93.7	93.9	93.5	0.89	0.86	0.86
55	94.0	94.2	93.8	0.89	0.86	0.86
75	94.6	94.7	94.2	0.89	0.88	0.85
90	95.0	95.0	94.5	0.89	0.88	0.84
110	95.0	95.4	95.0	0.90	0.88	0.85
132	95.4	95.4	95.0	0.90	0.88	0.86
160	95.4	95.4	95.0	0.91	0.89	0.87
200	95.4	95.4	95.0	0.91	0.89	0.87
250	95.8	95.8	95.0	0.91	0.90	0.87
315	95.8	95.8	—	0.91	0.90	—

4.5 在额定电压下，电动机堵转转矩对额定转矩之比的保证值应符合表 16 的规定。

表 16　堵转转矩对额定转矩之比的保证值

<table>
<tr><th rowspan="3">功率/kW</th><th colspan="3">同步转速/(r/min)</th></tr>
<tr><th>3 000</th><th>1 500</th><th>1 000</th></tr>
<tr><th colspan="3">堵转转矩/额定转矩</th></tr>
<tr><td>0.55</td><td>—</td><td rowspan="7">2.3</td><td>—</td></tr>
<tr><td>0.75</td><td rowspan="6">2.3</td><td rowspan="4">2.1</td></tr>
<tr><td>1.1</td></tr>
<tr><td>1.5</td></tr>
<tr><td>2.2</td></tr>
<tr><td>3</td><td rowspan="3">2.0</td></tr>
<tr><td>4</td></tr>
<tr><td>5.5</td><td rowspan="10">2.2</td><td rowspan="2">2.0</td></tr>
<tr><td>7.5</td><td rowspan="2">2.1</td></tr>
<tr><td>11</td><td rowspan="16">2.2</td></tr>
<tr><td>15</td><td>2.0</td></tr>
<tr><td>18.5</td><td rowspan="2">2.1</td></tr>
<tr><td>22</td></tr>
<tr><td>30</td><td>2.0</td></tr>
<tr><td>37</td><td rowspan="3">2.1</td></tr>
<tr><td>45</td></tr>
<tr><td>55</td></tr>
<tr><td>75</td><td rowspan="8">2.0</td><td rowspan="7">2.0</td></tr>
<tr><td>90</td></tr>
<tr><td>110</td></tr>
<tr><td>132</td></tr>
<tr><td>160</td></tr>
<tr><td>200</td></tr>
<tr><td>250</td></tr>
<tr><td>315</td><td>—</td></tr>
</table>

4.6　在额定电压下,电动机起动过程中最小转矩对额定转矩之比的保证值应符合表 17 的规定。

表 17　最小转矩对额定转矩之比的保证值

<table>
<tr><th rowspan="3">功率/kW</th><th colspan="3">同步转速/(r/min)</th></tr>
<tr><th>3 000</th><th>1 500</th><th>1 000</th></tr>
<tr><th colspan="3">最小转矩/额定转矩</th></tr>
<tr><td>0.55</td><td>—</td><td>1.7</td><td>—</td></tr>
<tr><td>0.75</td><td rowspan="3">1.5</td><td rowspan="3">1.6</td><td>1.5</td></tr>
<tr><td>1.1</td><td rowspan="4">1.3</td></tr>
<tr><td>1.5.</td></tr>
<tr><td>2.2</td><td rowspan="2">1.4</td><td rowspan="2">1.5</td></tr>
<tr><td>3</td></tr>
</table>

表 17（续）

<table>
<tr><td rowspan="3">功率/kW</td><td colspan="3">同步转速/(r/min)</td></tr>
<tr><td>3 000</td><td>1 500</td><td>1 000</td></tr>
<tr><td colspan="3">最小转矩/额定转矩</td></tr>
<tr><td>4</td><td>1.4</td><td>1.5</td><td rowspan="3">1.3</td></tr>
<tr><td>5.5</td><td rowspan="4">1.2</td><td rowspan="4">1.4</td></tr>
<tr><td>7.5</td></tr>
<tr><td>11</td><td rowspan="5">1.2</td></tr>
<tr><td>15</td></tr>
<tr><td>18.5</td><td rowspan="4">1.1</td><td rowspan="4">1.2</td></tr>
<tr><td>22</td></tr>
<tr><td>30</td></tr>
<tr><td>37</td></tr>
<tr><td>45</td><td rowspan="2">1.0</td><td rowspan="2">1.1</td><td rowspan="2">1.1</td></tr>
<tr><td>55</td></tr>
<tr><td>75</td><td rowspan="5">0.9</td><td rowspan="5">1.0</td><td rowspan="5">1.0</td></tr>
<tr><td>90</td></tr>
<tr><td>110</td></tr>
<tr><td>132</td></tr>
<tr><td>160</td></tr>
<tr><td>200</td><td rowspan="3">0.8</td><td rowspan="2">0.9</td><td>0.9</td></tr>
<tr><td>250</td><td rowspan="2">—</td></tr>
<tr><td>315</td><td>0.8</td></tr>
</table>

4.7 在额定电压下，电动机最大转矩对额定转矩之比的保证值应符合表 18 的规定。

表 18 最大转矩对额定转矩之比的保证值

<table>
<tr><td rowspan="3">功率/kW</td><td colspan="3">同步转速/(r/min)</td></tr>
<tr><td>3 000</td><td>1 500</td><td>1 000</td></tr>
<tr><td colspan="3">最大转矩/额定转矩</td></tr>
<tr><td>0.55</td><td>—</td><td rowspan="9">2.3</td><td>—</td></tr>
<tr><td>0.75</td><td rowspan="8">2.3</td><td rowspan="8">2.1</td></tr>
<tr><td>1.1</td></tr>
<tr><td>1.5</td></tr>
<tr><td>2.2</td></tr>
<tr><td>3</td></tr>
<tr><td>4</td></tr>
<tr><td>5.5</td></tr>
<tr><td>7.5</td></tr>
</table>

表 18（续）

<table>
<tr><th rowspan="3">功率/kW</th><th colspan="3">同步转速/(r/min)</th></tr>
<tr><th>3 000</th><th>1 500</th><th>1 000</th></tr>
<tr><th colspan="3">最大转矩/额定转矩</th></tr>
<tr><td>11</td><td rowspan="10">2.3</td><td rowspan="10">2.3</td><td rowspan="6">2.1</td></tr>
<tr><td>15</td></tr>
<tr><td>18.5</td></tr>
<tr><td>22</td></tr>
<tr><td>30</td></tr>
<tr><td>37</td></tr>
<tr><td>45</td><td rowspan="8">2.0</td></tr>
<tr><td>55</td></tr>
<tr><td>75</td></tr>
<tr><td>90</td></tr>
<tr><td>110</td><td rowspan="6">2.2</td><td rowspan="6">2.2</td></tr>
<tr><td>132</td></tr>
<tr><td>160</td></tr>
<tr><td>200</td></tr>
<tr><td>250</td><td rowspan="2">—</td></tr>
<tr><td>315</td></tr>
</table>

4.8　在额定电压下，电动机堵转电流对额定电流之比的保证值应符合表 19 的规定。

表 19　堵转电流对额定电流之比的保证值

<table>
<tr><th rowspan="3">功率/kW</th><th colspan="3">同步转速/(r/min)</th></tr>
<tr><th>3 000</th><th>1 500</th><th>1 000</th></tr>
<tr><th colspan="3">堵转电流/额定电流</th></tr>
<tr><td>0.55</td><td>—</td><td>6.3</td><td>—</td></tr>
<tr><td>0.75</td><td>6.8</td><td>6.5</td><td>5.8</td></tr>
<tr><td>1.1</td><td>7.3</td><td>6.6</td><td>5.9</td></tr>
<tr><td>1.5</td><td>7.6</td><td>6.9</td><td>6.0</td></tr>
<tr><td>2.2</td><td>7.8</td><td>7.5</td><td>6.0</td></tr>
<tr><td>3</td><td>8.1</td><td>7.6</td><td>6.2</td></tr>
<tr><td>4</td><td>8.3</td><td>7.7</td><td>6.8</td></tr>
<tr><td>5.5</td><td>8.0</td><td>7.5</td><td>7.1</td></tr>
<tr><td>7.5</td><td>7.8</td><td>7.4</td><td>6.7</td></tr>
<tr><td>11</td><td>7.9</td><td>7.5</td><td>6.9</td></tr>
<tr><td>15</td><td>8.0</td><td>7.5</td><td>7.2</td></tr>
<tr><td>18.5</td><td>8.1</td><td>7.7</td><td>7.2</td></tr>
</table>

表 19（续）

功率/kW	同步转速/(r/min)		
	3 000	1 500	1 000
	堵转电流/额定电流		
22	8.2	7.8	7.3
30	7.5	7.2	7.1
37	7.5	7.3	7.1
45	7.6	7.4	7.2
55	7.6	7.4	7.2
75	6.9	6.7	6.7
90	7.0	6.9	6.7
110	7.1	6.9	6.7
132	7.1	6.9	6.7
160	7.1	6.9	6.7
200	7.1	6.9	6.7
250	7.1	6.9	6.7
315	7.1	6.9	—
注：计算堵转电流对额定电流之比时，所采用的额定电流应按额定功率、额定电压及效率和功率因数的保证值(不计及容差)求得。			

4.9 电动机电气性能保证值的容差应符合表 20 的规定。对 4.5～4.8 数值修约间隔规定为 0.01。

表 20 电气性能保证值的容差

序 号	电气性能名称	容 差
1	效率(η) 额定功率在 150 kW 及以下 额定功率在 150 kW 以上	 $-0.15(1-\eta)$ $-0.10(1-\eta)$
2	功率因数($\cos\varphi$)	$-(1-\cos\varphi)/6$，最少-0.02，最多-0.07
3	堵转转矩倍数	保证值的－15%，＋25%(经协议可超过＋25%)
4	最小转矩倍数	保证值的－15%
5	最大转矩倍数	保证值的－10%
6	堵转电流倍数	保证值的＋20%
7	转差率(在满载和工作温度下) 额定功率在 1 kW 以下 额定功率在 1 kW 及以上	 保证值的±30% 保证值的±20%
注：转差率保证值＝[同步转速－额定转速(铭牌值)]/同步转速。		

4.10 电动机定子绕组温升。

4.10.1 电动机采用 155(F)级绝缘，当海拔和环境空气温度符合 4.2 规定时，电动机定子绕组的温升(电阻法)按 80 K 考核。温升数值修约间隔为 1。

如试验地点的海拔或环境空气温度与 4.2 的规定不同时，温升限值应按 GB 755—2008 的规定修正。

4.10.2 用电阻法测量绕组温度时，应在热试验结束就尽快使电动机停转。电动机断电后能在表21给出的时间内测得第一点读数，则以此读数计算得到的温升不需要外推至断电瞬间。

表21 断电后间隔时间

额定功率/kW	断电后间隔时间/s
≥0.55～50	30
≥50～200	90
≥200～315	120

如不能在上述间隔时间内测得第一点读数，则应按GB 755—2008的规定。

4.10.3 电动机轴承的允许温度(温度计法)应不超过95 ℃。

4.11 电动机在热状态和逐渐增加转矩的情况下，应能承受4.7所规定的最大转矩值(计及容差)，历时15 s短时过转矩试验而无转速突变、停转及发生有害变形。此时，电压和频率应维持在额定值。

4.12 电动机应能承受1.5倍额定电流，历时不少于2 min的偶然过电流试验而不损坏。

4.13 电动机的安全运行速度，除非铭牌上另行表明，否则机座号315及以下的所有电动机应能在GB 755—2008表17列出的转速之内安全连续运行。

4.14 电动机在空载情况下，机座号315及以下的电机应能承受提高转速至1.2倍的最大安全运行速度，机座号355的电机应能承受提高转速至1.2倍的最高额定转速，历时2 min的超速试验而不发生有害变形。

4.15 电动机定子绕组绝缘电阻在热状态时或热试验后，应不低于0.38 MΩ。

4.16 电动机的定子绕组应能承受为时1 min的耐压试验而不发生击穿，试验电压的频率为50 Hz，并尽可能为正弦波形，电压的有效值为1 760 V。

在传送带上大批连续生产的200 kW及以下电动机进行检查试验时，允许将试验时间缩短至1 s，而试验电压的有效值为2 110 V。

4.17 电动机定子绕组应能承受匝间冲击耐电压试验而不击穿，其试验冲击电压峰值按JB/T 9615.2—2000的规定。

4.18 电动机的定子绕组在按GB/T 12665—2008所规定的40 ℃交变湿热试验方法进行6周期试验后，绝缘电阻应不低于0.38 MΩ，并应能承受4.16所规定的耐电压试验而不发生击穿，但电压的有效值为1 500 V，试验时间为1 min。

4.19 电动机的机械振动

4.19.1 电动机在空载运行时测得的振动强度应不超过表22的规定。

表22 不同轴中心高 H(mm)用位移、速度和加速度表示的振动强度限值(方均根值)

轴中心高 H/mm	80＜H≤132			132＜H≤280			280＜H≤355		
安装方式	位移/μm	速度/mm/s	加速度/m/s^2	位移/μm	速度/mm/s	加速度/m/s^2	位移/μm	速度/mm/s	加速度/m/s^2
自由悬置	25	1.6	2.5	35	2.2	3.5	45	2.8	4.4
刚性安装	21	1.3	2.0	29	1.8	2.8	37	2.3	3.6

4.19.2 检查试验时，只需测量振动的速度。型式试验时，所有三种振动量值都应测量。

注：当检查试验是在自由悬置安装条件下做的，型式试验则必须包括在刚性安装情况下的试验。

4.19.3 在测得振动位移有效值的数值时，修约间隔为1，在测得振动速度、加速度有效值的数值时，修约间隔为0.1。

4.20 电动机在空载时测得的A计权声功率级的噪声数值应符合表23所规定的数值，电动机在负载时测得的A计权声功率级应符合表23和表24所规定值之和的数值。噪声数值的容差为+3 dB(A)。

修约间隔为 1。

表 23　A 计权声功率级的噪声数值

中心高/mm	同步转速/(r/min)		
	3 000	1 500	1 000
	声功率级/dB(A)		
80	62	56	—
90	67	59	57
100	74	64	61
112	77	65	65
132	79	71	69
160	81	73	70
180	83	76	73
200	84	76	73
225	86	78	74
250	89	79	76
280	91	80	78
315	92	88	83
355	100	95	85

表 24　负载噪声数值的增值

中心高/mm	同步转速/(r/min)		
	3 000	1 500	1 000
	声功率级/dB(A)		
$80 \leqslant H \leqslant 160$	2	5	7
$180 \leqslant H \leqslant 200$	2	4	6
$225 \leqslant H \leqslant 280$	2	3	5
$H=315$	2	3	5
$H=355$	2	2	4

4.21　当三相电源平衡时，电动机的三相空载电流中任何一相与三相平均值的偏差应不大于三相平均值的 10%。

4.22　电动机在检查试验时，空载与堵转的电流和损耗，应在某一数据范围之内，该数据范围应能保证电动机性能符合 4.4～4.9 的规定。

4.23　电动机有一个圆柱形轴伸，双方另有协议时允许电动机制成两个轴伸，第二轴伸应能传递额定功率，但只能用联轴器传动。

4.24　电动机应制成具有 6 个出线端。从主轴伸端视之，电动机的接线盒应置于机座右面或顶部，电动机的接线盒内应有接地端子，对机座号 315 及以上的电动机，应在机座上另设一个接地端子，并应在接地端子的附近设置接地标志，此标志应保证在电动机整个使用时期内不易磨灭。

4.25　电动机的旋转方向应符合 GB 1971—2006 的规定。

4.26　电动机的安全性能应符合 GB 14711—2006 的要求。

5 检验规则

5.1 每台电动机须检验合格后才能出厂，并应附有产品合格证。

5.2 每台电动机应经过检查试验，检查试验项目包括：

a) 机械检查(按 5.5、5.6 的规定)；

b) 定子绕组对机壳及绕组相互间绝缘电阻的测定(检查试验时可测量冷态绝缘电阻，但应保证热态时绝缘电阻不低于 4.15 的规定)；

c) 定子绕组在实际冷状态下直流电阻的测定；

d) 耐电压试验；

e) 匝间绝缘试验；

f) 空载电流和损耗的测定；

注：在型式试验时需量取空载特性曲线。

g) 堵转电流和损耗的测定；

注：在型式试验时需量取堵转特性曲线。

h) 噪声的测定(按 5.6 的规定)；

i) 振动的测定(按 5.6 的规定)；

j) 旋转方向的检查。

5.3 凡遇下列情况之一者，必须进行型式试验：

a) 经鉴定定型后制造厂第一次试制或小批试生产时；

b) 电动机设计或工艺上的变更足以引起某些特性和参数发生变化时；

c) 当检查试验结果和以前进行的型式试验结果发生不可容许的偏差时；

d) 成批生产的电动机定期的抽试，每年抽试一次。当需要抽试的数量过多时，抽试时间间隔可适当延长，但至少每二年抽试一次。

5.4 电动机的型式试验项目包括：

a) 检查试验的全部项目；

b) 热试验；

c) 效率、功率因数的测定(测定效率时允许卸下轴密封圈)；

d) 短时过转矩试验；

e) 最大转矩的测定；

f) 起动过程中最小转矩的测定；

g) 超速试验(当有协议作出规定时进行该试验)。

5.5 电动机的机械检查项目包括：

a) 转动检查：电动机转动时，应平稳轻快，无停滞现象。

b) 外观检查：检查电动机的装配是否完整正确，电动机表面油漆应干燥完整、均匀、无污损、碰坏、裂痕等现象。

c) 安装尺寸、外形尺寸及键的尺寸检查：安装尺寸及外形尺寸应符合 3.9.1 的规定；键的尺寸应符合 3.9.2 的规定。

d) 圆跳动、底脚支撑面的平行度和平面度及键槽对称度的检查：圆跳动应符合 3.9.3 和 3.9.4 的规定。底脚支撑面的平行度和平面度应分别符合 3.9.5 和 3.9.6 的规定。键槽对称度应符合 3.9.7 的规定。底脚支撑面的平面度和键槽对称度允许在零部件上进行检查。

5.6 5.5 的 a)和 b)应逐台检查，5.2 的 h)和 i)及 5.5 的 c)和 d)可以抽查，抽查办法由制造厂制定。

5.7 5.2[其中的 e)、h)、i)和 j)除外]和 5.4 所规定的各项试验，其试验方法按照 GB/T 1032—2005 进行，5.2 的 e)按照 JB/T 9615.1—2000 进行。5.2 的 h)按 GB/T 10069.1—2006 进行，负载噪声按

GB/T 10069.1—2006 的附录 D 进行。5.2 的 i)按 GB 10068—2008 进行。5.2 的 j)按 GB 1971—2006 进行。5.5 所规定的安装尺寸及公差的检查按照 GB/T 4772.1—1999 进行。

5.8 电动机外壳防护等级的试验,偶然过电流试验及 40 ℃交变湿热试验,可在产品结构定型或当结构和工艺有较大改变时进行。外壳防护等级的试验方法按照 GB/T 4942.1—2006 进行。40 ℃交变湿热试验按照 GB/T 12665—2008 进行。

6 标志、包装及保用期

6.1 铭牌材料及铭牌上数据的刻划方法,应保证其字迹在电动机整个使用期间内不易磨灭。

6.2 铭牌应固定在电动机机座的上半部,应标明的项目如下:

a) 制造厂名及地址;

b) 电动机名称(高效率三相异步电动机);

c) 电动机型号;

d) 外壳防护等级(允许另做铭牌);

e) 额定功率,单位为 kW;

f) 额定频率,单位为 Hz;

g) 额定电流,单位为 A;

h) 额定电压,单位为 V;

i) 额定转速,单位为 r/min;

j) 热分级;

k) 接线方法(△或 Y);

l) η;

m) $\cos\varphi$;

n) 制造厂出品年月和出品编号;

o) 质量,单位为 kg;

p) 标准编号。

6.3 电动机定子绕组的 6 个出线端及在接线板的接线位置上均应有相应的标志,并应保证其字迹不易磨灭。其标志按表 25 的规定。

表 25 出线端标志

定子绕组名称	出线端标志	
	始端	末端
第一相	U1	U2
第二相	V1	V2
第三相	W1	W2

6.4 轴伸及平键表面应加防锈及保护措施。凸缘式电动机并须在凸缘的加工面上加防锈及保护措施。

6.5 电动机的轴伸平键、使用说明书(同一用户同一型式的一批电动机至少供应一份),及产品合格证应随同每台电动机供给用户。

6.6 电动机的包装应能保证在正常的储运条件下,自发货之日起的一年时间内不致因包装不善而导致受潮与损坏。

6.7 包装箱外壁的文字和标志应清楚整齐,内容如下:

a) 发货站及制造厂名;

b) 收货站及收货单位名称;

c) 电动机型号和出品编号;

d) 电动机的净重及连同箱子的毛重；

e) 箱子尺寸；

f) 在箱子的适当位置应标有“小心轻放”、“怕雨”等字样，其图形应符合 GB/T 191—2008 的规定。

6.8 在用户按照使用说明书的规定，正确地使用与存放电动机的情况下，制造厂应保证电动机在开始使用一年内，或自制造厂起运的日期不超过两年的时间内能良好地运行。如在此规定时间内电动机因制造质量不良而发生损坏或不能正常工作时，制造厂应无偿地为用户修理或更换零件或电动机。

ICS 75.060
E 24

中华人民共和国国家标准

GB/T 22723—2008

天然气能量的测定

Energy determination for natural gas

(ISO 15112:2007,Natural gas—Energy determination,MOD)

2008-12-31 发布　　2009-08-01 实施

中华人民共和国国家质量监督检验检疫总局
中国国家标准化管理委员会　发布

前　言

本标准修改采用 ISO 15112:2007《天然气——能量测定》。

本标准根据 ISO 15112:2007 重新起草。

本标准与 ISO 15112:2007 的主要差异如下:

——把 ISO 15112 标准中与计量器具相关的"校准"修改成"检定或校准";

——第 1 章　范围,在保持 ISO 15112 内容的基础上,增加标准参比条件的规定和提示按 GB/T 18603—2001《天然气计量系统技术要求》标准的要求配置计量系统的注;

——第 2 章　规范性引用文件,用 GB/T 11062 标准替代 ISO 15112 中的 ISO 6976 标准,并增加了 GB/T 18603 和 GB/T 20604 标准,以及 JJF 1001 规范;

——第 3 章　术语与定义,删除引用标准 GB/T 20604 标准和 JJF 1001 规范已经有的定义,只保留 ISO 15112 中的 23 项定义;

——第 4 章符号与单位,把 ISO 15112 中的符号及对应的单位按 GB/T 1.1 的要求列表;

——附录 A (资料性附录) 能量测定推荐使用的仪器和方法,参照 GB/T 18603—2001 重新编写,给出我国不同界面的推荐内容;

——附录 E (资料性附录) 体积换算和能量计算实例,在 ISO 15112 附录 E 的基础上增加我国可能使用的计算方法的注;

——删除 ISO 15112 附录 I,后续附录编号顺延;

——参考文献,使用国内的标准替代国外标准,标准文本中涉及到的引用也做相应的修改。

本标准的附录 A、附录 B、附录 C、附录 D、附录 E、附录 F、附录 G、附录 H 和附录 I 均为资料性附录。

本标准由全国天然气标准化技术委员会(SAC/TC 244)提出。

本标准由全国天然气标准化技术委员会(SAC/TC 244)归口。

本标准主要起草单位:中国石油西南油气田分公司天然气研究院。

本标准参加起草单位:中国石油大庆油田股份有限公司、中国石油西气东输管道公司南京计量测试中心、中国石油西南油气田分公司天然气计量检测中心和中国石油集团工程设计有限责任公司西南分公司。

本标准主要起草人:黄黎明、张福元、郭绪明、徐兆明、常宏岗、罗勤、高军、丘逢春、许文晓、陈赓良、黄和、唐蒙。

天然气能量的测定

1 范围

本标准提供了采用测量或计算的方式对天然气进行能量测定的方法，并描述了必需采用的相关技术和措施。能量的计算是基于分别测量被输送天然气(以下简称“气体”)的量(质量或体积)及其发热量(由测量或计算获得)。本标准还给出能量测定不确定度估算的通用方法。

本标准仅涉及目前正在使用的系统。

本标准适用于从民用气到高压气输送的任何气体计量站。

本标准不排斥新技术的应用，只要该技术被证实与本标准所涉及的技术等同或更好。

气体计量系统不是本标准的主题。

注：本标准的使用者应按照 GB/T 18603 的要求选择相应的能量测定方法。

本标准采用的标准参比条件为：体积计量：压力为 101.325 kPa，温度为 20 ℃；能量计量：压力为 101.325 kPa，温度为 20 ℃，干基。也可使用合同规定的其他参比条件。

2 规范性引用文件

下列文件中的条款通过本标准的引用而成为本标准的条款。凡是注日期的引用文件，其随后所有的修改单(不包括勘误的内容)或修订版均不适用于本标准，然而，鼓励根据本标准达成协议的各方研究是否可使用这些文件的最新版本。凡是不注日期的引用文件，其最新版本适用于本标准。

GB/T 11062　天然气发热量、密度、相对密度和沃泊指数的计算方法(GB/T 11062—1998，neq ISO 6976:1995)

GB/T 18603—2001　天然气计量系统技术要求

GB/T 20604　天然气　词汇(GB/T 20604—2006，ISO 14532:2001，IDT)

JJF 1001　通用计量术语及定义

3 术语和定义

GB/T 20604 和 JJF 1001 确立的以及下列术语和定义适用于本标准。

3.1

赋值方法　assignment method

在只有体积测量的特定界面上使用的气体发热量获取方法。

3.2

有效性　availability

在任何时候，测量系统或者组成该测量系统的测量仪器，能按照其技术指标要求运行的可能性。

3.3

发热量站　calorific value station

在管线上由测定天然气发热量所需设备构成的装置。

3.4

调整发热量　adjusted calorific value

对在计量站测定的发热量，用气体从此站输送到使用其值的对应体积计量站所需时间进行补偿的发热量。

3.5

校正发热量　corrected calorific value

为了补偿系统误差，对测量值进行校正的发热量。

3.6

公告发热量　declared calorific value

预先通报在各界面使用的、用于能量测定目的的发热量。

3.7

有代表性的发热量　representative calorific value

公认的、与某个界面的实际发热量非常接近的发热量。

3.8

计费区　charging area

使用相同方法进行能量测定的一系列界面。

3.9

换算　conversion

将操作条件下的体积转换为参比条件下的体积。

3.10

测定　determination

为了提供某个物体的定性或定量信息，而对其实施的一系列操作。

注：本标准中，术语测定仅用于定量。

3.11

能量　energy

气体量(质量或者体积)与其发热量在给定条件下的乘积。

注1：能量也可称为能量总量。

注2：能量通常以MJ为单位表示。

3.12

能量测定　energy determination

在测量或采用测量值计算的基础上，对一定量气体的能量总数进行定量测定。

3.13

能量流量　energy flow rate

单位时间内流经横截面的气体能量。

注：能量流量通常以MJ/s单位表示。

3.14

固定赋值　fixed assignment

对于在某个特定的发热量测量站测定的发热量，或者为通过一个或多个界面的气体预先公告的发热量，在使用期间其值不进行修正。

3.15

气体输送商　gas transporter

将天然气通过管道从一个地方输送至另一个地方的公司。

3.16

管网模拟　grid simulation

根据给出的管道布局数据、入口点和出口点的流量以及各点的压力和温度，通过数学模型计算出一组管道或管网中的压力和流量数据。

注：任何管网模拟的目的都是为了获得未来状态下气体的压力和流量信息。模拟结果是气体流动状态下的一种估计。

3.17

界面　interface

在输送或供气管道上，气体的所有权发生变化或者发生自然交接的地方。

注：一般而言，每个界面都有一个相关的计量站。

3.18

本地分销商　local distribution company

将天然气输送给工业、商业和(或)居民用户的公司。

3.19

合理性　plausibility

量值的一个特性，指其处于合理的界限之内。

3.20

生产商　producer

将未加工的天然气从气藏中开采出来，经过加工处理和(贸易)计量后，以干天然气的形式供应至输送系统的公司。

3.21

区域分销商　regional distributor

将天然气交付给本地分销商和(或)工业、商业或居民用户的公司。

3.22

可变赋值　variable assignment

基于发热量站的测量值，以一种赋值程序确定通过一个或多个界面发热量的方法。

注：所应用的发热量可能会涉及将气体从发热量测定站输送到相应体积计量站所需要的时间和其他影响因素，以获得管网的平均发热量，及整个管网发热量变化的状态重构等。

3.23

零位浮点　zero floating point

输气管网中的一个分界位置，在此位置的两端有不同气质气体。

4　符号与单位

表1中的符号与单位适用于本标准。

表1　符号与单位

符号	含义	量纲[a]	单位符号
E	能量[b]	ML^2T^{-2}	MJ,kWh
e	能量流量	ML^2T^{-3}	MJ/h,kWh/s
H	发热量	L^2T^{-2} 或 $ML^{-1}T^{-2}$	MJ/m^3,kWh/m^3 或 MJ/kg,kWh/kg
M	摩尔质量	Mm^{-1}	g/mol,kg/kmol
P	压力(绝对)	$ML^{-1}T^{-2}$	MPa;kPa
Q	天然气的量[c]	L^3 或 M	m^3 或 kg
V	体积(天然气)	L^3	m^3
T	温度(绝对)	θ	K

表 1（续）

符号	含义	量纲[a]	单位符号
t	时间	T	s,h,d
Z	压缩因子	1	
θ	温度	θ	℃
ρ	密度	ML^{-3}	kg/m^3
下标：S 表示高位（发热量）； 1 表示操作条件； m 表示质量； n 表示标准参比条件。			
a 在“量纲”栏中，质量、长度、时间、摩尔和热力学温度的量纲，分别用 M、L、T、m 和 θ 表示。 b 此处发热量单位为 MJ/m^3，天然气体积单位为 m^3，或者发热量单位为 MJ/kg，天然气质量单位为 kg，则计算的能量值的单位为 MJ；此处发热量的单位为 kWh/m^3，而天然气体积单位为 m^3，或者发热量单位为 kWh /kg，而天然气质量单位为 kg，则计算的能量值的单位为 kWh；将 MJ 换算为 kWh 时，除以 3.6。 c 当天然气的量以 m^3 表示时，则应限定温度和压力值。			

5 一般原理

一定量气体所含能量（E）为气体量（Q）与对应发热量（H）的乘积。

可直接测定能量（见图 1），也可通过气体量及其发热量计算能量（见图 2）。

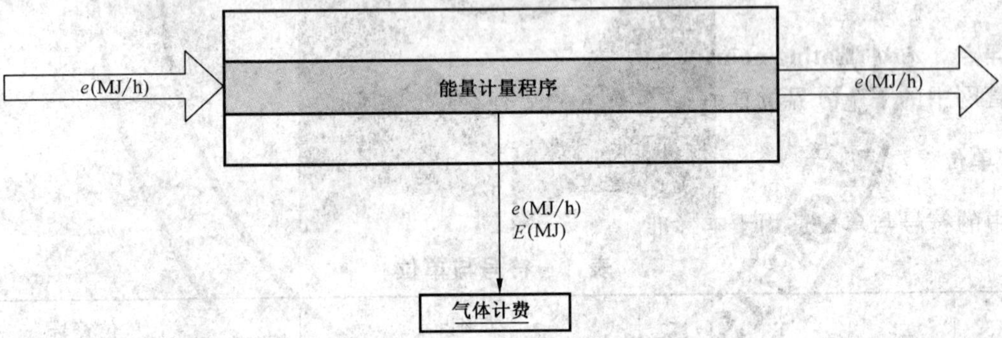

图 1 能量计量示意图

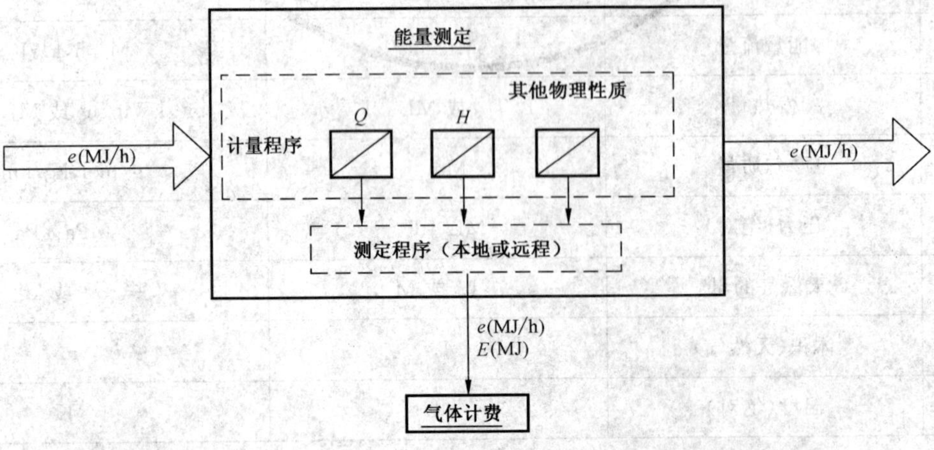

图 2 能量测定示意图

通常，气体的量以体积表示，其发热量则以体积为计算基准。为了能够准确地进行能量测定，应使气体体积和发热量处于同一参比条件下。能量测定既可以是连续的几组发热量和相同时间内流量乘积的累加计算，也可以是这段时间内气体的总体积与其有代表性的(赋值)发热量的乘积。

在发热量不断变化及测量流量和(有代表性的)发热量测定在不同地点进行的情况下，应考虑流量和发热量测定的时间差异而引起的对准确度的影响(见第11章)。

气体体积可以在标准参比条件下测量和呈报；也可以在其他参比条件下测量，并以合适的体积换算方法将其换算为标准参比条件下的等量体积。在特定气体体积计量站使用的体积换算方法可能需要在其他位置上测量的气质数据。

发热量可以在气体计量站测定；也可以在其他一些有代表性的地点测定，并将结果赋值给气体计量站。气体的量及其发热量也可以质量为基准表示。

第10章将进一步论述当气体的量分别以体积和质量为基准时能量测定的一般原理。

为了计算一段时间内通过某气体计量站的气体的能量，可采用第7章至第10章中的能量测定方法。这些方法涉及整个时间段的积分，包括对能量流量的积分或对气体流量在该时间段的积分以获得气体量数据，再将该气体量乘以有代表性的发热量。

第7章至第10章中能量测定的一般原理与所使用的积分方法无关。积分方法影响测定能量的不确定度，在第11章中考虑了这些影响。

6 气体计量

6.1 概述

计量站实际使用的计量设备和方法取决于流量、气体的商业价值、气质变化、冗余要求以及仪器的技术规格。只宜使用已在各个界面通过验证、并符合GB/T 18603不同等级计量系统要求的方法和计量设备或产品测量天然气的量。附录A给出不同界面推荐使用的技术、方法和设备。

应根据标准和(或)国家法规使用合适的流量和发热量测量方法。

宜采取措施以识别和解决系统影响。例如，使用不同的国家标准、法规和(或)操作程序，会引入系统差值；合同各方宜确定适当的方法克服这些差值。

一般而言，测量结果的质量取决于操作条件、维护频率和质量、检定或校准标准、取样和清洗、气体组成的改变以及计量设备老化等因素。如果能够满足厂家及相关标准的要求，并严格遵循操作、检定或校准及维护的所有操作程序，则能获得高的准确度。

6.2 体积测量

天然气计量站内的体积流量计量系统由一个或多个计量回路组成。通常这些流量计是测量实际操作条件下的气体体积。

为某个特定的应用选择流量计系统时，至少要考虑流动条件、流量测量范围、操作条件(尤其是操作压力)、可接受的压力损失以及要求的准确度等因素。

附录A中列出了在第1至6个输送界面中最常使用的测量天然气体积流量的仪器设备。

6.3 发热量测量

6.3.1 测量技术和取样

发热量测量系统由取样系统和直接测量(例如燃烧式热量计)、间接测量(例如气相色谱仪)、关联技术等三种测量设备中的一种组合构成。

发热量测量过程中，要取得较高的准确度需要使用有代表性的样品。它取决于测量系统、操作程序、气体组成的波动和(或)输送气体的量。

可使用连续直接取样、周期定点取样和递增(累积)取样等技术之一进行取样，所取样品既可用于在线分析，也可用于离线分析。

6.3.2 直接测量——热量计法

直接测量是以恒定流速流动的天然气在过量的空气中燃烧，所释放的能量被传递到热交换介质，并使其温度升高。气体的发热量与升高的温度直接相关。

热量计法用于界面1至3和界面5。

6.3.3 间接测量

间接测量是依据GB/T 11062由气体组成计算发热量。

应用最广泛的分析技术是气相色谱。气相色谱法测量用于界面1至3和界面5。

6.3.4 关联技术

关联技术是利用气体的一个或多个物理性质及其发热量之间的关系进行测定。也可使用化学计量燃烧原理。

6.4 体积换算

6.4.1 概述

将在操作条件下测量的天然气体积换算为参比条件下的体积是基于气体压力、温度和压缩因子(pTZ换算)或操作和参比条件下的气体密度(密度换算)方法。

详细参见附录C、E.1和E.2。

6.4.2 密度

体积数据的换算可能需要用到参比条件下的密度。质量流量测定或体积换算都需要测定操作条件下的密度。

6.4.3 压力和温度

将操作条件下的气体体积换算为参比条件下的体积时应测量压力和温度。

6.4.4 压缩因子

对于气体体积换算，压缩因子可以用摩尔组成分析对气体组成进行计算而得(参见E.2)，或用物理性质及某些(非烃)组分含量进行计算而得(参见E.1)，也可以由Z值仪测定而得。

可以根据GB/T 11062计算标准参比条件下的压缩因子。根据某个特定计量点输送的气体量以及压力、温度和组成的变化情况，压缩因子可被设为一个常量或应随时计算。

本标准的用户在高压下选择压缩因子计算方法时应考虑气体组成(尤其是较重烃类之间的摩尔关系)对计量准确度的影响。

6.5 检定或校准

检定或校准的质量对测量结果的真实度有显著影响。由测量设备的稳定性决定检定或校准频率。检定或校准应能溯源到合适的标准装置和标准物质。

有代表性的检定或校准宜在接近计量仪表的操作条件下进行。对于发热量测量设备而言，所使用的标准气的发热量或组成宜接近被测气体预期的发热量或组成。

在对用于能量测定的任何测量仪器进行检定时，如果仪器读数和由标准给出的相应值之间的偏差超出了规定的范围，则应对可能建立测量值和标准给出值之间最小差值的仪器进行调整，或者对后续周期的测量值进行校正以得到正确值的方法，对测量仪器进行检定或校准。

视仪器的类型不同，实际的调整或校正过程可手动或自动进行。

在检定或校准发热量测量仪器时，如果测量值和认证值之间出现差值，则应在后续运行周期中使用测量值的校正值或调整值。

6.6 数据储存和传输

应安全储存能量测定的相关数据。储存时间和地点应考虑国家法规、标准和(或)合同要求。

数据包括提供和(或)构成能量的信息，和数据有效性或计量站(硬件和软件)运行信息。

对于数据传输，应采取安全的程序以确保数据的完整性。

7 能量测定

7.1 界面

7.1.1 从生产厂商或储气库到终端用户的合同各方之间的天然气贸易交接，一般要通过气体输送商、区域分销商、本地分销商中的某些或所有中间阶段。

图 3 和图 4 中标记为 1 至 6 的方框代表交接链中不同的界面；它们在物理上可以是由一个真实的计量站构成，也可被当做没有任何测量发生的虚拟界面，或作为表示按合同要求规定的发送或重新发送地点。合同方之间交接链中的能量测定在界面 1 至 6 进行(见图 3 和图 4)，这些界面常被称为发送和(或)重新发送地点。图 3 为从生产商到终端用户之间的交接链；图 4 附加地包括一个储气操作商，它通常为生产商、气体输送商和区域分销商储存供今后使用的气体。不同输气管线的界面数量可能有差异。如果这些界面是实际的计量站，则它们可用作气体计费界面。

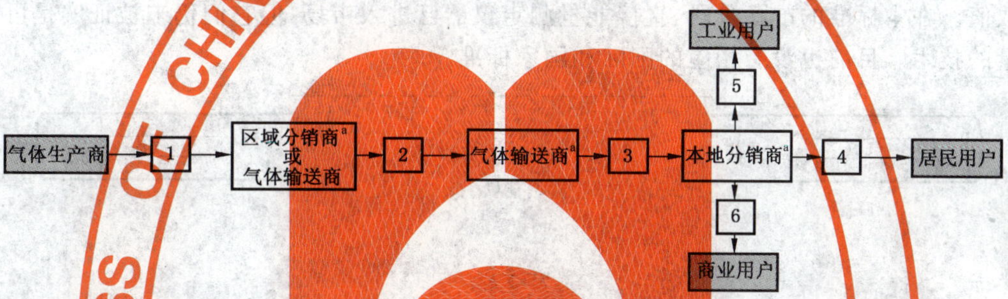

1～6——界面；

[a] 如果存在。

图 3 从生产商到终端用户之间能量测定的可能界面

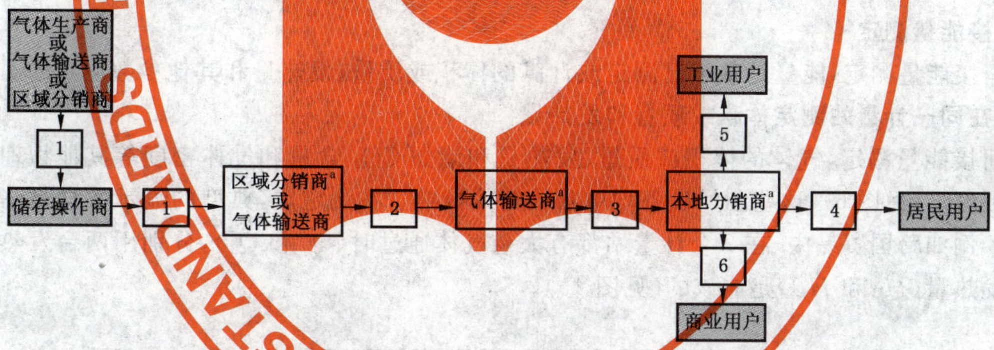

1～6——界面；

[a] 如果存在。

图 4 从生产商到终端用户(包括气体储藏)之间能量测定的可能界面

7.1.2 不同交接情况的三种不同模式示例

7.1.2.1 气体输送商直接向工业用户供气

为了在界面 5 进行能量测定，需在界面 2 或 5 测量气体的体积。由于没有涉及区域分销商或储气公司以及本地分销商，如果预计气体量(参见图 B.1)能基本保持稳定，就可以使用在界面 2 测定的发热量。

7.1.2.2 气体生产商直接向工业用户供气

几个气体输送商和区域分销商共同使用管道系统输送气体，不涉及本地分销商。在到达工业用户的途中，气质不会发生变化。在界面 5 进行能量测定时，气体体积在界面 5 测定，而发热量可在界面 5、3 或 2 测定。

7.1.2.3 本地分销商供气给终端用户、商业和工业用户本地分销商由区域分销商或气体输送商或储气公司供气。进行能量测定时体积测量在界面4至6进行。由于气质不同(参见图B.3),区域分销商为界面3的发热量测定应用状态重构程序;本地分销商将此发热量用于界面4至6的能量测定。

7.1.3　能量测定方法与许多重要的因素有关;制定适宜的能量测定策略时应考虑这些因素,以便使本标准的用户能够进行正确的能量测定。这些因素包括管网布局、流动方向、气体外输结构或消费结构、发热量变化规律、技术装备、合同要求和国家法规。

7.2　能量测定方法

本节给出方法的主要目的是支持输送管网内符合要求的能量平衡,以及给各界面提供考虑了经济方面因素的合理的能量测定方法。

7.2.1　直接能量测定

直接能量测定法(见图5)不测定单个的物理参数(如 Q 和 H)。在测定点检定或校准并显示能量流量和能量数值。在本标准的准备阶段,直接能量测定仪器已进入市场,但它们仍未被证实是可以用于贸易交接计量的技术。目前也没有相应的国际和国家标准。

图5　直接能量测定

7.2.2　间接能量测定

对于间接能量测定,能量是基于已测定或计算的体积或质量、发热量和其他参数测定的。

7.2.2.1　在同一计量站测定体积或质量和发热量

对于间接能量测定,气体的体积或质量、发热量和诸如 CO_2 含量和气体密度等其他物理参数是在计量站分别测定(见图6);这些测量设备均单独检定或校准。在测定点,典型的显示数据是体积流量和能量数值。例如跨国贸易中,在2个计量站都有大量气体通过时(Q_1 和 Q_2),分别用两台发热量测定设备测定其发热量(H_{s1} 和 H_{s2})是应该的(见图15)。

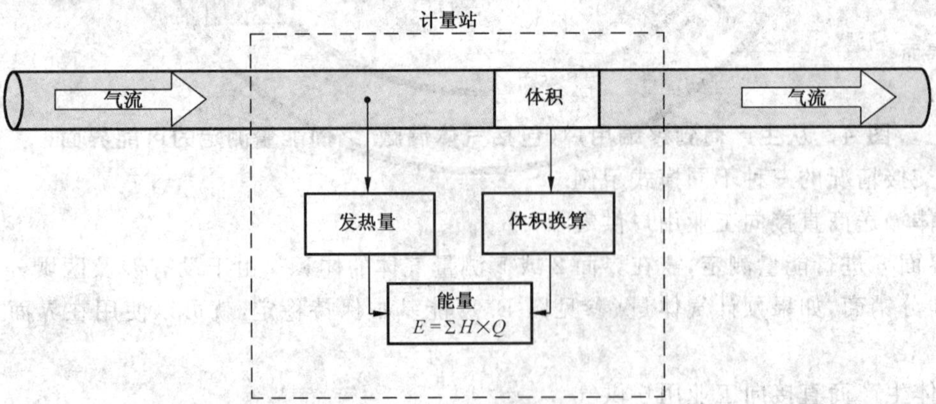

图6　本地在线发热量测定

另一种方法是收集计量站的发热量和体积数据,并将数据发送到不同的能量测定中心站,在此测定能量流量和能量数量。

由于局部气质情况和经济上的原因,有时在计量站内(按时间控制或流动控制方式)采集气体样品,但在其他地方测定发热量(见图 7)。

7.2.2.2 在不同计量站测定体积或质量和发热量

在合同各方的不同交接点均进行体积测定时，如果也同时操作发热量测定设备，则因其费用极其昂贵而难以实现。因此最常用的方法(尤其在大规模供气系统)是为所测体积赋一个有代表性的发热量值(见第 9 章)。为这些界面(体积测定点)赋值的发热量是别处的测量值或是由几个有代表性的测量值产生的一个值(见图 8)。这些值是能量测定的基础。赋值方式由管网中的输入站或输出站的位置和气体流动状态决定(见第 9 章)。

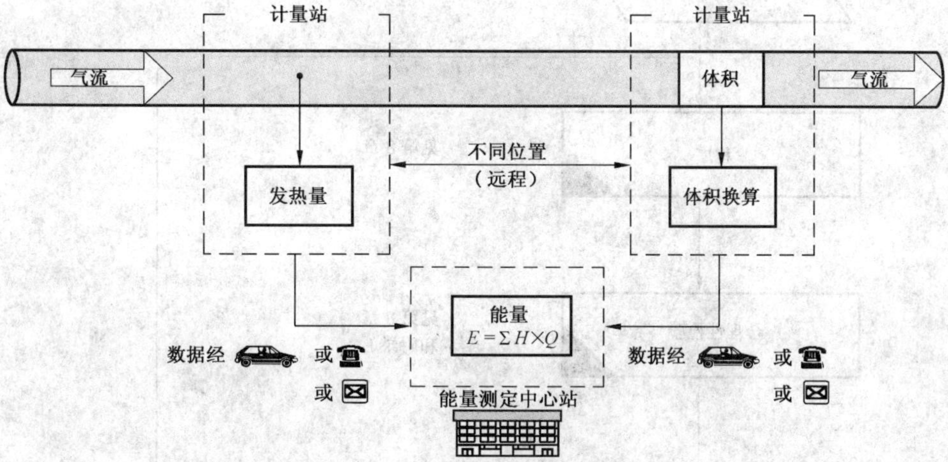

图 7 本地离线发热量测定

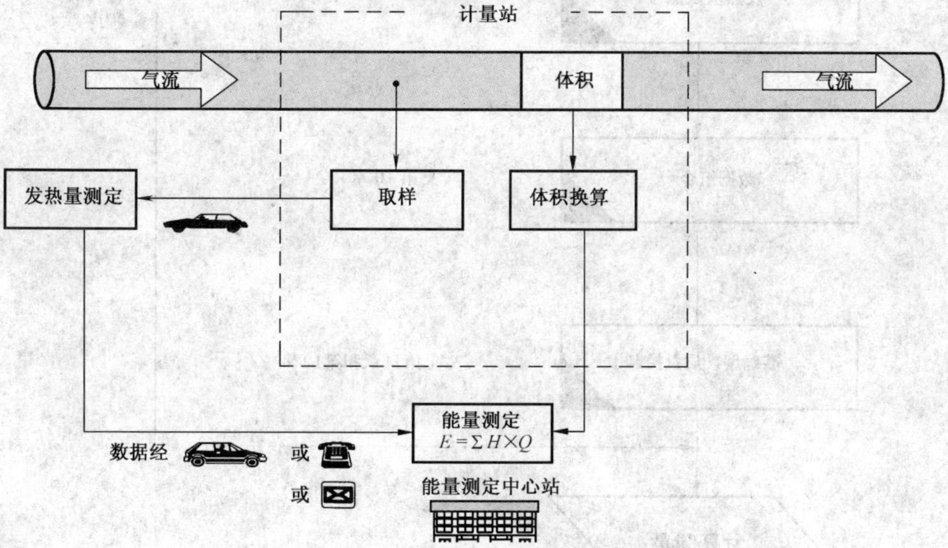

图 8 远程发热量测定示例

8 策略与程序

8.1 概述

本标准中所谓的"设计"包含了实现能量测定策略所必需的信息及其获取途径，并结合考虑了预期的数据处理过程。

能量测定以评估合理的能量测定策略开始，然后是所测数据合理性检验；接下来的步骤是有代表性发热量的赋值和数据组合(计算程序)；最后为质量控制。

包括"开始"和"结束"的能量测定示意图如图 9 所示。

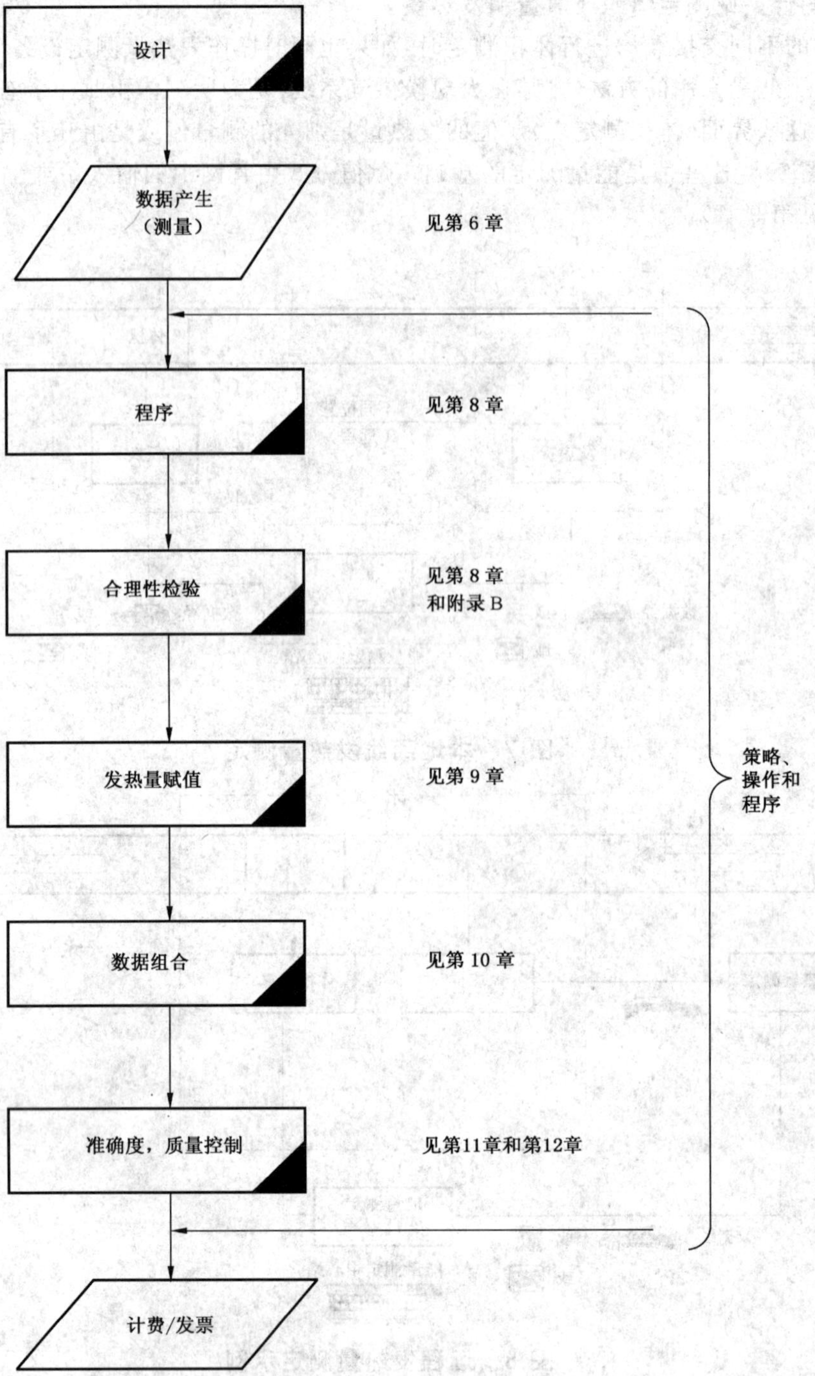

图9　间接能量测定策略

原则上，应采用精心制定的能量测定策略和适用的能量测定方法和程序，并保持不变。除非能够保证改善或维持结果的准确度，或由于气体流动情况和(或)气质条件发生变化，致使这些方法或程序不再适用，才可改变。

另外，当经济方面发生重大变化时，也应改变适用的方法或程序。

气体计量系统并非本标准的主题。然而，由新系统或经过改进的设备产生的数据可能会引起数据的变化；这可能会造成对能量测定的修正。

8.2 能量测定策略

在能量测定周期中，合理的能量测定策略需要考虑在特定界面上与供气状况有关的发热量变化过程和特定界面上所测量数据的正确性(如原始数据)。

考虑某个界面的气质变化是能量测定合理性和准确性的关键因素，例如，有关界面上发热量测定的溯源性。

上述溯源性非常重要，因为各界面间的能量测定即使只有一处不相对应，就会对合同的某一方不利，故应避免出现这种情况。例如，在那些只测定体积的界面上使用不匹配的发热量或其他一些物性数据(如密度和 CO_2 含量)，或者在不进行严格检查的情况下使用原始数据，就会出现上述情况。

通常，气质变化取决于该界面的供气情况，因而应证明：

a) 通过后续界面的气体是否仅来自一个气源(见图 12、图 13 和图 15)或

b) 通过后续界面的气体是否来自多个气源(见图 14 和图 15)。

根据图 14 和图 15 的供气现状，经常会由于气体进出界面而导致合理的气质变化。

因此，当决定是否将一个应用于计费目的的能量测定周期(例如一个月或一年)再细分为不同周期时，在该能量测定周期中的气质变化状况是极为重要的。

一天内的气质变化通常不再细分到每小时之间的变化。示例参见附录 B。

8.2.1 单个界面的策略

8.2.1.1 概述

一般情况下量大的气体通过界面 1 至 3(见图 3 和图 4)。对于界面 2 和 3 而言，相关发热量可相对容易地由本地测量(见图 6 和图 7)、远程发热量测量(见图 8)和如质量跟踪(见 9.3.3)的合适的赋值方法测定。这取决于合同各方和地方政府规定的配套方法。

因技术或经济方面的原因，输气管网中那些不能对发热量和其他重要气质参数进行测量的交接点，有时可以通过间接方式获取这些参数(见 9.2、9.3.1、9.3.2 或 9.3.3)。

8.2.1.2 界面 1

计算参比条件下的体积时，可使用 p、T 和 Z 或 ρ_n 和 ρ 的方法进行体积换算。

应在线测定该界面的发热量(见 6.3)。

在单个气藏采气的情况下，因为气体组成不随时间变化，在线发热量测定可能不合理。此时可通过周期取样进行离线分析所获得的数据计算发热量。示例参见附录 I。

用统计方法评估与初始发热量相关的个别发热量随时间的变化情况。如果变化值超过了商定的极限值(例如 0.5%，参见图 I.1)，则测定方法将从离线改为在线。

应用上述发热量测定方法时应考虑到交接气体的组成在很大程度上取决于气体处理装置这一事实。

压缩因子的测定见 6.4.4。

8.2.1.3 界面 2

按 8.2.1.2 中的规定计算参比条件下的体积。

可通过测量(见 6.3)或赋值(见第 9 章)方法确定应用于能量测定的发热量。

8.2.1.4 界面 3

按 8.2.1.3 中的方法测定用于能量测定的所有参数值。

8.2.1.5 界面 4

由于技术和(或)经济方面的原因，输气管网中的界面 4 通常可不测量发热量和其他重要的气质参数。对该界面而言，赋值方法(见第 9 章)是必不可少的。

在测量装置的上游，需通过压力控制设备保证压力的稳定。本地分销商确定用于能量测定中的温度和压力的设置程序，并考虑大气压力。由于压力低，可将压缩因子设为“1”，而不必进行计算。

对于该界面，可使用上游界面3的发热量或者采用公告或者赋值发热量。

在以年度为能量测定周期时，如果可预计气质仅有很小的合理变化（参见图B.1），只采用公告发热量是可行的。由本地分销商设定公告发热量，该值为考虑了前12个月发热量的固定值（参见图B.1）。在能量测定周期中，由本地分销商定期检查将气体输送到界面4的界面3（上游）处的发热量。

如果公告发热量和在上游界面3处测定的发热量之间的差值大于允许差值（例如1%），例如当发热量发生显著变化时（参见B.2和B.3），应对能量测定周期中的上述这些发热量重新赋值。例如，在图B.2中，发热量 H_{s1} 应赋值给 t_1 和 t_2 时间段的能量测定，H_{s2} 应该赋值给 t_3 时间段的能量测定。

为了向消费者保证能量测定过程的合理准确度，应区分与其他气质分开的封闭式输气管网和未与其他气质分开的开放式输气管网两项。

8.2.1.5.1 封闭式输气管网

如果不同发热量的气体被置于分开的输气管网，则不会发生这些气体的混合，且在界面3测定或确定的发热量可作为界面4能量测定的基础，具体描述如下。

可根据10.2所述方法，以算术或按每小时对体积或质量加权来计算平均发热量。

首先，每天或能量测定周期中的其他时间段内通过界面3的气体能量可通过求测量或测定的单个发热量的平均值，并将该平均发热量乘以相同时间间隔内通过界面3的气体的体积或质量来计算。

先用式(6)求1 h内单个发热量的平均值；再用式(6)或式(8)（加权平均法），从这些以小时为基础的平均发热量计算每天的平均发热量；最后，将每天的平均发热量乘以同一天内通过界面3的气体体积或质量。

其次，能量测定周期结束时，将所有时间间隔的能量相加，除以能量测定期间所有时间间隔的全部气体体积或质量的和[见式(8)]。

最终所得的平均发热量可用来计算管网中任何界面4的能量，详见9.1。实用示例参见附录F。

8.2.1.5.2 开放式输气管网

如果界面4处的终端用户由几个界面3供气，则在所有这些界面3测量或测定的发热量是有关联的。

如果这些界面的发热量随时在改变，由于经济方面的原因，甚至根据本地条件（如复杂的地貌，低压）连供气情况也不清楚时，在每个界面4进行发热量测定通常是不可能的。因为该界面的气量相对较小，诸如取样、发热量测量、状态重构等技术措施通常不能作为提高准确度的合理方法。

在一个输气管网中，如果几个界面3的供气质量不同，则界面4的发热量可通过算术平均发热量（见9.3.1）或下面的步骤计算。

首先，对每个界面3，按8.2.1.5.1中描述的方法计算能量测定期间的能量。

然后，把所有界面3的能量加和，再除以那个时间段通过所有界面3的所有气体体积或质量之和，得出那个时间段的加权平均管网发热量。

如果任何界面3的加权平均发热量与加权平均管网发热量的偏差都不偏离允许的极限值，则加权平均管网发热量可用来计算每个界面4的能量。

图10给出一个实用示例。

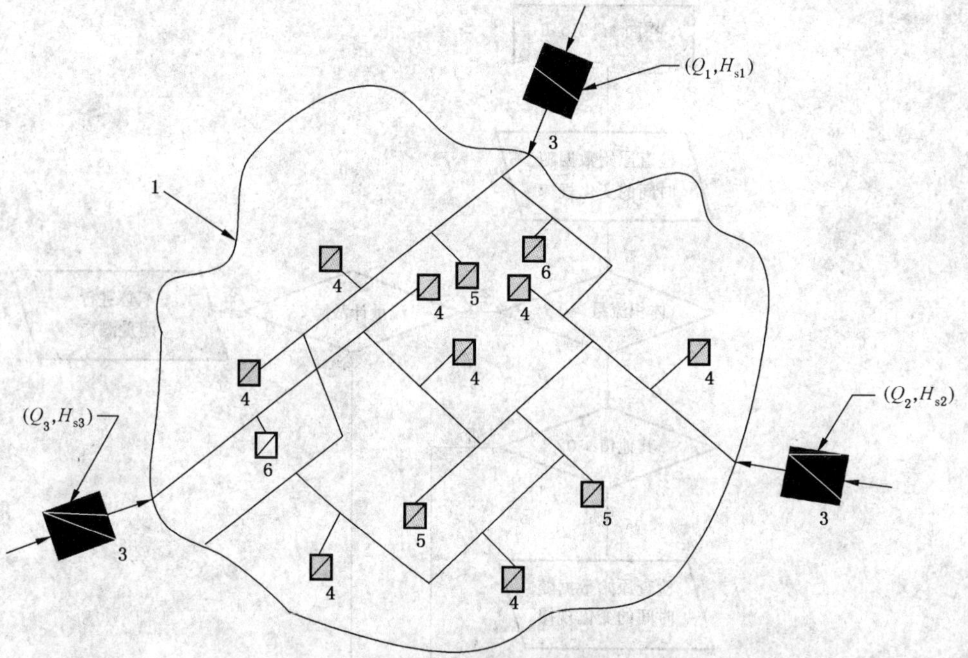

图 10 加权平均发热量的测定示例

示例：一个即将进行能量测定的计费区由入口点界面 3 供气，所供的三股气体的气体量分别为 Q_1、Q_2 和 Q_3，其相应发热量为 H_{s1}、H_{s2} 和 H_{s3}。这些发热量或者在入口点测定，或者在上游的界面 1 或 2 处确定，再按第 9 章描述的方法赋值给这些界面 3。然后，按 8.2.1.5.1 中描述的方法计算计费区内用于能量测定目的的平均发热量 H。

该平均发热量也可用于界面 5 和界面 6 的能量测定，或在这些界面单独测定发热量。在后一种情况，计费区域内所有其他界面的能量测定程序应考虑在界面 5 和(或)界面 6 处单独经本地发热量测定的能量。

如果偏差超过允许的极限值，应通知相关各方有关偏差的测定和所应用的程序。若在极罕见的情况下产生短期(最多一周)偏差，例如由于为了保证供气而采取的措施所致，则没有应通知他们。

如果能够保证合理、准确的能量测定过程(见 8.2.1.5)，可考虑使用发热量的算术平均值。如果由于界面 3 的气质改变很大而使加权平均发热量不能满足上述计费区域内允许的极限值，可在计费区域内采取其他附加措施。这些措施对于在单段管道系统内确定尽可能具有代表性的发热量是必不可少的；例如，应用考虑了气体量 Q_1、Q_2 和 Q_3 及后续界面 4 至 6 测定或计算的输送结构的取样技术。在这些情况下，对于部分能量测定系统，可使用入口点界面处的发热量和通过取样方法确定的发热量计算不同的平均发热量，详见 9.2。

8.2.1.6 界面 5

对于工业用户(即界面 5)相关发热量可通过气体输送商或本地分销商由上游确定；由于气量甚大和经济方面的原因，相关发热量也经常在该界面进行测定；根据气体量和压力，界面 5 的能量测定与界面 1 至 4 相同(见 8.2.1.5.2)。

8.2.1.7 界面 6

该界面的要求与界面 4 相似。详见 8.2.1.5.2。

8.3 合理性检验

能量测定的第一步是严格检查测量、传输或记录数据的合理性。例如，不合理数据至少可由测量设备故障、诸如电磁场对通讯线路的外部影响和记录设备故障等因素引起。

图 11 中的方块图说明怎样以正规形式进行合理性检验。如果体积流量等于“0”，应检验是否是真实的。如果流量和数据均为“0”，显然是计量仪表或相关设备，如变送器、电子设备、数据存储设备或其他一些设备可能出现了故障。显然不能使用虚假的数据。对于这些虚假数据或遗漏数据，应确定合适的替代值(见 12.4)。

方框“其他值”是指诸如 p、T、密度或其他一些参数。“极值”指刻度末端的指示值。

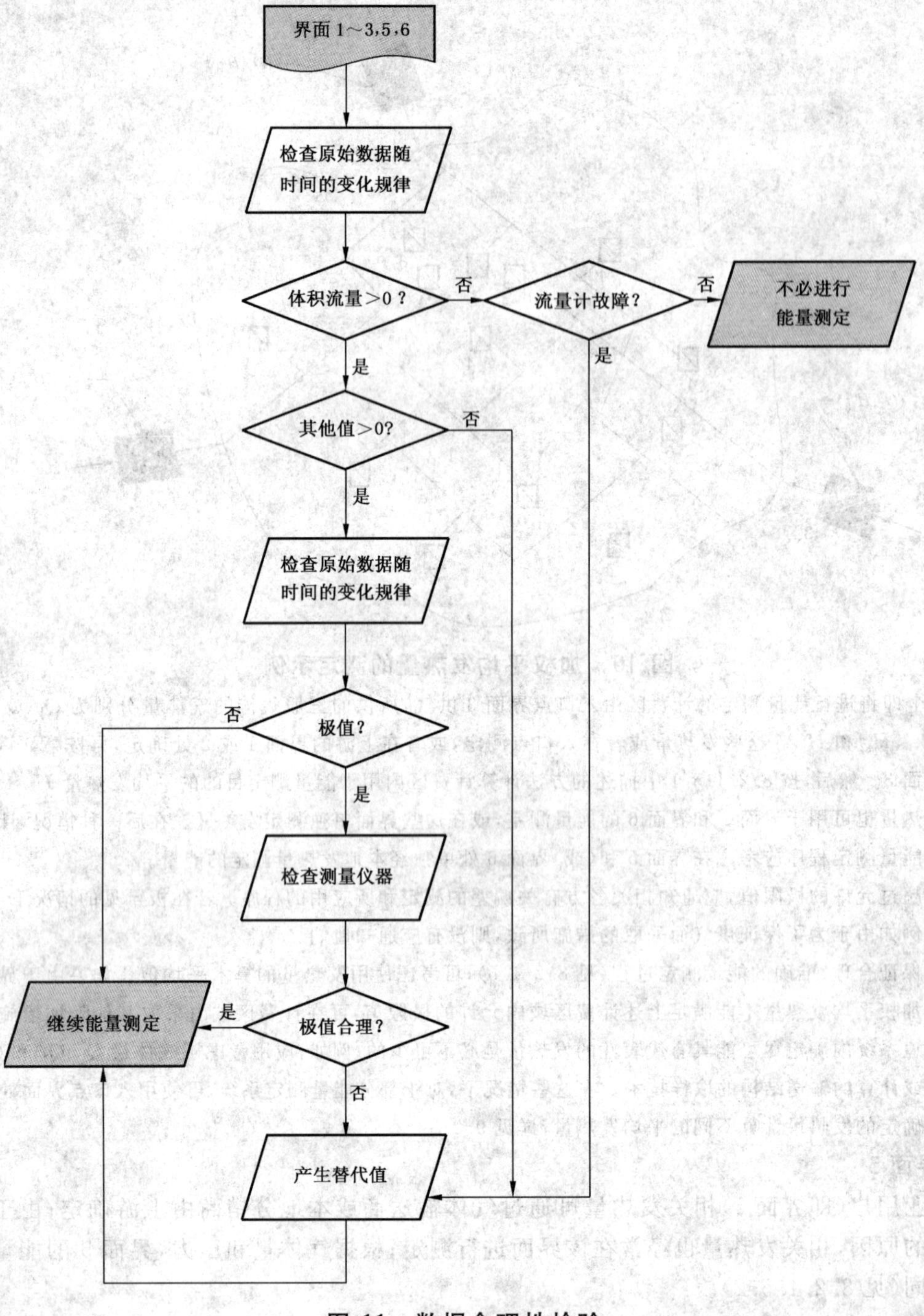

图 11 数据合理性检验

附录H给出了实例。

9 赋值方法

9.1 固定赋值

如果能够满足发热量和体积测量点之间的气体流动方向不变，且在能量测定周期中气质变化以及发热量测定点与流量测定点之间的输送时间变化均(合理地)甚小(见10.4和图B.1)，并可以用第11章所述来检查能量测定是否满足要求的准确度等条件，通常在一段简单的、分开的管网内进行能量测定周期中，计费区内发热量可采用固定赋值。

一般情况下，下述两个方法是可能应用的。

9.1.1 测量发热量的固定赋值

在发热量测量站测定发热量。所测数据表明气质变化非常小(参见图B.1)。因而上游所测发热量的平均值赋值给选定的所有后续界面是合理的。由单个发热量测定站赋值的方法可表示如下。

图12举例说明了单一气源向某管道的众多界面供气,由气体输送商或区域分销商在管道入口点测定气体发热量 H_s。赋值给所有界面的发热量为在入口点测定的发热量,并且不对反映气体输至不同界面所用的不同时间进行修正。

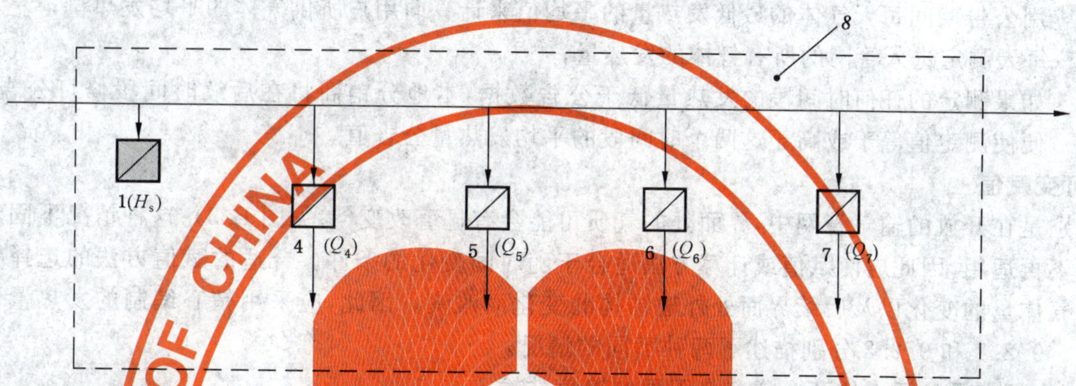

1、4~7——界面;

8——能量测定管网。

图12 固定赋值应用于一种气质——一个气体流动方向示例

由两个或多个发热量测定站的赋值方法表示如下。

图13举例说明了气体输送商有可能将两股不同的气体输入管道的系统。在管道入口的上游点测定每股气体的发热量 H_{s1} 和 H_{s2},入口点下游不进行发热量测定。

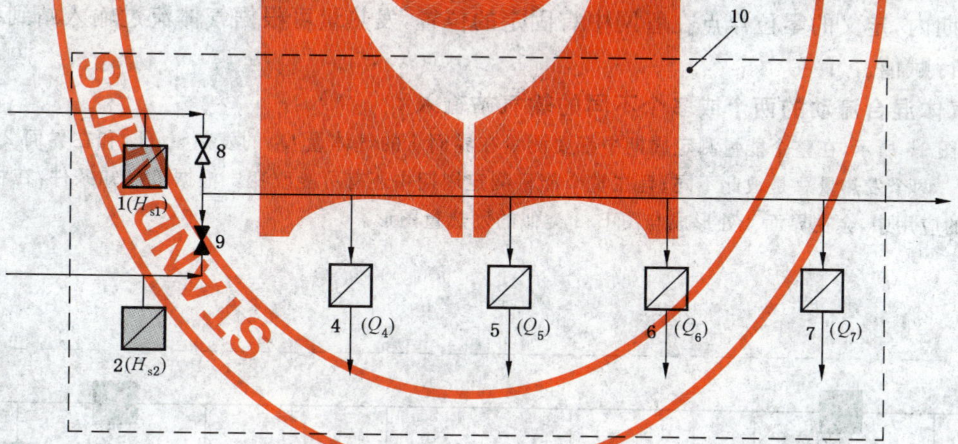

1、2、4~7——界面;

8——阀1;

9——阀2;

10——能量测定管网。

图13 固定赋值应用于两种经测量的气质——一个气体流动方向示例

气体输送商以能够保证一直从一个气源稳定供气、在同一时间段内不会同时供应不同质量 H_{s1} 和 H_{s2} 的气体、已记录下不同质量的气体的供气周期,以及赋值时可将发热量 H_{s1} 或 H_{s2} 用于相应的同一供气周期段的后续界面等各项为基础,从一个或几个发热量测定点中选择使用固定赋值的点。

9.1.2 公告发热量的固定赋值

假定发热量在整个能量测定周期中是合理的恒定值。在发热量测量站测定的发热量是用于核查的目的。获得的值证实气质变化很小(参见图B.1)。因此,公告该发热量并将其值赋给所有后续界面是合理的。

示例：本地分销商有一输气管网，为居民、商业和小型工业用户供气。该输气管网有两个入口点，由单条管道来的气体在该处进入系统。除去在冬季用气高峰时段外，通过管道的气体发热量仅有很小的波动(最高为1%)。

本地分销商决定对输气管网上的所有界面使用固定赋值的公告发热量；后者在某一时间周期内以下列条件为基础进行公告：

a) 向用户所供气体的平均发热量等于或高于公告发热量(约0.1 MJ/m^3)；

b) 用公告期间每天气体的最低发热量的平均值来计算向用户所供气体的平均发热量；

c) 每天测定进入管网的所有气体的发热量；

d) 如果测定的任何时间段的发热量低于公告数据，本地分销商将在后续时间段修订公告值，以便使测定值等于或高于这两个时间段的平均发热量公告值。

9.2 可变赋值

特别是在开放的输气管网中，界面处的气质可能会有显著改变(参见图B.3)；这种情况下固定赋值的条件不再适用，因此应使赋值或计算方法适合于随时间变化的条件。合适的赋值方法的选择将根据输入站气体量的变化以及后续界面处外输结构的变化而改变。因此，应采用精心编制的发热量可变赋值程序。9.2.1和9.2.2分别描述了两种不同的情况。

9.2.1 在具有零位浮点的两个或多个不同的输气站输入

示例：如图14所示，在一个能量测定周期(参见图B.3)内，有不同数量和质量的气体通过界面1和2(输入站)。定义的零位浮点可位于两界面之间(例如两相邻界面之间或一个输入站及其相邻界面之间)。根据界面4至7的外输结构，发热量为H_{s1}的气体可能供给界面4和5，而发热量为H_{s2}的气体可能供给界面7。从界面1和2来的混合气可能通过界面6。因此，发热量H_{s1}可赋值给界面4和5，发热量H_{s2}可赋值给界面7。对于界面6，有代表性的发热量或者在该界面测定，或者通过考虑来自界面1的Q_1和界面2的Q_2的部分气体和可利用的发热量H_{s1}和H_{s2}，用流量或算术加权平均方法确定(见10.2.2)。主管道中的零流量可位于界面4至7或在这些界面之间。

在此周期内，定义的零位浮点在管网中有固定的位置，发热量可根据气体流过输入站到各有关界面的情况来进行赋值。

9.2.2 在气体混合流动的两个或多个不同的输气站输入

示例：如图15所示，在整个能量测定周期中都要测量在界面1的气体量Q_1的发热量H_{s1}和在界面2的气体量Q_2的发热量H_{s2}。两个发热量总是彼此不同，且在整个能量测定周期中还有可能改变。根据该已知条件，在将发热量赋值给界面4～7的应用中，会在界面4处形成与图B.3类似的发热量图形。

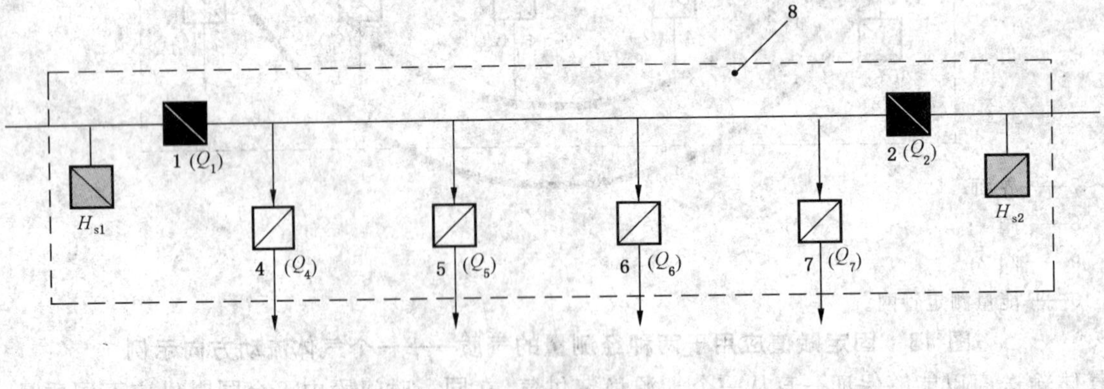

1、2、4～7——界面；

8——能量测定管网。

图14 可变赋值应用于两种经测量的气质——两个气体流动方向示例

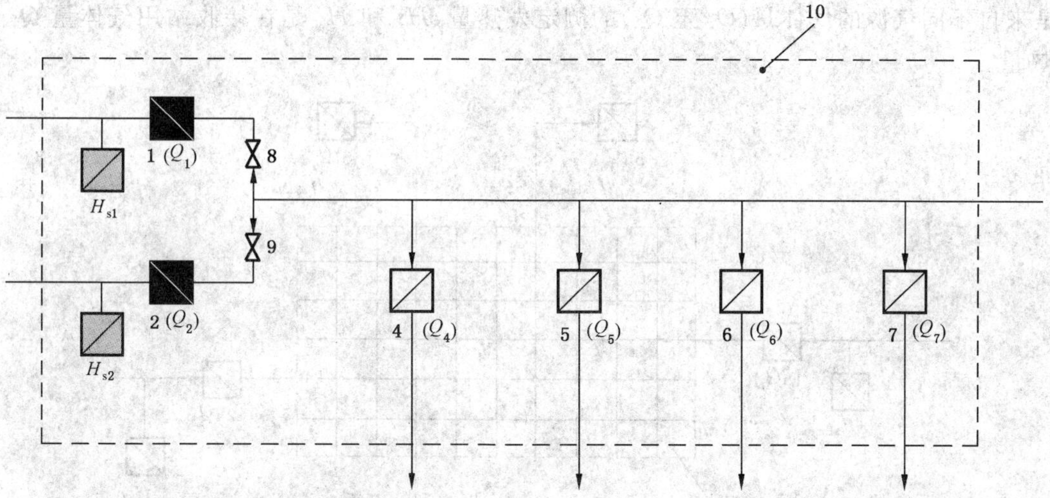

1、2、4～7——界面；
8——阀 1；
9——阀 2；
10——能量测定管网。

图 15 可变赋值应用于两种经测量的气质——一个气体流动方向示例

在能量测定周期中，对于气体量 Q_4 至 Q_7 而言，应在阀 1 和阀 2 后面的混合点计算加权平均发热量，并结合考虑发热量为 H_{s1} 和 H_{s2} 的气体从测量站至混合点的输送时间。

9.3 确定代表性发热量

确定的代表性发热量的准确度取决于数据的完整性和准确度以及输气管网的布局。为了确定混合点的代表性发热量，可用气体量及其质量参数计算。为了获得代表性发热量，还应考虑气体从输入站到混合点及后续界面的输送时间。在能量测定周期中，除了固定赋值外，9.3.1、9.3.2 和 9.3.3 给出的方法都可用于确定每个界面的代表性发热量。

9.3.1 算术平均发热量

能量测定周期中入口点界面处的算术平均发热量的计算方法是：此处的单个发热量测定值之和除以发热量的个数（见 10.2.1）。

9.3.2 气量加权平均发热量

入口点界面处的气量加权平均发热量在该界面进行计算，并用于能量测定周期中的后续界面（见 10.2.2）。

9.3.3 质量跟踪

该特殊的赋值方法涉及以在管道上所有供气点测定的气质数据为基础，通过管网模拟或状态重构，对管道或管网中的任何地方的气体质量进行计算的方法。

质量跟踪的目的是获得管道或管网中未安装气质测定设备的那些地方的有关气质信息。

所计算的气质数据的准确度取决于管道布局、测量数据的完整性和准确性及数学模型性能。

9.3.3.1 发热量的状态重构

状态重构涉及在一个真实的管道或管网中，以完整的拓扑学为基础，用合适的动态数学模型，在管道各点上对所有进、出气处经核查的流量测量值、全部相关的温度与压力，以及可能的附加流量测量进行离线计算。

状态重构的目的是获得管道或管网有关真实流动状态的准确信息。因此，基于气质体系状态重构的结果可能用于计费目的。此时，在管道上的合适地点应有附加的质量参比测量设备监控气质跟踪系统的运转。

图 16 是一个有很多接收站（界面 5 和 6 是两个示例）但不进行发热量测定的输气管网示意图。H_{s1}

至 H_{s3} 是来自不同气源的气体量(Q_1 至 Q_3)的测定发热量,H_{s5} 和 H_{s6} 是在接收站用气体量 Q_5 和 Q_6 计算的发热量。

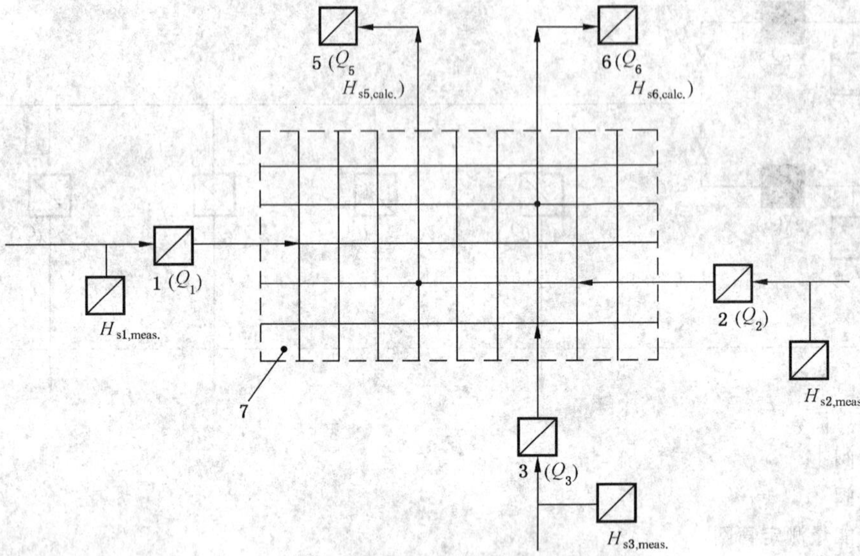

1、2、3、5 和 6——界面;

7——能量测定管网。

图 16　以气质跟踪方案为基础的重构示意图

9.3.3.2　管网模拟

在管网模拟中,也计算管道或管网中任何点的发热量,不过因为输入数据(布局、发热量、流量、压力和温度)只是未经核查的在线数据或者甚至是假设值,因此模拟结果通常不准确,且不适合用于计费目的。

为了避免混淆,术语"管网模拟"不应用作"状态重构"的同义词。

10　能量计算

10.1　能量的一般计算方程

按照图 2,气体的能量测定是基于随时间而变化的气体流量和发热量,即分别为 $q(t)$ 和 $H(t)$。

为了测定能量流量,式(1)给出了 $e(t)$ 基本的微分公式:

$$e(t) = H(t) \cdot q(t) \quad \cdots\cdots(1)$$

计算时间 t_0 至 t_n(例如在 1 个能量测定周期中,参见图 B.1～图 B.3)内流过的能量则如式(2)所示,在时间 t 内对式(1)进行积分而获得能量 $E(t_n)$。

$$E(t_n) = \int_{t_0}^{t_n} e(t)\,dt = \int_{t_0}^{t_n} H(t)q(t)\,dt \quad \cdots\cdots(2)$$

用于计费目的的能量测定的最短时间周期是一小时或其倍数(即数天、数周、月、年)。

在一小时之内的能量测定可采用计算的参比条件下的体积乘以同一小时内计算的平均发热量的方法;也可采用现场能量计算时,在体积转换设备中使用实际测量的参数以 Q_n 和 H_s 为基础进行能量计算,然后将一小时内的这些单个能量数值相加的方法(也可见 7.2.2.1 和 7.2.2.2)。

每小时的相关数据可被累加起来得到每天、每月或每年的能量值。

计算公式:

对一个较短的时间间隔(Δt),设定的发热量[$H(t)$]可假定为一常数 H_c。实际上它与测量设备的结果一致,该测量设备周期性地测量并产生两个测量循环之间的最终测量值。

为了使过程简单化,将 t_0 至 t_1 周期划分为 n 个时间间隔以满足上述假设,从而得出如下的公式:

$$E(t_n)=H_{c.,1}\times\int_{t_0}^{t_1}q(t)\,\mathrm{d}t+H_{c.,2}\times\int_{t_1}^{t_2}q(t)\,\mathrm{d}t+\cdots+H_{c.,n}\times\int_{t_{n-1}}^{t_n}q(t)\,\mathrm{d}t \qquad \cdots\cdots\cdots\cdots(3)$$

式(3)中的各部分积分相当于各时间段(Δt)内输送的气体量 Q;如式(4),它们可通过对 t 时间段内的实际流量进行积分来计算:

$$Q(t)=\int q(t)\,\mathrm{d}t \qquad \cdots\cdots\cdots\cdots(4)$$

在实际的测量系统中,Q 是以测量值形式直接产生的。因此,式(4)可以写为式(5):

$$\begin{aligned}E(t_n)&=\sum_{m=1}^{n}E_m=(H_{c.,1}\times Q_1)+(H_{c.,2}\times Q_2)+\cdots+(H_{c.,n}\times Q_n)\\&=\sum_{m=1}^{n}(H_{c.,m}\times Q_m)\end{aligned} \qquad \cdots\cdots\cdots\cdots(5)$$

式(5)可用于任何时间周期的能量计算,即从一个小时到几天或几个月。

例如,月平均热能可由每天的值来计算。

递增法能量测定的实际应用参见附录 D。

10.2 平均值的计算——从平均发热量和累积体积计算

当在 t_0 至 t_1 时间段内发热量是恒定(参见图 B.1)时不需要进行特殊的计算;如果发热量在这段时间内发生了改变(参见图 B.2,图 B.3),则需要应用 10.2.1 和 10.2.2 描述的方法来计算合适的发热量。

10.2.1 发热量的算术平均值

实际应用中,总是在输气管网中有代表性的点测量发热量,并将其赋值给位于其他点的体积计量站。因此,式(6)所示的发热量算术平均值 H_a,可通过 n 次单独测定计算:

$$H_a=\sum_{m=1}^{n}H_m/n \qquad \cdots\cdots\cdots\cdots(6)$$

如果发热量($H_{c,m}$)不变,可使用其算术平均值(H_a),则式(5)可简化为式(7):

$$E=H_a\times Q \qquad \cdots\cdots\cdots\cdots(7)$$

10.2.2 发热量的气量加权平均值

如果 t_0 至 t_n 时间段内所输送气体的能量与同一时间段内输送的气量 $Q(t_n)$ 相关联,并结合考虑式(5)就得到式(8)所给定的所谓的“发热量的数量加权平均值”:

$$H(t_n)=E(t_n)/Q(t_n)=\sum_{m=1}^{n}H_{c,m}\times Q_m\Big/\sum_{m=1}^{n}Q_m \qquad \cdots\cdots\cdots\cdots(8)$$

n 个单独发热量中的每一个发热量($H_{c,m}$)均由与其匹配的气体量(Q_m)进行加权处理。

实用示例参见附录 F。

10.3 体积换算和体积换算成质量

一些界面上用于换算目的需要的气质数据应与通过这些界面的气体相关联,例如这些数据是在合适的发热量站测定的。如果发热量以体积单位表示,而气体的量是质量单位,则应将发热量从体积单位换算到质量单位。

一般性的描述参见附录 C。基于物性参数的实用示例参见 E.1,基于天然气组成的实用示例参见 E.2。

10.4 以公告发热量为基础的能量测定

为了能在界面 4 方便地进行能量测定,同时也适用于界面 5 和界面 6(见图 3 和图 4),可为具有一组不同界面的收费区域的某个能量测定周期中公告一个发热量。在能量测定程序开始之前,应通过加权平均发热量确定公告发热量。例如,如果能量测定时间为 1 年,每个月都要确定一次发热量的算术平均值或加权平均值。在开始实施能量测定的那个月,用前 12 个月的平均值计算年加权平均值,并应考虑每月输送给用户的气量。

对于较长的能量测定周期,计算平均值可以不考虑开始实施能量测定的那个月。

在每年的能量测定过程中,由本地分销商设置公告发热量。每年都要评价公告发热量与实际平均值之间的差值。如果差值大于1%,则采用实际平均值。重要的是在一个较长时间周期内,公告发热量和计算平均值之间不能出现明显的偏差。

实用示例参见附录B。

11 能量计算的准确度

11.1 准确度

经过某特定界面的能量测定准确度由不确定度和偏差两部分构成。

不确定度可能有能量测定中气体量和发热量的测量不确定度,以及被测参数的可变性两个来源(尤为重要的是当能量测定中使用的参数值是由测量值进行处理而得到时)。

不确定度可以量化,但不能消除。

偏差起因于在气体计量站中计算能量时使用的实际气体量及发热量数据与它们的真实值之间的系统误差。

测定能量时,可能产生的偏差有许多来源,诸如影响后续测量的校准因子误差、固定系数的使用(例如在把测定的气体体积换算为参比条件下的相应体积时),以及赋值给某个只测量气体体积界面的发热量可能不代表通过该界面的气体。

能量测定中不确定度计算和偏差识别的通用信息在11.2和11.3给出。

11.2 不确定度的计算

根据能量测定的通用式(10),推导出计算能量测定中相对标准不确定度,$u_{rel}(E)$,计算的式(9):

$$u_{rel}(E)=(u_{rel}^2(H_s)+u_{rel}^2(Q))^{1/2} \qquad \cdots\cdots(9)$$

式中:

$u_{rel}(H_s)$——高位发热量的相对标准不确定度;

$u_{rel}(Q)$——气量的相对标准不确定度。

计算能量不确定度时,应考虑所有已知影响因素的不确定度。

在能量测定时间段内,对能量计算所使用的积分方式也会影响计算能量的总不确定度。在体积和发热量两者均测量的气体计量站内,仅在一个很短的时间间隔内进行测量、计算能量,并在整个周期中将这些单个的能量加和到一起,此时积分对总不确定度的影响相对较小。在另一个极端,当使用数月内输送的气体总体积乘以这段时间内的平均发热量来获得这段时间的能量时,则积分对总不确定度的影响可能会非常明显,尤其在整个时间段内气体使用率和实际发热量发生变化时。当采用发热量赋值方法时,应考虑时间延迟对不确定度的影响。不确定度的实际计算将取决于通过某界面能量的计算方法(见第8章)。

注:流量、p、T和Z的不确定度可使用流量测量标准和压缩因子计算标准确定。作为第一级近似,单次能量计算的相对不确定度可认为等于较长时间段内通过对小部分能量进行积分计算而得到的能量的相对不确定度(即使在计费期间)。仅在以下情况下这种近似才是适用的:

a) 测量发热量的相对不确定度在测量发热量的整个范围内是恒定的;

b) 测量气体量的相对不确定度在流量计的整个测量范围内是恒定的。实际上这种假设仅在流量计的部分范围内有效,例如,对于一些孔板计量系统,在Q_{max}的30%至100%范围内不确定度才是基本恒定的。有时在流量计能凭经验确定的流量范围内使用最大相对不确定度是可接受的。

能量(E)由式(10)计算,式(7)是通用公式:

$$E=H_s\times Q \qquad \cdots\cdots(10)$$

式中:

H_s——一段时间内的平均发热量或赋值发热量。

不确定度 $u_{rel}(E)$ 由式(9)计算,其中 $u_{rel}(H_s)$ 为平均发热量或赋值发热量的不确定度。

平均发热量或赋值发热量不确定度包含 3 个因素:

a) 测量不确定度;

b) 由平均时间段内气体发热量的变化引起的不确定度;

c) 时间延迟。

11.3 偏差

11.3.1 只要可能,就应找出并消除偏差。

11.3.2 在发热量和体积(或质量)均测定的界面中,测定能量的偏差潜在的来源可能产生于检定或校准误差和使用固定的系数代替在线数据(如把体积从操作条件换算至标准参比条件时)。

11.3.3 可通过比较数据鉴别偏差的来源(见 9.2.2),例如测定有证试验气体的组成和发热量来检验标准气的特性。有些情况下,还可以比较一系列测量系统间的输出结果,例如同一界面由上游和下游有关方操作的两个不同测量系统。

11.3.4 当发热量赋值给某界面和(或)仅使用简单计量仪表的界面时,可能会增大测定能量的潜在偏差。引起这些偏差的因素有可能被识别,但是定量并消除偏差的选择可能只限于操作步骤上的改变。

11.3.5 偏差可能来自将仪表测定的气体体积转化为标准参比条件下等效体积的换算方法。这对民用气界面 4 使用的相对较简单的仪表而言最为显著。例如:

a) 在把操作温度下测定的气体体积换算为标准参比温度下的等效体积时,假定了计量仪表的操作温度恒定不变。在这种情况下,如果操作温度高于假定的温度,则计算的标准参比温度下的气体体积就错误地偏高,反之亦然。

b) 把操作压力下测定的气体体积换算为标准参比压力下的等效体积时,使用了一个固定的平均压力,例如该压力出自于用平均海拔补偿大气压随海拔高度变化而获得。在这种情况下,如果界面海拔高于所使用的固定海拔,则计算的标准参比压力下的气体体积就会过高,反之亦然。

11.3.6 当赋给某个界面的发热量值不足以代表通过其中的气体时,也会产生偏差。例如:

a) 在某个气体流量变化显著,有时甚至会降至零流量的界面使用了基于时间的平均发热量;

b) 若某个输气网络的大多数界面由气源系统供气,且这些气源的发热量与基于流量的加权平均发热量不同,而在这样的管网中却使用了基于流量的加权平均发热量;

c) 使用了一个低于通过输气网络中任何界面的气体发热量的公告发热量。

12 质量控制和质量保证

12.1 概述

能量测定系统应进行监控(如用冗余系统)以保证运行正确,并使其维持在预计的准确度和完整性水平。监控包括该系统使用期间与之有关的所有维护、检定和校准活动,并可通过记录该系统的性能来实现。应使用安全可靠的程序进行数据处理和传输。

如果得到了整个周期中可供比较的匹配数据,应当对这些数据进行评估以识别可能的偏差,并估算其值。这一步骤通常只有在产生了大量数据才能进行(例如在一年以后)。因此,根据第 10 章产生的数据可直接用于计费目的。

12.2 测量数据过程中的检查

为避免引起合同各方对其他消费者进行交叉补贴这种永久性不利因素的产生,应避免所有界面的偏差。可以使用图形工具和(或)计算工具(如累加和法)进行统计比较的方法检查偏差。

注:当使用以数学工具为基础的统计方法检查偏差时,用户应注意这些方法的应用通常仅适用于可获取持续数据和包含历史数据的数据分析的大气量界面。

通常有以下可能的途径进行数据比较:

a） 检定或校准标准与检定或校准标准；

b） 检定或校准方法与测量设备；

c） 测定值与计算值；

d） 测量设备与测量设备；

e） 输入站与输出站总和。

一般而言，经过适当长时间周期的考查后，所确定的偏差才是合理的。

对热量计而言，这样的时间间隔可以是两次校准之间的一段时间，例如一个月。考虑到夏天或冬天的随机影响，通常是一年后对体积计量站的数据进行对比才是合理的。发现偏差后（系统误差），应采取措施定量并消除该偏差；同时应采用合适的替代值或校正因子。

12.3 溯源性

就天然气交接计量的物理涵义而言，输出能量的测量准确度是最重要的。由偏差或系统误差引起的误差，只对一方有利，却以损害另一方的利益为代价。随机误差的影响则是中性的。

大多数测量仪器都以比较技术进行操作，其测量准确度基本上只受所使用的检定或校准标准准确度的影响。因此需要关心的是标准物质及其溯源性。溯源性是指通过一条具有规定不确定度的不间断的比较链，使测量结果能够与规定的参考标准（通常是国家标准或国际标准）联系起来的特性。

12.4 替代值

只要有能量通过界面，就应该随时保证能量测定的进行，即使测量仪器已经部分地或全部停止运行。

如果测量仪器出现故障，需要使用替代值直到测量仪器恢复正常运行。获取替代值应以可能是最合理的值为基础，它们可由测量仪器、辅助设备和（或）用于定量估算的计算模型导出。

替代值及其来源应为众所周知，并应向受仪器故障直接影响的各有关方作说明。这些替代值每次都需要征得受直接影响各方（一般是订立合同的各方）的认可。替代值应该清楚地同其他值区别开来。

在输送能量之前的一段足够长的时间内，涉及的合同各方应当商定用于获得替代值的一般性步骤。这些步骤可能涉及上游和下游的测量仪器，线性回归，在故障前的最后一个合理值与故障后的第一个合理值之间进行插值，以每小时、每天、每星期、每月或者每年为周期与以往的等同周期进行比较，对于工业用户涉及比较产出量和装置效率，基于样品的比较，比较气流阻力恒定的多气路测量系统的各个流动条件，根据气流的物理定律等进行计算等。

该过程的示例参见附录G。

附 录 A
（资料性附录）
能量测定推荐使用的仪器和方法

表 A.1 给出了天然气能量测定不同界面使用的仪器和方法的建议。

表 A.1 能量测定推荐使用仪器和方法

设备或参数		推荐的界面配置					
		1	2	3	4	5	6
体积流量计	膜式流量计	N	N	N	R	N	R
	腰轮流量计	N	N	N	R	R	R
	涡轮流量计	N	R	R	N	R	R
	孔板流量计	R	R	R	N	R	R
	超声波流量计	R	R	R	N	R	N
	旋进旋涡流量计	N	N	N	N	R	R
	核查计量设备	G	G	G	N	G	N
T,P 测定		R	R	R	N	R	R
站内数据储存		R	R	R	N	R	N
站外数据储存		R	R	R	N	R	N
操作条件下的密度测定		GC	GC	GC	V	GC	GC
标准参比条件下的密度测定		GC	GC	GC	V	GC	GC
压缩因子计算		GC	GC	GC	V	GC	GC
体积换算		R	R	R	N	R	R
发热量测定		GC	GC	GC	V	GC	GC
替代值的产生		R	R	R	N	R	R

注：

a) G：按 GB/T 18603—2001 要求，当标准参比条件下的体积流量≥50 000 m^3/h 时的推荐配置；

b) GC：使用色谱仪分析数据计算相应的物性参数，按 GB/T 18603—2001 要求，当标准参比条件下的体积流量≥50 000 m^3/h 时，推荐使用在线方法，否则可以使用非在线方式；

c) N：不推荐配置；

d) R：推荐配置；

e) V：物性参数推荐使用赋值方法。

附 录 B
（资料性附录）
发热量可能出现的不同变化情况

图 B.1 至图 B.3 说明了能量测定周期中发热量可能变化的三种不同情况示例。

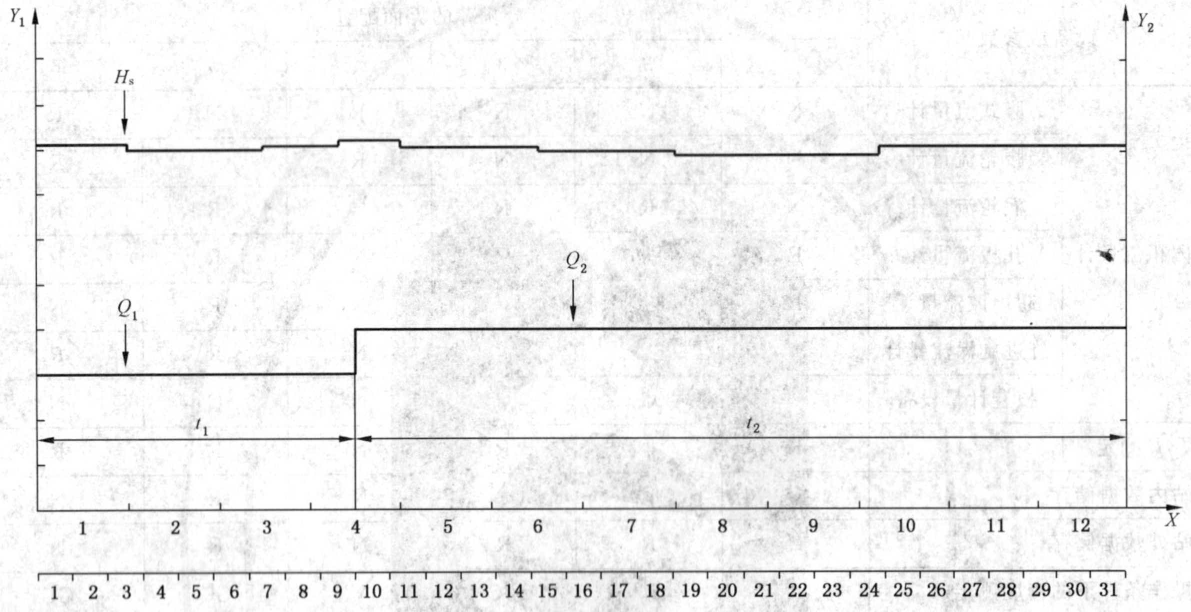

X——月(1=1 月份，…，12=12 月份)或天(每月 1 日至 31 日)；

Y_1——H_s，以 MJ/m^3 表示；

Y_2——q_v，以 m^3/d 或 m^3/月表示。

图 B.1 以年或月为能量测定周期——气质只是常规变化

在图 B.1 中，能量测定周期(例如为一个月)内的发热量几乎是恒定的。因此计算整个月的平均发热量是合理的(见第 10 章，尤其可将 10.4 作为合理方法)。对能量测定而言，考虑到在第 1 天至第 10 天期间的气流量比第 10 天至第 31 天期间的气流量小是很重要。因此，可计算时间段 t_1 内的能量值 E_1 和时间段 t_2 内的能量值为 E_2。

如果时间周期为一年，则根据发热量曲线的形状计算年平均发热量是合理的。在该年中，可计算一到四月份的能量 E_1 和五到十二月份的能量 E_2。

在图 B.2 中，能量测定周期(例如为一个月)内前 15 天发热量几乎是恒定的，然后发热量下降到一个明显低的水平。为了进行能量测定，或者将一个月分为 1 至 15 天和 15 至 31 天两个时间段，或者计算平均发热量(见第 9 章和参见附录 F)。由于大流量和经济方面的原因，应将能量测定周期分为两个时间段。

在这种情况下，由于第 1 到第 10 天的气量不同，且发热量在第 15 天时发生变化，为了实现能量测定，应分别确定相应时间段 t_1、t_2、t_3 内的能量 E_1、E_2、E_3。

如果时间周期为一年，则根据发热量的变化规律，将一年分为 t_1、t_2、t_3 三个计量时间段比较合理。因此可计算一到四月份的能量 E_1，五到六月份的能量 E_2 和七到十二月份的能量 E_3。

在图 B.3 中，一个能量测定周期(例如为一个月)内的发热量发生了几次变化；因此或者应将该月分为几个时间段，或者计算平均发热量(见第 9 章和参见附录 F)。由于大流量和经济方面的原因，应将计量周期分开，并应分别考虑发热量 H_{s1}～H_{s6}。

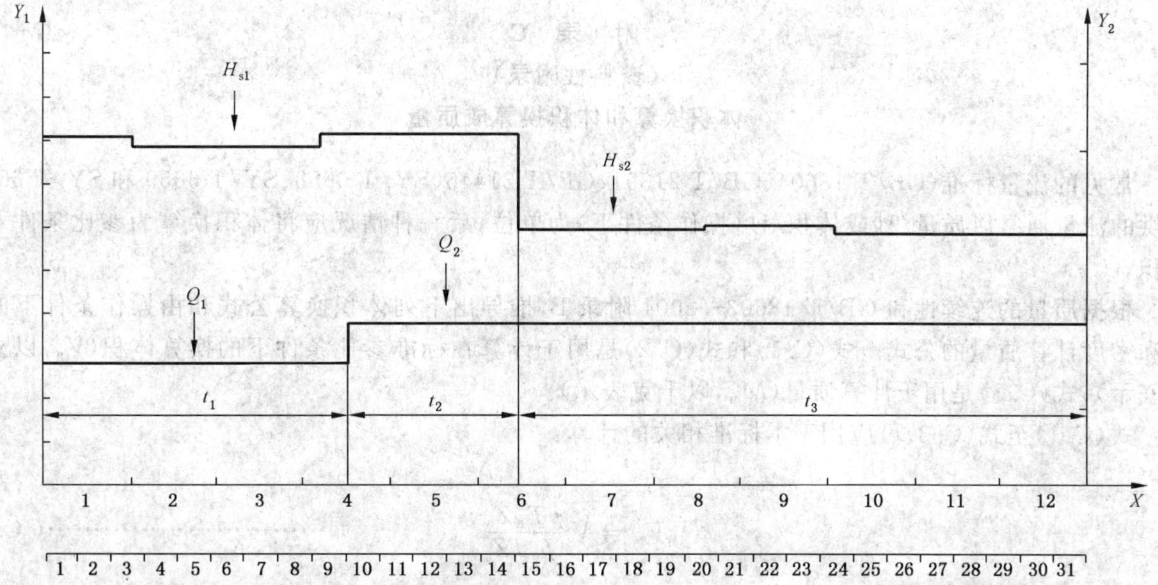

X——月（1=1月份，…，12=12月份）或天（每月1日至31日）；

Y_1——H_s，以 MJ/m^3 表示；

Y_2——q_v，以 m^3/d 或 m^3/月表示。

图 B.2 以年或月为能量测定周期——2个不同的发热量

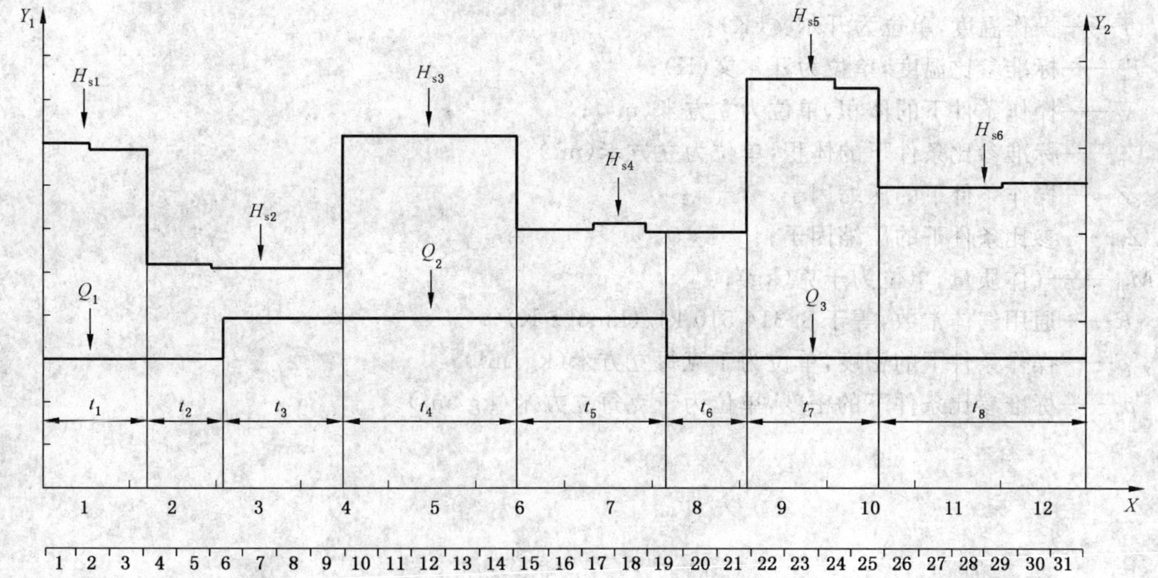

X——月（1=1月份，…，12=12月份）或天（每月1日至31日）；

Y_1——H_s，以 MJ/m^3 表示；

Y_2——q_v，以 m^3/d 或 m^3/月表示。

图 B.3 以年或月为能量测定周期——几个不同的发热量

在这种情况下可根据不同的气量 Q_1、Q_2、Q_3 和不同时间段的发热量分别计算 t_1～t_8 时间段对应的能量 E_1～E_8。将 E_1～E_8 相加获得总能量[见式(5)]。

如果时间周期为一年，则比较合理的做法是：根据发热量的变化规律，将该年分为发热量为 H_{s1}、H_{s2}、H_{s3} 等的若干个能量测定周期，并为每个周期确定平均发热量。

附 录 C
（资料性附录）
体积换算和体积换算成质量

常见的流量标准(GB/T 18604、GB/T 21391、GB/T 21446、SY/T 6658、SY/T 6659 和 SY/T 6660)提供的流量通常以质量/秒或体积/秒(操作条件下)为单位，后一种情况应将体积换算为参比条件下的体积。

根据质量的连续性和 GB/T 18603—2001 附录 B，推导出下列体积换算公式和由操作条件下的体积和密度计算质量的公式。式(C.1)和式(C.2)是用于计算在标准参比条件下的换算体积(V_n，以立方米表示)；式(C.3)是用于计算质量(M_m，以千克表示)。

式(C.1)至式(C.3)可应用于本标准相关的计算：

$$V_n = V\frac{pT_nZ_n}{p_nTZ} \qquad \text{(C.1)}$$

$$V_n = V\frac{\rho}{\rho_n} \qquad \text{(C.2)}$$

$$M_m = V\frac{pM}{TZR} \qquad \text{(C.3)}$$

式中：

p——操作条件下的压力，单位为千帕斯卡(kPa)；

p_n——标准参比条件压力，单位为千帕斯卡(kPa)；

T——操作温度，单位为开尔文(K)；

T_n——标准参比温度，单位为开尔文(K)；

V——操作条件下的体积，单位为立方米(m^3)；

V_n——标准参比条件下的体积，单位为立方米(m^3)；

Z——操作条件下的压缩因子；

Z_n——参比条件下的压缩因子；

M_m——气体质量，单位为千克(kg)；

R——通用气体常数，等于 8.314 510 kJ/(kmol·K)；

ρ——操作条件下的密度，单位为千克每立方米(kg/m^3)；

ρ_n——标准参比条件下的密度，单位为千克每立方米(kg/m^3)。

附 录 D
（资料性附录）
递增的能量测定

本方法是测定短时间间隔内的发热量，然后乘以连续测定之间的时间段内计量仪表记录的气体量，从而获得这段时间间隔内的能量。时间间隔一般为几分钟，唯一的要求是气体发热量应在所选择的时间间隔内保持基本恒定。

在许多情况下时间间隔等于气相色谱测定发热量的循环（周期）时间。将计费周期中所有时间间隔内的能量相加，得到总能量。该方法如图 D.1 所示。

X——时间（$t=i,i+1,i+2,\cdots,n$）；

Y——计量的气体量。

图 D.1 递增能量测定

在时间 i 时，计量仪表记录的气体量为 $Q_{t=i}$，测定的气体发热量为 $H_{t=i}$，在时间 $i+1$ 时，计量仪表记录的气体量为 $Q_{t=i+1}$，测定的发热量为 $H_{t=i+1}$，则从 $t=i$ 到 $t=i+1$ 时间间隔内的能量由式（D.1）给出：

$$E_{t=i\sim t=i+1}=(Q_{t=i+1}-Q_{t=i})\cdot H_{t=i} \quad \cdots\cdots(D.1)$$

那么，从时间 i 到时间 n 时间段内的总能量 E 等于其间所有不连续的能量之和，由式（D.2）给出：

$$E=(E_{t=i\sim t=i+1}+E_{t=i+1\sim t=i+2}+\cdots+E_{t=n-1\sim t=n}) \quad \cdots\cdots(D.2)$$

在实际应用中，该方法由流量计算机实现，它记录流量计读出的气体量和输入其中的发热量测定值。

通常，在进行流量和气质测量的界面都会用到该方法。然而，利用现代化的信息系统可提供用于本方法的在线固定赋值发热量。

附　录　E
（资料性附录）
体积换算和能量计算实例

E.1　使用 GB/T 17747.3 计算

E.1.1　通用公式

用式(E.1)从操作条件下体积(V)计算以立方米表示的标准参比条件下体积(V_n)：

$$V_n = Vz \quad \cdots\cdots(E.1)$$

式中：

V——操作条件下体积，单位为立方米(m^3)；

z——z 因子由式(E.2)计算。

$$z = \frac{T_n}{T}\frac{p_{amb} + p_g - p_{H_2O}}{p_n}\frac{Z_n}{Z} \quad \cdots\cdots(E.2)$$

式中：

T_n——标准参比温度，单位为开尔文(K)；

T——操作温度，单位为开尔文(K)；

p_{amb}——在计量仪表处的平均大气压力，单位为千帕斯卡(kPa)；

p_g——操作压力(表压)，单位为千帕斯卡(kPa)；

p_{H_2O}——天然气中水的分压，单位为千帕斯卡(kPa)；

p_n——操作压力，单位为千帕斯卡(kPa)；

Z——操作条件下的压缩因子；

Z_n——标准参比条件下的压缩因子。

Z_n/Z 可由 H_s、ρ_n 和 CO_2、N_2 及 H_2 浓度计量，例如使用 GB/T 17747.3(S-GERG88)进行计算。

注：本附录为 ISO 15112:2007 标准中的示例，视流量计算机的厂家不同可能会：

a)　使用附录 C 的公式进行体积换算；

b)　可能使用超压缩系数(F_Z)代替操作条件和标准参比条件下的压缩因子，它们的关系如下：

$$F_Z = \sqrt{\frac{Z_n}{Z}} \quad \cdots\cdots(E.3)$$

c)　使用 GB/T 11062 计算标准参比条件下的压缩因子(Z_n)。

E.1.2　计算实例

换算体积(V_n)计算的演示是以 GB/T 17747.3(S-GERG88)要求的如下参数完成的：

a)　在计量仪表处的平均大气压力，p_{amb} 为 99.66 kPa；

b)　操作压力(表压)，p_g 为 700 kPa；

c)　操作温度，T 为 288.15 K；

d)　高位发热量，H_s 为 11.901 kWh/m³；

e)　密度，ρ_{nc} 为 0.822 7 kg/m³；

f)　CO_2 浓度，c_{CO_2} 为 1.12 mol%；

g)　N_2 浓度，c_{N_2} 为 0.8 mol%；

h)　H_2 浓度，c_{H_2} 为 0 mol%；

i)　天然气中水的分压，p_{H_2O} 为小于 0.1 kPa；

注 1：p_{H_2O} 可由 φ(气体的相对湿度)和 p_{sat}(饱和气体中蒸汽的分压)的乘积来表示；干天然气中的 p_{sat} 通常等于 0.1 kPa。因此对于天然气而言，表达式($p_{H_2O} = \varphi \times p_{sat}$)通常被设定为 0。

j) Z_n/Z 为 1.017 52。

注 2：使用前 8 个参数，用 GB/T 17747.3(S-GERG 88)计算。

将测定值代入式(E.2)，计算：

$$z=\frac{273.15\ \text{K}}{288.15\ \text{K}}\times\frac{99.66\ \text{kPa}+700\ \text{kPa}-0\ \text{kPa}}{101.325\ \text{kPa}}\times 1.017\ 52$$

$$z=0.947\ 94\times 7.892\ 03\times 1.017\ 52$$

$$z=7.612\ 24$$

在一个计量站，已测定了气体量 $Q(V=1\ 000\ \text{m}^3, T=288.15\ \text{K}, p_g=700\ \text{kPa}, p_{amb}=99.66\ \text{kPa})$。用式(E.1)进行体积换算，得到：

$$V_n=7\ 612.24\ \text{m}^3$$

根据式(10)计算能量如下：

$$E=7\ 612.24\ \text{m}^3\times 11.901\ \text{kWh/m}^3$$

$$E=90\ 593.27\ \text{kWh}=326\ 135.77\ \text{MJ}$$

E.2 使用 GB/T 17747.2 计算

E.2.1 通用公式

除 Z_n/Z 可由气体组成分析数据使用 GB/T 17747.2 计算外，其余相同的通用公式和原理在 E.1.1 中给出。

E.2.2 计算实例

能量，E，计算的演示是使用在某一界面测定的如下参数完成的：

a) 在计量仪表处的平均大气压力，p_{amb} 为 99.66 kPa；

b) 操作压力(表压)，p_g 为 5 000 kPa；

c) 操作温度，T 为 283.15 K；

d) CO_2 浓度，c_{CO_2} 为 2.22 mol%；

e) N_2 浓度，c_{N_2} 为 0.77 mol%；

f) O_2 浓度，c_{O_2} 为 0.01 mol%；

g) CH_4 浓度，c_{CH_4} 为 87.62 mol%；

h) C_2H_6 浓度，$c_{C_2H_6}$ 为 8.75 mol%；

i) C_3H_8 浓度，$c_{C_3H_8}$ 为 0.53 mol%；

j) $i\text{-}C_4H_{10}$ 浓度，$c_{i\text{-}C_4H_{10}}$ 为 0.03 mol%；

k) $n\text{-}C_4H_{10}$ 浓度，$c_{ni\text{-}C_4H_{10}}$ 为 0.04 mol%；

l) $i\text{-}C_5H_{12}$ 浓度，$c_{i\text{-}C_5H_{12}}$ 为 0.01 mol%；

m) $n\text{-}C_5H_{12}$ 浓度，$c_{n\text{-}C_5H_{12}}$ 为 0.01 mol%；

n) $C_6H_{14}^+$ 浓度，$c_{C_6H_{14}^+}$ 为 0.01 mol%；

o) 高位发热量，H_s 为 11.581 kWh/m³；

p) 密度，ρ_n 为 0.813 3 kg/m³；

q) 天然气中水的分压，p_{H_2O} 为小于 0.1 kPa；

注 1：p_{H_2O} 可由 φ(气体的相对湿度)和 p_{sat}(饱和气体中蒸汽的分压)的乘积来表示；干天然气中的 p_{sat} 通常等于 0.1 kPa。因此对干天然气而言，表达式($p_{H_2O}=\varphi p_{sat}$)通常被设定为 0。

r) Z_n/Z 为 1.152 073 7。

注 2：使用 CO_2 至 $C_6H_{14}^+$ 浓度，用 GB/T 17747.2[AGA8-92DC 式(8)]计算。

将测定值代入式(E.2)，计算：

$$z=0.964\ 68\times 50.329\ 73\times 1.152\ 073\ 7$$

$$z=55.935\ 58$$

在一个计量站，已测定了气体量 $Q(V=10\ 000\ \mathrm{m}^3, T=283.15\ \mathrm{K}, p_g=5\ 000\ \mathrm{kPa}, p_{amb}=99.66\ \mathrm{kPa})$。用式(E.1)换算成标准参比条件下的体积($V_n$)：

$$V_n=559\ 355.8\ \mathrm{m}^3$$

根据式(10)计算能量如下：

$$E=559\ 355.8\ \mathrm{m}^3\times 11.581\ \mathrm{kWh/m}^3$$

$$E=6\ 477\ 899.52\ \mathrm{kWh}=23\ 320\ 438.27\ \mathrm{MJ}$$

附　录　F
（资料性附录）
根据不同的输送条件计算平均发热量的实例

以下几个例子演示了以下例发热量为基础，在输气站5（工业用户）计算输送能量的方法：

a) 算术平均发热量，参见图F.1和表F.1；

b) 加权平均发热量或固定赋值，参见图F.2和表F.2及表F.3；

c) 加权平均发热量或可变赋值，参见图F.3和表F.4、表F.5及表F.6。

注：通过校正程序进行的发热量校正（见6.5和12.2）用于输气站1至3和输气站5。

表F.1给出了输气站5的一个工业用户以标准参比条件下单独测量的发热量（H_{s5}）和在标准参比条件下单独测量的气体体积（$V_{Q5,n}$）计算能量的过程。进气点输气站1和2（参见图F.1）给输气站4至7供气，H_{s5}、Q_{s5}、p_{s5}、T_{s5}、密度和CO_2浓度在输气站Q_5测量。

表F.1　在输气站5使用单独测量的发热量值计算能量

小时	发热量 H_{s5}		气体体积 $V_{Q5,n}$	能量 E	
	MJ/m³	kWh/m³	m³	MJ	kWh
1	39.89	11.08	5 100	203 429	56 508
2	39.82	11.06	4 950	197 089	54 747
3	39.82	11.06	4 880	194 303	53 973
…	…	…	…	…	…
…	…	…	…	…	…
…	…	…	…	…	…
744	39.64	10.01	5 000	217 998	60 555
总和	—	—	3 868 800	153 343 757	42 595 488

表F.2　在输气站5（工业用户）使用气量加权平均发热量固定赋值计算能量

小时	发热量[a] H_{s1}		气体体积 $V_{Q1,n}$	能量 E	
	MJ/m³	kWh/m³	m³	MJ	kWh
1	39.89	11.08	101 000	4 028 688	1 119 080
2	39.82	11.06	105 000	4 180 680	1 161 300
3	39.82	11.06	107 000	4 260 312	1 183 420
…	…	…	…	…	…
…	…	…	…	…	…
744	39.64	10.01	98 000	3 884 328	1 078 980
总和	—	—	72 912 785	2 895 220 864.8	804 228 018

[a] 在进气点使用小时数据计算月气量加权平均发热量，$H_{s1,wa}$：

$$H_{s1,wn}=E/V_{Q1,n}=2\ 895\ 220\ 844.8\ \text{MJ}/72\ 912\ 785\ \text{m}^3$$
$$=39.71\ \text{MJ/m}^3$$
$$=11.03\ \text{kWh/m}^3$$

表 F.3　在输气站 5 使用气量加权平均发热量固定赋值计算能量

小时	发热量 $H_{s,wa}$		气体体积 $V_{Q5,n}$	能量 E	
	MJ/m³	kWh/m³	m³	MJ	kWh
1	—	—	5 100	—	—
2	—	—	4 950	—	—
3	—	—	4 880	—	—
…	—	—	…	—	—
…	—	—	…	—	—
744	—	—	5 500	—	—
总和	—	—	3 809 280	—	—
—	39.71	11.03	—	151 258 888.8	42 016 358

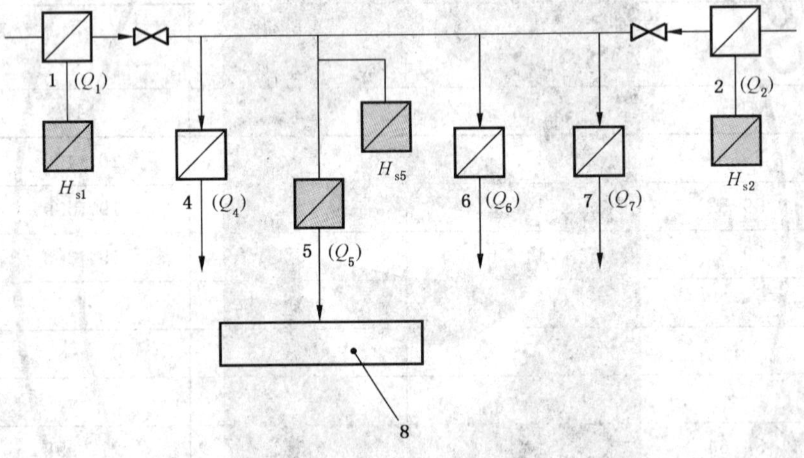

1、2、4～7——输气站；
8——工业用户。

图 F.1　输气站 1 和 2 进气，随后供气给输气站 4 至 7 的系统

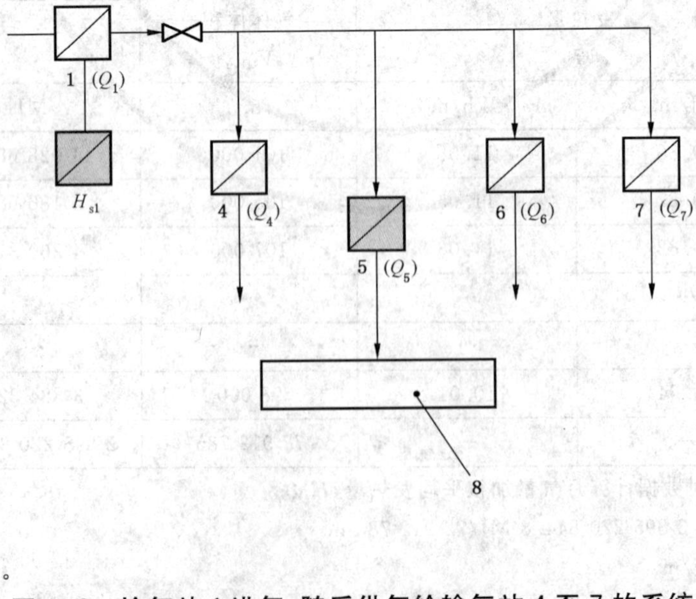

1、4～7——输气站；
8——工业用户。

图 F.2　输气站 1 进气，随后供气给输气站 4 至 7 的系统

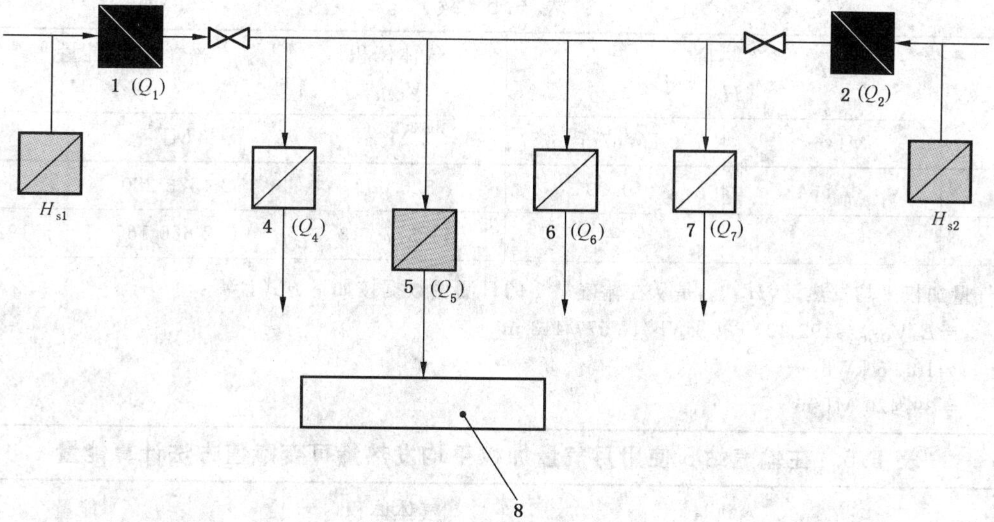

1、2、4～7——输气站；

8——工业用户。

图 F.3　带有输气站 1 和 2 两个进气口，随后供气给输气站 4 至 7 的系统

图 F.3 示例了一个带有输气站 1 和 2 两个进气口，随后供气给 2 个方向来气的输气站 4 至 7 的气体输送系统，气质变化假定与图 B.2 一样。

上图输气系统中有两个输气站 Q_1 和 Q_2（入口点），它们通过输气站 Q_4 至 Q_7 向用户供气。在输气站 5 为一工业用户供气，并在该处测定 Q_5、p_5 和 T_5。用于能量测定可应用的发热量，H_{s1}，（参见表 F.6）是分别以输气站 1（参见表 F.4）和 2（参见表 F.5）的平均发热量，$H_{s1,wa}$ 和 $H_{s2,wa}$，为基础进行赋值的。

表 F.4　在输气站 1 使用计算月气量加权平均发热量计算能量

日	发热量[a] H_{s1}		气体体积 $V_{Q1,n}$	能量 E	
	MJ/m³	kWh/m³	M³	MJ	kWh
1	39.82	11.08	1 150 251	45 881 208	12 744 781
2	39.82	11.06	1 200 500	47 799 108	13 277 530
…	…	…	…	…	…
31	39.64	10.01	1 080 500	42 826 698	11 896 305
总和	—	—	37 747 354	1 497 513 027.6	415 975 841

a　月气量加权平均发热量，$H_{s1,wa}$，是从在输气站 1 的日测量数据按如下方式计算：

$H_{s1,wa,}=E/V_{Q1,n}=1\ 497\ 513\ 027.6\ \text{MJ}/37\ 747\ 354\ \text{m}^3$

$=39.672\ \text{MJ/m}^3$

$=11.02\ \text{kWh/m}^3$

表 F.5　在输气站 2 使用计算月气量加权平均发热量计算能量

日	发热量[a] H_{s2}		气体体积 $V_{Q2,n}$	能量 E	
	MJ/m³	kWh/m³	M³	MJ	kWh
1	38.88	10.80	600 500	23 347 440	6 485 400
2	39.528	10.98	580 540	22 947 584	6 374 329
…	…	…	…	…	…

表 F.5(续)

日	发热量[a] H_{s2}		气体体积 $V_{Q2,n}$	能量 E	
	MJ/m³	kWh/m³	M³	MJ	kWh
31	39.564	10.99	520 000	20 573 280	5 714 800
总和	—	—	17 577 413	692 660 160	192 405 600

a 月气量加权平均发热量,$H_{s2,wa}$,是从在输气站 1 的日测量数据按如下方式计算:

$$H_{s2,wa}=E/V_{Q2,n}=192\ 405\ 600\ \text{kWh}/17\ 577\ 413\ \text{m}^3$$
$$=10.95\ \text{kWh/m}^3$$
$$=39.420\ \text{MJ/m}^3$$

表 F.6 在输气站 5 使用月气量加权平均发热量可变赋值方法计算能量

日	发热量[a] $H_{s1+s2,wa}$		气体体积 $V_{Q5,n}$	能量 E	
	MJ/m³	kWh/m³	M³	MJ	kWh
1	—	—	5 100	—	—
2	—	—	4 950	—	—
…	—	—	…	—	—
31	—	—	5 000	—	—
总和	—	—	3 809 280	—	—
—	39.600	11.00	—	150 847 488	41 902 080

a 计算结果在 H_{s1} 和 H_{s2} 之差小于±2%的条件下有效,而用于输气站 4 至 7 的月气量加权平均发热量,$H_{s1+s2,wa}$,是由在输气站 1 和 2 的总能量之和除以它们的总体积之和计算:

$$H_{s1+s2,wa,}=\frac{(415\ 975\ 841+192\ 405\ 600)\ \text{kWh}}{(37\ 747\ 354+17\ 577\ 413)\ \text{m}^3}$$
$$=11.00\ \text{kWh/m}^3$$
$$=39.600\ \text{MJ/m}^3$$

附 录 G
（资料性附录）
替代值的确定方法

G.1 有冗余的系统

如果有冗余测量系统，在主要（运行）测量系统出现故障的情况下，应使用该系统的所有值。

G.2 无冗余的系统

如果没有冗余测量系统，可从以下方法中选择最好的解决方案：

a） 操作条件下的体积

1） 可从下列途径获得 V：

——最初的计量仪表读数（在仪器上）；

——数据存储设备；

——转换装置；

2） 可从并联的计量回路得到 V；

3） 通过系统故障前的最后一次校正值和系统恢复后的第一次校正值之间线性插值获得 V；

4） 求故障前后一段时间内体积的平均值获得 V。

b） 参比条件下的体积

1） 可获得 V、p、T 和 Z，用式（C.1）计算 V_n；

2） 可获得 V、ρ 和 ρ_n，用式（C.2）计算 V_n；

3） 系统故障前的最后一次校正值和系统恢复后的第一次校正值之间的线性插值；

4） 求故障前后一段时间内的平均值。

c） 气体性质（H_s；CO_2；ρ；ρ_n）

1） 由标准测定获得的值；

2） 由模拟或状态重构系统获得的值；

3） 系统故障前的最后一次校正值和系统恢复后的第一次校正值之间的线性插值；

4） 求故障前后一段时间内的平均值；

5） 继续使用最后一次的（保留）值。

d） 气体状态（p，T）

1） 从 SCADA 或过程控制系统（从测定点的数据传输）获得的有代表性的值；

2） 系统故障前的最后一次校正值和系统恢复后的第一次校正值之间的线性插值；

3） 求故障前后一段时间内的平均值；

4） 继续使用最后一次的（保留）值。

附　录　H
（资料性附录）
合理性检验图形示例

图 H.1 以简单的图形方式举例说明了怎样检验合理性，该示例中的气量为每天的气量。

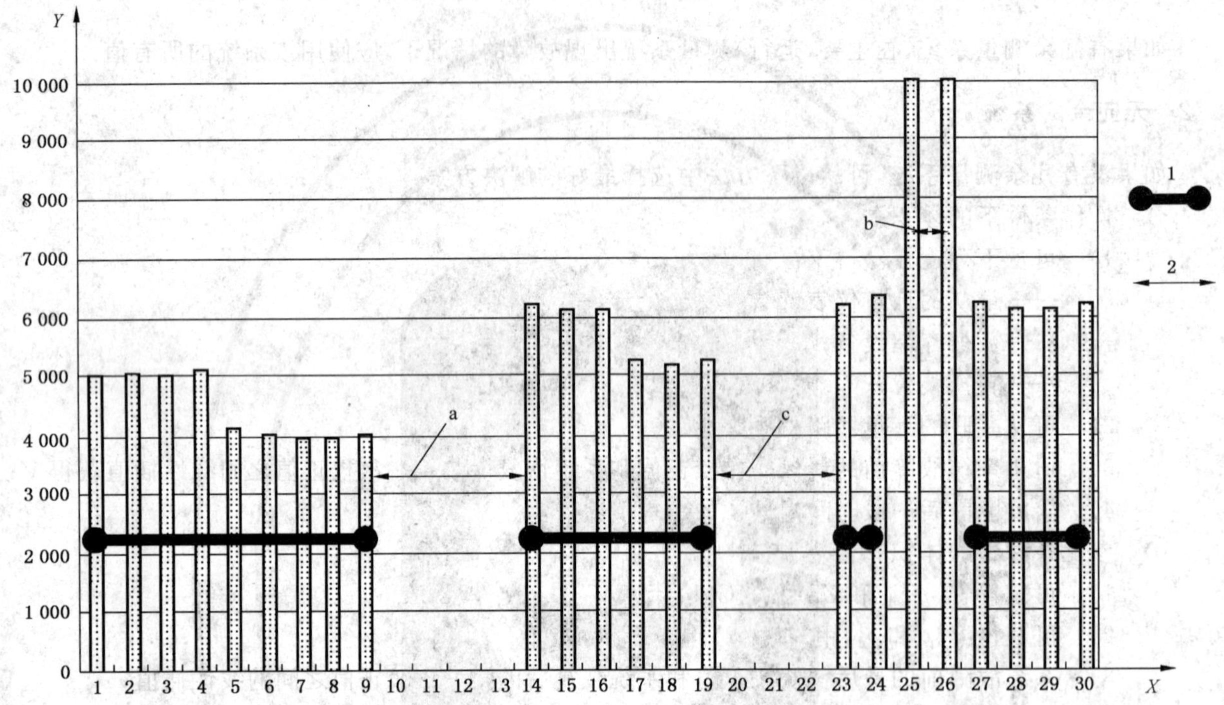

X——日期；

Y——以 m^3/d 表示的气量；

1——可认为合理的值；

2——将检查的值；

a——测量设备出故障；

b——计量站出故障；

c——无流量。

图 H.1　计量站每天气量的合理性检验（示例）

在一个月的第 1 天到第 9 天这段时间内记录的数据可以认为是合理的。然而，第一阶段中的第 10 天到第 13 天和第二阶段的第 20 天到第 22 天出现数据丢失。计量站的操作人员指出，第一阶段是测量设备出现故障；而第二阶段则没有气体流动。因而应在第一阶段建立替代值（见 12.4）。还应为第 26 和 27 天建立替代值，因为操作人员检查测量设备时发现测量设备出现故障。

附　录　I
（资料性附录）
单个气藏的发热量测定

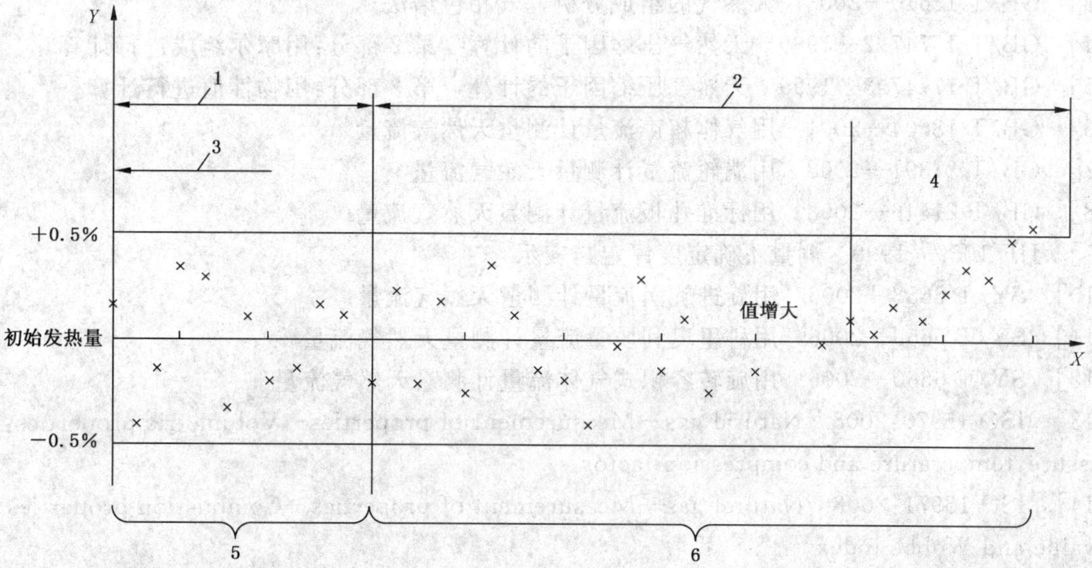

X——以周或月表示的时间；

Y——以初始值表示的发热量与初始发热量之间的差别；

1——初始阶段；

2——生产阶段；

3——生产起点；

4——最终耗尽阶段；

5——以周间隔取样；

6——以季间隔取样。

图 I.1　单个气藏的发热量测定

从组成恒定的气藏开始输气时，应在相对较短的时间间隔内采集大量的气样（一般一周采集 6～12 个样品）。求这些单个样品发热量的算术平均值。该平均值即为“初始发热量”的参考值。

在气藏的生产阶段，按合同规定的时间间隔（一般为 3～6 个月）采样，测定其发热量。如果该发热量是合理的，且与初始发热量的差值不超过 0.5%，则可将其用于能量测定。

根据合同规定，可将最后一次单独的发热量或至少三次最近的发热量的平均值用于能量测定，直到采集并分析了新的样品。

如果从最近采集样品的气体组成计算的发热量与初始发热量的差值超过 0.5%，应在 2 周内采集核查样品并对其进行分析。如果由核查样品的分析结果计算的发热量是合理的（见 8.3），且与初始发热量的差值不超过 0.5%，则在此处弃去错误样品，采用核查样品。

参 考 文 献

［1］ GB/T 12206—2006 城镇燃气热值和相对密度测定方法

［2］ GB/T 13609—1999 天然气取样导则

［3］ GB/T 13610—2003 天然气的组成分析 气相色谱法

［4］ GB/T 17747.2—1999 天然气压缩因子的计算 第2部分:用摩尔组成进行计算

［5］ GB/T 17747.3—1999 天然气压缩因子的计算 第3部分:用物性值进行计算

［6］ GB/T 18604—2001 用气体超声流量计测量天然气流量

［7］ GB/T 21391—2008 用涡轮流量计测量天然气流量

［8］ GB/T 21446—2008 用标准孔板流量计测量天然气流量

［9］ JJF 1059—1999 测量不确定度评定与表示

［10］ SY/T 6658—2006 用旋进旋涡流量计测量天然气流量

［11］ SY/T 6659—2006 用科里奥利质量流量计测量天然气流量

［12］ SY/T 6660—2006 用旋转容积式气体流量计测量天然气流量

［13］ ISO 15970:2008 Natural gas—Measurement of properties—Volumetric properties:density,pressure,temperature and compression factor

［14］ ISO 15971:2008 Natural gas—Measurement of properties—Combustion properties—Calorific value and Wobbe index

［15］ ISO/TR 7871:1997 Cumulative sum charts—Guidance on quality control and dada analysis using CUSUM techniques

［16］ BIPM/IEC/IFCC/ISO/IUPAC/IUPAP/OIML Guide to expression of uncertainty in measurement(GUM),published 1993,Corrected and reprinted 1995

ICS 75.060
E 24

中华人民共和国国家标准

GB/T 22724—2008

液化天然气设备与安装 陆上装置设计

Installation and equipment for liquefied natural gas—Design of onshore installations

2008-12-31 发布　　2009-08-01 实施

中华人民共和国国家质量监督检验检疫总局
中国国家标准化管理委员会　发布

前　言

本标准修改采用 EN 1473:1997《液化天然气设备与安装　陆上装置设计》(英文版)。

本标准根据 EN 1473:1997 重新起草，在附录 A 中列出了本标准章条编号与 EN 1473:1997 章条编号对照的一览表。

考虑到我国国情，在采用 EN 1473:1997 时本标准作了一些修改，有关技术性差异已编入正文中，在附录 B 中给出了这些技术性差异及其原因的一览表以供参考。

本标准的附录 H、附录 I、附录 J、附录 K、附录 L、附录 M 为规范性附录。

本标准的附录 A、附录 B、附录 C、附录 D、附录 E、附录 F、附录 G 为资料性附录。

本标准由全国天然气标准化技术委员会(SAC/TC 244)提出并归口。

本标准主要起草单位：中国石化集团中原石油勘探局勘察设计研究院。

本标准参加起草单位：中海油天然气及发电有限责任公司、中国石油西南油气田分公司天然气研究院。

本标准主要起草人：赵保才、杨华、石立敏、仝淑月、朱朝军、张辉、李勃、刘晓莲、刘华伟、王向阳、龚本涛、邱瑞萍、连家秀、刘兆亮、李德选、樊黑钦、邢云、夏芳、李必忠、邱晓林。

液化天然气设备与安装
陆上装置设计

1 范围

本标准为所有陆上固定式液化天然气装置(包括 LNG 的液化、储存、气化、转运和装运装置)的设计、施工和操作提供指南。

本标准适用于下列类型站场:

出口终端——指定的气体入口边界与装船汇管之间的部分;

接收站——卸船汇管与指定的气体出口边界之间的部分;

调峰站——指定的气体入口边界和出口边界之间的部分;

总储存能力在 200 t 以上的 LNG 卫星站,包括装车站到指定的气体出口边界。

本标准不适用于总储存能力不足 200 t 的卫星站。

上述站场的简要说明参见附录 C。

2 规范性引用文件

下列文件中的条款通过本标准的引用而成为本标准的条款。凡是注日期的引用文件,其随后所有的修改单(不包括勘误的内容)或修订版均不适用于本标准,然而,鼓励根据本标准达成协议的各方研究是否可使用这些文件的最新版本。凡是不注日期的引用文件,其最新版本适用于本标准。

GB/T 3216 回转动力泵 水力性能验收试验 1级和2级

GB 3836.1 爆炸性气体环境用电气设备 第1部分:通用要求(GB 3836.1—2000,eqv IEC 60079-0:1998)

GB 3836.2 爆炸性气体环境用电气设备 第2部分:隔爆型“d”(GB 3836.2—2000,eqv IEC 60079-1:1990)

GB 3836.3 爆炸性气体环境用电气设备 第3部分:增安型“e”(GB 3836.3—2000,eqv IEC 60079-7:1990)

GB 3836.4 爆炸性气体环境用电气设备 第4部分:本质安全型“i”(GB 3836.4—2000,eqv IEC 60079-11:1999)

GB 3836.5 爆炸性气体环境用电气设备 第5部分:正压外壳型“p”(GB 3836.5—2004,IEC 60079-2:2001,MOD)

GB 3836.6 爆炸性气体环境用电气设备 第6部分:油浸型“o”(GB 3836.6—2004,IEC 60079-6:1995,IDT)

GB 3836.7 爆炸性气体环境用电气设备 第7部分:充砂型“q”(GB 3836.7—2004,IEC 60079-5:1997,IDT)

GB 3836.14 爆炸性气体环境用电气设备 第14部分:危险场所分类(GB 3836.14—2000,idt IEC 60079-10:1995)

GB/T 5656 离心泵技术条件(Ⅱ类)

GB/T 9112 钢制管法兰 类型与参数

GB/T 9125 管法兰连接用紧固件

GB/T 9126 管法兰用非金属平垫片 尺寸

GB/T 9445　无损检测　人员资格鉴定与认证(GB/T 9445—2008,ISO 9712:2005,IDT)

GB/T 18603　天然气计量系统技术要求

GB/T 18851.1　无损检测　渗透检测　第1部分:总则

GB/T 19001　质量管理体系　要求(GB/T 19001—2008,ISO 9001:2008,IDT)

GB/T 19204—2003　液化天然气的一般特性

GB 50052　供配电系统设计规范

GB 50316　工业金属管道设计规范

JB/T 4730.2　承压设备无损检测　第2部分:射线检测

JB/T 4730.3　承压设备无损检测　第3部分:超声检测

JB/T 4730.5　承压设备无损检测　第5部分:渗透检测

ISO 10456　建筑材料和制品　确定热性能申报值和设计值的程序

ISO 12241　建筑物设备和工业装置绝热　计算规则

ISO 15607　金属材料焊接程序的规范和鉴定　总则

ISO 15609-1　金属材料焊接程序的规范和鉴定　焊接程序规范　第1部分:弧焊

ISO 15614-1　金属材料焊接程序的说明与鉴定　第1部分:焊接程序试验　钢材弧焊和气焊及镍和镍合金弧焊

IEC 60079-25　爆炸性气体环境用电气设备　第25部分:本征安全型系统

IEC 61779-1　可燃气体检测和测量用电气设备　第1部分:基本要求和试验方法

IEC 61779-4　可燃气体检测和测量用电气设备　第4部分:指示体积分率到100%LEL的Ⅱ类电气设备性能要求

EN 1127-1　爆炸性环境　防爆和保护　第1部分:基本概念和方法

EN 1532　液化天然气设备与安装　液化天然气船到岸接口

EN 12065　液化天然气设备与安装　液化天然气火灾用中、高倍数泡沫和干粉的适应性试验

EN 12066　液化天然气设备与安装　液化天然气围堰绝热内衬试验

EN 12308　液化天然气设备与安装　LNG管道上法兰连接垫片的适应性试验

3　术语和定义

下列术语和定义适用于本标准。

3.1

液化天然气　LNG(Liquefied Natural Gas)

一种在液态状况下的无色流体,主要由甲烷组成,组分可能含有少量的乙烷、丙烷、氮或通常存在于天然气中的其他组分。

3.2

LNG出口终端　LNG export terminal

对一个或几个气田的天然气进行收集、液化、储存、装运等作业的站场。

3.3

LNG接收站　LNG receiving terminal

对船运LNG进行接收、储存、气化和外输等作业的站,LNG接收站可建适合公路、铁路、驳船或小型LNG运输车的装车站。

3.4

LNG调峰站　LNG peak-shaving plant

气体管网上液化、储存天然气的调峰站。用气量低时天然气液化并储存,用气量高时气化LNG。

3.5

LNG 卫星站　LNG satellite plant

通过公路槽车、铁路、驳船或小型 LNG 运输船供应 LNG 的站。LNG 储存在绝热压力容器里，气化并送入管网或用户。

3.6

作用　actions

施加在设备上的荷载和变形所产生的力。

3.7

组合作用　combined actions

作用可分成以下三类：

——“永久作用”，其作用强度不变或没有多大变化或总是以相同的方向变化，同时趋向某个极限；

——“可变作用”，其作用强度是变化的，变化是由于装置的施工、试验、试运行和正常运行期间的作用，大气条件和操作基准地震(OBE)；

——“偶然作用”，其作用强度是变化的，其变化基本是因偶然的内部或外部作用，包括安全停运地震(SSE)。

把作用组合可获得两种组合作用：

——“正常作用”，是永久作用和可变作用的组合；

——“增大作用”，是正常作用和单个偶然作用的组合，除非另作说明，否则组合时不需要考虑偶然作用。

3.8

危险　hazards

一种潜在具有人员伤害、财产损失、环境破坏或其组合的自然状态。

3.9

储罐　tank

本标准中使用“储罐”这个词整体对应于 LNG 储存设备。附录 D 中描述了不同类型的储罐。

3.10

操作基准地震　OBE (Operating Basis Earthquake)

装置没有因它损坏，能继续重新起动和安全运行的最大地震。高概率事件地震不会对装置造成经济损失，而且可保证公共安全。在适用性极限状态，操作基准地震事件应要求进行结构评价。

3.11

安全停运地震　SSE (Safe Shutdown Earthquake)

装置设计保证基本自动防故障功能的最大地震。地震所造成的永久性损坏是低概率事件，但没有完整性和包容损失。在最终极限状态，没有详细检查和结构评价，装置就不可连续使用。

3.12

风险等级　level of risks

特定情况下特定时间内发生的具体危险后果和可能性的组合。

3.13

拦蓄区和防护墙　impounding area and bund wall

拦蓄区是由环绕 LNG 储罐的防护墙构成，防护墙是围绕在储罐周围的土或混凝土构成的低构筑物，离储罐距离大于 6 m，容纳溢出液体。

3.14

主容器　primary container

主容器有：

a） 单容罐低温容器；

b） 球罐低温容器；

c） 双容罐、全容罐或低温混凝土罐的内部低温容器；

d） 薄膜罐的低温薄膜。

3.15

次容器　secondary container

次容器有：

a） 单容罐和球形罐的防护墙；

b） 双容罐和全容罐的外部容器；

c） 薄膜罐或低温混凝土罐的混凝土外壳。

3.16

PASQUILL 大气稳定度　PASQUILL atmospheric stability factors

PASQUILL 大气稳定度为风速和太阳辐射的函数。分为强不稳定、不稳定、弱不稳定、中性、较稳定和稳定六级，分别表示为 A、B、C、D、E、F。

3.17

天然气凝液　natural gas liquid

NGL（天然气凝液）是由天然气液化前冷凝所产生的烃类（典型组分为乙烷到十六烷以上）组成。

3.18

极限状态　limit states

两类极限状态用在承载结构设计中：

——正常使用极限状态（SLS），基于在正常作用下适用于功能特性或耐久特性的标准确定；

——承载能力极限状态（ULS），基于失效风险、增大作用下与失效相比大弹性位移或者应变确定。

3.19

集液池　impounding basin

集液池是用来收集溢出的 LNG 的一种专用的凹坑。

3.20

可燃气体　flammable gases

当气体或蒸气以一定比例与空气混合时会形成爆炸性的气体混合物。

3.21

业主　owner

对装置安全设计、施工和运行负责的主体。

3.22

紧急关断　emergency shut down

ESD 是一种在不可恢复的事件发生前安全有效地停止整个站或个别单元的系统。

3.23

工艺关断　process shut down

PSD 是一种由于工艺原因安全有效地停止站内个别单元的系统。

3.24

安全管理系统　safety management system

安全管理系统是一个格式化系统，如由一系列检查表组成，随着项目进行监控和停止，显示已提出的所有安全关系。

4 安全与环境

4.1 一般规定

设计、采购、施工及操作阶段的实施应与 GB/T 19001 质量管理体系的要求相一致。

每一阶段应由可行的安全管理系统来控制。

LNG 设备安装设计应减小罐区内外对财产和生命的风险，特别是应进行危险评价并考虑执行 4.5 中规定的所有安全措施。

站场的 LNG 和天然气的储存量若超过相关地方法规中规定的临界值，应进行危险评价；在站场设计期间应进行危险评价，重大改造时宜进行危险评价。

4.2 安装及其环境

4.2.1 安装说明

应依据场区功能和/或加工功能编写安装说明。

4.2.2 场址研究

场址研究应包括：

a) 岩土工程勘察；

b) 地形研究，应能评价液体和蒸气气团扩散；

c) 植被研究，能辨识植被火灾风险；

d) 地下水位研究；

e) 海水水生环境和海水出入口研究；

f) 海水水质和水温研究；

g) 潮汐情况研究；

h) 冲击波和洪水(海啸、大坝断裂等)研究；

i) 周边基础设施勘察(如:工业站场、已建区域、通讯)。

岩土勘察应包括:地质勘察，确定地基下层土的地质力学特征；地质和构造调查。

应对该地区地质特征进行充分细致的调查，以对形成该地区的自然作用以及潜在的地震活动有清楚的了解。要调查的区域规模取决于场地周围地区的自然情况，一般限制在以场地为中心 320 km 以内，但在有些情况下，可包括整个构造区。

为了探测到任何地震断层的存在，应对以场地为中心 80 km 以内的地区进行二级分析(即区域地震构造调查)。

应对场地及其附近的喀斯特地形、石膏地形、冻胀黏土，溶盐沉积、土壤液化、块体移动进行更为详尽的勘察，并应评价其相互影响。

若场地附近有地震断层，应进行更进一步的调查以估计其可能的活动情况。场地内或根据土壤形态确定的距离内不允许有不能确定的不活动断层。

其他现象不允许出现在储罐和/或设备基础下，除非能够证实已经采取相应的措施来解决潜在的问题。

4.2.3 气候

气候研究至少应包括以下几点：

a) 风力和风向(包括飓风的频率和强度)；

b) 温度；

c) 大气稳定度；

d) 大气压变化的范围及速率；

e) 降雨、降雪；

f) 空气的腐蚀性；

g) 洪水危险；

h) 雷击频率；

i) 相对湿度。

4.2.4 地震

地震是由地面水平和垂直加速度来定义的。这些加速度描述为：

a) 加速度频谱；

b) 加速度幅度。

应对场地进行地震分析。应在地震报告中分析LNG设施所处的场地、周边地区的地质和地震特性以及站场地壳构造信息，推荐设计所需的所有地震参数。

调查场地周围(半径为320 km)地区的历史地震活动并进行岩土勘察，了解与场地相关的地质和构造情况，推测所选场址附近潜在的地震活动(见4.2.2)。

调查对场地有影响或可能有影响的所有报告过的历史地震，并对其进行详尽的研究、审查及评价。

对地质、构造及地震学方面的研究有助于确定：

——安全停运地震(SSE)；

——操作基准地震(OBE)。

应建立：

——概率地震动，发生地震动的平均最小复现间隔对SSE为4975年，对OBE为475年等；

——确定性地震动，假定与史上已知最大地震相似的地震将来有可能出现，地震强度对场地的影响震中是最剧烈的，保持地质和地震数据相一致，OBE的加速度应是SSE确定加速度的一半。

注：对增加系统严重度(如4.5.8定义)的地震事件，OBE和SSE定义了具体性能极限。

4.2.5 环境影响

4.2.5.1 环境影响评价

在项目可行性研究阶段，若LNG和天然气的总量超过地方规定临界值，应对所选的站址进行初步环境影响评价(EIA)。

定站址时，应进行详细的环境影响评价(EIA)。

应辨识站场内的所有排放物，固体、液体(包括水)和气体(包括有害气味)，并采取措施保证不会对人员、财产、动物和植被造成伤害。正常排放和事故排放控制标准应与地方或国家法律和法规的要求一致。

应建立废水和废气管理计划表，并制定处理有毒物质的预防措施。

应对因施工和运行增加的活动进行估计，以消除、减少和限制不期望的活动，主要检查：

a) 增加的人口(永久的和暂时的)；

b) 增加的交通；

c) 增强的噪音级别(突发的和间歇的)；

d) 增强的震动级别(突发的和间歇的)；

e) 增加的夜间工作(灯光效果和灯的间歇使用)；

f) 燃烧(间歇的或连续的)；

g) 水的加热或冷却。

4.2.5.2 站场的排放物

在设计期间，应制定方案，消除和减少因设施试运行、运行及维护所产生的无害排放物，并应制定排放物中污染物的量及浓度指标。

工艺设计应特别限制 CO、H_2S、CO_2、NO_x 和 SO_x 等排入大气中的量，以及液体流出物中有毒物质的等级。

应选用优质设备、阀门降低噪声。

4.2.5.3 排放控制

应安全控制下列项：

a) 来自压缩机驱动机，浸没式气化器和再生加热器的燃烧产物；

b) 正常或事故气体的放空；

c) 正常或事故气体的不稳定燃烧；

d) 酸性气体溶剂的处理；

e) 废汞试剂的处理（当脱汞工艺不可再生时，必须储存，然后处理用过的吸收块，或由有资质的废料处理商处理）；

f) 在干燥器再生期间冷凝的或来自机器的含油水；

g) 来自水冷却设备中泄漏的含烃污水；

h) 废弃物的处理（包括废油和含氯有机化合物）；

i) 气化器水；

j) 有气味的化学品。

4.2.5.4 气体气化/闪蒸处理

站场应依据连续燃烧或放空的原则进行设计，应采取下列步骤以确保在站场的正常运行期间潜在排放的废气不会超量：

a) 应尽可能使干燥器再生气体循环。使用分子筛干燥气体时，应考虑除去气体中不需要的组分；

b) 应减少用于清除氮气的最终闪蒸气体量和/或气体中甲烷的含量；

c) 除非蒸发气进入外输气，否则应考虑再循环和重新液化。

4.2.6 外部交通线路

应列出 LNG 站场附近的外部交通线路，说明目前交通流量及性质，还应说明任一可预见的发展情况，尤其应核查下列项：

a) 陆上线路（公路、铁路）；

b) 海上线路（海或河上线路、沟渠）；

c) 空中线路和飞机场及航空站附近。

4.3 阈限值

4.3.1 LNG 池火热辐射

界区内最大事故热辐射值，宜按表 1 确定。LNG 火灾的辐射值应采用合适有效的模型计算（见 GB/T 19204）。

设计者应通过计算与火灾预计持续时间相符的表面温度来证明所使用的最大热辐射值正确，以表明温度足够低，能保持结构的完整性。在计算中应考虑与温度有关的材料的性质和机械特性。

对 LNG 储罐，确定允许的热辐射应至少考虑下列因素：

a) 如果没有安装喷淋系统，外部水源应提供足量的消防冷却水；

b) 容器强度损失；

c) 容器内的压力；

d) 安全阀的能力；

e) 安全阀的温度不会达到储罐中易燃物的燃点；

f) 表面辐射能（见 GB/T 19204）。

表 1　界区内允许的热辐射(不包括太阳辐射)

界区内的设备	最大热辐射/(kW/m²)
相邻储罐的混凝土外表面:未加保护[a,c]或已加热保护[b]	32
相邻储罐的金属外表面:未加保护[c] 或已加热保护[b]	15
相邻压力储存容器和工艺设施的外表面	15
控制室、维修间,实验室,仓库等	8
行政办公楼	5

a　预应力混凝土罐最大辐射通量可由 H.5.2 中的要求确定。

b　该设施通过水喷淋、防火、辐射屏或类似系统进行保护。

c　通过保持间距来加以保护。

界区外最大事故热辐射值,宜按表 2 确定。

表 2　界区外允许的热辐射(不包括太阳辐射)

界区外	最大热辐射/(kW/m²)
偏远区[a]	13
城区	5
临界区[b]	1.5

a　人迹罕至的地区,如:沼泽地、农田、沙漠。

b　可能是极其重要的无防护地区,该地区人员任何时候都不穿防护服,应急期间或危险时刻很难把人员立即疏散(如:体育馆、运动场、户外剧场)。

4.3.2　**喷射火焰热辐射**

最大事故热辐射值,宜按表 3 和表 4 确定。

可以选择其他的方法来预测热辐射等级。在这种情况下,设计者应证明实施的方法有效。

表 3　界区内允许的热辐射(不包括太阳辐射)

界区内的设备流量如 11.6 中规定	最大热辐射/(kW/m²)	
	正常	事故
训练有素的操作人员只为维护才会进入的禁区内火焰底部	5	9
道路及露天场所	3	5
储罐和工艺设备	1.5	5
控制室、维修间、实验室、库房等	1.5	5
行政办公楼	1.5	5

表 4　界区外允许的热辐射(不包括太阳辐射)

界区外流量如 11.6 中规定	最大热辐射/(kW/m²)	
	正常	事故
偏远区[a]	3	5
城区	1.5	3
临界区[b]	1.5	1.5

a　人迹罕至的地区,如:沼泽地、农田、沙漠。

b　可能是极其重要的无防护地区,该地区人员任何时候都不穿防护服,应急期间或危险时刻很难把人员立即疏散(如:体育馆、运动场、户外剧场)。

4.3.3 天然气的着火极限

GB/T 19204 给出了天然气和空气的混合物的可燃范围。

4.4 危险评价

4.4.1 方法

危险评价可为概率法或确定性法，概率法包括：

——故障率资料的收集；

——源于外在和内在的潜在危险；

——危险概率的确定与分类(示例参见附录 E)；

——危险的后果及其后果等级的确定(示例参见附录 F)；

——确定风险等级，应使事故分类与其后果和概率标准相符(示例参见附录 G)；

——确定在“不可接受的风险”类别范围内，没有任何风险出现(如：附录 G 的风险级别 1)；

——判断限制危险方法的可行性(见 4.5.9)。

确定性法包括：

——源于外在和内在的潜在危险事项；

——必然存在的危险的确立；

——必然后果的确定；

——判断限制危险的必要安全改进措施。

危险评价可以以下面的传统方法为基础：

——危险和可操作性研究(HAZOP)；

——失效模式与后果分析(FMEA)；

——事件树方法(ETM)；

——事故树方法(FTM)。

整个过程应尽早开始实施，若在设计阶段发现不可接受的风险，应重复实施该过程。

4.4.2 外部危险

研究天然气、城市与工业环境以及外部交通线路，能辨识站场外部的危险。其危险可能由下列情况引起：

a) 停泊处或调运时的 LNG 运输车和船只；

b) 热辐射(火灾)；

c) 易燃、有毒或令人窒息的气团；

d) 推进式交通工具(船、卡车、飞机等)的影响；

e) 自然事件(闪电、洪水、地震等)；

f) 高能无线电波等。

4.4.3 内部危险

4.4.3.1 源自 LNG 的危险

所有设备包括公路槽车或 LNG 船装卸在内，应列出 LNG 和天然气包容损失。为简化研究，可建立各种情景，情景应根据下列项规定：

a) 危险存在的可能性；

b) 泄漏位置；

c) 流体(LNG 或气体、具体温度)的特征；

d) 泄漏量和持续时间；

e) 天气状况(风速和风向、大气稳定度、气温、相对湿度)；

f) 对 LNG 溢出，地面(包括任何拦蓄区)特征和地势的影响以及钢结构因低温变脆损坏应予以考虑。

特别的，各类 LNG 储罐应考虑表 5 中所列的情景。

无需考虑塌陷的两个相邻储罐的间距最小应等于较大储罐的次容器半径。

表 5 不同储罐类型在危险评价中考虑的情景

储罐类型	全金属或只有金属顶	预应力混凝土(包括混凝土顶)
单容	①	
双容	②	
全容	②	③
薄膜	②	③
低温混凝土	②	③
球形	①	
地下	②	③
应考虑的情景：①在主容器毁坏的情况下，火池的大小与拦蓄区对应；②在罐顶塌陷的情况下，火池的大小与次容器相对应；③该类型的储罐不考虑塌陷。		

4.4.3.2 其他危险

应考虑下列因素造成的其他危险：

a) LPG 和重烃储存；

b) 船与岸之间较差的交通条件；

c) 施工和运行期间站场内的交通；

d) 其他危险物质泄漏，尤其是易燃制冷剂；

e) 加压设备和蒸汽蒸发设备；

f) 转动设备；

g) 公用设施、催化剂及化学物质(燃料油、润滑油、甲醇等)；

h) 电气设施；

i) 与 LNG 站场相联的港口设施。

4.4.3.3 危险场所分类

所有的装备危险场所分类执行 GB 3836.14 的规定。

场所的危险程度应与 GB 3836.14 中列出的一致。特殊位置所选用的设备应由危险场所分类确定，与 EN 1127-1 一致。

4.4.4 概率估计

与假定危险相关的概率估计(在使用地区)应基于适合 LNG 行业的数据库，或基于 4.4.1 条中公认的方法确定危险概率范围(参见附录 E)。人为因素也应考虑。

4.4.5 后果估计

如上所述的每一情景的后果都取决于 LNG 的特性和在 GB/T 19204—2003 第 5 章中所说明的其他现象。对流体(非 LNG)泄漏或溢出的后果，物料安全数据表应列出参考情况。

4.4.5.1 溢出 LNG 的气化

应考虑瞬时气化(闪蒸)现象。

应使用合适有效的模型进行热传递气化计算。该模型至少应考虑下列情况：

a) LNG 流量及持续时间；

b) LNG 组分；

c) 地面特征(粗糙度，热传导，比热，密度等)；

d) 地面温度或水温；

e) 大气条件(气温,湿度,风速);

f) 大气稳定度或温度梯度。

该模型应能确定:

——液池扩展速度;

——单位时间内所浸湿的面积,尤其是最大浸湿面积;

——单位时间内气化量,尤其是最大气化量。

4.4.5.2 LNG 蒸气的大气扩散

LNG 闪蒸和气化而产生蒸气云团由大气扩散到地面或与水接触时,应使用合适有效的模型进行计算。

确定扩散至少应考虑下列情况:

a) 蒸发池的直径;

b) 蒸发速率;

c) 蒸气特性;

d) 地面特征(粗糙度、热传导、比热、密度等);

e) 地面温度或水温;

f) 大气条件(气温,湿度,风速);

g) 大气稳定度或温度梯度;

h) 现场地形;

i) 如果模型只适合于稳态系统,应假定气源的气体流量等于蒸发模型的最大流量。

大气扩散模拟应以大气条件为基础,给出到燃烧下限的最远距离。如果没有可用信息,应考虑 F(PASQUILL)大气稳定度或等效的湿度梯度,风速为 2 m/s,相对湿度为 50%。

该模型应能确定:

——浓度分布;

——到燃烧下限的距离。

4.4.5.3 天然气或 LNG 的喷射释放

应使用相应有效的模型对喷射释放大气扩散进行计算,至少确定喷射高度或距离以及任一点的气体浓度。

4.4.5.4 超压

气体引燃可能会引起爆炸,从而产生超压波。

公认的方法和模型,如多级能量法或恒速燃烧法都可用来计算超压。储罐附近可能出现快速燃烧引起的爆炸,从而产生超压,最坏的情况假定储罐的半个周长区域都存在超压。储罐中由超压引起的应力应由动态计算来确定。

其他结构,允许由静态计算来确定压力。

4.4.5.5 热辐射

来自液池、LNG 喷射的蒸气或天然气释放点燃引起的辐射,应使用合适有效的模型进行计算。

该模型应考虑下列情况:

a) 池火的面积或火焰的大小;

b) 池火或火焰的表面辐射能(见 GB/T 19204);

c) 气温和相对湿度;

d) 风速、大气稳定度。

该模型应能确定事故状态下不同距离和高度的辐射热。

4.5 LNG 站场的安全措施

LNG 以及如天然气凝液(NGL)、烃类液体泄漏时会产生比空气重的易燃蒸气云团。站场设计应消除或减小事故发生的数量和频率，并整体考虑流体排放。

在站场设计、采购、制造、施工和运行期间应运行安全管理体系，以保证技术规范实施，应特别注意下列事项：

a) 管道和设备的设计压力与温度能满足所有正常与非正常条件；

b) 易燃流体的装置和设备应尽可能露天布置；

c) 装置布局设计应避免拥挤；

d) 管道柔性适应所有操作条件；

e) 应尽量使用焊接阀门，以减少管道上法兰的数量。在使用法兰的地方，法兰方位应避免泄漏时喷射流冲击到附近的设备；

f) 法兰和安全阀尾管的方位应尽可能减少危险；

g) 设计压力应在运行压力之上留有足够余量，以减少安全阀起跳频率；

h) LNG 和 LPG 应使用高度密封泵或潜液泵及其电机；

i) 支撑管线的构件和处理易燃流体的设备应设计承受极限状态；

j) 从设计到启动、运行、维护和改造应使用工业风险管理技术。

4.5.1 低温设备和管道设计

GB/T 19204 中列出了合适的材料。

由于温度的变化，热冲击的可能性和绝热方法，管道和设备中的应力会受到热胀冷缩的影响。宜通过 LNG 循环保证主管线冷却。

4.5.2 控制泄漏与溢出的措施

正确设计、制造、施工和运行将会减少易燃流体泄漏的数量和频率。在泄漏可能发生和扩散的场所，若计算表明泄漏可能升级为更为严重的事故，应考虑安装有执行机构的泄漏探测系统以切断泄漏源，隔离站场的相关部分并关断附近的火源，尤其是明火设备。

需要进行危险评价时，地上压力容器和管线泄漏的易燃制冷剂应限制在防护堤内。泄漏的易燃液体通过露天沟流入集液池，该露天沟和集液池可以覆盖绝热层或用特殊材料建造以减少蒸发(见 EN 12066)。

集液池设计应使易燃液体不能进入地表水排放系统。应安装泄漏探测装置以控制集液池中的蒸发率(见 13.2.6 与 13.2.7)。

应评价低温流体泄漏对附近站场、设备和钢结构的影响，并应选择合适的建材或用防脆裂保护如绝热，防止更为严重的损坏。

应尽可能靠近易燃液体(如烃制冷剂和 LNG)压力容器液体出口管嘴安装隔离阀。这些阀门可以手动或自动通过 ESD 系统远程关闭(见第 14 章)。

4.5.3 内部超压保护

应设置安全装置以防止内部超压(包括火灾因素)。

常规安全装置(安全阀、减压阀)的出口，不包括储罐和气化器，宜接到火炬/放空系统或储罐。

储罐和气化器释放气体的温度和出口高度应有利于向大气中扩散。排放点应通过危险评价来确认。

若危险评价表明可以直接向大气排放，不必进入火炬/放空系统。

4.5.4 紧急卸压

当存在因超压和罐壁温度过高(见 GB/T 19204)而出现沸腾液体膨胀蒸气爆炸(BLEVE)危险时，如果没有安装合适的保护系统如防火、水喷淋系统(见 4.5.7)，宜设置自动或半自动降压系统。以便

a) 降低内部压力；

b) 降低发生泄漏时的影响；

c) 避免压力容器和管线里的 LNG 或气体因外部辐射(包括火灾因素)而引起危险。

高压设备的降压装置应使一套或多套设备压力迅速下降。宜设置降压装置，在15 min内从设计压力降到设计压力的50%，或如果此值超过设计压力的50%应降至0.7 MPa(表压)。排出的气体应送到火炬系统，火炬系统应能处理降压期间产生的低温。

隔离阀应能在控制室或其他远程位置启动，把某个单元分为几个子系统，以隔离敏感的设备。

4.5.5 LNG站场的布局

危险评价应包括与周边相关的LNG站选址，见4.4。

LNG站场布局应考虑主风向。在可建站的地区，建筑物和火源都不应在易燃物释放的下风向。若假定风向不定，应尽可能远离危险区域。

LNG站场的布局应给施工、运行、维护和消防设置安全通道。应考虑安全间距，特别是：

a) 辐射通量等级；

b) 可燃下限；

c) 噪音；

d) 冲击波影响。

LNG站场主控制室应位于危险区外，如4.4.3.3中所定义。

站场设计应能承受气体扩散产生的爆炸及爆炸带来的超压，控制室应保护工作人员，且留有充足的时间实施应急程序，并可安全撤离。

柴油机驱动的消防泵和应急发电机的空气进气管应安置在预测的蒸气云包络线之外。

4.5.6 紧急关断

应设置与工艺控制系统独立的紧急关断系统(ESD)，见14.3.2。

4.5.7 消防

应对设备包括紧急关断阀和装有大量液态烃的容器设防热辐射保护。

管架支撑和容器裙座以及ESD阀可能会受泄漏液体燃烧时产生的热辐射影响，应对其提供至少90 min的防热辐射保护(见16.2)。

压力容器可能受到大于4.3.1中规定的外部热辐射影响，应对其设置绝热或喷淋消防保护，以防出现故障和高温液体泄漏，导致沸腾液体膨胀蒸气爆炸(BLEVE)，见GB/T 19204。

压力容器受大于4.3.1中所规定的热辐射影响，如LNG储罐着火这样的重大事故，应设置喷淋系统要求保护90 min以上。

构筑物防火喷淋和绝热计算应根据引起最高热辐射的流体进行。

应对储罐和安全设施予以保护以免受到热辐射，如果有相邻罐都应考虑。

4.5.8 地震保护

下列系统应能抗震：

a) 断裂可能会对装置产生危险的系统；

b) 运行时要求保持最低安全等级的保护系统。

抗震设计，站场的系统及其组件应按其重要性划分为以下三个等级，从安全的角度来看，做危险评价时应对其进行分析：

——A级：是对站场安全极重要的系统。OBE和SSE时它们应持续运行；

——B级：是对站场运行极重要的系统，其出现故障可能会对环境造成重大影响，或者会导致额外的危险。这些系统应在OBE之后仍持续运行，而且在SSE下，应保持其完整性。B级至少应包括所有储罐的次容器；

——C级：其他系统，这些系统应在OBE之后仍然保持运行，而在SSE后，不会影响其他系统和组件。

这些系统包括相关的设备、管线、阀门、仪表、供电设施及其支撑。结构应按支撑最重要系统组件的等级设计。

建筑物的设计应满足在 SSE 下，仍可保持其完整性，应设计好供热、通风和空调以便满足建筑物内系统的等级标准。

最常用的鉴定方法如下：

——时间关系分析法；

——形态谱分析法；

——荷载系数法；

——间距图法。

其中有最精细的方法（时间关系分析法），也有保守方法，还有最粗糙的方法（间距图法）。

若分析鉴定不可行，则应进行试验鉴定。

4.5.9 安全改进

当危险评价表明 4.3 条中所规定的临界值过高或显示出危险等级有待改进（参见附录 G）时，应采取如下措施：

a) 选择与危险区域等级相符的设备（见 4.4.3.3），且与 EN 1127-1 相一致；

b) 建立安全系统以便较早地探测到泄漏，从而减少火灾损失；该系统包括：

  1) 数量足够的泄漏探测器（气体或冷传感器）；

  2) 分析来自传感器的数据以确定所探测到的泄漏及其具体位置的中央系统；

  3) 从控制室发布命令（停泵，如果合适，关闭阀），使泄漏停止的远控系统；

c) 加快可燃气团的稀释；

d) 消除可燃气团内的潜在着火源；

e) 通过使用泡沫玻璃来降低气化速率；

f) 通过水幕、喷淋系统、泡沫或绝热来减少热辐射；

g) 增大设备间距；

h) 安装抗冲击波的保护装置；

i) 警报系统，如玻璃破碎单元、电话、调度系统、闭路电视和报警器。

4.5.10 密闭

应尽可能避免密闭或部分密闭下列区域：

a) 在公路桥梁跨越管道的地方，应尽可能避免把气管线和 LNG 管线安置于封闭的管涵里；

b) 高架罐基座下面的间距（如果存在）应足够高以便让空气流通；

c) 放置电缆、电缆盘等的管涵应使用沙子填实，并采用带有通风孔铸型特征的平板盖住沙子顶部以减少可燃气体通过沙中缝隙沿管涵逸出。

4.6 危险和可操作性研究（HAZOP）

为了减少设备数量和危险材料的总量，所有 LNG 项目在工艺流程图确定阶段都应经过初步的工艺危险审查。

当业主对管道和仪表图（PID）实行充分改进并批准时，应进行危险和可操作性研究（HAZOP）。

HAZOP 已演变为识别、消除或减少危险的工具。

HAZOP 应有多专业人员的小组来分析，该小组应系统的阐述 PID，并能从设计意图偏差中识别可信事件。

该分析应包括下列原则：

a) 系统性，应遵循以管道和仪表图（PID）为依据的正确方法，其适合于所有正常运行状态，试运行、启动、紧急关断以及正常关断；

b) 由一位有经验、有资质的工程师组织的专家评审小组来实施评审，该小组成员应包括设计及操作人员，还至少应有一位成员娴熟此类安装；

c) 应提供给评审小组充足的资源，例如时间和相关资料；

d) 提交正规的书面报告，有关站场设计及运行程序变动的结论及建议；

e) 决议形成文件。

在启动之前，应对新设施进行分析。可不需考虑启动计划进行必要的修改，应在PID施工图批准之前，按常规进行全面的分析。在这种情况下，施工期间变更管理应建立审查和批准程序，若有必要，应以“已建”图纸为基准，做全面和最终分析。

站场改造后，应对运行设施进行分析，如果有必要，在重新启动之前，应进行全面及最终分析。正常运行期间变更管理应建立审查和批准程序。

5 液化装置

5.1 一般规定

本章与LNG出口终端及LNG调峰站有关，天然气在出口终端、调峰站中被处理、液化和储存。

5.2 气体处理

LNG出口终端的天然气是直接来自气田的烃类混合气体，其主要组分是甲烷、乙烷、丙烷、丁烷等，有时还包括一些惰性气体，如氮气和氦气，以及酸性气体，如二氧化碳和硫化氢等(见GB/T 19204)。

LNG调峰站的气体来自管道气，但可能含有一些杂质。

为防止冰堵，天然气液化之前，应脱除其中的杂质如水、甲醇、二氧化碳和硫化物。为防止汞和换热器的铝发生反应，应除汞。汞有剧毒，应在环境许可的情况下安全地除汞。

考虑到H_2S和CO_2的共吸附，使用分子筛时，再生气燃烧会产生SO_2。

5.3 冷箱设计

冷箱应设置隔热。金属箱应完全填满绝热粉末，包裹金属箱内的所有设备。在冷箱管线的出口和入口处应进行隔热密封。为了防止潮湿气体进入冷箱和能够探测到冷箱内烃泄漏，冷箱应用氮气密封。排污设置应远离冷箱。

5.4 制冷剂的储存

烃制冷剂一般常温压力储存，乙烯低温储存。

储存的设计、安装和操作应与相关规范一致。

6 储存系统

6.1 储罐类型

符合6.2.1中要求的储罐类型如下：

a) 单容圆筒形金属罐；

b) 双容圆筒形金属内罐和金属或混凝土外罐；

c) 全容圆筒形金属内罐和金属或混凝土外罐；

d) 有金属内薄膜的预应力圆柱形混凝土罐；

e) 低温圆柱形混凝土罐：混凝土内罐和预应力混凝土外罐；

f) 球罐。

上述类型储罐参见附录D。

储罐有地上式、半地下式或地下式，储罐可用桩基支撑。桩基的类型取决于岩土报告和地震研究结果。

6.2 设计原则

6.2.1 一般要求

设计压力高于50 kPa的设备应符合相应压力容器设计规范的要求。

圆筒形金属LNG储罐、圆柱形低温混凝土储罐和LNG球罐的设计应符合相应标准的要求，和本标准中与LNG储存相关的所有要求。

LNG 球罐一般用在 LNG 运输船上，同样适用于陆上储罐。

LNG 储罐的设计应：

a) 安全储存低温液体；

b) 安全装卸 LNG；

c) 安全除去蒸发气；

d) 阻止空气和水蒸气进入，真空补压除外；

e) 满足操作条件要求防止结霜，减小热损速率；

f) 能抵抗可信外部因素（如第 4 章所述）导致包容损失的破坏；

g) 在设计压力范围内安全操作；

h) 在设计寿命内能承载多次循环作业的冷热交变。

6.2.2 流体密封

储罐在正常运行情况下应密封完好。

在危险评价中（见第 4 章）应详细说明外部超载。如：冲击损害、热辐射和爆炸时的抗泄漏程度。

LNG 主容器的密封性应通过连续焊接板、薄膜或加强预应力低温混凝土来保证。

LNG 次容器的密封性应通过下列方式保证：

a) 连续焊接板；

b) 带内衬混凝土；

c) 密实的泥土和沙子；

d) 其他合适的材料。

暴露于大气的储罐外层（金属的或混凝土的）设计应防止渗水，包括地表水、消防水、雨水或空气水蒸气。

在 LNG 泄漏情况下，为了包容 LNG，应遵循下列要求：

——双容罐和全容罐的金属次容器，应为低温容器；

——预应力混凝土次容器，其预应力钢筋的温度应与最大流体静压头时的强度相匹配。计算时假定内表面的温度为 LNG 的温度；如果需要也包括绝热层。

6.2.3 储罐连接

外部连接设计应承受外部管道和内部管道（如果有）所施加的负荷。

连接容器的气液管道应满足下列要求：

a) 开口不应引起过多的热量输入；

b) 在开口易热胀冷缩的地方，内部连接应补强，外部连接应设计热膨胀补偿系统；

c) 主容器和次容器壁或底不应有开口。不宜设溢流管。如果必须设溢流管，应在危险评价中考虑相关的风险（见第 4 章）；

d) 如果需要，应设置氮气接头以便吹扫。

罐壁或罐底不开口要求使用潜液泵。罐顶应设置平台，以便维护拆卸。

应防止虹吸现象。

6.2.4 绝热

绝热材料宜从 GB/T 19204 所列材料中选择。

绝热材料的最小导热系数应由业主确定。

所安装的绝热系统不应腐蚀或损坏承压组件。

底板绝热应安装在主容器底板之下以减少基础上的热传递。为防止冻胀，如果需要加热，加热量应最小。

底板绝热应能承载附录 H 中所说明的组合作用。

全容罐容器间的绝热材料，可能受到蒸发气的影响。

应考虑组件的热膨胀,保护安装在主容器外面的绝热材料(膨胀珍珠岩)以防沉降。如通过羊毛垫来吸收主容器径向变化的方式进行调整。

薄膜罐的绝热层应能承载净水压荷载。

球罐外部绝热,不受水压或机械作用的影响。

外部绝热应通过加保护层和安装蒸汽密封来防潮。

暴露在外的绝热材料应不可燃。

绝热的质量应达到,大气温度大于或等于5℃的情况下,储罐外表层任一点不低于0℃。绝热层厚度计算应考虑相关条件(大气、土壤、设计等)。如果没有可用的大气情况资料,可以使用以下资料。

地上储罐的情况:

——风速为 0 m/s;

——大气温度为 5 ℃。

地下储罐的情况:

——对罐顶,同地上储罐;

——对罐壁,为防冰冻,加热系统应考虑绝热层的老化。

6.2.5 操作作用

LNG 储罐应能承载如附录 H 中所说明的组合作用以及由于下列压力和温度变化所产生的作用:

a) 最初冷却和加热到环境温度;

b) 充装和排空循环。

生产厂家应说明储罐在冷却和加热操作期间所能抵抗温度变化的最大变化率。

对双容罐和全容罐,主容器应可承受操作阶段所有可能出现的最大压差,还应设置一个系统以防止底板升高。

6.3 设计通则

储罐结构的设计应至少可以承载附录 H 中所说明的组合作用,这些作用的确定与第 4 章一致。

此外,结构和构件应:

a) 在正常情况下,在老化、位移、沉降和振动的情况下,都能很好地运行;

b) 对抗疲劳失效有足够的安全性;

c) 对局部损坏能展现优越的延展性和最小的灵敏性;

d) 制造简单;

e) 给小应力集中提供简捷的应力路径;

f) 适合于简单条件监控、维护和修理。

钢筋或预应力混凝土的设计应避免储罐使用期内混凝土骨料损坏。

承载结构应选择合适的材料,材料的质量应有证明文件。

应基于与整个结构安全性有关的各部件的重要性来确定制造、试验和控制要求。

6.4 基础

基础的设计应防止不均匀沉降高于基座容许极限。

应对基础和地面进行热力学特征研究以避免冻胀。如果无法排除冻胀,应安装加热装置。加热装置应可更换和维修且不需停用储罐,要求加热装置有100%的冗余。

地表特征的地震分析和地质分析应说明基础设计标准。

为减少地震影响应设置防振垫。防振垫应可以更换而无需对储罐重新试运。

基座可以高架,置于地上、半埋或埋于地下。

当基座高架时,所留空间应足够大使空气自然流通,基座下面温度低于大气温度不超过 5 ℃。

建在岩石上的球罐,地面排水良好且绝热层与岩石之间的空间适宜通风或吹扫时,不需设加热系统。

6.5 现场仪表

仪表应满足储罐安全试运、操作及停运。仪表至少包括液位计、压力计、温度计、密度计(采取GB/T 19204 中的措施防翻滚的调峰装置除外)。

为确保这些测量的可靠性,仪表安装应满足下列要求:

a) 安装位置,仪表应能在储罐正常运行时维护;

b) 与安全和运行相关的用于维持储罐停运要求的仪表应有足够的冗余;

c) 有安全功能(压力、LNG 液位等)的界限值探测器应独立于测量顺序;

d) 测量(结果)应能传送到控制室;

e) 报警应直接传送给指定的操作员。

6.5.1 液位

高准确率和独立的液位装置宜作为防止溢流的手段优先采用。

储罐应安装有可以监控 LNG 液面和能够起保护作用的仪表。这些仪表应满足:

a) 至少从两个有相应可靠性的独立系统(调峰罐除外)连续测量液位;每个系统都包括高、低液位报警;

b) 基于有相应可靠性的仪表测高液位,独立于上述连续的液位测量,探测结果应启动进料泵、进料阀及再循环管道的 ESD 功能。

6.5.2 压力

储罐应安装测压仪表,固定安装在适宜的位置,按下列要求监测压力:

a) 连续的压力测量;

b) 独立于连续测量的仪表,探测超高压;

c) 独立于连续测量的仪表,探测过低压(真空);探测真空后,应停止蒸发气压缩机和泵,如果必要,自动控制注入气体解除真空;

d) 如果绝热层不与主容器保持接触,应在绝热层和主容器之间安装差压传感器或者在绝热层内安装单独的压力传感器。

为了节能,减少蒸发气宜在储罐内保持恒定的绝压。

6.5.3 温度

储罐应安装测温仪表,固定安装在适宜的位置按下列要求监测温度:

a) 应对不同深度液体的温度进行测量,每相邻两个传感器之间的垂直距离不超过 2 m;

b) 气相温度;

c) 主容器罐壁和罐底的温度;

d) 除了拦蓄区之外,次容器罐壁和罐底的温度。

6.5.4 密度

应通过液体深度来监测 LNG 的密度(采取防翻滚措施的调峰装置除外)。

6.6 压力和真空保护

蒸发气回路及安全阀选型应考虑气体排放的各种参比流量,见附录 I。可以用于独立储罐。在储罐运行压力和设计压力之间应设置足够余量以避免不必要的放空。

6.6.1 蒸发气的排放

不考虑别的地方(如:重新液化、压缩)可能进行蒸发气回收,储罐的蒸气空间应与火炬/放空管(见第 11 章)、安全阀或可能的爆破片相连,能排放下列可能组合所产生的气体流量:

a) 由于热量输入而造成的气化;

b) 由于充装而造成的置换;

c) 充装时的闪蒸;

d) 大气压的变化;

e）潜液泵再循环。

6.6.2 **安全阀**

储罐至少应安装两个可以直接向大气卸压的过压阀，4.5.3 中所述紧急排放导致不期望情形除外。在这种情况下，阀应与火炬和放空系统相连，应假定其中一个不工作来确定阀的大小。在最大操作压力时最大排放量，或者是在火灾过程中由于热量输入而产生的气体流量，或者是由于下列可能组合产生的气体流量：

a）由于热量输入而造成的气化；

b）由于充装而造成的置换；

c）充装时的闪蒸；

d）大气压的变化；

e）潜液泵再循环；

f）控制阀失灵；

g）无装置监视的情况下翻滚。

6.6.3 **爆破片**

如果过压阀或火炬/放空系统的计算没有考虑翻滚，那么无论采取什么措施（例如：库存管理政策，各种充装管道），都应安装爆破片或相当于爆破片的部件。

爆破片能够用来保护储罐以防过压。通过暂时牺牲气密性保持储罐的完整性，而又不中断工厂的运行。

应以下列方式进行设计：

a）能在运行期间出故障时可以更换；

b）碎片不会落入储罐内；

c）碎片不会损坏储罐的其他任何部件。

爆破片的爆裂应引起蒸发气压缩机自动启动。

6.6.4 **真空**

应通过泵及压缩机及时的自动关闭，及两个破真空系统防止储罐负压超过允许极限：

a）气体或氮气注入系统应首先起作用；

b）允许空气进入储罐的破真空阀；因为空气的进入会产生易燃混合气体，所以只在不得已时使用以防对储罐造成永久损坏。

6.6.4.1 **气体注入系统**

探测到过低压后注入气体应自动控制（见 6.5.2）。

6.6.4.2 **破真空阀**

储罐应至少应安装两个破真空阀。应假定其中一个不工作来确定阀的大小。最大负压时允许流量为缓解下列可能组合引起流量的 1.1 倍：

a）大气压的变化；

b）泵吸入；

c）蒸发气压缩机吸入。

6.7 **防护堤和拦蓄区**

对单容罐或球罐，要求单独的拦蓄区作为次容器。

对地下罐，地面如果设置合适（见 6.2.2），可以用作拦蓄区。

两个罐的拦蓄区可相邻。

6.7.1 **材质**

蓄液系统的材料应不渗透 LNG。材料的导热系数影响溢出后的蒸发速度，溢出在危险评价中是重要因素（见 4.4）。

绝热要求取决于危险评价的结果(见第 4 章)。集液池的绝热层见 GB/T 19204。对绝热层进行试验应符合 EN 12066。

集液池底部不应含砂,也不应有植被。

6.7.2 水的回收

LNG 拦蓄区可能聚集雨水或消防水,应有排水的措施以确保所要求的容积并防止储罐漂浮。

应把水排到拦蓄区中集液池内的排水槽里(见 6.7.3),并通过泵抽出或靠重力排出。应有可靠的方法以防止泄漏的 LNG 从池中流走。

6.7.3 蓄液能力

各拦蓄区尺寸的当量能力应至少为储罐最大储存容积的 100%。

当拦蓄墙距储罐超过 15 m 时,应考虑设置一个集液池,该要求在 4.4 条的危险评价中有说明。集液池应能收集拦蓄区内 LNG 管道泄漏包括溢流管道(如果有)的液体。设计原则如下:

a) 集液池的容积应等于或大于因管道破裂时用于检测及中断流动期间溢出液体的量;

b) 集液池应露天布置。

此外,还应考虑限制蒸发及减小着火溢出燃烧速率的方法。

6.8 安全设施

6.8.1 防翻滚装置

为避免翻滚,如果采取了如 6.5 条中的防护措施,除了调峰装置,至少应采取下列措施:

a) 如 6.9.2 中所述的充装系统;

b) 再循环系统;

c) 监测蒸发速率;

d) LNG 储罐全深度的温度/密度测量。

可使用的其他预防措施,如:

——避免在同一储罐中储存质量差异极大的 LNG;

——与 LNG 密度相适应的充装程序;

——充装时 LNG 的氮含量在 1%(mol)以下。

这些方法可有效消除 LNG 分层。

6.8.2 防雷保护

储罐防雷保护应符合 12.2 的要求。

6.8.3 可靠性及结构监测

6.8.3.1 可靠性

LNG 储罐是具有高度可靠性的结构。

设计要求,一方面确保储罐的结构状况变化缓慢且有限,另一方面可以监测这种状况的代表性参数。

可靠性等级必须达到第 4 章要求,结构组件支持:双重水力屏障(主容器,继而是次容器)构成该类型的支持部分。

6.8.3.2 结构监测

用于监测结构总体(包括基础)状况的装置,如果探测到异常情况要留足够的时间采取行动。

应根据预先设置的数据来解释监测值:正常值、报警值、临界值。

储罐结构总体状况,具有代表性的参数在下面给出。

6.8.3.3 温度传感器

应考虑三套温度传感器:

a) 在主容器外壁及底部,监测温度降低和升高,薄膜罐除外;

b) 在绝热层(壁及底部)的暖侧,探测泄漏及监测由于沉降引起的绝热层老化;

c） 在全容罐和/或薄膜罐的混凝土壁的外表面及在混凝土承台的外表面或各种储罐的支撑点上，监测温度梯度。

所有传感器来的参数在控制室应有记录，确认任何泄漏应发出报警。应设置足够的传感器，以确保探测到任何泄漏及监测到温度梯度。

6.8.3.4 加热系统控制

在储罐有加热系统的情况下，系统的能耗应连续记录。

6.8.3.5 沉降监控

如果当地土层条件很差，宜监测基础沉降。

6.8.3.6 主容器泄漏探测

对绝热层和主容器没有接触的储罐，在绝热层内应设置氮气循环系统。通过探测吹扫出氮气中烃组分浓度监测主容器的密封度。

6.8.3.7 储罐外部泄漏及火灾探测

采用探测器的型式及其安装位置应符合第13章的有关规定。

6.9 储罐管路

6.9.1 冷却管道

应设置一个冷却系统以防冷液落到热储罐的底部，如末端用喷嘴或开孔圆环。

充装管道通过喷洒也可以冷却。

6.9.2 充装管道

通过管道从储罐的顶部，或从储罐较低位置到达储罐的底部把LNG充装到储罐内。

对罐底充装，至少应有下列特征（不包括用于调峰的储罐）：

安装在储罐底部的喷嘴，而且嘴应朝上；

一个垂直的管道，管道的部分或全长都有开孔；

一个防喷器，装在喷洒充装管道的末端。

6.9.3 LNG泵

从储罐中抽出LNG和LNG循环应用潜液泵。

6.9.4 溢流

溢流管道，作为不得已的手段及危险评价中权威认可的方法，其尺寸应能处理与充装泵最大流量相应的液流。溢流管道应穿过主容器的侧面，其高度至少等于高液位报警液面的高度。在溢流管道的底部应安装一个或多个爆破片，爆破片的压力由溢流管道中的液体静压头确定。应安装一个或多个阀门以便维修爆破片而不会漏气。温度报警应探测到溢流管道下部的液体。

溢流管道设计应考虑两壁之间温差引起的位移。

6.10 储罐间距

储罐间的最小间距的确定应与危险评价（第4章）一致。

6.11 试运和停运

试运和停运作业用的装置应在设计阶段说明：

a） 排放回路设计应便于置换和完全干燥。应为监测这些参数制定取样措施；

b） 在绝热层直接与储罐的气体容积接触的情形，应为这一空间吹扫和置换采取措施；

c） 冷却管道应按6.9.1的规定设计；

d） 自支撑主容器应安装足够的温度传感器以精确监测空间梯度及时间梯度（见6.5.3和6.8.3.3）；

e） 应设置平衡装置以保护主容器以防过负压的情况（见6.5.2）。在试运及停运期间，应对实际的差压进行监测。

6.12 试验

试验应遵循相关的标准和规范。

此外,应采用附录J中所说明的试验要求。

7 LNG泵

7.1 一般规定

本条款规定了LNG输送和循环用离心泵的最低要求。设计及安装要求包括在附录K中。

7.2 应用范围

LNG泵主要用于：

a) 在气化之前,把LNG压力升到输配管网所需要的压力；

b) 给高压泵进料；

c) 从排污罐排出LNG；

d) 把LNG从液化单元输到储存单元；

e) 倒罐；

f) LNG装卸；

g) 储罐内LNG循环。

如果有其他的应用,应进行检查,使它们与泵特性相符。

7.3 材料

应从GB/T 19204中所推荐用于LNG的材质中选材。注意各种材质之间的匹配。

供货商能够证明合适的其他材料也可以使用。

至少应对承压部件提供检验证书。

7.4 具体要求

每台泵安装的阀门,应便于维护时隔离、排空和吹扫。

泵并联的情况下,泵与下游隔断阀之间应安装一个止回阀。应采取措施避免水击。

小流量循环线设置应使最小流量与泵特性相匹配。

"罐内"或"塔内"安装的泵,应有足够的气相放空能力。应在泵轴上安装振动监测仪,振动监测仪包括两个报警等级:正常摩损和非正常振动。

罐内安装泵的泵箱应能排空和关断。如果在罐内安装此泵,应采取措施以便在泵停运期间能够操作排污阀。排污嘴应采用端部焊接形式,且应安装一个金属温度计。

在泵的上游应安装一个液体缓冲罐,缓冲罐的容积应满足关断系统启动时不会出现抽空现象。

7.5 检验及试验

具体的检验和试验程序应执行附录K的规定,以证明泵在所有操作条件下的可操作性能。

与这些操作状态有关的试验载荷应有详细说明。

8 LNG气化

8.1 基本要求

8.1.1 功能

气化器的功能是气化LNG以便在温度高于烃露点且不低于0 ℃的条件下把天然气送入输气管网。

8.1.2 材质

应从GB/T 19204所列适用于LNG的材料中进行选材。因为气化器也与加热流体接触,应采取下列两种结构之一：

a) 材质与加热流体相匹配(无锈蚀或腐蚀),应事先对热流体的特性确切规定；

b) 与加热流体接触的部分设置保护层。

材质应互相匹配,如开架式气化器的管材通常由铝合金制成而LNG管道由奥氏体不锈钢制造。

8.1.3 保护层

为保护气化器以抗热流体的化学或物理侵蚀而使用保护层(油漆、金属喷涂、电镀、锌粉热镀等)的时候,该保护层在 LNG 温度下与在加热流体最高温度下应稳定。

由于磨损破碎或腐蚀,保护层可能渐渐脱落。应根据具体运行条件(流速、温度、组份、使用时间)对保护层脱落的最大速度进行说明。

使用表面保护层的气化器的厂家应提供修补或替换保护层的方法:

a) 气化器保护层可以翻新;

b) 或在现场不用拆卸便可以喷砂、上漆或金属喷涂;

c) 或进行简单的组件拆卸便可以在车间进行,不间断其他设备的运行;

d) 翼片应设计得易于接近以便能够使漆或镀金属有均匀的厚度(尤其重要的是在弯曲处的底部及翼片的底部应喷好漆或镀好金属);

e) 厂家也应对气化器不能更新保护层的部件进行明确的说明,这样的部件应能够易于拆卸与更换。

厂家应对保护层的维护提供详细说明。

8.1.4 天然气回路

在气化器出口处,应以可能出现的最低温度来选择管线材质,这取决于下列情况:

a) 自动关断隔离阀的温度开关的设置点;

b) 温度稳定前的热瞬变;

c) 因气体膨胀的温降。

材质应满足:

——直到隔离阀(它在气温低于所规定界限的情况下即关闭)采用奥氏体不锈钢;

——适合于在隔离阀关闭之前出现在隔离阀下游的最低温度。

8.1.5 稳定性/振动

气化器在规定操作范围内应稳定运行且无振动。

8.1.6 安全卸压阀

为了避免过压,任何可隔离的气化器应至少有一个安全阀,阀排量用下列假定计算:

a) 在工作温度下,气化段充满 LNG;

b) 该段隔离阀关闭,且密封完好;

c) 加热系统(热流体、水浴)仍在最大负荷下运行(热媒在最高温度和最大流速);

d) 两面都洁净(如:零垢阻)。

除不可预见的情况外,安全卸压阀应直接向大气排放。如果存在不可预见情况,安全阀排放应经管道引向火炬或放空。

8.1.7 性能数据

厂家应确保气化器下列性能数据的名义值:

a) 最小和最大流量;

b) 最低出口温度;

c) 最大压降;

d) 最大燃气流量或最大热媒流量及功率要求。

8.2 设计通则

8.2.1 作用

气化器的设计应考虑下列作用:

a) 永久作用:自重,如果有连接设备应包括连接设备重量;工作压力;使用中的热应力(热应力);

b) 可变作用:试验压力;冷却瞬态热应力(冷却应力);风雪对没有安装在棚下的装置的作用

(风);操作基准地震(OBE)。

8.2.2 组合作用

气化器设计应至少可以承受表6中所说明的正常作用。

表6 设计正常作用

	永久作用与可变作用组合						
正常作用	重量	压力试验	运行压力	冷却应力	热应力	风	OBE
试验	1	1	—	—	—	1	—
冷却	1	—	1	1	—	1	—
正常运行	1	—	1	—	1	1	1

8.3 气化器类型

正常情况下,使用下列类型的气化器:

a) 开架式水流气化器;

b) 闭式水流气化器;

c) 常压水浴式中间流体气化器;

d) 强制流系统中间流体气化器;

e) 冷凝器/气化器系统中间流体气化器;

f) 浸没燃烧式气化器;

g) 空气气化器。

8.3.1 开架式水流气化器

用作热源的水(如海水)直接流到暴露于大气的气化器换热器的外表面。

8.3.2 闭式水流气化器

不同于开架式,闭式使用一个密闭带压水回路。

8.3.3 常压水浴式中间流体气化器

特点是在热源和LNG之间用水做媒介流体。水装在暴露于大气中的水浴中。

通过蒸气注入到水浴中或通过电加热来供热。通过自然对流或通过外部循环泵进行水浴内循环。

8.3.4 强制流系统中间流体气化器

特点是在密闭带压回路中使用单相媒介流体。密闭回路用循环泵,热媒在热源处(明火加热器或换热器)加热,在另一处被气化的LNG逆向冷却。

8.3.5 冷凝器/气化器系统中间流体气化器

特点是使用媒介流体,媒介流体在热源和LNG间循环传送蒸发潜热:

a) 在对流驱动媒介流体的某个设备内;

b) 或在有独立气化器和冷凝器的回路中。

在这两种情况下,该气化器有两部分,热媒在热源处气化,在另一处被气化的LNG冷凝。

8.3.6 浸没燃烧式气化器

类型与常压水浴式一样。不同之处是通过浸没在水浴中的燃烧器来提供热量。

8.3.7 空气气化器

空气气化器是由空气加热的换热器。通常这些换热器是由翅片管组成。

空气气化器不需要任何能量。其主要缺陷是由于不断地有冰冻结在翅片上因此降低外输气体温度,对大流量LNG不能连续气化。当气体温度降到0 ℃以下时,就必须把换热器停下。

空气气化器至少两台并联,每台都能确保额定流量。一台运行时,另一台解冻。

空气气化器附近容易产生雾,应避免雾漂移到公共活动场所。

8.4 气化器的具体要求

每一种气化器的具体要求在附录 L 中都有详细的说明。

9 管道布置

9.1 LNG 工厂的管道系统

LNG 工厂的管道系统包括：

a) 主要工艺系统；

b) 辅助工艺系统；

c) 公用系统；

d) 消防系统。

9.1.1 主要工艺系统

根据工厂的类型，系统可能包括：

a) 连接输气管网的高压天然气系统；

b) 低压及高压 LNG 系统；

c) 装卸系统；该系统到装卸臂连接法兰为止；

d) 蒸发气系统(包括放空及蒸发气回流)；

e) 液化压缩机、换热器及任何冷剂储存之间的制冷剂系统。

9.1.2 辅助工艺系统

这些系统包括：

a) 排污系统(收集从主要工艺系统及设备排到排污罐或火炬分液罐的烃)；

b) 用于冷却大型设备的系统；

c) 冷却及低温保持系统(如：备用时用于维持 LNG 输送系统的低温)。

9.1.3 公用系统

根据工厂类型，主要的公用系统如下：

a) 用作热源或冷却的水；

b) 在工厂中用作工厂燃料气、民用气、解冻(除霜)气、工作气及用于储罐安全的天然气系统；

c) 氮气系统用作工作气、试验室用气及一些具体用途：安全置换管道和设备(如：储罐的检查、熄灭火炬及冷却、对电气控制柜的加压)；管道和设备(如装卸臂、泵井等)干燥；液体输送备选方式，用于小型容器(LNG 排污罐、加臭剂罐)的加压；低温转动设备的密封；天然气热值和沃泊指数调整；LNG 储罐主容器外面绝热空间的吹扫；

d) 空气系统：仪表风、天然气热值和沃泊指数调整、工作风、呼吸风；

e) 槽车供应系统：液氮、燃料、饮用水；

f) 蒸汽及锅炉给水系统。

应采取专项措施以避免由于绝热、伴热、再循环或埋地系统等的冻结造成任何损坏。

9.1.4 消防系统

主要的消防系统在 13.2 中有详细规定，该系统有：

a) 喷淋系统；

b) 水幕；

c) 产生泡沫的水和乳剂混合物；

d) 干粉。

9.2 LNG 工厂管道系统设计原则

9.2.1 一般要求

用于工业管道的公认计算标准应适用于 9.1 条所述的不同系统。

操作温度大于 0 ℃的带压天然气系统应与 GB 50316 相一致。

9.2.2 压降

应进行压降计算以便检查外输泵正确运行需要的压力。

压降计算时应考虑下列情况：

a) LNG 最大流速 8 m/s；

b) 湍流。

应使用有效的方法计算压降[例如:计算摩阻系数用柯莱布鲁克(Colebrook)公式]。

9.3 验收试验

应根据工业管道公认的计算标准对所有的管道进行试验。在没有信息可用的情况下，宜使用下列规定：

a) 水压试验:设计压力的 1.5 倍；

b) 或气压试验:设计压力的 1.15 倍。

假如相应措施符合当地规定，并且储存能量在可接受极限内，低温系统应优先选用气压试验。

当地规定不允许气压试验的情况下，假如试验之后可进行完全干燥，包括卸开阀门，那么可进行水压试验。

不允许有任何泄漏。

9.4 管道组件

9.4.1 总则

应根据使用条件选择管道和附件的施工材料。GB/T 19204 中给出了这些材料的示例。

应考虑这两种情况：

a) 与 LNG 永久或不定期接触的材料；

材料应具有低温性，不会因 LNG 温度有脆化危险。

b) 由于 LNG 泄漏或溢出与 LNG 事故性接触的材料。

根据危险评价结果，应采取具体的预防措施，如使用低温材料或用适当材料进行绝热，避免脆化现象。

此外，为了提高耐火性，暴露于火的管道应使用熔点不低于钢的材料。

LNG 或低温气管道布置应防止：

——任何差别收缩，足以引起变形、干扰活动件、对齐故障等；

——与空气接触的组件冻结。如不能避免这种现象，支撑计算应考虑随后的作用。

9.4.2 管道

对环境温度气体管线，应符合 GB 50316 的规定。低温不锈钢管道宜符合公认的规范或标准。

9.4.2.1 管道连接

管道焊接接头应符合下列规定：

a) 按照根据 ISO 15614-1 或相关标准鉴定的程序进行焊接；

b) 使用按照相应安全技术规范的规定考核合格且在有效期间内的焊工或操作人员；

c) 焊接之前、焊接期间或焊接之后应按 GB/T 9445 的规定进行检查。

应谨慎进行不同材料管线的焊接，尤其注意因差别收缩产生的热应力及电化学腐蚀。

法兰连接应尽量少，特别对维修作业。如果使用这种连接，紧固螺栓时应慎重。

法兰和垫片应满足 GB/T 9112 和 GB/T 9126 的规定，应按 EN 12308 或相关规定对法兰连接进行试验。

9.4.2.2 管道支撑

由于热收缩或热膨胀，支撑应允许管线移动而不超过容许应力。支撑的设计应适合这一功能，并应防止在管道与安放管道或吊挂管道的结构之间出现冷桥。

9.4.2.3 **冷缩补偿**

所有的管道系统应使用公认的管道规范进行应力分析。对与温度变化相关的管道尺寸变化,应采取特殊措施,如膨胀环、能纵向振动(5°)的铰链式补偿器、铰链系统。

宜避免用波纹膨胀节,并应特别注意小支管连接避免薄壁主管破裂或屈曲。

9.4.3 **阀门**

阀门设计制造应符合相关标准的规定。

低温阀门应符合相应规范或标准的要求,禁止使用分体阀门。低温阀门即使在有冰的情况下也应能够操作。

安装在易燃或有毒系统中的阀门宜用对焊接头。法兰连接的数目应尽量少。

低温或高温阀门不宜从管道上卸掉阀体维护内部组件。

易燃介质阀门应防火。

设计者应确保任何作用[如由关闭紧急切断(ESD)阀门作用在储罐或设备管嘴上的水击]保持在可接受的极限内。

阀门数目应尽量少,同时考虑下列情况在内:

a) 要求对管道和设备系统进行部分降压;

b) 对 LNG 或任何有毒流体源或具体的设备进行隔离;

c) 泄漏情况下限制 LNG 或任何有毒流体的泄漏量。

在需要检测或维护的地方,为了能进入某个设备,应设置绝对的隔离,如:可移动的阀塞块、8 字盲板或薄片和垫环。

高压控制阀和仪表维护宜用双楔与泄气孔。紧急切断阀(ESD)的位置应尽可能靠近设备。

加长阀帽的低温阀门应尽可能安装在阀杆处于竖向位置或竖向 45°的地方。应确保不存在泄漏或滞塞的危险。

ESD(紧急切断)阀不宜作为正规控制系统的一部分。ESD 阀应有气压或液压自动防故障装置。最好设置自动防故障弹簧复位执行器,或应设置规格适合于三单工的局部蓄能器。执行器和地面连接装置及电缆应防火(如需要进行紧急切断期间,温度处于 1 100 ℃,见 14.3)。

ESD 阀行程时间设置应与危险评价中的假定相一致(见 4.4)。

紧急隔离阀可以改善已经出现且没有很快起作用的事故。如果隔离阀门为了限制下游库存释放的量,可采用防爆电机或活塞驱动的阀。

9.4.4 **安全阀**

正常情况下,安全阀应无绝热地安装。

安全阀的大小与安全阀的设计与安装的规定相符,包括来自火灾的热输入量公式。

设备和管线应安装热安全阀,避免大气热量输入在 LNG 或其他轻烃液体中造成的过压。最高环境温度(包括由于太阳辐射),流体压力可能超过设计压力处需要装热安全阀,至少在下列位置:

a) 工艺装置区内,能够自动隔离的管道或设备;

b) 储存和装卸区内,能够隔离的管道或设备(尤其是两个阀门之间的管段)。

安全阀的排放执行 4.5.3 的规定。

9.4.5 **排污罐**

排污罐的大小应能收集装在某个设备(例如:装卸臂)或管道中的 LNG。

排污罐应由与 9.5 相符的低温材质制成并且必要的地方应用隔热材料保护。

9.4.6 **软管**

软管用于小规模的暂时性连接。

在暂时连接的情况下,可使用软管,例如:在排空或充装 LNG 或液氮的汽车槽车时,及小型 LNG

船和 LNG 卫星站之间的转运操作，也可以使用软管。软管的使用应与危险评价相符(见第 4 章)。

软管构成如下：

a) 由波纹管(由低温钢制成)构成的软管；

b) 防霜冻的绝热(不要求用于间断或相当短暂的使用)；

c) 外部保护(通常由奥氏钢网构成)。

考虑到附录 F 中规定的永久和可变作用，软管的规格应在合适的范围内。

软管设计应符合相关标准的规定。

9.5 绝热

9.5.1 总则

在 LNG 的安装中，由于下列原因应根据具体要求确定绝热材料的质量及类型：

a) 易燃度和吸气率；

b) 绝热材料对潮气的敏感性；

c) 大温度梯度；

d) 低温。

绝热材料特征应符合相关标准的规定。应使用氯化物含量低的绝热材料以避免腐蚀。

9.5.2 管线绝热

热管线和低温管线及附件应绝热，以减少能量损耗、防结露或霜冻和保护员工。

a) 绝热层设置如下：

 1) 绝热材料；

 2) 机械/天气保护(根据 9.5.3 的要求，在需要的地方确保防火)；

 3) 蒸汽障，是用于低温管线以防潮湿空气进入从而产生水蒸汽冷凝和冻结。

b) 加绝热层时，应采取预防措施：

 1) 法兰，应设置足够的空间以便使螺栓能够适宜地拧紧或卸掉；

 2) 管道的活动部件。

在管道组件酸洗和钝化之前，不加绝热层。

9.5.3 着火特征

当选择绝热材料以及设计由几种材料，如绝热材料、乳胶、油漆、金属套管所制成的绝热系统时，应考虑着火特征。绝热系统作为一个整体，很可能与火相接触，不应引起火势蔓延。

根据业主要求绝热系统着火特征应有证明文件。

当绝热系统由金属套筒，尤其是不锈钢管保护时，从绝热材料，乳胶或油漆的完全热解所散发出来的气体或者出现的量应很小，或者排放到大气中无中毒、燃烧或爆炸的风险。

9.5.4 吸气率

应避免使用可能吸收甲烷气的多孔绝热产品。

9.5.5 防潮

绝热系统中的湿气会极快地削弱绝热材料的性能。如，绝热材料中 1%（体积分数）的湿气，会使其热效率减少 20%～30%。

水会以两种不同的方式渗入绝热材料：

a) 以液态的方式；

b) 以水蒸气冷凝在绝热材料中的方式。

有些绝热材料在一定程度上是防水的，但是其中绝大多数是透气的，而且也会透水蒸气。

为了避免水蒸气的进入，应在绝热材料周围设置有效的蒸汽障，绝热材料本身不透水蒸气的除外。

9.5.6 不均匀移动

不透水蒸气系统，在管线与构成绝热系统的各个产品(包括蒸汽障、油漆、填充物、金属套管)之间发生预期的不均匀移动之后，仍能保持气密连接，主要收缩缝设计应可承受与内外温度变化相关的不均匀移动循环。

如果必要，在保证安全的同时，应限制各绝热层的厚度使由热端与冷端之间的温度梯度产生的剪应力小于最大允许剪应力。

9.5.7 厚度确定

在满足下列条件的同时，应根据 ISO 12241 的内容对厚度进行计算：

a) 安全(过压阀门的规格)；

b) 气化限制，这样的限制根据各种因素而定；

  1) 成本；

  2) 气体处理设备(再冷凝器，排放火炬/放空)的规格；

c) 表面冷凝的控制。

根据 ISO 12241 的要求，宜使用更精确的方法准确地预测吸热和绝热表面温度。

冷凝的后果：在温带或低温区，外表面冷凝会变成冰，这可能导致蒸汽障或保护层过早老化；在湿润地区，大量的冷凝会引起腐蚀，并且对植物、海藻和微生物的繁殖具有负面影响，这会加速蒸汽障或外保护层的老化。

为了避免绝热系统外表面上冷凝，应限制外部环境温度和表面温度之差，以确保外表面温度无雨时约 75%的时间都高于露点温度。

这个限制基于当地环境条件而定。

作为一种选择，计算可以以表 7 的假定为基础，对这些条件应进行计算以证明不会出现冷凝。

表 7 用来计算绝热厚度的大气条件(如果没有可用的当地数据)

	风/(m/s)	相对湿度/%	温度/℃
热带	0	85	35
亚热带	0	80	32
沙漠地区	0	70	32
地中海地区	0	80	30
温带	0	80	25
极地地区	0	75	20

9.5.8 热传导

绝热厚度取决于绝热材料在流体温度到环境温度范围内的热传导。

塑料泡沫的热传导，取决于密度、吹塑(CFC 不再使用)、湿气、老化因素。

能透水蒸气的材料对湿气很敏感。因为湿气进入更多，热传导测量值修正大于温度接近环境条件的值；

用于厚度计算的热传导值需要考虑下列情况(见 ISO 10456)：

a) 绝热材料的选择：

  1) 不渗透水蒸气；

  2) 低温条件下尺寸的变化，尤其是膨胀环；

  3) 老化。

b) 蒸汽障的选择和应用：

  1) 膜或保护层；

  2) 外表单层或多层；

  3) 是否纵向隔开；

4） 产品的质量及供应来源；

5） 是否加强；

6） 老化危险以及(如果设备已被损坏)研究局部或蔓延损坏危险；

7） 维修活动阻力。

c） 气候条件：

1） 干燥的温带或热带；

2） 外部温暖气候的影响。

d） 机械损坏的危险：

1） 管线或设备上的支脚传送；

2） 如三通，弯头，支撑，法兰、阀门等重要点的设计和质量；

3） 维修质量。

e） 绝热承包商的资格：

1） 技艺等级；

2） 恶劣天气的情况下，现场保护。

f） 操作温度。

g） 维修温度。

h） 工作复杂性：弯头、接头、阀门等的数量。

9.6 管架/管路

管道布置在管架上或管路上。工艺系统应尽可能露天布置以避免可燃气体积聚。

支撑的规格应能承载附录M中所说明的作用。

按照危险评价，如果需要应对支撑进行防火(见4.5.7和16.2)和/或LNG或低温气体的泄漏保护(见4.5.2和16.3)。

不应让雨水积聚。

9.7 集液池

作为危险评价的一部分，应估计LNG管道工程和设备的集液池和溢出收集沟的范围(见4.5.2)。

如果需要，应根据6.7规定的原则设计集液池。

通常，可能发生的LNG溢出排入带有泡沫发生器的集液池，可以改善蒸发控制。

应使用6.7.2规定的水回收措施。

9.8 腐蚀

管道系统设计应防止装置在使用期限内，由于腐蚀或点蚀造成泄漏。应根据操作条件及环境条件(存在氯化物或含硫或氮化合物)选择材料及腐蚀余量。

应对腐蚀相关危险采取具体措施，如阴极保护及防腐涂层(见12.3和16.1)。

10 天然气的接收/外输

10.1 计量

10.1.1 背景

财务管理运转或物料平衡要求进行流量计量。计量系统的精确性应满足这一目的。

10.1.2 流量计量

流量计量应符合GB/T 18603的规定。

10.2 气质

10.2.1 背景

从接收站输到管网的气体尤其应符合下列相关的当地要求：

a) H_2S 的总含量；

b) 平均热值以及气体沃泊(Wobbe)指数范围。

供应民用气应进行加臭(见10.3)。

10.2.2 气质调整

LNG装置出来的气体应遵循管道气质参数，如：沃泊指数、热值以及(如果需要)臭味浓度。

要求对现存气流做出准确的分析以确保符合这些参数。应有在线监测以及调整气质参数的方法，应预见到气质可能偏离所要求的范围。

通过在低热值气流(如蒸发气)中添加丙烷或丁烷或在高沃泊指数气流(如"被冷却的"LNG)中加空气/氮气的方法调整。

注：生产正常储存时质量不偏离所要求范围的LNG比外输时再调整气质更有效益。

应有准确的计量、分析和控制系统以确保快速调整。

10.3 加臭

根据当地规定或买方要求对进入供应系统的气体，在装置内应设置加臭储存和注臭设备。

臭味是通过添加臭剂来完成的，加臭剂为典型的有挥发性有机硫化物(如：乙基硫醇、三丁基硫醇、一甲基二乙基硫化物和二乙基硫化物，或一种单一组份，如四氢噻吩)的混合物。臭味液体具有挥发性、易燃性及极难闻气味。

在正常运行期间，不宜有臭味气体释放到大气中，并且系统设计应消除并减少所有可能的释放。应辨识潜在的泄漏点，并定期进行监测。

加臭剂特性、加臭装置的施工和操作应符合相关的标准。

11 蒸发气回收和处理装置

11.1 一般要求

应安装蒸发气回收装置以便收集在充装储罐时由于进料过程中的热量泄漏及闪蒸所造成的LNG蒸发气。

应通过重新液化、用作燃料气、进入储罐(仅在终端)、重新压缩进入气管网或排放到大气中的方式安全地处理蒸发气。

应采取预防措施阻止空气渗入蒸发气回收系统。蒸发气回收装置通常由下列组成：

a) 蒸发气收集管道；

b) 气体进出储罐的系统；

c) 蒸发气压缩机；

d) 一个或多个火炬/放空。

11.2 蒸发气收集系统

该系统用于在正常操作过程中，无低温气体直接排放到大气中。

该系统设计包括：LNG罐和接收器的蒸发气；LNG设备及管道的脱气系统。

蒸发气系统应同样根据第9章的规定进行设计，构成材料应具有的低温特性(蒸发气的温度可接近于−160 ℃)。管道的绝热层，其厚度应与同样管径的低压LNG管道绝热层厚度相同。蒸发气去火炬/放空的管道例外(见11.6)。

蒸发气系统的最大工作压力应与脱气系统开启时的最大压力一致，或者配备一个双重压力限制设施。

与排污系统相连的阀门排污点，应安装在所有主管线或火炬管线的低点(火炬分液罐的上游)。

罐与蒸发气收集系统之间的阀门及仪表宜能够：

a) 隔离罐；

b） 降低一个罐内压力的同时不干扰其他罐的压力；

c） 测量每个罐内降低的蒸发率，从而预防6.8.1中所述的翻滚。

11.3 气相回流系统

气相回流系统将蒸发气收集系统连接到蒸气回收臂。气体从罐到罐车或返回应有该系统，以补偿液体在装卸车过程中的体积，并收集罐内蒸发气。

如有必要可使用增压装置。

气相回流系统管道应与收集系统的管道特性一致。

11.4 蒸发气回收

回收蒸发气能够：

a） 再液化；

b） 在外输之前，再冷凝为LNG；

c） 送往火炬/放空系统；

d） 作燃料气；

e） 再压缩后送入气体管网。

在接收站内，蒸发气通常是压缩并冷却后，送往再冷凝器重新液化。

再冷凝器的设计应符合相关的标准或规范，由低温材料构成并应保冷。

11.5 气体压缩机

压缩机应配有限制下游压力的系统，避免该压力超过安装在下游设备的最大允许压力。

气体压缩机应配有手动或自动的停车程序，在出现严重损坏时能隔断。

可燃气体的压缩设备在各个区域应有放空，以便气体能正常地逸出。放空气应集中排放到安全区。

11.6 火炬/放空

最大的流量应考虑到：LNG罐车卸车时无气体回流；所有的蒸发气回收压缩机都已停车；潜液泵满负荷运行；只对出口终端的LNG船上罐进行冷却。

火炬/放空系统应预见可能的最大流量，如事故流量。流量定义如下：

a） 正常流量，6.6.1定义的流量与LNG接收器（管道、排料罐等）因热输入形成的蒸发气流量（定义见9.4.4）之和，为间歇式流量。

b） 事故流量，下列两种组合的较大值：

   1） 如果连接到同一火炬/放空系统，则是正常流量加气化器安全阀出口的流量（见8.1.6）；

   2） 如果连接到同一火炬/放空系统，则是正常流量加罐安全阀出口的流量，见6.6.2。

如果罐及气化器的安全阀不是连接到火炬/放空系统，则事故流量同正常流量。

释放出的高压气体，可去独立的火炬/放空。如某个气化器安全阀的流量应为事故流量。火炬的布置应根据主导风向/风向玫瑰图而定，将可燃气体与火焰接触的风险降至最小，且符合表3、表4中热辐射的规定。

放空也应根据主导风向/风向玫瑰图而定，将可燃气团与火源接触的风险降至最小。

保守措施是提供快速灭火及冷却设施（将火炬头温度较高的部分冷却到低于气体自燃点的温度）。要求冷却的时间少于气团到达火炬头的时间。

12 辅助电路和建筑

12.1 电气设备和仪表

12.1.1 总要求

所有位于危险场所的电气设备、仪表设备及装置应符合GB 3836.1～3836.7及IEC 60079-25的要求。

12.1.2 电源要求

负荷等级应符合现行国家标准供配电系统设计规范 GB 50052 的要求。对于一级负荷中的特别重要负荷应设置应急电源，确保主电源失电后，下列关键功能的安全：

a) 人员安全；

b) 装置安全；

c) 环境安全。

12.1.3 接线盒及就地控制盘

所有的电气及仪表设备连接应集中在快速接线盒，接线盒外面覆盖防护槽或防护架。

接线盒可用于：

a) 4 mA～20 mA 的模拟信号；

b) 设置具有“开/关”功能的控制开关；

c) 热电偶信号等。

根据工艺控制及安全系统结构，所有的接线盒（包括那些用于电动阀的接线盒）应通过多芯电缆连接到最近的控制中心。

12.1.4 照明

应急照明供电应使用带有逆变装置的蓄电池型不间断电源。

在危险区域，电流保护继电器应置于防爆盒中，外面有一层隔离物，锁定在“关”的位置。

12.2 防雷与接地

12.2.1 总要求

防雷保护应符合相关规范的要求。

12.2.2 防雷

至少下列装置应采取防雷保护：

a) 储罐及附件；

b) 装卸臂；

c) 建筑物。

12.2.3 接地回路

接地回路应符合现行规范或标准要求。

接地回路应采用绿色/黄色绝缘电缆作为连接线的网孔装形式。接地极采用铜或镀锌钢，埋设于生产区四周，接地电阻不应大于 10 Ω。

12.3 阴极保护

所有地下金属部分的防腐措施，应采用符合相关规范/标准要求的涂层和阴极保护。

靠近海水的金属构件，应特别注意阴极的涂层接口。

12.4 警示灯

罐及其他高架结构应根据航空及航海安全规则配备警示信号灯，如果需要，LNG 罐应至少安装四个可拆卸的信号灯。

12.5 开架式气化器的海水供应

12.5.1 材质

材质应根据流体特性及地理环境进行选择：

a) 奥氏体不锈钢禁止用于海水回路，材质宜选用混凝土或增强树脂、聚合物等；

b) 对有氯化作用的回路，特别是在有太阳辐射的情况下，应避免使用 PVC。

应特别注意材质的一致性，以避免产生电化学腐蚀。

12.5.2 水管线

回流汇管，其管径应足够大（如管径不小于 1 000 mm），以便于内部检查。

12.5.3 沉降池

正常情况下,至少应设置两个沉降池。当其中一个清洗时,其他应能正常操作。

围堰应密封良好。

12.5.4 水泵

泵的数量及尺寸宜在处理量最大的泵失效时,其他泵仍能满足所有气化器对水的要求。

应考虑到水入口沉降池的阻塞,以避免泵完全停车。宜使用隔间式沉降池。

泵及其他金属构件应采用有效的阴极保护法进行保护。

12.5.5 过滤

过滤装置和产品应符合制造商要求。

12.5.6 氯化处理

水回路中的微生物或软体动物应采取氯化等措施进行限制。注入的次氯酸盐可以是化工产品,也可从海水中电解而得。宜使用一套可靠的次氯酸盐检测系统,以防止在过氯化作用的情况下次氯酸盐发泡。

12.6 脱汞装置

液化装置入口处,经脱汞单元处理后产生的含汞有毒废液,应采取安全的储存及回收措施。

12.7 仪表风

仪表风系统应可靠且宜独立设置。系统应至少配置两台空气压缩机,单台空压机容量应能满足全部需要。

在主电源断开期间,仪表风应保证能正常供给使工厂处于安全状态,如用缓冲罐。

仪表风用空气应进行干燥处理。

12.8 燃料(公用)气

LNG 工厂应设置燃料气系统,主要用于下列设备和场合:

a) 燃气气化器;

b) 民用设施、采暖;

c) 燃气轮机或燃气引擎驱动的压缩机;

d) 蒸汽锅炉;

e) 电力生产;

f) 储罐安全系统,如破真空气体;

g) 火炬安全系统。

地下管网设计应符合相关规范或标准的要求,陆上 LNG 储罐或甲烷船上罐的原料气不需加臭,公用工程燃料气可加臭。

12.9 氮气系统

N_2 主要用于气体处理(热值调整);加压;设备、LNG 储罐绝热空间及管线吹扫;干燥及惰性处理;快速熄灭火炬、放空或炉子;冷却;给船提供液氮;添加制冷剂。

如果 N_2 用于分子筛的再生,应为低温级。

N_2 可通过现场低温空分或槽车运来。

液氮管网应根据规定的标准或规范进行设计,选用低温材质(见 GB/T 19204 中可适用的材质)。

12.10 建筑物

LNG 工厂需要管理或技术楼,如:办公楼、控制室(见 4.5.5)、配电室等;

建筑物应符合相关规范和标准。

对在风险评价中可以带压的建筑物,在空气入口处应设气体探测仪,便于关闭排风扇。防止气体进入建筑物,如果流体的热辐射小于 4.3 规定的最大值,则不需设水保护。

控制室的设计应使应急程序的启动及安全疏散有足够的时间，采暖、通风及空调系统设计应适应在可接受的热辐射下工作(见4.3.1)。

13　固定保护设备

13.1　探测

13.1.1　探测系统的目标

探测系统应对站场的LNG或天然气以及其他易燃制冷剂、有毒蒸气的泄漏，发出报警并指示火灾发生时有烟或火。

装置使用的探测系统应在装置说明书中详细说明(见4.2.1)。

13.1.2　备用

安全设备备用等级取决于设备失效时可接受的危险程度。应根据后果分类制定参考值(参见附录F)。

对风险等级较低的情况，无需设置两套探测设备，但安装的探测系统应确保探测到事件的发生，要求如下：

a)　能确定潜在的泄漏区；

b)　对应于各区域可接受的风险等级允许的最长泄漏时间；该泄漏时间取决于：

　1)　预计的最大泄漏流量；

　2)　现有的集液系统；

c)　在其他传感器正常工作的情况下，允许一个传感器失灵。对整个安全系统，允许在停车期间将泄漏的流体隔离开来。

13.1.3　气体探测

安装气体探测器用于快速探测泄漏或因挥发而泄漏的气体或LNG。

气体探测器宜为催化燃烧传感器、半导体传感器、热导传感器、或类似的或更先进的传感器。这些探测器应符合IEC 61779-1及IEC 61779-4的规定。

LNG站场使用的气体探测器应校准，校准值等于或小于所监测气体在空气中燃烧下限的25%。

测量气体浓度范围应为0%和燃烧下限之间。

危险评价结果，LNG站场内应安装气体探测器，特别是在下列单元附近：

a)　液化装置区；

b)　装卸区；

c)　气化器；

d)　气化器、空气压缩机、柴油发动机、燃气涡轮及燃气发动机燃烧器的入口处；

e)　LNG泵；

f)　法兰；

g)　集液池中可能集中LNG的点；

h)　蒸发气压缩机；

i)　气体可能积聚的建筑物及密闭空间内；

j)　建筑采暖、通风及空调系统的入口处。

探测器的安装应考虑到气体的比重、通风状况、大气条件及扩散计算的结果。其安装位置应有助于对可能的泄漏作出快速精确的探测。

13.1.4　低温探测

安装低温探测器以探测LNG的泄漏，其类型有：光纤系统、感温探头(如热电偶、电阻型探头等)、类似的或更先进的传感器。

应选择在LNG工作温度下效率最高的探测器。探测器应不受长期环境变化的影响，便于安装及维修。

光纤系统与其他探测系统不同，允许分布式探测。对备有独立自检装置的设备，在固定的时间间隔内检查系统操作的正确性，同时第二套装置检查自检装置的正常运行。这些装置应与报警器相连。

在 LNG 储罐拦蓄区宜安装低温探测器。还应在 LNG 集液池、LNG 泵周围及 LNG 溢出收集槽等场所安装低温探测器。它们应安装在 LNG 可能积聚的低点处。其安装地点应便于快速准确的探测到气体的泄漏。

13.1.5 烟探测

感烟探测器可为：离子感烟探测器、光电感烟探测器、类似的或更先进的传感器。

宜选择对压力、湿度及温度的变化保持高敏感度的传感器。有电气柜的建筑物内宜安装传感器。应布在烟最可能集中的地点。为了减少误报警，探测器应配有延时装置。

13.1.6 火焰探测

用于快速探测火焰的火焰探测器可为：紫外线（UV）探测器、红外线（IR）探测器、类似的或更高级的传感器，如热电偶探测器等。

这些设施可能会误报警。紫外线探测器误报警的源头可能是 X 射线及电弧焊。红外线探测器对太阳辐射及红外线源（如 LNG 站场常见的高温设备）很敏感。宜使用紫外线/红外线探测器。

除了主探测器外，还应额外增加探测器以避免误探测：延时、脉动探测回路。

根据可靠性需要，探测器可配备自检设施。探测器宜安装在最可能泄漏及燃烧的位置，如：装卸区、集液池、距装置适当的位置。

13.1.7 气象仪器

在 LNG 液化工厂和接收站应设置气象站，以便测量：空气温度、气压、湿度、风向、风速。

对调峰站则只需监测风向。

活动消防设备的配置由监测结果决定。应根据危险评价确定其可靠性。

13.1.8 设计、安装与维护

探测器应按相应的标准进行设计、安装与维护。

13.2 消防

13.2.1 范围

LNG 站场应配有消防系统，该系统的特点由评价决定，该评价依据合理的方法与第 4 章危险评价。每一套装置应配备一定数量及类型的消防设备，以便处理、控制与扑灭可能发生的火灾。

13.2.2 安全系统的可靠性

安全系统的可靠性可通过一些设施来提高，如：备用系统，如电池组或压缩空气罐；防热及防辐射的保护，如埋地系统（电缆沟保护墙）。

13.2.3 消防水系统

应至少安装两台消防泵。当一台泵出现故障时，另一台泵使用独立电源仍能满足消防要求。

站场内有易燃流体的部位应布置消防水管网。所有管网，包括消防栓，应具有一定的水压，该压力可由隔膜泵或一个高架水罐来提供。

应采取特殊措施以避免因伴热系统、埋地系统冻结而造成的损失。

供水系统应能在消防系统的操作压力下，提供不小于在一次最大预期火灾中消防系统所需的流量，加上余量 100 L/s，对移动式水枪时间不少于 2 h。

各个部位的供水系统应相互独立，以便在对某个部位进行维修时，不中断其他部位的供水。

LNG 站场（包括集气罐）应设置排水系统，排放系统产生的水。

13.2.4 喷淋系统

13.2.4.1 一般规定

在许多消防系统中都离不开水，特别是在 LNG 站场内。而 LNG 池火既不能用水来控制，也不能用水来扑灭。液体表面与水接触后，气化速度加快，燃烧速度增加，对火灾的控制产生负面影响。

在LNG站场内，大量的水用于冷却储罐及设备，这些易受热辐射的影响设备可能会扩大LNG火灾的规模。因此，使用大量的水可降低火灾风险和减少设备损失。

13.2.4.2 水的流量及其方位

设备冷却的重要性及所需的水量取决于危险评价(见第4章)。

喷淋系统应将水流均匀地分配到设备的表面。则受到热辐射的设备不会升温到不可接受的温度。

在保持装置完整性和正常运行的情况下，可根据持续火灾中除去转移热的能力循环使用水。

每个单元发生火灾时所需要的水量计算基于它所接受的热辐射值，在第4章中，使用适当有效的模型对每种情况都作了定义，以限制表面温度，与结构完整性一致。

根据某些实际情况评价指出，有时使用喷淋系统是不可行的。

13.2.5 **水幕系统**

13.2.5.1 一般规定

如果通过危险评价证明水幕系统有效，则应考虑使用水幕系统。

使用水幕系统的目的是为了快速降低LNG气团的气体浓度，使之低于空气中该气体的燃点。

水幕使LNG蒸气与水滴相接触，将热量传递给低温天然气气团。

水幕带走大量传递热量的空气，将LNG蒸气团稀释，从而增大浮力，促进扩散。

当风速增加时，水幕的效果会减弱。但在高风速的情况下，自然扩散增加。

水幕的有效性取决于许多不同的条件，如：喷嘴的类型、水压、喷嘴的位置、间距等。

计算方法应以现场用LNG测试过的有效模型为依据。

13.2.5.2 特性及安装位置

水幕的安装位置应符合危险评价的要求。

水幕应尽可能的靠近LNG可能溢出和聚积的区域，应根据场站的要求而定。

如果没有自然障碍物，水幕可位于LNG储罐的拦蓄区周围，作为LNG泄漏后形成的低温天然气气团的屏障。

应尽可能减小水幕水滴进入拦蓄区的可能性，以避免增大LNG的气化速率。

水幕的管嘴可向下安装，则需要高架总管。管嘴亦可向上，甚至可以倾斜。向下喷水的总管应升高，略高于计算的低温蒸气团高度。

向上安装的喷嘴不允许低温LNG蒸气云团从其下逸散，因此应靠近地面安装。

管嘴的间距应允许相邻水喷射的外缘能略微重迭，两管嘴之间的间距不应超过3 m。

水幕应分散独立安装，以使只有在下风向侧，即面对低温LNG蒸气云团的部分能够起作用。上风向的水不进入拦蓄区。

风向应由适当的风传感器测定(见13.1.7)。

LNG站场应配有排水系统，及时排走水幕产生的水，水幕应至少每年测试一次，对不能正常工作的喷嘴，应及时更换。

13.2.5.3 给水系统及流量

供水强度宜为70 L/(min.m)，在水幕系统的操作压力下，给水系统应能提供不小于最大的LNG泄漏事故中水幕所要求的水流量。

13.2.6 **泡沫发生**

LNG发生泄漏及燃烧后，可用消防泡沫来减少火灾所产生的热辐射及降低LNG的气化率，它们的使用量取决于危险评价(见第4章)，泡沫的膨胀率指的是1体积水/乳化剂混合可制得的泡沫体积。

依照EN 12065，应证明所用的泡沫能扑灭LNG火灾，与用于池火的灭火干粉相匹配。

LNG的拦蓄区和集液池，应配泡沫发生器，特别是附近无干粉或机动设备以及泡沫玻璃。

泡沫发生器属于LNG蓄液系统，应考虑主导风向，将其隔开布置。其安装位置应便于主导风向能将泡沫吹向蓄液系统。

LNG集液池灭火所需的泡沫量可由EN 12065规定，在降低火灾引起的约90%的热辐射的同时，应考虑到其中一个发生器可能出现故障以及由于火灾的影响泡沫的减损率。

泡沫剂应置于合适的位置，避免受到火灾或太阳的热辐射，泡沫剂的储存量应至少等于以下两者之和：

$$Q = Q_1 + Q_2 \quad \cdots\cdots(1)$$

式中：

$Q_1 = t \times r \times S$；

t——泡沫剂存储时间(h)(最长48 h)；

r——泡沫剂的减损率(m/h)(如r=0.11 m/h)；

S——最大覆盖面积(m^2)；

Q_2——定期测试所需的量，在无其他数据的情况下，取泡沫泵运行15 min的最大流量。

13.2.7 泡沫玻璃

泡沫玻璃可用来替代泡沫发生器，在集液池的底部覆盖一层泡沫玻璃，其要求如下：

a) 泡沫玻璃应防潮(如使用塑料包裹泡沫玻璃)；

b) 泡沫玻璃不应直接与集液池或拦蓄区的底部接触，间距至少应为5 cm；

c) 至少应有两层泡沫玻璃；

d) 泡沫玻璃的总厚度至少应为20 cm。

13.2.8 LNG干粉灭火系统

13.2.8.1 一般规定

LNG消防设备应符合相关的规范或标准。

宜采用干粉扑灭LNG火灾。

为扑灭LNG池火，应将干粉喷洒在液体表面上，不应让干粉撞击液体表面或与其混合。若干粉与液体表面混合，会加快气化而不能扑灭火灾。

为有效扑灭LNG火灾，干粉应即时覆盖所有着火区，否则LNG池火残余的火焰，会将已扑灭的部分重新点燃。另外，应采取措施冷却所有构筑物表面，以防气体重新燃烧。

宜备足量的干粉，以将重新燃起的火灾快速扑灭。

13.2.8.2 干粉的类型

干粉应为下列类型之一：

a) 碳酸氢钠型；

b) 碳酸氢钾型。

依照EN 12065，应证实干粉适合扑灭气体火灾，并能与泡沫灭火联用。

13.2.8.3 干粉系统的安装位置

依据危险评价，应在LNG站场安装干粉灭火系统，一般靠近下列区域：

a) 装卸区；

b) LNG泵；

c) 蒸发气压缩机；

d) LNG气化器。

其他应安装在LNG可能泄漏处附近。

14 控制系统

14.1 一般规定

LNG站场的控制系统，应使操作员至少能监控工艺过程；监控站场安全；监视人员进入或闯入；交换信息。

根据站场规模的大小，应包括以下不同的独立系统：

a) 过程控制系统；

b) 安全仪表系统；

c) 出入口控制系统；

d) 防入侵系统；

e) 闭路电视系统；

f) 通讯系统。

这些控制系统应能向操作员提供整个站场的实时运行信息，并能让操作员调整生产过程。

紧急关断(ESD)通过安全控制系统来完成，主要由关断设备及执行安全隔离阀组成。它应向控制系统发送已执行 ESD 的命令，使操作员能在检查并排除 ESD 原因后快速而安全地对 LNG 站场重新开车。

通讯系统应与其他系统完全独立。

14.2 控制系统

14.2.1 一般规定

不同的站场，具有不同的功能，主要功能包括：

a) 气体液化；

b) LNG 储存；

c) 装船/卸船；

d) 蒸发气回收；

e) 排放及冷却；

f) 气化；

g) 气体处理；

h) 天然气外输；

i) LNG 公路槽车的装卸。

站场主要的工艺控制可为自动或半自动。

通常，操作员应能初始化和协调设备的运行，以保证生产的正常运行。当某些主要功能有特定的 PSD 安全关联和成套设备的防护性关断时，设备可有一套独立的工艺关断(PSD)，主要功能包括：装卸车、LNG 储存、蒸发气、外输、排放及冷却、公用工程等。

船装卸的过程控制系统应与 EN 1532 的要求一致。

14.2.2 过程控制系统设计

控制系统应具有与站场安全等级一致的高可靠性，且应采用故障安全型。

远程控制设备在紧急情况时应能够就地停车，并能及时通知控制室的操作员。

对与站场的安全、生产相关的工艺参数，过程控制系统应能够保存、或/和打印所有信息。这些参数包括：温度、压力、液位、系统故障、比重、流量、振动、电压、电流、频率。

当安全控制系统激活 ESD 时，过程控制系统应能接收到该信息，从而调整工艺操作条件，以满足新的要求。

14.3 安全控制系统

14.3.1 原则

安全控制系统应按预防泄漏设计：

a) 容器测漏；

1) LNG 溢出；

2) 天然气泄漏；

3) 火灾；

b) ESD激活；

c) 对保护设备进行监控。

该系统应允许对不安全条件自动检测，并应自动或手动激活相应的ESD，如装卸车、外输、液化。

14.3.2 紧急关断(ESD)

紧急关断可包括一些工艺关断功能。本节只描述最主要的安全保护功能。

根据风险评价，应建立因果图，以保证一旦检测到非正常条件，ESD就能正常动作。

此外，当操作员在控制室或现场按下“ESD按钮”时，也应能进行连锁。

应设置火灾探测器及可燃气体探测器，以便对第4章风险评价中规定的事件进行处理。

14.3.3 系统功能

14.3.3.1 主要功能

安全控制系统应设计用于：

a) 对设备进行监控和保护，如：水幕、泡沫发生器、固定式干粉灭火器、专用房间的正压通风；

b) 对辅助设施进行监控和保护，如：消防泵、消防水系统阀门、泡沫泵、乳化剂或泡沫剂管网阀门；

c) 通知操作员所有的事件；

d) 自动激活相应的ESD；

e) 自动启动相应的保护设备；

f) 通知过程控制系统ESD触发指令并激发PSD(如果需要)。

14.3.3.2 数据采集

安全控制系统的探测基于下列各种类型的探测器：

a) 特定点型可燃气体探测器；

b) 线型可燃气体探测器；

c) 烟雾探测器；

d) 火焰探测器；

e) 特定点型低温探测器；

f) 线型低温探测器。

安全控制系统应收集：每个探测器的信号、环境温度、风向及风速、保护设备、辅助设施及工艺安全设备(LNG阀门、放空阀、压力开关等)的信息。

14.3.3.3 监控

安全控制系统使控制室的操作员能监控保护设备；监控保护附属设施；通过相应按钮激活ESD；采用带钥匙的ESD按钮防止ESD的未授权激活；

安全控制系统应向控制室的操作员提供：每个探测器的状态、保护设备的状态、保护辅助设施的状态、气象参数、报警的探测器清单。并能打印报告和存储数据。

系统应自动启泵，防止消防水系统的压力低于设定值。

安全控制系统在下列情况下也能自动激活：

a) 启动了打开所有紧急出口的总措施(见14.4)；

b) 有声报警(警笛或喇叭)。

此外，如果是计算机控制系统，重要报警应直接连接到主控制系统的特定报警器上。

14.3.3.4 系统的可靠性

安全控制系统的可靠性应与站场的安全级别一致，在安全控制系统失效时，ESD应能执行。

14.4 出入口控制系统

车辆和人员进入站场界区，每个出入口处应通过不同权限的关卡进行控制，应至少有两个入口，以便消防及应急车辆的出入。

关卡的开启应能通过指定的出入控制来授权，出入控制应能：

a) 确定准入级别；

b) 计算通过关卡进入站场的人员数量；

c) 自动开启所有关卡，包括消防及紧急通道，以便在出现事故后，站场进行疏散和急救。

根据站场规模的大小，能够对储存、运输、加工气体的工艺区进行出入控制。这种控制仅限于工艺区或扩展到更宽的区域。也可通过门卫或物理设施(锁，电磁报警器等)实现出入控制。

14.5 防入侵系统

LNG 站场周围应有至少 2 m 高的围墙或铁丝网，并应设有受控出入口，以防止非授权人员的进入。

15 施工、试运和检修

15.1 质量保证和质量控制

应在下列各阶段采用 GB/T 19001 要求的质量管理体系：

a) 组织；

b) 设计及采购；

c) 设备、车间制造；

d) 设备、储存及运输；

e) 施工(土方、安装、回填、土建及钢结构、储罐、压力容器、分离器、燃烧炉、锅炉、泵，地上管线包括支撑、地下管线、仪表、电气、阴极保护、刷漆、保温、防爆)。

应设立一套特定的质量控制程序(包括检测及试验)来对不同阶段的设计制造及施工进行质量监控。

15.2 验收试验

工厂安装的设备应根据相关的规范和标准进行试验，特别是：

a) 高压管线；

b) 压力容器；

c) 明火设备。

对 LNG 罐，应根据 6.12 进行试验。

15.3 开车/停车的准备

低温和存在烃要求特殊的试运及停车程序。

a) 在开车前这些程序包括：

1) 充入惰性气体以便排除氧，使氧的含量最大为 8%(mol)；

2) 并对装置进行干燥。通过使用脱水后的天然气进行吹扫，保证装置各部分的水分被除掉，特别是连接仪表的管线(使管线的露点低于－40 ℃，储罐的露点低于－25 ℃的某个稳定值)。

b) 在停车检修，要求打开某个回路时，则需：

1) 除去回路中的液烃；

2) 通过循环热的干燥气体来除雾(或解冻)；

3) 在能向大气排放之前通入 N_2 吹扫来惰化。

16 涂层、防火及脆裂保护

16.1 涂层

对 LNG 装置的金属设备、管道及金属结构表面，应采用保护涂层；通常情况下，混凝土结构表面也采用保护涂层来防止磨损。

在 LNG 工厂，涂层主要用于防止金属表面在操作条件下产生腐蚀，选用时应充分考虑盐渍或腐蚀性大气环境对金属表面的影响。

涂装之前，必须对金属表面进行特殊处理。碳钢、含 Cr 低于 12%的低合金钢及奥氏体不锈钢表面的涂层通常为多层结构，由底漆、中间漆及面漆组成。

对所有的平台及平台支撑钢结构，梯子及扶手、梯子护栏、平台铺板、梯子踏板及钢板网铺板要进行高质量的热镀锌处理。

镀锌表面一般不需要进行涂装，如果在海洋大气环境中使用，宜进行涂装。管线及设备的外保温层的镀锌薄钢板保护层，可在其表面再刷上防腐涂层。

应注意，火灾时熔融的锌可能污染不锈钢管道及设备的部位，不得使用镀锌表面，否则可能导致晶间腐蚀及脆裂失效。

LNG 装置的所有设备及管线应刷规定的颜色和标识，以标识介质组成。

所有的涂层，镀锌层及颜色标识应按相应的标准、规范进行设计和施工。

16.2 防火

LNG 站场内的设备及特定的材料应采取防火措施，以减轻火灾影响。

设备及特定的大批材料的支撑结构，防火保护必须达到以下效果，使用 4.3.1 的方法，在规定的火灾延续时间内(见 4.5.7)支撑结构功能不受影响。

控制设备及电缆也要采取防火措施，以保证火灾时保持它们的可操作性。

防火材料分为：预制的或喷涂的混凝土、由矿物纤维、陶瓷、硅酸钙或泡沫玻璃构成的板材、膨胀涂料。

防火设计及施工应满足相应标准的要求。

16.3 脆裂保护

可能受到 LNG 泄漏(如法兰处)影响的设备及特定的材料应进行脆裂保护。

通过选择合适的材质(混凝土、不锈钢等)或使用隔热层来保护设备及材料不会受到低温的冲击。

隔热层应按相应的标准进行设计及安装。室外条件下应采取预防措施防止外表面磨损。

设备及材料的保护应保证在站场运行期间，其功能及结构不受影响。

附　录　A
（资料性附录）
本标准章条编号与 EN 1473 章条编号对照

表 A.1 给出了本标准章条编号与 EN 1473 章条编号对照。

表 A.1　本标准章条编号与 EN 1473 章条编号对照

本标准章条编号	EN 1473 章条编号
1	1
2	2
3	3
4	4
5	5
6	6
7	7
8	8
9	9
10	10
11	11
12	12
13	13
14	14
15	15
16	16
附录 A	
附录 B	
附录 C	附录 G
附录 D	附录 H
附录 E	附录 J
附录 F	附录 K
附录 G	附录 L
附录 H	附录 A
附录 I	附录 B
附录 J	附录 C
附录 K	附录 D
附录 L	附录 E
附录 M	附录 F
参考文献	附录 P

附 录 B
（资料性附录）
本标准与 EN 1473 技术差异及其原因

表 B.1 给出了本标准与 EN 1473 技术差异及其原因。

表 B.1 本标准与 EN 1473 技术差异及其原因

本标准章条编号	技术性差异	原　因
2	修改引导语	与国内标准要求一致
2	“ISO 15607 金属材料焊接程序的规范和鉴定 总则”代替“EN 288-1 金属材料焊接程序的说明与鉴定 第 1 部分：熔焊总则”	标准更新
2	“ISO 15609-1:2004 金属材料焊接程序的规范和鉴定 焊接程序规范 第 1 部分：弧焊”代替“EN 288-2 金属材料焊接程序的说明与鉴定 第 2 部分：电弧焊的焊接规程”	标准更新
2,9.4.2	“ISO 15614-1:2004 金属材料焊接程序的规范和鉴定焊接程序试验 第 1 部分：钢的电弧焊和气焊及镍和镍合金的电弧焊”代替“EN 288-3 金属材料焊接程序的说明与鉴定 第 3 部分：钢材弧焊的焊接程序试验”	标准更新
2,9.4.2	“GB/T 9445 无损检测 人员资格鉴定与认证(GB/T 9445—2008,ISO 9712:2005,IDT)”代替“EN 473 无损检测人员的资格鉴定与认证 总则”	国内有相应标准
2	“GB/T 18851.1—2005 无损检测 渗透检测 第 1 部分：总则(ISO 3452:1984,IDT)”代替“EN 571-1 无损检测 渗透检测 第 1 部分：总则”	国内有相应标准
2	删除“prEN 823 建筑用隔热产品 厚度测定”	国外标准与国内要求不同
2	删除“prEN 970 熔焊的无损检测 目视检测”	焊缝检测一般要求
2	删除“prEN 1050 机械安全 风险评价原则”	国外标准与国内要求不同
2,9.4.2	“GB/T 9112—2000 钢制管法兰类型与参数”代替“prEN 1092-1 法兰及其连接 管道、阀门及配件用圆法兰 PN 第 1 部分：钢法兰”	国内有相关标准
2,4.4.3,4.5.9	“EN 1127-1”代替“prEN 1127-1”	标准更新
2,4,5,6,7,8,9,12	“GB/T 19204—2003 液化天然气一般特性”代替“EN 1160 液化天然气设备与安装 液化天然气一般特性”	国内有相应标准
2	“JB/T 4730.2—2005 承压设备无损检测 第 2 部分：射线检测”代替“EN 1435 焊接无损检测 焊接接头的射线检测”	国内有相关标准

表 B.1（续）

本标准章条编号	技术性差异	原　因
2,9.4.2.1	“GB/T 9126—2003　管法兰用非金属平垫片　尺寸”代替“prEN 1514-1　法兰及其连接　PN 法兰的垫片尺寸　第 1 部分：带衬垫或不带衬垫的非金属平垫片”	国内有相关标准
2	“EN 1474”代替“prEN 1474”	标准更新
2,14.2.1	“EN 1532”代替“prEN 1532”	标准更新
2,9.2.1,9.4.2	删除“prEN 1594　供气系统　管线（最大操作压力超过 16bar）功能要求” 增加“GB 50316 工业金属管道设计规范”	国外标准与国内要求不同
2	“JB/T 4730.3—2005　承压设备无损检测　第 3 部分：超声检测”代替 “prEN 1714　焊接无损检测　焊接接头的超声检测”	国内有相关标准
2	删除“prEN 1759-1　法兰及其连接　管道、阀门、配件及附件用圆法兰　第 1 部分：钢法兰（NPS 1/2 到 24）”	国内有相关标准
2	删除“EN ISO 9002　质量体系 生产、安装、和服务方面的质量保证模式”	已并入 ISO 9001
2,4.1,15.1	“GB/T 19001”代替“ISO 9001”	国内有相应标准
2,10.1.2	“GB/T 18603—2001　天然气计量系统技术要求”代替“EN 1776 供气系统　天然气计量站　功能要求”	国外标准与国内要求不同
2	“GB/T 5656　离心泵　技术条件（Ⅱ类）”代替“EN 25199 离心泵技术条件　Ⅱ类（ISO 5199：2002）”	国内有相应标准
2	删除“ISO 2548　离心泵和轴流泵　试验验收规范　C 类”	废止
2	“GB/T 3216—2005”代替“prEN ISO 9906”	国内有相应标准
2	删除“EN 10204　金属材料　检查文件类型”	国外标准与国内要求不同
2,9.5.8	“ISO 10456”代替“prEN ISO 10456”	标准更新
2,13.2.6,13.2.8.2	“EN 12065”代替“prEN 12065”	标准更新
2,4.5.2,6.7.1	“EN 12066”代替“prEN 12066”	标准更新
2	删除“prEN 12008-1　小于或等于 16 bar 的供气系统材料、设计、施工、操作、维护和更新方面的具体要求——第 1 部分：小于或等于 10 bar 的聚乙烯系统”	国外标准与国内要求不同
2	删除“prEN 12008-2　小于或等于 16 bar 的供气系统材料、设计、施工、操作、维护和更新方面的具体要求——第 2 部分：小于或等于 16 bar MOP 的钢系统”	国外标准与国内要求不同
2,9.5.7	“ISO 12241”代替“prEN ISO 12241”	标准更新

表 B.1（续）

本标准章条编号	技术性差异	原因
2,9.4.2.1	“EN 12308”代替“prEN 12308” 删除“EN287-1 焊接人员的鉴定　熔焊　第1部分：钢”	标准更新 国内规定焊工“应当按照相应安全技术规范的规定考核合格，才能在有效期间内担任合格项目范围内的焊接工作”
2,12.1.1	“GB 3836.1　爆炸性气体环境用电气设备　第1部分：通用要求（GB 3836.1—2000，eqv IEC 60079-0：1998）”代替“EN 50014 爆炸性气体环境用电气设备　通用要求”	国内有相应标准
2,12.1.1	“GB 3836.6　爆炸性气体环境用电气设备　第6部分：油浸型‘o’（GB 3836.6—2004，IEC 60079-6：1995，IDT）”代替“EN 50015 爆炸性气体环境用电气设备　油浸型‘o’”	国内有相应标准
2,12.1.1	“GB 3836.5　爆炸性气体环境用电气设备　第5部分：正压外壳型‘p’(GB 3836.5—2004，IEC 60079-2：2001，MOD)”代替“EN 50016 爆炸性气体环境用电气设备　正压外壳型‘p’”	国内有相应标准
2,12.1.1	“GB 3836.7　爆炸性气体环境用电气设备　第7部分：充砂型‘q’（GB 3836.7—2004，IEC 60079-5：1997，IDT）”代替“EN 50017 爆炸性气体环境用电气设备　充砂型‘q’”	国内有相应标准
2,12.1.1	“GB 3836.2　爆炸性气体环境用电气设备　第2部分：隔爆型‘d’（GB 3836.2—2000，eqv IEC 60079-1：1990）”代替“EN 50018 爆炸性气体环境用电气设备　隔爆型‘d’”	国内有相应标准
2,12.1.1	“GB 3836.3　爆炸性气体环境用电气设备　第3部分：增安型‘e’（GB 3836.3—2000，eqv IEC 60079-7：1990）”代替“EN 50019 爆炸性气体环境用电气设备　增安型‘e’”	国内有相应标准
2,12.1.1	“GB 3836.4　爆炸性气体环境用电气设备　第4部分：本质安全型‘i’(GB 3836.4—2000，eqv IEC 60079-11：1999)”代替“EN 50020 爆炸性气体环境用电气设备　本质安全型‘i’”	国内有相应标准
2	删除“EN50028 爆炸性气体环境用电气设备　浇封型‘m’”	国内有相应标准
2,12.1.1	“IEC 60079-25 爆炸性气体环境用电气设备　第25部分：本征安全型系统”代替“EN 50039　爆炸性气体环境用电气设备　本安电系统”	标准更新
2,4.4.3	“GB 3836.14　爆炸性气体环境用电气设备　第14部分：危险场所分类(GB 3836.14—2000，idt IEC 60079-10：1995)”代替“prEN 50145 爆炸性气体环境用电气设备　危险场所分类”	国内有相应标准

表 B.1(续)

本标准章条编号	技术性差异	原　因
2,13.1.3	“IEC 61779-1　可燃气体检测和测量用电气设备　第1部分:基本要求和试验方法”代替“EN 50054　可燃气体检测和测量用电气设备　基本要求和试验方法”	标准更新
2,13.1.3	“IEC 61779-4　可燃气体检测和测量用电气设备　第4部分:指示体积分率到100%LEL的Ⅱ类电气设备的性能要求”代替“EN 50057 可燃气体检测和测量用电气设备　指示体积分率到100%LEL的Ⅱ类电气设备的性能要求”	标准更新
2	删除“ENV 1991-2-2　欧洲标准1　基础设计和结构上的作用　2-2部分:火对结构的影响 ENV 1992-1-1　欧洲标准2　混凝土结构设计　1-1部分:总则及建筑规则 ENV 1992-1-2　欧洲标准2　混凝土结构设计　1-2部分:结构防火设计 ENV 1993-1-1　欧洲标准3　钢结构设计　1-1部分:总则-总则及建筑规则 ENV 1993-1-2　欧洲标准3　钢结构设计　1-2部分:总则-结构防火设计 ENV 1994-1-1　欧洲标准4　钢和混凝土复合结构设计　1-1部分:总则及建筑规则 ENV 1994-1-2　欧洲标准4　钢和混凝土复合结构设计　1-2部分:总则-结构防火设计 ENV 1998-5　欧洲标准8　结构抗震的设计规定　第5部分:基础、固定结构及地质方面”	国外标准与国内要求不同
3	增加引导语	与国内标准要求一致
3	修改PASQUILL大气稳定度定义	与国内相关标准一致。环境影响评价技术导则　大气环境 HJ/T 2.2-93
4.2.4	删除“地震调查研究和响应波谱参数形式见ENV 1998。” “概率地震动,发生地震动的平均最小复现间隔对SSE为4975年”代替“概率地震动,发生地震动的平均最小复现间隔对SSE为10000年”	与国内相关标准一致
4.3.1	删除“在任何情况下,应使用有效的方法以及ENV 1991,ENV 1992,ENV 1993和ENV 1994中所给的曲线来确定界区内每个主要结构可接受的最大热辐射”	以符合国内现状
4.5.4	“7 bar”改为“0.7 MPa”	与国内标准要求一致
6.2.1	“500 mbar”改为“50 kPa”	与国内标准要求一致

表 B.1（续）

本标准章条编号	技术性差异	原　因
9.3	“气压试验：设计压力的1.15倍。”代替“气压试验：设计压力的1.10倍。”	与国内标准相关标准一致。工业管道工程施工及验收规范 GB 50235
9.4.2	删除“使用业主同意的焊条；”	以符合国内现状
11.6	“因热输入形成的蒸发气流量(9.4.5规定的)”改为“因热输入形成的蒸发气流量(9.4.4规定的)”	原文编辑错误
12.1.2	增加“负荷等级应符合现行国家标准供配电系统设计规范 GB 50052的要求。对于以及负荷中的特别重要负荷应设置应急电源”	GB 50052 供配电系统设计规范要求
12.10	“建筑物应符合相关规范和标准。”代替“建筑物应符合下列规范和地方标准，尤其是抗震设计时： ENV 1992-1-1； ENV 1993-1-1； ENV 1994-1-1； ENV 1998。”	国外标准与国内要求不同
参考文献	增加建构筑物主要设计规范和标准 GB 50010—2002　混凝土结构设计规范 GB 50017—2003　钢结构设计规范 JGJ 138—2001　型钢混凝土组合结构技术规程 GB 50011—2001　建筑抗震设计规范 GB 50003—2001　砌体结构设计规范	列出供参考

附 录 C
（资料性附录）
各种陆上 LNG 设施的说明

C.1 LNG 出口终端

LNG 出口终端位于海边，设计用于液化将装 LNG 船的天然气。LNG 出口终端通常包括：

a） 天然气计量接收站，如果进站管线存在着两相流；还应包括段塞流捕集器；

b） 凝液稳定及储存；

c） 气体处理装置，脱除来气中的酸性气、水、重烃及可能出现的汞等；

d） 液化装置，生产 LNG，同时脱除乙烷、丙烷、商用丁烷、重烃及氮气。一部分脱除的烃类可用于补充制冷剂。液化装置采用一些特殊设备，如低温缠绕式或钎焊板翅式热交换器，及大功率的涡轮压缩机装置。通常采用二级制冷剂循环；

e） LNG 储罐及相关的装船设施；

f） 液化石油气/或天然汽油储罐及相关的装卸设施；

g） 工厂运行所必须的公用设施，生产和/或购买、分配（电、蒸气、冷却水、压缩空气、氮气、燃料气等）；

h） 一般在厂外的装置（气体和液体火炬系统，污水处理，消防系统等）。

在生产销售气体的气体处理厂常见大部分的气体处理步骤，如脱除酸性气体，脱水、烃露点及天然气凝液（NGL）回收。在炼油厂的轻烃回收装置里通常也可见到 NGL 分馏。

需指出的是，除了储罐，在 LNG 工厂里只有一小部分烃类可能以 LNG 的形式存在。设备内大部分是高压天然气、NGL 或制冷剂。

C.2 LNG 接收站

LNG 接收站设计用于接收从甲烷船运来的液化天然气，将 LNG 卸船储存后，再将它转换成气相，输送到天然气管网或用户。因此，LNG 接收站的几个基本功能为：

a） 卸船；

b） 储存；

c） LNG 回收及加压；

d） 气化；

e） 气质调整。

C.3 LNG 调峰站

LNG 调峰站，液化商品气管网中来的天然气，其规模小于出口终端。与 LNG 出口终端比，原料气的质量简化了其工艺要求。液烃限于 LNG 和制冷剂，有制冷剂储存。通常不要求分馏设施。商品天然气中假设含有 H_2S，也低于要求特殊处理的标准。

在 LNG 调峰站中，通常使用下列致冷工艺：

a） 单级混合冷剂循环；

b） 阶式混合冷剂循环；

c） 氮气膨胀机循环；

d） 甲烷/氮气膨胀机循环；

e） 开式循环膨胀机。

涡轮膨胀机通常都与升压气体压缩机相连。大流量高压天然气膨胀后进入低压管网，在涡轮膨胀机膨胀，提供液化天然气所需的冷量。所产生冷量直接取决于膨胀压力比，但通常产率是膨胀气体流量的10%。

C.4 LNG卫星站

LNG卫星站通常是小型站，LNG的储存和气化用于调峰，或供给独立的当地配气管网。LNG通过汽车槽车或铁路槽车或小型LNG船，从LNG接收站或LNG调峰站运输。

LNG卫星站的主要功能与LNG接收站相同。

附 录 D
（资料性附录）
不同类型 LNG 储罐的定义

D.1 概述

EN 14620-1 中描述了不同类型的立式平底圆筒形钢储罐。

下列型式也可考虑。

D.2 球罐

球形单容罐系统由一个无加强球体组成，球由一个垂直圆柱支撑在赤道位置。球罐的设计和建造要依照国际海运组织气体运输船规范。（IMO B 型罐）

球罐几何结构稳定，可设计用于高地震加速度区。

地上球罐应由防护墙围绕（见 6.7）容纳泄漏的液体。

D.3 低温混凝土储罐

低温混凝土储罐要么是双容罐（见图 D.3），要么是全容罐（见图 D.4）。这类储罐，主容器和次容器的罐壁都是预应力混凝土。

注：单容罐示例见图 D.1。球罐示例见图 D.2。双容罐示例见图 D.3。全容罐示例见图 D.4。薄膜罐示例见图 D.5。低温混凝土储罐示例见图 D.6。

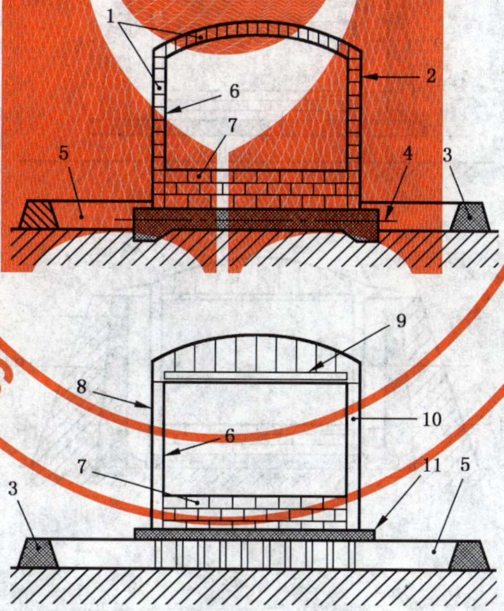

1——外部绝热层；
2——外壳（防水层）；
3——拦蓄墙（作次容器）；
4——底部加热；
5——拦蓄区；
6——主容器；
7——底板绝热层；
8——外壳（不能包容液体）；
9——吊顶；
10——松散填料绝热；
11——架高承台。

图 D.1 单容罐

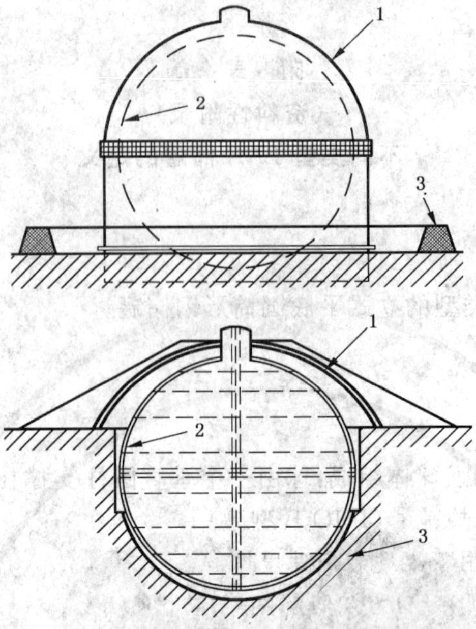

1——外壳；
2——主容器；
3——次容器。

图 D.2　球罐

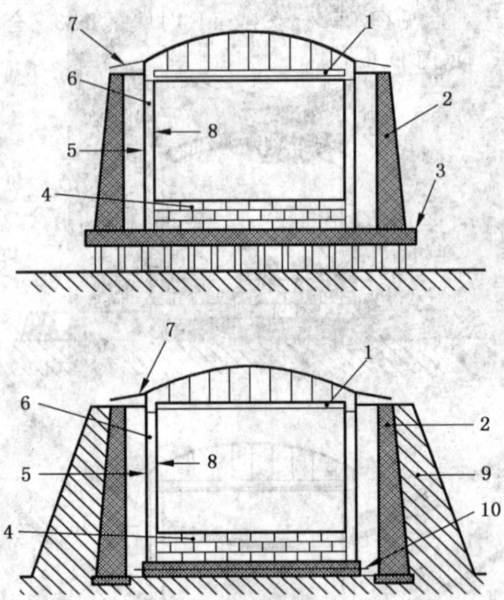

1——吊顶(绝热)；
2——预应力混凝土次容器；
3——架高承台；
4——底板绝热层；
5——外壳(不能包容液体)；
6——松散填料绝热；
7——顶如果需要；
8——主容器；
9——土堤；
10——底部加热。

图 D.3　双容罐

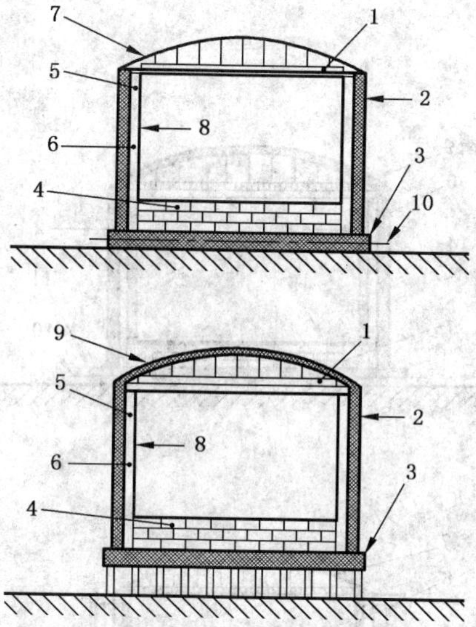

1——吊顶(绝热)；

2——预应力混凝土次容器；

3——混凝土板；

4——底板绝热层；

5——次容器内侧绝热层；

6——松散填料绝热；

7——钢外顶；

8——主容器；

9——钢筋混凝土顶；

10——底部加热。

图 D.4　全容罐

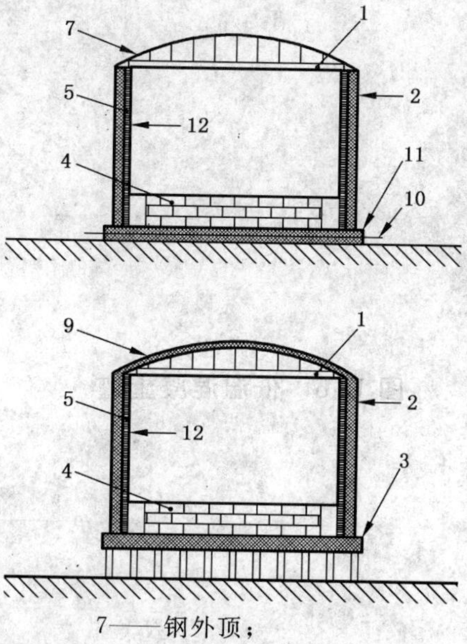

1——吊顶(绝热)；

2——预应力混凝土次容器；

3——架高混凝土承台；

4——底板绝热层；

5——次容器内侧绝热层；

7——钢外顶；

9——钢筋混凝土顶；

10——底部加热；

11——混凝土板；

12——主容器薄膜。

图 D.5　薄膜罐

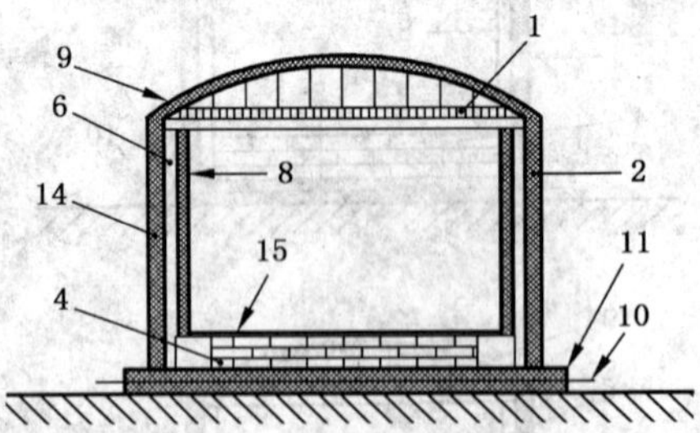

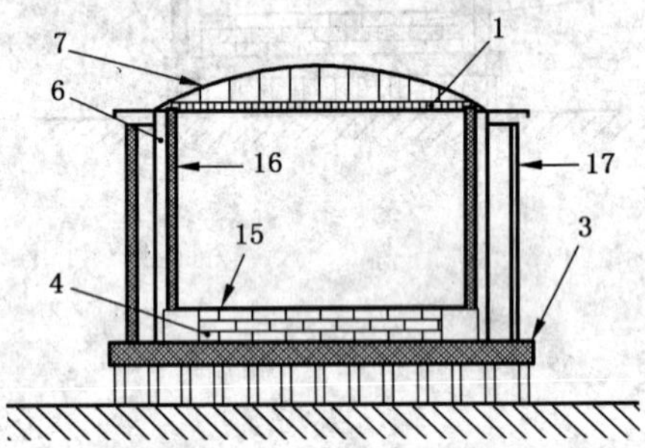

1——吊顶(铝板)；
2——预应力混凝土次容器；
3——架高混凝土承台；
4——底板绝热层；
6——松散填料绝热；
7——钢外顶；
8——主容器；
9——钢筋混凝土顶；
10——底部加热；
11——混凝土板；
14——碳钢内衬；
15——9%镍钢底板；
16——低温预应力混凝土主容器；
17——低温预应力混凝土主容器。

图 D.6 低温混凝土罐

附　录　E
（资料性附录）
事故频率范围

表 E.1 给出了危险评价用频率范围。

表 E.1　危险评价用频率范围

范围 1	出现的频率大于 10 年 1 次
范围 2	出现的频率在 10 年 1 次和 100 年 1 次之间
范围 3	出现的频率在 100 年 1 次和 1 000 年 1 次之间
范围 4	出现的频率在 1 000 年 1 次和 10 000 年 1 次之间
范围 5	出现的频率在 10 000 年 1 次和 100 000 年 1 次之间
范围 6	出现的频率在 100 000 年 1 次和 1 000 000 年 1 次之间
范围 7	出现的频率小于 1 000 000 年 1 次

附　录　F
（资料性附录）
事故后果分类

后果分类仅在安全和环境方面考虑站场边界内外公众和站场人员伤害和设备损坏的程度。

根据伤亡数、有工艺操作时间损失的事故、烃排放，分5类后果。分类后果从1到5按降序排列。

危险评价用后果分类见表F.1。

表F.1　危险评价用后果分类

	单位	1类	2类[a]	3类	4类	5类
伤亡数	死亡人数	10以上	1～10	0	0	0
有时间损失的事故	受伤人数	100以上	11～100	2～10	1	0
烃排放	吨	100以上	10.01～100	1.01～10	0.1～1	0.1以下

[a] 该类近于SEVESO导则[危险品重大事故危害控制委员会导则96/82/EC 1996年12月9日]。

附 录 G
（资料性附录）
风 险 等 级

可使用三个风险等级。

3 级：不希望发生并拒绝接受（不可接受）的情况，应尽快提供工艺布置、程序及设备编号。

2 级：应改进的情况，该等级应证实尽可能合理（ALARP）降低风险。

1 级：正常情况（可接受的）。

站场界区内和界区外风险等级确定见表 G.1、表 G.2。

表 G.1 场界区内风险等级确定

风　险		后果类别	后果类别	后果类别	后果类别	后果类别
站场事故频率	累积频率（每年）	5 类	3 类	4 类	2 类	1 类
范围 1	>0.1	2	2	3	3	3
范围 2	0.1～0.01	1	2	2	3	3
范围 3	0.01～0.001	1	1	2	2	3
范围 4	$0.001\sim10^{-4}$	1	1	1	2	2
范围 5	$10^{-4}\sim10^{-5}$	1	1	1	1	2
范围 6	$10^{-5}\sim10^{-6}$	1	1	1	1	1
范围 7	$<10^{-6}$	1	1	1	1	1
注：1 表示正常情况，2 表示 ALARP 区，3 表示不可接受。						

表 G.2 站场界区外风险等级确定

风　险		后果类别	后果类别	后果类别	后果类别	后果类别
站场事故频率	累积频率（每年）	5 类	3 类	4 类	2 类	1 类
范围 1	>0.1	2	3	3	3	3
范围 2	0.1～0.01	2	2	3	3	3
范围 3	0.01～0.001	1	2	2	3	3
范围 4	$0.001\sim10^{-4}$	1	1	2	2	3
范围 5	$10^{-4}\sim10^{-5}$	1	1	1	2	2
范围 6	$10^{-5}\sim10^{-6}$	1	1	1	1	2
范围 7	$<10^{-6}$	1	1	1	1	1
注：1 表示正常情况，2 表示 ALARP 区，3 表示不可接受。						

附 录 H
（规范性附录）
适用于LNG储罐的各种作用（力）定义

适用于LNG储罐的各种作用（力）的定义如下。

H.1 永久作用

永久作用[A]包括：

a） 预应力；

b） 自重（承台上，基础上）；

c） 设备重量（管线及管件）；

d） 气压；

e） 绝热材料的膨胀力（如珍珠岩）；

f） 基础上或埋地储罐上的土压力。

H.2 可变作用

可变作用包括：

a） 施工过程中的荷载[B]；
（搭建的脚手架和工作台，卷扬机，部分预应力）或“施工荷载”；

b） 永久作用的超载，适用于机械强度试验和气密性试验[C]；

c） LNG的静水压作用和LNG装卸过程中的疲劳作用[D]；

d） 储罐在使用寿命期内投运和停运时由热胀冷缩或热应力产生的荷载[E]；

e） 气候荷载（日照的变化，温度的变化，雪、冰和风）[F]；

f） 操作基准地震（OBE）[G]。

H.3 偶然作用

偶然作用包括：

a） 过压（压力过大会导致气体泄漏）[H]；

b） 负压[I]；

c） 泄漏作用，主容器泄漏，包括对次容器的热冲击[J]；

d） 溢出[K]；

e） 安全停运地震（SSE）[L]；

f） 抛射体的冲击[M]；

g） 火灾产生的热辐射[N]；

h） 外部的爆炸[O]。

H.4 组合作用

上述作用组合形成正常作用和增大作用（详见表H.1、表H.2，考虑荷载分项系数、组合系数）。假定偶然作用不同时发生。

H.5 确定作用的具体方法

H.5.1 静水压作用

静水压作用通过下列两值中的最大重量值来计算：

a） 主容器内充满 LNG 的重量[D]；

b） 流体静水压试验的重量[C]。

流体的静水压试验通常用水来进行，水的密度大约是 LNG 的 2 倍。因此，根据试验中水位的高度，静水压作用可达正常操作时 LNG 的 2 倍。设计中，应指明静水压试验流体的特性及要求。

最低的试验条件见附录 J，业主可以有特殊要求。

表 H.1 正常作用

正常作用	永久、可变和偶然作用的组合						
	永久作用 [A]	施工荷载 [B]	超载 [C]	LNG [D]	热应力 [E]	气候荷载 [F]	OBE [G]
建造	×	×					
试验	(1)		(2)				—
操作	×	—		×	×	×	—
地震	×	—		×	×		×

（1） 考虑试验压力为最大操作表压的 1.25 倍。

（2） 考虑静水压试验的最小压力是正常充装条件下操作表压的 1.25 倍。

表 H.2 增大作用

增大作用	永久、可变和偶然作用的组合										
	永久作用 [A]	LNG [D]	热应力 [E]	过压 [H]	负压 [I]	泄漏 [J]	溢出 [K]	SSE [L]	冲击 [M]	辐射 [N]	爆炸 [O]
过压	×	×	×	×							
沉降	×	×	×		×						
主容器泄漏	×	×	×			×					
溢出	×	×	×				×				
地震	×	×	×					×			
冲击	×	×	×						×		
相邻罐或安全阀着火	×	×	×							×	
外部爆炸	×	×	×								×

自支撑式主容器的储罐，主容器应承受流体静水压作用。次容器（如果需要，包括拦蓄区）的罐壁应能承受由内罐泄漏产生的作用。在薄膜罐中，次容器应承受流体静水压作用。

H.5.2 火灾辐射对预应力混凝土的影响

混凝土的厚度应满足在火灾的情况下，预应力钢筋的温度足够低，以保证 LNG 储罐和附属设备的完整性，并在最大设计压力下工作。如果没有蓄水系统，储罐设计的完整性应确保在需要的时间内能够从外部水源获得足量的消防水。可用经验公式来确定混凝土的最小厚度。

H.5.3 柔性抛射体的冲击

柔性抛射体是在遇到更硬表面的冲击时变形的非刚性物体。若要对危险性进行评估，除引擎外，飞机和直升机对预应力混凝土壁的冲击应视为柔性抛射体。

冲击作用是施加在表面上随时间不断变化的压力值。通过该压力的最大值，可在静压力的基础上计算出抗冲击力。

压力计算应该从下面因素来考虑：

a) 假设冲击硬表面的质量，其瞬时速度为零，其碎片速度也为零；

b) 根据柔性抛射体的质量分配，用动力学方法计算在壁上的瞬时作用力；

c) 由瞬时作用力和瞬时接触面积来确定压力。

H.5.4 非柔性抛射体的冲击

非柔性抛射体(如飞机引擎)，假设比它接触面更硬，可通过壁的变形和破坏吸收它的动量。

应根据经验公式来计算。

H.5.5 爆炸

如果在储罐周围储存或运输可燃物，事故泄漏引起的爆炸会对储罐产生超压波。超压应用经验公式来确定。假设：

a) 最不利的情况是超压波作用在储罐半个周长上。

b) 对结构影响的计算采用静力学方法。

c) 通常采用 TNT 当量法。TNT 当量法用于自由气团爆炸时较保守。

H.5.6 地震

流体和储罐质量响应，应分别进行动态分析。在地质勘察报告中应给出临界阻尼百分比。

对流体质量的研究应能确定储罐下列参数：

a) 流体表面的波形高度决定了干舷的高度；

b) 储罐内的剪应力；

c) 罐底的竖向拉应力(承台内的锚大小)；

d) 罐底的竖向压应力(抗翘曲)；

e) 倾覆力矩，包括动压力对底部的影响。

附 录 I
（规范性附录）
参比流量定义

气体排放时的各种流量定义如下：

I.1 V_T（热输入引起的气体排放流量）

正常操作条件下，通过假定环境温度为夏季白天最高气温，确定热输入引起的罐（蒸发）最大流量 V_T。

I.2 V_L（流体输入引起的气体排放流量）

充装储罐产生一个置换效应。充装储罐的最大体积流量 V_L 为（罐顶气相实际温度和压力条件下）气体体积流量。

在入口控制阀失灵的情况下，V_L 可能是最高的流量。

I.3 V_0（过量充装引起的气体排放流量）

如果不能排除过量充装，导致 LNG 溢流到储罐的环形空间，应考虑到 LNG 进入储罐的瞬时气化。按 6.5.1 及 6.9.4 条规定执行。

I.4 V_F（充装过程中闪蒸引起的气体排放流量）

向储罐内充装 LNG 时，会出现瞬时气化（闪蒸），主要原因如下：

a) 泵入时 LNG 加热；
b) 装卸时从管道来的热量输入；
c) 储罐液位上升时罐壁冷却（由于储罐上部分气相的温度比液体温度高，所以当 LNG 的液位上升产生气化，罐壁就会冷却）；
d) 与储罐内已有的 LNG 混合；
e) 当带压的 LNG 进入储罐，在膨胀前的温度比储罐压力下液体的泡点温度高，出现瞬时气化。

V_F 是在最大充装流量时，控制阀失灵情况下，闪蒸气的体积量。它的确定应包括上述所有参数。

如果 LNG 开始处于平衡状态，由于膨胀前的温度比原来储存的 LNG 的泡点温度高，液体瞬时气化部分（F），由下列简化式（I.1）近似计算：

$$F = 1 - \exp\left[\frac{C(T_2 - T_1)}{L}\right] \qquad \text{(I.1)}$$

式中：

C——流体的热容，单位为焦耳每开尔文千克[J/(K·kg)]；
T_2——流体在储罐压力下的沸点，单位为开尔文(K)；
T_1——流体膨胀前的温度，单位为开尔文(K)；
L——流体气化的潜热，单位为焦耳每千克(J/kg)。

V_F 用下列公式（I.2）进行计算：

$$V_F = F \times \text{充装流量(kg/s)} \qquad \text{(I.2)}$$

没有更精确数据的情况下，如果绝对压降小于或等于 0.1 MPa，可用下列值进行计算：

$C=3.53\times10^{3}$ J/(K·kg)；

$L=504\times10^{3}$ J/kg；

(T_2-T_1) 用下列公式(I.3)进行计算：

$$(T_2-T_1)=(p_2-p_1)/8\ 000 \qquad \cdots\cdots(\text{I}.3)$$

式中：

(p_2-p_1)——储罐 LNG 始末储存压力之间的绝对压降，单位为帕斯卡(Pa)。

I.5 V_R(潜液泵对 LNG 循环引起的气体排放流量)

V_R 表示最大的潜液泵对 LNG 循环所产生蒸发气的质量流量。

V_R 可用下列简化的公式(I.4)进行计算，假定泵的能量全部进入流体：

$$V_R = \text{每台泵输入的能量}/L \qquad \cdots\cdots(\text{I}.4)$$

能量的单位为 J/h，L 的单位为 J/kg(见 I.1)。

I.6 V_A(大气压变化引起的气体排放流量)

如果储罐内的压力等于最大操作压力，大气压下降导致储罐顶部蒸气膨胀产生的蒸气(V_{AG})和罐内液体过热产生的蒸气(V_{AL})排出。类似地，如果大气压上升会产生真空度。

因蒸气膨胀产生的流量 V_{AG} 可使用下列公式(I.5)进行计算(在气体实际压力和温度条件下，V_{AG} 的单位为 m^3/h)：

$$V_{AG}=\frac{V}{p}\times\frac{dp}{dt} \qquad \cdots\cdots(\text{I}.5)$$

式中：

V——空储罐的最大气体空间，单位为立方米(m^3)；

P——绝对操作压力，单位为帕斯卡(Pa)；

dp/dt——大气压变化率的绝对值，单位为帕斯卡每小时(Pa/h)；

V_{AL}——液体过热产生的气体流量可通过 I.4 中计算 F 的方法进行估算。

大气压变化应使用当地数据，没有数据时假定大气压降为 2 000 Pa/h。

该值也可用来计算大气压上升情况下流入流量。

I.7 V_V(控制阀失灵引起的气体排放流量)

控制阀的失灵导致蒸气负荷增加，例如由它产生的充装速率突然增加或真空阀门的不适时开启。

I.8 V_I(火灾过程中热输入引起的气体排放流量)

火灾过程中的气化率，通过假定输入热立即气化流体来确定，不考虑消防水的影响。

假定储罐外壁接收的热流等于 LNG 火焰辐射强度(见 GB/T 19204)。

在储罐实际位置的危险评价中，该值为最严重情况下的热辐射值。

I.9 V_D(流体吸入引起的气体排放流量)

为了防止负压，应输入气体弥补液体退出的体积。气体的流量同泵的最大流量。

I.10 V_C(压缩机吸入引起的气体排放流量)

储罐内自然气化通过蒸发气压缩机消除。在正常工作条件下，通过调节压缩机入口体积流量来满足气化率的要求，但不排除压缩机引起储罐内负压的可能性。V_C 表示压缩机入口最大体积流量。

I.11 V_B（翻滚引起的气体排放流量）

翻滚产生的实际蒸发气体量应使用有效的规范进行计算。如果无模型可用，翻滚时的流量使用下列公式（I.6）进行计算：

$$V_B = 100 \times V_T \qquad \text{(I.6)}$$

该流量近似对应于过去翻滚时观察到的最大流量。

附 录 J
（规范性附录）
LNG 储罐的验收试验

J.1 施工及质量控制

J.1.1 混凝土的监控

混凝土外壁的监控应在施工过程中按下列要求进行：

a) 混凝土储罐外壁每完成1/4的工作量，应监控一次，如果每1/4外壁所用的混凝土超过5 000 m^3，则按完成5 000 m^3 监控一次；

b) 混凝土结构或组分发生变化，均应监控一次。

监控工作是进行下列试验，检查其结果与技术要求是否相符合；

a) 1次循环－196 ℃；

b) －20 ℃冷冻/解冻循环。

J.1.2 临时开口

应注意保证临时开口设计合理并能完全封闭，以确保操作过程中的气密性。开口的封闭非常重要，但接缝仍然是气密性的弱点。

J.1.3 珍珠岩绝热

珍珠岩在现场干燥膨胀要好于工厂预制。

J.1.4 金属储罐

对焊缝进行各种检测：

a) 进行外观检查；

b) 依据 JB/T 4730.2 进行 X 射线探伤(壁)；

c) 如合适，依据 JB/T 4730.3 进行超声波检测(壁/底的连接处)；

d) 渗透检测；

e) 真空箱法试验(底板)。

对球罐，所有的对接焊缝应进行 X 射线及超声波探伤。此外，为确认施工期间的焊接材料质量每50 m 应做焊接试件。如果液压试验之前已做好保温，则焊缝的气密性应通过真空箱法试验检验。

J.2 储罐试验

应通过试验来检测储罐的机械强度及气密性。这些试验可联合进行，也可分开进行。

最小的试验负荷应是额定负荷的125%，业主也可根据自己的情况要求更高的负荷，如额定负荷的150%。这样，一方面能够进行气密性试验，另一方面也能够消除钢材的应力。对9%的镍钢储罐，后者是附加的。

需要指出的是，就水压试验而言，试验压力的增高(将储罐完全充满水后能到200%)可能影响整个结构(包括土建工程)的外形尺寸。

J.2.1 次容器试验

只要求对薄膜罐及全容罐的次容器进行试验。

J.2.1.1 薄膜罐

对薄膜罐，其次容器为承载结构，试验应包括：充水达到额定负荷的125%(额定负荷包括 LNG、薄膜及保温层的重量)；将空气压力增加到设计表压的125%；将空气压力降低到真空设计表压的125%。

这些试验可在密封衬里安装前或安装后进行。应按照下列方法步骤进行中间测量和检查：

a) 向储罐中充水，直至作用在承台上的水压力与正常充装条件下的操作压力相等（介质、主容器及保温材料的重量），充装过程按额定负荷的25%、50%、75%、100%四个阶段进行，在50%及100%阶段时，应从沉降显示器上读出相关信息；

b) 渗漏参考标识；

c) 操作过程至少2 h，其空气压力大小与水压试验相同。将气压降至最大操作压力，至少稳压2 h，检查混凝土状况及向大气中渗漏状况；

d) 向储罐中充水，直至压力达到水压试验压力，至少稳压24 h；

e) 从沉降显示器上读数，检查沉降状况；

f) 放水，直到额定负荷；

g) 缓慢排放使负压值达到真空压力试验值，至少稳压2 h，然后放空，从沉降显示器上读数；

h) 放水分为（75%/50%/25%/0%）四个阶段进行，每个阶段需读出沉降显示器上的读数；

i) 从沉降显示器上读数。

将计算值与获得沉降值相比较，分析偏差。

J.2.1.2 全容罐

对全容罐次容器，试验如下：

a) 将空气压力升至设计表压的125%；

b) 将空气压力降至真空设计表压的125%。

该设计表压与主容器的设计表压相同。

J.2.2 主容器试验

J.2.2.1 自撑式主容器

在对罐壁进行保温前，进行液压试验，其主要目的是对主容器加载至额定负荷的125%。

不推荐用海水进行试验。但是当没有新鲜水可用时，也可使用海水。在这种情况下，应事先注意保护好主容器的金属部分，试验后应及时将所有盐水冲洗干净，以便氯含量合格。

这些试验应按照下列方法步骤地进行中间试验和检查：

a) 向罐内充水，直至作用在承台上的水压力与正常充装条件下的操作压力相等（流体及罐壁保温材料的重量）。充装过程按额定负荷的25%、50%、75%、100%四个阶段进行，在50%及100%阶段时，应从沉降显示器上读出相关信息及液位；

b) 对所有的焊缝进行外观检查；

c) 仅对单容罐和双容罐，操作过程至少2 h，其空气压力大小与水压试验的相同，将气压降到最大操作压力，至少稳压2 h，用肥皂水检查焊缝，看有无泄漏；

d) 向储罐内充水，直至压力达到水压试验压力，至少稳压24 h；

e) 从沉降显示器上读数，检查主容器的状况；

f) 放水，直至额定负荷；

g) 对单容罐或双容罐，缓慢排放，使负压值等于真空压力试验值，至少稳压2 h，然后放空，从沉降显示器上读数；

h) 从沉降显示器上进行读数，并检查主容器的状况；

i) 放水分为（75%/50%/25%/0%）四个阶段进行，每个阶段读出沉降显示器上的读数；

j) 测量出沉降显示器上的读数。

将计算预测值与获得沉降值相比较，分析偏差。

J.2.2.2　薄膜主容器

对波纹薄膜主容器及平薄膜主容器，泄漏检测使用化学示踪剂。将化学示踪剂低压注入到薄膜后。化学示踪剂可以是氨（所有焊缝内表面涂化学试剂，遇氨会呈蓝色）或卤素（所有的焊缝通过卤素气体探测仪来回探测）。

薄膜后面的整个区域内，化学示踪剂的涂抹应满足检测要求。

对薄膜，不要求水压试验及气密性试验。

附　录　K
（规范性附录）
LNG 泵的具体要求

K.1　简介

泵的设计与制造应符合 GB/T 5656。以下要求也应遵循。

K.2　设计

a）　设计应满足下列规定：
  1）　应考虑热力瞬变工作条件（见 GB/T 19204）；
  2）　对承压部件，K.4 中规定的静水压试验应力应小于 293 K 时弹性极限的 90%；
  3）　连接法兰、垫片和紧固件（螺母及螺栓）应符合 GB/T9112、GB/T 9126 和 GB/T 9125；
  4）　法兰连接应按照 EN 12308 或相关规定试验。
b）　制造应满足下列要求：
  1）　螺栓连接的部件，其螺母应固紧，否则可能导致装置的损坏或是人身伤害；
  2）　部件的各组成元件应完好。应检查并确定他们没有裂缝、凹陷、折边、裂纹、氧化渣、轧铸过程中的断层或其他可能降低强度以及影响使用的缺陷。对铸造金属体或机器焊接的装置，除非是业主许可，否则不应修补。对旋转部件，不允许有修补。只有表面缺陷修磨后，剩余厚度仍在许可范围内，才能对其表面缺陷进行修补。不允许出现任何尖角或圆角；对铸造的金属体，应通过切削或研磨的方式对溶渣进行修理；
  3）　焊接工艺及程序，焊条、焊丝及焊药的质量应符合 ISO 15607、ISO 15609-1 及ISO 15614-1。

宜使用电动泵。能保证同等安全级别的其他驱动系统（如蒸汽轮机等）也可采用。电机可以恒速（如果需调节流量，泵下游的压头就会降低）或变速。

装置应配备泵轴向推力的动力补偿系统。

K.3　检测

为了保证泵的安全特性，受机械、旋转及热应力的组件应按相关标准进行检测和试验。

泵的制造商，应按业主的要求建立一套完整的检验程序，至少包括 K.3.1～K.3.7 中规定的检验。

制造商应证明应用程序与参考标准一致的可靠性，以及根据要求质量等级所选用标准的恰当性。

K.3.1　承压部件或旋转部件的检测

每个铸件应提供化学分析及机械特性。对锻造或滚轧的部件，应对样品进行机械试验，样品取自热处理后部件邻接的过长部位，或者对质量轻的部件，部件样品做破坏性试验。对每个组件，制造商应指明参考标准、取样位置和方向。

K.3.2　射线检测

泵体和泵筒上的所有焊缝应根据 GB/T 9445 及 JB/T 4730.2 进行射线检测。

K.3.3　超声波检测

应根据 GB/T 9445 及 JB/T 4730.3 进行超声波检测。

K.3.4　裂缝检测（染色渗透检测）

应根据 GB/T 9445、GB/T 18851.1 及 JB/T 4730.5 进行染色渗透检测。

K.3.5 外观检查

应进行外观检查，以检查产品遵循 7.3 的规定。

K.3.6 尺寸检验

应进行尺寸检验，以检查产品是否与标准和制造商给业主提供的图纸一致。

K.3.7 电气检验

应进行下列电气检验：

a) 根据相应的标准进行介电性能试验；

b) 检验旋转方向；

c) 电平衡试验。

电气组件应保证与适当的危险场所分类一致。

K.4 试验

K.4.1 试验条件

下列试验，试验介质应为液氮或 LNG，除非另外说明。

如业主同意，也可使用其他试验介质，如液态丙烷或丁烷。

对所有非 LNG 试验介质，制造商应与业主协调方案，以便从试验数据预知实际性能。

K.4.2 型号试验及验收试验

对泵的定型设计其中之一进行型号试验。而验收试验是对这项设计的所有泵进行试验。型号试验包括：

a) 机械强度及气密性试验(静水压试验)；

b) 性能试验；

c) 净正吸入压头(NPSH)试验；

d) 在最高温度为－160 ℃时的低温旋转试验。

验收试验应至少包括强度及气密性试验。与泵的制造商达成协议后，还可将验收试验扩充到性能试验及 NPSH 试验。但是如果制造商质量保证体系按 GB/T 19001 操作，这些附加试验可不做。

验收试验可在制造商所在地进行，也可在制造商与业主协议好的地方进行。

K.4.3 强度及气密性试验

泵体及泵的其他任何承压部件(如工作筒)，应根据 GB/T 3216 进行强度和气密性试验。可用水试验。

K.4.4 性能试验

性能试验应最好用 LNG，且应规定组成。在操作范围内至少选五个不同流量：最小流量、最小流量与额定流量之间的某个流量、额定流量、额定流量与最大流量之间的某个流量、最大流量。

试验应考虑到由于流体温度的附加应力。

试验应在泵额定转速±3%进行。

在上面定义的各种流量条件下，应记录下列参数：

a) 出口总压头；

b) 入口总压头；

c) 泵效率及电机效率；

d) 泵轴功率及电机功率；

e) 振动级。

对浸没在罐中的立式电动泵，应在最小浸没深度开始试验，试验条件应征得业主同意。

K.4.5 NPSH 试验

泵要求的 NPSH 的测量应在液体平衡温度下进行，最好用 LNG，且应规定组成。至少选 5 个不同流量,流量应等同于性能试验的流量。

K.5 标称值

对密度一定的液化天然气,生产厂家应明确下列各值:

a) 零流量时的总压头;

b) 操作范围内最小流量时的总压头;

c) 额定流量时的总压头;

d) 操作范围内最大流量时的总压头;

e) 操作范围内最小流量时要求的 NPSH;

f) 额定流量时的 NPSH;

g) 操作范围内最大流量的要求的 NPSH;

h) 额定流量时的功率消耗;

i) 额定流量时泵及其驱动、变速装置的效率;

j) 储罐内泵启动最小浸没深度。

这些值允许的偏差应由制造商在性能试验的过程中确定。

K.6 标志

每台泵及其工作筒上宜有一个金属标牌,标示下列内容:

a) 厂家的商标;

b) 生产序列号及业主订单;

c) 额定流量;

d) 泵的额定压头;

e) 额定流量时的转速;

f) 最大工作压力及工作筒的试验日期。

泵体外壁上应有箭头,指出旋转方向。如有终端连接标识,应按顺序标出,以便逐段连接。

K.7 包装

在对设备进行装箱时,应采取必要的措施,避免部件在储存、装卸及运输过程中受到任何机械损伤。在运行中与 LNG 接触的所有部件应保持干燥。

K.8 由制造商提供资料

a) 制造商应移交:

  1) 泵的说明书(图纸、材质等);

  2) 实际的机械性能及电气性能;

  3) 操作、维修及装配说明;

  4) 材料试验合格证;

  5) 机械试验合格证;

  6) 检验及工作试验证明。

b) 制造商另外应适当说明:

  1) 泵及其支撑或工作筒的重量及尺寸;

  2) 叶轮的数量及直径、导流轮的特性;

  3) 辅助回路(流体、压力、流量、温度)的特性;

  4) 所有阀门的特性,包括辅助回路上的阀门;

5） 进出口法兰点的特性和工作筒连接点的特性；
6） 所有固定及装卸设施(包括与工作筒相关的设施)的特性；
7） 工作筒内泵支撑设施的特性；
8） 电缆的直径、长度、弯曲半径及特性；
9） 填料盒内机械填料的运行特性，包括 LNG 最大工作压力和最小流量；
10） 对浸没在 LNG 储罐内的立式电动泵，泵顶板及支撑座的特性。

c） 对某种 LNG 其密度一定，应提供随流量变化的下列特性曲线；
1） 泵的总扬程；
2） 参考点的 NPSH；
3） 泵效率及电动泵可能的输出；
4） 泵功率及电机功率。

d） 曲线点宜画到额定流量的 125%。下列各项也应指明：
1） 操作范围；
2） 额定转速。

e） 对浸没在工作筒里立式电动泵，应指明：
1） 电机的转向及终端连接标志；
2） 最小电压及偏差(偏差不能高于 5%)；
3） 初始启动电流及额定电流；
4） 额定频率及偏差；
5） 启动时间；
6） 两次启动之间的最小间隔；
7） 在额定荷载的 25%、50%、75%及 100%情况下，其输出及功率因数；
8） 荷载力矩；
9） 额定电压及 80%额定电压下的电机扭矩；
10） 浸没在罐中的立式电动泵启动时最小浸没深度。

K.9 LNG 卧式泵及立式泵的特殊要求

K.9.1 卧式泵

通常，卧式泵结构紧凑，因其转速较高，限制了它的级数。但与立式泵相比较，它们对 NPSH、密封及润滑系统的要求更高。

卧式泵安装在低温支撑上，通过弹性联轴节与其驱动器连接。

驱动器可以是有或没有传动装置的电机。

设备如果没有浸没在 LNG 中，应能对轴承及止推轴承进行润滑，并能对泵的支撑进行加热。

在冷却及预热过程中，应有泵的气体高点放空措施。

如果是机械密封，应回收与其操作相关的气体，以避免泵周围出现气体。

磨损部件(如轴承、机械密封、固定环等)宜保证泵正常运行，至少稳定运行 8 000 h 无任何维护。

K.9.2 立式泵

K.9.2.1 概述

安装在容器中或塔中的立式泵，通常对 NPSH 的要求很少或者没有，但如果在级数较多的情况下，NPSH 的要求也会增加。

容器或塔装有气体和液体泄放装置。

推荐有平衡膜的泵，因该装置允许对轴向推力进行补偿。

K.9.2.2 立式浸没电泵

该装置由电机/离心泵组成。泵叶轮及电机转子通常都是单轴。

电机浸没在 LNG 中保证冷却。

一部分出口流体过滤后(若需要)用于轴承的润滑及冷却。轴承设计寿命至少宜稳定运行 8 000 h。

在泵的电缆与外部电缆之间的连接应使用电气接线盒。

电气接线盒应符合相关标准。接线盒应与工作筒内的压力及温度分开。

接线盒与泵电机之间连接的低温电缆应承受 73K 工作温度。接线盒上的接头及电机终端盒上的接头应通过螺钉、夹紧螺母固紧连接或是插塞固紧连接。

a) 容器安装型:

容器安装型泵安装在压力容器内。流体产品与外界环境之间的所有主要压力栅都在压力容器内。

泵的拆卸需将入口和出口阀关闭,通过吹扫接头将惰性气体通入。

b) 塔安装(罐内)型:

塔安装型泵可以在储罐内部进行拆卸,对外部管线需要较少,通常认为比容器安装型泵更安全。泵及电缆装置接到塔的上端,泵密封到罐底的一个转接头上。

入口端通过罐底转换器,而出口端则在塔与泵体之间的泵体外围。

除了 7.4 及 K.2 的要求外,泵装置应能通过使用专用电缆,或一套连接不锈钢管,或其他方式的提升系统,进行安装及拆卸。

塔顶板对塔进行密封,应包括内部电缆固紧系统,使电缆及提升电缆固定、缠绕在板下;外部电缆接线盒,塔底转接头应保证泵与塔的中心成直线,防止泵出现旋转。提升泵应不需要异常外力。

c) 专用电缆:

用于搬运装置、捆紧电缆的设施,其组成如下:

1) 如果要求防止气体侵入,用氮气吹扫电缆;
2) 提升或降低泵的一套提升系统,无缠绕(防缠绕电缆);
3) 第二条电缆为备用提升电缆,固定在泵体上与第一条电缆分开,它也可用于保持电缆在罐中处于拉紧状态。该电缆应为非缠绕型,在安装前应进行预应力处理,以避免电缆由于罐中的温差而出现过应力现象;
4) 将电缆引至塔内的一套系统。该系统设计用于避免泵在运行时使电缆或塔出现损坏;
5) 一套支撑测量电缆的系统。测量电缆由泵内的振动传感器接出。

电缆应有一个弯曲半径,避免电缆在自重下破损,并便于搬运。

d) 不锈钢管:

关断装置(闸门或 8 字盲板法兰,或其他任意适当的关断设施)应置于罐外塔的顶部。短筒顶部(泵在内)应进行吹扫。

泵应通过一套连接不锈钢管提升。这些不锈钢管内也有电力电缆。提升机构应为刚性,易于安装及保护电缆。

K.9.2.3 立式非浸没电泵

该装置由电机/离心泵组成。

立式泵安装在桶内,泵浸没在 LNG 中。而电机安装在桶的顶部,没有浸没在 LNG 中。

泵—驱动器联轴器,通常都是一种柔性垫圈联轴器,设计用于泵转动元件的轴向调节。垫圈便于对轴承及密封进行维护。

泵与驱动器之间应准确校直,校直工作应在现场进行。应仔细考虑密封,轴密封应消除泵送量经过密封的漏失。可以由带压密封系统完成。

这种结构基于密封盒内充满轻油的双机械密封。绝热室在泵与密封盒之间,用于减压到入口压力。一小部分 LNG 在绝热室内气化,消除了密封结冰的可能性。绝热室内气化的产物通过管线,送到外密封槽的上部分，外密封槽有一隔膜及自重活塞。该装置保证密封槽及密封盘下面轻油的压力总是超过入口压力，排除了 LNG 泄漏的可能性。

进口及出口管线安装，应避免因热胀冷缩或管的重量使泵产生变形。

泵的冷却应缓慢地进行，每台泵应配备足够的放散阀或安全阀，防止在冷却期间过压。

泵筒应置于防水混凝土坑内，防止设备过高。泵筒应绝热，防止气化及冷凝。泵基础及坑的设计和施工应防止冻胀。

应留出足够的空间，以便对泵部件进行拆卸及检测。

附　录　L
（规范性附录）
LNG 气化器的具体要求

L.1　操作参数/名义性能

气化器操作参数的名义值按表 L.1 中给出的型式指定。这些参数的变化范围也应指定。制造商应声明这些值。具体的要求在下面给出。

表 L.1　LNG 气化器需指定的值

			水流：开架式	水流：闭式	中间流体：常压水浴式	中间流体：强制流式	中间流体：冷凝器/气化器	浸没燃烧式	空气气化器
基本参数		中间流体流量最大、最小值				×			
		中间流体压力最大、最小值				×			
		总流量的最大、最小值	×	×	×	×	×	×	×
		公用工程的最大消耗量						×	
		加热流体的最低温度	×	×	×	×		×	
		加热流体的最高温度			×	×			
		气化气体的最小出口温度	×	×	×	×	×	×	×
		LNG/NG 压降	×	×	×	×	×	×	×
操作参数	公用工程	最低空气温度、风速、湿度							×
		水入口最低温度	×	×	×				
		水流量	×	×					
		水出口温度	×	×	×				
		燃烧气体压力、温度、组成						×	
		水分析	×	×	×			×	
		中间流的压力范围				×	×		
		中间流的类型			×		×		
		公用工程界区极限条件	×	×	×	×	×	×	×
		加热方式			×	×	×		
	LNG	加热曲线	×	×	×	×	×	×	×
		热负荷	×	×	×	×	×	×	×
		入口及出口温度	×	×	×	×	×	×	×
		入口及出口压力	×	×	×	×	×	×	×
		组成	×	×	×	×	×	×	×
		质量流量	×	×	×	×	×	×	×
	其他	最少启动时间	×	×	×	×	×	×	×

L.2 水流气化器:开架式

L.2.1 具体设计要求

开架式气化器应保护不受不利大气条件的影响,如风、雪、雨。

在确定设计使用的正常作用时,应考虑下列两种可变作用(见 8.2.1)。

a) 由于水分配不均,如热管没有浸湿,产生异常热应力;

b) 气化器高度一半结冰(10 cm 厚)。

L.2.2 配水

水流应均匀地分布在:

a) 管子的任何不同部位,以防止管子出现变形;

b) 机械连接的两条不同管子之间。

管上的配水系统应易于维护及清洁,如果业主要求不中断运行,使用下列方法之一清洁:

1) 喷水;

2) 空气带压吹扫;

3) 管刷。

L.2.3 LNG 和天然气管道

入口 LNG 管道和出口天然气管道应进行应力分析,保持正常的柔性且使接口处荷载最小。

L.2.4 LNG 分配

并联气化器之间,应注意 LNG 流量的分配。可使用一个大尺寸汇管并在每个换热管的入口处节流。

L.2.5 LNG 循环回路的清洗

在热交换器中循环的气体可能带有石蜡。这些蜡沉积在管子侧壁上,降低气化器的性能。应准备有合适溶剂的管子清洗设施。选用的溶剂应与管材相匹配。

L.2.6 控制/安全

通过控制气化器气体出口温度及水流量达到安全操作,形成报警及安全系统的基本原则。应确定气体出口温度临界值,典型值可为:

a) 0 ℃,报警;

b) −5 ℃,安全停车装置动作停止 LNG 流入。

当最低环境温度低于停车临界值时,可采用人工控制来启动气化器。

应自动探测水流的不足。水池型使用液位计。斜槽型通过流量传感器实现。

L.2.7 气化器棚

如果修补翅管涂层需要拆卸组件,应设计可移动顶棚。侧板应防止水喷射到外面(水应回到低处储水池)。

应配置检测活板门系统,允许在运行中检测。

L.2.8 水回路

水循环回路(泵、管网、水加热、加氯)满足 12.5 中所列的要求。

L.2.9 水质

应检查水质与管材的相容性。

L.3 水流气化器:闭式

应对水的流量及温度进行控制。

气化器运行管表面的温度应高于 0 ℃,以避免结冰。在非正常条件下,如水流不足,应减少或停止 LNG 流入,必要时应将水从热交换器的壳程排出。

应确定气体出口温度临界值。典型值可为：

a) +15 ℃，报警；

b) +10 ℃，安全停车装置中止 LNG 流入。

水流量应由温度控制。为了避免阻塞，应安装附加的水流量探测器，在水流量不足的情况下停止 LNG 流入。

L.4 中间流体气化器

L.4.1 常压水浴式

应基于水浴温度控制。如果使用外部泵强制水循环，则控制应包括该泵的失灵，且通常应导致单元停车。应确定气体出口温度临界值，典型值可为：

a) +15 ℃，报警；

b) +10 ℃，停车。

水浴的温度应通过热量供应来控制。在没有热量供应的情况下，应停止 LNG 流入。

L.4.2 强制流式

控制原理与闭式水流气化器相似，不同之处在于其报警及停车的定点取决于中间流体的物理性质。

气化后 LNG 的出口温度控制循环中间流体的流量。在中间流体循环非正常的条件下，应停止 LNG 流入。

L.4.3 冷凝器/气化器式

冷凝气化器系统通过温度进行控制。LNG 靠中间流体气化。报警及停车功能应取决于中间流体的物理性质及设备设计条件。气化器出口 LNG 气化后的温度控制器应根据系统热源动作。

L.5 浸没燃烧式气化器

L.5.1 腐蚀

气化器的材料选择和设计宜避免腐蚀。

宜定期监测水的 pH 值以避免腐蚀。

因潜在的酸性环境，碳钢组件（烟囱、支撑等）应注意采取防腐处理。

L.5.2 控制与安全

建议使用可编程控制器。设备应具有良好可靠性。

控制燃烧器运行的参数是气出口温度，水浴温度应足够低以提高能效，但应防止冻结。

自动燃烧器控制系统控制的参数是燃料气和空气的流量。

浸没燃烧式气化器宜包括点火器，控制系统应区分停车、备用（仅点火器开）和正常运行三类稳态操作模式。

在备用及正常运行时，火焰传感器永久性地监控火焰。

使设备停车的安全装置控制至少有：水浴温度太低、气体出口温度太低、水浴液位太低、无火焰、入口空气中探测有气体、风扇抖动。

应确定气体出口温度临界值，典型值可为：

a) 0 ℃报警；

b) −5 ℃根据气体回路中温度探头的位置，停一台气化器或一组气化器。

当临界值高于最低环境温度时，启动气化器要求设计人工控制。在这种情况下，控制系统应自动：

1) 隔断气化器的 LNG 输入；

2) 切断通往点火器及主燃烧器的气体；

3) 保证风扇及循环水泵运行（设计时应考虑风扇停止时水会进入燃烧器的烟道及外壳，引起重大热击且可能危及设备部件）；

4） 传递报警信号到控制室。

L.5.3 水浴

水浴的建筑材料应耐烟气（二氧化碳，氮氧化物）溶于水产生的酸度。水浴应无渗漏。

建议用内衬混凝土罐。

溢流的位置宜考虑设备停车及运行之间出现的液位大幅度上升。

L.5.4 振动

设计时应考虑烟气通过水浴产生的振动。

L.5.5 冷季安排

气化器设计中应考虑冷季。

附 录 M
（规范性附录）
管线设计考虑的作用

管线设计中，计算管线的支撑和挠度时，应考虑以下作用：

a） 永久作用：
   1） 内压；
   2） 管自重；
   3） 保温层等的重量。

b） 可变作用：
   1） 水击作用；
   2） 热胀冷缩和疲劳所产生的热应力，应注意厚度及管径改变处的热应力；
   3） 雪荷载；
   4） 风荷载；
   5） 地震等。

水击作用是由突然停泵或关闭阀门，形成最大过压的结果。水击作用可由 LNG 试验的方法来确定。阀门关闭的过压值，用 LNG 的液柱高度 D_h 表示，用式(M.1)或式(M.2)计算：

$$t \leqslant \frac{2L}{v}, D_h = \frac{vV_0}{g} \qquad \cdots\cdots\cdots\cdots (M.1)$$

$$t > \frac{2L}{v}, D_h = \frac{2LV_0}{gt} \qquad \cdots\cdots\cdots\cdots (M.2)$$

式中：

L——管线长度；

t——阀门关闭时间；

v——冲击波速度，对 LNG，v=1 500 m/s；

D_h——LNG 液柱高度(等于过压值)；

V_0——水击发生前 LNG 的流速；

g——重力加速度。

参 考 文 献

［1］ GB 50003—2001 砌体结构设计规范
［2］ GB 50010—2002 混凝土结构设计规范
［3］ GB 50011—2001 建筑抗震设计规范
［4］ GB 50017—2003 钢结构设计规范
［5］ JGJ 138—2001 型钢混凝土组合结构技术规程
［6］ IEC 364 建筑物电气装置 Electrical installations of buildings
［7］ IEC 144 安全防护级别 Degree of the enclosure protection
［8］ IEC 502 额定电压 1 kV 到 30 kV 的绝缘电力电缆 Extended solid dielectric insulated power cables for rated voltage (from 1 kV up to 30 kV)
［9］ IEC 529 安全防护级别划分 Classification of degrees on protection provided by enclosure
［10］ IEC 7910 防爆电器 Electrical apparatus for explosive gas atmosphere
［11］ API RP 14J 海上生产设施的设计和危险分析 Design and hazard analysis for offshore production facilities
［12］ API RP 520 第 1 部分和第 2 部分，安全阀的设计和安装 parts I and II. Design and installation of relief valves
［13］ API RP 521 泄压和减压系统指南，第二版，1982 年 9 月 Guide for pressure-relieving and depressuring systems，API recommended practice 521，second edition，sept. 1982
［14］ API 610 炼油化工离心泵（1989 年 2 月第七版）Centrifugal pumps for general refinery service (7th edition February 1989)
［15］ API RP 750 石油和炼油工艺危险管理，第一版，1990 年 1 月 Management of process hazards，production and refining departments，API recommended practice 750，First edition，January 1990
［16］ API 2510 液化石油气设施的设计与施工 Design and construction of LPG installations
［17］ BS 1042 sect 1.1 计量管和孔板的设计和制造 Design and manufacture of the meter tube and orifice plate. (BS 1042 sect 1.1)
［18］ BS 5970 管网和设备绝热做法规范（温度－10 ℃～870 ℃）Code of practice for thermal insulation of pipework and equipment (in the temperature range －10 ℃ to 870 ℃)
［19］ BS EN 14620-1:2006 操作温度在 0℃和－165℃之间的液化气体冷冻储存用平底立式圆筒形钢储罐的设计和现场建造 Design and manufacture of site built，vertical，cylindrical，flat-bottomed steel tanks for the storage of refrigerated，liquefied gases with operating temperatures between 0 ℃ and －165 ℃
［20］ PrEN 12560-1 法兰及其连接件 Class 标识法兰用垫片尺寸 第 1 部分：非金属平垫片 prEN 12560-1：Flanges and their joints—Dimerensions of gaskets for Class-designated flanges—Part 1：Non-metallic flat gaskets with or without inserts
［21］ prEN 12560-2 法兰及其连接件 Class 标识法兰用垫片尺寸 第 2 部分：钢法兰用缠绕式垫片 Flanges and their joints—Dimerensions of gaskets for Class-designated flanges—Part 2：Spiral wound gaskets for use with steel flanges
［22］ prEN 12560-3 法兰及其连接件 Class 标识法兰用垫片尺寸 第 3 部分：非金属聚四氟乙烯包覆垫片 Flanges and their joints—Dimerensions of gaskets for Class-designated flanges—Part 3：Non-metallic PTFE envelope gaskets
［23］ prEN 12560-4 法兰及其连接件 Class 标识法兰用垫片尺寸 第 4 部分：钢法兰用平垫片

或嵌入式垫片和填料型金属垫片 Flanges and their joints—Dimensions of gaskets for Class-designated flanges—Part 4：，flat or grooved metallic and filled metallic gaskets for use with steel flanges

［24］ prEN 12560-5 法兰及其连接件 Class 标识法兰用垫片尺寸 第 5 部分：钢法兰用的金属环垫 Flanges and their joints—Dimensions of gaskets for Class-designated flanges—Part 5：Metallic ring-joint gaskets for use with steel flanges

［25］ DIN 4119 地上平底圆筒形金属储罐安装 基本原则、设计、试验 Above-ground cylindrical flat bottomed，tank installations of metallic materials-fundamentals，design，tests DIN 4119

［26］ NS 1544 内压接近常压的 A，B 和 C 类易燃液体的立式圆筒形钢质储罐 Vertical cylindrical steel tanks for storage of flammable A，B and C liquids at internal pressure approximating atmospheric pressure NS 1544

［27］ NF A 49-244 耐压奥氏体不锈钢和奥氏体低合金钢的钢管、卷焊管 规格及交货技术条件 Tubes en aciers-tubes roules soudes en acier inoxydable austenitique et austeno ferritique pour service sous pression-dimensions，conditions techniques de livraison.（Steel tubes. Rolled and welded tubes in austenitic stainless steel and austeno-ferritic steel for pressure service，dimensions；technical conditions for delivery）

［28］ UTE17100 等离子区域火焰外焰的工作原理 Principle of highly ionized plasma at the flare tips

［29］ NF C 15-100 Installations-electriques a basse tension-regles

［30］ NF C 17-100 Protection contre la foudre-installations de paratonnerres-regles

［31］ VDI 2055 工业和民用绝热 VDI 2055：Thermal insulation for heated and refrigerated industrial and domestic insulation

［32］ 大气扩散学，F. PASQUILL 和 F. B. SMITH 著，第三版，Ellis Horwood 环境科学丛书 Atmospheric diffusion，F. PASQUILL and F. B. SMITH third edition，Ellis Horwood Series Environment Science

［33］ 液化石油气 批量 LPG 压力储存和冷冻储存，石油学院出版，伦敦，1987 年 2 月 Liquefied Petroleum Gas—Large bulk pressure storage and refrigerated LPG The institute of Petroleum，London，Feb. 1987

［34］ Maitrise de l'urbanisation—La prise en compte des effets thermique，mecanique et toxique，Joelle Jarry，securite revue de preventique n. 15 aout septembre 1994

［35］ 多级能量法，气体爆炸冲击波的估算，A. C. van den BERG 著，有毒材料，1985 年 12 月 The multi energy method，a framework for vapour explosion blast prediction A. C. van den BERG，Journal of hazardous Materials，12，1985

［36］ 油气爆炸分析 事故定性和概率研究 超压影响预测，A. LANNOY，Bulletin de la direction des etudes et recherches EDF，A 系列，出版序列号：ISSN0013-449X，1984 年 10 月

［37］ 工业风险防护指南，油品和化学品防火，参考：IM. . 2. 5. 1 Guidelines developed by industrial risk insurers（IRI）：Fire proofing for oil and chemical properties，ref：IM. 2. 5. 1

［38］ 工业风险防护指南，石油化工厂平面布置，参考：IM. . 2. 5. 1 Guidelines developed by industrial risk insurers（IRI）：Plant layout and spacing for oil and chemical plants，ref：IM. 2. 5. 1

［39］ 工业风险防护指南，油品和化学品潜在损失预测，参考：IM . 8. 1. 1 Guidelines developed by industrial risk insurers（IRI）：Oil and chemical properties loss potential estimation guide，ref：IM. 8. 1. 1

［40］ 工业风险防护指南，石油化工厂固定水喷淋保护，参考：IM. 12. 2. 1. 2 Guidelines developed by industrial risk insurers（IRI）：Fixed water spray and deluge protection for oil and chemical plants ref: IM. 12.2.1.2

[41] 危险和可操作性研究指南,化工协会,1977年伦敦 A guide to hazard and operability studies; Chemical Industries Association Ltd, London 1977

[42] 地上和半地下低压液化气体储罐,设计和建造指南,法国 ATG 公司 Above ground or semi-buried tanks for low pressure liquefied gases. Guidelines for design and construction. ATG France

[43] 气体检测应用指南,能源工业委员会,参考 SEC02 1994/1995 Guidelines for the application of gas detection, Energy Industries Council ref. SEC02 1994/1995

[44] 液化气体运输船建造和设备国际规范,IGC Code, IMO International code for the construction and equipment of ships carrying liquefied gases in bulk, IGC Code, IMO

[45] Whazan 理论手册,国际技术咨询科学家和工程师,1986年9月伦敦 Whazan theory manual, Technical International, Consulting Scientists and Engineers, London Sept. 1986

[46] 气体和油气混和物大面积泄露的辐射半径计算,挪威技术协会 Radiation and size scaling for large leakages of gas and oil/gas mixtures, Norwegian institute of technology

[47] 天然气管道输送,D. A. JONES 健康和安全主管,英国 G. D. FEARNEHOUGH, BGPLC,第五届工业过程降低损失和提高安全研讨会,1986年戛纳 Natural gas transmission by pipeline, D. A. JONES Health and Safety Executive UK, G. D. FEARNEHOUGH, BGPLC, 5th symposium of loss prevention and safety promotion of the process in industries sept. 1986, in cannes

[48] Pertamina Badak 液化天然气站综合危险性分析的应急控制方案, J. Sunarmo, H Santoso 著,IGU/H12-94,米兰,1994年6月20～23日 Pertamina Badak LNG plant integration of hazard analysis into the emergency control plan J. Sunarmo, H Santoso, IGU/H12-94, Milan 20-23 June 94

[49] 工业事故的有害辐射半径,欧洲部长委员会,1989年9月19日 Seriousness scale of industrial accidents European minister council of September 19, 1989

[50] TNO 荷兰火灾热辐射试验计划(报告号:79-0263)TNO Dutch experimental program on heat radiation from fires (report 79-0263)

[51] 森林和草地上沉积和烟羽损耗估计,大气中放射性污染物的特征 RP HOSKER, EAR STI/PUB/1974 Estimates of dry depositions and plume depletion over forest and grassland. Physical behaviour of radioactive contaminants in the atmosphere. RP HOSKER, EAR STI/PUB/1974

ICS 67.040
B 20

中华人民共和国国家标准

GB/T 22725—2008

粮油检验 粮食、油料纯粮(质)率检验

Inspection of grain and oils—Determination of pure kernel yield of grain and oils

2008-11-16 发布

2009-01-20 实施

中华人民共和国国家质量监督检验检疫总局
中国国家标准化管理委员会 发布

前　言

本标准由国家粮食局提出。

本标准由全国粮油标准化技术委员会归口。

本标准负责起草单位：河南省粮油饲料产品质量监督检验站。

本标准主要起草人：尹成华、权兆龙、胡纪鹏。

粮油检验
粮食、油料纯粮(质)率检验

1 范围

本标准规定了粮食、油料中纯粮率、纯质率检验的术语和定义、仪器和用具、灯光和环境要求、样品制备、操作方法以及结果计算。

本标准适用于粮食、油料中纯粮率、纯质率的测定。

2 规范性引用文件

下列文件中的条款通过本标准的引用而成为本标准的条款。凡是注日期的引用文件，其随后所有的修改单(不包括勘误的内容)或修订版均不适用于本标准，然而，鼓励根据本标准达成协议的各方研究是否可使用这些文件的最新版本。凡是不注日期的引用文件，其最新版本适用于本标准。

GB 5491 粮食、油料检验 扦样、分样法

GB/T 5494—2008 粮油检验 粮食、油料的杂质、不完善粒检验

GB/T 22505 粮油检验 感官检验环境照明

3 术语和定义

下列术语和定义适用于本标准。

3.1

纯粮率 pure kernel yield

除去杂质的粮食、油料籽粒(其中不完善粒折半计算)占试样的质量分数。

3.2

纯质率 purity rate

净粮除去果皮后的籽粒(其中不完善粒折半计算)占试样的质量分数。

4 仪器和用具

4.1 天平：分度值 0.01 g、0.1 g。

4.2 谷物选筛。

4.3 电动筛选器。

4.4 分样器或分样板。

4.5 分析盘、剪刀、镊子等。

5 灯光和环境要求

检验过程中的灯光和环境要求应符合 GB/T 22505 的要求。

6 扦样、分样

按照 GB 5491 的规定执行。

7 操作方法

7.1 净粮纯粮(质)率检验

从检验过杂质的样品中，按照 GB/T 5494—2008 表 1 中“小样质量”的规定，称取净试样(m)，再按

照质量标准的规定拣出不完善粒，称量(m_1)。

7.2 **毛粮纯粮(质)率检验**

按照GB/T 5494—2008的规定，称取试样(m)进行杂质、不完善粒检验。分别称取不完善粒质量(m_1)和杂质质量(m_2)。

8 结果计算

8.1 净粮纯粮(质)率(X)按式(1)计算：

$$X=\frac{m-m_1/2}{m}\times 100 \qquad (1)$$

式中：

X——净粮纯粮(质)率，%；

m_1——不完善粒质量，单位为克(g)；

m——净试样质量，单位为克(g)。

8.2 毛粮纯粮(质)率(Y)按式(2)计算：

$$Y=\frac{m-(m_2+m_1/2)}{m}\times 100 \qquad (2)$$

式中：

Y——毛粮纯粮(质)率，%；

m_1——不完善粒质量，单位为克(g)；

m_2——杂质质量，单位为克(g)；

m——试样质量，单位为克(g)。

计算结果取小数点后第一位。

ICS 35.040
L 71

中华人民共和国国家标准

GB/T 22726—2008

多声道数字音频编解码技术规范

Specification for multichannel digital audio coding technology

2008-12-22 发布

2009-06-01 实施

中华人民共和国国家质量监督检验检疫总局
中国国家标准化管理委员会
发布

前　言

本标准的附录A、附录D为资料性附录,附录B、附录C为规范性附录。

本标准由工业和信息化部提出。

本标准由全国音频、视频及多媒体系统与设备标准化技术委员会归口。

本标准起草单位:广州广晟数码技术有限公司、数维科技(北京)有限公司、中国电子技术标准化研究所、中国华录集团公司。

本标准主要起草人:游余立、张新刚、徐茂、伦继好、张尉雄、闫建新、姜甜、张景平、郑楚升、张培、张树华、张素兵、韩建国、杨震、范科峰。

引　言

为了适应我国日益发展的数字音视频产业的需求，满足不同应用领域对高品质的多声道数字音频信号的编码需要，特制定本标准。本标准是在自主研究开发的音频编解码算法的基础上，经过算法的优化、软件及硬件的实现、测试验证等过程编制而成。

本标准规定的多声道数字音频编解码技术可在有限容量的存储介质或有限带宽的信道上保存或传送高质量的多声道数字音频信号。

本标准规定的数字音频编解码技术方案的信号通道能保持24 bit以上的精度（除了因量化而有意舍弃的精度外）。可支持的声道设置除了常见的立体声、5.1环绕声、6.1环绕声和7.1环绕声之外，还为未来的音频技术发展预留了空间（最多可支持64.3环绕声）。本标准可支持从8 kHz到192 kHz间的标准采样频率，例如44.1 kHz、48 kHz及96 kHz。本标准对编码比特率（码率）没有明确限制，在具体应用时可根据信道带宽和音质要求等因素来设定。

本标准的发布机构提请注意如下事实，声明符合本标准时，可能使用以下涉及的相关专利：

多声道数字音频编码设备及其方法（中国专利号200510095898.6，美国专利申请号US11/029722）；

音频编码系统（中国专利申请号200710141663.5，美国专利申请号US11/669346）；

基于帧的数据的可变分辨率处理（中国专利申请号200710141662.0，美国专利申请号US11/558917）；

音频解码（中国专利申请号200710141661.6，美国专利申请号US11/689371）。

本标准的发布机构对于专利的范围、有效性和验证资料不提出任何看法。

专利持有人已向本标准的发布机构保证，他们愿意同任何申请人在合理和非歧视的条款和条件下，就使用授权许可证进行谈判。在这方面，该专利持有人的声明已向本标准的发布机构提交。有关资料可从以下地址获得：

专利申请人或受让人：广州广晟数码技术有限公司；

联系人：王先文；

地址：广州市天河区能源路华南理工大学北区科技园2号楼6楼；

邮政编码：510640；

电话：020-22237078；

传真：020-22237189。

请注意除上述已经识别出的专利外，本标准的某些内容有可能涉及专利。本标准的发布机构不承担识别这些专利的责任。

多声道数字音频编解码技术规范

1 范围

本标准规定了多声道数字音频压缩编解码技术方案，包括：码流格式（句法结构与语义）、解码过程以及各个解码技术模块的技术要求，并对采用该技术的编码部分提供了资料性的建议和实现方法。

本标准适用于在有限容量的存储介质或有限带宽的信道上保存或传送高质量的多声道数字音频，如数字音频广播、数字电视（包括卫星、地面和有线等不同传输方式）、家庭音响、数字电影院、激光视盘机、网络流媒体、个人多媒体播放器。

2 规范性引用文件

下列文件中的条款通过本标准的引用而成为本标准的条款。凡是注日期的引用文件，其随后所有的修改单（不包括勘误的内容）或修订版均不适用于本标准，然而，鼓励根据本标准达成协议的各方研究是否可使用这些文件的最新版本。凡是不注日期的引用文件，其最新版本适用于本标准。

GB/T 17975.1—2000　信息技术　运动图像及其伴音信号的通用编码　第1部分：系统（idt ISO/IEC 13818-1:1996）

GB/T 4880.2—2000　语种名称代码　第2部分：3字母代码（eqv ISO 639-2:1998）

ISO/IEC 8859-1:1998　信息技术　八位单字节编码图形字符集　第1部分：拉丁字母一

3 术语和定义、缩略语

下列术语和定义、缩略语适用于本标准。

3.1 术语和定义

3.1.1

音频数据　audio data

编码后用于表示原始音频信号的比特序列（数据）。

3.1.2

音频样本　audio sample

输入编码器或输出解码器的 PCM（脉冲编码调制）样值。

3.1.3

辅助数据　auxiliary data

包括诸如时间码之类的不属于音频信号本身，但又与其有关系的数据。

3.1.4

码流或比特流　bit stream

由符合本标准的编码器产生的表示原始音频信号的比特序列。

3.1.5

暂窗口函数　brief window function

总长度为256个样本，但却只用其中160个样本的 MDCT（改进余弦变换）的窗口函数。

3.1.6

临界频带　critical band

人耳对声音分辨的数学模型可用一个子带滤波器组来近似表示，该滤波器组的带宽随频率的上升而成近似的指数上升。此滤波器组的一个子带即被称为一个临界频带。

3.1.7

下混合　downmix

为了获得小于N个声道数量而进行的N声道的矩阵计算，见附录D。

3.1.8

帧　frame

由符合本标准的编码器产生的表示一帧音频信号的音频数据。它是构成本标准的码流的基本单位。本标准的一个帧可涵盖128、256、512或1 024个音频样本。

3.1.9

帧头　frame header

本标准的一个帧的开头部分的音频数据，包括同步字和描述音频信号的特性的字，比如采样率、正常声道的数目、LFE（低频增强）声道数目等。

3.1.10

低频增强声道　low frequency enhancement channel

在多声道系统内用于低频音响效果的一个限定带宽（＜300 Hz）的声道。

3.1.11

长窗口函数　long window function

长度为2 048个样本的MDCT的窗口函数。

3.1.12

MDCT块　MDCT block

应用一次MDCT所产生的一组频域系数或子带样本。或相应地，输入MDCT的一组新音频样本。本标准用到的MDCT块分别包含128和1 024个音频样本或子带样本。

3.1.13

正常声道　normal channel

除低频增强声道以外的声道。

3.1.14

量化因子　quantization index

量化子带样本所生成的以量化步长为单位的值。

3.1.15

量化步长　quantization step size

量化子带样本用的步长。

3.1.16

量化单元　quantization unit

由临界频带在频域和瞬态段在时域联合界定的一个矩形；所有在此矩形内的子带样本都属于同一个量化单元。

3.1.17

短窗口函数　short window function

长度为256个样本的MDCT的窗口函数。

3.1.18

辅助信息　side information

一帧音频数据中不表示子带样本的、仅仅协助解码的字。

3.1.19

稳态帧　stationary frame

一帧没有瞬态的音频样本。

3.1.20

子带样本　subband sample

应用MDCT所产生的一组频域系数。

3.1.21

子带段　subband segment

由时间界定的一段子带样本。

3.1.22

同步字　synchronization word

指示音频帧的开始的字。

3.1.23

瞬态段　transient cluster

统计特性类似的子带段。在瞬态帧内，瞬态段的起始位置通常为瞬态发生的位置。在平稳帧内，整帧音频样本或子带为一个瞬态段。

3.1.24

瞬态帧　transient frame

一帧有瞬态的音频或子带样本。

3.1.25

瞬态位置　transient location

对瞬态帧，指示瞬态发生的位置。

3.1.26

典型帧　typical frame

含有1 024个音频采样点的帧为典型帧。

3.1.27

字　word

由本标准的编码器产生的音频数据的最小语义单元。

3.2　缩略语

LFE(Low Frequency Enhancement) 低频增强

MDCT(Modified Discrete Cosine Transform) 改进的离散余弦变换

PCM(Pulse Code Modulation) 脉冲编码调制

4 概述

4.1 编码

编码的主要组成部分如图1和表1所示。附录A对其中的部分技术给出了更详细的说明。

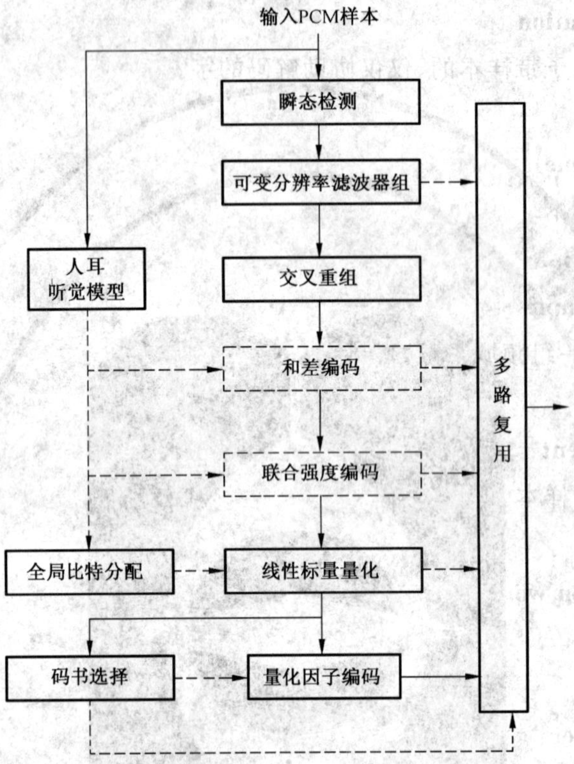

注：实线代表音频数据，虚线代表控制/辅助信息。

图1 编码原理框图

表1 编码

编码模块	功能
瞬态检测	检测输入的PCM样本是否含有瞬态响应
可变分辨率分析滤波器组	把每个声道的音频信号的PCM样本分解成子带信号。该滤波器组的时频分辨率由瞬态检测的结果而定
交叉重组	当帧中存在瞬态时，用来重组子带样本的排列顺序以便于降低传输它们所需的总比特数
人耳听觉模型	计算人耳的噪声掩蔽阈值
可选的和/差编码	把左右声道对的子带样本转换成和/差声道对
可选的联合强度编码	利用人耳在高频的声像定位特性而对联合声道的高频分量进行强度编码
全局比特分配	把比特资源分配给各个量化单元，以使它们的量化噪声功率低于人耳的掩蔽阈值
线性标量量化	利用全局比特分配提供的量化步长来量化各个量化单元内的子带样本
码书选择	基于量化因子的局部统计特征对量化因子分组，并把最佳的码书从码书库中选择出来分配给各组量化因子
量化因子编码	利用码书选择选定的码书及其应用范围来对所有的量化因子进行Huffman编码
多路复用	把所有量化因子的Huffman码和辅助信息打包成一个完整的比特流

4.2 解码

解码的主要组成部分如图 2 和表 2 所示。

表 2 解码

解码模块	功能
多路解复用	从比特流解包出各个码字。由于 Huffman 码属前缀码,其解码和多路解复用是在同一个步骤中完成的
码书选择	从比特流中解码出用于解码量化因子用的各个 Huffman 码书及其应用范围(application range)
量化因子解码	用于从比特流中解码出量化因子
量化单元个数重建	由码书应用范围重建各个瞬态段的量化单元的个数
逆量化	从码流中解码出所有量化单元的量化步长,并用其乘以量化因子重建子带样本
可选的联合强度解码	利用联合强度比例因子由源声道的子带样本重建联合声道的子带样本
可选的和/差解码	由和/差声道的子带样本重建左右声道的子带样本
逆交叉重组	当帧中存在瞬态时,逆转编码器对量化因子的交叉重组
短/暂窗口函数序列重建	对瞬态帧,根据瞬态的位置及 MDCT 的完美重建(Perfect Reconstruction)条件来重建该帧须用的短和暂窗口函数序列
可变分辨率合成滤波器组	由子带样本重建 PCM 音频样本

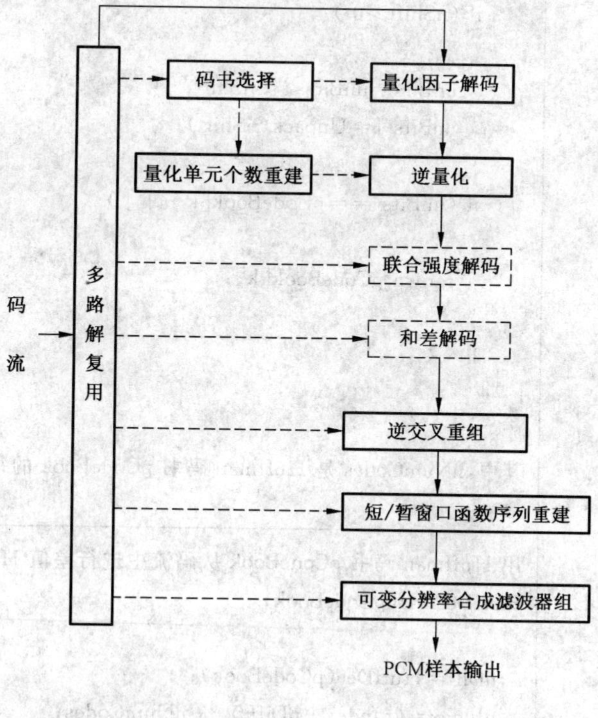

注：实线代表音频数据,虚线代表控制/辅助信息。

图 2 解码原理框图

5 句法结构

5.1 函数

对句法的描述而定义的函数见表 3。

表 3 特殊函数定义

函数	定义
__max(x,y)	返回 x 和 y 的最大值
__min(x,y)	返回 x 和 y 的最小值
Ceil(x)	返回大于或等于 x 的最小整数
ErrorHandling()	错误处理
Exit()	退出解码
GetHuffDim(pCodeBook)	返回 Huffman 码书 pCodeBook 的维数
GetHuffMidTread(pCodeBook)	如果 Huffman 码书 pCodeBook 的码书索引是踏中(Mid-treading)的,返回 true;否则,返回 false
GetNumHuffCodes(pCodeBook)	返回 Huffman 码书 pCodeBook 的每一维的大小(Huffman 码的个数)

HuffDec(pCodeBook)	用 Huffman 码书 pCodeBook 从码流中进行 Huffman 解码:
	HuffDec(pCodeBook)
	{
	  k=0;
	  unBits=0;
	  for (n=0;n<nNumCodes;n++)
	  {
	    nShift=pCodeBook[k++];
	    if (nShift>0)
	    {
	      unBits=unBits<<nShift;
	      unBits |=Unpack(nShift);
	    }
	    if (unBits ==pCodeBook[k++])
	    {
	      return pCodeBook[k];
	    }
	    k++;
	  }
	}
	其中,nNumCodes 是 Huffman 码书 pCodeBook 的每一维的大小(Huffman 码的个数)

HuffDecDiff(pCodeBook)	用 Huffman 码书 pCodeBook 从码流中进行差值 Huffman 解码。具体实现如下:
	HuffDecDiff(pCodeBook)
	{
	  nDiff=HuffDec(pCodeBook);
	  nIndex=(nIndex+nDiff) % nNumCodes;
	  return nIndex;
	}
	其中,nNumCodes 是 Huffman 码书 pCodeBook 的每一维的大小(Huffman 码的个数);nIndex 是码书 pCodeBook 的记忆性变量,由 ResetHuffIndex(pCodeBook)初始化

表 3（续）

函数	定义

HuffDecRecursive(pCodeBook)	用 Huffman 码书 pCodeBook 从码流中进行回归 Huffman 解码。具体实现如下：
	HuffDecRecursive(pCodeBook)
	{
	  k=－1;
	  do
	  {
	    k++;
	    nQIndex=HuffDec(pCodeBook);
	  } while (nQIndex==nNumCodes－1);
	  nQIndex=k*(nNumCodes－1)+nQIndex;
	  return nQIndex;
	}
	其中，nNumCodes 是 Huffman 码书 pCodeBook 的每一维的大小（Huffman 码的个数）

ResetHuffIndex (pCodeBook, nDefault)	重置 Huffman 码书 pCodeBook 的记忆性变量 nIndex：
	ResetHuffIndex(pCodeBook, nDefault)
	{
	  nIndex=nDefault;
	}
	该记忆性变量 nIndex 将在 HuffDecDiff(pCodeBook)函数中用到

Unpack(X)	从码流中解包出 X 比特无正负号的数

5.2 码流

码流如下所示：

```
Bit_Stream()
{
  while (Unpack(16)==0x7FFF )
  {
    Frame();
  }
}
```

5.3 帧

帧如下所示：

```
Frame()
{
  FrameHeader();
  for (nCh=0;nCh<nNumNormalCh;nCh++)
  {
    UnpackWinSequence();
    UnpackCodeBooks();
    UnpackQIndex();
    UnpackQStepIndex();
```

```
    if (bUseSumDiff==true && (nCh%2)==1 )
    {
        UnpackSumDff();
    }
    if (bUseJIC==true && nCh>0 )
    {
        UnpackJicScale();
    }
  }
  for (nCh=nNumNormalCh;nCh<nNumNormalCh+nNumLfeCh;nCh++)
  {
    if (nNumBlocksPerFrm ==8 )
    {
        nWinTypeCurrent=WIN_LONG_LONG2LONG;
        nNumCluster=1;
        anNumBlocksPerFrmPerCluster[0]=1;
    }
    else
    {
        nWinTypeCurrent=WIN_SHORT_SHORT2SHORT;
        nNumCluster=1;
        anNumBlocksPerFrmPerCluster[0]=nNumBlocksPerFrm;
    }
    UnpackCodeBooks();
    UnpackQIndex();
    UnpackQStepIndex();
  }
  UnpackBitPad();
  AuxiliaryData();
}
```

5.4 帧头

帧头如下所示：

```
FrameHeader()
{
  nFrmHeaderType=Unpack(1);
  if (nFrmHeaderType ==0 )
  {
    nNumWord=Unpack(10);
  }
  else
  {
    nNumWord=Unpack(13);
  }
```

```
    nNumBlocksPerFrm=1<<Unpack(2);
    nSampleRateIndex=Unpack(4);
    if (nFrmHeaderType ==0 )
    {
      nNumNormalCh=Unpack(3)+1;
      nNumLfeCh=Unpack(1);
    }
    else
    {
      nNumNormalCh=Unpack(6)+1;
      nNumLfeCh=Unpack(2);
    }
    bAuxData=Unpack(1);
    if (nFrmHeaderType ==0 )
    {
      if (nNumNormalCh>1 )
      {
        bUseSumDiff=Unpack(1);
        bUseJIC=Unpack(1);
      }
      else
      {
        bUseSumDiff=0;
        bUseJIC=0;
      }
      if (bUseJIC ==1 )
      {
        nJicCb=Unpack(5)+1;
      }
      else
      {
        nJicCb=0;
      }
    }
    else
    {
      bUseSumDiff=0;
      bUseJIC=0;
      nJicCb=0;
    }
}
```

5.5 窗口序列

窗口序列如下所示：

```
UnpackWinSequence()
{
  if (nCh==0 || (bUseJIC==false && bUseSumDiff==false) )
  {
    nWinTypeCurrent=Unpack(4);
    if (nWinTypeCurrent ! =ANY_LONG_WIN)
    {
      nNumCluster=Unpack(2)+1;
      if (nNumCluster >=2 )
      {
        nLast=0;
        for (nCluster=0;nCluster<nNumCluster-1;nCluster++)
        {
          k=HuffDec(pClusterBook)+1;
          anNumBlocksPerFrmPerCluster[nCluster]=k;
          nLast+=k;
        }
        anNumBlocksPerFrmPerCluster[nCluster]=nNumBlocksPerFrm-nLast;
      }
      else
      {
        anNumBlocksPerFrmPerCluster[0]=nNumBlocksPerFrm;
      }
    }
    else
    {
      nNumCluster=1;
      anNumBlocksPerFrmPerCluster[0]=1;
    }
  }
  else
  {
    nWinTypeCurrent=Ch0.nWinTypeCurrent;
    nNumCluster=Ch0.nNumCluster;
    for (n=0;n<nNumCluster;n++)
    {
      anNumBlocksPerFrmPerCluster[n]=Ch0.anNumBlocksPerFrmPerCluster[n];
    }
  }
}
```

5.6 码书选择及应用范围

码书选择及应用范围如下：

```
UnpackCodeBooks()
```

```
{
  for (nCluster=0;nCluster<nNumCluster;nCluster++)
  {
    anHSNumBands[nCluster]=Unpack(5);
    nLast=0;
    for (nBand=0;nBand<anHSNumBands[nCluster];nBand++)
    {
      k=HuffDecRecursive(pRunLengthBook)+nLast+1;
      mnHSBandEdge[nCluster][nBand]=k;
      nLast=k;
    }
  }
  for (nCluster=0;nCluster<nNumCluster;nCluster++)
  {
    if (anHSNumBands[nCluster]>0 )
    {
      nLast=Unpack(4);
      mnHS[nCluster][0]=nLast;
      for (nBand=1;nBand<anHSNumBands[nCluster];nBand++)
      {
        k=HuffDecode(pHSBook);
        if (k>8 )
        {
          k-=8;
        }
        else
        {
          k-=9;
        }
        k+=nLast;
        mnHS[nCluster][nBand]=k;
        nLast=k;
      }
    }
  }
}
```

5.7 子带样本的量化因子

子带样本的量化因子如下：

```
UnpackQIndex()
{
  ResetHuffIndex(pQuotientWidthBook,0);
  for (nCluster=0;nCluster<nNumCluster;nCluster++)
  {
```

```
nStart=anClusterBin0[nCluster];
for (nBand=0;nBand<anHSNumBands[nCluster];nBand++)
{
  nEnd=anClusterBin0[nCluster]+mnHSBandEdge[nCluster][nBand] * 4;
  nHSelect=mnHS[nCluster][nBand];
  if (nHSelect==0 )
  {
    for (nBin=nStart;nBin<nEnd;nBin++)
    {
      anQIndex[nBin]=0;
    }
  }
  else
  {
    nHSelect--;
    pQIndexBook=QIndexBooks[nHSelect];
    if (nHSelect ==8)
    {
      nMaxIndex=GetNumHuffCodes(pQIndexBook)-1;
      nCtr=0;
      for (nBin=nStart;nBin<nEnd;nBin++)
      {
        nQIndex=HuffDec(pQIndexBook);
        if (nQIndex ==nMaxIndex ) {
          nCtr++;
        }
        anQIndex[nBin]=nQIndex;
      }
      if (nCtr>0 )
      {
        nQuotientWidth=HuffDecDiff(pQuotientWidthBook)+1;
        for (nBin=nStart;nBin<nEnd;nBin++)
        {
          nQIndex=anQIndex[nBin];
          if (nQIndex ==nMaxIndex )
          {
            nQIndex *=Unpack(nQuotientWidth)+1;
            nQIndex+=HuffDec(pQIndexBook);
            anQIndex[nBin]=nQIndex;
          }
        }
      }
    }
```

```
    else
    {
      nDim=GetHuffDim(pQIndexBook);
      if (nDim>1 )
      {
        nNumCodes=GetNumHuffCodes(pQIndexBook)
        for (nBin=nStart;nBin<nEnd;nBin+=nDim)
        {
          nQIndex=HuffDec(pQIndexBook);
          for (k=0;k<nDim;k++)
          {
            anQIndex[nBin+k]=nQIndex % nNumCodes;
            nQIndex=nQIndex / nNumCodes;
          }
        }
      }
      else
      {
        for (nBin=nStart;nBin<nEnd;nBin++)
        {
          anQIndex[nBin]=HuffDec(pQIndexBook);
        }
      }
    }
    if (GetHuffMidTread(pQIndexBook) ==true )
    {
      nMaxIndex=GetNumHuffCodes(pQIndexBook)/2;
      for (nBin=nStart;nBin<nEnd;nBin++)
      {
        anQIndex[nBin]-=nMaxIndex;
      }
    }
    else
    {
      for (nBin=nStart;nBin<nEnd;nBin++)
      {
        nQIndex=anQIndex[nBin];
        if (nQIndex ! =0 )
        {
          nSign=Unpack(1);
          if (nSign==0 )
          {
            nQIndex=-nQIndex;
```

```
            }
          }
          anQIndex[nBin]=nQIndex;
        }
      }
    }
    nStart=nEnd;
  }
 }
}
```

5.8 量化步长索引

量化步长索引如下：

```
UnpackQStepIndex()
{
  ResetHuffIndex(pQStepBook,0);
  for (nCluster=0;nCluster<nNumCluster;nCluster++)
  {
    for (nBand=0;nBand<anMaxActCb[nCluster];nBand++)
    {
      mnQStepIndex[nCluster][nBand]=HuffDecDiff(pQStepBook);
    }
  }
}
```

5.9 和差编码决定

和差编码决定如下：

```
UnpackSumDff()
{
  for (nCluster=0;nCluster<nNumCluster;nCluster++)
  {
    nMaxCb=__max(anMaxActCb4Sum[nCluster],anMaxActCb[nCluster]);
    if (nJicCb>0 )
    {
      nMaxCb=__min(nJicCb,nMaxCb);
    }
    if (nMaxCb>0 )
    {
      anSumDffAllOff[nCluster]=Unpack(1);
      if (anSumDffAllOff[nCluster] ==0 )
      {
        for (nBand=0;nBand<nMaxCb;nBand++)
        {
          mnSumDffOn[nCluster][nBand]=Unpack(1);
        }
```

```
        }
        else
        {
          for (nBand=0;nBand<nMaxCb;nBand++)
          {
              mnSumDffOn[nCluster][nBand]=0;
          }
        }
      }
    }
  }
```

5.10 联合强度编码比例因子

联合强度编码比例因子如下：

```
UnpackJicScale()
{
  ResetHuffIndex(pQStepBook,57);
  for (nCluster=0;nCluster<nNumCluster;nCluster++)
  {
    for (nBand=nJicCb;nBand<pnMaxCbCh0[nCluster];nBand++)
    {
      mnJicStepIndex[nCluster][nBand] =HuffDecDiff(pQStepBook);
    }
  }
}
```

5.11 比特填充

比特填充如下：

```
UnpackBitPad()
{
  Unpack(Unused Bits);
}
```

5.12 辅助数据

辅助数据如下：

```
AuxiliaryData()
{
  Any user-defined auxiliary data;
}
```

6 语义

6.1 码流

如 5.2 所示，本标准的一个音频码流由一序列同步帧构成。每个同步帧由同步字开始。

nSyncWord=0x7FFF

6.2 帧

如 5.3 所示，一帧音频数据的组成部分见表 4。

表 4　帧结构

帧头	同步字
	对音频信号的描述,如采样率、正常的声道数、低频增强声道数等
正常声道:1 至 64 个	所有正常声道的音频数据
低频增强声道:0 至 3 个	所有低频增强声道的音频数据
比特填充	将码流中当前帧的所有未用比特全部设置为 1
辅助数据	诸如时间码之类的辅助数据

表 4 中,一个正常声道的数据的组成部分见表 5。

表 5　正常声道的数据结构

窗口序列	窗口函数索引	指示 MDCT 的窗口函数
	瞬态段的个数	只用于瞬态帧,指示瞬态段的个数
	瞬态段的长度	只用于瞬态帧,指示每个瞬态段的长度
Huffman 码书索引和应用范围	码书个数	每个瞬态段用到的 Huffman 码书的个数
	应用范围	每个 Huffman 码书的应用范围
	码书索引	每个 Huffman 码书的索引
子带样本的量化因子	所有子带样本的量化因子	
量化步长索引	每个量化单元的量化步长的索引	
和/差编码决定	可选地指示是否要对一个量化单元里的样本进行和/差解码	
联合强度编码比例因子	可选地用于对一个量化单元里的样本进行联合强度解码	

表 4 中,一个低频增强声道的数据的组成部分见表 6。

表 6　低频增强声道的数据结构

Huffman 码书索引和应用范围	码书个数	指示 Huffman 码书的个数
	应用范围	每个 Huffman 码书的应用范围
	码书索引	每个 Huffman 码书的索引
子带样本的量化因子	所有子带样本的量化因子	
量化步长索引	每个量化单元的量化步长的索引	

6.3　帧头

6.3.1　帧头类型 nFrmHeaderType:1 比特

nFrmHeaderType 指示如表 7 所示的两种类型的帧头。表 8 列出了这两种帧头的区别。该表意味着在用扩展帧头的帧中禁用和/差编码和联合强度编码。标准解码器只需要支持常规帧头。

表 7　帧头类型

nFrmHeaderType	帧头类型
0	常规帧头
1	扩展帧头

表 8　两种帧头的区别

有区别的字	比特数	
	常规帧头	扩展帧头
nNumWord	10	13
nNumNormalCh	3	6
nNumLfeCh	1	2
bUseSumDiff	1	0
bUseJIC	1	0
nJicCb	5	0

6.3.2　音频数据帧长 nNumWord:10/13 比特

nNumWord 指示当前帧的音频数据从同步字(第一个字节)开始一直到比特填充字结束的长度,以 32 比特的字为单位来表达。解码该字用的比特数根据表 9 由帧头的类型决定。

表 9　解码音频数据帧长用的比特数

nFrmHeaderType	解码 nNumWord 用的比特数
0	10
1	13

6.3.3　短窗 MDCT 块数 nNumBlocksPerFrm:2 比特

nNumBlocksPerFrm 指示一帧音频数据所对应的短窗 MDCT 块的个数。在从码流中解出传输值 nNumBlocksPerFrmTrans 后,nNumBlocksPerFrm 的实际值应根据以下公式计算得出:

$$nNumBlocksPerFrm = 2^{nNumBlocksPerFrmTrans}$$

由于一个短窗 MDCT 块包含 128 个新的 PCM 音频样本,一帧音频数据所对应的音频 PCM 样本的个数为 128 * nNumBlocksPerFrm。

一个典型帧包含 1 024 个 PCM 音频样本,相应的 nNumBlocksPerFrm＝8。若 nNumBlocksPerFrm ＜ 8,则当前帧为非典型帧。标准解码器只需要支持典型帧。

6.3.4　采样频率索引 nSampleRateIndex:4 比特

nSampleRateIndex 指示音频信号的采样频率索引,其所对应的采样频率见表 10。

表 10　本标准支持的采样频率

nSampleRateIndex	采样率/Hz
0	8 000
1	11 025
2	12 000
3	16 000
4	22 050
5	24 000
6	32 000
7	44 100
8	48 000
9	88 200

表 10（续）

nSampleRateIndex	采样率/Hz
10	96 000
11	176 400
12	192 000
13	保留
14	保留
15	保留

6.3.5 正常声道数 nNumNormalCh:3/6 比特

nNumNormalCh 指示正常声道的个数。解码该字用的比特数根据表 11 由帧头的类型决定，其实际值为从码流中解码的传输值加 1。

表 11 解码正常声道数用的比特数

nFrmHeaderType	解码 nNumNormalCh 用的比特数	有效范围
0	3	1 至 8
1	6	1 至 64

6.3.6 低频增强声道数 nNumLfeCh:1/2 比特

nNumLfeCh 指示低频增强(LFE)声道的个数。解码该字用的比特数根据表 12 由帧头的类型决定。

表 12 解码低频增强声道数用的比特数

nFrmHeaderType	解码 nNumLfeCh 用的比特数	有效范围
0	1	0 至 1
1	2	0 至 3

6.3.7 声道设置附加信息决定 bAuxData:1 比特

bAuxData 指示在本帧音频数据末尾的辅助数据中是否含有关于声道设置的附加信息，如表 13 所示。

表 13 声道设置的附加信息决定

bAuxData	声道设置附加信息
0	无
1	有

6.3.8 和差编码决定 bUseSumDiff:1/0 比特

bUseSumDiff 指示本帧是否用到了和差编码，如表 14 所示。该字仅在常规帧头中有效，在扩展帧头中不出现。

表 14 和差编码决定

bUseSumDiff	和差编码
0	未使用
1	使用

6.3.9 联合强度编码决定 bUseJIC:1/0 比特

bUseJIC 指示本帧是否用到了联合强度编码，如表 15 所示。该字仅在常规帧头中有效，在扩展帧头中不出现。

表 15 联合强度编码决定

bUseJIC	联合强度编码
0	未使用
1	使用

6.3.10 联合强度编码的起始临界频带 nJicCb:5/0 比特

如果本帧用到了联合强度编码，则 nJicCb 指示联合强度编码的起始临界频带。该字仅在常规帧头中有效，在扩展帧头中不出现。其实际值为从码流中解码的传输值加 1。

6.4 窗口序列

不是所有的正常声道都含有窗口序列数据。如果没有，则需从 0 声道(Ch0)复制这组数据。

6.4.1 窗口函数索引 nWinTypeCurrent:4 比特

nWinTypeCurrent 指示当前帧所用的 MDCT 窗口函数，如表 16 所示。

表 16 窗口函数索引

nWinTypeCurrent	窗口函数	窗口函数的长度(样本数)
0	WIN_LONG_LONG2LONG	2 048
1	WIN_LONG_LONG2SHORT	2 048
2	WIN_LONG_SHORT2LONG	2 048
3	WIN_LONG_SHORT2SHORT	2 048
4	WIN_LONG_LONG2BRIEF	2 048
5	WIN_LONG_BRIEF2LONG	2 048
6	WIN_LONG_BRIEF2BRIEF	2 048
7	WIN_LONG_SHORT2BRIEF	2 048
8	WIN_LONG_BRIEF2SHORT	2 048
9	WIN_SHORT_SHORT2SHORT	256
10	WIN_SHORT_SHORT2BRIEF	256
11	WIN_SHORT_BRIEF2BRIEF	256
12	WIN_SHORT_BRIEF2SHORT	256

表 16 中 nWinTypeCurrent=0、1、2、3、4、5、6、7、8 代表长窗口函数(即 5.5 中的 ANY_LONG_WIN)，其余的代表短窗口函数。

当窗口函数索引 nWinTypeCurrent 为 9、10、11、和 12 时，当前帧由 nNumBlocksPerFrm(多达 8 个)短 MDCT 构成。此时 MDCT 的窗口函数需要根据瞬态发生的位置及 MDCT 的完美重建(Perfect Reconstruction)条件来定。详见 7.8。

6.4.2 瞬态段的个数 nNumCluster:2 比特

nNumCluster 指示当前帧里瞬态段的个数。表 17 给出了所有情况下(包含典型帧和非典型帧)瞬态段的个数。

表 17 瞬态段的个数

窗口函数的长度(样本数)	nNumCluster 的传输值	nNumCluster 的实际值(瞬态段的个数)
2 048	未传输	1
256	0	1
	1	2
	2	3
	3	保留

对于典型帧，如果窗口函数指示当前帧用的是长窗口函数，则当前帧为稳态帧，瞬态段的个数隐含为 1，因此不在码流中出现（未传输）；否则当前帧为瞬态帧，瞬态段的个数应为 2 或 3。

6.4.3 瞬态段的长度 anNumBlocksPerFrmPerCluster[nCluster]：Huffman 编码

如果当前帧为瞬态帧，则 anNumBlocksPerFrmPerCluster[nCluster] 指示第 nCluster 个瞬态段的长度，用 MDCT 块的个数表示。该字需用 Huffman 码码表 HuffDec1_7x1 来解码。由此解码出的各个瞬态段的长度可以用来重建各个瞬态段的位置。

如果当前帧为平稳帧，则它不在码流中出现（未传输）。此时，瞬态段的长度由帧类型（见 6.3.3）隐含决定，如表 18 所示。

表 18　平稳帧的瞬态段的隐含长度

帧类型	瞬态段的长度 anNumBlocksPerFrmPerCluster[0]
典型帧	1 个长 MDCT 块
非典型帧	nNumBlocksPerFrm 个短 MDCT 块

对于瞬态帧，除第一个瞬态段外，瞬态发生的位置由每一个瞬态段的起始位置来指示。第一个瞬态段的起始位置是否指示瞬态发生的位置则由窗口函数索引 nWinTypeCurrent 来指示。如果 nWinTypeCurrent 指示的窗口函数以 BRIEF 开头，则第一个瞬态段的起始位置指示瞬态发生的位置；反之亦然，如表 19 所示。

表 19　第一个瞬态段的起始位置与第一个瞬态发生的位置

nWinTypeCurrent	第一个瞬态段的起始位置是否指示瞬态发生的位置
WIN_SHORT_BRIEF2SHORT WIN_SHORT_BRIEF2BRIEF	是
其他	否

6.5 码书选择与应用范围

本标准对每个声道的子带样本的量化因子进行 Huffman 编码，以提高压缩效率。如表 22 所示，两组码书被用来对子带样本的量化因子进行 Huffman 编码，分别对应平稳帧和瞬态帧；而每组码书又分别由 9 个 Huffman 码书组成。因此，对每一个特定的帧，共有 9 个 Huffman 码书可用于对这些量化因子进行 Huffman 编码。这些码书的选择由量化因子的局部统计特性而决定：

a) 根据量化因子的局部统计特性对量化因子分段；

b) 为每段选择最佳的码书。

因此，需把这些段的个数、长度（码书的应用范围）以及所选择的码书的索引传输给解码器。这是 5.6 描述的句法所完成的任务。

6.5.1 码书段的个数 anHSNumBands[nCluster]：5 比特

anHSNumBands[nCluster] 指示第 nCluster 个瞬态段的码书段的个数。

6.5.2 码书的应用范围 mnHSBandEdge[nCluster][nBand]：Huffman 编码

mnHSBandEdge[nCluster][nBand] * 4 指示第 nCluster 个瞬态段的第 nBand 个码书段的长度（Huffman 码书的应用范围）。需用表 20 所示的 Huffman 码书来解码。

表 20　解码码书应用范围用的 Huffman 码书选择

帧类型	Huffman 码书（pRunLengthBook）
稳态	HuffDec2_64x1
瞬态	HuffDec3_32x1

6.5.3 码书的索引 mnHS[nCluster][nBand]：Huffman 编码

mnHS[nCluster][nBand]指示第 nCluster 个瞬态段的第 nBand 个码书段所用的 Huffman 码书的

索引。需用表 21 所示的 Huffman 码书来解码。

表 21 解码码书索引用的 Huffman 码书选择

帧类型	Huffman 码书(pHSBook)
稳态	HuffDec4_18x1
瞬态	HuffDec5_18x1

6.6 子带样本的量化因子

两组码书被用来对子带样本的量化因子进行 Huffman 编码(如表 22 所示),分别对应平稳帧和瞬态帧;而每组码书又分别由 9 个 Huffman 码书组成。

表 22 解码量化因子用的 Huffman 码书选择

码书索引(mnHS)	维数	量化因子范围	是否踏中	平稳码书组	瞬态码书组
0	0	0	不适用	不适用	不适用
1	4	−1,1	是	HuffDec10_81x4	HuffDec19_81x4
2	2	−2,2	是	HuffDec11_25x2	HuffDec20_25x2
3	2	−4,4	是	HuffDec12_81x2	HuffDec21_81x2
4	2	−8,8	是	HuffDec13_289x2	HuffDec22_289x2
5	1	−15,15	是	HuffDec14_31x1	HuffDec23_31x1
6	1	−31,31	是	HuffDec15_63x1	HuffDec24_63x1
7	1	−63,63	是	HuffDec16_127x1	HuffDec25_127x1
8	1	−127,127	是	HuffDec17_255x1	HuffDec26_255x1
9	1	−255,255	否	HuffDec18_256x1	HuffDec27_256x1

表 22 中的码书索引 9 所对应的两个码书(HuffDec18_256x1 和 HuffDec27_256x1)的最大量化因子 255 表示溢出(ESCAPE),即量化因子已超出了这两个码表所能表示的最大范围。为此,这些量化因子将被进行回归编码(Recursive Indexing),即把量化因子 q 用如下的方式表示:

$$q = m * 255 + r$$

式中:

m——q 的商数(Quotient);

r——q 的尾数(Remainder)。

该尾数仍用码书索引 9 所对应的 Huffman 码书进行编码。但对商数则没有进行 Huffman 编码,而是直接打包入码流。打包商数所需的比特数则用表 23 所示的 Huffman 码书来编码:

表 23 解码打包商数所需的比特数用的 Huffman 码书选择

帧类型	Huffman 码书(pQuotientWidthBook)
稳态	HuffDec8_16x1
瞬态	HuffDec9_16x1

由于这两个码书(HuffDec18_256x1 和 HuffDec27_256x1)都不是踏中(Midtread)的,故在传输完它们的绝对值后,须用一比特传输它们的正负号。

表 22 中的码书索引 1 到 8 所对应的码书都是踏中(Midtread)的,故在解码完它们的 Huffman 码后需加入 Offset 以重建量化因子的正负号。

表 24 是对各个变量的定义。

表 24 解码量化因子用到的变量

变量	定义
nNumCluster	瞬态段的个数
anNumBlocksPerFrmPerCluster[nCluster]	每个瞬态段的长度
anClusterBin0[nCluster]	每个瞬态段的按交叉重组顺序排列的第一个子带样本的位置
anQIndex[nBin]	按交叉重组顺序排列的第 nBin 个子带样本的量化因子
QIndexBooks	表 22 中的平稳码书组(对平稳帧)或瞬态码书组(对瞬态帧)
QIndexBooks[nQSelect]	第 nQSelect 个 Huffman 码书
pQIndexBook	所选择的第 nQSelect 个 Huffman 码书

6.7 量化步长索引

mnQStepIndex[nCluster][nBand]指示量化单元(nCluster,nBand)的量化步长的索引。需用如表 25 所示的 Huffman 码书来解码。

表 25 解码量化步长索引用的 **Huffman** 码书选择

帧类型	Huffman 码书(pQStepBook)
稳态	HuffDec6-116x1
瞬态	HuffDec7-116x1

在解码出该索引值后,查量化步长表(表 B.1)即可获得量化步长。

6.8 和差编码决定

在解码时需要先为每一个瞬态段找到和声道和差声道的量化单元的个数的最大值:

nMaxCb=__max(anMaxActCb4Sum[nCluster],anMaxActCb[nCluster]);

其中解码和差编码决定用到的变量见表 26 。

表 26 解码和差编码决定用到的变量

变量	定义
anMaxActCb4Sum[nCluster]	和声道第 nCluster 个瞬态段的量化单元的个数
anMaxActCb[nCluster]	差声道(当前声道)第 nCluster 个瞬态段的量化单元的个数

如果用到了联合强度编码,该最大值还不能超过联合强度编码的起始临界子带。

```
if (nJicCb>0 )
{
  nMaxCb=__min(nJicCb,nMaxCb);
}
```

6.8.1 和差编码全不用决定 **nSumDffAllOff[nCluster]**:1 比特

nSumDffAllOff[nCluster]指示在瞬态段 nCluster 上是否完全不用和差编码,如表 27 所示。

表 27 完全不用和差编码的决定

nSumDffAllOff	和差编码全部不用
0	否
1	是

如果 nSumDffAllOff 等于 0,需进一步为各个量化单元从码流中解码出和差编码的决定;否则,跳到下一个瞬态段。

6.8.2 和差编码决定 **mnSumDffOn[nCluster][nBand]**:1 比特

mnSumDffOn[nCluster][nBand]指示量化单元(nCluster,nBand)的和差编码的决定,如表 28 所示。

表 28 和差编码决定

mnSumDffOn	用和差编码
0	否
1	是

6.9 联合强度编码比例因子

mnJicStepIndex[nCluster][nBand]指示量化单元(nCluster,nBand)的联合强度编码比例因子的索引。与量化步长索引类似,需用表 25 所示的 Huffman 码书来解码。在解码出该索引值后,查量化步长表(表 B.1)即可获得比例因子。

在以上的解码过程中,pnMaxCbCh0[nCluster]是第 0 个声道(源声道)的第 nCluster 个瞬态段的量化单元的个数。

6.10 比特填充

码流中当前帧的所有未用比特均为 1。

6.11 辅助数据

由于辅助数据放置在比特填充之后,故解码时可以在完成比特填充后就停止解码并等待下一帧音频数据。因此,辅助数据是否存在不影响正常解码,解码时也完全可以不处理辅助数据。辅助数据的扩展在将来可能会被规定,目前可由用户自行定义。

7 解码

7.1 声道排放与设置

常规帧头最多可支持 8 个正常声道。表 29 列出了正常声道数(nNumNormalCh)的值与缺省(Default)正常声道设置的映射关系。表 30 列出了一些常见声道设置的表示方法。如果表 29 的缺省正常声道设置不适用,则应把 bAuxData 设为一(1),然后在辅助数据中嵌入声道设置信息。此时,对声道设置的理解完全由用户设定。

表 29 缺省正常声道设置

正常声道数(nNumNormalCh)	声道设置
1	前中
2	前左、前右
3	前左、前右、后中
4	前左、前右、后左、后右
5	前左、前右、后左、后右、前中
6	前左、前右、后左、后右、后中、前中
7	前左、前右、后左、后右、旁左、旁右、前中
8	前左、前右、后左、后右、旁左、旁右、后中、前中

表 30 常见声道设置的表示方法

声道设置	正常声道数(nNumNormalCh)	低频增强声道(nNumLfeCh)
单声道	1	0
立体声	2	0
2.1	2	1
3.1	3	1
5.1	5	1
6.1	6	1
7.1	7	1

表 31 列出了以上各个声道的音频数据在一个音频帧中的排放顺序。其中,声道 0 到 7(正常声道)由 nNumNormalCh 表示,声道 8(低频增强声道)由 nNumLfeCh 表示。如果正常声道中有些声道不出现,则后面的声道自动往前移。例如,5.1 环绕声的各个声道的音频数据按表 32 的方式在一个音频帧中排放。

表 31 各个声道的音频数据在音频帧中的排放顺序

序号	声道
0	前左
1	前右
2	后左
3	后右
4	旁左
5	旁右
6	后中
7	前中
8	低频增强

表 32 5.1 环绕的音频数据在音频帧中的排放顺序

序号	声道
0	前左
1	前右
2	后左
3	后右
4	前中
5	低频增强

扩展帧头最多可支持 64 个正常声道和 3 个低频增强声道。此时的声道设置需由具体的应用另行约定。必要时,可把 bAuxData 设为一(1),然后在辅助数据中嵌入声道设置信息。

由于和/差编码和联合强度编码都在扩展帧头中禁用,故本标准对各个声道的处理与编码完全相互独立。因此,用户可自由约定各个声道的音频数据在一个音频帧中的排放顺序。

7.2 解交叉重组

如表 33 所示,当一个帧用的是一个长 MDCT 时,其子带样本按频率上升的顺序依次由子带 0 排列到子带 1 023。这是 MDCT 的子带样本的自然排放次序,故对长 MDCT 帧不进行解交叉重组。

当一个帧由 nNumBlocks 个短 MDCT 的子带样本组成时,每个短 MDCT 的子带样本的自然排放次序是按频率上升的顺序依次由子带 0 排列到子带 127,如下表中的一列。每个短 MDCT 的如此排列的一块子带样本又按时间先后排放即构成了表 33 所示的由 0 到 1 023 的子带样本的自然排列顺序。

此表还示出了假定的瞬态段和临界频带结构。

表 33　按自然顺序排列的子带样本

瞬态段		0		1			2		
MDCT		0	1	2	3	4	5	6	7
临界频带	0	0	128	256	384	512	640	768	896
		1	129	257	385	513	641	769	897
		2	130	258	386				
		3	131	259					
	1	4	132						
		5	133						
		6							
		7							
	⋮								
	n	86	214						
		87							
		⋮							
		127	255	383	511	639	767	895	1 023

但是，编码时对子带样本进行了交叉重组，把每个瞬态段内频率相同的样本排在一起，然后按频率上升的顺序排列，如表 34 所示：

表 34　按交叉重组顺序排列的子带样本

瞬态段		0		1			2		
MDCT		0	1	2	3	4	5	6	7
临界频带	0	0	1	256	257	258	640	641	642
		2	3	259	260	261	643	644	645
		4	5	262	263	264			
		6	7	265					
	1	8	9						
		10	11						
		12							
		14							
	⋮								
	n	172	173						
		174							
		⋮							
		254	255	637	638	639	1 021	1 022	1 023

解交叉重组的任务是把子带样本的排列顺序由交叉顺序转换成自然排列顺序。以下程序示出了一个比较直观的实现方法：

```
p=0;
for (nCluster=0;nCluster<nNumCluster;nCluster++)
{
  nBin0=anClusterBin0[nCluster];
  nNumBlocks=anNumBlocksPerFrmPerCluster[nCluster];
  for (nBlock=0;nBlock<nNumBlocks;nBlock++)
  {
    q=nBin0;
    for (n=0;n<128;n++)
    {
      afBinNatural[p]=afBinInterleaved[q];
      q+=nNumBlocks;
      p++;
    }
    nBin0++;
  }
}
```

其中进行解交叉重组用到的变量见表 35。

表 35　解交叉重组用到的变量

变量	解释	以表 34 为例的值
nNumCluster	瞬态段的个数	3
anNumBlocksPerFrmPerCluster[nCluster]	每个瞬态段的长度	2、3、3
anClusterBin0[nCluster]	每个瞬态段的第一个子带样本的位置	0、256、640
afBinInterleaved[q]	按交叉重组顺序排列的子带样本	
afBinNatural[p]	按自然顺序排列的子带样本	

7.3　重建量化单元的个数

量化单元由临界频带在频域和瞬态段在时域联合定义的一个矩形界定；所有在此矩形内的子带样本都属于同一个量化单元。由于有两种子带样本的排列方式（自然顺序和交叉顺序），故表示这些样本的序号会不同，但它们都指的是同样的一组子带样本。例如，在表 33 中的第一个量化单元由子带样本 0、1、2、3、128、129、130 和 131 组成。但在表 34 中，第一个量化单元的子带样本的序号却变成了 0、1、2、3、4、5、6 和 7。这两组不同的标号指的都是同样的一组子带样本。

量化单元的个数不在码流中传输，需由码书的应用范围重建。以下是一个重建方法：

```
for (nCluster=0;nCluster<nNumCluster;nCluster++)
{
  nMaxBand=anHSNumBands[nCluster];
  nMaxBin=mnHSBandEdge[nCluster][nMaxBand-1] * 4;
  nMaxBin=Ceil(nMaxBin/anNumBlocksPerCluster[nCluster]);
  nCb=0;
  while (pnCBEdge[nCb+1] < nMaxBin )
  {
```

```
        nCb++;
    }
    anMaxActCb[nCluster]=nCb;
}
```

其中重建量化单元的个数用到的变量见表 36 。

表 36 重建量化单元的个数用到的变量

变量	定义
pnCBEdge[nBand]	心理声学临界频带 nBand 的下限，根据采样频率和 MDCT 的长短由第 B.2 章的表中查出
anMaxActCb[nCluster]	瞬态段 nCluster 的量化单元的个数

7.4 逆量化

逆量化利用每个子带样本的量化因子和其所在的量化单元的量化步长来重建子带样本：

子带样本=量化步长 * 量化因子

其中，量化步长使用解码获得的量化步长索引由表 B.1 中查出。

由于一个量化单元内的所有子带样本共享一个量化步长，故子带样本的重建过程如下：

```
for (nCluster=0;nCluster<nNumCluster;nCluster++)
{
    nBin0=anClusterBin0[nCluster];
    for (nBand=0;nBand<anMaxActCb[nCluster];nBand++)
    {
        nNumBlocks=anNumBlocksPerFrmPerCluster[nCluster];
        nStart=nBin0+nNumBlocks * pnCBEdge[nBand];
        nEnd=nBin0+nNumBlocks * pnCBEdge[nBand+1];
        nQStepSelect=mnQStepIndex[nCluster][nBand];
        nStepSize=aunStepSize[nQStepSelect];
        for (nBin=nStart;nBin<nEnd;nBin++)
        {
            afBinReconst[nBin]=anQIndex[nBin] * nStepSize;
        }
    }
}
```

其中逆量化用到的变量见表 37。

表 37 逆量化用到的变量

变量	解释
pnCBEdge[nBand]	心理声学临界频带 nBand 的下限，根据采样频率和 MDCT 的长短由第 B.2 章的表中查出
anMaxActCb[nCluster]	瞬态段 nCluster 的量化单元的个数
aunStepSize[]	量化步长表，见表 B.1
afBinReconst[]	重建的子带样本

7.5 联合强度解码

如果比特流指示使用了联合强度编码，则联合强度解码从源声道复制子带样本并将其乘以比例因子以重建联合声道的子带样本：

联合声道样本＝比例因子＊源声道样本

由于一个量化单元内的所有子带样本共享一个比例因子，故子带样本重建过程如下：

```
for (nCluster=0;nCluster<nNumCluster;nCluster++)
{
  nBin0=anClusterBin0[nCluster];
  for (nBand=nJicCb;nBand<srcCh.anMaxActCb[nCluster];nBand++)
  {
    nStart=nBin0+anNumBlocksPerFrmPerCluster[nCluster] * pnCBEdge[nBand];
    nEnd  =nBin0+anNumBlocksPerFrmPerCluster[nCluster] * pnCBEdge[nBand+1];
    nQStepSelect=mnJicStepIndex[nCluster][nBand];
    rStepSize=aunStepSize[nQStepSelect] * rJicScaleBias;
    for (nBin=nStart;nBin<nEnd;nBin++)
    {
      afBinReconst[nBin]=rStepSize * srcCh.afBinReconst[nBin];
    }
  }
}
```

其中联合强度解码用到的变量见表 38。

表 38　联合强度解码用到的变量

变量	定义
srcCh. anMaxActCb[nCluster]	源声道的瞬态段 nCluster 的量化单元的个数
aunStepSize[]	量化步长表，见表 B.1。联合强度解码用到的比例因子与量化步长共用同一个表
afBinReconst[]	联合声道的子带样本
srcCh. afBinReconst[]	源声道的子带样本
rJicScaleBias	1.0/aunStepSize[57]

7.6　和/差解码

如果比特流指示编码时用了和/差编码，则解码时由和/差声道重建左右声道：

左声道＝和声道＋差声道

右声道＝和声道－差声道

由于和/差编码的决定是基于量化单元的，故其解码过程如下：

```
for (nCluster=0;nCluster<nNumCluster;nCluster++)
{
  nBin0=anClusterBin0[nCluster];
  nNumBlocks=anNumBlocksPerFrmPerCluster[nCluster];
  nMaxCb=__max(anMaxActCb[nCluster],srcCh.anMaxActCb[nCluster]);
```

```
    if (nJicCb>0 )
    {
      nMaxCb=__min(nMaxCb,nJicCb);
    }
    for (nBand=0;nBand<nMaxCb;nBand++)
    {
      if (mnSumDffOn[nCluster][nBand] ==1 )
      {
        nStart=nBin0+nNumBlocks * pnCBEdge[nBand];
        nEnd   =nBin0+nNumBlocks * pnCBEdge[nBand+1];
        for (nBin=nStart;nBin<nEnd;nBin++)
        {
          rSum=srcCh.afBinReconst[nBin]+afBinReconst[nBin];
          rDff=srcCh.afBinReconst[nBin]-afBinReconst[nBin];
          srcCh.afBinReconst[nBin]=rSum;
            afBinReconst[nBin]=rDff;
        }
      }
    }
}
```

其中和/差解码用到的变量见表 39。

表 39　和/差解码用到的变量

变量	定义
srcCh. anMaxActCb[nCluster]	和声道的第 nCluster 个瞬态段的量化单元的个数
srcCh. afBinReconst[]	和声道的重建的子带样本。在解码后用于储存左声道的子带样本
afBinReconst[]	差声道的重建的子带样本。在解码后用于储存右声道的子带样本

7.7　可变分辨率的合成滤波器组

可变分辨率的合成滤波器组被如下建立：

$$x(n) = w(n)\sqrt{2}\sum_{k=0}^{M-1} X(k)\cos\left[\frac{(2k+1)\pi}{2M}\left(n+\frac{M+1}{2}\right)\right], n = 0,1,\cdots,2M-1$$

式中：

$X(k)$——标号为 k 的频谱系数；

$w(n)$——长度为 $2M$ 的窗口函数。

本标准用到的所有窗口函数都是基于如下 sine 函数：

$$w(n) = \sin\left[\frac{\pi(n+1/2)}{2M}\right]$$

针对输入音频信号的动态特征，M=1 024 的长 MDCT 用于处理稳态帧，M=128 的短 MDCT 则用于处理瞬态帧。为了这两个长度的 MDCT 之间能互相轮换，完美重建(Perfect Reconstruction)要求采用如下的 5 个窗口函数：

WIN_LONG_LONG2LONG：

$$w(n)=\sin\left[\frac{\pi(n+1/2)}{2\ 048}\right],0\leqslant n<2\ 048$$

WIN_LONG_LONG2SHORT：

$$w(n)=\begin{cases}\sin\left[\dfrac{\pi(n+1/2)}{2\ 048}\right] & ,0\leqslant n<1\ 024\\ 1 & ,1\ 024\leqslant n<1\ 472\\ \sin\left[\dfrac{\pi((n-1\ 344)+1/2)}{256}\right] & ,1\ 472\leqslant n<1\ 600\\ 0 & ,1\ 600\leqslant n<2\ 048\end{cases}$$

WIN_LONG_SHORT2LONG：

$$w(n)=\begin{cases}0 & ,0\leqslant n<448\\ \sin\left[\dfrac{\pi((n-448)+1/2)}{256}\right] & ,448\leqslant n<576\\ 1 & ,576\leqslant n<1\ 024\\ \sin\left[\dfrac{\pi(n+1/2)}{2\ 048}\right] & ,1\ 024\leqslant n<2\ 048\end{cases}$$

WIN_LONG_SHORT2SHORT：

$$w(n)=\begin{cases}0 & ,0\leqslant n<448\\ \sin\left[\dfrac{\pi((n-448)+1/2)}{256}\right] & ,448\leqslant n<576\\ 1 & ,576\leqslant n<1\ 472\\ \sin\left[\dfrac{\pi((n-1\ 344)+1/2)}{256}\right] & ,1\ 472\leqslant n<1\ 600\\ 0 & ,1\ 600\leqslant n<2\ 048\end{cases}$$

WIN_SHORT_SHORT2SHORT：

$$w(n)=\sin\left[\frac{\pi(n+1/2)}{256}\right],0\leqslant n<256$$

在瞬态发生的准确地点，则用如下的暂窗口函数以进一步提高 MDCT 的时间分辨率：

WIN_SHORT_BRIEF2BRIEF：

$$w(n)=\begin{cases}0 & ,0\leqslant n<48\\ \sin\left[\dfrac{\pi((n-48)+1/2)}{64}\right] & ,48\leqslant n<80\\ 1 & ,80\leqslant n<176\\ \sin\left[\dfrac{\pi((n-144)+1/2)}{64}\right] & 176\leqslant n<208\\ 0 & ,208\leqslant n<256\end{cases}$$

为了这个窗口函数能与长和短窗口函数之间能互相轮换，完美重建(Perfect Reconstruction)要求引入如下的窗口函数：

WIN_LONG_LONG2BRIEF：

$$w_1(n)=\begin{cases}\sin\left[\dfrac{\pi(n+1/2)}{2\ 048}\right] & ,0\leqslant n<1\ 024\\ 1 & ,1\ 024\leqslant n<1\ 520\\ \sin\left[\dfrac{\pi((n-1\ 488)+1/2)}{64}\right] & ,1\ 520\leqslant n<1\ 552\\ 0 & ,1\ 552\leqslant n<2\ 048\end{cases}$$

WIN_LONG_BRIEF2LONG：

$$w_1(n)=\begin{cases}0 & ,0\leqslant n<496\\ \sin\left[\dfrac{\pi((n-496)+1/2)}{64}\right] & ,496\leqslant n<528\\ 1 & ,528\leqslant n<528\\ \sin\left[\dfrac{\pi(n+1/2)}{2\ 048}\right] & ,1\ 024\leqslant n<2\ 048\end{cases}$$

WIN_LONG_BRIEF2BRIEF：

$$w(n)=\begin{cases}0 & ,0\leqslant n<496\\ \sin\left[\dfrac{\pi((n-496)+1/2)}{64}\right] & ,496\leqslant n<528\\ 1 & ,528\leqslant n<1\ 520\\ \sin\left[\dfrac{\pi((n-1\ 488)+1/2)}{64}\right] & ,1\ 520\leqslant n<1\ 552\\ 0 & ,1\ 552\leqslant n<2\ 048\end{cases}$$

WIN_LONG_SHORT2BRIEF：

$$w(n)=\begin{cases}0 & ,0\leqslant n<448\\ \sin\left[\dfrac{\pi((n-448)+1/2)}{256}\right] & ,448\leqslant n<576\\ 1 & ,576\leqslant n<1\ 520\\ \sin\left[\dfrac{\pi((n-1\ 488)+1/2)}{64}\right] & ,1\ 520\leqslant n<1\ 552\\ 0 & ,1\ 552\leqslant n<2\ 048\end{cases}$$

WIN_LONG_BRIEF2SHORT：

$$w(n)=\begin{cases}0 & ,0\leqslant n<496\\ \sin\left[\dfrac{\pi((n-496)+1/2)}{64}\right] & ,496\leqslant n<528\\ 1 & ,528\leqslant n<1\ 472\\ \sin\left[\dfrac{\pi((n-1\ 344)+1/2)}{256}\right] & ,1\ 472\leqslant n<1\ 600\\ 0 & ,1\ 600\leqslant n<2\ 048\end{cases}$$

WIN_SHORT_SHORT2BRIEF：

$$w(n)=\begin{cases}\sin\left[\dfrac{\pi(n+1/2)}{256}\right] & ,0\leqslant n<128\\ 1 & ,128\leqslant n<176\\ \sin\left[\dfrac{\pi((n-144)+1/2)}{64}\right] & ,176\leqslant n<208\\ 0 & ,208\leqslant n<256\end{cases}$$

WIN_SHORT_BRIEF2SHORT：

$$w(n)=\begin{cases}0 & ,0\leqslant n<48\\ \sin\left[\dfrac{\pi((n-48)+1/2)}{64}\right] & ,48\leqslant n<80\\ 1 & ,80\leqslant n<128\\ \sin\left[\dfrac{\pi(n+1/2)}{256}\right] & ,128\leqslant n<256\end{cases}$$

图 3 是以上各个窗口函数的示意图。图 4 示出了利用以上窗口函数的一些例子。

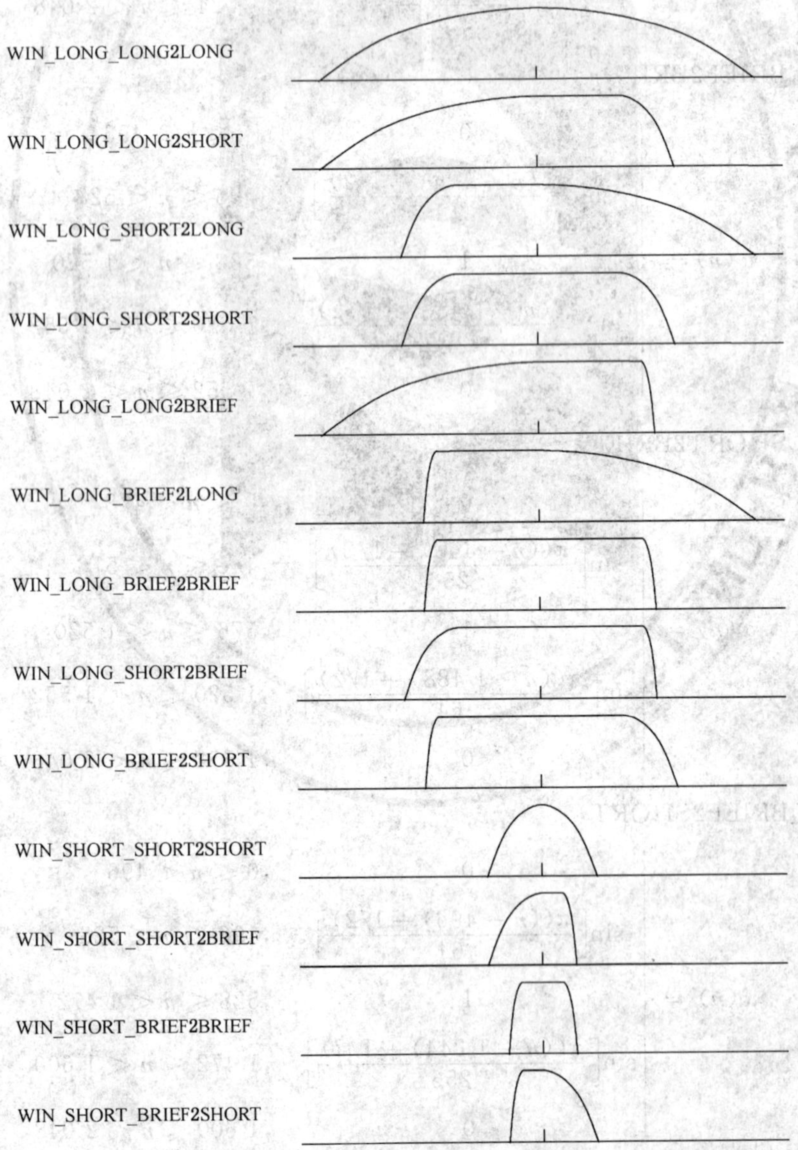

图 3　可变分辨率的合成滤波器组的窗口函数

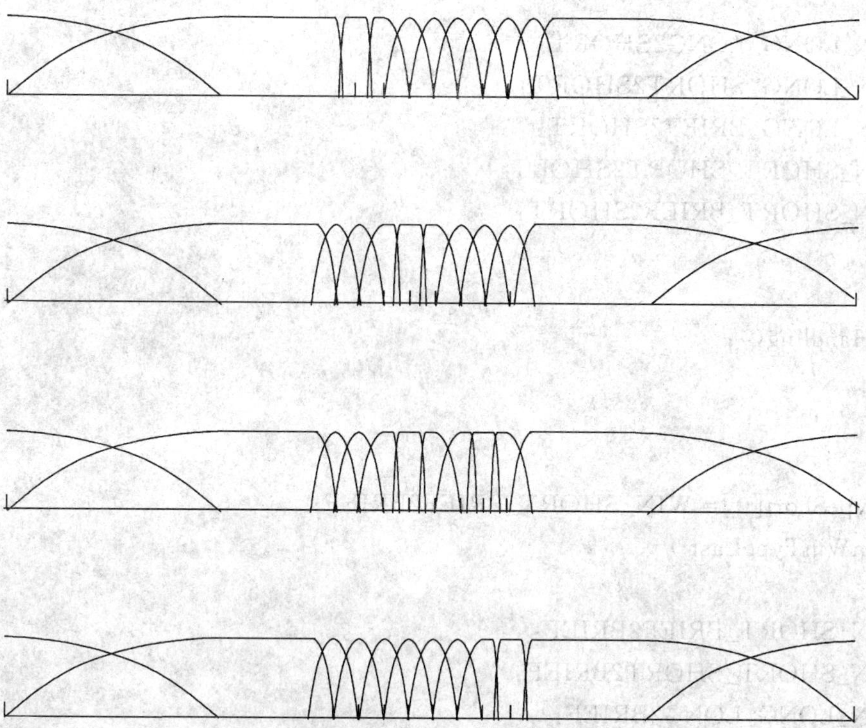

图 4　窗口函数转换的一些例子

7.8　重建短/暂窗口函数序列

在瞬态发生的位置及其前后可选择的窗口函数见表 40。

表 40　在瞬态发生的位置及其前后可选择的窗口函数

位置	可用的窗口函数
瞬态前	WIN_SHORT_BRIEF2BRIEF WIN_SHORT_SHORT2BRIEF WIN_LONG_LONG2BRIEF WIN_LONG_SHORT2BRIEF WIN_LONG_BRIEF2BRIEF
瞬态	WIN_SHORT_BRIEF2BRIEF
瞬态后	WIN_SHORT_BRIEF2BRIEF WIN_SHORT_BRIEF2SHORT WIN_LONG_BRIEF2LONG WIN_LONG_BRIEF2SHORT WIN_LONG_BRIEF2BRIEF

图 4 给出了一些这样的例子。以下是一个用来重建这些窗口函数序列的程序：

```
if (nWinTypeCurrent==WIN_SHORT_SHORT2SHORT
  || nWinTypeCurrent==WIN_SHORT_SHORT2BRIEF )
{
  pnWinTypeShort[0]=WIN_SHORT_SHORT2SHORT;
  switch (nWinTypeLast )
  {
  case WIN_SHORT_BRIEF2BRIEF:
    pnWinTypeShort[0]=WIN_SHORT_BRIEF2SHORT;
```

```
    break;
  case WIN_LONG_LONG2SHORT:
  case WIN_LONG_SHORT2SHORT:
  case WIN_LONG_BRIEF2SHORT:
  case WIN_SHORT_SHORT2SHORT:
  case WIN_SHORT_BRIEF2SHORT:
    break;
  default:
    ErrorHandling();
  }
}
else {
  pnWinTypeShort[0]=WIN_SHORT_BRIEF2BRIEF;
  switch (nWinTypeLast )
  {
  case WIN_SHORT_BRIEF2BRIEF:
  case WIN_SHORT_SHORT2BRIEF:
  case WIN_LONG_LONG2BRIEF:
  case WIN_LONG_BRIEF2BRIEF:
  case WIN_LONG_SHORT2BRIEF:
    break;
  default:
    ErrorHandling();
  }
}
for (nBlock=1;nBlock<nNumBlocksPerFrm;nBlock++)
{
  pnWinTypeShort[nBlock]=WIN_SHORT_SHORT2SHORT;
}
nBlock=0;
for (nCluster=0;nCluster<nNumCluster-1;nCluster++)
{
  nBlock+=anNumBlocksPerFrmPerCluster[nCluster];
  pnWinTypeShort[nBlock]=WIN_SHORT_BRIEF2BRIEF;
}
if (pnWinTypeShort[0] ==WIN_SHORT_BRIEF2BRIEF )
{
if (pnWinTypeShort[1]==WIN_SHORT_SHORT2SHORT )
{
  pnWinTypeShort[1]=WIN_SHORT_BRIEF2SHORT;
}
}
for (nBlock=1;nBlock<nNumBlocksPerFrm-1;nBlock++)
```

```
{
  if (pnWinTypeShort[nBlock] ==WIN_SHORT_BRIEF2BRIEF )
  {
    if (pnWinTypeShort[nBlock-1] ==WIN_SHORT_SHORT2SHORT )
    {
      pnWinTypeShort[nBlock-1]=WIN_SHORT_SHORT2BRIEF;
    }
    if (pnWinTypeShort[nBlock-1] ==WIN_SHORT_BRIEF2SHORT )
    {
      pnWinTypeShort[nBlock-1]=WIN_SHORT_BRIEF2BRIEF;
    }
    if (pnWinTypeShort[nBlock+1]==WIN_SHORT_SHORT2SHORT )
    {
      pnWinTypeShort[nBlock+1]=WIN_SHORT_BRIEF2SHORT;
    }
  }
}
switch (pnWinTypeShort[nBlock] )
{
case WIN_SHORT_BRIEF2BRIEF:
  if (pnWinTypeShort[nBlock-1] ==WIN_SHORT_SHORT2SHORT )
{
    pnWinTypeShort[nBlock-1]=WIN_SHORT_SHORT2BRIEF;
}
    if (pnWinTypeShort[nBlock-1] ==WIN_SHORT_BRIEF2SHORT )
{
    pnWinTypeShort[nBlock-1]=WIN_SHORT_BRIEF2BRIEF;
}
  break;
case WIN_SHORT_SHORT2SHORT:
  if (nWinTypeCurrent==WIN_SHORT_SHORT2BRIEF
    || nWinTypeCurrent==WIN_SHORT_BRIEF2BRIEF )
  {
    pnWinTypeShort[nBlock]=WIN_SHORT_SHORT2BRIEF;
  }
  break;
case WIN_SHORT_BRIEF2SHORT:
  if (nWinTypeCurrent==WIN_SHORT_SHORT2BRIEF
    || nWinTypeCurrent==WIN_SHORT_BRIEF2BRIEF )
  {
    pnWinTypeShort[nBlock]=WIN_SHORT_BRIEF2BRIEF;
  }
  break;
```

```
default:
    ErrorHandling();
}
```

其中重建短 MDCT 窗口函数序列用的变量见表 41。

表 41 重建短 MDCT 窗口函数序列用的变量

变量	解释
nWinTypeLast	上一帧的最后一个窗口函数
pnWinTypeShort[nBlock]	第 nBlock 个 MDCT 块的窗口函数

8 在 MPEG TS 中复用音频流

本标准还进一步规定了如何将一个或多个本标准所定义的音频基本流 ES(Elementary Stream)复用成 MPEG-2 传输流 TS(Transport Stream)(见 GB/T 17975.1—2000)。

本标准的音频 ES 流在 MPEG-2 TS 流中的打包方式和 MPEG-2 音频流打包的方式相同,首先打包成 PES(Packetized Elementary Stream),然后形成 MPEG-2 TS。复用本标准的音频 ES 流的必要项包括:stream_id、stream_type、DRA 注册描述符(DRA registration descriptor)和 DRA 音频流描述符(DRA audio stream descriptor)。Stream_id 被包含在 PES 头中,stream_type、DRA registration descriptor 和 DRA audio stream descriptor 都被包含在节目映射表 PMT(Program Map Table)中,其中 DRA registration descriptor 应紧随 ES_info_length 字段,DRA audio stream descriptor 在 DRA registration descriptor 之后。

附录 C 规定了在 MPEG-2 TS 中复用本标准所定义的音频基本流的具体方法,以及各必要项的定义。

附 录 A
（资料性附录）
相关编码技术

本附录对图1和表1所示的编码中涉及到的部分技术给出了解释，并提供了建议性的实现方法。

A.1 瞬态分析

瞬态分析的主要任务是检测当前输入帧中是否有瞬态并将该信息传递给可变分辨率分析滤波器组，以使该滤波器组能确定使用长或短的MDCT以及需要使用的窗口函数等。

瞬态分析还需要确定瞬态发生的位置，以建立瞬态段的长度。由此即可建立起量化单元，进行交叉重组，以及其他编码处理。

在这里可以采用任何已知的瞬态检测方法。

A.2 人耳听觉模型

人耳心理声学模型的一个基本概念是听觉系统中存在一个听觉阈值，低于这个阈值（掩蔽阈值）的声音信号就听不到，因此这部分信息就没有必要传送到解码端。找到这个阈值就是人耳听觉模型的任务。

一般的人耳听觉模型都可以用于本标准，如MPEG推荐的两个人耳听觉模型。本标准唯一的要求是人耳听觉模型应为每个量化单元输出一个掩蔽阈值。

A.3 全局比特分配

全局比特分配把一帧可用的比特资源全局地分配给各个量化单元，以使每个量化单元中的量化噪声功率低于其各自的掩蔽阈值。其具体的方法是通过调节量化单元的量化步长来控制各个量化单元的量化噪声功率以及所需的比特数。

在这里可以引用常见的比特分配方法，包括Water Filling算法。Water Filling算法的基本思想是：

a) 找到QMR（量化噪声对掩蔽比）最大的量化单元；

b) 减少分配给该量化单元的量化步长以降低量化噪声；

c) 重复以上两步直到所有量化单元的QMR都小于1（或其他预先设定的阈值），或把当前帧容许的比特资源耗尽为止。

A.4 Huffman码的码书的选择

在常见的音频编码算法中，熵码书的应用范围与量化单元相同，所以熵码书由量化单元内的量化因子来确定（参见图A.1的顶端）。因此没有进一步优化的空间。

本标准在这方面完全不同。它在进行码书选择时忽略了量化单元的存在，而按如下方法进行（如图A.1的下端所示）：

a) 把最佳码书分配给每个量化因子，因而在本质上把量化因子转换成了码书索引；

b) 把这些码书索引按其局部统计特性分成段，段边界即定义了码书应用的范围。

显然，这些码书应用范围与由量化单元确定的范围很不相同。它们完全是由量化因子的局部统计特性决定的，因而可使所选择的码书与量化因子的局部统计特性更匹配；从而可用较少的比特把量化因子传送到解码器。

这个方法相对于其他技术的优点可由图A.1说明。图中最大的量化因子属于量化单元d。为此，其他技术需要选择一个大码书。这个大码书显然不是一个很好的选择，因为量化单元 d 中的大多数量化因子都很小。如用本标准的新方法，该最大量化因子被分配到了码书段 c。虽然该最大量化因子仍需要一个同样大的码书，但它却是与其他的大量化因子一起共享；因而该大码书是与该码书段内的量化因子的统计特性相匹配的。此外，码书段 d 中的所有量化因子都很小，故可选择一个小码书。这样也能做到码书与其码书段内的量化因子的统计特性相匹配。因此，本标准的码书选择方法可减少传输量化因子所需要的比特数。

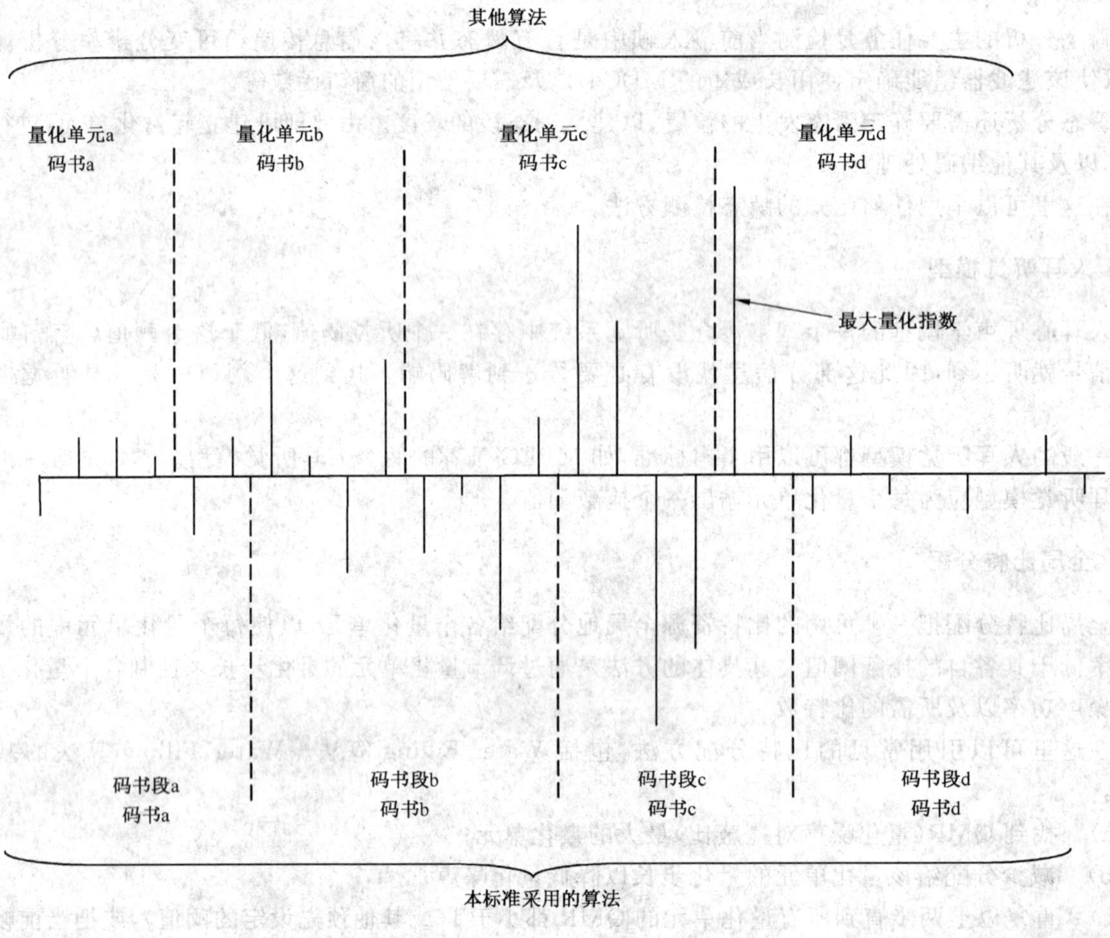

图 A.1　本标准的 Huffman 码的码书选择方法与其他技术的区别

但是，以上优越性是有其代价的。如图 A.1 所示，其他技术只须把码书索引作为辅助信息传送到解码器，因为它们的应用范围与预定的量化单元相同。然而，本标准的方法除了需要传送这些辅助信息之外，还需要把各个码书的应用范围作为辅助信息传输到解码器，因为它们独立于量化单元。如果处理不当，则这个额外成本可能导致传输这些辅助信息和量化因子所需的比特数的总和会更大。

处理好这个问题的关键是在统计特性容许的条件下尽量把码书索引分成大的段，因为大段意味着需要传送到解码器的码书索引及其应用范围会更少。

一个简单的方法是在选择完码书段后如果发现其个数太多，则剔除一些小的码书段，直到码书段的个数满足要求为止。剔除的方法可以是把孤立的小码书段的码书索引提升到其左右边的码书段的码书索引的最小值。图 A.2 给出了这样的一些案例，请注意由 a 到 b、c 到 d、g 到 h、以及 i 到 j 的映射。由于零码书索引意味着不需传输任何量化因子，故应把孤立的零码书索引的码书段排除在外。这在图 A.2 表现为一个由 e 到 f 的映射；由于其码书索引为零，故此码书段没有被剔除。

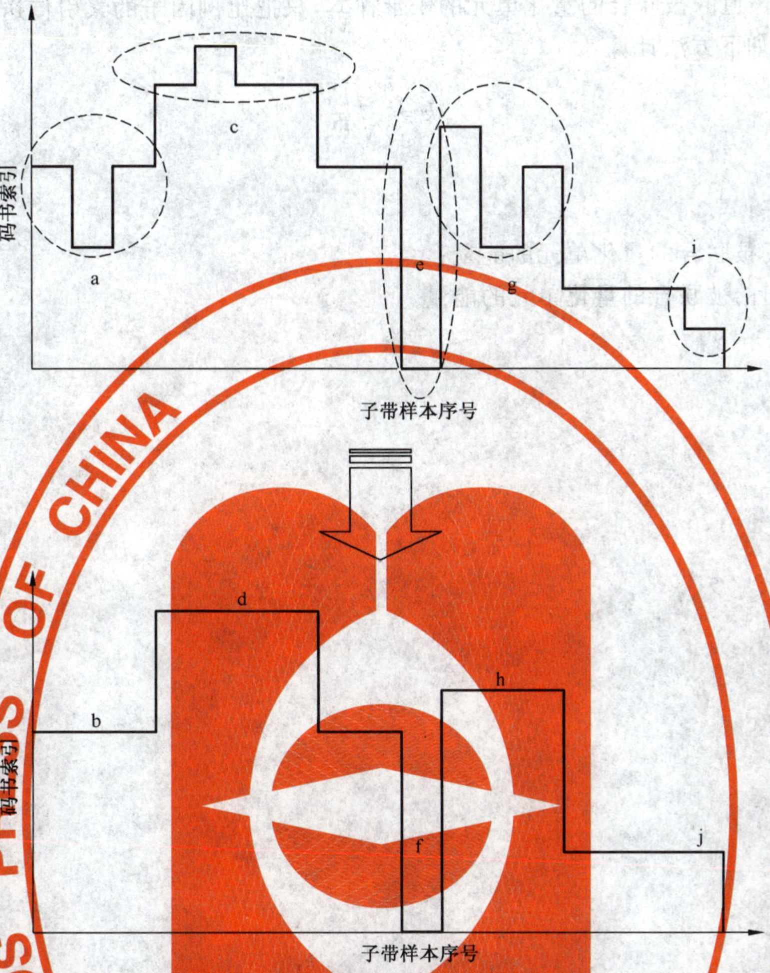

图 A.2 剔除一些孤立的小码书段

A.5 和/差编码

和/差声道编码是本标准可选用的一种联合声道编码方法。它对解码几乎没有额外的复杂性要求，对于编码增加的复杂性也是较少的。

和/差声道编码的基本方法是不传送左和右声道的子带样本，而是传送左和右声道的子带样本的和和差：

和声道＝0.5＊(左声道＋右声道)

差声道＝0.5＊(左声道－右声道)

在解码时，左和右声道的子带样本由如下方法进行重建：

左声道＝和声道＋差声道

右声道＝和声道－差声道

A.6 联合强度编码

人耳心理听觉模型表明，人耳在高频对空间声像的感知更多地是由左右音频信号的相对强度，更少地由其各自的频率成分决定。这正是联合强度编码方法的理论基础。以下是一个简单的联合强度编码方法：

a) 用源和联合声道的子带样本的和来替换源声道的子带样本；

b) 对每一个源声道的联合编码的量化单元，将其能量调整到与原始源声道相同；

c) 丢弃联合声道的被联合的量化单元的子带样本，只把比例因子的索引传送到解码器。

比例因子可用如下方法计算：

$$k=\sqrt{\frac{E_J}{E_S}}$$

式中：

k——比例因子；

E_S——源声道的被联合的量化单元的能量；

E_J——联合声道的被联合的量化单元的能量。

附 录 B
（规范性附录）
解码用的附表

B.1 量化步长表

量化步长表见表 B.1。

表 B.1 量化步长表

索引	量化步长	索引	量化步长
0	1.1920928955078100E-07	28	5.8412551879882800E-06
1	1.1920928955078100E-07	29	6.6757202148437500E-06
2	1.1920928955078100E-07	30	7.6293945312500000E-06
3	2.3841857910156200E-07	31	8.8214874267578100E-06
4	2.3841857910156200E-07	32	1.0013580322265600E-05
5	2.3841857910156200E-07	33	1.1563301086425700E-05
6	2.3841857910156200E-07	34	1.3232231140136700E-05
7	3.5762786865234300E-07	35	1.5258789062500000E-05
8	3.5762786865234300E-07	36	1.7523765563964800E-05
9	3.5762786865234300E-07	37	2.0146369934082000E-05
10	4.7683715820312500E-07	38	2.3126602172851500E-05
11	5.9604644775390600E-07	39	2.6583671569824200E-05
12	5.9604644775390600E-07	40	3.0517578125000000E-05
13	7.1525573730468700E-07	41	3.5047531127929600E-05
14	8.3446502685546800E-07	42	4.0292739868164000E-05
15	9.5367431640625000E-07	43	4.6253204345703100E-05
16	1.0728836059570300E-06	44	5.3167343139648400E-05
17	1.3113021850585900E-06	45	6.1035156250000000E-05
18	1.4305114746093700E-06	46	7.0095062255859300E-05
19	1.6689300537109300E-06	47	8.0585479736328100E-05
20	1.9073486328125000E-06	48	9.2506408691406200E-05
21	2.1457672119140600E-06	49	1.0621547698974600E-04
22	2.5033950805664000E-06	50	1.2207031250000000E-04
23	2.8610229492187500E-06	51	1.4019012451171800E-04
24	3.3378601074218700E-06	52	1.6105175018310500E-04
25	3.8146972656250000E-06	53	1.8501281738281200E-04
26	4.4107437133789000E-06	54	2.1255016326904200E-04
27	5.0067901611328100E-06	55	2.4414062500000000E-04

表 B.1（续）

索引	量化步长	索引	量化步长
56	2.8049945831298800E-04	86	1.7948389053344700E-02
57	3.2210350036621000E-04	87	2.0617365837097100E-02
58	3.7002563476562500E-04	88	2.3683071136474600E-02
59	4.2510032653808500E-04	89	2.7204751968383700E-02
60	4.8828125000000000E-04	90	3.1250000000000000E-02
61	5.6087970733642500E-04	91	3.5896778106689400E-02
62	6.4432621002197200E-04	92	4.1234612464904700E-02
63	7.4005126953125000E-04	93	4.7366142272949200E-02
64	8.5020065307617100E-04	94	5.4409384727478000E-02
65	9.7656250000000000E-04	95	6.2500000000000000E-02
66	1.1217594146728500E-03	96	7.1793675422668400E-02
67	1.2885332107543900E-03	97	8.2469224929809500E-02
68	1.4802217483520500E-03	98	9.4732284545898400E-02
69	1.7002820968627900E-03	99	1.0881876945495600E-01
70	1.9531250000000000E-03	100	1.2500000000000000E-01
71	2.2435188293457000E-03	101	1.4358735084533600E-01
72	2.5771856307983300E-03	102	1.6493844985961900E-01
73	2.9604434967041000E-03	103	1.8946456909179600E-01
74	3.4005641937255800E-03	104	2.1763765811920100E-01
75	3.9062500000000000E-03	105	2.5000000000000000E-01
76	4.4871568679809500E-03	106	2.8717458248138400E-01
77	5.1543712615966700E-03	107	3.2987701892852700E-01
78	5.9207677841186500E-03	108	3.7892913818359300E-01
79	6.8011283874511700E-03	109	4.3527531623840300E-01
80	7.8125000000000000E-03	110	5.0000000000000000E-01
81	8.9741945266723600E-03	111	5.7434916496276800E-01
82	1.0308623313903800E-02	112	6.5975391864776600E-01
83	1.1841535568237300E-02	113	7.5785827636718700E-01
84	1.3602375984191800E-02	114	8.7055051326751700E-01
85	1.5625000000000000E-02	115	9.9999988079071000E-01

B.2　临界频带表

临界频带表见表 B.2～表 B.27。

表 B.2　临界频带:8 000 Hz,长窗口

临界频带	子带数	带宽/Hz	临界频带	子带数	带宽/Hz
0	26	101.562 5	9	46	179.687 5
1	27	105.468 8	10	53	207.031 3
2	27	105.468 8	11	62	242.187 5
3	28	109.375	12	74	289.062 5
4	30	117.187 5	13	89	347.656 3
5	32	125	14	109	425.781 3
6	34	132.812 5	15	133	519.531 3
7	37	144.531 3	16	162	632.812 5
8	41	160.156 3	17	14	54.687 5

表 B.3　临界频带:8 000 Hz,短窗口

临界频带	子带数	带宽/Hz	临界频带	子带数	带宽/Hz
0	4	125	8	6	187.5
1	4	125	9	7	218.75
2	4	125	10	8	250
3	4	125	11	10	312.5
4	4	125	12	12	375
5	5	156.25	13	15	468.75
6	5	156.25	14	18	562.5
7	6	187.5	15	16	500

表 B.4　临界频带:11 025 Hz,长窗口

临界频带	子带数	带宽/Hz	临界频带	子带数	带宽/Hz
0	19	102.282 7	10	39	209.948 7
1	20	107.666	11	46	247.631 8
2	20	107.666	12	54	290.698 2
3	21	113.049 3	13	66	355.297 9
4	22	118.432 6	14	80	430.664 1
5	23	123.815 9	15	99	532.946 8
6	25	134.582 5	16	120	645.996 1
7	27	145.349 1	17	143	769.812
8	30	161.499	18	136	732.128 9
9	34	183.032 2			

表 B.5 临界频带:11 025 Hz,短窗口

临界频带	子带数	带宽/Hz	临界频带	子带数	带宽/Hz
0	4	172.265 6	8	6	258.398 4
1	4	172.265 6	9	7	301.464 8
2	4	172.265 6	10	8	344.531 3
3	4	172.265 6	11	10	430.664 1
4	4	172.265 6	12	12	516.796 9
5	4	172.265 6	13	15	645.996 1
6	4	172.265 6	14	18	775.195 3
7	5	215.332	15	19	818.261 7

表 B.6 临界频带:12 000 Hz,长窗口

临界频带	子带数	带宽/Hz	临界频带	子带数	带宽/Hz
0	18	105.468 8	10	36	210.937 5
1	18	105.468 8	11	42	246.093 8
2	18	105.468 8	12	50	292.968 8
3	19	111.328 1	13	60	351.562 5
4	20	117.187 5	14	74	433.593 8
5	21	123.046 9	15	91	533.203 1
6	23	134.765 6	16	110	644.531 3
7	25	146.484 4	17	131	767.578 1
8	28	164.062 5	18	153	896.484 4
9	31	181.640 6	19	56	328.125

表 B.7 临界频带:12 000 Hz,短窗口

临界频带	子带数	带宽/Hz	临界频带	子带数	带宽/Hz
0	4	187.5	8	6	281.25
1	4	187.5	9	7	328.125
2	4	187.5	10	9	421.875
3	4	187.5	11	11	515.625
4	4	187.5	12	13	609.375
5	4	187.5	13	16	750
6	4	187.5	14	18	843.75
7	5	234.375	15	15	703.125

表 B.8 临界频带:16 000 Hz,长窗口

临界频带	子带数	带宽/Hz	临界频带	子带数	带宽/Hz
0	13	76.171 88	11	32	187.5
1	14	82.031 25	12	38	222.656 3
2	14	82.031 25	13	46	269.531 3
3	14	82.031 25	14	56	328.125
4	15	87.890 63	15	69	404.296 9
5	16	93.75	16	84	492.187 5
6	17	99.609 38	17	99	580.078 1
7	19	111.328 1	18	116	679.687 5
8	21	123.046 9	19	136	796.875
9	24	140.625	20	154	902.343 8
10	27	158.203 1			

表 B.9 临界频带:16 000 Hz,短窗口

临界频带	子带数	带宽/Hz	临界频带	子带数	带宽/Hz
0	4	250	8	6	375
1	4	250	9	8	500
2	4	250	10	9	562.5
3	4	250	11	11	687.5
4	4	250	12	13	812.5
5	4	250	13	15	937.5
6	4	250	14	18	1 125
7	5	312.5	15	15	937.5

表 B.10 临界频带:22 050 Hz,长窗口

临界频带	子带数	带宽/Hz	临界频带	子带数	带宽/Hz
0	10	107.666	12	29	312.231 4
1	10	107.666	13	35	376.831 1
2	10	107.666	14	43	462.963 9
3	11	118.432 6	15	53	570.629 9
4	11	118.432 6	16	64	689.062 5
5	12	129.199 2	17	75	807.495 1
6	13	139.965 8	18	88	947.460 9
7	14	150.732 4	19	104	1 119.727
8	16	172.265 6	20	129	1 388.892
9	18	193.798 8	21	178	1 916.455
10	21	226.098 6	22	56	602.929 7
11	24	258.398 4			

表 B.11 临界频带:22 050 Hz,短窗口

临界频带	子带数	带宽/Hz	临界频带	子带数	带宽/Hz
0	4	344.531 3	8	7	602.929 7
1	4	344.531 3	9	9	775.195 3
2	4	344.531 3	10	10	861.328 1
3	4	344.531 3	11	12	1 033.594
4	4	344.531 3	12	14	1 205.859
5	4	344.531 3	13	18	1 550.391
6	5	430.664 1	14	23	1 981.055
7	6	516.796 9			

表 B.12 临界频带:24 000 Hz,长窗口

临界频带	子带数	带宽/Hz	临界频带	子带数	带宽/Hz
0	9	105.468 8	12	26	304.687 5
1	9	105.468 8	13	32	375
2	9	105.468 8	14	39	457.031 3
3	10	117.187 5	15	48	562.5
4	10	117.187 5	16	58	679.687 5
5	11	128.906 3	17	68	796.875
6	12	140.625	18	80	937.5
7	13	152.343 8	19	94	1 101.563
8	14	164.062 5	20	117	1 371.094
9	16	187.5	21	159	1 863.281
10	19	222.656 3	22	149	1 746.094
11	22	257.812 5			

表 B.13 临界频带:24 000 Hz,短窗口

临界频带	子带数	带宽/Hz	临界频带	子带数	带宽/Hz
0	4	375	8	7	656.25
1	4	375	9	9	843.75
2	4	375	10	10	937.5
3	4	375	11	12	1 125
4	4	375	12	14	1 312.5
5	4	375	13	19	1 781.25
6	5	468.75	14	22	2 062.5
7	6	562.5			

表 B.14 临界频带:32 000 Hz,长窗口

临界频带	子带数	带宽/Hz	临界频带	子带数	带宽/Hz
0	7	109.375	12	20	312.5
1	7	109.375	13	24	375
2	7	109.375	14	30	468.75
3	7	109.375	15	36	562.5
4	8	125	16	44	687.5
5	8	125	17	52	812.5
6	9	140.625	18	61	953.125
7	10	156.25	19	72	1 125
8	11	171.875	20	89	1 390.625
9	12	187.5	21	123	1 921.875
10	14	218.75	22	200	3 125
11	17	265.625	23	156	2 437.5

表 B.15 临界频带:32 000 Hz,短窗口

临界频带	子带数	带宽/Hz	临界频带	子带数	带宽/Hz
0	4	500	8	7	875
1	4	500	9	8	1 000
2	4	500	10	10	1 250
3	4	500	11	13	1 625
4	4	500	12	18	2 250
5	4	500	13	32	4 000
6	5	625	14	5	625
7	6	750			

表 B.16 临界频带:44 100 Hz,长窗口

临界频带	子带数	带宽/Hz	临界频带	子带数	带宽/Hz
0	5	107.666	12	15	322.998
1	5	107.666	13	19	409.130 9
2	5	107.666	14	23	495.263 7
3	6	129.199 2	15	28	602.929 7
4	6	129.199 2	16	34	732.128 9
5	6	129.199 2	17	40	861.328 1
6	7	150.732 4	18	46	990.527 3
7	7	150.732 4	19	55	1 184.326
8	8	172.265 6	20	70	1 507.324
9	9	193.798 8	21	101	2 174.854
10	11	236.865 2	22	176	3 789.844
11	13	279.931 6	23	329	7 084.424

表 B.17 临界频带:44 100 Hz,短窗口

临界频带	子带数	带宽/Hz	临界频带	子带数	带宽/Hz
0	4	689.062 5	7	6	1 033.594
1	4	689.062 5	8	7	1 205.859
2	4	689.062 5	9	9	1 550.391
3	4	689.062 5	10	12	2 067.188
4	4	689.062 5	11	21	3 617.578
5	4	689.062 5	12	44	7 579.688
6	5	861.328 1			

表 B.18 临界频带:48 000 Hz,长窗口

临界频带	子带数	带宽/Hz	临界频带	子带数	带宽/Hz
0	5	117.187 5	12	15	351.562 5
1	5	117.187 5	13	18	421.875
2	5	117.187 5	14	22	515.625
3	5	117.187 5	15	27	632.812 5
4	5	117.187 5	16	32	750
5	6	140.625	17	38	890.625
6	6	140.625	18	44	1 031.25
7	7	164.062 5	19	53	1 242.188
8	8	187.5	20	69	1 617.188
9	9	210.937 5	21	102	2 390.625
10	10	234.375	22	189	4 429.688
11	12	281.25	23	332	7 781.25

表 B.19 临界频带:48 000 Hz,短窗口

临界频带	子带数	带宽/Hz	临界频带	子带数	带宽/Hz
0	4	750	7	6	1 125
1	4	750	8	7	1 312.5
2	4	750	9	9	1 687.5
3	4	750	10	14	2 625
4	4	750	11	27	5 062.5
5	4	750	12	36	6 750
6	5	937.5			

表 B.20 临界频带:88 200 Hz,长窗口

临界频带	子带数	带宽/Hz	临界频带	子带数	带宽/Hz
0	4	172.265 6	12	12	516.796 9
1	4	172.265 6	13	15	645.996 1
2	4	172.265 6	14	18	775.195 3
3	4	172.265 6	15	21	904.394 5
4	4	172.265 6	16	25	1 076.66
5	4	172.265 6	17	30	1 291.992
6	4	172.265 6	18	39	1 679.59
7	5	215.332	19	59	2 540.918
8	6	258.398 4	20	114	4 909.57
9	7	301.464 8	21	402	17 312.7
10	8	344.531 3	22	225	9 689.941
11	10	430.664 1			

表 B.21 临界频带:88 200 Hz,短窗口

临界频带	子带数	带宽/Hz	临界频带	子带数	带宽/Hz
0	4	1 378.125	5	4	1 378.125
1	4	1 378.125	6	6	2 067.188
2	4	1 378.125	7	9	3 100.781
3	4	1 378.125	8	20	6 890.625
4	4	1 378.125	9	69	23 772.66

表 B.22 临界频带:96 000 Hz,长窗口

临界频带	子带数	带宽/Hz	临界频带	子带数	带宽/Hz
0	4	187.5	11	11	515.625
1	4	187.5	12	13	609.375
2	4	187.5	13	16	750
3	4	187.5	14	18	843.75
4	4	187.5	15	21	984.375
5	4	187.5	16	26	1 218.75
6	4	187.5	17	33	1 546.875
7	5	234.375	18	47	2 203.125
8	6	281.25	19	83	3 890.625
9	7	328.125	20	223	10 453.13
10	9	421.875	21	478	22 406.25

表 B.23 临界频带:96 000 Hz,短窗口

临界频带	子带数	带宽/Hz	临界频带	子带数	带宽/Hz
0	4	1 500	5	5	1 875
1	4	1 500	6	7	2 625
2	4	1 500	7	13	4 875
3	4	1 500	8	44	16 500
4	4	1 500	9	39	14 625

表 B.24 临界频带:176 400 Hz,长窗口

临界频带	子带数	带宽/Hz	临界频带	子带数	带宽/Hz
0	4	341.015 6	9	9	767.285 2
1	4	341.015 6	10	10	852.539 1
2	4	341.015 6	11	12	1 023.047
3	4	341.015 6	12	14	1 193.555
4	4	341.015 6	13	18	1 534.57
5	4	341.015 6	14	25	2 131.348
6	5	426.269 5	15	44	3 751.172
7	6	511.523 4	16	114	9 718.945
8	7	596.777 3	17	736	62 746.88

表 B.25 临界频带:176 400 Hz,短窗口

临界频带	子带数	带宽/Hz	临界频带	子带数	带宽/Hz
0	4	2 728.125	4	6	4 092.188
1	4	2 728.125	5	15	10 230.47
2	4	2 728.125	6	91	62 064.84
3	4	2 728.125			

表 B.26 临界频带:192 000 Hz,长窗口

临界频带	子带数	带宽/Hz	临界频带	子带数	带宽/Hz
0	4	375	9	9	843.75
1	4	375	10	10	937.5
2	4	375	11	12	1 125
3	4	375	12	14	1 312.5
4	4	375	13	19	1 781.25
5	4	375	14	30	2 812.5
6	5	468.75	15	61	5 718.75
7	6	562.5	16	268	25 125
8	7	656.25	17	559	52 406.25

表 B.27　临界频带：192000 Hz，短窗口

临界频带	子带数	带宽/Hz	临界频带	子带数	带宽/Hz
0	4	3 000	4	7	5 250
1	4	3 000	5	24	18 000
2	4	3 000	6	81	60 750
3	4	3 000			

B.3　解码瞬态段的长度用的 Huffman 码表

解码瞬态段的长度用的 Huffman 码表见表 B.28。

表 B.28　HuffDec1_7x1

Bit Increment	Code	Index
2	0	0
0	3	1
1	3	2
0	2	3
0	5	5
1	9	4
0	8	6

B.4　解码码书选择与应用范围用的 Huffman 码表

解码码书选择与应用范围用的 Huffman 码表见表 B.29～表 B.32。

表 B.29　HuffDec2_64x1

Bit Increment	Code	Index	Bit Increment	Code	Index
3	7	0	0	51	14
0	0	1	1	58	15
0	4	2	0	56	16
0	5	3	0	21	17
1	6	4	1	119	18
0	4	5	0	115	19
0	3	6	0	91	20
0	13	7	0	90	21
1	15	8	0	41	22
0	10	9	0	201	23
0	4	10	0	202	24
0	24	11	1	237	25
1	23	12	0	177	26
0	11	13	0	176	27

表 B.29（续）

Bit Increment	Code	Index	Bit Increment	Code	Index
0	80	28	0	324	45
0	401	29	0	1631	46
0	406	30	1	1888	47
1	457	31	0	1889	49
0	357	32	0	1834	52
0	356	33	0	1835	53
0	459	34	0	1824	54
0	358	35	0	3260	55
0	359	36	1	3782	48
0	801	37	0	3783	50
0	800	42	0	3780	51
0	163	44	0	6523	56
0	814	63	0	3781	58
1	913	38	0	6522	61
0	916	39	0	3651	62
0	946	40	1	7301	57
0	947	41	1	14601	59
0	325	43	0	14600	60

表 B.30　HuffDec3_32x1

Bit Increment	Code	Index	Bit Increment	Code	Index
3	1	1	0	44	16
0	0	2	1	90	17
0	6	3	0	52	18
1	5	0	0	91	19
0	7	4	1	106	20
0	14	5	0	107	21
0	15	6	0	69	23
0	10	7	1	141	22
0	9	8	0	137	25
0	8	9	0	140	26
1	9	10	0	143	31
0	23	11	1	285	24
1	27	12	0	272	28
0	25	13	0	284	29
0	24	14	1	547	27
0	16	15	0	546	30

表 B.31 HuffDec4_18x1

Bit Increment	Code	Index	Bit Increment	Code	Index
2	1	8	1	10	3
0	3	9	0	11	13
1	5	7	0	4	14
0	4	10	1	10	15
1	0	11	1	23	2
1	3	4	1	45	16
0	6	5	1	89	1
0	7	6	1	176	0
0	4	12	0	177	17

表 B.32 HuffDec5_18x1

Bit Increment	Code	Index	Bit Increment	Code	Index
1	1	8	1	7	4
2	3	7	1	13	14
0	2	9	1	24	3
1	1	6	2	103	15
0	2	10	0	102	16
1	6	5	1	202	0
0	7	11	0	203	1
0	0	12	0	200	2
1	2	13	0	201	17

B.5 解码量化步长索引用的 Huffman 码表

解码量化步长索引用的 Huffman 码表见表 B.33～表 B.34。

表 B.33 HuffDec6_116x1

Bit Increment	Code	Index	Bit Increment	Code	Index
3	1	0	0	24	110
0	5	1	0	0	111
1	6	2	1	31	6
0	15	3	0	2	7
0	8	112	0	50	8
0	13	113	0	36	106
0	1	114	0	38	107
0	5	115	0	16	108
1	9	4	0	30	109
0	28	5	1	58	9

表 B.33（续）

Bit Increment	Code	Index	Bit Increment	Code	Index
0	118	10	0	52	46
0	102	11	0	449	47
0	116	103	0	448	48
0	119	104	0	58	53
0	34	105	0	50	54
1	71	12	0	827	55
0	207	13	0	59	56
0	157	98	0	51	57
0	159	99	0	607	58
0	70	100	0	826	59
0	113	101	0	600	60
0	118	102	0	53	61
1	225	14	0	54	62
0	412	15	0	632	63
0	312	16	0	592	64
0	302	28	0	943	65
0	24	29	0	597	94
0	238	30	0	461	95
0	28	31	1	916	20
0	228	32	0	925	21
0	468	33	0	125	22
0	297	34	0	1202	23
0	299	49	0	1203	24
0	317	50	0	917	27
0	313	51	0	1267	38
0	301	52	0	1881	39
0	469	96	0	1885	40
0	239	97	0	122	42
1	463	17	0	920	43
0	459	18	0	924	44
0	941	19	0	111	66
0	63	35	0	1884	67
0	60	36	0	1266	68
0	593	37	0	1192	69
0	606	45	0	123	93

表 B.33（续）

Bit Increment	Code	Index	Bit Increment	Code	Index
1	1843	25	0	7370	88
0	248	26	1	30088	75
0	249	41	0	30089	85
0	220	70	0	14736	86
0	2386	71	0	14742	87
0	221	92	0	14743	89
1	7520	72	1	60182	77
0	7521	74	0	60183	78
0	4774	90	0	60180	79
0	4775	91	0	60181	80
1	7369	73	0	29474	84
0	15046	76	1	58950	82
0	15047	81	0	58951	83

表 B.34 **HuffDec7_116x1**

Bit Increment	Code	Index	Bit Increment	Code	Index
3	0	0	0	48	106
1	13	1	0	14	107
0	10	2	0	25	108
0	9	113	1	20	13
0	8	114	0	16	14
0	15	115	0	18	15
1	14	3	0	93	16
0	9	4	0	95	17
0	8	5	0	21	103
0	6	6	0	60	104
0	25	7	0	63	105
0	22	109	1	99	18
0	29	110	0	38	19
0	10	111	0	39	20
0	13	112	0	185	21
1	15	8	0	189	22
0	23	9	0	188	98
0	11	10	0	228	99
0	49	11	0	122	100
0	56	12	0	98	101

表 B.34（续）

Bit Increment	Code	Index	Bit Increment	Code	Index
0	123	102	0	1852	64
1	71	24	0	1853	65
0	177	53	0	722	67
0	178	54	0	997	68
0	183	55	0	1838	82
0	176	56	0	1839	83
0	179	57	0	723	87
0	250	58	0	992	94
0	194	59	1	1987	29
0	460	60	0	1550	30
0	458	61	0	1551	31
0	461	95	0	1548	32
0	195	96	0	1549	33
0	251	97	0	1538	34
1	925	23	0	1539	37
0	141	27	0	1536	39
0	363	28	0	1537	43
0	138	46	0	1542	45
0	139	50	0	1543	66
0	499	51	0	1540	69
0	136	52	0	1541	70
0	497	62	0	1450	72
0	360	63	0	1451	73
0	738	86	0	1448	80
0	739	88	0	1449	81
0	736	89	0	1986	84
0	137	90	1	3090	36
0	737	91	0	3091	38
0	140	92	0	3088	41
0	918	93	0	3089	42
1	996	25	0	3094	71
0	731	26	0	3095	74
0	1848	35	0	3092	75
0	1849	40	0	3093	76
0	1854	44	0	2922	77
0	1855	47	0	2923	78
0	728	48	0	2920	79
0	729	49	0	2921	85

B.6 解码量化因子商数宽度用的 Huffman 码表

解码量化因子商数宽度用的 Huffman 码表见表 B.35～表 B.36。

表 B.35 HuffDec8_16x1

Bit Increment	Code	Index	Bit Increment	Code	Index
2	2	0	0	30	13
1	6	1	0	13	14
0	0	2	1	24	12
0	1	3	1	51	11
0	2	4	1	101	10
1	7	5	1	201	7
0	14	15	1	400	8
1	31	6	0	401	9

表 B.36 HuffDec9_16x1

Bit Increment	Code	Index	Bit Increment	Code	Index
1	1	0	1	1	8
1	1	1	1	1	9
1	1	2	1	1	10
1	1	3	1	1	11
1	1	4	1	1	12
1	1	5	1	1	13
1	1	6	1	1	14
1	1	7	0	0	15

B.7 解码稳态量化因子用的 Huffman 码表

解码稳态量化因子用的 Huffman 码表见表 B.37～表 B.45。

表 B.37 HuffDec10_81x4

Bit Increment	Code	Index	Bit Increment	Code	Index
2	0	40	2	41	4
2	9	31	0	126	10
0	10	37	0	43	12
0	14	39	0	35	14
0	12	41	0	45	16
0	11	43	0	52	22
0	8	67	0	38	28
1	15	13	0	32	30
0	14	49	0	44	32

表 B.37（续）

Bit Increment	Code	Index	Bit Increment	Code	Index
0	48	34	0	210	63
0	49	36	0	243	65
0	55	38	0	216	69
0	54	42	0	214	73
0	39	44	0	221	75
0	50	46	0	213	79
0	42	48	1	213	1
0	34	50	0	214	3
0	40	52	0	215	7
0	51	58	0	150	9
0	46	64	0	189	11
0	127	66	0	438	20
0	36	68	0	190	51
0	125	70	0	212	57
0	33	76	0	439	60
1	220	5	0	188	71
0	247	15	0	151	77
0	222	17	1	383	0
0	245	19	0	992	2
0	240	21	0	993	6
0	208	23	0	998	8
0	223	25	0	997	18
0	217	27	0	299	24
0	218	29	0	297	26
0	246	33	0	995	54
0	211	35	0	382	56
0	212	45	0	999	62
0	242	47	0	296	72
0	215	53	0	994	74
0	209	55	0	996	78
0	241	59	0	298	80
0	244	61			

表 B.38　HuffDec11_25x2

Bit Increment	Code	Index	Bit Increment	Code	Index
2	3	12	1	3	1
1	4	11	0	11	3
1	7	7	0	9	5
0	5	13	0	10	9
0	10	16	0	13	15
0	6	17	0	8	19
1	23	2	0	12	21
0	8	6	0	2	23
0	9	8	1	89	0
0	2	10	0	90	4
0	3	14	0	91	20
0	7	18	0	88	24
0	0	22			

表 B.39　HuffDec12_81x2

Bit Increment	Code	Index	Bit Increment	Code	Index
3	0	40	0	20	47
1	14	31	0	62	51
0	11	39	0	22	57
0	12	41	0	63	59
0	13	49	1	33	12
1	19	22	0	52	14
0	4	30	0	48	20
0	9	32	0	56	24
0	17	38	0	23	28
0	16	42	0	50	34
0	7	48	0	53	46
0	6	50	0	42	52
0	18	58	0	57	56
1	40	13	0	46	60
0	60	21	0	51	66
0	10	23	0	63	67
0	61	29	0	43	68
0	17	33	1	65	4
0	42	37	0	116	11
0	41	43	0	124	15

表 B. 39（续）

Bit Increment	Code	Index	Bit Increment	Code	Index
0	108	19	0	238	53
0	117	25	0	198	54
0	173	35	0	89	62
0	98	36	0	241	64
0	45	44	0	223	70
0	174	45	0	128	74
0	123	55	0	251	77
0	110	61	0	88	78
0	122	65	1	381	1
0	109	69	0	473	7
0	172	75	0	380	9
0	94	76	0	484	17
1	350	2	0	472	63
0	239	3	0	444	71
0	250	5	0	445	73
0	129	6	0	398	79
0	237	10	1	798	0
0	240	16	0	971	8
0	351	18	0	799	72
0	191	26	0	970	80
0	243	27			

表 B. 40 **HuffDec13_289x2**

Bit Increment	Code	Index	Bit Increment	Code	Index
4	4	144	0	52	129
1	2	127	0	22	142
0	4	143	0	20	146
0	5	145	0	49	159
0	18	160	0	26	162
0	1	161	0	43	163
1	50	109	0	47	177
0	14	110	0	13	178
0	46	111	0	45	179
0	44	125	1	68	59
0	29	126	0	76	76
0	31	128	0	67	91

表 B.40（续）

Bit Increment	Code	Index	Bit Increment	Code	Index
0	97	92	0	3	122
0	49	93	0	28	123
0	115	94	0	50	131
0	71	107	0	84	132
0	13	108	0	139	138
0	15	112	0	113	139
0	65	113	0	114	140
0	116	124	0	108	148
0	118	130	0	111	149
0	46	141	0	251	156
0	48	147	0	51	157
0	122	158	0	235	165
0	114	164	0	255	166
0	81	175	0	217	173
0	31	176	0	204	174
0	126	180	0	110	181
0	80	193	0	166	182
0	124	194	0	155	183
0	43	195	0	238	192
0	113	196	0	121	197
0	64	212	0	219	198
1	170	57	0	171	210
0	247	58	0	0	211
0	6	60	0	243	213
0	159	61	0	168	214
0	1	75	0	225	227
0	254	77	0	24	228
0	216	78	0	102	229
0	224	90	0	221	230
0	122	95	0	213	231
0	241	96	0	138	246
0	167	105	1	316	25
0	222	106	0	480	41
0	215	114	0	231	42
0	212	115	0	5	43

表 B.40（续）

Bit Increment	Code	Index	Bit Increment	Code	Index
0	410	44	0	411	207
0	265	55	0	437	208
0	58	56	0	203	209
0	121	62	0	123	215
0	329	63	0	412	216
0	328	71	0	330	217
0	384	72	0	314	225
0	190	73	0	171	226
0	247	74	0	485	232
0	200	79	0	441	244
0	312	80	0	493	245
0	309	81	0	481	247
0	267	87	0	281	263
0	97	88	1	775	7
0	99	89	0	936	8
0	206	97	0	528	22
0	219	98	0	872	23
0	331	99	0	31	24
0	339	104	0	405	26
0	428	116	0	21	27
0	14	121	0	529	28
0	50	133	0	617	37
0	280	137	0	17	39
0	201	150	0	460	40
0	415	151	0	437	45
0	317	154	0	956	46
0	120	155	0	873	54
0	500	167	0	894	64
0	266	172	0	895	70
0	386	184	0	859	82
0	313	189	0	959	103
0	122	190	0	23	117
0	191	191	0	677	119
0	207	199	0	192	120
0	484	200	0	103	134

表 B.40（续）

Bit Increment	Code	Index	Bit Increment	Code	Index
0	567	135	0	1353	36
0	8	136	0	984	38
0	892	152	0	985	47
0	771	153	0	1716	48
0	102	168	0	19	52
0	18	171	0	902	53
0	774	185	0	899	65
0	376	201	0	1879	66
0	564	202	0	986	69
0	19	206	0	239	83
0	985	218	0	1786	84
0	118	224	0	60	85
0	461	233	0	2007	86
0	957	234	0	963	100
0	826	242	0	1658	101
0	341	243	0	32	102
0	450	248	0	386	118
0	483	249	0	964	169
0	881	250	0	680	170
0	565	260	0	18	186
0	22	261	0	238	187
0	379	262	0	809	188
0	196	264	0	1659	203
0	1002	265	0	1261	204
0	938	280	0	387	205
0	631	281	0	873	219
1	1760	5	0	1656	220
0	1875	6	0	1657	222
0	808	9	0	896	223
0	757	10	0	903	235
0	1969	11	0	1717	240
0	1917	21	0	897	241
0	1878	29	0	33	251
0	1540	30	0	1761	252
0	1132	35	0	1133	258

表 B.40（续）

Bit Increment	Code	Index	Bit Increment	Code	Index
0	394	259	0	1510	237
0	1916	266	0	3936	238
0	1787	267	0	1511	239
0	1232	268	0	3748	253
0	1541	277	0	3311	256
0	965	278	0	1363	257
0	960	279	0	1745	269
0	61	282	0	4013	274
0	1352	283	0	1508	275
0	1233	285	0	1924	276
1	83	3	0	1796	284
0	80	4	1	1581	0
0	1975	12	0	164	1
0	81	13	0	3018	2
0	3310	14	0	6619	15
0	3308	18	0	3595	17
0	3937	19	0	3851	33
0	1362	20	0	3850	255
0	1512	31	0	165	270
0	4012	32	0	1580	272
0	2521	34	0	3019	273
0	1513	49	0	7498	286
0	2520	50	0	7499	287
0	1744	51	1	13236	16
0	791	67	0	7189	254
0	1922	68	0	7188	271
0	1974	221	0	13237	288
0	1923	236			

表 B.41　HuffDec14_31x1

Bit Increment	Code	Index	Bit Increment	Code	Index
3	6	14	0	3	17
0	3	15	0	10	18
0	7	16	1	16	9
1	11	12	0	2	10
0	4	13	0	5	11

表 B.41（续）

Bit Increment	Code	Index	Bit Increment	Code	Index
0	10	19	1	73	2
0	1	20	0	79	3
0	17	21	0	47	4
1	1	5	0	46	26
0	9	6	0	78	27
0	38	7	0	72	28
0	6	8	1	33	0
0	7	22	0	34	1
0	37	23	0	35	29
0	22	24	0	32	30
0	0	25			

表 B.42 HuffDec15_63x1

Bit Increment	Code	Index	Bit Increment	Code	Index
3	5	30	0	115	18
0	2	31	0	22	19
0	4	32	0	24	20
1	0	29	0	62	21
0	15	33	0	60	22
1	26	26	0	55	41
0	3	27	0	25	42
0	12	28	0	9	43
0	14	34	0	10	44
0	29	35	0	26	47
0	24	36	0	11	48
1	54	23	0	102	49
0	10	24	0	103	50
0	14	25	1	221	9
0	26	37	0	38	10
0	8	38	0	62	11
0	56	39	0	108	16
0	50	40	0	122	17
1	114	12	0	126	45
0	111	13	0	61	46
0	18	14	0	63	51
0	27	15	0	39	52

表 B.42（续）

Bit Increment	Code	Index	Bit Increment	Code	Index
0	47	53	0	92	56
1	440	2	0	120	57
0	32	3	0	34	58
0	35	4	0	441	59
0	218	5	0	33	61
0	121	6	1	186	0
0	246	7	0	495	1
0	254	8	0	494	60
0	255	54	0	187	62
0	219	55			

表 B.43　HuffDec16_127x1

Bit Increment	Code	Index	Bit Increment	Code	Index
3	1	63	0	59	54
1	12	61	0	63	55
0	5	62	0	61	71
0	4	64	0	62	73
0	11	65	0	13	74
1	18	58	0	115	75
0	26	59	0	122	76
0	12	60	0	87	77
0	13	66	0	68	79
0	29	67	0	65	81
0	20	68	1	158	25
1	33	53	0	154	26
0	62	56	0	225	27
0	4	57	0	247	28
0	1	69	0	23	29
0	60	70	0	3	30
0	35	72	0	159	35
1	64	31	0	222	37
0	69	47	0	252	40
0	110	49	0	168	41
0	108	50	0	171	42
0	127	51	0	12	43
0	7	52	0	116	44

表 B.43（续）

Bit Increment	Code	Index	Bit Increment	Code	Index
0	10	45	0	240	39
0	29	46	0	4	88
0	113	48	0	57	89
0	121	78	0	225	90
0	114	80	0	27	91
0	20	82	0	339	92
0	253	83	0	42	93
0	226	84	0	448	94
0	1	85	0	63	101
0	156	86	0	43	103
0	172	87	0	5	104
0	229	95	0	455	105
0	30	96	0	230	106
0	11	97	0	456	107
0	8	98	0	48	108
0	223	99	0	492	109
0	155	100	0	305	110
0	157	102	0	306	112
1	437	10	0	307	113
0	304	12	0	493	115
0	346	15	0	340	122
0	347	16	1	1	0
0	338	17	0	482	2
0	438	18	0	89	3
0	454	19	0	463	4
0	26	20	0	98	5
0	436	21	0	125	6
0	45	22	0	36	7
0	1	23	0	682	8
0	50	24	0	448	9
0	439	32	0	483	11
0	457	33	0	449	13
0	51	34	0	470	14
0	234	36	0	462	111
0	56	38	0	0	114

表 B.43（续）

Bit Increment	Code	Index	Bit Increment	Code	Index
0	37	116	0	898	123
0	39	117	0	899	124
0	471	118	0	38	126
0	88	119	1	248	1
0	683	120	0	249	125
0	99	121			

表 B.44 HuffDec17_255x1

Bit Increment	Code	Index	Bit Increment	Code	Index
3	6	127	1	146	102
1	8	125	0	224	103
0	2	126	0	228	105
0	3	128	0	236	106
1	21	123	0	242	107
0	31	124	0	72	108
0	12	129	0	30	109
0	0	130	0	68	110
0	19	131	0	95	111
1	37	120	0	17	112
0	6	121	0	127	113
0	20	122	0	117	114
0	28	132	0	121	142
0	5	133	0	75	143
0	44	134	0	79	144
1	95	115	0	231	145
0	32	116	0	243	146
0	14	117	0	247	147
0	55	118	0	229	148
0	53	119	0	225	149
0	59	135	0	237	150
0	54	136	0	147	152
0	35	137	0	167	153
0	45	138	1	375	25
0	82	139	0	289	37
0	113	140	0	490	40
0	94	141	0	322	45

表 B.44（续）

Bit Increment	Code	Index	Bit Increment	Code	Index
0	323	46	0	155	151
0	464	47	0	253	154
0	19	48	0	249	155
0	372	50	0	489	156
0	373	53	0	23	157
0	320	55	0	20	158
0	465	56	0	152	159
0	470	57	0	153	160
0	362	58	0	62	161
0	148	59	0	146	162
0	38	60	0	21	163
0	39	61	0	147	164
0	491	62	0	327	166
0	187	63	0	361	167
0	36	74	0	483	169
0	471	75	0	366	170
0	321	76	0	367	173
0	326	79	0	324	180
0	149	84	0	364	184
0	488	85	0	179	191
0	468	87	0	156	192
0	363	88	0	32	193
0	360	89	0	63	194
0	469	90	0	480	195
0	178	92	0	176	196
0	232	93	0	460	198
0	482	94	0	325	200
0	185	95	0	290	201
0	16	96	0	365	203
0	37	97	0	177	204
0	17	98	0	138	205
0	248	99	0	481	206
0	22	100	0	492	207
0	154	101	0	291	210
0	252	104	0	288	236

表 B.44（续）

Bit Increment	Code	Index	Bit Increment	Code	Index
1	738	2	0	264	69
0	56	5	0	54	70
0	57	7	0	373	71
0	62	8	0	742	73
0	935	11	0	494	77
0	63	12	0	418	78
0	344	13	0	958	80
0	345	15	0	55	81
0	739	16	0	265	82
0	736	17	0	419	83
0	737	18	0	339	86
0	60	21	0	416	91
0	61	22	0	417	165
0	50	23	0	336	168
0	932	24	0	495	171
0	51	27	0	743	172
0	350	28	0	492	174
0	491	29	0	337	175
0	933	30	0	493	176
0	372	31	0	482	177
0	954	32	0	422	178
0	67	33	0	342	179
0	351	35	0	740	181
0	348	36	0	483	183
0	266	39	0	741	186
0	349	42	0	343	187
0	267	43	0	959	189
0	955	44	0	270	190
0	488	49	0	340	197
0	489	51	0	423	199
0	338	52	0	420	202
0	952	54	0	421	208
0	953	66	0	378	209
0	48	67	0	480	212
0	49	68	0	341	213

表 B.44（续）

Bit Increment	Code	Index	Bit Increment	Code	Index
0	271	214	0	118	14
0	268	215	0	980	19
0	314	216	0	695	20
0	52	217	0	692	26
0	481	219	0	119	34
0	315	220	0	981	38
0	53	221	0	1002	41
0	666	223	0	116	64
0	986	224	0	693	65
0	269	225	0	117	72
0	868	226	0	74	185
0	667	227	0	75	188
0	664	228	0	1003	211
0	956	231	0	1000	218
0	987	234	0	1001	222
0	379	235	0	1006	229
0	665	237	0	1007	230
0	376	238	0	72	232
0	377	239	0	1004	233
0	957	240	0	1005	241
0	922	242	0	558	243
0	278	248	0	559	244
0	466	249	0	73	245
0	66	252	0	1868	246
0	923	253	0	738	247
1	1498	0	0	934	250
0	1499	3	0	935	254
0	1496	4	1	1478	251
0	1497	6	1	2958	1
0	1869	9	0	2959	182
0	694	10			

表 B.45 **HuffDec18_256x1**

Bit Increment	Code	Index	Bit Increment	Code	Index
3	7	255	1	2	0
1	10	1	0	13	2

表 B.45（续）

Bit Increment	Code	Index	Bit Increment	Code	Index
0	7	3	0	73	38
0	4	4	0	75	39
0	0	5	0	30	40
0	22	6	0	25	41
0	17	7	0	53	42
1	23	8	0	216	43
0	24	9	0	207	44
0	19	10	0	219	45
0	21	11	0	15	46
0	11	12	0	214	47
0	2	13	0	159	48
0	50	14	0	13	49
0	37	15	0	189	50
0	52	16	0	134	52
0	46	17	0	145	53
0	32	18	0	223	54
1	62	19	1	247	51
0	59	20	0	235	55
0	34	21	0	244	56
0	21	22	0	232	57
0	20	23	0	203	58
0	27	24	0	133	59
0	14	25	0	233	60
0	110	26	0	96	61
0	95	27	0	183	62
0	102	28	0	165	63
0	97	29	0	160	64
0	78	30	0	62	65
0	73	33	0	224	66
1	126	31	0	228	67
0	113	32	0	231	68
0	102	34	0	176	69
0	100	35	0	104	70
0	90	36	0	105	71
0	67	37	0	141	72

表 B.45（续）

Bit Increment	Code	Index	Bit Increment	Code	Index
0	97	73	0	487	89
0	140	74	0	492	92
0	98	75	0	358	96
0	101	76	0	404	97
0	54	77	0	359	101
0	145	78	0	356	102
0	148	79	0	469	104
0	413	80	0	493	106
0	384	81	0	511	107
0	142	82	0	354	109
0	52	83	0	288	110
0	289	84	0	414	111
0	396	85	0	328	113
0	308	87	0	329	114
0	309	88	0	480	115
0	48	90	0	289	116
0	426	91	0	357	117
0	444	93	0	490	118
0	393	94	0	298	119
0	397	95	0	261	120
0	386	98	0	754	121
0	427	99	0	415	122
0	387	100	0	200	123
0	394	103	0	412	124
0	430	105	0	325	125
0	317	108	0	482	126
0	306	112	0	264	127
0	307	129	0	413	128
0	264	131	0	458	130
0	316	133	0	334	132
0	270	135	0	459	134
0	265	137	0	201	136
0	271	144	0	450	138
0	266	148	0	468	139
1	485	86	0	335	140

表 B.45（续）

Bit Increment	Code	Index	Bit Increment	Code	Index
0	258	141	0	510	179
0	332	142	0	576	181
0	481	143	0	99	182
0	333	145	0	205	183
0	322	146	0	868	184
0	259	147	0	106	185
0	364	149	0	850	186
0	491	150	0	609	187
0	206	151	0	622	188
0	483	152	0	623	189
0	486	153	0	260	190
0	265	154	0	48	191
0	51	155	0	49	192
0	98	156	0	869	194
0	326	157	0	851	195
0	256	158	0	848	196
0	111	159	0	798	197
0	791	160	0	755	199
0	323	161	0	286	200
0	257	162	0	784	201
0	126	163	0	577	202
0	262	164	0	107	205
0	327	165	0	110	207
0	824	166	0	874	208
0	263	167	0	50	209
0	207	168	0	875	210
0	58	169	0	620	211
0	825	170	0	785	212
0	127	171	0	621	213
0	870	172	0	534	215
0	204	173	0	872	216
0	198	174	0	535	218
0	871	175	0	873	219
0	891	177	0	862	224
0	59	178	0	752	225

表 B.45（续）

Bit Increment	Code	Index	Bit Increment	Code	Index
0	799	226	0	1016	214
0	610	227	0	923	217
0	849	228	0	711	220
0	611	229	0	575	221
0	796	230	0	920	222
0	753	233	0	648	223
0	56	238	0	730	231
0	797	239	0	1781	232
0	770	240	0	1017	234
0	57	241	0	921	235
0	608	244	0	649	236
0	863	246	0	598	237
0	771	247	0	731	242
0	790	250	0	399	243
1	1018	176	0	810	245
0	1019	180	0	574	248
0	811	193	0	599	249
0	922	198	0	398	251
0	968	203	0	1780	252
0	969	204	0	902	253
0	710	206	0	903	254

B.8 解码瞬态量化因子用的 Huffman 码表

解码瞬态量化因子用的 Huffman 码表见表 B.46～表 B.54。

表 B.46 HuffDec19_81x4

Bit Increment	Code	Index	Bit Increment	Code	Index
2	1	40	1	49	36
2	10	31	0	50	44
0	8	37	1	109	0
0	15	39	0	15	4
0	14	41	0	103	10
0	11	43	0	111	12
0	9	49	0	8	14
1	7	13	0	106	16
0	6	67	0	0	22

表 B.46（续）

Bit Increment	Code	Index	Bit Increment	Code	Index
0	10	28	0	410	21
0	17	30	0	18	23
0	18	32	0	57	25
0	5	34	0	411	26
0	6	38	0	93	33
0	11	42	0	19	35
0	13	46	0	28	45
0	3	48	0	94	47
0	12	50	0	84	51
0	1	52	0	420	54
0	96	53	0	441	57
0	19	58	0	85	59
0	16	64	0	432	61
0	22	66	0	31	63
0	20	68	0	434	65
0	104	70	0	435	69
0	9	76	0	10	73
0	107	80	0	95	75
1	29	1	0	56	77
0	221	15	1	867	2
0	43	27	0	16	18
0	211	29	0	17	56
0	195	55	0	59	60
0	204	71	1	116	6
0	8	79	0	117	8
1	11	3	0	1732	20
0	421	5	0	369	24
0	30	7	0	368	62
0	388	9	0	370	72
0	389	11	0	1733	74
0	440	17	0	371	78
0	9	19			

表 B.47 HuffDec20_25x2

Bit Increment	Code	Index	Bit Increment	Code	Index
2	1	12	1	18	2
1	5	11	0	1	6
0	6	13	0	31	8
1	3	7	0	30	10
0	2	17	0	29	14

表 B.47（续）

Bit Increment	Code	Index	Bit Increment	Code	Index
0	0	16	0	35	21
0	3	18	0	5	22
1	34	1	0	38	23
0	32	3	2	19	0
0	57	5	0	17	4
0	33	9	0	16	20
0	39	15	0	18	24
0	56	19			

表 B.48 HuffDec21_81x2

Bit Increment	Code	Index	Bit Increment	Code	Index
2	3	40	0	51	33
2	2	31	0	10	34
0	5	39	0	15	46
0	4	41	0	58	47
0	0	49	0	11	52
1	6	30	0	59	57
0	21	32	0	55	59
0	17	42	0	72	60
0	23	48	0	88	66
0	19	50	1	183	4
1	24	22	0	56	15
0	32	29	0	113	24
0	6	37	0	161	25
0	30	38	0	164	27
0	4	43	0	124	36
0	33	51	0	112	44
0	15	58	0	59	53
0	37	67	0	57	56
1	90	12	0	178	61
0	53	13	0	126	68
0	73	14	0	165	69
0	81	20	0	29	76
0	50	21	1	365	2
0	54	23	0	358	3
0	83	28	0	57	5

表 B.48（续）

Bit Increment	Code	Index	Bit Increment	Code	Index
0	255	10	0	463	54
0	250	11	0	233	62
0	320	18	0	729	63
0	228	19	0	112	71
0	229	35	0	508	74
0	117	45	0	462	79
0	251	55	1	832	6
0	321	64	0	833	7
0	230	65	0	834	9
0	209	70	0	1018	17
0	211	75	0	842	73
0	359	77	0	1019	78
1	113	0	0	843	80
0	232	1	1	1670	8
0	420	16	0	1671	72
0	728	26			

表 B.49　HuffDec22_289x2

Bit Increment	Code	Index	Bit Increment	Code	Index
3	3	144	0	38	109
1	14	143	0	7	111
0	12	145	0	91	112
1	11	127	0	82	130
0	19	128	0	66	140
0	18	160	0	26	141
0	10	161	0	9	147
1	0	110	0	107	149
0	47	125	0	93	158
0	11	126	0	19	159
0	44	129	0	111	164
0	14	142	0	81	176
0	12	146	0	31	177
0	6	162	0	36	179
0	32	163	0	105	195
0	2	178	0	70	229
1	110	93	1	160	25

表 B.49（续）

Bit Increment	Code	Index	Bit Increment	Code	Index
0	22	42	0	135	230
0	35	59	0	143	231
0	173	60	0	34	246
0	161	75	0	252	263
0	23	76	1	274	8
0	208	91	0	337	26
0	36	92	0	275	41
0	41	94	0	481	43
0	16	95	0	272	54
0	216	105	0	12	56
0	181	107	0	486	57
0	42	108	0	133	58
0	253	122	0	370	61
0	248	123	0	60	77
0	37	124	0	487	78
0	254	131	0	13	79
0	255	132	0	273	89
0	17	138	0	278	96
0	78	139	0	279	98
0	55	148	0	371	106
0	4	150	0	26	113
0	7	157	0	61	115
0	43	166	0	276	117
0	134	173	0	342	119
0	142	174	0	122	121
0	217	175	0	277	133
0	40	180	0	27	134
0	209	181	0	426	136
0	249	183	0	484	137
0	20	193	0	149	151
0	184	194	0	66	155
0	212	196	0	150	156
0	218	197	0	151	165
0	166	211	0	158	167
0	167	212	0	343	168

表 B.49（续）

Bit Increment	Code	Index	Bit Increment	Code	Index
0	24	172	0	274	71
0	123	182	0	983	72
0	340	191	0	677	73
0	120	198	0	698	74
0	67	199	0	980	80
0	25	200	0	275	81
0	341	201	0	981	82
0	10	210	0	1002	83
0	64	213	0	1003	84
0	485	214	0	699	86
0	438	216	0	272	87
0	360	217	0	124	88
0	121	227	0	273	90
0	65	228	0	1000	97
0	439	245	0	1001	100
0	148	247	0	278	103
0	11	280	0	125	104
1	988	7	0	114	114
0	672	9	0	696	116
0	989	10	0	697	118
0	673	11	0	115	120
0	978	23	0	318	135
0	979	24	0	1006	152
0	976	29	0	279	153
0	678	30	0	112	169
0	977	36	0	1007	170
0	982	39	0	319	171
0	287	40	0	276	184
0	85	44	0	1004	185
0	126	45	0	277	189
0	679	47	0	218	190
0	676	53	0	219	192
0	127	55	0	113	202
0	284	62	0	702	207
0	285	63	0	118	208

表 B.49（续）

Bit Increment	Code	Index	Bit Increment	Code	Index
0	1005	209	0	1972	101
0	216	215	0	538	102
0	119	224	0	539	154
0	116	226	0	536	186
0	117	232	0	537	188
0	217	233	0	542	203
0	703	234	0	1973	204
0	700	235	0	543	205
0	701	242	0	1930	206
0	854	249	0	1931	218
0	690	250	0	1928	219
0	855	251	0	1929	220
0	691	253	0	540	225
0	688	261	0	541	236
0	689	262	0	1934	239
0	722	265	0	530	241
0	86	267	0	1935	243
0	87	281	0	1932	244
1	515	4	0	531	248
0	1982	5	0	1933	256
0	1983	18	0	1922	260
0	1980	21	0	1923	264
0	512	27	0	1920	266
0	513	28	0	528	276
0	1981	34	0	529	277
0	518	38	0	1921	282
0	1970	46	0	1446	283
0	1971	49	0	1447	286
0	1968	50	0	168	287
0	1969	52	1	1043	0
0	1974	64	0	1040	6
0	519	69	0	1041	13
0	516	70	0	1046	15
0	1975	85	0	1047	17
0	517	99	0	1044	19

表 B.49（续）

Bit Increment	Code	Index	Bit Increment	Code	Index
0	1045	20	1	2084	1
0	1130	22	0	2085	2
0	1131	31	0	2106	3
0	1128	37	0	2107	12
0	1129	48	0	2104	14
0	1134	66	0	2105	16
0	1135	67	0	2110	32
0	1132	68	0	2111	33
0	1133	187	0	2108	35
0	1122	223	0	2109	51
0	1123	237	0	2098	65
0	1120	238	0	2099	221
0	1121	252	0	2096	222
0	1126	255	0	2097	240
0	1127	257	0	2102	254
0	1124	259	0	2103	258
0	1125	269	0	2100	268
0	1146	273	0	2101	270
0	1147	275	0	2058	271
0	1144	278	0	2059	272
0	1145	279	0	2056	274
0	338	285	0	2057	284
0	339	288			

表 B.50 **HuffDec23_31x1**

Bit Increment	Code	Index	Bit Increment	Code	Index
2	1	15	0	36	8
1	5	14	0	8	9
0	0	16	0	13	10
1	13	13	0	14	20
0	14	17	0	63	21
0	8	18	0	38	22
1	30	11	0	62	24
0	5	12	0	37	25
0	24	19	1	101	3
1	39	6	0	18	4

表 B.50（续）

Bit Increment	Code	Index	Bit Increment	Code	Index
0	30	5	1	62	2
0	25	7	0	206	29
0	24	23	0	207	30
0	19	26	1	126	0
0	102	27	0	127	1
0	100	28			

表 B.51 HuffDec24_63x1

Bit Increment	Code	Index	Bit Increment	Code	Index
3	5	30	0	28	42
0	3	31	0	115	43
0	4	32	0	7	44
1	1	29	0	117	45
0	15	33	0	17	47
1	27	26	0	102	48
0	0	27	0	18	49
0	10	28	0	118	50
0	8	34	0	99	51
0	5	35	1	32	6
0	26	36	0	206	7
1	2	24	0	207	8
0	19	25	0	93	13
0	15	37	0	58	14
0	13	38	0	12	16
0	56	39	0	38	46
0	48	41	0	51	52
1	100	12	0	232	53
0	36	15	0	13	54
0	98	17	0	233	56
0	101	18	0	238	60
0	114	19	1	79	2
0	24	20	0	66	4
0	47	21	0	100	5
0	44	22	0	119	9
0	45	23	0	101	10
0	37	40	0	185	11

表 B.51（续）

Bit Increment	Code	Index	Bit Increment	Code	Index
0	67	55	0	957	3
0	78	58	0	236	57
0	479	59	0	369	61
1	956	0	0	237	62
0	368	1			

表 B.52 **HuffDec25_127x1**

Bit Increment	Code	Index	Bit Increment	Code	Index
3	7	63	0	39	52
1	2	62	0	49	72
0	3	64	0	61	75
0	9	65	0	87	76
1	24	59	0	110	77
0	2	60	0	5	78
0	14	61	0	7	80
0	10	66	1	28	21
0	0	67	0	212	24
0	17	68	0	186	26
0	20	70	0	187	27
1	44	53	0	73	28
0	33	54	0	213	29
0	50	55	0	223	30
0	17	56	0	206	34
0	23	57	0	29	36
0	27	58	0	8	37
0	31	69	0	66	38
0	32	71	0	184	39
0	45	73	0	76	41
0	42	74	0	185	42
1	86	43	0	90	44
0	13	45	0	91	46
0	108	47	0	67	79
0	102	48	0	77	81
0	109	49	0	74	82
0	6	50	0	190	83
0	48	51	0	64	84

表 B.52（续）

Bit Increment	Code	Index	Bit Increment	Code	Index
0	75	86	0	425	1
0	207	87	0	833	2
0	191	88	0	838	3
0	9	90	0	839	6
0	88	95	0	430	7
0	120	96	0	431	8
0	222	97	0	836	10
0	188	98	0	428	13
0	24	99	0	429	14
0	65	105	0	418	16
0	189	107	0	837	17
1	417	5	0	419	20
0	422	11	0	416	23
0	423	15	0	417	35
0	62	18	0	422	93
0	63	19	0	858	100
0	213	22	0	423	104
0	202	25	0	859	108
0	203	31	0	420	110
0	200	32	0	856	111
0	201	33	0	857	112
0	60	40	0	862	116
0	206	85	0	863	117
0	207	89	0	860	118
0	204	91	0	861	119
0	61	92	0	421	123
0	50	94	0	290	125
0	205	101	0	486	126
0	51	102	1	1664	4
0	178	103	0	1665	9
0	179	106	0	974	120
0	420	109	0	975	122
0	421	113	0	582	124
0	242	114	1	1166	12
0	144	115	0	1167	121
1	424	0			

表 B.53 HuffDec26_255x1

Bit Increment	Code	Index	Bit Increment	Code	Index
4	3	127	0	17	146
0	11	128	0	101	149
1	21	123	0	81	150
0	26	126	1	138	36
1	48	119	0	249	38
0	16	120	0	139	46
0	28	124	0	136	49
0	10	125	0	137	51
0	11	129	0	254	52
0	17	130	0	142	54
0	49	132	0	143	57
0	22	134	0	140	58
1	5	66	0	123	61
0	39	103	0	77	62
0	36	106	0	141	63
0	37	107	0	130	71
0	54	108	0	255	72
0	50	109	0	252	75
0	18	114	0	131	79
0	102	115	0	120	80
0	19	116	0	128	81
0	55	117	0	129	84
0	103	118	0	94	88
0	42	121	0	134	89
0	43	122	0	95	90
0	40	131	0	253	91
0	52	133	0	135	93
0	82	135	0	242	94
0	16	136	0	132	95
0	100	137	0	133	96
0	53	138	0	92	97
0	58	140	0	121	98
0	41	141	0	154	99
0	83	143	0	126	100
0	80	145	0	127	102

表 B.53（续）

Bit Increment	Code	Index	Bit Increment	Code	Index
0	124	104	0	145	198
0	243	105	0	150	201
0	240	110	0	76	203
0	155	111	0	151	204
0	241	112	0	148	206
0	125	113	0	149	219
0	246	139	1	46	1
0	93	142	0	47	12
0	98	144	0	44	14
0	247	147	0	45	15
0	99	148	0	34	18
0	244	151	0	35	23
0	96	152	0	32	26
0	245	153	0	244	30
0	118	154	0	33	31
0	218	155	0	245	35
0	97	156	0	38	40
0	152	157	0	39	41
0	219	158	0	36	43
0	153	161	0	37	44
0	158	162	0	58	45
0	159	164	0	59	48
0	156	168	0	56	53
0	216	170	0	57	55
0	119	174	0	62	56
0	217	177	0	63	59
0	222	179	0	60	64
0	157	180	0	61	65
0	146	182	0	50	67
0	102	183	0	51	70
0	147	185	0	48	73
0	223	191	0	49	77
0	144	192	0	54	78
0	220	196	0	55	82
0	221	197	0	52	83

表 B.53（续）

Bit Increment	Code	Index	Bit Increment	Code	Index
0	53	85	0	86	5
0	10	87	0	87	6
0	11	101	0	84	7
0	8	159	0	85	8
0	9	160	0	938	9
0	14	166	0	939	10
0	15	169	0	936	11
0	12	171	0	937	13
0	13	172	0	942	16
0	2	176	0	943	17
0	3	181	0	940	19
0	0	189	0	941	20
0	1	199	0	930	21
0	6	200	0	931	22
0	7	202	0	928	24
0	4	205	0	929	25
0	5	208	0	934	27
0	26	211	0	935	28
0	27	212	0	932	29
0	24	215	0	933	32
0	25	220	0	954	33
0	30	221	0	955	34
0	31	222	0	952	37
0	28	223	0	953	39
0	206	225	0	958	42
0	29	233	0	959	47
0	18	240	0	956	50
0	19	245	0	957	60
0	207	251	0	946	68
0	16	252	0	947	69
0	17	254	0	944	74
1	82	0	0	945	76
0	83	2	0	950	86
0	80	3	0	951	92
0	81	4	0	948	163

表 B.53（续）

Bit Increment	Code	Index	Bit Increment	Code	Index
0	949	165	0	924	227
0	906	167	0	925	228
0	907	173	0	914	229
0	904	175	0	915	230
0	905	178	0	912	231
0	910	184	0	913	232
0	911	186	0	918	234
0	908	187	0	919	235
0	909	188	0	916	236
0	898	190	0	917	237
0	899	193	0	1002	238
0	896	194	0	1003	239
0	897	195	0	1000	241
0	902	207	0	1001	242
0	903	209	0	1006	243
0	900	210	0	1007	244
0	901	213	0	1004	246
0	922	214	0	1005	247
0	923	216	0	994	248
0	920	217	0	995	249
0	921	218	0	992	250
0	926	224	0	993	253
0	927	226			

表 B.54 HuffDec27_256x1

Bit Increment	Code	Index	Bit Increment	Code	Index
5	3	0	0	51	8
0	15	1	0	21	9
0	14	255	0	54	10
1	26	2	0	32	11
0	8	3	0	33	12
0	11	4	0	38	13
0	9	7	0	26	14
0	32	22	0	55	16
1	35	5	0	74	17
0	20	6	0	75	18

表 B.54（续）

Bit Increment	Code	Index	Bit Increment	Code	Index
0	39	19	0	173	55
0	72	21	0	82	59
0	36	23	0	162	61
0	37	25	0	83	62
0	27	29	0	163	64
0	73	30	0	160	65
0	78	32	0	80	66
0	24	33	0	161	67
0	50	35	0	166	69
0	79	37	0	167	70
0	76	48	0	164	71
0	25	58	0	81	72
0	77	92	0	86	77
0	66	116	0	87	80
0	67	132	0	165	81
0	10	174	0	186	82
1	212	15	0	187	83
0	213	20	0	84	85
0	68	24	0	184	89
0	69	26	0	85	91
0	170	27	0	185	93
0	90	28	0	58	94
0	91	34	0	190	97
0	88	36	0	191	98
0	89	38	0	59	99
0	94	39	0	188	100
0	171	40	0	189	103
0	168	42	0	178	106
0	169	43	0	56	111
0	95	44	0	179	113
0	174	45	0	176	118
0	92	46	0	177	123
0	93	47	0	182	125
0	175	49	0	57	126
0	172	51	0	183	130

表 B.54（续）

Bit Increment	Code	Index	Bit Increment	Code	Index
0	62	131	0	97	248
0	63	133	0	16	249
0	180	135	0	17	250
0	60	136	0	22	251
0	181	141	1	430	31
0	10	144	0	431	41
0	11	145	0	428	50
0	61	146	0	429	52
0	8	151	0	418	53
0	98	155	0	419	54
0	9	158	0	416	56
0	99	161	0	417	57
0	14	164	0	422	60
0	15	171	0	423	63
0	12	176	0	420	68
0	13	177	0	421	73
0	2	180	0	442	74
0	3	181	0	443	75
0	0	182	0	440	76
0	1	185	0	441	78
0	6	188	0	446	79
0	7	189	0	447	84
0	4	198	0	444	86
0	5	203	0	445	87
0	138	205	0	434	88
0	139	212	0	435	90
0	136	214	0	432	95
0	137	218	0	433	96
0	142	219	0	438	101
0	96	222	0	439	102
0	143	227	0	436	104
0	140	233	0	437	105
0	141	237	0	394	107
0	18	246	0	395	108
0	19	247	0	392	109

表 B.54（续）

Bit Increment	Code	Index	Bit Increment	Code	Index
0	393	110	0	492	167
0	398	112	0	493	168
0	399	114	0	482	169
0	396	115	0	483	170
0	397	117	0	480	172
0	386	119	0	481	173
0	387	120	0	486	175
0	384	121	0	487	178
0	385	122	0	484	179
0	390	124	0	485	183
0	391	127	0	506	184
0	388	128	0	507	186
0	389	129	0	504	187
0	410	134	0	505	190
0	411	137	0	510	191
0	408	138	0	511	192
0	409	139	0	508	193
0	414	140	0	509	194
0	415	142	0	498	195
0	412	143	0	499	196
0	413	147	0	496	197
0	402	148	0	497	199
0	403	149	0	502	200
0	400	150	0	503	201
0	401	152	0	500	202
0	406	153	0	501	204
0	407	154	0	458	206
0	404	156	0	459	207
0	405	157	0	456	208
0	490	159	0	457	209
0	491	160	0	462	210
0	488	162	0	463	211
0	489	163	0	460	213
0	494	165	0	461	215
0	495	166	0	450	216

表 B.54（续）

Bit Increment	Code	Index	Bit Increment	Code	Index
0	451	217	0	476	235
0	448	220	0	477	236
0	449	221	0	466	238
0	454	223	0	467	239
0	455	224	0	464	240
0	452	225	0	465	241
0	453	226	0	470	242
0	474	228	0	471	243
0	475	229	0	468	244
0	472	230	0	469	245
0	473	231	0	46	254
0	478	232	1	94	252
0	479	234	0	95	253

附 录 C
（规范性附录）
在 MPEG TS 中复用音频流

C.1 Stream_ID

Stream_ID 是位于 PES 头中 packet_start_code_prefix 之后的一个 8 比特字段。对于本标准的音频 ES 流，Stream_ID 的值应为 0xBD，表示 private_stream_1。多个音频流可以使用相同的 stream_id 值，这是因为当 MPEG-2 传输流中是多路节目复用时，每个流指派一个特定的包识别码 PID。

C.2 Stream_Type

Stream_Type 是 PMT 中的一个 8 比特字段。对于本标准的音频 ES 流，Stream_Type 的值应为 0x06，表示 PES 中包含私有数据。

C.3 DRA 注册描述符（DRA registration descriptor）

为了唯一地识别本标准的音频流，PMT 中应使用注册描述符，如表 C.1 所示：

表 C.1 DRA 注册描述符

句法	比特数	符号
registration_descriptor(){		
descriptor_tag	8	uimsbf
descriptor_length	8	uimsbf
format_identifier	32	uimsbf
}		

表 C.1 中，descriptor_tag = 0x05，descriptor-length = 0x04，format_identifier = 0x44524131（“DRA1”）。

C.4 DRA 音频流描述符(DRA audio stream descriptor)

DRA_audio_stream_descriptor 的目的是为综合解码接收机(IRD，Integrated Receiver-Decoder)提供音频解码配置信息。

该描述符位于 PSI 的 PMT 中，同 MPEG-2 描述符的语法一致，以一个 8 比特的 descriptor_tag 和一个 8 比特的 descriptor_length 开始，然后包含音频信息的描述字段如 sample_rate_index、num_normal_channels 和 num_lfe_channels 等。descriptor_tag 指示描述符的类型，可用来辨识本标准所定义的音频流。DRA_audio_stream_descriptor 的语法如表 C.2 所示。

表 C.2 DRA 音频流描述符

语法	比特数	符号
DRA_audio_stream_descriptor() {		
descriptor_tag	8	uimsbf
descriptor_length	8	uimsbf
sample_rate_index	4	uimsbf
num_normal_channels	6	uimsbf
num_lfe_channels	2	uimsbf
dra_version_flag	1	bslbf
text_present_flag	1	bslbf
language_present_flag	1	bslbf
reserved	1	'0'
if (text_present_flag ==1) {		
text_length	8	uimsbf
for (i=0;i<text_length;i++) {		
text[i]	16	bslbf
}		
}		
if (language_present_flag ==1) {		
language	24	bslbf
}		
for (i=0;i<N;i++) {		
additional_info[i]	8	bslbf
}		
}		

descriptor_tag:8 比特字段,对于本标准的音频流描述符,descriptor_tag 的值为 0xA0。

descriptor_length:8 比特字段,指示 DRA 音频流描述符的长度(descriptor_length 之后的字节数)。对于 DRA 音频流描述符来说,其最小值是 2,即该字段之后至少要包含 16 比特的描述符内容。

sample_rate_index:4 比特字段,指示编码音频流的采样率,见 6.3.4,表 10。

num_normal_channels:6 比特字段,指示音频流的常规声道数。实际的常规声道数等于 num_normal_channels+1,有效范围为 1 到 64。

num_lfe_channels:2 比特字段,指示音频流中低频增强声道(LFE)数。有效范围为 0 到 3。

dra_version_flag:1 比特字段,指示版本号,通常设置成 0。

text_present_flag:1 比特字段,指示 DRA 音频流描述符中是否包含一个描述性的文本字段。如果 text_present_flag=1,则后面包含文本字段;如果 text_present_flag=0,则不包含文本字段。

language_present_flag:1 比特字段,指示在 DRA 音频流描述符中是否包含一个 3 字节的语言字段。若 language_present_flag=1,则后面包含语言字段;若 language_present_flag=0,则不包含语言字段。

reserved flag:为将来预留的一个 1 比特字段。目前应设置成"0"。

text_length:8 比特字段,指示描述性文本字段的长度,以 16 比特的短字为单位。

text[i]:文本字段,关于音频流的文本描述。该文本使用 2 字节 Unicode 字符集编码。

Language:3 字节或者 24 比特字段。它包含了在 GB/T 4880.2—2000 中所规定的 3 字母代码,根据 ISO/IEC 8859-1:1998,每个字符编码成 8 比特,并且被连续插入到该字段中。该字段编码和 GB/T 17975.1—2000 对 ISO_639_language_descriptor 中的 MPEG-2 ISO_639_language_code 的规定相同。

additional_info[i]：可选字段，预留给将来使用。

C.5 STD 音频缓冲区大小

本标准的音频访问单元 AU(Access Unit)是一个音频帧。一个音频典型帧包含 1 024 个音频采样数据(见 6.3.3)，其持续时间可根据采样频率计算得出：

持续时间＝1 024/采样率

对于一路 MPEG-2 传输流，主音频缓冲区大小 BS_n 定义为：

$$BS_n = BS_{mux} + BS_{dec} + BS_{oh}$$

式中：

BS_{mux}——等于 736 字节；

BS_{oh}——PES 头大小；

BS_{dec}——访问单元缓冲区。

为了防止缓冲区上溢，BS_{oh}应不小于最大的 PES 头大小，BS_{dec}应可支持 IRD 允许的最高比特率。由于 PES 头大小通常不大于 59 字节，因此选用 BS_{oh}＝64 字节。为了支持 IRD 允许的最高比特率，BS_{dec}应不小于相应的最大编码帧长度。比如，为了支持 48 kHz 音频采样下，256 kbit/s 的最高比特率，BS_{dec}应不小于 256 000/8＊1 024/48 000＝682.7 字节。如果 IRD 需要支持所有比特率，则 BS_{dec}应不小于 4 092 字节，即一个常规编码帧的最大帧长度。

C.6 字节对齐

音频 ES 流在 MPEG-2 传输流中应是字节对齐的，即编码帧的最初 8 bit 应包含在 MPEG-2 传输流中的一个完整的独立字节中。

附 录 D
(资料性附录)
下 混 合

如果扬声器的数目少于编码码流中的音频声道数，解码器需要在所有声道解码之后进行下混合。对于常见的音频声道设置(见表 29)，本附录提供了推荐性的下混合模式(1/0，2/0 Lo/Ro，2/0 Lt/Rt，3/2/1 5.1 环绕声)以及相应的公式和系数。根据比特流中的声道数和扬声器的数目，解码器可以从上述模式中进行选择或者自行定义下混合方法。

本附录提供的下混合模式假设比特流中包括所有的 8.1 音频声道(如表 31 所示)。如果比特流中的实际声道数少于 8.1 声道，则解码器应仅使用实际存在于比特流中的声道进行下混合。例如，当比特流中包含 5.1 环绕声音频时，2/0 Lo/Ro 的下混合公式为：

Lo＝1.0×前左＋0.707×前中＋0.707×后左

Ro＝1.0×前右＋0.707×前中＋0.707×后右

D.1 下混合公式和系数

D.1.1 1/0 模式

前中＝0.707×(前左＋前右)＋1.0×(前中＋后中)＋0.50×(后左＋后右＋旁左＋旁右)

D.1.2 2/0 Lo/Ro 模式

Lo＝1.0×前左＋0.707×(前中＋后中)＋0.707×(后左＋旁左)

Ro＝1.0×前右＋0.707×(前中＋后中)＋0.707×(后右＋旁右)

D.1.3 2/0 Lt/Rt 模式

Lt＝1.0×前左＋0.707×(前中＋后中)－0.707×(后左＋后右＋旁左＋旁右)

Rt＝1.0×前右＋0.707×(前中＋后中)＋0.707×(后左＋后右＋旁左＋旁右)

D.1.4 3/2/1 5.1 环绕声下混合模式

前左＝1.0×前左

前右＝1.0×前右

前中＝1.0×前中

低频增强＝1.0×低频增强

后左＝1.0×后左＋0.707×后中＋0.707×旁左

后右＝1.0×后右＋0.707×后中＋0.707×旁右

参 考 文 献

[1] Gersho and R M Gray. Vector Quantization and Signal Processing. Kluwer Academic Publishers,1992.

[2] N S Jayant and P Noll. Digital Coding of Waveforms,Principles and Applications to Speech and Video. Prentice-Hall,1984.

[3] H S Malvar. Signal Processing With Lapped Transforms. Artech House,1992.

[4] K Sayood. Introduction to Data Compression. Academic Press,2000.

[5] P P Vaidyanathan. Multirate Systems and Filter Banks. Prentice-Hall,1993.

ICS 13.020.40
Z 22

中华人民共和国国家标准

GB/T 22727.1—2008

通信产品有害物质安全限值及测试方法 第1部分:电信终端产品

Limits and methods of measurement of certain hazardous substances in telecommunication product—Part 1: Telecommunication terminal

2008-12-30 发布　　2009-08-01 实施

中华人民共和国国家质量监督检验检疫总局
中国国家标准化管理委员会　发布

前　言

GB/T 22727《通信产品有害物质安全限值及测试方法》分为两个部分：

——第1部分：电信终端产品；

——第2部分：网络设备。

本部分是GB/T 22727的第1部分。

本部分由中华人民共和国工业和信息化部提出。

本部分由中国通信标准化协会归口。

本部分起草单位：信息产业部电信研究院、厦门科华恒盛股份有限公司、华为技术有限公司、中兴通讯股份有限公司、UT斯达康(重庆)通讯有限公司、联想移动通信科技有限公司、武汉邮电科学研究院、上海贝尔阿尔卡特股份有限公司、深圳市华唯计量技术开发有限公司。

本部分主要起草人：蒋京鑫、卢春阳、陈四雄、朱永光、贾变芬、张毅、汪祖辉、孟湘、杨李锋、刘小东。

引　言

目前，许多通信产品由于功能和生产技术的需要，仍含有大量如铅、汞、镉、六价铬、多溴联苯、多溴二苯醚等有害物质。这些含有有害物质的电信终端产品在废弃之后，如处置不当，不仅会对环境造成污染，也会造成资源的浪费。因此，以有害物质的减量化、替代为主要任务的通信产品有害物质限制使用显得日益迫切。为了达到资源节约、环境保护的目的，从电信终端设备的研发、设计、生产、销售、进口等环节限制或禁止使用上述6种有害物质，特制定本部分。

本部分既考虑了电信终端产品的生产者从源头上控制有毒有害物质使用的需要，又考虑到监督检查机构实施监管或测试的可行性，与国际相关要求相衔接，结合行业的现状、经济与技术上的可行性，特制定针对通信产品中电信终端的有害物质安全限值及测试方法标准。

通信产品有害物质安全限值及测试方法 第1部分:电信终端产品

1 范围

GB/T 22727的本部分规定了电信终端产品中含有的铅(Pb)、汞(Hg)、镉(Cd)、六价铬[Cr(Ⅵ)]、多溴联苯(PBB)和多溴二苯醚(PBDE)六种有害物质的安全限值及测试方法。

本部分的安全限值要求适用于电子信息产品污染控制重点管理目录中列出的电信终端产品,本部分的测试方法适用于电信终端产品。

2 规范性引用文件

下列文件中的条款通过GB/T 22727的本部分的引用而成为本部分的条款。凡是注日期的引用文件,其随后所有的修改单(不包括勘误的内容)或修订版均不适用于本部分,然而,鼓励根据本部分达成协议的各方研究是否可使用这些文件的最新版本。凡是不注日期的引用文件,其最新版本适用于本部分。

GB 18871 电离辐射防护与辐射源安全基本标准

GB/Z 20288 电子电气产品中有害物质检测样品拆分通用要求

3 术语和定义

下列术语和定义适用于本部分。

3.1

电信终端产品 telecommunication terminal products

连接在公共电信网末端,为用户提供发送和接收信息功能的电信设备,以及设计和预定直接连接到通信网络的信息技术设备。

3.2

筛选 screening

初步量化被测物中待测元素浓度的一种方法。

3.3

专用电子材料 special electronic materials

由金属材料、有机材料、无机非金属材料中两种或三种材料组成的混合物。

注:如线路板集材、导电胶、半导体功能材料等。

3.4

无机非金属材料 inorganic nonmetallic materials

以某些元素的氧化物、碳化物、氮化物、硼化物以及硅酸盐、铝酸盐、磷酸盐等物质组成的材料。是除有机高分子材料和金属材料以外的所有材料的统称。

注:如玻璃、陶瓷等。

3.5

基体 matrix

含有或附有被分析物的材料或物质。

3.6

均质材料　homogeneous materials

由一种或多种物质组成的各部分均匀一致的材料。

3.7

检测单元　test unit

直接提交进行精确测试不需要进一步机械拆分的样品。

4　通信产品有害物质安全限值技术要求

4.1　电信终端产品的组成单元分类

电信终端产品一般由零部件以及材料构成，其基本的构成单元则是材料。为了达到控制有害物质使用的目的，首先将电信终端产品的这些组成单元进行分类，具体要求见表1。当分类有重合或矛盾时，应依照A/B/C的顺序进行归类，即如果能按A归类的则不宜归为B类或C类。

表1　电信终端产品的组成单元分类

组成单元类别	组成单元定义
A	构成电信终端产品的各均匀材料
B	电信终端产品中各部件的金属镀层
C	电信终端产品中现有条件不能进一步拆分的小型零部件或材料，一般指规格小于或等于4 mm^3 的产品

4.2　有害物质安全限值要求

电信终端产品的生产者应对使用的材料按表1进行组成单元分类，构成电信终端产品的各材料或部件均应分别符合相应的要求，具体要求见表2。

表2　有害物质的安全限值要求

单元类别	安全限值要求
A	在该类组成单元中，铅、汞、六价铬、多溴联苯、多溴二苯醚（不含十溴二苯醚）的含量不应超过0.1%，镉的含量不应超过0.01%
B	在该类组成单元中，铅、汞、镉、六价铬等有害物质不得有意添加
C	在该类组成单元中，铅、汞、六价铬、多溴联苯、多溴二苯醚（不含十溴二苯醚）的含量不应超过0.1%，镉的含量不应超过0.01%
注：生产者为使其产品达到某种性能指标所使用有害物质符合下列情况之一者，即视为有意添加： ——按本部分中6.2所规定的XRF的方法检测样品中的铅、汞、镉，检测结果为不符合； ——按本部分中6.5.1规定的方法检测样品，检测结果显示含有六价铬。	

4.3　合格判定

如果电信终端产品中任何一部分组成单元中的有害物质含量均满足表2的要求（中国豁免情况除外），则该电信终端产品判为合格，否则判为不合格。

5　通信产品有害物质测试过程中的机械制样方法

通信产品有害物质测试过程中的机械制样方法应符合GB/Z 20288的规定。

6　测试方法

6.1　测试方法概述

6.1.1　测试方法的内容

各种有害物质的检测方法由以下6个部分组成：

——范围；
——方法概要；
——仪器设备；
——试剂；
——样品制备；
——测试步骤。

6.1.2 测试方法流程

电信终端产品中有害物质测试方法流程见图1。其中，检测单元为表2中规定的A/B/C。

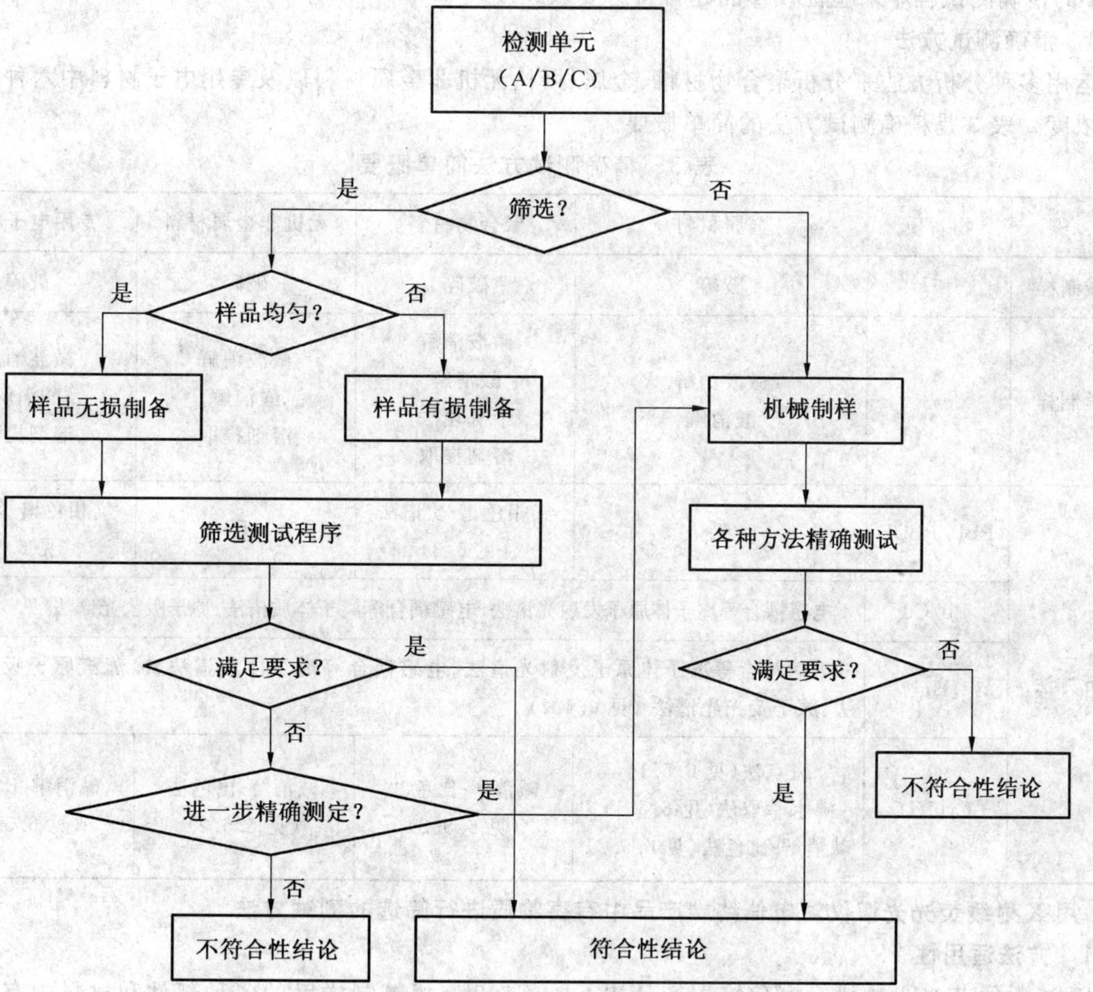

图1 检测方法流程图

6.1.3 筛选测试方法

用能量色散X射线荧光光谱仪（ED-XRF）或波长色散X射线荧光光谱仪（WD-XRF）对样品中铅、汞、镉、总铬和总溴进行定性和初步半定量的一种测试手段。可以直接测量样品（不破坏样品），也可以破坏样品使其达到“均质材料”（机械制样）后测试。很多有代表性的均质材料（如塑料、合金、玻璃等）样品可以不破坏样品直接进行定性筛选，而由多种材料组成的复杂样品（如组装印制线路板）则须进行机械破坏性样品制备。机械破坏性样品制备既适用于定性筛选也适用于精确测试方法。机械破坏性制样的程序步骤应符合GB/Z 20288的规定。

注：本部分6.2详细介绍的用XRF进行筛选的方法尽管是一种快且节省资源的分析手段，但这种分析技术在获得结果的适用性和应用方面存在一定的局限性。对XRF提出相应的技术要求，并且在实际测量过程中对XRF筛选测试方法的技术特点进行合理的应用，将有助于提高测量结果的准确性和可信度。

筛选测试可以把样品分成三个基本类别：

——合格（白色区域）：样品中待测物的浓度低于允许值；

——不合格（黑色区域）：样品待测物的浓度高于允许值；

——无定论（灰色区域）：样品待测物的浓度在允许值附近，因为没有肯定的合格与否的结果而需要进一步精确化学测试。

通过筛选后，合格的样品即是符合要求；不合格的样品则不符合要求；而对于无定论的样品则需用6.1.4的精确测试程序来验证该样品是否符合要求。

6.1.4 精确测试方法

运用多种分析方法来分析聚合物材料、金属材料、无机非金属材料以及专用电子材料中六种有害物质的浓度。表3是精确测试方法的简单概要。

表3 精确测试方法简单概要

步 骤	物 质	金属材料	聚合物材料	无机非金属材料	专用电子材料
机械制样	—	破碎	破碎	破碎	破碎
化学制样	—	微波消解 酸消解	微波消解 酸消解 干灰化法 溶剂提取	微波消解 酸消解 溶剂提取	微波消解 酸消解 溶剂提取
分析方法	PBB/PBDE	无	气相色谱-质谱法 （见6.3）	无	气相色谱-质谱法 （见6.3）
	Pb/Cd	电感耦合等离子体原子发射光谱法、电感耦合等离子体质谱法、原子吸收光谱法（见6.4.1）			
	Hg	电感耦合等离子体原子发射光谱法、电感耦合等离子体质谱法、冷蒸汽原子吸收光谱法、原子荧光光谱法（见6.4.2）			
	Cr(VI)	斑点法（见6.5.1） 沸水萃取法（见6.5.1） 碱消解-比色法（见6.5.2）	碱消解-比色法 （见6.5.2）	碱消解-比色法 （见6.5.2）	碱消解-比色法 （见6.5.2）

6.2 用X射线荧光光谱仪对电信终端产品中有害物质进行筛选的测试方法

6.2.1 方法适用性

用X射线荧光光谱仪对电信终端产品按GB/Z 20288机械制样后的各种部件和材料中有害元素铅、镉、汞、总铬和总溴的测试。

6.2.2 方法概要

用适当方法制备好不同材料的样品放入X射线荧光光谱仪样品室内，按所选定的测试模式对样品进行X射线分析。根据不同样品不同元素的筛选限值判断样品中铅(Pb)、汞(Hg)、镉(Cd)、总铬(Cr)和总溴(Br)的含量是否合格以及是否需要进行精确测试。

6.2.3 仪器设备

6.2.3.1 X射线荧光光谱仪（波长色散-X射线荧光光谱仪(WD-XRF)或能量色散-X射线荧光光谱仪(ED-XRF)）：主要由激发源、探测器、样品室以及数据分析系统组成。

6.2.3.2 附属设备：常用的附属设备有自动进样装置、试料切割机、研磨机、粉碎机、混匀机、压样机、熔融机等，需要时性能应满足要求。

6.2.3.3 参数选择：推荐X射线分析线见表4。

表4 推荐X射线分析线

元素	首选分析线	次分析线	有机样品分析线	金属类分析线
铅	Lβ	Lα	Lα	Lβ
镉	Kα	—	Kα	Kα
汞	Lα	—	Lα	Lα
铬	Kα	—	Kα	Kα
溴	Kα	Kβ	Kα	Kα

6.2.3.4 设备安全性要求

X射线荧光光谱仪属于射线装置，其安全性要求应符合GB 18871的规定。

6.2.4 试剂

a) 硼酸(HBO_3)：分析纯，105 ℃烘1 h，置于干燥器内储存；

b) 含铅、镉、汞、铬、溴五种元素的相应标准样品；

c) 方法中所用到的其他试剂和材料都应不含待分析的铅、镉、汞、铬、溴等元素或化合物，制样过程中也不能受到这些元素或化合物的污染。

6.2.5 样品制备

6.2.5.1 概述

波长色散X射线荧光分析仪对样品有很严格的要求，这些要求因仪器样品室对样品形态不同要求而异。一般情况下，能量色散X荧光分析仪虽然没有一定要求对所有被测量样品进行处理和制备，但合理的样品制备过程有助于提高测量的精密度和准确度。

6.2.5.2 块状均质样品

对各种块、板或铸件等不定形样品，可用切割机、研磨机等加工成一定尺寸的样品。样品的被照射面应能代表样品整体。

在需要对单个的很小体积的样品(本部分中组成单元分类中的C类型)进行测量时，可采用具有聚焦透镜完成微区分析功能的X荧光分析仪进行测量。

6.2.5.3 膜状材料

用薄膜材料制备膜状样品时要特别注意薄膜厚度的一致性及组成的均匀性。测量时为使薄膜平整铺开，可加内衬材料作为支撑物(应避免内衬材料被入射X射线照射到)，尽量选用背景低并且不对测量元素产生干扰(即不含有铅、镉、汞、铬、溴等元素或化合物)的内衬材料。

6.2.5.4 专用电子材料

通常为非均质材料，可用切割机将样品切割破碎，然后用研磨机将破碎后的样品研磨成粒径不超过0.5 mm的粉末状样品(在可能的情况下，粉末应尽可能磨细)，混合均匀后用硼酸衬底压片制样，厚度不低于3 mm。

6.2.5.5 液体样品

测定液体样品时要定量分取试液装入液杯并进行密封。测定时要注意避免试液挥发、泄漏、产生气泡或沉淀等现象。也可取液体样品滴加到适当的载体(如滤纸)上干燥后测量。

6.2.5.6 防止样品污染

受到污染的样品将造成分析误差。X射线荧光分析中要特别注意样品表面的污染，制样过程中应注意的污染有以下几个方面：

a) 来自粉碎机、研磨机材质的污染；

b) 在溶解、熔融过程中来自容器的污染；

c) 实验室工作环境的污染；

d) 试剂的污染；

e) 用手触及样品表面时造成的污染；

f) 内衬材料的污染；

g) 粉末样品加压成型时造成的污染。

6.2.6 **测试步骤**

6.2.6.1 **仪器的准备**

按仪器厂家提供的说明书安装仪器，只要有可能，仪器应连续运转以保持最佳的稳定性。

6.2.6.2 **绘制标准曲线**

将含有铅(Pb)、镉(Cd)、汞(Hg)、铬(Cr)以及溴(Br)五种元素不同浓度的一组(不少于三个不同浓度，标准样品的浓度范围应涵盖可能的含量范围)标准样品放入样品室，按仪器厂家推荐的测量时间对该组标准样品测试，每个浓度的标样至少进行四次测试，取平均值，根据各元素的谱线强度和浓度绘制标准曲线。

6.2.6.3 **校验**

在每次分析样品前，应用含有铅(Pb)、镉(Cd)、汞(Hg)、铬(Cr)和溴(Br)5种元素的标准样品对标准曲线的有效性进行验证。

注：因PVC中的氯(Cl)会吸收降低X射线强度，建议要有PVC的标准样品。

6.2.6.4 **样品测试**

将制备好的样品放入样品室内，按绘制标准曲线时的分析时间对样品进行X射线分析，每个样品至少进行三次测试，然后计算结果的平均值。

6.2.6.5 **结果分析**

6.2.6.5.1 **结果计算**

将样品测得的各元素的谱线强度，按所选定的测试模式计算出样品中各元素的浓度。

6.2.6.5.2 **元素的筛选**

根据表5中不同样品不同元素的筛选限值，用X射线荧光分析对电信终端产品中受限制物质的筛选测试结果有三种情况：

合格(P)——如果所有元素的分析结果都低于设定的最低限，则结果为合格；

不合格(F)——如果所测元素中某个元素的测试结果高于设定的最高限值，则结果为不合格；

不确定(X)——如果所测元素的测试结果在设定的最低限值和最高限值之间，则结果为不确定，需要进行精确测试。

表5 电信终端产品中不同样品不同元素的筛选限值 单位为mg/kg

元素	聚合物材料	金属材料	无机非金属材料	专用电子材料
镉	$P\leqslant 70-3\sigma<X<130+3\sigma\leqslant F$	$P\leqslant 70-3\sigma<X<130+3\sigma\leqslant F$	$P\leqslant 70-3\sigma<X<130+3\sigma\leqslant F$	$X<150+3\sigma\leqslant F$
铅	$P\leqslant 700-3\sigma<X<1\,300+3\sigma\leqslant F$	$P\leqslant 700-3\sigma<X<1\,300+3\sigma\leqslant F$	$P\leqslant 700-3\sigma<X<1\,300+3\sigma\leqslant F$	$P\leqslant 500-3\sigma<X<1\,500+3\sigma\leqslant F$
汞	$P\leqslant 700-3\sigma<X<1\,300+3\sigma\leqslant F$	$P\leqslant 700-3\sigma<X<1\,300+3\sigma\leqslant F$	$P\leqslant 700-3\sigma<X<1\,300+3\sigma\leqslant F$	$P\leqslant 500-3\sigma<X<1\,500+3\sigma\leqslant F$
溴	$P\leqslant 300-3\sigma<X$	—	—	$P\leqslant 250-3\sigma<X$
铬	$P\leqslant 700-3\sigma<X$	$P\leqslant 700-3\sigma<X$	$P\leqslant 700-3\sigma<X$	$P\leqslant 500-3\sigma<X$
注：σ为测定结果的标准偏差，是对空白样品至少重复测量7次的实验标准偏差。				

当空白样品无法获得时，可以使用表6中规定的筛选限值，表中σ等于当前测量值的标准偏差，同

时要考虑系统偏差 δ，系统偏差可以由 XRF 的多次测量结果的平均值与精确化学分析测量值之差来获得，也可以由 XRF 设备制造厂来提供。

表 6 电信终端产品中不同样品不同元素的筛选限值

单位为 mg/kg

元素	各种材料
镉	$P\leqslant 100-\delta-3\sigma<X<100+\delta+3\sigma\leqslant F$
铅	$P\leqslant 1\,000-\delta-3\sigma<X<1\,000+\delta+3\sigma\leqslant F$
汞	$P\leqslant 1\,000-\delta-3\sigma<X<1\,000+\delta+3\sigma\leqslant F$
溴	$P\leqslant 1\,000-\delta-3\sigma<X$
铬	$P\leqslant 1\,000-\delta-3\sigma<X$
注：σ 为当前测量值的标准偏差； δ 为系统偏差。	

6.2.6.6 注意事项

尽管 X 射线荧光光谱仪是一种快速无损便宜的分析仪器，由于 XRF 存在一些局限性，使用时应当充分考虑到限制条件以及结果的适用性。需要特别注意对于铬和溴元素的检测结果若为 F，并不能证明样品中含有有害的"六价铬"和"多溴联苯和多溴二苯醚"，但相反，如果检测结果为 P，则可以说明不含有"六价铬"和"多溴联苯和多溴二苯醚"。对于含有异相材料的样品，如塑料表面的油漆样品，对于表面油漆样品的 X 射线荧光分析，既要考虑到膜厚对灵敏度的影响，也要考虑到 X 射线可能会击穿薄层样品到达基材，造成对结果的偏差。此外，还需考虑设备对最小检测面积的要求以及被测样品表面的平整度可能带来的干扰；来自样品基体背景的干扰也不能忽视。

几种特定的谱线干扰对于 ED-XRF 是很难解决的，如高 Br 样品对 Pb Lβ 峰的干扰，铁基样品 Fe Kα 线的倍峰对 Pb Lβ 的干扰，Sn 的逃逸峰对 Cd 测量的干扰等，在相应样品检测时须引起足够的重视。仪器供应商应尽可能多的给出信息帮用户进行数据风险评价，宜有能力向用户提供对特殊样品及特殊情况进行数据风险分析的指导。

6.2.6.7 测试结果报告

取三次测定结果的算术平均值报告结果，单位为质量分数(mg/kg)。

6.3 电信终端产品中多溴联苯(PBB)和多溴二苯醚(PBDE)的测试方法

6.3.1 方法适用性

用气相色谱-质谱仪对通信产品中所使用的聚合物材料和专用电子材料中多溴联苯(PBB)、多溴二苯醚(PBDE)的测试，测试浓度范围为(100～2 000)mg/kg，对于十溴二苯醚最高检测范围为 100 000 mg/kg。

6.3.2 方法概要

采用索氏提取法从聚合物材料和专用电子材料中提取多溴联苯和多溴二苯醚，通过适当的稀释后，使用气相色谱-质谱法(GC-MS)选择离子监测模式(SIM)来测定提取液中多溴联苯和多溴二苯醚，然后计算出它们在聚合物材料和专用电子材料中的含量。

6.3.3 仪器设备

6.3.3.1 设备

a) 实验用通风橱；

b) 分析天平：精确到 0.000 1 g；

c) 1 mL，5 mL，10 mL，100 mL 容量瓶；

d) 带冷凝器的索氏提取装置：

——30 mL 索式提取器；

——100 mL 圆底烧瓶；

——29 口磨口塞；

——9 口戴氏冷凝器；

——沸石。

e) 纤维素套管（30 mL，内径 22 mm，高 80 mm）；

f) 玻璃棉(450 ℃去活性)；

注：按如下方法去活性：将购买的在工厂经过去活的玻璃棉浸入含 5%的二甲基二氯化硅的二氯甲烷或甲苯溶液 15 min。用钳子取出来，晾干，将玻璃丝在二氯甲烷中浸泡三次以保证完全浸泡。再晾干，用净化抹布擦干。将其在甲醇中浸泡(10～15) min，也反复晾干浸泡三次。用塑料洗瓶中的甲醇淋洗，然后用二氯甲烷淋洗。将其放入真空电炉中，在 110 ℃吹氮气干燥至少 15 min。再干燥一次即可使用。

g) 加热套；

h) 漏斗；

i) 铝帛纸；

j) 用来加热索氏提取装置中用的烧瓶的加热套装置；

k) 微量进样器或自动移液管(1 μL 和 5 μL 容量)；

l) 巴斯德(Pasteur)移液管；

m) 带螺纹塞和聚四氟乙烯垫圈的 1.5 mL 样品瓶，也可根据情况选择其他替代品；

n) 小型振荡器(或称为摇床或摇床混合器)；

o) 粉碎装置：包括切割机或剪刀、研磨机、冷冻粉碎设施等装置，主要用于样品的粉碎；

p) 500 μm 筛子。

6.3.3.2 仪器

a) 气相色谱质谱联用仪：带有程序升温控制系统，建议使用自动进样器以保证结果的重复性；

b) 毛细管柱：非极性，(10～30)m(长)×0.25 mm(内径)×0.1 μm(膜厚)的熔融石英毛细管柱(DB-5 或其他经证明同样适用的色谱柱)，一般 15 m 的柱长即可有效分离多溴联苯和多溴二苯醚类化合物；

c) 质谱仪：能产生能量为 70 eV 的电子用于电离被分析物。准确识别十溴二苯醚和九溴二苯醚需要很高的质量范围，因此质谱检测器要能够进行选择性离子监测并且质量范围要至少为 1 000 m/z；

d) 数据分析系统：能采集、记录、储存以及处理 MS 数据。

6.3.4 试剂

a) 溶剂：丙酮、甲苯、环己烷、正己烷、甲醇、二氯甲烷、异辛烷、壬烷，分析纯或更高纯度；

b) 标准储备液(1 000 mg/L)：PBB 和 PBDE 同分异构体的混合标准溶液，目前能买到的市售校准同族物见表 7；

表 7 适合本分析方法使用的市售校准同族物举例

PBB 多溴联苯	Compound Name 化合物名称
BB-003	4-Bromo biphenyl，4-溴联苯
BB-015	4,4′-Dibromo biphenyl，4,4′-二溴联苯
BB-029	2,4,5-Tribromo biphenyl，2,4,5-三溴联苯
BB-049	2,2′,4,5′-Tetrabromo biphenyl，2,2′,4,5′-四溴联苯
BB-077	3,3′,4,4′-Tetrabromo biphenyl，3,3′,4,4′-四溴联苯
BB-103	2,2′,4,5′,6-Pentabromo biphenyl，2,2′,4,5′,6-五溴联苯
BB-153	2,2′,4,4′,5,5′-Hexabromo biphenyl，2,2′,4,4′,5,5′-六溴联苯
BB-169	3,3′,4,4′,5,5′-Hexabromo biphenyl，3,3′,4,4′,5,5′-六溴联苯

表 7（续）

PBB 多溴联苯	Compound Name 化合物名称
Dow FR-250	Technical mixture of nonabromo biphenyl, octabromo biphenyl (80%) and heptabromo biphenyl，九溴联苯、八溴联苯以及七溴联苯的理论混合物
BB-209	Decabromo biphenyl，十溴联苯
PBDE 多溴二苯醚	Compound Name 化合物名称
BDE-003	4-Bromo diphenyl ether，4-溴二苯醚
BDE-015	4,4′-Dibromo diphenyl ether，4,4′-二溴二苯醚
BDE-033	2′,3,4-Tribromo diphenyl ether，2′,3,4-三溴二苯醚
BDE-028	2,4,4′-Tribromo diphenyl ether，2,4,4′-三溴二苯醚
BDE-047	2,2′,4,4′-Tetrabromo diphenyl ether，2,2′,4,4′-四溴二苯醚
BDE-099	2,2′,4,4′,5-Pentabromo diphenyl ether，2,2′,4,4′,5-五溴二苯醚
BDE-100	2,2′,4,4′,6-Pentabromo diphenyl ether，2,2′,4,4′,6-五溴二苯醚
BDE-153	2,2′,4,4′,5,5′-Hexabromo diphenyl ether，2,2′,4,4′,5,5′-六溴二苯醚
BDE-154	2,2′,4,4′,5,6′-Hexabromo diphenyl ether，2,2′,4,4′,5,6′-六溴二苯醚
BDE-183	2,2′,3,4,4′,5′,6-Heptabromo diphenyl ether，2,2′,3,4,4′,5′,6-七溴二苯醚
BDE-203	2,2′,3,4,4′,5,5′,6-Octabromo diphenyl ether，2,2′,3,4,4′,5,5′,6-八溴二苯醚
BDE-206	2,2′,3,3′,4,4′,5,5′,6-Nonabromo diphenyl ether，2,2′,3,3′,4,4′,5,5′,6-九溴二苯醚
BDE-209	Decabromo diphenyl ether，十溴二苯醚
注：PBB 和 PBDE 的分类方法使用了 Ballschmiter 和 Zell 分类方法。	

c) 校准标准溶液：用标准储备液至少需配制五种不同浓度的校准标准溶液，其中最低浓度应稍高于本测试方法的检测限；

d) 内标溶液：对于 PBDE 的分析，可把碳-13 标记的 BDEs 或 4,4′-二溴八氟联苯或十氘代菲(Penathrene D10)或十氯联苯作为内标物质；对于 PBB 的分析，可把碳-13 标记的 PBB 或 4,4′-二溴八氟联苯或十氘代菲(Penathrene D10)或十氯联苯作为内标物质；

注：这些标准物质适合测定一溴二苯醚到八溴二苯醚的浓度。由于分子量小、挥发性高，这些标准物质不适合测定十溴二苯醚和九溴二苯醚的浓度。到目前为止，对于这些特殊的被分析物，最好的定量标准物是碳-13 标记的十溴二苯醚和九溴二苯醚。基于高分析量低成本的原则，有些实验室发现这些标准物质从商业的角度来说，费用太高。一种可能的低成本的替代物是十溴联苯(BB-209)，BB-209 有很高的分子量(943.1 g/mol，十溴二苯醚是 959.1 g/mol 而九溴二苯醚为 864.2 g/mol)，在典型的 DB-5 的柱子上，它的出峰正好在三种九溴二苯醚之前。样品中大量十溴联苯的存在可以很容易用这种标准物的峰面积的检测测定，比较测定的峰面积同十溴联苯加入量的差值。如果只对被分析物中的十溴二苯醚或九溴二苯醚感兴趣，则应限制使用示踪标准物或十溴联苯。做附加试验可能确定对十溴二苯醚或九溴二苯醚进行定值的大分子量低挥发性的标准物。

e) 液氮：工业级；

f) 氦气：纯度大于 99.99% (v/v)。

6.3.5 样品制备

6.3.5.1 样品的粉碎

将电信终端产品按 GB/Z 20288 规定的要求拆分后得到的聚合物材料和专用电子材料样品，用剪刀或切割机将样品剪切成 10 mm×10 mm×10 mm 的小块，用液氮冷却后低温研磨，再过 500 μm 筛子，混合均匀。

6.3.5.2 样品液的提取

称取上述混匀的样品(0.1～0.2)g，精确到 0.001 g，用漏斗将样品转移到索氏提取纤维素套管中，为了保证定量转移完全，漏斗用大约 10 mL 溶剂进行淋洗。为了防止样品漂浮，可用玻璃棉盖住纤维素套管。在 100 mL 圆底烧瓶中加入约 60 mL 甲苯或其他溶剂[见 6.3.4a)]，同时加入内标溶液[见 6.3.4d)]，然后加入(1～2)粒沸石，安装好索氏提取装置，可用铝帛纸盖住避光。加热提取(4～24)h，每个循环为(2～3)min。待溶液冷却后，定容到适当体积的容量瓶中。该溶液可以直接用于测试步骤。如果样品中待测物的浓度超过校正曲线的范围，适当稀释后再测定。

注：根据不同的聚合物类型，用不同的溶剂从聚合物中提取多溴联苯和多溴二苯醚。聚合物的类型可以用红外或类似方法确认。如果聚合物的本性未知，可以用甲苯作为通用试剂。对于特定的聚合物，可以用下列的溶剂：

——ABS、HIPS、PC/ABS 聚合物用甲苯进行提取；

——聚酰胺和聚酯用丙醇进行提取；

——聚烯烃用二氯甲烷/环己烷混合物(体积比为 5/25，沸点 40 ℃/81 ℃)进行提取。

6.3.6 测试步骤

6.3.6.1 气相色谱分析条件

a) 进样口温度：(250～320)℃；

b) 柱温箱起始温度及保持时间：100 ℃，保持(1～3)min；

c) 柱温程序升温条件：由(100～320)℃以(5～20)℃/min 程序升温，最后恒温 5 min；

d) 载气：氦气，流量：(1～2)mL/min；

e) 气相色谱-质谱接口温度：320 ℃；

f) 进样方式：(脉冲)不分流进样；

g) 进样量：(1～2)μL。

6.3.6.2 质谱分析条件

a) 电离方式：EI；

b) 电子能量：70 eV；

c) 离子源温度：(250～300)℃；

d) 分辨率：大于 800(最好大于 1 000)；

e) 分析模式：选择离子监测(SIM)，监测的离子分别见表 8 和表 9。

6.3.6.3 样品分析

a) 启动仪器，待仪器稳定；

b) 根据仪器要求，用仪器校准样品对仪器进行校准；

c) 建立标准曲线：依次将不同浓度的校准溶液[见 6.3.4c)]注入气相色谱-质谱仪中，以校准溶液浓度为横坐标，以校准样的色谱峰面积为纵坐标建立标准曲线；

d) 样品测定：按建立标准曲线时注入的体积将样品提取液注入气相色谱-质谱仪中，根据表 8 和表 9 给定的离子峰来确定样品中含有的 PBB 和 PBDE。然后根据峰面积，从标准曲线上计算出相对应的 PBB 和 PBDE 的含量。

表 8 多溴联苯的分子量以及定性离子峰

序 号	化学名称	分子式	分子量	定量离子	定性离子峰		
1	一溴联苯	$C_{12}H_9Br$	233.1	234.0	236.0	232.0	152.2
2	二溴联苯	$C_{12}H_8Br_2$	312.0	312.0	314.0	310.0	152.2
3	三溴联苯	$C_{12}H_7Br_3$	390.9	391.8	393.8	389.8	230.0
4	四溴联苯	$C_{12}H_6Br_4$	469.8	469.8	467.8	309.9	307.9

表 8（续）

序　号	化学名称	分子式	分子量	定量离子	定性离子峰		
5	五溴联苯	$C_{12}H_5Br_5$	548.7	549.6	547.6	389.8	387.8
6	六溴联苯	$C_{12}H_4Br_6$	627.6	627.6	625.6	467.7	465.7
7	七溴联苯	$C_{12}H_3Br_7$	706.5	705.5	703.5	545.6	543.6
8	八溴联苯	$C_{12}H_2Br_8$	785.4	785.4	783.4	625.5	627.5
9	九溴联苯	$C_{12}HBr_9$	864.3	703.4	863.2	705.4	703.4
10	十溴联苯	$C_{12}Br_{10}$	943.2	781.3	943.2	783.3	781.3

表 9　多溴二苯醚的分子量以及定性离子峰

序　号	化学名称	分子式	分子量	定量离子	定性离子峰		
1	一溴二苯醚	$C_{12}H_9BrO$	249.1	250.0	252.0	248.0	141.0
2	二溴二苯醚	$C_{12}H_8Br_2O$	328.0	328.0	330.0	325.9	168.0
3	三溴二苯醚	$C_{12}H_7Br_3O$	406.9	405.8	403.8	246.0	123.0
4	四溴二苯醚	$C_{12}H_6Br_4O$	485.8	485.7	483.7	325.9	162.9
5	五溴二苯醚	$C_{12}H_5Br_5O$	564.7	564.6	562.6	403.8	201.9
6	六溴二苯醚	$C_{12}H_4Br_6O$	643.6	483.7	643.5	483.7	241.9
7	七溴二苯醚	$C_{12}H_3Br_7O$	722.5	561.6	721.5	561.6	563.6
8	八溴二苯醚	$C_{12}H_2Br_8O$	801.4	641.5	801.4	641.5	320.8
9	九溴二苯醚	$C_{12}HBr_9O$	880.3	719.4	881.3	719.4	360.7
10	十溴二苯醚	$C_{12}Br_{10}O$	959.2	799.3	959.2	799.3	400.3

6.3.6.4　结果计算

样品中多溴联苯(PBB)和多溴二苯醚(PBDE)的结果按式(1)计算：

$$X_i = \frac{C_i \times V_i \times d}{m_i} \times 10^6 \qquad \cdots\cdots\cdots\cdots(1)$$

式中：

X_i——样品中多溴联苯和多溴二苯醚 i 的含量，单位为质量分数(mg/kg)；

C_i——样品提取液中多溴联苯和多溴二苯醚 i 的含量，单位为毫克每升(mg/L)；

V_i——样品提取液定容体积，单位为升(L)；

d——提取液的稀释倍数；

m_i——样品量，单位为毫克(mg)。

6.3.6.5　精密度

在重复性条件下获得的两次独立测定结果的绝对差值不得超过算术平均值的 20%。

6.4　电信终端产品中铅(Pb)、镉(Cd)以及汞(Hg)的测试方法

6.4.1　电信终端产品中铅(Pb)、镉(Cd)的测试方法

6.4.1.1　方法适用性

电信终端产品中所使用的聚合物材料、金属材料、专用电子材料以及无机非金属材料中铅和镉含量的测试。

6.4.1.2　方法概要

称取适量样品，以微波消解、酸消解和灰化等方法处理后配成溶液。利用电感耦合等离子体原子发射光谱法(ICP-AES/OES)、电感耦合等离子体质谱法(ICP-MS)或原子吸收光谱法(AAS)测定样品溶液中的铅(Pb)和镉(Cd)的浓度。

6.4.1.3 **仪器设备**

a) 原子吸收光谱仪(AAS);

b) 电感耦合等离子体发射光谱仪(ICP-AES/OES);

c) 电感耦合等离子体质谱仪(ICP-MS);

d) 实验室用各种玻璃器皿;

e) 加热装置;

f) 马弗炉;

g) 微波消解系统,配有高压消解罐;

h) 分析天平,精确到0.000 1 g;

i) 坩埚,50 mL或150 mL;

j) 耐氢氟酸容器;

k) 本生喷灯或相似的酒精喷灯。

6.4.1.4 **试剂**

除非另有说明,在分析中仅使用认可的高纯试剂和18 MΩ ASTM Type1型水或相当纯度的水。

a) 硝酸:ρ约1.4 g/mL, 65%;

b) 盐酸:ρ约1.16 g/mL, 37%;

c) 过氧化氢:ρ约1.10 g/mL,30%;

d) 硫酸:ρ约1.84 g/mL,98%;

e) 氢氟酸:ρ约(40~42)%(ISO);

f) 氢溴酸:ρ约1.48 g/mL,(47~49)%;

g) 高氯酸:ρ约1.67 g/mL,70%;

h) 磷酸:ρ约1.69 g/mL,大于85%;

i) 硼酸;

j) 混合酸1(3份盐酸和1份硝酸);

k) 混合酸2(3份盐酸和1份过氧化氢);

l) 混合酸3(1份硝酸和3份氢氟酸);

m) 混合酸4(2份氢氟酸,1份硝酸,2份水);

n) 铅标准溶液,浓度为1 000 μg/mL;

o) 镉标准溶液,浓度为1 000 μg/mL;

p) 钪标准溶液,浓度为1 000 μg/mL;

q) 钇标准溶液,浓度为1 000 μg/mL;

r) 铑标准溶液,浓度为1 000 μg/mL。

6.4.1.5 **样品制备**

6.4.1.5.1 **样品的粉碎**

将电信终端产品按GB/Z 20288规定的要求拆分成为符合其要求的各种材料样品,对于金属材料样品和易消解的材料,在满足可以达到完全消解的前提下,粉碎后样品的粒度要求可适当放大到10 mm×10 mm×10 mm。对聚合物材料和专用电子材料,需继续粉碎成粒径小于1 mm的颗粒或粉末,混合均匀。

6.4.1.5.2 **金属材料样品的制备**

6.4.1.5.2.1 **酸消解法**

称取(0.1~0.5)g(可根据待测元素的含量调整称样量)样品于烧杯中,精确至0.000 1 g。根据金属材料基体的不同,加入适量6.4.1.4中指定的酸(或适当比例的混合酸),置于通风橱中,加热至样品完全溶解。冷却后转移至 50 mL 容量瓶，用水定容至刻度以备分析。

推荐采用盐酸、硝酸或其混合酸溶液[见 6.4.1.4m)]。当样品难以消解时，需采用氢氟酸、高氯酸或硫酸等进一步溶解。在用氢氟酸时，需使用 PTFE/PFA 烧杯和其他耐氢氟酸的装置。

注：在溶解过程中，可能会产生沉淀(硫酸铅，硫酸钡，氯化银，三氧化二铝或氢氧化铝等)，因此需确定所选用的溶解方法不会造成待测元素的损失。若残留物中含有目标分析物，需采用其他方法进行样品溶解(如碱熔法或密封压力容器法)。

a) 一般合金方法

称取(0.1～0.5)g (可根据待测元素的含量调整称样量)样品于烧杯中，精确至 0.000 1 g。缓缓加入 10 mL 盐酸与硝酸的混合酸 1(可根据基体成分进行适当调整)，低温加热使之溶解完全。冷却至室温，转移至 50 mL 的容量瓶中，用水定容至刻度以备分析。根据所采用的分析方法，稀释成相应浓度的样品溶液。

当样品中含硅(Si)，锆(Zr)，铪(Hf)，钛(Ti)，钽(Ta)，铌(Nb)，钨(W) 时(该信息可从 6.2 的筛选试验中获得)，需再加入 1 mL 氢氟酸以保证样品消解完全。

b) 锡合金方法

称取(0.1～0.5)g(可根据待测元素的含量调整称样量)样品于烧杯中，精确至 0.000 1 g。缓缓加入 10 mL 盐酸与硝酸的混合酸 1(可根据基体成分进行适当调整)，盖上表面皿，待剧烈反应后，微热至样品完全溶解。稍冷，移去表面皿，沿杯壁加入 10 mL 硫酸，加热蒸发至刚冒 SO_3 白烟，冷却。沿杯壁加入 20 mL 氢溴酸，充分混匀，加热至刚冒 SO_3 白烟。重复 3 次。冷却至室温，加入 10 mL 硝酸溶解盐类。冷却，转移至 50 mL 的容量瓶中，用水定容至刻度以备分析。根据所采用的分析方法，稀释成相应的浓度。或者，称取 0.20 g 样品，加入 10 mL 盐酸与过氧化氢的混合酸 2(可根据基体成分进行适当调整)溶解样品。

当样品中含硅(Si)，锆(Zr)，铪(Hf)，钛(Ti)，钽(Ta)，铌(Nb)，钨(W) 时(该信息可从 6.2 的筛选试验中获得)，需再加入 1 mL 氢氟酸以保证样品消解完全。

6.4.1.5.2.2 **微波消解法**

称取 0.10 g 样品，精确至 0.000 1 g，置于消解罐中，加入 5 mL 适宜比例的盐酸与硝酸的混合酸 1(所用酸的体积和配比可根据基体成分进行适当调整)。当样品中含硅(Si)，锆(Zr)，铪(Hf)，钛(Ti)，钽(Ta)，铌(Nb)，钨(W)时(该信息可从 6.2 的筛选试验中获得)，再加 1 mL 浓氢氟酸。

待样品反应稳定后，将整个消解罐置于微波消解装置中，按照仪器操作方法对样品进行微波消解，直至样品被完全溶解。将消解罐取出，冷却至室温，加入适量的硼酸络合过量的氢氟酸(若采用耐氢氟酸的雾化器，可不加硼酸)。转移至 50 mL 的容量瓶中，用水定容至刻度以备分析。根据所采用的分析方法，稀释成相应浓度的样品溶液。

6.4.1.5.3 **无机非金属样品的制备**

通常无机非金属样品中含有硅等非金属元素，在样品制备过程中需加入强腐蚀性的氢氟酸，应采用耐氢氟酸器皿。

称取 0.10 g 样品，精确至 0.000 1 g，置于消解罐中。加入 3 mL 适宜比例的浓盐酸与浓硝酸的混合酸 1(所用酸的体积和配比可根据基体成分进行适当调整)和 3 mL 浓氢氟酸。待样品反应稳定后，将整个消解罐放入微波消解仪中，按照仪器操作方法对样品进行微波消解，直至样品被完全溶解。将消解罐取出，冷却至室温，加入适量的硼酸络合过量的氢氟酸(若采用耐氢氟酸的雾化器，可不加硼酸)。转移至 50 mL 的容量瓶中，用水定容至刻度以备分析。根据所采用的分析方法，稀释成相应的浓度。

随同样品做试剂空白。

6.4.1.5.4 **聚合材料样品的制备**

6.4.1.5.4.1 **干法灰化法**

a) 当样品中不含卤素化合物时(该信息可从 6.2 的筛选测试方法中获得)：

称取(0.1～0.5)g(可根据基体成分进行适当调整)经粉碎后的样品于坩埚中，精确至0.000 1 g。坩埚置于耐热绝热板的孔中，缓慢加热至焦化状态，逐渐加温直至挥发的消解产物被充分排出，仅剩余碳化物残渣。将坩埚移入(450±25)℃的马弗炉中，炉门轻微开启以提供足够的空气来氧化碳，直至剩余干净的灰分。将坩埚及其里面的物质从炉中取出，冷却至室温。加入5mL硝酸，溶解，转移至50 mL容量瓶中，用水定容至刻度以备分析。根据所采用的分析方法，稀释成相应浓度的样品溶液。

b) 当样品中含有卤素化合物时(见6.2中的筛选测试方法)：

称取(0.1～0.5)g(可根据基体成分进行适当调整)经粉碎后的样品于坩埚中，精确至0.000 1 g。加入(10～15)mL的硫酸，将坩埚置于电热板或砂浴上缓慢加热，直到塑料熔化并变黑。再加入5 mL硝酸，继续加热至塑料完全降解并产生白烟。冷却，将坩埚移入(450±25)℃的马弗炉中，样品被蒸发、干燥和灰化，直至碳被完全燃烧。将坩埚及其里面的物质从炉中取出，冷却至室温。加入5 mL硝酸，溶解，转移至50 mL容量瓶中，用水定容至刻度以备分析。根据所采用的分析方法，稀释成相应浓度的样品溶液。

6.4.1.5.4.2 湿酸消解法

只适用于镉的测定。

注：因在使用硫酸时会生成硫酸铅沉淀而导致铅的损失，所以湿酸消解法不适用于铅的测试。

a) 一般溶解方法：

称取(0.1～0.5)g(可根据基体成分进行适当调整)经粉碎后的样品于烧瓶中，精确至0.000 1 g。加入5 mL硫酸和1 mL硝酸，加热烧瓶至样品灰化并产生白烟。停止加热，加入少量硝酸(约0.5 mL)，继续加热至产生白烟。重复以上加热过程，直至消解液变为浅黄色。

冷却10 min后，分若干次加入过氧化氢，总量不超过10 mL，再次加热至产生白烟。冷却，转移至50 mL容量瓶中，用水定容至刻度以备分析。根据所采用的分析方法，稀释成相应浓度的样品溶液。

b) 当样品消解不完全或样品中含有二氧化硅、钛等元素时(该信息可从6.2的筛选测试方法中获得)：

称取(0.1～0.5)g(可根据基体成分进行适当调整)经粉碎后的样品于烧瓶中，精确至0.000 1 g。加入5 mL硫酸和1 mL硝酸，加热烧瓶至样品灰化并产生白烟。停止加热，加入少量硝酸(约0.5 mL)，继续加热至产生白烟。重复以上加热过程，直至消解液变为浅黄色。

冷却10 min后，分若干次加入过氧化氢，总量不超过10 mL，再次加热至产生白烟。冷却，将溶液移入氟碳树脂罐中。加入5 mL氢氟酸，并加热直至产生白烟。将消解罐取出，冷却至室温，加入适量的硼酸络合过量的氢氟酸(若采用耐氢氟酸的雾化器，可不加硼酸)。转移至50 mL容量瓶中，用水定容至刻度以备分析。根据所采用的分析方法，稀释成相应浓度的样品溶液。

6.4.1.5.4.3 微波消解法

称取0.10 g经粉碎后的样品，精确至0.000 1 g，置于消解罐中，加入5 mL硝酸、1 mL过氧化氢。当样品中含硅(Si)，锆(Zr)，铪(Hf)，钛(Ti)，钽(Ta)，铌(Nb)，钨(W)时(该信息可从6.2的筛选测试方法中获得)，再加入1 mL氢氟酸。将整个消解罐置于微波消解装置中，按照仪器操作方法对样品进行微波消解，直至样品被完全溶解。将消解罐取出，冷却至室温，加入适量的硼酸络合过量的氢氟酸(若采用耐氢氟酸的雾化器，可不加硼酸)。转移至50 mL的容量瓶中，用水定容至刻度以备分析。根据所采用的分析方法，稀释成相应浓度的样品溶液。过氧化氢可与易氧化材料发生快速而猛烈的反应。当样品中可能含有大量易氧化有机成分时，不宜添加过氧化氢。

6.4.1.5.5 专用电子材料样品的制备

称取0.10 g经粉碎后的样品，精确到0.000 1 g，置于消解罐中，加入5 mL适宜比例的盐酸与硝酸的混合酸1(可根据基体成分进行适当调整)。当样品中含硅(Si)，锆(Zr)，铪(Hf)，钛(Ti)，钽(Ta)，铌(Nb)，钨(W)时(见5中的筛选试验)，再加入1 mL氢氟酸。待样品反应稳定后，将整个消解罐置于微波消解装置中，按照仪器操作方法对样品进行微波消解，直至样品被完全溶解。将消解罐取出，冷却至室温，加入适量的硼酸络合过量的氢氟酸(若采用耐氢氟酸的雾化器，可不加硼酸)。转移至50 mL的容量瓶中，用水定容至刻度以备分析。根据所采用的分析方法，稀释成相应浓度的样品溶液。

6.4.1.5.6 未完全消解样品的处理方式

如果样品通过以上各种消解方法均无法完全消解，则采用XRF等设备进行物理筛查，如果筛查结果显示不含有待测物质，则将消解剩余物按废弃物处理；如果筛查结果显示含有待测物质，则采用以上的方法再次处理样品。

6.4.1.6 测试步骤

6.4.1.6.1 空白溶液的配制

随同6.4.1.5中样品的制备一起全程制备空白溶液。

6.4.1.6.2 铅和镉校准溶液的配制

因各种分析仪器存在不同程度的基体效应问题，在配制校准溶液时应根据待测材料的种类分别采用外标法(基体匹配)、内标法或标准加入法配制校准溶液。

制备空白校准溶液与至少三种浓度的校准溶液。

当采用内标法时，可在配制时向溶液中加入内标元素，或在测定过程中采用仪器在线加入内标。对于ICP-AES/OES法，可选取钪(Sc)或钇(Y)元素作内标；对于ICP-MS法，可选取铑(Rh)元素作内标。内标元素的浓度与待测元素的浓度相当。

6.4.1.6.3 铅和镉校准曲线的绘制

a) ICP-AES/OES方法

按浓度由低到高的顺序测量校准系列溶液中目标元素的光谱发射强度读数。根据需要，测定内标元素的发射强度读数。

采用外标法时，以校准溶液的浓度为横坐标，以信号强度为纵坐标绘制校准曲线。采用内标法时，以校准溶液的浓度为横坐标，以待测元素的信号强度与内标元素的信号强度比为纵坐标绘制校准曲线。

分析时所选择的谱线及可能存在的干扰见表10。

表10 Pb与Cd的谱线及可能存在的干扰

干扰元素	谱线/nm							
	Cd	Cd	Cd	Cd	Pb	Pb	Pb	Pb
	214.439	226.502	228.802	361.051	217.000	220.353	261.417	283.305
Ag	+	+	+	+	+	+	+	+
As	++	+	+++	+	+	+	+	+
Au	+	+	++	+	+	+	+	+++
B	+	+	+	+++	+	+	++	+
Ca	+	+	+	+	+	+	+	+
Co	+	++	+++	+++	++	+++	+++	++
Cr	+	+	+	+	+	+	++	+

表 10（续）

干扰元素	谱线/nm							
	Cd	Cd	Cd	Cd	Pb	Pb	Pb	Pb
	214.439	226.502	228.802	361.051	217.000	220.353	261.417	283.305
Cu	+	+	+	+	+	+	+	++
Eu	+	+	+	+++	++	+	+++	+++
Ga	+	+	+	+	+	+	+	+
Ge	+	+	+	+	+	+	+	+
In	+	+	+	+	+	+	+	+
Ir	++	++	++	++	+++	+++	+++	+++
Mg	+	+	+	+	+	+	+	++
Mn	+	+	+	+++	+	++	+++	+
Mo	++	+	+	+++	++	+	++	+++
Ni	+	+	++	+++	+++	++	+	+
Pd	+	+	+	+	+	+++	+	+
Pt	+++	+	++	+	+	+	+	+
Re	++	++	+	+++	++	+++	++	+++
Ru	++	+	++	+	++	+	+++	+
Sb	++	+	+	+	++	+	+	+
Sc	+	+	+++	++	++	++	+++	++
Sn	+	+	+	+	++	+	+	++
V	+	+	++	+++	++	++	++	+
W	++	++	++	++	+++	+	+++	++
Zn	+	+	+	+	+++	+	+	+
Al	+	+	+	+	+++	+++	+	++
Ti	+	+	+	++	+	+++	+	++
Fe	+++	+++	+	++	+++	++	+++	+++
Nb	+	+	+	—	—	+	—	+++
Hf	—	—	—	—	—	+	—	+++
Ta	—	—	—	—	—	+	—	++
Pb	+	+	+	+	—	—	—	—
Cd	—	—	—	—	+	+	+	+

注：+　无干扰或干扰较小[1 000×10⁻⁶(1 000 mg/kg)的基体所产生的干扰通常小于 0.05×10⁻⁶(0.05 mg/kg)]

++　干扰程度中等[1 000×10⁻⁶(1 000 mg/kg)的基体所产生的干扰约为 0.05×10⁻⁶～0.2×10⁻⁶(0.05 mg/kg～0.2 mg/kg)]

+++　干扰较为严重[1 000×10⁻⁶(1 000 mg/kg)的基体所产生的干扰高于 0.2×10⁻⁶(0.2 mg/kg)]

当存在共存物质干扰时，应选取不会干扰测定的任一波长，或采用适当的方法消除干扰。

b）ICP-MS 方法

按浓度由低到高的顺序测量校准系列溶液中待测元素同位素的计数。根据需要，测定内标元素同位素的计数。

采用外标法时，以校准溶液的浓度为横坐标，以信号强度为纵坐标绘制校准曲线。

采用内标法时，以校准溶液的浓度为横坐标，以待测元素的信号强度与内标元素的信号强度比为纵坐标绘制校准曲线。

分析时所选择的同位素及可能存在的干扰见表 11。

表 11 铅、镉的同位素及可能存在的干扰

元 素	同位素	潜在的同质异位素干扰	潜在的分子离子干扰
Cd	111	—	MoO，MoOH，ZrOH
	112	Sn	MoO，MoOH
	113	In	MoO，MoOH，ZrOH，RuO
	114	Sn	MoO，MoOH，RuO
Pb	204	—	—
	206	—	PtO
	207	—	IrO
	208	—	PtO

当存在共存物质干扰时，应选取不会干扰测定的任一同位素，或采用适当的方法消除干扰。

c) AAS 方法

按浓度由低到高的顺序测量校准系列溶液中目标元素的光谱吸收强度读数。以校准溶液的浓度为横坐标，以吸收强度为纵坐标绘制校准曲线。

分析线：镉(Cd) 228.8 nm；铅(Pb) 217.0 nm 或 283.3 nm；

吸光度读数范围：为了减少光度测量的误差，吸光度读数一般选在 0.1～0.6 之间，必要时可调节溶液的浓度或光程长度或扩展量程；

当存在共存物质干扰时，应选取不会干扰测定的任一波长，或采用适当的方法消除干扰。

6.4.1.6.4 样品分析

校准曲线建立后，测定空白溶液、样品溶液。依据每个样品的信号读数，由校准曲线查得所对应的浓度。每个样品应平行分析两次，且两次结果的相对标准偏差不应高于 10%，加标样品的回收率应为 90%～110%。

对于 AAS 法而言，若样品溶液的浓度高于校准溶液的最高点，应将样品进一步稀释，使其浓度在校准溶液的浓度范围内。

将标准物质或校准溶液作为质控样品，每 10 个样品测定一次，计算测量的精密度。如若需要，应重新绘制校准曲线。

6.4.1.6.5 结果计算

被测元素含量以质量分数 W_M 计，数值以百分比(%)表示，按式(2)计算：

$$W_M = \frac{(C_1 - C_2) \times V \times d \times 10^{-6}}{m} \times 100 \qquad (2)$$

式中：

W_M——被测元素含量，以百分比(%)表示；

C_1——在校准曲线上查得试液中被测元素浓度的数值，单位为微克每毫升(μg/mL)；

C_2——在校准曲线上查得试剂空白液中被测元素浓度的数值，单位为微克每毫升(μg/mL)；

V——试液的体积，单位为毫升(mL)；

d——样品溶液的稀释倍数；

m——样品量，单位为克(g)。

取两次测试结果的算术平均值，报告结果。

6.4.1.6.6 **精密度**

在重复性条件下获得的两次独立测定结果的绝对差值不得超过算术平均值的10%。

6.4.2 **电信终端产品中汞(Hg)的测试方法**

6.4.2.1 **方法适用性**

电信终端产品中所使用的聚合物材料、金属材料、专用电子材料以及无机非金属材料中汞含量测试。

6.4.2.2 **方法概要**

称取适量样品，以微波消解、酸消解的方法处理后制成均匀样品溶液。为了长期贮存汞溶液，建议采用5.0%硝酸+0.05%高锰酸钾的介质。

因汞极易被污染，实验中的每一个步骤都要求极其小心。所有的取样、储存与操作装置都要求无汞。所有的器皿在室温下以稀硝酸浸泡24 h，再以18 MΩ去离子水彻底清洗。

利用冷蒸气原子吸收法(CVAAS)、原子荧光法(AFS)、电感耦合等离子体原子发射光谱法(ICP-AES/OES)、电感耦合等离子体质谱法(ICP-MS)或原子荧光光谱法(AAS)测定样品溶液中的汞浓度。采用CVAAS与AFS时，在分析之前汞(Hg)被还原成原子状态。

6.4.2.3 **仪器设备**

a) 冷蒸气原子吸收光谱仪(CVAAS)；
b) 电感耦合等离子体原子发射光谱仪(ICP-AES/OES)；
c) 电感耦合等离子体质谱仪(ICP-MS)；
d) 原子荧光光谱法(AFS)；
e) 加热回流装置：配有反应瓶、回流冷凝装置和吸收装置；
f) 实验室用各种玻璃器皿；
g) 耐氢氟酸的容器；
h) 加热装置；
i) 微波消解装置，配有高压消解罐；
j) 分析天平，精确到0.000 1 g。

6.4.2.4 **试剂**

除非另有说明，在分析中仅使用认可的高纯试剂和18 MΩ去离子水或相当纯度的水。

a) 硝酸：ρ约1.40 g/mL，65%；
b) 盐酸：ρ约1.19 g/mL，37%；
c) 过氧化氢：ρ约1.10 g/mL，30%；
d) 氢氟酸：ρ约(40～42)%(ISO)；
e) 硫酸：ρ约1.84 g/mL，95%；
f) 硼酸：分析纯；
g) 汞标准溶液：浓度为1 000 μg/mL；
h) 氯化钠-盐酸羟胺溶液：每100 mL水溶解12 g氯化钠及12 g盐酸羟胺；
i) 高锰酸钾：5%水溶液，每100 mL水溶解5 g高锰酸钾；
j) 氢氧化钠：分析纯；
k) 硼氢化钠；
l) 1%硼氢化钠-0.05%氢氧化钠溶液：向1 000 mL的容量瓶中加水至接近刻度。再加0.5 g氢氧化钠，溶解后，加10.0 g硼氢化钠，搅拌、溶解，以水定容至刻度，现配现用；
m) BCR-680，BCR-681：塑料包装和包装材料中的认证参照材料。

6.4.2.5 样品制备

6.4.2.5.1 样品的粉碎

将电信终端产品按 GB/Z 20288 规定的要求拆分成为符合其要求的各种材料样品对于金属材料样品和易消解的材料，在满足可以达到完全消解的前提下，粉碎后样品的粒度要求可适当放大到 10 mm×10 mm×10 mm。对聚合物材料和专用电子材料，需继续粉碎成粒径小于 1 mm 的颗粒或粉末，混合均匀。

6.4.2.5.2 金属材料样品的制备

6.4.2.5.2.1 酸消解法

a) 样品制备的一般方法

称取约 1.0 g 样品于洁净反应瓶中，精确至 0.000 1 g。加 30 mL 浓硝酸。反应瓶装有回流冷凝装置及含有 10 mL 0.5 mol/L 硝酸溶液的吸收装置。室温下消解 1 h，升温至 90 ℃，恒温消解 2 h。冷却至室温，将吸收管内的溶液合并于消解液中。转移至 250 mL 容量瓶，以 5% 的硝酸定容至刻度配成样品溶液；

b) 含有锆(Zr)、铪(Hf)、钛(Ti)、铜(Cu)、银(Ag)、钽(Ta)、铌(Nb)或钨(W)的材料的溶解。

称取约 1 g 样品于洁净反应瓶中，加入 20 mL 浓盐酸和 10 mL 浓硝酸。反应瓶装有回流冷凝装置及含有 10 mL 0.5 mol/L 硝酸溶液的吸收装置。室温下消解 1 h。升温至(95±5)℃，消解 15 min。取下，冷却。

若样品未被完全消解。反复加王水并加热，直至样品消解完全。每次加酸时，都应沿器壁加入，以将粘在壁上的样品重新冲洗至溶液中。

待样品完全消解后，向反应瓶中加入 20 mL 水与 15 mL $KMnO_4$ 溶液。充分混匀，并在(95±5)℃ 加热回流 30 min。冷却到室温，过滤，转移至 100 mL 容量瓶中。用水反复清洗反应瓶、冷凝器与吸收装置。将清洗液并入容量瓶中。可加入 6 mL 氯化钠-盐酸羟胺溶液还原多余的高锰酸钾。用水稀释至刻度，混匀制备成样品溶液。

6.4.2.5.2.2 微波消解法

称取 0.10 g 样品，精确至 0.000 1 g，置于 PTFE/PFA 消解罐中，加入 5 mL 适宜比例的盐酸与硝酸的混合酸(盐酸与硝酸比例通常为 3∶1，可根据基体成分进行适当调整)。当样品中含硅(Si)、锆(Zr)、铪(Hf)、钛(Ti)、铌(Nb)或钨(W)时(见 6.2 中的筛选方法)，再加 1 mL 浓氢氟酸。

待样品反应稳定后，将整个消解罐置于微波消解装置中，按照仪器操作方法对样品进行微波消解，直至样品被完全溶解。将消解罐取出，冷却至室温，加入适量的硼酸络合过量的氢氟酸(若采用耐氢氟酸的雾化器，可不加硼酸)。转移至 50 mL 的容量瓶中，用水定容至刻度以备分析。根据所采用的分析方法，稀释成相应的浓度制备成样品溶液。

6.4.2.5.3 无机非金属样品的制备

通常无机非金属样品中含有硅等非金属元素，在样品制备过程中需加入强腐蚀性的氢氟酸，因此要求采用耐氢氟酸器皿。

称取 0.10 g 样品，精确至 0.000 1 g，置于消解罐中。加入 3 mL 适宜比例的浓盐酸与浓硝酸的混合酸(盐酸与硝酸比例通常为 3∶1，可根据基体成分进行适当调整)、3 mL 浓氢氟酸。待样品反应稳定后，将整个消解罐放入微波消解装置中，按照仪器操作方法对样品进行微波消解，直至样品被完全溶解。将消解罐取出，冷却至室温，加入适量的硼酸络合过量的氢氟酸(若采用耐氢氟酸的雾化器，可不加硼酸)。转移至 50 mL 的容量瓶中，用水定容至刻度以备分析。根据所采用的分析方法，稀释成相应的浓度制备成样品溶液。

6.4.2.5.4 聚合材料样品的制备

称取 0.10 g 样品，精确至 0.000 1 g，置于消解罐中，加入 5 mL 硝酸、1 mL 过氧化氢。当样品中含 Si，Zr，Hf，Ti，Ta，Nb，W 时(见 6.2 中的筛选测试方法)，再加入 1 mL 浓氢氟酸。将整个消解罐置于微波消解仪中，按照仪器操作方法对样品进行微波消解，直至样品被完全溶解。将消解罐取出，冷却至室温，加入适量的硼酸络合过量的氢氟酸(若采用耐氢氟酸的雾化器，可不加硼酸)。转移至 50 mL 的容量瓶中，用水定容至刻度以备分析。根据所采用的分析方法，稀释成相应的浓度制备成样品溶液。

注：过氧化氢可与易氧化材料发生快速而猛烈的反应。当样品中可能含有大量易氧化有机成分时，不宜添加过氧化氢。

6.4.2.5.5 **专用电子材料样品的制备**

称取 0.10 g 样品，精确到 0.000 1 g，置于 PTFE/PFA 消解罐中，加入 5 mL 适宜比例的浓盐酸与浓硝酸的混合酸(盐酸与硝酸比例通常为 3∶1，可根据基体成分进行适当调整)。当样品中含硅(Si)、锆(Zr)、铪(Hf)、钛(Ti)、铌(Nb)或钨(W)时(见 6.2 中的筛选测试方法)，再加入 1 mL 浓氢氟酸。待样品反应稳定后，将整个消解罐置于微波消解仪中，按照仪器操作方法对样品进行微波消解，直至样品被完全溶解。将消解罐取出，冷却至室温，加入适量的硼酸络合过量的氢氟酸(若采用耐氢氟酸的雾化器，可不加硼酸)。转移至 50 mL 的容量瓶中，用水定容至刻度以备分析。根据所采用的分析方法，稀释成相应的浓度制备成样品溶液。

6.4.2.5.6 **未完全消解样品的处理方式**

如果样品通过以上各种消解方法均无法完全消解，则采用 XRF 等设备进行物理筛查，如果筛查结果显示不含有待测物质，则将消解剩余物按废弃物处理；如果筛查结果显示含有待测物质，则采用以上的方法再次处理样品。

6.4.2.6 **测试步骤**

6.4.2.6.1 **空白溶液的制备**

随同 6.4.2.5 中样品的制备一起全程制备空白溶液。

6.4.2.6.2 **汞标准溶液的配制**

汞标准溶液应贮存于惰性塑料容器中。浓度小于 1 μg/L 的溶液应现用现配。

汞易被吸附在容器内壁，建议加入几滴 5% 的 $KMnO_4$ 溶液以稳定该标准溶液。

因各种分析仪器存在不同程度的基体效应问题，在配制校准溶液时应根据待测材料的种类分别采用外标法(基体匹配)、内标法或标准加入法配制校准溶液。

制备空白校准溶液与至少三个校准标准溶液。

当采用内标法时，可在配制时向溶液中加入内标元素，或在测定过程中采用仪器在线加入内标。对于 ICP-AES/OES 法，可选取钪或钇元素作内标；对于 ICP-MS 法，可选取铑元素作内标。内标元素的浓度与待测元素的浓度相当。

6.4.2.6.3 **汞校准曲线的绘制**

a) ICP-AES/OES 方法

按浓度由低到高的顺序测量校准系列溶液中汞的光谱发射强度读数。根据需要，测定内标元素的发射强度读数。

采用外标法时，以校准溶液的浓度为横坐标，以信号强度为纵坐标绘制校准曲线。

采用内标法时，以校准溶液的浓度为横坐标，以汞的信号强度与内标元素的信号强度比为纵坐标绘制校准曲线。

分析时所选择的汞的谱线：194.227 nm。

b) ICP-MS 方法

按浓度由低到高的顺序测量校准系列溶液中汞同位素的计数。根据需要，测定内标元素同位素的计数。

采用外标法时，以校准溶液的浓度为横坐标，以信号强度为纵坐标绘制校准曲线。

采用内标法时，以校准溶液的浓度为横坐标，以汞的信号强度与内标元素的信号强度比为纵坐标绘制校准曲线。

标法或标准加入法配制分析时所选择汞的同位素:202 m/z。

c) CVAAS方法

按浓度由低到高的顺序测量校准系列溶液中汞的吸收强度读数。以校准溶液的浓度为横坐标,以汞的吸收强度为纵坐标绘制校准曲线。

吸光度读数范围:为了减少光度测量的误差,吸光度读数一般选在0.1~0.6之间,必要时可调节溶液的浓度或光程长度或扩展量程。

仪器参数:

光源:Hg无极放电灯或空心阴极灯;

波长:253.7 nm;

光谱狭缝宽度:0.7 nm;

吹扫气:氮气或氩气;

还原剂:3% $NaBH_4$—0.5% NaOH溶液(可根据需要适当调节浓度)。

d) AFS方法

按浓度由低到高的顺序测量校准系列溶液中汞的荧光强度读数。以校准溶液的浓度为横坐标,以荧光强度为纵坐标绘制校准曲线。

荧光强度读数范围:为了减少测量的误差,荧光强度读数应落于仪器的线性范围内,必要时可调节溶液的浓度。

仪器参数:

光源:Hg空心阴极灯;

电流:30 mA;

波长:253.7 nm;

负高压:360 V;

炉温:800 ℃;

氩气流量 载气:600 mL/min;

屏蔽气:1 000 mL/min;

还原剂:3% $NaBH_4$ 溶于1% NaOH溶液中(可根据需要适当调节浓度)。

6.4.2.6.4 样品分析

校准曲线建立后,测定空白溶液、样品溶液。依据每个样品的信号读数,由校准曲线查得所对应的浓度。每个样品应平行分析两次,且两次结果的相对标准偏差不应高于20%,加标样品的回收率应在(70~130)%之间。

对于CVAAS方法与AFS方法而言,若样品溶液的浓度高于校准溶液的最高点,应将样品进一步稀释,使其浓度落于校准溶液的浓度范围内。

当采用CVAAS方法与AFS方法时,应考虑到基体成分对氧化-还原反应的影响。

AFS法将标准物质或校准溶液作为质控样品,每10个样品测定一次,计算测量的精密度。如若需要,应重新绘制校准曲线。

6.4.2.6.5 结果计算

被测元素含量以质量分数 W_M 计,数值以百分比(%)表示,按式(3)计算:

$$W_M = \frac{(C_1 - C_2) \times V \times d \times 10^{-6}}{m} \times 100 \quad \cdots\cdots(3)$$

式中:

W_M——被测元素含量,以百分比(%)表示;

C_1——在校准曲线上查得试液中被测元素浓度的数值,单位为微克每毫升(μg/mL);

C_2——在校准曲线上查得试剂空白液中被测元素浓度的数值,单位为微克每毫升(μg/mL);

V ——试液的体积，单位为毫升(mL)；

d ——样品溶液的稀释倍数；

m ——样品量，单位为克(g)。

6.4.2.6.6 防止汞污染

在使用各种方法或者器皿时须十分小心，从而将污染降至最低。以下预处理可在一定程度上避免样品的污染：

a) 仅采用蒸馏水或者去离子水，与水接触的惰性塑料材料须小心处理，纯水即使贮存于聚四氟乙烯容器(PTFE)中，也会在很短时间内从容器中浸出杂质；
b) 制备样品用的化学试剂是污染的主要来源，应使用不含汞的试剂；
c) 样品制备所需的化学试剂与还原剂在使用前，均应测量其空白值；
d) 烧杯、滴管及容量瓶是金属污染的主要来源，处理样品时宜使用惰性塑料；
e) 采用ICP-AES/OES、ICP-MS、AFS法时，当汞的浓度很高时，易产生记忆效应。因此在测定汞浓度较高的溶液时应尽量采用选择记忆效应小的进样系统，或将溶液稀释。测量后应彻底清洗进样系统。

6.4.2.6.7 精密度

在重复性条件下获得的两次独立测定结果的绝对差值不得超过算术平均值的20%。

6.5 电信终端产品中六价铬的测试方法

6.5.1 有色或无色防腐金属镀层中是否存在六价铬的定性测试

6.5.1.1 方法适用性

金属样品有色或无色镀层中是否存在六价铬的定性测试。因为六价铬对人类有毒，因此本方法中所用到的所有可能含有六价铬的样品和试剂都应适当处理。

由于六价铬自身的活性比较强，防腐镀层中的六价铬含量可能随时间和存储条件而有很大改变。因此，本方法为定性测定镀层中是否存在六价铬提供了一个实用而有效的方法。待测样品应存储在室温的环境下，室温是指相对湿度为(45～75)%，温度为(15～35)℃。

6.5.1.2 方法概要

本方法包括两个主要测试过程：斑点法和沸水萃取法。因斑点法使用起来比较简单，可先采用斑点法。当斑点法测试结果为否定，或者测试人员不能确定斑点法的结果时，或者背景有有色干扰时，可采用沸水萃取法进行验证。在有色防腐镀层中经常能发现有色干扰并导致错误的测试结果。如果用斑点法或者沸水萃取法检测到样品中含有六价铬，那么这个样品认为含有六价铬镀层。

含六价铬的溶液或废弃物应适当处理。例如：抗坏血酸或其他试剂可还原六价铬为三价铬。

6.5.1.3 仪器设备

a) 分析天平：精确到0.000 1 g；
b) 温度计或电热调节器或其他温度测量装置：测量范围可达到100 ℃；
c) 比色仪器：可产生1 cm或更长光程，能在540 nm使用的分光光度计；或者可产生1 cm或更长光程，装有绿-黄滤色器且最大透射比在540 nm附近的滤色光度计；
d) 实验室用玻璃器具：所有可重复使用的玻璃器具(玻璃、石英、聚乙烯、聚四氟乙烯等)包括放样品的容器都应用实验室级清洁剂和水浸泡过夜，用水淋洗，用稀释的混酸((HNO_3 ∶ HCl ∶ H_2O = 1∶2∶9 体积比)浸泡4 h后再用去离子水淋洗。只要能达到同样的洁净度和方法空白，也可使用其他清洗程序；
e) 刻度量筒：A级玻璃器具，100 mL，或者其他等同精度的量具，如：等同精度的自动稀释计；
f) 系列校准移液管：A级玻璃器具或其他等同精度器具；
g) 萃取装置：250 mL硼硅酸盐玻璃或石英烧杯；
h) 加热装置：能使萃取液保持沸腾；

i) 滤膜：0.45 μm，最好是纤维素滤膜或聚碳酸酯滤膜。

6.5.1.4 **试剂**

所用试剂均为分析纯。

a) 1,5-二苯卡巴肼；

b) $K_2Cr_2O_7$ 标液(总铬浓度为 400 mg/kg)：在一玻璃容器中，用去离子水溶解 0.113 g $K_2Cr_2O_7$，用去离子水稀释至 100 g，盖紧或塞紧容器，可保存使用大约 1 年左右；

c) $K_2Cr_2O_7$ 标液(总铬浓度为 1 mg/kg)：在一玻璃容器中，取 0.25 g 上述 b)溶液，用去离子水稀释至 100 g，盖紧或塞紧容器；

d) 丙酮；

e) 乙醇(96%(*v/v*))；

f) 正磷酸溶液(75%(*m/m*))；

g) 去离子水。

6.5.1.5 **样品制备**

测试前，样品表面不能有任何污染物、指印或其他外来污点。如果表面涂有薄油，测试前需在室温下(不超过 35 ℃)用清洁剂、软布或适合的溶剂去除。样品不能在高于 35 ℃条件下强制干燥。因防腐镀层会被碱分解，故不能用碱性溶剂处理样品。

若样品表面含有聚合物涂层，可用细砂纸如 800# 的 SiC 砂纸轻轻摩擦除去，还可以选用其他更有效的方法去除表面涂层。注意不能将样品表面的防腐镀层也一起摩擦掉。

6.5.1.6 **测试步骤**

6.5.1.6.1 **斑点法测试步骤**

a) 将 0.4 g 二苯卡巴肼溶于 20 mL 丙酮和 20 mL 乙醇(96%(*v/v*))的混合液中。溶解后，加入 20 mL 正磷酸溶液(75%(*m/m*))和 20 mL 去离子水。该溶液应在使用前 8 h 内配制。

b) 对于金属板样品，在样品表面滴加(1～5)滴上述配好的 a)溶液。如果存在六价铬，几分钟内样品表面出现红色至紫色的颜色变化。忽略之后再出现的其他颜色，如变干后颜色变化。

对于紧固样品，如一个小螺丝，将样品放入像试管这样的容器内，滴加 1～5 滴测试溶液(见 6.5.1.6.1a) 步骤所配溶液)。如果存在六价铬，几分钟内出现红色至紫色的颜色变化。将螺丝从容器中取出后将容器放在白色背景下更能容易观察到测试溶液的颜色。

c) 如果样品表面出现颜色变化，那么该样品就被认为在镀层中含有六价铬。不再需要进一步的分析。

d) 如果样品表面没有出现颜色变化，应进行以下操作步骤：

——在金属板表面选择一块儿未测区域，或者选择另一个同样的螺丝样品，用砂纸如 800# 的 SiC 砂纸轻轻摩擦，摩擦可能的铬镀层，但不要彻底除去整个镀层；

——在新刮擦的表面，重复 6.5.1.6.1b)步骤。如果出现颜色变化，那么样品就被认为含有六价铬镀层；

——如果还没有出现颜色变化，稍用力刮擦样品表面至涂层深处，再重复 6.5.1.6.1b)步骤。如果直到刮擦到样品基体，颜色仍然没有变化，那么认为样品低于六价铬的检出限；

——如果分析者很难判断测试中的颜色变化，在新抛光的样品裸露基体表面滴加一滴 $K_2Cr_2O_7$ 标液(总铬浓度为 1 mg/kg，6.5.1.4c)所配溶液)，再滴加 1 滴测试溶液(见 6.5.1.6.1a))所配溶液)进行混合。作为另一种备选方式，在一个小容器内如试管中将等量的 $K_2Cr_2O_7$ 标液(总铬浓度为 1 mg/kg，6.5.1.4c)所配溶液)和测试溶液(见 6.5.1.6.1a) 所配溶液)进行混合；

——将从样品得到的颜色和从 $K_2Cr_2O_7$ 标液得到的颜色进行比较。如果从样品得到的颜色与从标液得到的颜色相同，或者从样品得到的颜色更红，那么样品镀层含有六价铬。如果从样品得到的颜色是清亮的(无色),那么样品镀层不含有六价铬。如果从样品得到的红颜色比标液得到的红颜色浅,但也不是清亮无色,那么按照6.5.1.6.2进行操作;

——斑点法测试出现颜色变化,表明存在六价铬镀层。斑点法测得的六价铬浓度等于或高于1 mg/kg。但是,这不能解释为样品镀层中六价铬的浓度,也不宜用于该定性测试方法的检出限。

e) 为了用于比较,也可采用类似方法测样品的基体。除去样品所有的涂层即可得到样品的基体,如,用砂质或锉摩擦,或者用酸脱去涂层。

f) 如果斑点法测试没有出现颜色变化,或者分析者不能肯定斑点法测试结果的情况下,可采用下面的沸水萃取法进行进一步的验证。

6.5.1.6.2 沸水萃取法测试步骤

a) 上述6.5.1.6.1a)所配的测试溶液可直接用于本测试过程。本方法也可以用另外一种储存期更长的测试溶液,配制方法如下:将0.5 g二苯卡巴肼溶于50 mL丙酮中。用50 mL去离子水边搅拌边缓慢稀释(快速混合可能导致二苯卡巴肼生成沉淀),如果该溶液脱色,即应废弃不用;

b) 被测样品的表面应至少$(50\pm5)cm^2$。如果像螺丝之类很小的样品,或者样品表面形状不规则,可适当选取更多样品来达到要求的面积$(50\pm5)cm^2$。

注1:于形状复杂的样品,可以根据制造说明书,或者用尺寸和形状来估算表面积。

注2:对于一些小的电子零部件,可能很难得到总表面积为$(50\pm5)cm^2$的样品。在这种情况下,可适当缩小所用的总表面积,并相应地调整稀释因子,在分析报告中需要记录调整情况。

示例:平顶埋头螺丝可认为是一个金属圆柱(螺丝柱体)连接了一个金属锥体(螺丝头)

估算螺丝柱体的表面积:

$$S_b = 2\times\pi\times R_b\times H_b + 2\times\pi\times(R_b)^2 \quad \cdots\cdots(4)$$

式中:

S_b——估算的螺丝柱体的表面积;

R_b——螺丝柱体的半径;

H_b——螺丝柱体的高度。

估算螺丝头的表面积:

$$S_h = \pi\times(R_c + R_b)\times H_h + \pi\times(R_c)^2 \quad \cdots\cdots(5)$$

式中:

S_h——估算的螺丝头表面积;

R_c——螺丝头的半径;

H_h——螺丝头的高度。

总的估算螺丝表面积:

$$S_t = S_h + S_b - 2\times\pi\times(R_b)^2 \quad \cdots\cdots(6)$$

式中:

S_t——总的估算螺丝表面积。

6.5.2 比色法定量测定六价铬

6.5.2.1 方法适用性

描述了在聚合物以及电子元器件中定量测定六价铬的程序。利用碱溶法从样品中萃取六价铬。研究已证明碱性溶液比酸性溶液能够更有效的从水溶性和非水溶性的样品中萃取六价铬。在碱性萃取液中极少发生Cr(Ⅵ)转变成Cr(Ⅲ)的还原作用或Cr(Ⅲ)转变为Cr(Ⅵ)的氧化作用。

6.5.2.2 方法概要

利用碱溶法从样品中萃取六价铬。

碱性萃取液是0.28 mol/L Na_2CO_3和0.5 mol/L NaOH的混合物。样品在(90～95)℃的溶液中

萃取3 h。萃取液中六价铬的浓度是通过在酸性条件下与1,5-二苯卡巴肼反应测得。六价铬与1,5-二苯卡巴肼的反应中被还原成三价铬，而二苯卡巴肼被氧化成二苯卡巴腙，三价铬同二苯卡巴腙进一步形成红紫色的络合物。然后在540 nm波长处用比色计或分光光度计对络合物溶液进行定量测定。

为了降低六价铬的化学活性，分析前样品及其提取物应保存在相对湿度(45～75)%、温度(15～35)℃的环境条件。由于目前对萃取物中的六价铬的稳定性尚未完全了解，分析应在萃取后尽快完成。

样品来源或其基体对Cr(VI)的萃取有很大的影响。每个样品应使用6.5.2.6.5.1描述的示踪程序进行评估来决定一个方法是否适合这个样品的检测以及分析结果是否要根据示踪回收率进行校正。本方法适合某些聚合物样品包括聚氯乙稀(PVC)以及丙烯腈-丁二烯-苯乙烯(ABS)的检测，而不适合乙烯-醋酸乙烯酯/聚乙烯共聚物(EVA/PE)的检测。

利用6.4所描述的ICP-OES方法能够定量检测聚合物和电子元器件中的总铬(包括六价铬)，这是一个很实用的方法。然而，ICP-OES不能检测出六价铬的含量，只是检测样品中的所有价态的铬的总含量。

在比色法中潜在的干扰可以导致六价铬的还原、三价铬的氧化或在比色测定时颜色干扰。干扰因素包括但不限于pH值、铁离子、硫离子、六价钼以及汞盐等的影响。

注：所有在本方法中使用的可能含有六价铬的样品以及试剂应采取适当的预防措施处理。含有六价铬的溶液或废物应正确处置。例如维生素C或其他的还原剂能够将六价铬还原成三价铬。

6.5.2.3 仪器设备

a) 真空过滤器；

b) 加热搅拌装置：能够在(90～95)℃持续搅拌溶液。聚四氟乙烯磁性搅拌子可用于聚合物样品的搅拌。但不建议用于铁磁性样品，包括金属样品以及电子样品。在此情况下，建议使用聚四氟轴和搅拌叶的搅拌；

c) pH计：其精度应在±0.03，测量范围在0～14；

d) 分析天平：精确到0.000 1 g；

e) 温度计：温度计或电热调节器或其他的，测量范围应达到100 ℃；

f) 比色仪：可提供1 cm光程且可在540 nm范围使用的分光光度计，或者可产生1 cm或更长光程，装有绿-黄滤色器且最大透射比在540 nm附近的滤色光度计；

g) 具有或者无液氮冷却的研磨机，具有研磨聚合物样品以及电子配件的能力；

h) 实验器具：包括样品容器在内的所有可以重复使用的器皿(玻璃、石英、聚乙烯、聚四氟乙烯等)，要求浸泡在实验室级的去污剂和水过夜，然后用水清洗，接着用稀硝酸和盐酸的混合液(硝酸：盐酸：水=1：2：9，(体积比))浸泡4 h之后用去离子水淋洗。经由方法空白分析证明玻璃器皿相当干净时，清洗过程允许选择性进行；

i) 容量瓶和量筒：有塞子的1 000 mL和100 mL的A级玻璃容器或精确度和精密度可接受的同级品。如达到可接受的精确度和精密度，也可选用其他的容量测定装置如自动稀释仪；

j) 移液管：具可接受精确度和准确度的各种合适型号；

k) 提取瓶：具250 mL刻度的硼硅酸盐玻璃或石英烧杯或其他同级品；

l) 滤膜(0.45 μm)：最好是纤维素或聚碳酸酯膜；

m) 碳-18注射过滤筒。

6.5.2.4 试剂

a) 硝酸：分析纯，(20～25)℃避光保存。不要使用已经变黄的浓硝酸，这是由于其中的硝酸根被光致还原成二氧化氮，而后者可把六价铬还原；

b) 碳酸钠：Na_2CO_3，无水，分析纯，(20～25)℃保存于封闭的容器中；

c) 氢氧化钠：NaOH，分析纯，(20～25)℃保存于封闭的容器中；

d) 氯化镁：$MgCl_2$(无水)，分析纯，400 mg的氯化镁相当于100 mg镁离子；(20～25)℃保存于封闭的容器中；

e) 磷酸盐缓冲液：配制 pH 值为 7 的缓冲液，将 87.09 g K_2HPO_4（分析纯）和 68.04 g KH_2PO_4（分析纯）溶解于 700 mL 去离子水中，然后移至 1.0 L 的容量瓶中稀释至刻度线；配制好的缓冲液含有 0.5 M K_2HPO_4 和 0.5 M KH_2PO_4；

f) 铬酸铅 $PbCrO_4$：分析纯，(20～25)℃保存于封闭的容器中，这是固体示踪剂；

g) 提取液：用去离子水溶解(20.00±0.05)g 氢氧化钠和(30.00±0.05) g 碳酸钠，定容到 1.0 L，(20～25)℃密封保存于聚乙烯瓶中，每月要重新制备。使用前其 pH 值应在 11.5 以上（含 11.5），如果不符合要求，应重新配制；

h) 重铬酸钾储备液：将 141.4 mg 干燥的重铬酸钾 $K_2Cr_2O_7$（分析纯）溶解于去离子水中，然后稀释至 1.0 L (1 mL 含 50 μg Cr)；

i) 重铬酸钾标准液：将上述配制的 10 mL 的重铬酸钾溶液稀释至 100 mL (1 mL 含 5 μg Cr)；

j) 硫酸 10% (*v*/*v*)：将 10 mL 硫酸（试剂纯或色谱纯）用去离子水稀释至 100 mL；

k) 1,5-二苯卡巴肼溶液：在 50 mL 丙酮中溶解 250 mg 1,5-二苯卡巴肼，保存在棕色瓶中。使用前检查溶液的颜色，如果变色则丢弃重新配制；

l) 重铬酸钾示踪储备液[1 000 mg/L Cr(Ⅵ)]：将于 105 ℃干燥至恒重的 2.829 g $K_2Cr_2O_7$ 用去离子水溶解于 1.0 L 的容量瓶中，然后稀释至刻度线。也可使用经认证的 1 000 mg/L Cr(Ⅵ) 标准液。此溶液应在(20～25)℃保存于封闭的容器中，六个月内使用；

m) 重铬酸钾 $K_2Cr_2O_7$ 示踪溶液[100 mg/L Cr(Ⅵ)]：从上述制备的 1 000 mg/L 的 $K_2Cr_2O_7$ 示踪剂中取 10.0 mL 移入 100 mL 的容量瓶，用去离子水稀释至刻度线，混合均匀；

n) 去离子水，去离子水应不含干扰物。

6.5.2.5 样品制备

样品收集和储存应使用不含不锈钢的设备和容器。

提取前，聚合物样品和电子元器件应研磨成能够 100%通过 250 μm 滤网（如＃60 ASTM 标准滤网）的粉末。

6.5.2.6 测试步骤

6.5.2.6.1 萃取

a) 准确称取 2.500 g 样品，放入干净的提取瓶中；

注：如果样品中六价铬的含量过低或过高也可以称取不同重量的样品。

b) 为了进行示踪回收率测定，准确称取第二份 2.500 g 样品（或其他选用的重量），放入第二个干净的提取瓶中。选择一种示踪溶液[见 6.5.2.4l)或 6.5.2.4m)]直接加入样品中；

c) 用量筒向每一个样品中加入 50 mL 提取液（见 6.5.2.4g)）；

d) 然后每一个样品中加入溶有 400 mg $MgCl_2$ 的 1.0 mol/L 的磷酸缓冲液中[见 6.5.2.4e)] 0.5 mL。如果分析技术能够修正方法可能导致铬的诱导氧化还原，也可以对溶液选择性加入 $MgCl_2$；

注：对于那些易"漂浮"在提取液面上的聚合物，可加入 1～2 滴润湿剂（如曲拉通 X-100）以增加提取过程中样品的润湿性。用表玻璃或塑料盖盖住所有的提取瓶。

e) 将样品加热至(90～95)℃，并不断搅拌，至少保持 3 h，不断搅拌冷却至室温；

f) 用 0.45 μm 的滤膜过滤。用去离子水淋洗提取瓶三次并将淋洗水移至过滤器。如果 0.45 μm 的滤膜过滤器阻塞，可以用大孔滤纸(Whatman GFB or GFF)将样品进行预过滤；

g) 用去离子水冲洗吸滤瓶和滤网，然后将滤液和洗涤液移至一干净的 250 mL 容器中。将过滤器上的固体收集保存，在评估低 Cr(Ⅵ)基体示踪回收率时可能会使用，将过滤固体保存在 (4 ± 2)℃；

h) 在检测 pH 值时不断搅拌，将浓硝酸[见 6.5.2.4a)]缓慢滴加到该 250 mL 的容器中，调节溶液的 pH 值至 7.5±0.5。移去搅拌和冲洗装置，将容器中溶液转移至 100 mL 的容量瓶中，定容并混合均匀；此时提取液已准备好可以进行分析。

6.5.2.6.2 **显色和检测**

a) 将待测液 95 mL 转移至干净的 100 mL 容器中，缓慢加入硫酸溶液[见 6.5.2.4j)]调节 pH 值为 2.0±0.5。如果溶液澄清，按照 6.5.2.6.2d)进行操作。如果溶液混浊，有絮状物(混浊的、薄片的或非晶状的)的沉淀，或者有颜色，按照 6.5.2.6.2b)进行操作；

b) 如果溶液混浊或有絮状沉淀，用 0.45 μm 膜过滤器或慢速滤纸过滤样品。如果样品溶液有颜色，在加入 1,5-二苯卡巴肼之前用碳 18 注射过滤筒过滤。如果提取液在过滤后澄清，进行步骤 6.5.2.6.2d)，如果经过过滤步骤仍然有颜色或混浊，则按照 6.5.2.6.2c)进行操作；

c) 将每一个混浊的提取液定量转移到 100 mL 容量瓶中，定容并混合均匀。从这个瓶中取出大约 5 mL，紫外分光光度计用 0.0 μg/ mL 的标准溶液调零后记录其吸光率。在每个混浊的提取液中加入 2.0 mL 1,5-二苯卡巴肼溶液，混合用去离子水调节体积至 100 mL，并混合均匀，放置 5 min～10 min 充分显色，然后按照 6.5.2.6.2d)进行操作；

d) 将提取瓶中的液体转移一定量到 100 mL 的容量瓶中，加入 2.0 mL 1,5-二苯卡巴肼溶液[6.5.2.4k)]用去离子水调节体积至 100 mL 并混合均匀，放置 5 min～10 min 充分显色；

e) 转移适量的溶液到 1 cm 吸收池中，用比色装置测试其在 540 nm 处的吸光度；

f) 用同样的显色程序制备空白样，减去空白吸光度即得校正后的吸光度。对于步骤 6.5.2.6.2b)中的过滤的溶液，通过减去步骤 6.5.2.6.2c)中的吸光度进行校正；

g) 根据标准曲线，可用校正的吸光度确定六价铬的浓度。

6.5.2.6.3 **绘制标准曲线**

a) 用移液管移取一定量的六价铬标准液(见 6.5.2.4i))置于 10 mL 的容量瓶中，配制 0.1 mg/L～5 mg/L 六价铬的系列标准液。准备一个空白溶液和至少三个标准溶液；

如果样品溶液中六价铬的浓度超出了原来的校准曲线范围，应利用其他浓度范围的校准曲线。

b) 用与样品同样的方法(见 6.5.2.6.2)对标准溶液进行显色；

c) 取适量的标准溶液于 1 cm 的吸收池中，用比色装置测试其在 540 nm 处的吸光度；

d) 用同样的显色程序制备空白样，减去空白吸光度即得校正后的吸光度。

以校正后的吸光度对六价铬的浓度值绘制校准曲线。无论线性回归还是二次拟合都可以用来建立标准曲线。曲线的相关系数(R^2)应大于 0.99，否则要重新绘制新的曲线。

6.5.2.6.4 **分析结果计算**

a) 整个样品中六价铬的浓度(μg/g)

$$C = \frac{A \times D \times F}{S} \qquad (7)$$

式中：

C——六价铬浓度，单位为微克每克(μg/g)；

A——测到的提取液浓度，单位为微克每毫升(μg/mL)；

D——稀释因子；

F——最终的提取液的体积，单位为毫升(mL)；

S——样品的最初的质量，单位为克(g)。

b) 相对误差百分比

$$R = \frac{|S - D|}{0.5 \times (S + D)} \times 100 \qquad (8)$$

式中：

R——相对误差百分比，以百分比(%)表示；

S——最初测试样品中六价铬的浓度，单位为微克每克(μg/g)；

D——平行测试六价铬的浓度，单位为微克每克(μg/g)。

c) 示踪回收率

$$SR = \frac{SS - US}{SA} \times 100 \qquad \cdots\cdots(9)$$

式中：

SR——示踪回收率，以百分比(%)表示；

SS——添加示踪剂的样品中六价铬的浓度，单位为微克每克(μg/g)；

US——未加示踪剂的样品中六价铬的浓度，单位为微克每克(μg/g)；

SA——示踪剂的质量，单位为微克每克(μg/g)。

6.5.2.6.5 质量控制

6.5.2.6.5.1 一般方法

每批要分析的样品包括待测样品、空白样、平行样以及示踪回收率测样品最多不能超过20个。每批样品要至少制备分析一个空白样品来检测是否存在污染以及记忆效应。每批样品中至少对其中一个样品制备平行样。相对误差百分率应小于或等于20%。实验室控制样品分析频率应为每批一个。控制样品应为下列之一：

a) 利用示踪液[见6.5.2.4m)]对50 mL提取液[见6.5.2.4g)]进行示踪；

b) 利用固体示踪剂 $PbCrO_4$[见6.5.2.4f)]对50 mL提取液[见6.5.2.4g)]进行示踪。可以接受的回收率的范围是(80～120)%，否则样品要重新进行分析。

6.5.2.6.5.2 示踪回收率校准方法

由于本测试方法受基体效应的影响比较大，因此有必要对每个样品的独特来源进行示踪回收率描述。独特的来源包括下列的任何情况，不同的下游消费者(即使原材料使用相同的聚合物)、不同产品批次(即使原材料使用相同的聚合物)、不同聚合物、不同添加剂以及其他可以改变样品来源的情况。示踪回收率测试从样品的萃取开始示踪，通过提取和显色过程进行示踪。

a) 每个独特的样品应使用示踪样品进行分析，选择下列选项之一进行：

——可加入1.0 mL或两倍于样品浓度(两者取较大者)的示踪液[见6.5.2.4m)]进行示踪；

——可加入准确称取至少1.0 mg或两倍于样品浓度(两者取较大的)的 $PbCrO_4$[见6.5.2.4f)]进行示踪。

b) 被示踪样品同样经过萃取(见6.5.2.6.1)和比色法测定程序(见6.5.2.6)计算回收率。

c) 可以接受的示踪回收率的范围是(10～125)%，否则样品要重新分析。如果回收率小于10%，再次分析时应加入两倍量的示踪液。如果回收率大于125%，重复分析这个样品时用同样量的示踪液。如果再次分析其回收率仍然在(10～125)%范围之外，则认为这个方法不适合对这个样品进行分析，结果不能写入检测报告。

d) 如果回收率大于75%或小于125%，样品的结果以及检测限不用进行校正。

e) 如果样品的回收率在(10～75)%之间，样品的检测结果和检测限应根据回收率进行校正；即，用比率(100%/示踪回收率)乘以检测结果。然后，用同样的比率乘以该方法的检测限。

f) 如果用6.5.2.6.5.2e)中的测试方法校正的样品检测结果比6.5.2.6.5.2e)中校正的检测限大，记录校正后的结果。否则，记录校正后的检测限值作为样品的检测结果。

示例：假设Cr(Ⅵ)样品检测限为2 μg/g，样品的回收率是50%，那么校正后样品的检测限=2 μg/g×(100%/50%)=4 μg/g。如果检测结果是100 μg/g，校正后的结果为100 μg/g×(100%/50%)=200 μg/g。这种情况下，检测报告的结果为200 μg/g。

参 考 文 献

[1] GB/T 3260.9—2000 锡化学分析方法 铅、铜、锌量的测定

[2] GB/T 5121.3—2008 铜及铜合金化学分析方法 第3部分:铅含量的测定

[3] GB/T 8647.6—2006 镍化学分析方法 镉、钴、铜、锰、铅、锌量的测定 火焰原子吸收光谱法

[4] GB/T 15337—2008 原子吸收光谱分析法通则

[5] GB/T 15555.1—1995 固体废物 总汞的测定 冷原子吸收分光光度法

[6] GB/T 16597—1996 冶金产品分析方法 X射线荧光光谱法通则

[7] SJ/T 11363—2006 电子信息产品中有毒有害物质的限量要求

[8] SJ/T 11365—2006 电子信息产品中有毒有害物质的检测方法

[9] ISO 17294-1 电感耦合等离子体质谱法测定环境水中的多元素-原理与通则

[10]《电子信息产品污染控制管理办法》 信息产业部2006年2月28日 第39号令

[11] IEC 62321 2nd CDV 电子电气设备中六种限用物质铅、汞、镉、六价铬、多溴联苯和多溴二苯醚的测试程序

[12] EPA 3050 沉积物、污泥和土壤的酸消解制样方法

[13] EPA 3052 沉积物、污泥、土壤以及有机质的微波消解制样方法

[14] EPA 3540 用索氏提取法提取土壤、污泥和废物中的非挥发性和半挥发性有机物

[15] EPA 7000 Pb、Cd、Cr及Hg的系列测试方法

ICS 71.100.70
Y 42

中华人民共和国国家标准

GB/T 22728—2008

化妆品中丁基羟基茴香醚(BHA)和二丁基羟基甲苯(BHT)的测定 高效液相色谱法

Determination of butylated hydroxyanisole (BHA) and butylated hydroxytoluene (BHT) in cosmetics—High performance liquid chromatography

2008-12-31 发布　　　　2009-08-01 实施

中华人民共和国国家质量监督检验检疫总局
中国国家标准化管理委员会　发布

前　言

本标准的附录 A 为资料性附录。

本标准由国家认证认可监督管理委员会提出并归口。

本标准起草单位:中国检验检疫科学研究院。

本标准主要起草人:陈会明、郝楠、于文莲、周新、白桦、刘娟、卢加文。

化妆品中丁基羟基茴香醚(BHA)和二丁基羟基甲苯(BHT)的测定 高效液相色谱法

1 范围

本标准规定了化妆品中丁基羟基茴香醚(BHA)和二丁基羟基甲苯(BHT)的液相色谱测定方法。

本标准适用于固体、膏状和液体化妆品中丁基羟基茴香醚(BHA)和二丁基羟基甲苯(BHT)的测定。

本标准的方法检出限:丁基羟基茴香醚(BHA)、二丁基羟基甲苯(BHT)均为0.005%。

2 原理

用甲醇超声提取化妆品中的BHA、BHT,离心分离,取上清液过滤,滤液经配有紫外检测器的高效液相色谱仪检测,外标法定量。

3 试剂与材料

除另有说明外,所有试剂均为分析纯,水为二次去离子水或重蒸水。

3.1 甲醇

优级纯或者色谱纯。

3.2 标准品

BHA,纯度不小于98%(其中3-BHA,纯度不小于90%;2-BHA,纯度不大于8%);BHT,纯度不小于99%。

3.3 标准储备液

BHA的标准储备液:准确称取BHA标准品0.1 g,精确至1 mg,用甲醇溶解后转移至100 mL容量瓶中,甲醇定容,振荡均匀,即得BHA质量浓度为1 000 μg/mL的标准储备液。

BHT的标准储备液:准确称取BHT标准品0.1 g,精确至1 mg,用甲醇溶解后转移至100 mL容量瓶中,甲醇定容,振荡均匀,即得BHT质量浓度为1 000 μg/mL的标准储备液。

4 仪器

4.1 高效液相色谱仪:配紫外检测器。

4.2 超声波清洗器。

4.3 高速离心机:不小于15 000 r/min。

4.4 注射式样品过滤器:配有有机相滤膜,滤膜孔径0.45 μm。

4.5 锥形瓶:具磨口塞,50 mL。

4.6 容量瓶:100 mL、25 mL。

5 测定

5.1 试样处理

5.1.1 固体、膏状化妆品:称取化妆品0.5 g(精确到1 mg)于50 mL锥形瓶中,加入甲醇25.00 mL,超声提取20 min,以12 000 r/min高速离心15 min,上清液过0.45 μm滤膜,滤液供测试。

5.1.2 液体化妆品：称取液体化妆品（香水、爽肤水等）0.5 g（精确到 1 mg）于 25 mL 容量瓶中，用甲醇定容至刻度，充分摇匀，上清液过 0.45 μm 滤膜，滤液供测试。

5.2 标准工作曲线的绘制

分别吸取 10.00 mL 的 BHA 和 BHT 标准储备液（3.3）于 50 mL 容量瓶中，用甲醇定容后摇匀，即得质量浓度为 200 μg/mL 的混合标准工作溶液，逐级稀释该溶液得到质量浓度为 100 μg/mL、50 μg/mL、25 μg/mL、10 μg/mL、5 μg/mL、1 μg/mL 的混合标准工作溶液，供高效液相色谱测定，得出标准工作曲线。

5.3 测定步骤

5.3.1 色谱条件

a） 色谱柱：C_{18}，5 μm，250 mm×4.6 mm（内径）或相当者；

b） 流动相：甲醇：水（10：1）；

c） 流速：1.0 mL/min；

d） 检测波长：278 nm；

e） 柱温：室温；

f） 进样量：10 μL。

5.3.2 高效液相色谱测定

分别准确吸取样品待测液（5.1）及标准工作溶液（5.2）注入高效液相色谱仪，应用 5.3.1 规定的色谱条件进行测定。在选定色谱条件下，标准溶液（5.2）按质量浓度由稀至浓顺序依次进样，得到峰面积与质量浓度的标准工作曲线。试样溶液中的 BHA、BHT 的响应值应在标准工作曲线的线性范围内。在5.3.1规定的色谱条件下，BHA、BHT 标准物质的保留时间分别为 3.924 min、8.955 min。BHA 和 BHT 标准物质的色谱图参见附录 A 中图 A.1。

5.4 空白试验

除不加试样外，均按上述步骤（5.1～5.3）同时完成空白试验。

6 结果计算

结果按式（1）计算，计算结果保留到小数点后两位，计算结果需扣除空白值。

$$X_i = \frac{c_i \times V}{m \times 10^6} \times 100 \qquad \cdots\cdots(1)$$

式中：

X_i——BHA 或 BHT 的含量，%；

c_i——标准曲线查得的 BHA 或 BHT 的质量浓度，单位为微克每毫升（μg/mL）；

V——样品稀释后总体积，单位为毫升（mL）；

m——样品质量，单位为克（g）。

7 回收率和精密度

添加质量浓度为 0.01%～1.00%时，BHA 的回收率为 93.6%～103.9%，相对标准偏差为 0.24%～2.70%；

添加质量浓度为 0.01%～1.00%时，BHT 的回收率为 97.5%～108.5%，相对标准偏差为 0.27%～2.29%。

附　录　A
（资料性附录）
标准物质色谱图

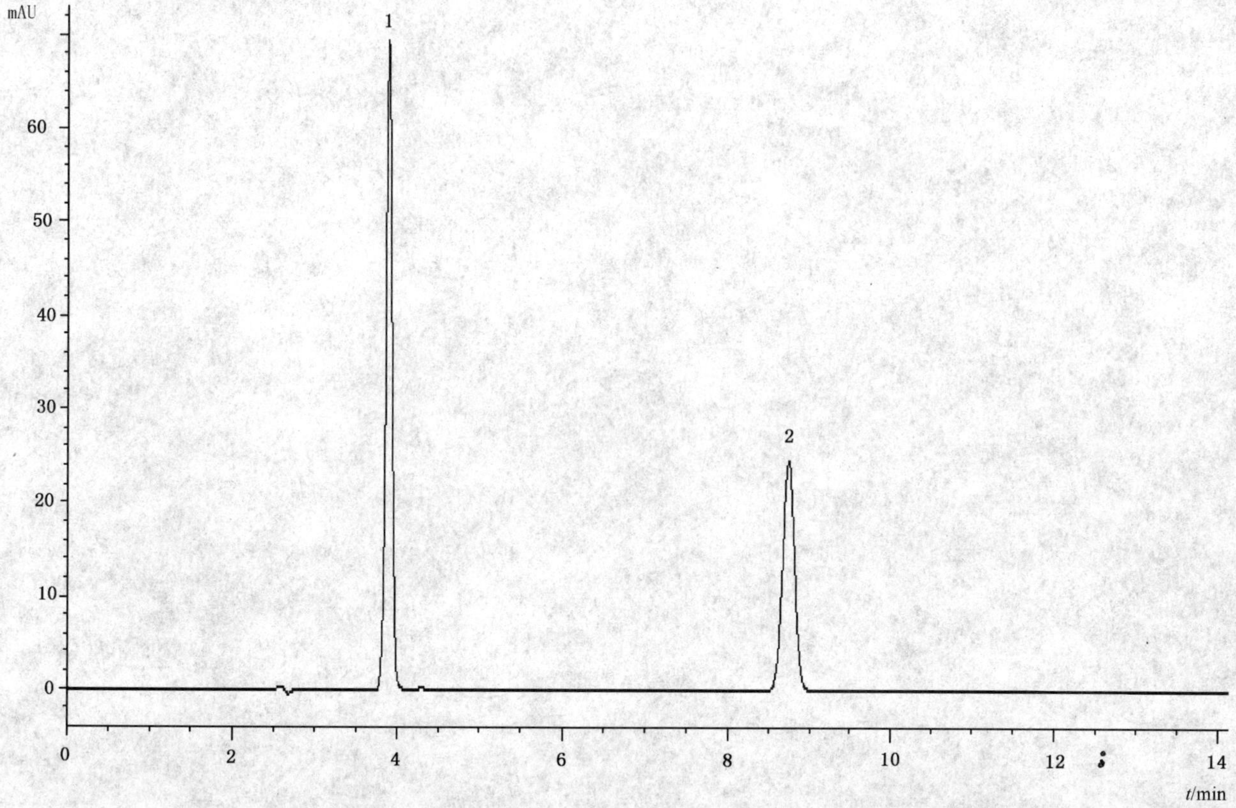

1——丁基羟基茴香醚(BHA)；

2——二丁基羟基甲苯(BHT)。

图 A.1　BHA、BHT 标准物质高效液相色谱图

ICS 67.040
X 80

中华人民共和国国家标准

GB/T 22729—2008

海洋鱼低聚肽粉

Oligopeptides powder of marine fish

2008-12-31 发布　　2009-08-01 实施

中华人民共和国国家质量监督检验检疫总局
中国国家标准化管理委员会　发布

前 言

本标准的附录A为规范性附录。

本标准由全国食品工业标准化技术委员会提出。

本标准由全国特殊膳食标准化技术委员会归口。

本标准起草单位：中国食品发酵工业研究院、浙江海氏生物科技有限公司、北京中食海氏生物技术有限公司、北京同仁堂健康药业股份有限公司、江南大学分析测试中心。

本标准主要起草人：蔡木易、易维学、陈岩、戴军、张宏、徐亚光、谷瑞增、张如民。

海洋鱼低聚肽粉

1 范围

本标准规定了海洋鱼低聚肽粉的产品分类、技术要求、试验方法、检验规则以及标签、包装、运输和贮存。

本标准适用于海洋鱼低聚肽粉产品的生产、检验和销售。

2 规范性引用文件

下列文件中的条款通过本标准的引用而成为本标准的条款。凡是注日期的引用文件，其随后所有的修改单(不包括勘误的内容)或修订版均不适用于本标准，然而，鼓励根据本标准达成协议的各方研究是否可使用这些文件的最新版本。凡是不注日期的引用文件，其最新版本适用于本标准。

GB 2733 鲜、冻动物性水产品卫生标准

GB/T 4789.2 食品卫生微生物学检验 菌落总数测定

GB/T 4789.3 食品卫生微生物学检验 大肠菌群测定

GB/T 4789.4 食品卫生微生物学检验 沙门氏菌检验

GB/T 4789.5 食品卫生微生物学检验 志贺氏菌检验

GB/T 4789.10 食品卫生微生物学检验 金黄色葡萄球菌检验

GB/T 4789.15 食品卫生微生物学检验 霉菌和酵母计数

GB/T 5009.3 食品中水分的测定

GB/T 5009.4 食品中灰分的测定

GB/T 5009.5 食品中蛋白质的测定

GB/T 5009.11 食品中总砷及无机砷的测定

GB/T 5009.12 食品中铅的测定

GB/T 5009.15 食品中镉的测定

GB/T 5009.17 食品中总汞及有机汞的测定

GB/T 5009.92 食品中钙的测定

GB/T 5009.124 食品中氨基酸的测定

GB/T 9695.23 肉与肉制品 羟脯氨酸含量测定

3 术语和定义

下列术语和定义适用于本标准。

3.1

海洋鱼低聚肽粉 oligopeptides powder of marine fish

以海洋鱼皮、鱼骨或鱼肉为原料，用酶解法生产的、相对分子质量低于 1 000 u 的低聚肽(短肽)为主要成分的粉末状产品。

3.2

胶原 collagen

鱼、牛、猪等动物的皮、骨等组织中一类含特有的羟脯氨酸的无支链纤维蛋白质。

4 产品分类

4.1 分类原则

产品按原料分为三类。

4.2 类别

4.2.1 海洋鱼皮胶原低聚肽粉

以海洋鱼皮为原料生产的低聚肽粉产品。

4.2.2 海洋鱼骨胶原低聚肽粉

以海洋鱼骨为原料生产的低聚肽粉产品。

4.2.3 海洋鱼肉低聚肽粉

以海洋鱼肉为原料生产的低聚肽粉产品。

5 技术要求

5.1 原辅材料

海洋鱼皮、海洋鱼骨、海洋鱼肉：应符合 GB 2733 规定的要求。其他原辅材料应符合相应的国家标准或行业标准。

5.2 感官特性

产品的感官特性应符合表 1 的规定。

表 1

项　目	特　性
形　态	粉末状，无结块
色　泽	白色或淡黄色
杂　质	无正常视力可见的外来杂质

5.3 理化指标

产品的理化指标应符合表 2 的规定。

表 2

项　目		指　标		
		海洋鱼皮胶原低聚肽粉	海洋鱼骨胶原低聚肽粉	海洋鱼肉低聚肽粉
总氮(以干基计)/%	≥	14.5	13.5	13.5
低聚肽(以干基计)/%	≥	85.0	75.0	80.0
羟脯氨酸/%	≥	3.0	2.0	—
钙/(mg/kg)	≥	—	400	—
灰分/%	≤	7.0	—	7.0
相对分子质量小于 1 000 u 的蛋白质水解物所占比例/%	≥	85.0		
干燥失重/%	≤	7.0		

5.4 污染物指标

产品中污染物指标应符合表 3 的规定。

表 3

项　　目		指　　标
无机砷/(mg/kg)	≤	0.5
铅/(mg/kg)	≤	0.5
镉/(mg/kg)	≤	0.1
甲基汞/(mg/kg)	≤	0.5

5.5　微生物指标

产品中微生物指标应符合表 4 的规定。

表 4

项　　目		指　　标
菌落总数/(CFU/g)	≤	5 000
大肠菌群/(MPN/100g)	≤	30
霉菌/(CFU/g)	≤	25
酵母/(CFU/g)	≤	25
致病菌(沙门氏菌、志贺氏菌、金黄色葡萄球菌)		不得检出

6　试验方法

6.1　感官检验

称取 10 g 样品，散放在白色搪瓷平盘中，在自然光下直接观察样品的形态、色泽和杂质。

6.2　总氮

按照 GB/T 5009.5 规定的方法测定。测定结果不进行蛋白质系数换算，以总氮质量分数表示。

6.3　低聚肽

6.3.1　方法提要

低分子质量的蛋白质水解物(包括低聚肽及游离氨基酸)可溶于三氯乙酸溶液；高分子质量的蛋白质在三氯乙酸溶液中易沉淀。样品经三氯乙酸溶液溶解后，离心分离出沉淀蛋白质，收集离心清液。按照 GB/T 5009.5 规定的方法测定离心清液的酸溶蛋白质水解物含量，清液的酸溶蛋白质水解物含量减去游离氨基酸含量得到低聚肽的含量。

6.3.2　分析步骤

6.3.2.1　酸溶蛋白质水解物含量的测定

称取 2 g(精确至 0.001 g)样品，加入 10 mL 15%三氯乙酸溶液，混合均匀，静置 10 min。将样品溶液在 4 000 r/min 下离心 10 min 后，取全部离心清液，按 GB/T 5009.5 规定的方法测定清液的蛋白质水解物含量，计算出样品中酸溶蛋白质水解物含量。蛋白质换算系数为 6.25，检验结果根据样品的干燥失重，折算为干基。

6.3.2.2　游离氨基酸含量的测定

6.3.2.2.1　氨基酸自动分析仪测定法

称取 0.02 g～0.03 g 样品，精确至 0.000 1 g，用 3.5%磺基水杨酸溶液溶解均匀。将样品溶液转移至 50 mL 容量瓶中，定容。将样品溶液在转速为 4 000 r/min 离心机上离心 5 min，取离心清液，再用 0.45 μm微孔滤膜过滤离心清液，将滤液转移至 50 mL 容量瓶中，定容摇匀备用，然后按照 GB/T 5009.124规定的方法，用氨基酸自动分析仪测定其游离氨基酸含量。

6.3.2.2.2 高效液相色谱仪测定法

6.3.2.2.2.1 方法提要

用三氯乙酸沉淀蛋白质后，以邻苯二甲醛(OPA)和氯甲酸芴甲酯(FMOC—Cl)分别作为一级氨基酸和二级氨基酸的衍生反应试剂，采用柱前自动衍生化反相高效液相色谱法测定海洋鱼低聚肽粉中的游离氨基酸总量。

6.3.2.2.2.2 仪器

a) 高效液相色谱仪：配四元梯度泵，紫外检测器，自动进样器和化学工作站软件及在线脱气机。

b) 分析天平：感量 0.000 1 g。

c) pH 计。

6.3.2.2.2.3 试剂

三乙胺、四氢呋喃、乙酸、硼酸，均为分析纯；甲醇、乙腈、氨基酸标准品、邻苯二甲醛(OPA)、氯甲酸芴甲酯(FMOC—Cl)均为色谱纯；超纯水。

6.3.2.2.2.4 测定

称取样品 0.5 g，精确至 0.000 1 g，于 25 mL 容量瓶中，加 5%三氯乙酸 10 mL 沉淀 2 h，定容摇匀，过滤，于 10 000 r/min 离心 15 min，取上清液上机，采用外标法进行测定。

色谱条件：分析柱：Hypersil AA-ODS，5 μm，200 mm×2.1 mm(内径)。流动相：A 液：含 0.018%三乙胺(TEA)的 20 mmol/L 乙酸钠缓冲液，用稀乙酸调至 pH7.2，加 0.3%四氢呋喃(THF)；B 液：20%的 100 mmol/L 乙酸钠缓冲液，用稀乙酸调至 pH7.2，加 40%乙腈和 40%甲醇。梯度洗脱程序：0 min时 A 液为 100%，在 17 min 内 B 液由 0%至 60%；18 min 时 B 液为 100%，并保持至 24 min；25 min时 B 液回到 0%。流速：18.1 min 前为 0.45 mL/min；18.5 min 升至 0.8 mL/min，并保持至 23.9 min；24 min 降回至 0.45 mL/min。紫外检测：测定一级氨基酸用 338 nm，二级氨基酸用 262 nm (15 min 后)。荧光检测：测定一级氨基酸激发波长 340 nm，发射波长 450 nm；14.5 min 后将波长切换到 266 nm(激发)和 305 nm(发射)进行二级氨基酸的测定。

6.3.3 结果计算

低聚肽含量 X_1 按式(1)计算：

$$X_1 = X_2 - X_3 \qquad \cdots\cdots(1)$$

式中：

X_1——样品中低聚肽含量(以干基计)，%；

X_2——样品中酸溶蛋白质水解物含量(以干基计)，%；

X_3——样品中游离氨基酸含量(以干基计)，%。

6.4 相对分子质量小于 1 000 u 的蛋白水解物所占比例

按照附录 A 规定的方法测定。

6.5 羟脯氨酸

按照 GB/T 9695.23 规定的方法测定。

6.6 钙

按照 GB/T 5009.92 规定的方法测定。

6.7 干燥失重

按照 GB/T 5009.3 规定的方法测定。

6.8 灰分

按照 GB/T 5009.4 规定的方法测定。

6.9 无机砷

按照 GB/T 5009.11 规定的方法测定。

6.10 铅

按照 GB/T 5009.12 规定的方法测定。

6.11 镉

按照 GB/T 5009.15 规定的方法测定。

6.12 甲基汞

按照 GB/T 5009.17 规定的方法测定。

6.13 菌落总数

按照 GB/T 4789.2 规定的方法检验。

6.14 大肠菌群

按照 GB/T 4789.3 规定的方法检验。

6.15 霉菌和酵母

按照 GB/T 4789.15 规定的方法检验。

6.16 致病菌

沙门氏菌、志贺氏菌、金黄色葡萄球菌分别按照 GB/T 4789.4、GB/T 4789.5、GB/T 4789.10 规定的方法检验。

7 检验规则

7.1 检验分类

7.1.1 出厂检验

出厂检验的项目包括:感官特性、总氮、低聚肽、相对分子质量小于 1 000 u 的蛋白质水解物所占比例、干燥失重、灰分(海洋鱼骨胶原低聚肽粉除外)、菌落总数、大肠菌群。

7.1.2 型式检验

型式检验的项目包括 5.2、5.3、5.4、5.5 中规定的全部项目。

常年生产的产品每年应进行一次型式检验,但有下列情况之一时亦应进行型式检验:

——新产品投产时;

——原料、工艺有较大改变时;

——长期停产后恢复生产时;

——出厂检验结果与上次型式检验结果有较大差异时;

——质量监督机构提出进行型式检验的要求时。

7.2 抽样

7.2.1 组批

同一班次生产的,同一类型的产品为一批。

7.2.2 抽样方法和数量

从每批产品中随机抽取不少于 3 个最小包装单位样品,用取样工具伸入每袋的 3/4 处取样,所取试样不得少于 100 g。

将采取的试样混匀,装入清洁、干燥、带磨口玻璃瓶中,瓶上粘贴标签,注明生产班次、产品类别、批号、取样日期和地点。

微生物检验按无菌操作取样。

7.3 判定规则

7.3.1 出厂检验判定和复检

7.3.1.1 出厂检验项目全部符合本标准要求的产品判为合格品。

7.3.1.2 出厂检验项目中微生物指标不符合本标准或发现恶性杂质(如玻璃、金属、昆虫等),不得复检,判为不合格品。

7.3.1.3 出厂检验项目中除7.3.1.2提到的指标外，其他指标不符合本标准，可在同批产品中加倍抽样，对不合格项目进行复检，复检结果仍不符合本标准规定，判为不合格品。

7.3.2 型式检验判定和复检

7.3.2.1 型式检验项目全部符合本标准要求的产品判为合格品。

7.3.2.2 型式检验项目中微生物指标不符合本标准或发现恶性杂质（如玻璃、金属、昆虫等），不得复检，判为不合格品。

7.3.2.3 型式检验项目中除7.3.2提到的指标外，其他指标不符合本标准，可在同批产品中加倍抽样，对不合格项目进行复检，复检结果仍不符合本标准规定，判为不合格品。

8 标签、包装、运输和贮存

8.1 标签

8.1.1 产品标签上应标示产品名称、净含量、制造者及经销者的名称和地址、生产日期、生产批号、保质期、产品标准号等。

8.1.2 产品名称应符合第4章中的要求。

8.2 包装

包装容器应符合食品容器和包装材料的卫生标准。

8.3 运输

运输产品的工具、车辆应清洁、卫生、干燥，无污染物。运输产品过程中，应有遮盖，防雨防晒，不能与有毒、有害、有异味的物品混运。

8.4 贮存

8.4.1 产品不应露天堆放。成品仓库应清洁、干燥、通风，无鼠虫害。

8.4.2 产品堆放应有垫板，离地10 cm以上，离墙20 cm以上。

8.4.3 产品不应与有毒、有害、有异味、易腐败变质或潮湿的物品同仓库存放。

附 录 A
（规范性附录）
相对分子质量小于 1 000 u 的蛋白质水解物所占比例
（高效凝胶过滤色谱法）

A.1 方法提要

相对分子质量小于 1 000 u 的蛋白质水解物（包括低聚肽和少量游离氨基酸）所占比例，采用高效凝胶过滤色谱法测定。即以多孔性填料为固定相，依据样品组分分子体积大小的差别进行分离，在肽键的紫外吸收波长 220 nm 条件下检测，使用凝胶色谱测定相对分子质量分布的专用数据处理软件（即 GPC 软件），对色谱图及其数据进行处理，计算得到蛋白质水解物的相对分子质量大小及分布范围，进而得到相对分子质量小于 1 000 u 的蛋白质水解物（包括低聚肽和少量游离氨基酸）所占比例。

A.2 试剂

A.2.1 乙腈：色谱纯。

A.2.2 三氟乙酸：分析纯。

A.2.3 水：超纯级或二次蒸馏水。

A.2.4 相对分子质量校正曲线所用标准品：

A.2.4.1 细胞色素 C（cyyochrome，M_r12500）。

A.2.4.2 抑酞酶（aprotinin，M_r6500）。

A.2.4.3 杆菌酶（bacitracin，M_r1450）。

A.2.4.4 乙氨酸-乙氨酸-酪氨酸-精氨酸（M_r 451）。

A.2.4.5 乙氨酸-乙氨酸-乙氨酸（M_r 189）。

A.3 仪器和设备

A.3.1 高效液相色谱仪：配有紫外检测器和含有 GPC 数据处理软件的色谱工作站或积分仪。

A.3.2 流动相真空抽滤脱气装置。

A.3.3 超声波振荡器。

A.3.4 分析天平：感量 0.000 1 g。

A.4 色谱条件与系统适应性实验

色谱柱：TSKgel G2000 SWXL 300 mm×7.8 mm 或性能与此相近的同类型其他适用于测定蛋白质和多肽的凝胶柱。

流动相：乙腈：水：三氟乙酸为 45：55：0.1（体积比）。

检测波长：UV220 nm。

流速：0.5 mL/min。

柱温：30 ℃。

进样体积：10 μL。

为使色谱系统符合检测要求，规定在上述色谱条件下，凝胶色谱柱的柱效即理论塔板数（N）按三肽标准品（乙氨酸-乙氨酸-乙氨酸）峰计算不低于 5 000，低聚肽的分配系数（Kd）应在 0～1 之间。

A.5 相对分子质量校正曲线制作

分别用流动相配制成 0.1%（质量浓度）的上述不同相对分子质量的肽标准品溶液，用孔径为 0.2 μm～0.5 μm聚四氟乙烯或尼龙过滤膜过滤后分别进样，得到系列标准品的色谱图。以相对分子质量的对数（$\lg M_r$）对保留时间作图或作线性回归得到相对分子质量校正曲线及其方程。

A.6 样品制备

称取样品 20.0 mg 于 10 mL 容量瓶中，用流动相定容至刻度，超声振荡 10 min，使样品充分溶解混匀，用孔径为 0.2 μm～0.5 μm 聚四氟乙烯或尼龙过滤膜过滤后，上机进样。

A.7 相对分子质量的计算

将第 A.6 章制备的样品溶液在上述色谱条件下分析。然后用 GPC 数据处理软件，将样品的色谱数据代入校正曲线方程中进行计算，即可得到样品中肽的相对分子质量及其分布范围。用峰面积归一化法计算相对分子质量范围在 1 000 u 以下的蛋白质水解物的峰面积相对百分比之和。

ICS 71.100.40
Y 43

中华人民共和国国家标准

GB/T 22730—2008

牙膏中三氯甲烷的测定 气相色谱法

Determination of chloroform in toothpaste—Gas chromatography

2008-12-31 发布

2009-08-01 实施

中华人民共和国国家质量监督检验检疫总局
中国国家标准化管理委员会
发布

前　言

本标准的附录A、附录B均为资料性附录。

本标准由国家认证认可监督管理委员会提出并归口。

本标准起草单位：中国检验检疫科学研究院。

本标准主要起草人：王超、王星、季美琴、郝楠。

牙膏中三氯甲烷的测定
气相色谱法

1 范围

本标准规定了牙膏中三氯甲烷的测定方法。

本标准适用于牙膏中三氯甲烷的测定。

本方法三氯甲烷的测定低限：0.50 mg/kg。

2 规范性引用文件

下列文件中的条款通过本标准的引用而成为本标准的条款。凡是注日期的引用文件，其随后所有的修改单（不包括勘误的内容）或修订版均不适用于本标准，然而，鼓励根据本标准达成协议的各方研究是否可使用这些文件的最新版本。凡是不注日期的引用文件，其最新版本适用于本标准。

GB/T 6379.2 测量方法与结果的准确度（正确度与精密度） 第2部分：确定标准测量方法重复性与再现性的基本方法（GB/T 6379.2—2004，ISO 5725-2：1994，IDT）

3 原理

以甲醇为溶剂，超声提取、离心，溶液以顶空进样器注入配有电子捕获检测器（ECD）的气相色谱仪检测，外标法定量。必要时，气相色谱-质谱确证。

4 试剂和材料

除另有规定外，试剂均为分析纯。

4.1 甲醇：色谱纯。

4.2 三氯甲烷：色谱纯。

4.3 三氯甲烷标准储备液：准确称取 0.1 g（精确到 0.000 1 g）三氯甲烷于 100 mL 容量瓶中，用甲醇定容至刻度，即得三氯甲烷浓度为 1 mg/mL 的标准储备液。储备液贮存在 4 ℃冰箱中，可使用两个月。

4.4 三氯甲烷标准工作溶液：用甲醇将上述储备液（4.3）分别配成三氯甲烷浓度为 0.01 μg/mL、0.05 μg/mL、0.1 μg/mL、0.5 μg/mL、1 μg/mL 的标准工作溶液，在 4 ℃保存，可使用一周。

5 仪器

5.1 气相色谱仪：配备电子捕获检测器（ECD）。

5.2 气相色谱仪：配备质量选择检测器（MSD）。

5.3 分析天平：感量 0.000 1 g。

5.4 超声波清洗仪。

5.5 顶空进样器。

5.6 顶空瓶：20 mL。

6 测定

6.1 样品处理

称取待测牙膏 1.0 g（精确到 0.001 g），置于顶空瓶中，准确加入甲醇 9.0 mL，密封后轻轻摇匀，置于顶空进样器中，在50 ℃下平衡10 min。取气液平衡后的上部气体1.0 mL，进入气相色谱和气相色谱-质谱测定。

6.2 测定步骤

6.2.1 顶空进样器条件

气化室温度：50 ℃；定量管温度：70 ℃；传输线温度：110 ℃；

气液平衡时间：10 min；进样时间：1 min；振荡情况：振荡5 min。

6.2.2 气相色谱-质谱（GC/MSD）条件

a) 色谱柱：HP-5毛细管柱[30 m×0.25 mm（内径）×0.25 μm]或与之相当者；

b) 色谱柱温度：起始温度35 ℃，保持4 min后以50 ℃/min的速度升温到200 ℃保持1 min；

c) 进样口温度：200 ℃；

d) 色谱-质谱接口温度：280 ℃；

e) 载气：氦气，纯度≥99.999%，流量1.0 mL/min；

f) 电离方式：EI；

g) 电离能量：70 eV；

h) 测定方式：选择离子监测方式（SIM）；

i) 进样方式：分流进样，分流比为5∶1；

j) 进样量：1.0 mL；

k) 选择监测离子：

监测离子（m/z）	离子比/（%）	允许相对偏差/（%）
83	100	
85	65	±20
47	20	±25
87	11	±30

6.2.3 气相色谱（GC/ECD）条件

a) HP-5毛细管柱[30 m×0.32 mm（内径）×0.25 μm，5% phenyl methyl-siloxane]或与之相当者；

b) 升温程序：起始温度35 ℃，保持4 min后以50 ℃/min的速度升温到200 ℃保持1 min；

c) 进样口温度：200 ℃；

d) 检测器温度：250 ℃；

e) 载气：N_2（纯度为99.999%），流量1.0 mL/min；

f) 尾吹气：N_2，流量30 mL/min；

g) 进样方式：分流进样，分流比5∶1；

h) 进样量：1.0 mL。

6.2.4 定性测定

用气相色谱-质谱仪对样品进行定性测定。进行样品测定时，如果检出三氯甲烷的色谱峰的保留时间与标准品相一致，并且在扣除背景后的样品质谱图中，所选择的离子均出现，并且所选择的离子比与标准品的离子比相一致，则可确认样品中存在三氯甲烷。

6.2.5 定量测定

用气相色谱电子捕获检测器对样品进行定量测定。用配制的标准工作溶液（4.4）按浓度由稀至浓依次进样测定，绘制峰面积对标准溶液浓度的五点标准工作曲线。用标准曲线对样品进行定量，样品溶液中三氯甲烷的响应值均应在标准工作曲线范围内。在上述色谱条件（6.2.3）下，三氯甲烷的参考保留时间为3.0 min。三氯甲烷标准的气相色谱图和总离子流图及质谱图见附录A中的图A.1、图A.2和图A.3。三氯甲烷的添加浓度及其平均回收率的试验数据参见附录B。

6.3 平行试验

按以上步骤,对同一试样进行平行试验测定。

6.4 空白试验

除不称取试样外,均按上述步骤进行。

7 结果计算

结果按式(1)计算(计算结果应扣除空白值)。

$$w = \frac{c_i \times V_i}{m} \qquad \cdots\cdots(1)$$

式中:

w——样品中三氯甲烷的质量分数,单位为毫克每千克(mg/kg);

c_i——标准曲线查得的三氯甲烷的浓度,单位为微克每毫升(μg/mL);

V_i——样品稀释后的总体积,单位为毫升(mL);

m——样品质量,单位为克(g)。

8 精密度

本标准的精密度数据是按照GB/T 6379.2的规定确定的,其重复性和再现性的值是以95%的可信度来计算。

8.1 重复性

在重复性条件下,牙膏中三氯甲烷的含量在0.5 mg/kg～10 mg/kg范围内,获得的两次独立测试结果的绝对差值不超过重复性限r,本标准的重复性限按式(2)计算。

$$r = 0.033w + 0.0106 \qquad \cdots\cdots(2)$$

式中:

w——三氯甲烷测定值的质量分数,单位为毫克每千克(mg/kg)。

如果差值超过重复性限,应舍弃试验结果并重新完成两次单个试验的测定。

8.2 再现性

在再现性条件下,牙膏中三氯甲烷的含量在0.5 mg/kg～10 mg/kg范围内,获得的两次独立测试结果差值不超过再现性限R,本标准的再现性限按式(3)计算。

$$\lg R = 0.957\lg w - 1.188 \qquad \cdots\cdots(3)$$

式中:

w——三氯甲烷测定值的质量分数,单位为毫克每千克(mg/kg)。

附 录 A
（资料性附录）
三氯甲烷标准的色谱与质谱图

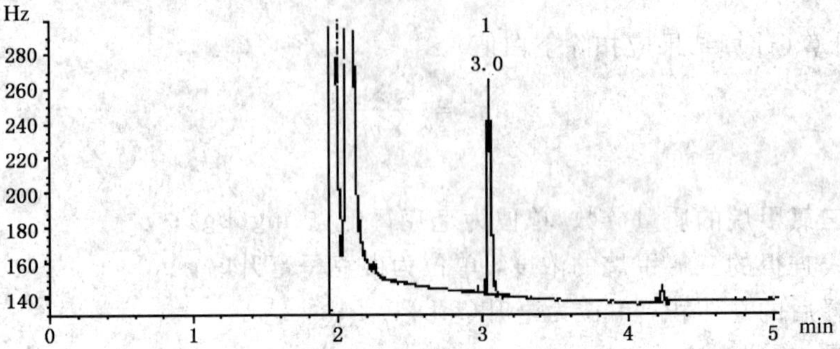

1——三氯甲烷（3.0 min）。

图 A.1 三氯甲烷标准的气相色谱图

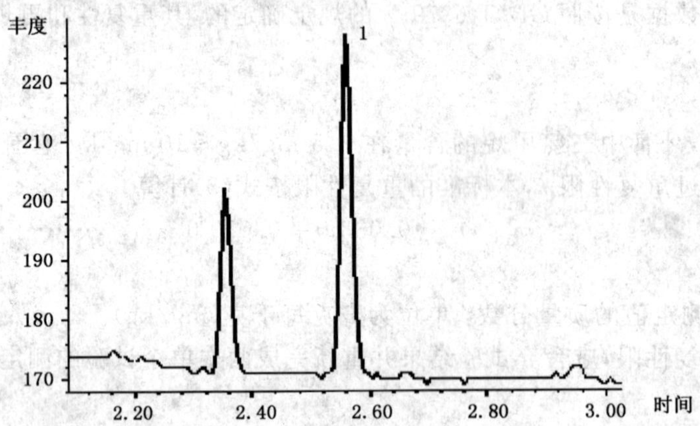

1——三氯甲烷（2.5 min）。

图 A.2 三氯甲烷标准的 GC/MS 总离子流图

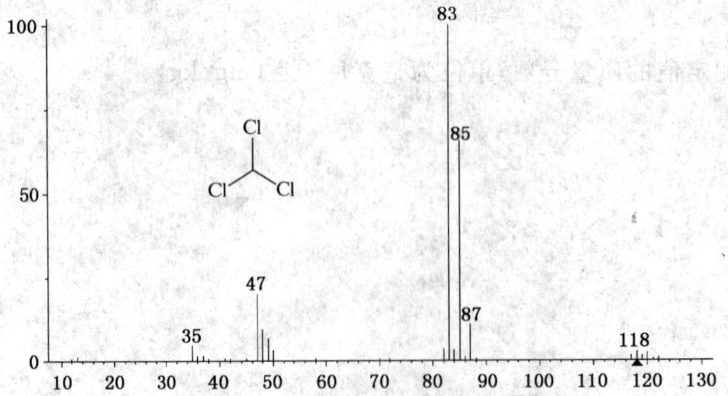

图 A.3 三氯甲烷标准的质谱图

附 录 B
（资料性附录）
回 收 率

牙膏中三氯甲烷添加浓度及平均回收率的试验数据：

在添加量为0.5 mg/kg时，回收率为87%；

在添加量为1.0 mg/kg时，回收率为93%；

在添加量为5.0 mg/kg时，回收率为92%；

在添加量为10 mg/kg时，回收率为96%。

ICS 71.100.60
Y 41

中华人民共和国国家标准

GB/T 22731—2008

日用香精

Fragrance compound

2008-12-31 发布 2009-08-01 实施

中华人民共和国国家质量监督检验检疫总局
中国国家标准化管理委员会 发布

前　言

本标准是根据日用香精的特性、发展趋势以及市场需求，并参考国际日用香料香精协会(IFRA)实践法规要求制定的。

本标准的附录A为资料性附录，附录B、附录C为规范性附录。

本标准由中国轻工业联合会提出。

本标准由全国香料香精化妆品标准化技术委员会归口。

本标准起草单位：上海香料研究所、广东铭康香精香料有限公司、上海高砂鉴臣香料有限公司、上海爱普香料有限公司、深圳波顿香料有限公司、广州百花香料股份有限公司、国际香料(中国)有限公司、上海奇华顿有限公司、天津市双马香精香料新技术有限公司。

本标准主要起草人：金其璋、何洛强、朱江、胡勇成、徐静芳、李泽洪、刘钦宣、龙喜妹、冯志洁、曹怡。

本标准中附录A、附录B、附录C内容自标准发布之日起两年后执行。

日 用 香 精

1 范围

本标准规定了日用香精的术语和定义、要求、试验方法、检验规则及标志、包装、运输、贮存、保质期。

本标准适用于各种类型的日用香精。

2 规范性引用文件

下列文件中的条款通过本标准的引用而成为本标准的条款。凡是注日期的引用文件，其随后所有的修改单（不包括勘误的内容）或修订版均不适用于本标准，然而，鼓励根据本标准达成协议的各方研究是否可使用这些文件的最新版本。凡是不注日期的引用文件，其最新版本适用于本标准。

GB/T 5009.74 食品添加剂中重金属限量试验

GB/T 5009.76 食品添加剂中砷的测定

GB/T 11540 香料 相对密度的测定(GB/T 11540—2008,ISO 279:1998,MOD)

GB/T 14454.2 香料 香气评定法

GB/T 14454.4 香料 折光指数的测定(GB/T 14454.4—2008,ISO 280:1998,MOD)

3 术语和定义

下列术语和定义适用于本标准。

3.1

日用香精 fragrance compound

由日用香料和辅料组成的混合物，代表了一定的香精配方。

3.2

标准样品 reference sample

经过技术部门会同有关部门/人员对样品进行检定和评香，确定为检验用的对照样品。

3.3

试样 test sample

从所抽取的样品中取出供检验用的样品。

4 要求

4.1 色状：符合同一型号标准样品的色泽范围要求。

4.2 香气：符合同一型号标准样品的特征香气要求。

4.3 相对密度(25 ℃/25 ℃或 20 ℃/20 ℃或 20 ℃/4 ℃)：$D_{标准样品} \pm 0.010$。

4.4 折光指数(20 ℃)：$n_{标准样品} \pm 0.010$。

4.5 重金属(以 Pb 计)含量：≤10 mg/kg(附录 A 中第十一类产品除外)。

4.6 砷(以 As 计)含量：≤5 mg/kg(附录 A 中第十一类产品除外)。

注 1：应用日用香精的十一类产品见附录 A。

注 2：日用香精中限用的香料及其在十一类加香产品中的最高限量见附录 B。

注 3：日用香精中禁用物质见附录 C。

5 试验方法

5.1 色状的检定

将试样与标准样品分别置于相同大小的比色管中至同一刻度处，在白色背景下沿水平方向观察，比较标准样品与试样的色泽。

5.2 香气的评定

按 GB/T 14454.2 的规定执行。

5.3 相对密度的测定

按 GB/T 11540 的规定执行。

5.4 折光指数的测定

按 GB/T 14454.4 的规定执行。

5.5 重金属(以 Pb 计)含量的测定

按 GB/T 5009.74 的规定执行。

5.6 砷(以 As 计)含量的测定

按 GB/T 5009.76 的规定执行。

6 检验规则

6.1 日用香精应由生产厂质量检验部门负责检验，生产厂应保证出厂产品都符合本标准的要求，每批出厂产品都应附有质量合格证书，另外应以书面形式告知客户该香精在十一类加香产品或指定产品中的最高用量。色状、香气、相对密度、折光指数为出厂检验项目，型式检验为全项目检验，每年进行一次。

6.2 验收单位有权按照本标准的各项规定检验所收到的产品质量是否符合本标准的要求，每一批号做一次验收，不同批号分别验收。

6.3 取样方法：每批的包装单位 1 个～2 个，全抽；3 个～100 个抽取 2 个；100 个以上增加部分再抽取 3%。用取样器从每个包装单位中均匀抽取试样 50 mL～100 mL，将所抽取的试样全部置于混样器内充分混匀，分别装入两个清洁、干燥、密闭的惰性容器中，避光保存。容器上贴标签，注明：生产厂名、产品名称、生产日期、批号、数量及取样日期，一瓶作检验用，另一瓶留存备查。

6.4 如验收结果中有一项指标不符合本标准要求时，可会同生产厂重新加倍抽取试样复验。如复验结果仍有指标不合格，则该批产品不能验收。

6.5 当供需双方对产品质量发生异议时，可由双方协议解决或由法定检验机构进行仲裁。

7 标志、包装、运输、贮存、保质期

7.1 标志

产品包装外应注明：产品名称、生产厂名和地址、商标、批号、净含量、生产日期和保质期、许可证号、标准编号及相关标志，并应符合有关部门的规定。顾客如有特殊要求，可与生产厂另订协议。

7.2 包装

日用香精应装于清洁无杂味的玻璃瓶、聚乙烯硬塑料瓶或桶、镀锌铁桶、镀塑铁桶、铝桶内，或按顾客要求包装。

7.3 运输

在运输过程中应轻装轻卸，防止日晒雨淋，不得与有毒、有害物质混装、混运，并应符合有关部门的规定。

7.4 贮存

本产品应贮存在阴凉、干燥、通风的仓库内，避免杂气污染，远离火源。

7.5 保质期

在符合规定的贮运条件、包装完整、未经启封的情况下，根据具体产品的特性，由生产企业确定保质期为半年至三年。

附　录　A
（资料性附录）
应用日用香精的十一类产品

应用日用香精的十一类产品见表A.1。

表A.1　应用日用香精的十一类产品

类　别	产　　品
第1类	1. 所有类型的唇用产品（固体和液体唇膏、香脂、透明或彩色的等）[lip products of all types(solid and liquid lipsticks, balms, clear or colored, etc.)]； 2. 玩具(toys)。
第2类	所有类型的祛臭和抑汗产品（喷雾的、棒状的、滚球式的、腋下的和身体的等）[deodorant and antiperspirant products of all types(spray, stick, roll-on, under-arm and body, etc.)]。
第3类	1. 用于刚剃过毛（须）的皮肤上的水醇产品(hydroalcoholic products applied to recently shaved skin)； 2. 所有类型的眼用产品[眼影、睫毛油（膏）、眼线膏（笔）、眼美容品、眼膜、眼枕等][eye products of all types(eye shadow, mascara, eyeliner, eye make-up, eye masks, eye pillows, etc.)]； 3. 男性脸用膏霜(men's facial creams, balms)； 4. 棉塞（止血塞）(tampons)； 5. 婴幼儿膏、霜、露、油(baby creams, lotions, oils)。
第4类	1. 用于未剃毛（须）的皮肤上的水醇产品(hydroalcoholic products applied to unshaved skin)； 2. 定发助剂，所有类型的喷发产品（泵式、气溶胶、喷雾等）[hair styling aids, hair sprays of all types (pumps, aerosol, sprays, etc.)]； 3. 体用膏霜、油、露，所有类型生香膏霜（婴幼儿膏霜、露除外）[body creams, oils, lotions, fragrancing creams of all type(except baby creams and lotions)]； 4. 成套芳香产品组件(ingredients of perfume kits)； 5. 用于成套化妆品的日用香精(fragrance compounds for cosmetic kits)； 6. 香垫、箔包(scent pads, foil packs)； 7. 使用水醇产品的香条(scent strips for hydroalcoholic products)； 8. 护足产品(food care products)； 9. 发用祛臭剂(hair deodorant)。
第5类	1. 女性脸用膏霜/脸部美容品(woman's facial creams/facial make-up)； 2. 手用膏霜(hand cream)； 3. 面膜(facial masks)； 4. 婴幼儿用粉和滑石粉(baby powder and talc)； 5. 长效烫发剂和其他头发化学处理剂（例如直发剂），但不包括染发制品[hair permanent and other hair chemical treatments(e.g. relaxers) but not hair dyes]； 6. 脸、颈、手、体用擦拭物或清新纸巾(wipes or refreshing tissues for face, neck, hands, body)。
第6类	1. 漱口水(mouthwash)； 2. 牙膏(toothpaste)。
第7类	1. 私生活用擦拭用品(intimate wipes)； 2. 婴幼儿用擦拭用品(body wipes)； 3. 昆虫驱避剂（有意用在皮肤上的）[insect repellent(intended to be applied to the skin)]。

表 A.1(续)

类　别	产　　品
第 8 类	1. 所有类型的卸妆用品(不包括脸用清洁剂)[make-up removers of all types(not including face cleaners)]; 2. 所有非喷雾型的定发助剂(摩丝、凝胶、驻留型调理剂等)[hair styling aids non-spray of all types (mousse, gels, leave-in conditioners, etc.)]; 3. 护甲用品(nail care); 4. 所有粉类制品和滑石粉(不包括婴幼儿用粉和滑石粉)[all powders and talcs(except baby powders and talcs)]; 5. 染发用品(hair dyes)。
第 9 类	1. 块皂(香皂)[bar soap(toilet soap)]; 2. 浴用凝胶、泡沫、摩丝、油和加入洗澡水中的所有产品(bath gels, foams, mousses, salts, oils and other products added to bathwater); 3. 所有类型的身体洗涤用品(包括婴幼儿洗涤用品)和所有类型的淋浴用凝胶[body washes of all type (including baby washes) and shower gels of all type]; 4. 即洗型调理剂[conditioner(rinse-off)]; 5. 脱毛用品(depilatory); 6. 所有类型的脸部清洁剂(洗涤用品、凝胶、磨面用品等)[face cleaners of all types(washes, gels, scrubs, etc.)]; 7. 脸用纸巾(facial tissues); 8. 妇女卫生巾(feminine hygiene-pads); 9. 妇女卫生垫(feminine hygiene-liners); 10. 液皂(liquid soap); 11. 餐巾(napkins); 12. 纸巾(paper towels); 13. 所有类型香波(包括婴幼儿用香波)[shampoos of all types(including baby shampoos)]; 14. 所有类型的剃毛(须)膏霜(棒状、凝胶状、泡沫状等)[shaving creams of all types(stick, gels, foams, etc.)]; 15. 卫生纸(toilet paper); 16. 其他气溶胶产品(包括空气清新喷雾剂,但不包括祛臭/抑汗用品、定发喷雾助剂)[other aerosols(including air fresheners sprays but not including deodorant/antiperspirant, hair styling aids spray)]。
第 10 类	1. 所有类型手洗衣服洗涤剂(handwash laundry detergents all types); 2. 包括织物柔软片在内的所有类型的织物柔软剂(fabric softeners including fabric softener sheets); 3. 其他家用清洁用品(织物清洁剂、软表面清洁剂、地毯清洁剂)[other household cleaning products(fabric cleaners, soft surface cleaners, carpet cleaners)]; 4. 用机器洗的衣服洗涤剂(液、粉、片等)(包括衣物漂白剂)[machine wash laundry detergents(liquids, powders, tablets, etc.)including laundry bleaches]; 5. 手洗餐具洗涤剂(hand dishwashing detergent); 6. 所有类型的硬表面清洁剂(浴室和厨房清洁剂,家具上光用品)[hard surface cleaners of all types(bathroom and kitchen cleaners, furniture polish)]; 7. 婴儿尿布(diapers); 8. 爱畜(宠物)用香波(shampoos for pets); 9. 干洗成套用品(dry cleaning kits); 10. 卫生间座位擦洗品(toilet seat wipes)。

表 A.1(续)

类 别	产 品
第11类	所有不与皮肤接触或偶尔与皮肤接触的产品,包括:(all non-skin contact or incidental skin contact, including:) 1. 所有类型的空气清新剂和芳香用品[插入式、固体底物型、膜传递型、电热式、组合式、粉末状、香袋(囊)、线香、重注液][air fresheners and fragrancing of all types(plug-ins, solid substrate, membrane delivery, electrical, pot pourri, powders, fragrancing sachets, incense, liquid refills)]; 2. 动物用喷雾用品(animal sprays); 3. 蜡烛(candles); 4. 猫砂(cat litter); 5. 不与皮肤接触的祛臭剂/掩盖剂(例如织物干燥机械除臭剂、地毯粉)[deodorizer/maskers not intended for skin contact(e.g. fabric drying machine deodorizers, carpet powders)]; 6. 地板蜡(floor wax); 7. 加香灯环(fragranced lamp ring); 8. 燃料(fuels); 9. 杀虫剂(例如蚊虫香、纸、杀虫电器、防昆虫衣服)[insecticides(e.g. mosquito coil, paper, electrical, for clothing)]; 10. 朝佛用香(joss sticks or incense sticks); 11. 全机洗洗涤剂(例如泡腾片)[machine only laundry detergent(e.g. liquitabs)]; 12. 有香气的蒸馏水(可加入蒸汽熨斗中)[odored distilled water(that can be added to steam irons)]; 13. 涂料(paints); 14. 塑料制品(不包括玩具)[plastic articles(excluding toys)]; 15. 簧片扩散器(reed diffusers); 16. 鞋油(shoe polishes); 17. 厕所去垢剂(toilet blocks); 18. 处理过的纺织品(例如淀粉喷雾剂、洗涤后加香的织物、织物祛臭剂、带润湿剂的紧身衣)[treated textiles(e.g. starch sprays, fabric treated with fragrances after wash, deodorizers for textiles or fabrics, tights with moisturizers)]。

附 录 B
（规范性附录）
日用香精中限用的香料及其在十一类加香产品中的最高限量

日用香精中限用的香料及其在十一类加香产品中的最高限量见表 B.1。

表 B.1 日用香精中限用的香料及其在十一类加香产品中的最高限量

编号	中文名称	英文名称	CAS号	在加香用品中的最高限量/%										
				第1类	第2类	第3类	第4类	第5类	第6类	第7类	第8类	第9类	第10类	第11类
1	α-戊基肉桂醇	amyl cinnamic alcohol	101-85-9	0.1	0.1	0.5	1.6	0.8	2.5	0.3	2.0	5.0	2.5	无限制
2	α-戊基肉桂醛	amyl cinnamic aldehyde	122-40-7	0.7	0.9	3.6	10.7	5.6	17.1	1.8	2.0	5.0	2.5	无限制
3	大茴香醇	anisyl alcohol	105-13-5	0.04	0.1	0.2	0.7	0.4	1.1	0.1	1.5	5.0	2.5	无限制
4	苄醇	benzyl alcohol	100-51-6	0.2	0.2	0.9	2.7	1.4	4.3	0.4	2.0	5.0	2.5	无限制
5	苯甲酸苄酯	benzyl benzoate	120-51-4	1.7	2.2	8.9	26.7	14.0	42.8	4.5	2.0	5.0	2.5	无限制
6	肉桂酸苄酯	benzyl cinnamate	103-41-3	0.1	0.2	0.7	2.1	1.1	3.4	0.4	2.0	5.0	2.5	无限制
7	水杨酸苄酯	benzyl salicylate	118-58-1	0.5	0.7	2.7	8.0	4.2	12.8	1.3	2.0	5.0	2.5	无限制
8	对叔丁基二氢肉桂醛	*p*-tert-Butyldihydrocinnamaldehyde	18127-01-0	0.03	0.04	0.2	0.5	0.3	0.8	0.1	1.1	5.0	2.5	无限制
9	对叔丁基-α-甲基氢化肉桂醛	*p*-tert-butyl-α-methylhydrocinnamaldehyde	80-54-6	0.1	0.2	0.6	1.9	1.0	3.0	0.3	2.0	5.0	2.5	无限制
10	肉桂醇	cinnamic alcohol	105-54-1	0.09	0.1	0.5	1.4	0.7	2.2	0.2	2.0	5.0	2.5	无限制
11	肉桂醛	cinnamic aldehyde	104-55-2	0.02	0.02	0.09	0.3	0.1	0.4	0.04	0.6	3.0	2.5	无限制

表 B.1（续）

编号	中文名称	英文名称	CAS号	在加香用品中的最高限量/%										
				第1类	第2类	第3类	第4类	第5类	第6类	第7类	第8类	第9类	第10类	第11类
12	柠檬醛	citral	539-40-5 141-27-5 106-26-3	0.04	0.05	0.2	0.6	0.3	1.0	0.1	1.4	5.0	2.5	无限制
13	香茅醇	citronellol	106-22-9 1117-61-9 26489-01-0 6812-78-8 141-25-3 68916-43-8 7540-51-4	0.8	1.1	4.4	13.3	7.0	21.4	2.2	2.2	5.0	2.5	无限制
14	丁香酚	eugenol	97-53-0	0.2	0.2	0.9	2.7	1.4	4.3	0.4	2.0	5.0	2.5	无限制
15	金合欢醇	farnesol	4602-84-0	0.08	0.11	0.4	1.2	0.6	2.0	0.2	2.0	5.0	2.5	无限制
16	香叶醇	geraniol	106-24-1	0.3	0.4	1.8	5.3	2.8	8.6	0.9	2.0	5.0	2.5	无限制
17	反式-2-己烯醛	trans-2-hexenal	6728-26-3	0.001	0.001	0.004	0.01	0.01	0.02	0.002	0.02	0.1	0.2	无限制
18	α-己基肉桂醛	α-hexyl cinnamic aldehyde	101-86-0	0.7	0.9	3.6	10.7	5.6	17.1	1.8	2.0	5.0	2.5	无限制
19	水杨酸己酯	hexyl salicylate	6259-76-3	1.0	1.3	5.3	16.0	8.4	25.7	2.7	2.0	5.0	2.5	无限制
20	羟基香茅醛	hydroxycitronellal	107-75-5	0.1	0.2	0.8	2.3	1.2	3.6	0.4	2.0	5.0	2.5	无限制
21	异环柠檬醛	isocyclocitral	1335-66-6 1423-46-7 67634-07-5	0.2	0.3	1.1	3.2	1.7	5.1	0.5	2.0	5.0	2.5	无限制
22	异环香叶醇	isocyclogeraniol	68527-77-5	0.1	0.1	0.6	1.8	0.9	2.8	0.3	2.0	5.0	2.5	无限制
23	异丁香酚	isoeugenol	97-54-1	0.01	0.01	0.04	0.1	0.1	0.2	0.02	0.3	1.3	2.1	无限制
24	甲氧基二环戊二烯醛	methoxy dicyclopentadiene carboxaldehyde	86803-90-9	0.1	0.2	0.8	2.3	1.2	3.6	0.4	2.0	5.0	2.5	无限制

表 B.1（续）

编号	中文名称	英文名称	CAS号	在加香用品中的最高限量/%										
				第1类	第2类	第3类	第4类	第5类	第6类	第7类	第8类	第9类	第10类	第11类
25	2-甲氧基-4-甲基苯酚	2-methoxy-4-methylphenol	93-51-6	0.003	0.004	0.02	0.05	0.03	0.09	0.009	0.1	0.6	1.0	无限制
26	α-甲基肉桂醛	α-methyl cinnamic aldehyde	101-39-3	0.1	0.1	0.5	1.6	0.8	2.5	0.3	2.0	5.0	2.5	无限制
27	甲基紫罗兰酮(异构体混合物)	methyl ionone(mixed isomers)	1335-46-2 127-42-4 127-43-5 127-51-5 7779-30-8	2.0	2.6	10.7	32.1	16.9	51.4	5.4	2.0	5.0	2.5	无限制
28	1-辛烯-3-醇乙酸酯	1-octen-3-ylacetate	2442-10-6	0.1	0.1	0.5	1.6	0.8	2.5	0.3	2.0	5.0	2.5	无限制
29	秘鲁香膏提取物和蒸馏物	Peru balsam extracts and distillates	8007-00-9	0.03	0.04	0.1	0.4	0.2	0.7	0.07	1.0	4.8	2.5	无限制
30	苯乙醛	phenylacetaldehyde	122-78-1	0.02	0.02	0.09	0.3	0.1	0.4	0.04	0.6	3.0	2.5	无限制
31	玫瑰酮类(异突厥酮、γ-突厥酮)	rose ketones (isodamascone, γ-damascone)	33673-71-1 35087-49-1	0.003	0.004	0.02	0.05	0.02	0.07	0.008	0.1	0.5	0.8	无限制
32	茶叶净油	tea leaf absolute	84650-60-2	0.01	0.02	0.07	0.2	0.1	0.3	0.04	0.5	2.4	2.5	无限制
33	香豆素	coumarin	91-64-5	0.1	0.13	0.5	1.6	0.8	2.5	0.3	2.0	5.0	2.5	无限制
34	甲基铃兰醇[2,2-二甲基-3-(3-甲基苯基)丙醇]	Majantol[2,2-dimethyl-3-(3-methylphenyl)propanol]	103694-68-4	0.28	0.36	1.5	4.5	2.4	7.2	0.8	2.0	5.0	2.5	无限制
35	1-(1,2,3,4,5,6,7,8-八氢-2,3,8,9-四甲基-2-萘基)乙酮(龙涎酮)	1-(1,2,3,4,5,6,7,8-octahydro-2,3,8,8-tetramethyl-2-naphthalenyl)ethanone	54464-57-2	1.34	1.73	7.1	21.4	11.2	34.2	3.6	2.0	5.0	2.5	无限制

表 B.1(续)

编号	中文名称	英文名称	CAS 号	在加香用品中的最高限量/%										
				第1类	第2类	第3类	第4类	第5类	第6类	第7类	第8类	第9类	第10类	第11类
36	2-乙氧基-4-甲基苯酚	2-ethoxy-4-methylphenol	2563-07-7	0.01	0.01	0.03	0.1	0.1	0.2	0.02	0.2	1.2	1.9	无限制
37	香芹酮	carvone	6485-40-1(*l*-) 99-49-0 2244-16-8(*d*-)	0.08	0.1	0.4	1.2	0.6	1.9	0.2	2.0	5.0	2.5	无限制
38	依兰 依兰各种提取物	Ylang Ylang (various extracts)	8006-81-3 93686-30-7 68606-83-7	0.05	0.06	0.27	0.8	0.4	1.3	0.1	1.8	5.0	2.5	无限制
39	大花茉莉净油	Jasmin absolute (grandiflorum)	8022-96-6 8024-43-9 90045-94-6 84776-64-7	0.04	0.05	0.22	0.7	0.4	1.1	0.1	1.5	5.0	2.5	无限制
40	小花茉莉净油	Jasmin absolute (sambac)	91770-14-8	0.25	0.32	1.33	4.0	2.1	6.4	0.7	2.0	5.0	2.5	无限制
41	肉桂腈	cinnamyl nitrile	1885-38-7 4360-47-8	0.03	0.04	0.125	0.125	0.125	0.125	0.08	0.125	0.125	0.125	无限制
42	2-己叉基环戊酮	2-hexylidene cyclopentanone	17373-89-6	0.01	0.01	0.05	0.06	0.06	0.2	0.02	0.06	0.06	0.06	无限制
43	新铃兰醛[3-和 4-(4-羟基-4-甲基戊基)-3-环己烯-1-醛]	Lyral[3 and 4-(4-hydroxy-4-methylpentyl)-3-cyclo-hexene-1-carboxaldehyde]	31906-04-4 51414-25-6	0.11	0.15	0.6	1.5	1.0	2.9	0.3	1.5	1.5	1.5	无限制
44	对盂-1,8-二烯-7-醛(紫苏醛)	*p*-mentha-1, 8-dien-7-al (Perilla aldehyde)	2111-75-3	0.02	0.03	0.1	0.1	0.1	0.5	0.1	0.1	0.1	0.1	无限制

表 B.1（续）

编号	中文名称	英文名称	CAS号	在加香用品中的最高限量/%										
				第1类	第2类	第3类	第4类	第5类	第6类	第7类	第8类	第9类	第10类	第11类
45	苎-二烯-7-甲醇甲酸酯 [2-(4-异丙基环己二烯)乙醇甲酸酯]	menthadiene-7-methyl formate [2-(4-isopropylcyclohexadienyl) ethyl formate]	68683-20-5	0.03	0.04	0.1	0.1	0.1	0.8	0.08	0.1	0.1	0.1	无限制
46	3-丙叉基苯肽	3-propylidene phthalide	17369-59-4	0.01	0.01	0.01	0.01	0.01	0.7	0.01	0.01	0.01	0.01	无限制
47	庚炔羧酸甲酯	methyl heptine carbonate	111-12-6	0.003	0.004	0.01	0.01	0.01	0.08	0.008	0.01	0.01	0.01	无限制
48	辛炔羧酸甲酯	methyl octine carbonate	111-80-8	0.001	0.001	0.002	0.002	0.002	0.02	0.002	0.002	0.002	0.002	无限制
49	橡苔提取物	Oakmoss extract	90028-68-5 （栎扁枝衣提取物） 9005-50-4 （橡苔香树脂油） 68917-10-2 （橡苔油）	0.02	0.03	0.1	0.1	0.1	0.5	0.1	0.1	0.1	0.1	无限制
50	树苔提取物	Treemoss extract	90028-67-4 （粉屑扁枝衣提取物） 68648-41-9 （树苔油） 68917-40-8 （树苔香树脂油）	0.02	0.03	0.1	0.1	0.1	0.5	0.1	0.1	0.1	0.1	无限制

附 录 C
（规范性附录）
日用香精中禁用物质

日用香精中禁用物质见表 C.1。

表 C.1 日用香精中禁用物质

编号	中 文 名 称	英 文 名 称	CAS 号
1	万山麝香（乙酰基乙基四甲基萘满）	Versalide (acetyl ethyl tetramethyl tetralin)	88-29-9
2	乙酰异戊酰（5-甲基-2,3-己二酮）	acetyl isovaleryl (5-Methyl-2,3-hexanedione)	13706-86-0
3	土木香根油	Allantroot oil (elecampane oil)	97676-35-2
4	庚炔羧酸烯丙酯	allyl heptine carbonate	73157-43-4
5	异硫氰酸烯丙酯	allyl isothiocyanate	57-06-7
6	2-戊基-2-环戊烯-1-酮	2-pentyl-2-cyclopenten-1-one	25564-22-1
7	茴香叉基丙酮［4-(对甲氧基苯基)-3-丁烯-2-酮］	anisylidene acetone [4-(*p*-methoxyphenyl)-3-butene-2-one]	943-88-4
8	顺式和反式-细辛脑[a]	cis- and trans-asarone	2883-98-9
9	苯[b]	benzene	71-43-2
10	苄氰[c]	benzyl cyanide	140-29-4
11	苄叉丙酮（4-苯基-3-丁烯-2-酮）	benzylidene acetone (4-Phenyl-3-buten-2-one)	122-57-6
12	桦木裂解产物	Birch wood pyrolysate	8001-88-5 84012-15-7 85940-29-0 68917-50-0
13	3-溴-1,7,7-三甲基双环［2.2.1］-庚烷-2-酮	3-bromo-1,7,7-trimethyl bicyclo[2.2.1] heptane-2-one	76-29-9
14	溴代苯乙烯（溴代苏合香烯）	bromostyrene	103-64-0
15	对叔丁基苯酚	*p*-tert-butylphenol	98-54-4
16	刺柏焦油	Cade oil (juniperus oxycedrus L.)	90046-02-9 8013-10-3
17	香芹酮氧化物	carvone oxide	33204-74-9
18	土荆芥油	Chenopodium oil (Chenopodium ambrosioides L.)	8006-99-3
19	肉桂叉丙酮	cinnamylidene acetone	4173-44-8
20	松香	colophony	8050-09-7
21	广木香根油、浸膏、净油	Costus root oil, absolute and concrete	—
22	兔耳草醇[d]	Cyclamen alcohol [3-(4-isopropylphenyl)-2-methylpropanol]	4756-19-8

表 C.1（续）

编号	中文名称	英文名称	CAS 号
23	1,3-二溴-4-甲氧基-2-甲基-5-硝基苯（α-麝香）	1,3-dibromo-4-methoxy-2-methyl-5-nitrobenzene (musk alpha)	—
24	2,6-二溴-3-甲基-4-硝基茴香醚(KS-麝香)	2,6-dibromo-3-methyl-4-nitroanisole (musk KS)	62265-99-0
25	2,2-二氯-1-甲基环丙基苯	2,2-dichloro-1-methylcyclo-propylbenzene	3591-42-2
26	马来酸二乙酯	diethyl maleate	141-05-9
27	二氢香豆素	dihydrocoumarin	119-84-6
28	2,4-二羟基-3-甲基苯甲醛	2,4-dihydroxy-3-methyl benzaldehyde	6248-20-0
29	4,6-二甲基-8-叔丁基香豆素	4,6-dimethyl-8-tert-butyl coumarin	17874-34-9
30	3,7-二甲基-2-辛烯-1-醇	3,7-dimethyl-2-octen-1-ol	40607-48-5
31	顺式甲基丁烯二酸二甲酯	dimethyl citraconate	617-54-9
32	二苯胺	diphenylamine	122-39-4
33	2-辛炔酸酯类(庚炔羧酸甲酯和烯丙酯除外)	ester of 2-octynoic acid, except methyl and allyl heptine carbonate	—
34	2-壬炔酸酯类(辛炔羧酸甲酯除外)	ester of 2-nonynoic acid, except methyl octine carbonate	—
35	丙烯酸乙酯	ethyl acrylate	140-88-5
36	乙二醇单乙醚及其乙酸酯	ethylene glycol monoethyl ether and its acetate	110-80-5 111-15-9
37	乙二醇单甲醚及其乙酸酯	ethylene glycol monomethyl ether and its acetate	109-86-4 110-49-6
38	无花果叶净油	Fig leaf absolute	68916-52-9
39	糠叉基丙酮	furfurylideneacetatone	623-15-4
40	香叶腈	geranyl nitrile	5146-66-7 5585-39-7 31983-27-4
41	反式-2-庚烯醛	trans-2-heptenal	18829-55-5
42	六氢香豆素	hexahydrocoumarin	700-82-3
43	反式-2-己烯醛二乙缩醛	trans-2-hexenal diethyl acetal	67746-30-9
44	反式-2-己烯醛二甲缩醛	trans-2-hexenal dimethyl acetal	18318-83-7
45	氢化枞醇,二氢枞醇	hydroabietyl alcohol, dihydroabietyl alcohol	13393-93-6 26266-77-3 1333-89-7
46	氢醌单乙醚(4-乙氧基苯酚)	hydroquinone monoethyl ether (4-ethoxy-phenol)	622-62-8
47	氢醌单甲醚(4-甲氧基苯酚)	hydroquinone monomethyl ether (4-methoxy-phenol)	150-76-5
48	异佛尔酮	isophorone	78-59-1

表 C.1（续）

编号	中文名称	英文名称	CAS 号
49	6-异丙基-2-十氢萘酚	6-isopropyl-2-decalol	34131-99-2
50	香厚壳桂皮油	massoia bark oil	85085-26-3
51	马索亚内酯(5-羟基-2-癸烯酸内酯)	Mossoia lactone （5-hydroxy-2-decenoic acid lactone)	54814-64-1
52	香蜂花油	Melissa oil (Melissa officinalis)	8014-71-9
53	7-甲氧基香豆素[e]	7-methoxy coumarin	531-59-9
54	1-(4-甲氧基苯基)-1-戊烯-3-酮	1-(4-methoxyphenyl)-1-penten-3-one	104-27-8
55	6-甲基香豆素	6-methylcoumarin	92-48-8
56	7-甲基香豆素	7-methylcoumarin	2445-83-2
57	巴豆酸甲酯	methyl crotonate	623-43-8
58	4-甲基-7-乙氧基香豆素	4-methyl-7-ethoxycoumarin	87-05-8
59	对甲基氢化肉桂醛	*p*-methyl hydrocinnamic aldehyde	5406-12-2
60	甲基丙烯酸甲酯	methyl methacrylate	80-62-6
61	3-甲基-2-(3)-壬烯腈	3-methyl-2(3)-nonenenitrile	53153-66-5
62	伞花麝香(1,1,3,3,5-五甲基-4,6-二硝基茚满)	Moskene (1,1,3,3,5-pentamethyl-4,6-dinitroindane)	116-66-5
63	葵子麝香	Musk ambrette	83-66-9
64	西藏麝香(1-叔丁基-2,6-二硝基-3,4,5-三甲基苯)	Musk tibetene (1-tert-butyl-2,6-dinitro-3,4,5-trimethylbenzene)	145-39-1
65	硝基苯	nitrobenzene	98-95-3
66	2-戊叉基环己酮	2-pentylidene cyclohexanone	25677-40-1
67	秘鲁香膏粗品	Peru balsam crude	8007-00-9
68	苯基丙酮[甲基苄基(甲)酮]	phenyl acetone (methyl benzyl ketone)	103-79-7
69	苯甲酸苯酯	phenyl benzoate	93-99-2
70	假性紫罗兰酮(2,6-二甲基十一碳-2,6,8-三烯-10-酮)[f]	pseudoionone (2,6-dimethylundeca-2,6,8-trien-10-one)	141-10-6
71	假性甲基紫罗兰酮(7,11-二甲基-4,6,10-十二碳三烯-3-酮)[g]	pseudo methylionone (7,11-dimethyl-4,6,10-dodecatrien-3-one)	26651-96-7
72	黄樟素、异黄樟素、二氢黄樟素[h]	safrole,Isosafrole,dihydrosafrole	94-59-7 120-58-1
73	山道年油	santolina oil	84961-58-0

表 C.1（续）

编号	中文名称	英文名称	CAS号
74	甲苯[i]	toluene	108-88-3
75	马鞭草油	Verbena oil	8024-12-2

[a] 因香精中使用含顺式和反式-细辛脑的天然原料而带入最终加香产品的此化合物含量应不大于100 mg/kg。

[b] 在日用香精中，苯的含量应不大于1 mg/kg。

[c] 因香精中使用含苄氰的天然原料而带入最终加香产品的此化合物含量应不大于100 mg/kg。

[d] 兔耳草醇可能作为杂质存在于兔耳草醛中，但其含量应不大于1.5%。

[e] 因香精中使用含7-甲氧基香豆素的天然原料而带入最终加香产品的此化合物含量应不大于100 mg/kg。

[f] 紫罗兰酮中可能含有作为杂质存在的假性紫罗兰酮，但其含量应不大于2%。

[g] 甲基紫罗兰酮中可能含有作为杂质存在的假性甲基紫罗兰酮，但其含量应不大于2%。

[h] 因香精中使用含黄樟素的天然原料而带入最终加香产品的此化合物含量应不大于100 mg/kg，加香产品中黄樟素、异黄樟素和二氢黄樟素的总量应不大于100 mg/kg。

[i] 日用香精中甲苯的含量越低越好，但应不大于100 mg/kg。

ICS 27.200
J 73

中华人民共和国国家标准

GB/T 22732—2008

食品速冻装置　流态化速冻装置

Food quick freezer—Individually quick freezing freezer

2008-12-28 发布　　2009-06-01 实施

中华人民共和国国家质量监督检验检疫总局
中国国家标准化管理委员会　发布

前　言

本标准的附录B为规范性附录，附录A为资料性附录。

本标准由中华人民共和国商务部提出。

本标准由全国制冷标准化技术委员会归口并负责解释。

本标准起草单位：绍兴高风急速冻结设备有限公司、南通冷冻设备有限公司。

本标准参加起草单位：烟台冰轮股份有限公司、沈阳航天新阳速冻设备制造有限公司。

本标准主要起草人：娄金培、杨一凡、任坤民、杨晓燕、黄杰、钱洪、许宝华、李淑俊、梁惠华、楼晓华。

食品速冻装置　流态化速冻装置

1　范围

本标准规定了流态化速冻装置(以下简称装置)的相关术语和定义、产品分类、技术要求、试验方法、检验规则、标志、包装、运输和贮存。

本标准适用于快速冻结经初加工后的蔬菜类、水果类、水产品类的速冻装置。

注：本装置不含制冷机组。

2　规范性引用文件

下列文件中的条款通过本标准的引用而成为本标准的条款。凡是注日期的引用文件，其随后所有的修改单(不包括勘误的内容)或修订版均不适用于本标准，然而，鼓励根据本标准达成协议的各方研究是否可使用这些文件的最新版本。凡是不注日期的引用文件，其最新版本适用于本标准。

GB/T 191　包装储运图示标志

GB 5226.1—2002　机械安全　机械电气设备　第1部分：通用技术条件(IEC 60204-1：2000，IDT)

GB 9969.1　工业产品说明书　总则

GB/T 13306　标牌

GB/T 13384　机电产品包装通用技术条件

GB/T 18517　制冷术语

JB/T 4330—1999　制冷和空调设备噪声的测定

JB/T 4750　制冷装置用压力容器

JB/T 6527　组合冷库用隔热夹芯板

JB/T 7658.6　氨制冷装置用空气冷却器

JB/T 7659.3　氟利昂制冷装置用吊顶式空气冷却器

JB/T 10562　一般用途轴流通风机　技术条件

JB/T 10563　一般用途离心通风机　技术条件

SB/T 222—2007　食品机械通用技术条件　基本技术要求

3　术语和定义

GB/T 18517 确立的以及下列术语和定义适用于本标准。

3.1

流态化速冻装置　individually quick freezing freezer

在冻结过程中，颗粒状食品在流化床内呈悬浮状或半悬浮状的快速冻结装置。

3.2

单体　individual particle

经过加工处理的呈球状、圆柱状、条状、块状及片状等不同形状的颗粒。

3.3

斜槽式传送机构　inclined tray type conveyor

采用有一定倾斜角且底板打孔或用网状板作为底板的槽体式传送机构。

3.4

振动式传送机构　vibration type conveyor

采用带有打孔底板或用网状板作为底板的振动筛或直线振动槽的传送机构。

3.5

网带式传送机构　belt type conveyor

采用不锈钢丝编制的网带或带孔塑钢网带式的传送机构。

3.6

冻结能力　freezing capacity

装置在名义工况下满负荷运行时，从正常出料开始计时 1 h 速冻食品的质量。

3.7

冻结时间　freezing time

从初始温度到被冻食品的中心温度(指主要部位的温度)降至指定温度所需的时间。

4　产品分类

4.1　按装置的机械传动方式可分为网带式、斜槽式、振动式。

4.2　按装置的冻结功能分为带架车隧道式和不带架车隧道式。

4.3　装置的型号表示方法参见附录 A。

5　技术要求

5.1　一般要求

5.1.1　装置应按本标准的规定，并按经规定程序批准的图样和技术文件制造，也可按用户和制造厂的合同制造。

5.1.2　装置所用材料、配套件均应符合相应国家标准、行业标准的规定，所用材料应满足食品卫生和使用环境的要求并保证安全，符合 SB/T 222—2007 中 4.1 的规定。对于易污染食品的润滑部分应采用食品级油料润滑。

5.1.3　装置的设计与构造应易于清洗消毒，并容易检查保养。应设有防止可能引起污染的物质混入食品的构造。

5.1.4　装置的不锈钢及铝合金制作件表面应呈金属光泽，不应有明显的花斑和划伤等缺陷。

5.1.5　装置的黑色金属制作件表面应进行防腐处理，并具有良好的耐腐蚀性能。处理后表面应光滑、色泽均匀，不应有剥落、露底等缺陷。

5.1.6　装置所用的材料宜采用环保材料和可作为再生资源而利用的材料。

5.1.7　蒸发器气压试验和气密性试验合格后，装置总装后应再次进行气密性试验。

5.2　性能要求

5.2.1　本标准规定的名义工况为：以含水率 74% 豌豆为标准冻品，冻结前进料中心温度不高于 15 ℃；冻结出料时物料的中心温度应不高于 −18 ℃；装置内空气温度应不高于 −30 ℃。

5.2.2　装置的冻结能力应符合设计要求，不得低于设计冻结能力的 95%。

5.2.3　冻品应呈单体状态，标准冻品单体率应 ≥95%。

5.2.4　冻品形状应保持完好无损，标准冻品破损率应 ≤1%。

5.2.5　装置空载时，在供给的制冷量相匹配条件下，装置内空气温度从环境温度降至 −30 ℃所需时间应 ≤45 min。

5.2.6　装置的噪声声压级应 ≤85 dB(A)。

5.2.7　装置内流化床面风速分布应均匀，无冻品时，最小与最大风速的差值应小于 2 m/s；架车隧道的迎风面风速分布应均匀，无冻品时，最小与最大风速的差值应小于 3 m/s。

5.3 传动机构

5.3.1 装置的各支承钢架必须符合设计的强度和刚度要求。焊接处应光洁、牢固,不得存在裂纹、焊穿和未填满的弧坑等明显的焊接缺陷。

5.3.2 输送带的传动应设有张紧机构,以产生和调整输送带的预拉力,保证传动平稳。在传送冻品时,其左右摆动幅度不得大于 20 mm。输送带表面应光滑、平整,不应有锈斑、尖刺、断裂等缺陷。

5.3.3 各链传动必须设有张紧机构,以避免链传动垂度过大时啮合不良和链条振动等现象。

5.3.4 输送带运行速度应采用无级调速,以适应各种速冻食品冻结工艺的要求。

5.3.5 振动槽体在横向应该保持水平状态,并不能与其他设备有刚性接触。

5.3.6 振动槽体应设有调节机构,用以调整激振电机改变激振角和振力,适应调节冻品的输送量。

5.3.7 挡料壁板应平整,不应有翘裂、歪斜现象。

5.4 隔热围护结构

5.4.1 隔热夹芯板的隔热材料宜采用聚氨酯泡沫塑料,面板采用无毒防锈防护材料,其质量应符合 JB/T 6527 的规定。

5.4.2 组装后的隔热夹芯板接缝应均匀、严密,接缝平面错位应≤1.5 mm,使用的密封材料应无毒、无臭、防霉、耐低温、耐老化,有良好的隔热性和防潮性。

5.4.3 隔热夹芯板的表面应色泽均匀、光滑、平整,无明显划痕、擦伤、锈蚀现象;采用表面涂层时,表面层与金属板结合应牢固、无剥落现象。

5.4.4 隔热门应关闭严密、开关灵活、安全可靠。隔热门内外应都能开门。

5.4.5 隔热门应装有电加热装置以防隔热门与库体冻粘,所用电压应是不超过 36 V 的安全电压。

5.4.6 隔热围护结构内应在适当位置装设防潮照明灯。照明灯开关应防潮且置于隔热围护上便于操作的部位或电控箱操作面板上,所用电压应是不超过 36 V 的安全电压。

5.4.7 装置在 6.8 规定的试验条件下运行,隔热围护结构外表面不应有凝露水流淌。

5.4.8 装置内的底板应有一定的斜度,并在隔热围护底面最低处设有排水口。底板与隔热围护结构之间应有可靠的密封措施,以防止水渗入到隔热层。

5.4.9 管路穿过隔热围护结构的空隙应进行隔热密封处理。输送带通过隔热围护结构的进、出口应采取减少跑冷的措施。装置运行时,所有排水出口应作密封处理,防止出现内外空气对流。

5.5 蒸发器

5.5.1 蒸发器及框架的制作应符合 JB/T 7658.6 和 JB/T 7659.3 的规定。

5.5.2 蒸发器的各部件均应具有良好的耐腐蚀性能。凡黑色金属制作件应作表面防腐处理,表面处理后应光洁,不应有斑点、流挂等缺陷,不应采用喷漆方法处理。

5.5.3 蒸发器的管束与旁侧管板结合处应作防止漏水或漏风的处理。

5.5.4 装置应设有融霜装置,融霜水排放应畅通。每次融霜结束后,蒸发器盘管、翅片外表面及进、出水管路中不应残留影响正常工作的霜、冰和水。

5.5.5 蒸发器应按规定进行气压压力试验和气密性试验,不能有渗漏现象。

5.5.6 蒸发器在压力和气密性试验合格后,应充以正压干燥氮气或经专门处理的干燥洁净空气(指露点低于－30 ℃),其最大压力不超过 0.1 MPa,并立即封口。

5.6 风机

5.6.1 所选配的风机必须能使流化床上的冻品形成悬浮或半悬浮状态。

5.6.2 风机应在环境温度－40 ℃～50 ℃,相对湿度 70%～100%条件下正常运行。

5.6.3 风机除应符合 JB/T 10562 和 JB/T 10563 的规定外,表面和支架应具有良好的耐腐蚀性能。电机应有防水、防潮、耐低温措施,防护等级不低于 IP54。

5.7 电气控制系统

5.7.1 电气安全

5.7.1.1 按 GB 5226.1—2002 中 19.3 的要求进行试验，装置动力电路导线和保护接地电路间的绝缘电阻不应小于 2 MΩ。

5.7.1.2 耐电压按 6.13 的要求进行试验，应无击穿或闪络现象。

5.7.1.3 装置的电气系统应有可靠的接地点，并有永久性的接地标志，保持接地电路的连续性按 GB 5226.1—2002 中 19.2 的规定方法进行测定。

5.7.1.4 装置的电气控制系统应有缺相、过载和过热保护。

5.7.2 其他要求

5.7.2.1 电控箱外形结构设计应简洁、美观、牢固，出厂前应作通电调试，并保证在操作、运行维护时安全、可靠、方便。指示仪表、开关、指示灯应排列有序、整齐，安装牢固、端正，无松动。各开关启闭应灵活、可靠。

5.7.2.2 电控箱应采用防水及通风冷却措施，保持电控箱内干燥。电控箱门启闭灵活，开启角度不小于 90°。

5.7.2.3 电气设备应能在额定电压的 90%～110%范围内正常工作。

5.8 运行要求

装置应能正常运行，电机、减速器等应无异常发热，各部件及控制元件应能正常工作、运行可靠。

5.9 机械安全

5.9.1 装置的设计应保证运输、安装和使用的可靠性和稳定性。

5.9.2 在正常使用状态下，对人员有可能触及并造成伤害的部位进行护罩保护。防护罩、防护网或类似部件应牢固、可靠。

5.10 成套性

成套装置交付时，还应包括：

——制冷剂进、出口接头；

——融霜水进、出口接头；

——或成组装配法兰。

6 试验方法

6.1 压力试验和气密性试验

6.1.1 蒸发器压力试验采用气压压力试验，试验压力为设计压力的 1.15 倍，气密性试验的压力等于设计压力，试验时应采取必要的安全措施。

6.1.2 气压压力试验和气密性试验应按 JB/T 4750 规定进行。

6.1.3 保压检查期间压力应保持不变，不应采用连续加压以维持试验压力不变的做法，不应带压紧固螺栓。

6.2 风速测定

6.2.1 流化床面风速均匀性测定

装置组装完毕后，正常关闭隔热装置库门、排水孔口，启动风机和传送带，风速场测点布置如图 1 所示，用风速仪紧邻床面测其风速，记录各点数据，其最大和最小的风速差值，应符合 5.2.7 的规定。图 1 中 *B* 为传送带宽度。

6.2.2 架车隧道内风速均匀性测定

装置组装完毕后，正常关闭隔热装置库门、排水孔口，启动风机，风速场测点布置如图 2 所示，用风速仪在隧道中架车位置迎风的垂直面内测其风速，记录各点数据，其最大和最小的风速差值，应符合5.2.7的规定。图2中H为架车高度。

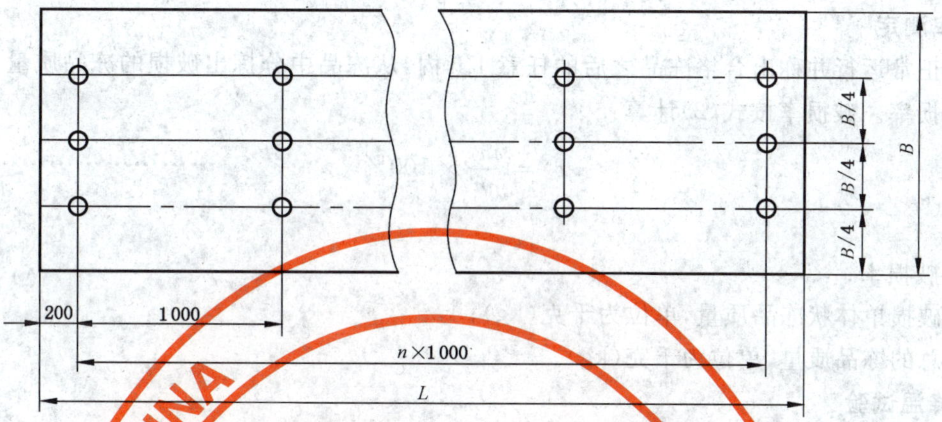

图 1

图 2

6.3 冻品温度测定

按附录B规定进行测定，应符合5.2.1的要求。

6.4 冻结能力测定

在5.2.1规定的名义工况下，装置在满负荷连续生产运行时，标准冻品经快速冻结出料开始计时，测量连续运行1 h间的冻品质量，单位：kg/h。

6.5 单体率测定

在装置正常运行并称出合格冻品之后的任意1 h内，从冻品中分拣出粘连冻品后称量剩余的冻品质量，即可计算单体率。单体率按式(1)计算：

$$x_1 = \frac{m_1}{m} \times 100\% \qquad \cdots\cdots(1)$$

式中：

x_1——单体率；

m_1——单体状冻品质量,单位为千克(kg);

m——总的冻品质量,单位为千克(kg)。

6.6 破损率测定

在装置正常运行并称出合格冻品之后的任意 1 h 内,从冻品中分拣出破损的冻品质量,称量其质量即可计算破损率。破损率按式(2)计算:

$$x_2 = \frac{m_2}{m} \times 100\% \qquad \cdots\cdots(2)$$

式中:

x_2——破损率;

m_2——破损单体状冻品质量,单位为千克(kg);

m——总的冻品质量,单位为千克(kg)。

6.7 空载降温试验

装置组装完毕降温调试时,启动制冷系统供冷,从正常供冷开始计时,记录隔热围护结构内空气温度降到规定温度 −30 ℃所需的时间。

6.8 凝露试验

在环境温度 32 ℃±1 ℃,相对湿度 75%±2%的条件下,装置内空气温度降到≤−30 ℃,并保持稳定运行 4 h,目测检查。

6.9 融霜试验

融霜时,启动融霜系统,检查蒸发器盘管表面霜层融化状况和融霜水排放情况,应符合 5.5.4 的要求。

6.10 噪声测试

按 JB/T 4330—1999 附录 C 的规定进行测量。

6.11 运行试验

装置总装后,经 2 h 以上的机械运转试验,检查电机、减速器等有无异常发热,各部件及控制元件是否按规定的要求正常工作。

6.12 绝缘电阻

按 GB 5226.1—2002 中 19.3 的要求进行试验,测量装置动力电路导线和保护接地电路间的绝缘电阻。

6.13 耐电压试验

按 GB 5226.1—2002 中 19.4 的要求进行试验,在装置的所有电路导线和保护接地电路间施加规定的电压,持续 1 min 时间,检查有无击穿或闪络现象。

6.14 保护接地电路连续性

按 GB 5226.1—2002 中 19.2 的规定方法进行测定。

6.15 试验用仪表

试验用的仪表应在有效使用期内,风速仪的准确度为 ±2%,制冷剂检漏仪灵敏度为 1×10^{-5}(MPa·cm^3)/s(在环境温度 25 ℃±10 ℃范围内)。

7 检验规则

7.1 一般要求

装置应由制造厂的质量检验部门按本标准和相应标准及技术文件进行检验,合格后方能出厂。

7.2 检验项目

装置的出厂检验和型式检验按表 1 的规定进行。

表 1 检验项目表

检验项目	出厂检验	型式检验	技术条件	试验方法
一般要求和外观、外形尺寸	√	√	5.1,5.3,5.4.2,5.4.3,5.4.4,5.4.7,5.5.2	目测,卷尺
压力及气密性试验	√	√	5.1.7,5.5.5	6.1
绝缘电阻	√	√	5.7.1.1	6.12
耐电压试验	√	√	5.7.1.2	6.13
保护接地电路的连续性	√	√	5.7.1.3	6.14
零部件及装配质量	√	√	5.1.1,5.3.5,5.4.2,5.4.8,5.4.9,5.5.3,5.10	对照图样
机械安全	√	√	5.9	目测
装置完整性	√	√	5.10	目测
标志	√	√	8.1	目测
包装	√	√	8.2	目测
风速	—	√	5.2.7	6.2
冻品温度	—	√	5.2.1	6.3
冻结能力	—	√	5.2.2	6.4
单体率	—	√	5.2.3	6.5
破损率	—	√	5.2.4	6.6
空载降温试验	—	√	5.2.5	6.7
凝露试验试验	—	√	5.4.7	6.8
融霜试验	—	√	5.5.4	6.9
噪声	—	√	5.2.6	6.10
运行试验	—	√	5.3.2,5.3.3,5.3.4,5.3.5,5.3.6,5.8	6.11
注:"√"表示检验;"—"表示不检验。				

7.3 出厂检验

每套装置制成后均应进行出厂检验。

7.4 型式检验

有下列情况之一时,应进行型式检验:

a) 各型装置的新产品;

b) 产品转产或停产一年以上生产的首制产品;

c) 设计结构、材料和工艺有重大修改可能影响产品性能时;

d) 国家质量技术监督部门提出进行型式检验时。

8 标志、包装、运输和贮存

8.1 标志

8.1.1 每台装置应在明显且平整的部位上固定标牌,标牌应符合 GB/T 13306 的规定,并应标出下列内容:

a） 制造厂家名称；

b） 产品名称及型号；

c） 产品主要技术参数(如冻结能力、需配冷量、装机功率、外形尺寸等)；

d） 产品编号；

e） 制造日期。

8.1.2 装置应在易见的部位，用不易消失的方法，标出安全标识(如接地标识、警告标识等)。

8.1.3 包装箱标志应符合 GB/T 191 的规定。

8.2 包装、运输和贮存

8.2.1 装置的包装应符合 GB/T 13384 的规定。

8.2.2 装置出厂包装时，应随带下列文件：

a） 产品合格证；

b） 产品使用说明书，应符合 GB 9969.1 的规定；

c） 装箱单或发货清单；

d） 随机附件。

8.2.3 包装箱的外形尺寸和质量应符合运输部门的规定。

8.2.4 装置的大部件(如蒸发器、支承钢架等)可以裸装，在运输时应设置托架固定，并有防雨雪措施，不允许有碰撞、倾斜倒置、翻滚窜动。

8.2.5 装置存放场地应干燥、通风，无腐蚀气体，并有防潮、防雨雪措施。在贮运过程中，不允许有碰撞、倾斜倒置。

附　录　A
（资料性附录）
流态化速冻装置产品型号表示方法

A.1　型号表示方法

本产品的型号表示方法如下：

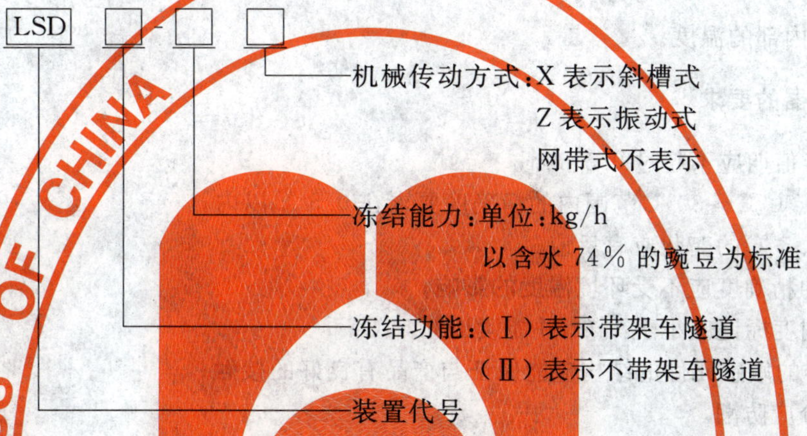

A.2　型号示例

示例 1：LSD(Ⅰ)-2000：表示带架车隧道，冻结能力为 2 000 kg/h 的网带式流态化速冻装置。

示例 2：LSD(Ⅱ)-1000Z：表示不带架车隧道，冻结能力为 1 000 kg/h 的振动式流态化速冻装置。

附　录　B
（规范性附录）
速冻食品温度检测方法

B.1　目的

B.1.1　用相应的仪表测得被测处的准确温度；选择一些有代表性的测量部位，测得本批产品的平均温度。

B.1.2　测量产品内部的温度。

B.2　温度测量仪器的要求

a)　仪器的半值期应不超过 0.5 min；
b)　仪器在－30 ℃～30 ℃范围内的精确度要求在 0.5 ℃以内；
c)　仪器对 0.5 ℃的变化应有反应；
d)　测量值的精确度应不受环境温度的影响；
e)　仪器的刻度标记应小于 1 ℃，并能读出 0.5 ℃；
f)　测量仪器的敏感元件的结构应能保证与产品有良好的接触；
g)　电器部分应防潮。

B.3　测量温度的仪器的形式

B.3.1　玻璃管温度表的要求

a)　总长度应为 250 mm；
b)　应为圆径尖头；
c)　用酒精温度表。

B.3.2　圆盘温度计的要求

a)　敏感元件的总长度应为 150 mm；
b)　敏感元件应用不锈钢制作呈尖头状；
c)　表盘用塑料膜密封。

B.3.3　电阻(或热电偶)温度计

a)　使用电阻(或热电偶)作敏感元件，探针的总长度应为 150 mm 左右；
b)　用不锈钢制作探针式或探片式敏感元件；
c)　采用带有补偿电阻的导线。

B.3.4　温度记录仪

a)　仪器应在－60 ℃～100 ℃范围内正常工作；
b)　仪器应具有防水功能。

B.4　测量方法

B.4.1　采用 B.3.1、B.3.2 或 B.3.3 规定的测量仪器进行测量。

B.4.1.1　由直接测量产品内的温度取得。

B.4.1.2　产品内部温度应在其最大表面中心下面 25 mm 处测量。但当冻品有一边的厚度小于 25 mm时，测量点应为冻品表面；当产品有一边的厚度为 25 mm～50 mm 时，测量点应处于此厚度的中间。

B.4.1.3 打孔：

所测冻品用经过预冷的探针或钻打孔，并按B.4.1.2规定的测量点的深度打孔，孔径大小应以能插入探针为宜。

B.4.1.4 预冷：

a) 任选一预冷包裹(简称包裹)用来预冷探针、手钻或敏感元件。严禁把热的探针、手钻或敏感元件插到要测试的产品中；

b) 应把敏感元件插在包裹的中心至少停留3 min。在准备放入要测试的产品之前，不得把敏感元件从包裹里拔出。

B.4.1.5 测量产品内部温度：

a) 敏感元件从包裹中拔出后应立即插入要测试的产品内；

b) 敏感元件应插到被测产品的中心；

c) 待温度稳定后记录此时的温度值；

d) 测完产品温度后的敏感元件应放回包裹中，以备再用。

B.4.2 采用B.3.4规定的测量仪器进行测量。

B.4.2.1 将温度记录仪的探针插入待冻品，随待冻品一起进行冻结。

B.4.2.2 标准冻品出料后，通过程序读取记录仪的记录信息，读取冻品出料时的温度。

ICS 27.200
J 73

中华人民共和国国家标准

GB/T 22733—2008

食品速冻装置　螺旋式速冻装置

Food quick freezer—Spiral freezer

2008-12-28 发布　　　　2009-06-01 实施

中华人民共和国国家质量监督检验检疫总局
中国国家标准化管理委员会　发布

前　言

本标准的附录 B 为规范性附录，附录 A 为资料性附录。

本标准由中华人民共和国商务部提出。

本标准由全国制冷标准化技术委员会归口并负责解释。

本标准起草单位：南通冷冻设备有限公司、绍兴高风急速冻结设备有限公司。

本标准参加起草单位：沈阳航天新阳速冻设备制造有限公司、烟台冰轮股份有限公司。

本标准主要起草人：杨晓燕、黄杰、梁惠华、娄金培、任坤民、许宝华、钱洪、楼晓华、李淑俊。

食品速冻装置　螺旋式速冻装置

1　范围

本标准规定了螺旋式速冻装置的相关术语和定义、产品分类、技术要求、试验方法、检验规则、标志、包装、运输和贮存等。

本标准适用于快速冻结食品的螺旋式速冻装置(以下简称装置)。

注：本装置不含制冷压缩机组。

2　规范性引用文件

下列文件中的条款通过本标准的引用而成为本标准的条款。凡是注日期的引用文件，其随后所有的修改单(不包括勘误的内容)或修订版均不适用于本标准，然而，鼓励根据本标准达成协议的各方研究是否可使用这些文件的最新版本。凡是不注日期的引用文件，其最新版本适用于本标准。

GB/T 191　包装储运图示标志

GB 5226.1—2002　机械安全　机械电气设备　第1部分：通用技术条件(IEC 60204-1：2000，IDT)

GB 9969.1　工业产品使用说明书　总则

GB/T 13306　标牌

GB/T 13384　机电产品包装通用技术条件

GB/T 18517　制冷术语

JB/T 4330—1999　制冷和空调设备噪声的测定

JB/T 4750　制冷装置用压力容器

JB/T 6527　组合冷库用隔热夹芯板

JB/T 7658.6　氨制冷装置用空气冷却器

JB/T 7659.3　氟利昂制冷装置用吊顶式空气冷却器

JB/T 10562　一般用途轴流通风机　技术条件

JB/T 10563　一般用途离心通风机　技术条件

SB/T 222—2007　食品机械通用技术条件　基本技术要求

3　术语和定义

GB/T 18517 确立的以及下列术语和定义适用于本标准。

3.1

螺旋式速冻装置　spiral freezer

输送带按螺旋线轨迹运行的食品速冻装置。

3.2

自堆积型螺旋传送机构　self-stacking type spiral conveying device

输送带除最底层有支撑物外，其余各层均由输送带自身下层支撑上层形成螺旋形轨迹的传送机构。

3.3

轨道型螺旋传送机构　track type spiral conveying device

输送带由螺旋式轨道作为支撑形成螺旋形轨迹的传送机构。

3.4

单螺旋速冻装置　single drum spiral freezer

仅有一个螺旋传送转笼的螺旋式速冻装置。

3.5

双螺旋速冻装置　double drum spiral freezer

具有两个螺旋传送转笼的螺旋式速冻装置。

3.6

冻结能力　freezing capacity

装置在名义工况下满负荷运行时，从正常出料开始计时 1 h 速冻食品的质量。

4　产品分类

4.1　装置按转笼数量分为：单螺旋、双螺旋。

4.2　装置按输送带支撑方式分为：自堆积型、轨道型。

4.3　装置的型号编制方法参见附录 A。

5　技术要求

5.1　一般要求

5.1.1　装置应符合本标准的规定，并按照经规定程序批准的图样和技术文件制造，也可按用户和制造厂的协议制造。

5.1.2　装置所用的材料、配套件均应符合相应国家标准、行业标准的规定，所用材料应满足食品卫生要求并保证安全，符合 SB/T 222—2007 中 4.1 的规定。对于接触食品或易造成食品污染的润滑部位应采用食品级油料润滑。

5.1.3　装置的设计与构造应易于清洗消毒，并容易检查保养。应设有防止可能引起污染的物质混入食品的构造。

5.1.4　装置的铝合金及不锈钢制作件表面应呈金属光泽，不应有明显的花斑和划伤等缺陷。

5.1.5　装置的黑色金属制作件表面应进行防腐处理，并具有良好的耐腐蚀性能。处理后表面应光滑、色泽均匀，不应有剥落、露底等缺陷。但冻结舱内的黑色金属制作表面不宜采用喷漆方法作防腐处理。

5.1.6　装置所用的材料宜采用环保材料和可作为再生资源而利用的材料。

5.2　性能要求

5.2.1　本标准规定的名义工况为：以单个质量为(40±5)g、上料密度≥6.5 kg/m^2、(食品)进料温度≤15 ℃、出料温度≤－18 ℃的裸冻肉鸡翅中为标准食品，装置内循环冷空气的温度≤－30 ℃。

5.2.2　装置的冻结能力应符合设计要求，并不低于设计时要求的冻结能力的 95%。

5.2.3　食品冻结过程中，装置内循环冷空气的温度应≤－30 ℃。

5.2.4　速冻食品出料时，物料的中心温度应≤－18 ℃。

5.2.5　装置应按冻结品种不同规定出冻结时间的设计范围。在名义工况下，对于标准食品在装置内达到规定出料温度的时间应不超过 45 min。

5.2.6　装置空载时，装置内温度从环境温度降至－30 ℃所需的时间应不大于 45 min。

5.2.7　装置的噪声声压级应不大于 80 dB(A)。

5.3　传送机构

5.3.1　装置的各支承钢架、导轨、小车、轨道、链条等应符合设计强度和刚度要求。焊缝应清洁、光滑牢固，不得有明显的焊接缺陷。

5.3.2　非不锈钢材料制的各支承钢架、小车等表面应进行防腐处理，并具有良好的耐腐蚀性。处理后表面应光滑、色泽均匀，不得有剥落、露底等缺陷，但不应采用喷漆方法作防腐处理。

5.3.3 输送带表面应光滑、平整,不应有锈斑、尖刺、断裂等缺陷。金属丝编织的输送带焊接处应光滑、平整、牢固,不得有飞溅及其他规定不容许的焊接缺陷。

5.3.4 输送带应设有张紧机构,在运行过程中应伸缩自如、运行平稳,不得有卡滞、颤动、堆带、翻带等现象。

5.3.5 输送带的运行速度应采用无级调速,以适应各种食品的速冻工艺要求。

5.3.6 与输送带接触的支撑轨道表面应为无毒耐磨材料。

5.3.7 自堆积型螺旋速冻装置的输送带各层间应自然吻合,堆积带形成的垛堆不应有明显的松驰或缩紧现象,输送带两侧用于上下层堆积的侧板的排列应有规律。

5.4 隔热围护结构

5.4.1 装置的隔热围护结构宜采用聚氨酯隔热夹芯板制成,面板采用无毒防护材料,其质量应符合 JB/T 6527 的规定。

5.4.2 隔热夹芯板的面板表面应色泽均匀、光滑、平整,无明显划痕、擦伤、锈蚀现象,面板采用表面涂层时,表面涂层与金属板结合应牢固,无剥落现象。

5.4.3 隔热围护结构组装后,隔热夹芯板间的接缝应均匀、严密,接缝平面错位应≤1.5 mm。接缝使用的密封材料应无毒、无臭、防霉、耐老化、耐低温,并具有良好的韧性、隔热性和防潮性。

5.4.4 隔热围护结构的隔热门应开启灵活、关闭严密、安全可靠,门与箱体之间应设锁扣装置,锁扣装置应牢固可靠,并有安全脱锁装置,在隔热围护结构内外应都能开门。

5.4.5 隔热门宜装有电加热装置以防隔热门与箱体冻粘,电加热装置所用电压应为安全电压。

5.4.6 装置应设置测温仪表便于操作人员读取隔热围护结构内的温度。

5.4.7 装置在 6.6 规定的试验条件下运行,隔热围护结构外表面不应有凝露水流淌。

5.4.8 隔热围护结构内的底板应有一定的斜度,并在最低处设有排水口。底板与隔热围护结构之间应有可靠的密封措施,以防止水渗入到隔热层。

5.4.9 管路穿过隔热围护结构的空隙应进行隔热密封处理。输送带通过隔热围护结构的进、出口应采取减少跑冷的措施。排水出口应作水封或加启闭型密封盖,防止出现内外空气对流。

5.4.10 隔热围护结构内应装设防潮照明灯,照明灯所用电压应为安全电压。

5.4.11 隔热围护结构内应有检修通道,以供维护检修人员出入。

5.5 蒸发器

5.5.1 蒸发器及其框架的制作应符合 JB/T 7658.6 和 JB/T 7659.3 的规定。

5.5.2 蒸发器的各部件均应有良好的耐腐蚀性,凡黑色金属制作件应作表面防腐处理,但不应采用喷漆方法作防腐处理。

5.5.3 蒸发器应按规定进行气压试验和气密性试验,不应有渗漏现象。

5.5.4 蒸发器在气压试验和气密性试验合格后,应充以正压干燥氮气或经专门处理的干燥空气(指露点低于-30 ℃),其最大压力不超过 0.1 MPa,并立即封口。

5.5.5 蒸发器应设有融霜装置,融霜水排放应畅通。每次融霜结束后,蒸发器的蒸发盘管、翅片外表面及进水、排水管路中不应残留影响正常工作的霜和水。

5.6 风机

5.6.1 与蒸发器配套的风机应能在温度-40 ℃～50 ℃,相对湿度 70%～100%的条件下正常运行。

5.6.2 风机除应符合 JB/T 10562 和 JB/T 10563 的规定外,表面应具有耐腐蚀性。

5.6.3 风机电机应有防水、防潮、耐低温措施,防护等级不低于 IP54。

5.7 电气控制系统

5.7.1 电气安全

5.7.1.1 按 GB 5226.1—2002 中 19.3 的要求进行试验,装置动力电路导线和保护接地电路间的绝缘电阻不应小于 2 MΩ。

5.7.1.2 按6.11的要求进行试验，应无击穿或闪络现象。

5.7.1.3 装置应有可靠的接地连接，并有永久性的接地标志，保护接地电路的连续性应符合GB 5226.1—2002中19.2的规定。

5.7.1.4 装置的电气控制系统应有过载和过热保护。

5.7.2 其他要求

5.7.2.1 电气控制系统应能在额定电压的90%～110%情况下正常工作。

5.7.2.2 电控箱应外形平整、美观，结构牢固；开关、指示仪表、指示灯及相应的指示标牌的安装应正确、牢固、整齐、有序；各开关启闭应灵活、可靠。

5.7.2.3 电控箱门启闭应灵活、自如，开启角度不小于90°。

5.7.2.4 电控箱内应有防潮措施，保持电控箱内干燥。

5.8 成套性

以法兰形式连接制冷系统的装置，在交付时还应包括：制冷剂进出口接头、融霜水进出口接头以及成组装配法兰。

5.9 运行要求

装置应能正常运行，电机、减速器等应无异常发热，各部件及控制元件应按规定的顺序正常工作、运行可靠。

5.10 机械安全

5.10.1 装置的设计应保证在正常运输、安装和使用时具备可靠的稳定性。

5.10.2 在正常的使用状态下，人员有可能触及并造成伤害的运行部件，应设置适当的防护罩或防护网，对人员安全提供防护。防护罩、防护网或类似部件应牢固、可靠。

6 试验方法

6.1 速冻食品出料温度

按附录B规定的方法进行测定，符合5.2.4的要求。

6.2 冻结能力

在5.2.1规定的名义工况下，装置正常满负荷连续生产运行时，从冻品出料开始计时，测量连续运行1 h内生产的冻品的质量，单位：kg/h。

6.3 冻结时间

在5.2.1规定的名义工况下，装置正常满负荷连续生产运行时，由标准冻品出料开始计时，记录标准冻品从进料到出料的时间，单位：h。或按附录B中B.4.2的方法测量，读取标准冻品到达－18 ℃的时间。

6.4 空载降温时间

装置空载时，用相匹配的制冷系统供冷，从正常供冷开始计时，记录隔热围护结构内循环冷空气的温度从环境温度降至－30 ℃所需的时间。

6.5 噪声测试

按JB/T 4330—1999附录C的规定进行测量。

6.6 凝露试验

在环境温度为32 ℃±1 ℃、相对湿度为75%±2%的条件下，装置内循环冷空气温度降到不大于－30 ℃，并保持稳定运行4 h，目测检查。

6.7 气压试验和气密性试验

6.7.1 蒸发器气压试验的压力为设计压力的1.15倍，气密性试验的压力等于设计压力。

6.7.2 气压试验合格后应进行气密性试验。

6.7.3 气压试验和气密性试验方法按JB/T 4750的规定。

6.8 融霜试验

融霜时，启动融霜系统，检查融霜系统的工作状况和融霜水的排放情况，满足5.5.5的要求。

6.9 运行试验

装置总装后，经2 h以上的机械运转试验，检查电机、减速器等有无异常发热，各部件及控制元件是否按规定的顺序正常工作。

6.10 绝缘电阻

按GB 5226.1—2002中19.3的要求进行试验，测量装置动力电路导线和保护接地电路间的绝缘电阻。

6.11 耐电压试验

按GB 5226.1—2002中19.4的要求进行试验，在装置的所有电路导线和保护接地电路间施加规定的电压，持续1 min时间，检查有无击穿或闪络现象。

6.12 保护接地电路的连续性

按GB 5226.1—2002中19.2的规定进行测定。

7 检验规则

7.1 一般要求

每台装置应由制造厂的质量部门按本标准及技术文件的规定进行检验，合格并附上合格证后方能出厂。

7.2 检验分类

检验分为出厂检验和型式检验两种，检验项目见表1。

表1 检验项目表

序号	项　目	出厂检验	型式检验	技　术　要　求	试验方法
1	一般要求和外观	√	√	5.1,5.3,5.4.2,5.4.3,5.4.4,	目测
2	产品完整性和装配质量	√	√	5.1.1,5.3.7,5.4.3,5.4.8,5.4.9,5.8	目测，对照图样的技术文件
3	气压试验和气密性试验	√	√	5.5.3	6.7
4	绝缘电阻	√	√	5.7.1.1	6.10
5	电气强度	√	√	5.7.1.2	6.11
6	保护接地电路连续性	√	√	5.7.1.3	6.12
7	机械安全	√	√	5.10	目测
8	电气控制系统	√	√	5.7.1.3,5.7.1.4,5.7.2	目测
9	标志	√	√	5.7.1.3,8.1	目测
10	包装	√	√	8.2	目测
11	速冻食品出料温度	—	√	5.2.4	6.1
12	冻结能力	—	√	5.2.2	6.2
13	冻结时间	—	√	5.2.5	6.3
14	空载降温时间	—	√	5.2.6	6.4
15	噪声	—	√	5.2.7	6.5
16	凝露试验	—	√	5.4.7	6.6
17	融霜试验	—	√	5.5.5	6.8
18	运行试验	—	√	5.3.4,5.3.5,5.3.7,5.9	6.9
注：“√”表示进行检验，“—”表示不进行检验。					

7.3 出厂检验

每台装置均应进行出厂检验，检验项目、技术要求和试验方法按表1的规定。

7.4 型式检验

在下列情况之一时应进行型式检验，检验项目、技术要求和试验方法按表1的规定：

a) 新产品试制定型时；

b) 产品转厂生产或停产一年以上生产的首制产品；

c) 产品在设计、工艺和材料等有重大改变，可能影响产品性能时；

d) 国家质量技术监督检验部门提出进行型式检验时。

8 标志、包装、运输和贮存

8.1 标志

8.1.1 每台装置应在平整易见的部位固定耐久性铭牌，铭牌的尺寸和技术要求应符合 GB/T 13306 的规定。铭牌上应标示下列内容：

a) 制造厂名称和商标；

b) 产品名称；

c) 产品出厂编号；

d) 制造日期。

8.1.2 装置应在易见的部位，用不易消失的方法，标出安全标识(如接地标识、警告标识等)。

8.1.3 包装储运标志应符合 GB/T 191 的有关规定。

8.2 包装

8.2.1 装置的包装应符合 GB/T 13384 的规定。

8.2.2 装置在出厂包装时，应随带下列文件和附件：

8.2.2.1 产品合格证，其内容包括：

a) 产品名称和型号；

b) 产品的出厂编号；

c) 出厂检验结论；

d) 检验人员签字或印章；

e) 检验日期；

f) 制造厂名称。

8.2.2.2 产品使用说明书，应符合 GB 9969.1 的规定。

8.2.2.3 装箱单。

8.2.2.4 随机附件。

8.3 运输和贮存

8.3.1 装置在运输过程中，应固定可靠，并有防震、防潮、防雨雪等措施，不允许有碰撞、倾斜倒置。

8.3.2 装置贮存场地应干燥、通风、无腐蚀性气体，并有防潮、防雨雪措施。在贮存过程中，不允许有碰撞、倾斜倒置。

附 录 A
（资料性附录）
螺旋式速冻装置型号编制方法

A.1 型号编制方法

螺旋式速冻装置型号编制方法如下：

× LD - ×× ×

- ×（末位）——D：表示自堆积型；轨道型省略标注
- ××——冻结能力，单位：kg/h，位数不限
- LD——表示螺旋式速冻装置
- ×（首位）——D：表示单螺旋；S：表示双螺旋

A.2 示例

示例 1：SLD-1000 表示名义冻结能力为 1 000 kg/h 的轨道型双螺旋式速冻装置。

示例 2：DLD-500D 表示名义冻结能力为 500 kg/h 的自堆积型单螺旋式速冻装置。

附　录　B
（规范性附录）
速冻食品温度检测方法

B.1　目的

B.1.1　用相应的仪表测得被测处的准确温度；选择一些有代表性的测量部位，测得本批产品的平均温度。

B.1.2　测量产品内部的温度。

B.2　温度测量仪器的要求

a）仪器的半值期应不超过 0.5 min；

b）仪器在－30 ℃～30 ℃范围内的精确度要求在 0.5 ℃以内；

c）仪器对 0.5 ℃的变化应有反应；

d）测量值的精确度应不受环境温度的影响；

e）仪器的刻度标记应小于 1 ℃，并能读出 0.5 ℃；

f）测量仪器的敏感元件的结构应能保证与产品有良好的接触；

g）电器部分应防潮。

B.3　测量温度的仪器的形式

B.3.1　玻璃管温度表的要求

a）总长度应为 250 mm；

b）应为圆径尖头；

c）用酒精温度表。

B.3.2　圆盘温度计的要求

a）敏感元件的总长度应为 150 mm；

b）敏感元件应用不锈钢制作呈尖头状；

c）表盘用塑料膜密封。

B.3.3　电阻（或热电偶）温度计

a）使用电阻（或热电偶）作敏感元件，探针的总长度应为 150 mm 左右。

b）用不锈钢制作探针式或探片式敏感元件；

c）采用带有补偿电阻的导线。

B.3.4　温度计记录仪

a）仪器应在－60 ℃～100 ℃范围内正常工作；

b）仪器应具有防水功能。

B.4　测量方法

B.4.1　采用 B.3.1、B.3.2 或 B.3.3 规定的测量仪器进行测量。

B.4.1.1　由直接测量冻品内的温度取得。

B.4.1.2　冻品内部温度应在其最大表面中心下面 25 mm 处测量。但当冻品（或包装冻品）有一边的厚度小于 25 mm 时，测量点应为冻品表面，当冻品（或包装冻品）有一边的厚度为 25 mm～50 mm 时，测量点应处于此厚度的中间。

B.4.1.3 打孔：

所测冻品用经过预冷的探针或钻按B.4.1.2规定的测量点的深度打孔，孔径大小应以能插入探针为宜。

B.4.1.4 预冷：

a) 任选一预冷包裹(简称包裹)用来预冷探针、手钻或敏感元件。严禁把热的探针、手钻或敏感元件插到要测试的冻品中；

b) 应把敏感元件插在包裹的中心至少停留3 min。在准备放入要测试的冻品之前，不得把敏感元件从包裹里拔出。

B.4.1.5 测量冻品内部温度：

a) 敏感元件从包裹中拔出后应立即插入要测试的冻品内；

b) 敏感元件应插到被测冻品的中心；

c) 待温度稳定后记录此时的温度值；

d) 测完冻品温度后的敏感元件应放回包裹中，以备再用。

B.4.2 采用B.3.4规定的测量仪器进行测量。

B.4.2.1 将温度记录仪的探针插入待冻品，随待冻品一起进行冻结。

B.4.2.2 标准冻品出料后，通过程序读取记录仪的记录信息，读取冻品出料时的温度。

ICS 27.200
J 73

中华人民共和国国家标准

GB/T 22734—2008

食品速冻装置 平板式速冻装置

Food quick freezer—Plate freezer

2008-12-28 发布　　　　2009-06-01 实施

中华人民共和国国家质量监督检验检疫总局
中国国家标准化管理委员会　发布

前 言

本标准的附录 B 为规范性附录，附录 A 为资料性附录。

本标准由中华人民共和国商务部提出。

本标准由全国制冷标准化技术委员会归口并负责解释。

本标准起草单位：南通冷冻设备有限公司，绍兴高风急速冻结设备有限公司。

本标准主要起草人：杨晓燕、黄杰、钱洪、娄金培、任坤民、许宝华、梁惠华、楼晓华、李淑俊。

食品速冻装置　平板式速冻装置

1 范围

本标准规定了平板式速冻装置的相关术语和定义、产品分类、技术要求、试验方法、检验规则、标志、包装、运输和贮存等。

本标准适用于快速冻结食品的平板式速冻装置(以下简称装置),包括配置和不配置制冷压缩机组的平板式速冻装置。

2 规范性引用文件

下列文件中的条款通过本标准的引用而成为本标准的条款。凡是注日期的引用文件,其随后所有的修改单(不包括勘误的内容)或修订版均不适用于本标准,然而,鼓励根据本标准达成协议的各方研究是否可使用这些文件的最新版本。凡是不注日期的引用文件,其最新版本适用于本标准。

GB/T 191　包装储运图示标志

GB 5226.1—2002　机械安全　机械电气设备　第1部分:通用技术条件(IEC 60204-1:2000,IDT)

GB/T 6892　一般工业用铝及铝合金挤压型材

GB 9237　制冷和供热用机械制冷系统　安全要求

GB 9969.1　工业产品使用说明书　总则

GB/T 13306　标牌

GB/T 13384　机电产品包装通用技术条件

GB/T 18517　制冷术语

JB/T 4330—1999　制冷和空调设备噪声的测定

JB/T 4750　制冷装置用压力容器

JB/T 6527　组合冷库用隔热夹芯板

JB/T 7658.6　氨制冷装置用空气冷却器

JB/T 7659.3　氟利昂制冷装置用吊顶式空气冷却器

JB/T 10562　一般用途轴流通风机　技术条件

JB/T 10563　一般用途离心通风机　技术条件

SB/T 222—2007　食品机械通用技术条件　基本技术要求

3 术语和定义

GB/T 18517 确立的以及下列术语和定义适用于本标准。

3.1

平板式速冻装置　plate freezer

食品的冷却表面是金属平板,平板中间的空腔为制冷工质通道,以单平面或双平面与食品进行接触换热的食品速冻装置。

3.2

立式平板速冻装置　vertical plate freezer

平板式蒸发器的各层平板直立成组排列,受水平牵引力作用将食品压紧于平板间进行双平面接触换热的平板式速冻装置。

3.3

卧式平板速冻装置　horizontal plate freezer

平板式蒸发器的各层平板水平成组排列，受竖直牵引力作用将食品压紧于平板间进行双平面接触换热的平板式速冻装置。

3.4

搁架式平板速冻装置　shelf plate freezer

平板式蒸发器的各层平板水平成组固定排列，其水平方向一端或两端有风机或空气冷却器，食品搁放于各层平板的上平面进行接触式换热，食品其余部位进行吹风式换热的平板式速冻装置。平板式蒸发器的各层平板下表面可以是任意曲面，以增大与气流的换热表面积。

3.5

船用平板速冻装置　marine plate freezer

适应于船舶工作环境，材料、电气与控制元器件等符合船用标准的平板式速冻装置。

4　产品分类

4.1　装置按平板蒸发器各平板的排列型式分为：立式、卧式、搁架式。

4.2　装置按制冷工质分为：氨型、氢氟烃型、载冷剂型、一次性消耗型。

4.3　装置的型号编制方法参见附录A。

5　技术要求

5.1　一般要求

5.1.1　装置应符合本标准的规定，并按照经规定程序批准的图样和技术文件制造，也可按用户和制造厂的协议制造。

5.1.2　装置所用的材料、配套件均应符合相应国家标准、行业标准的规定。所用材料应满足食品卫生要求并保证安全，符合SB/T 222—2007中4.1的规定。对于接触食品或易造成食品污染的润滑部位应采用食品级油料润滑。

5.1.3　装置的设计与构造应易于清洗消毒，并容易检查保养。应设有防止可能引起污染的物质混入食品的构造。

5.1.4　装置的铝合金及不锈钢制作件表面应呈金属光泽，不应有明显的花斑和划伤等缺陷。

5.1.5　装置的黑色金属制作件表面应进行防腐处理，并具有良好的耐腐蚀性能。处理后表面应光滑、色泽均匀，不得有剥落、露底等缺陷。但冻结舱内的黑色金属制作表面不宜采用喷漆方法作防腐处理。

5.1.6　装置所用的材料宜采用环保材料和可作为再生资源而利用的材料。

5.2　性能要求

5.2.1　本标准规定的名义工况见表1。

表1　名义工况

类别	标准冻品	放置形式	蒸发器 蒸发温度/℃	进料温度/℃	出料温度/℃
卧式	鳕鱼片	采用485 mm×255 mm×60 mm的标准鱼盘，最大限度摆放，物料上下平面与平板接触良好（约放置标准冻品7.5 kg）	−35	15	−18
立式	鳕鱼	整条鱼直接倒入，摆满裸冻	−35	15	−18
搁架式	鳕鱼	采用600 mm×400 mm×80 mm的标准鱼盘，最大限度摆放，物料下平面与平板接触良好（约放置标准冻品15 kg）	−38	15	−18

5.2.2 装置的冻结能力应符合设计要求,并不得低于设计冻结能力的95%。

5.2.3 速冻食品出料时,物料的中心温度应≤-18 ℃。

5.2.4 在名义工况下,立式、卧式平板速冻装置的冻结时间≤4 h;搁架式平板速冻装置的冻结时间≤8 h。

5.2.5 搁架式平板速冻装置空载时,装置内循环空气温度从环境温度降到-30 ℃所需的时间应不大于1 h。

5.2.6 装置的噪声声压级应不大于80 dB(A)。

5.3 平板式蒸发器

5.3.1 平板宜采用铝合金型材,其质量符合GB/T 6892的规定。

5.3.2 平板式蒸发器焊接后应平整,无翘曲。内腔应畅通无堵。接触食品的工作面应光滑、平整。工作面需焊接时,焊缝错位不大于1mm。

5.3.3 平板式蒸发器应经气压试验和气密性试验,不应有渗漏现象。

5.3.4 各层平板蒸发器总装后应进行气密性试验。

5.3.5 配置制冷压缩机组的平板式速冻装置总装后,制冷系统应进行气密性试验。

5.3.6 配置制冷压缩机组的装置,其制冷系统在气密性试验后应充注制冷剂;不配置制冷压缩机组的装置,其蒸发器在气压试验和气密性试验合格后,应充以正压干燥氮气或经专门处理的干燥空气(指露点低于-30 ℃),其最大压力不超过0.1 MPa,并立即封口。

5.3.7 连接平板的软管的公称压力应不小于5 MPa。

5.4 液压系统

5.4.1 液压牵引装置的钢架、支撑等构件应符合设计强度和刚度的要求,焊缝应清洁、光滑、牢固,不得有明显的焊接缺陷。

5.4.2 在规定的工作压力下,液压系统应无泄漏现象。

5.4.3 液压系统工作时,活塞杆运行应无爬行、无抖动,被牵引的蒸发器平板运行应平稳、无卡阻。

5.5 隔热围护结构

5.5.1 装置的隔热围护结构宜采用聚氨酯隔热夹芯板制成,面板采用无毒防护材料,其质量符合JB/T 6527的规定。

5.5.2 隔热夹芯板的面板表面应色泽均匀、光滑、平整,无明显划痕、擦伤、锈蚀现象,面板采用表面涂层时,表面涂层与金属板结合应牢固,无剥落现象。

5.5.3 隔热围护结构组装后,隔热夹芯板间的接缝应均匀、严密,接缝平面错位应≤1.5 mm。接缝使用的密封材料应无毒、无臭、防霉、耐老化、耐低温,并具有良好的韧性、隔热性和防潮性。

5.5.4 隔热围护结构的隔热门应开启灵活、关闭严密、安全可靠,并设锁扣装置,锁扣装置应牢固可靠,并有安全脱锁装置,在隔热围护结构内外应都能开门。

5.5.5 隔热门宜装有电加热装置以防隔热门与箱体冻粘,电加热装置所用电压应为安全电压。

5.5.6 装置应设置测温仪表便于操作人员读取隔热围护结构内的温度。

5.5.7 搁架式平板速冻装置在6.8规定的试验条件下运行,隔热围护结构外表面不应有凝露水流淌。

5.5.8 卧式平板速冻装置可以在隔热围护结构上以卷帘门作简单隔热,所用材料应无毒、无臭、耐老化、耐低温,并具有良好的韧性。

5.5.9 船用平板式速冻装置可以不设隔热围护结构。

5.6 蒸发器

5.6.1 当搁架式平板冻结装置采用空气冷却器时,其蒸发器应符合JB/T 7658.6和JB/T 7659.3的规定。

5.6.2 蒸发器的各部件均应有良好的耐腐蚀性,凡黑色金属制作件应作表面防腐处理,但不应采用喷漆方法作防腐处理。

5.6.3 蒸发器应经气压压力试验和气密性试验,不应用渗漏现象。

5.6.4 蒸发器在气压试验和气密性试验合格后,应充以正压干燥氮气或经专门处理的干燥空气(指露点低于−30 ℃),其最大压力不超过 0.1 MPa,并立即封口。

5.7 风机

5.7.1 搁架式平板速冻装置使用的风机应能在温度−40 ℃～50 ℃,相对湿度 70%～100%的条件下正常运行。

5.7.2 风机除应符合 JB/T 10562 和 JB/T 10563 的规定外,表面应具有耐腐蚀性。

5.7.3 风机电机应有防水、防潮、耐低温措施,防护等级不低于 IP54。

5.8 电气控制系统

5.8.1 电气安全

5.8.1.1 按 GB 5226.1—2002 中 19.3 的要求进行试验,装置动力电路导线和保护接地电路间的绝缘电阻不应小于 2 MΩ。

5.8.1.2 按 6.10 的要求进行试验,应无击穿或闪络现象。

5.8.1.3 装置应有可靠的接地联接,并有永久性的接地标志,保护接地电路的连续性应符合 GB 5226.1—2002 中 19.2 的规定。

5.8.1.4 装置的电气控制系统应有过载和过热保护。

5.8.2 其他要求

5.8.2.1 电气控制系统应能在额定电压的 90%～110%情况下正常工作。

5.8.2.2 电控箱应外形平整、美观,结构牢固;开关、指示仪表、指示灯及相应的指示标牌的安装应正确、牢固、整齐、有序;各开关的启闭应灵活、准确、可靠。

5.8.2.3 电控箱门启闭应灵活、自如,开启角度不小于 90°。

5.9 制冷压缩机组

5.9.1 装置配置制冷压缩机组时,制冷压缩机组及制冷系统零部件应符合相应国家标准和行业标准的要求。

5.9.2 制冷系统应密封,无制冷剂泄漏。

5.9.3 制冷系统的安全性能应符合 GB 9237 的有关规定。

5.10 成套性

不配置制冷压缩机组的装置,以法兰形式连接制冷系统的,交付时还应包括:制冷剂进出口接头以及成组装配法兰。

5.11 机械安全

5.11.1 装置的设计应保证在正常运输、安装和使用时具备可靠的稳定性。

5.11.2 在正常的使用状态下,人员有可能触及并造成伤害的运行部件,应设置适当的防护罩或防护网,对人员安全提供防护。防护罩、防护网或类似部件应牢固、可靠。

6 试验方法

6.1 速冻食品出料温度

按附录 B 的方法测定,符合 5.2.3 的要求。

6.2 冻结能力

在 5.2.1 规定的名义工况下,计算一次在装置中标准鱼盘的最大摆放量或物料的最大装载量,单位:kg/次(千克/次)。

6.3 冻结时间

在 5.2.1 规定的名义工况下,记录标准冻品中心温度自 15 ℃降至−18 ℃所需的时间,单位:h。

6.4 搁架式平板速冻装置空载降温时间

搁架式平板速冻装置空载时，用相匹配的制冷系统供冷，从正常供冷开始计时，记录搁架式平板速冻装置的隔热围护结构内循环冷空气从环境温度降到－30 ℃所需的时间。

6.5 噪声测试

按 JB/T 4330—1999 中附录 C 的规定进行测量。

6.6 气压试验和气密性试验

6.6.1 平板蒸发器和空气冷却器蒸发器气压试验的压力为设计压力的 1.15 倍，气密性试验的压力等于设计压力。

6.6.2 气压试验合格后应进行气密性试验。

6.6.3 气压试验和气密性试验方法按 JB/T 4750 的规定。

6.7 液压系统传动试验

在确认运动部件动作不受阻碍的前提下启动平板升降开关，检验平板沿导轨上升或下降运动情况及定位柱的工作情况。

6.8 搁架式平板速冻装置凝露试验

在环境温度为 32 ℃±1 ℃、相对湿度为 75%±2%的条件下，搁架式平板速冻装置内空气温度降到冻结温度，并保持稳定运行 4h，目测检查。

6.9 绝缘电阻

按 GB 5226.1—2002 中 19.3 的要求进行试验，测量装置动力电路导线和保护接地电路间的绝缘电阻。

6.10 耐电压试验

按 GB 5226.1—2002 中 19.4 的要求进行试验，在装置的所有电路导线和保护接地电路间施加规定的电压，持续 1 min，检查有无击穿或闪络现象。

6.11 保护接地电路连续性

按 GB 5226.1—2002 中 19.2 的规定方法进行测定。

7 检验规则

7.1 一般要求

每台装置应由制造厂的质量部门按本标准及技术文件的规定进行检验，合格并附上合格证后方能出厂。

7.2 检验分类

检验分为出厂检验和型式检验两种。检验项目见表 2。

表 2 检验项目表

序号	项目	出厂检验	型式检验	技术要求	试验方法
1	一般要求和外观	√	√	5.1，5.3.2，5.5.2，5.5.3，5.5.4	目测
2	冻结能力	√	√	5.2.2	6.2
3	气压试验和气密性试验	√	√	5.3.3，5.3.4，5.3.5，5.3.6，5.6.3，5.6.4，5.9.2	6.6
4	液压系统	√	√	5.4	6.7
5	产品完整性和装配质量	√	√	5.1.1，5.5.3，5.10	目测，对照图样的技术文件
6	机械安全	√	√	5.11	目测

表 2（续）

序号	项目	出厂检验	型式检验	技术要求	试验方法
7	绝缘电阻	√	√	5.8.1.1	6.9
8	电气强度	√	√	5.8.1.2	6.10
9	保护接地电路的连续性	√	√	5.8.1.3	6.11
10	电控箱	√	√	5.8.2.2,5.8.2.3	目测
11	标志	√	√	8.1	目测
12	包装	√	√	8.2	目测
13	速冻食品出料温度	—	√	5.2.3	6.1
14	食品冻结时间	—	√	5.2.4	6.3
15	空载降温时间	—	√	5.2.5	6.4
16	噪声	—	√	5.2.6	6.5
17	搁架式平板速冻装置凝露试验	—	√	5.5.7	6.8
注：“√”表示进行检验，“—”表示不进行检验。					

7.3 出厂检验

每台装置均应进行出厂检验，检验项目、技术要求和试验方法按表 2 的规定。

7.4 型式检验

在下列情况之一时应进行型式检验，检验项目、技术要求和试验方法按表 2 的规定：

a) 新产品试制定型时；

b) 产品转厂生产或停产一年以上生产的首制产品；

c) 产品在设计、工艺和材料等有重大改变，可能影响产品性能时；

d) 国家质量技术监督检验部门提出进行型式检验时。

8 标志、包装、运输和贮存

8.1 标志

8.1.1 每台装置应在平整易见的部位固定耐久性铭牌，铭牌的尺寸和技术要求应符合 GB/T 13306 的规定。铭牌上应标示下列内容：

a) 制造厂名称和商标；

b) 产品名称；

c) 产品出厂编号；

d) 制造日期。

8.1.2 装置应在易见的部位，用不易消失的方法，标出安全标识（如接地标识、零线标识、警告标识等）。

8.1.3 包装储运标志应符合 GB/T 191 的有关规定。

8.2 包装

8.2.1 装置的包装应符合 GB/T 13384 的规定。

8.2.2 装置在出厂包装时，应随带下列文件和附件：

8.2.2.1 产品合格证，其内容包括：

a) 产品名称和型号；

b) 产品的出厂编号；

c) 出厂检验结论；

d) 检验人员签字或印章；

e) 检验日期；

f) 制造厂名称。

8.2.2.2 产品使用说明书，应符合 GB 9969.1 的规定。

8.2.2.3 装箱单。

8.2.2.4 随机附件。

8.3 运输和贮存

8.3.1 装置在运输过程中，应固定可靠，并有防震、防潮、防雨雪等措施，不允许有碰撞、倾斜倒置。

8.3.2 装置贮存场地应干燥、通风、无腐蚀性气体，并有防潮、防雨雪措施。在贮存过程中，不允许有碰撞、倾斜倒置。

附　录　A
（资料性附录）
平板式速冻装置型号编制方法

A.1　型号编制方法

平板式速冻装置型号编制方法如下：

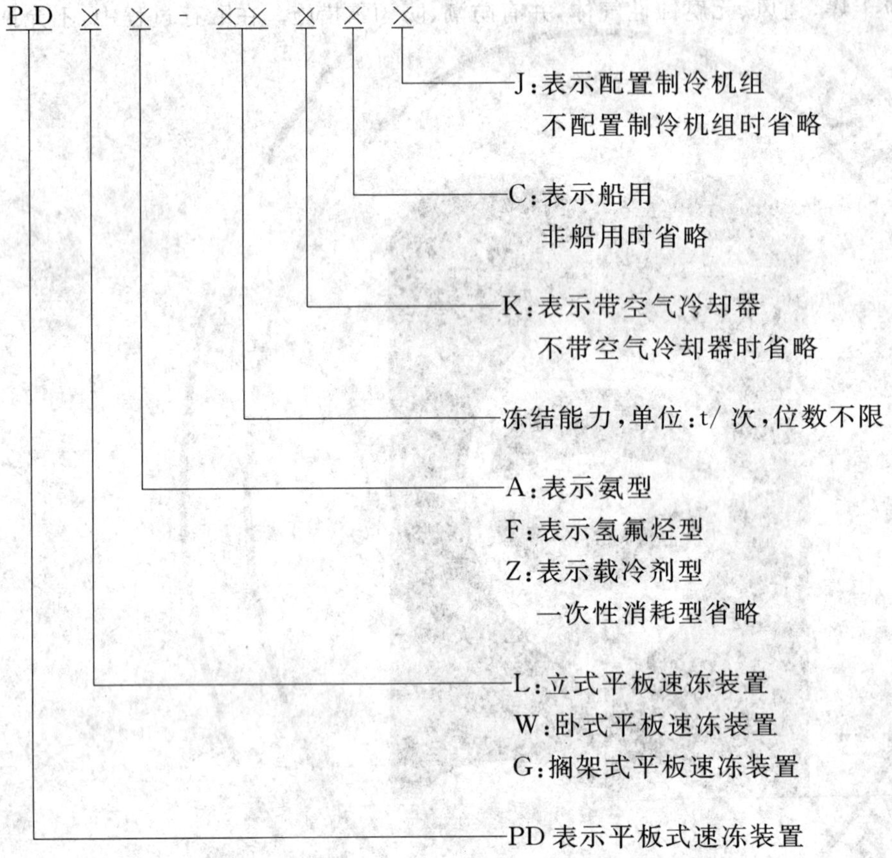

A.2　示例

示例1：PDWF-1J 表示名义冻结能力为 1 t/次，带制冷机组的氢氟烃型卧式平板速冻装置。

示例2：PDGA-1.5K 表示名义冻结能力为 1.5 t/次，带空气冷却器的氨型搁架式平板速冻装置。

附　录　B
（规范性附录）
速冻食品温度检测方法

B.1　目的

B.1.1　用相应的仪表测得被测处的准确温度；选择一些有代表性的测量部位，测得本批产品的平均温度。

B.1.2　测量产品内部的温度。

B.2　温度测量仪器的要求

a)　仪器的半值期应不超过 0.5 min；
b)　仪器在－30 ℃～30 ℃范围内的精确度要求在 0.5 ℃以内；
c)　仪器对 0.5 ℃的变化应有反应；
d)　测量值的精确度应不受环境温度的影响；
e)　仪器的刻度标记应小于 1 ℃，并能读出 0.5 ℃；
f)　测量仪器的敏感元件的结构应能保证与产品有良好的接触；
g)　电器部分应防潮。

B.3　测量温度的仪器的形式

B.3.1　玻璃管温度表的要求
a)　总长度应为 250 mm；
b)　应为圆径尖头；
c)　用酒精温度表。

B.3.2　圆盘温度计的要求
a)　敏感元件的总长度应为 150 mm；
b)　敏感元件应用不锈钢制作呈尖头状；
c)　表盘用塑料膜密封。

B.3.3　电阻(或热电偶)温度计
a)　使用电阻(或热电偶)作敏感元件，探针的总长度应为 150 mm 左右。
b)　用不锈钢制作探针式或探片式敏感元件；
c)　采用带有补偿电阻的导线。

B.3.4　温度计记录仪
a)　仪器应在－60 ℃～100 ℃范围内正常工作；
b)　仪器应具有防水功能。

B.4　测量方法

B.4.1　采用 B.3.1、B.3.2 或 B.3.3 规定的测量仪器进行测量。

B.4.1.1　由直接测量冻品内的温度取得。

B.4.1.2　冻品内部温度应在其最大表面中心下面 25 mm 处测量。但当冻品(或包装冻品)有一边的厚度小于 25 mm 时，测量点应为冻品表面，当冻品(或包装冻品)有一边的厚度为 25 mm～50 mm 时，测量点应处于此厚度的中间。

B.4.1.3 打孔：

所测冻品用经过预冷的探针或钻按B.4.1.2规定的测量点的深度打孔，孔径大小应以能插入探针为宜。

B.4.1.4 预冷：

a) 任选一预冷包裹(简称包裹)用来预冷探针、手钻或敏感元件。严禁把热的探针、手钻或敏感元件插到要测试的冻品中；

b) 应把敏感元件插在包裹的中心至少停留3 min。在准备放入要测试的冻品之前，不得把敏感元件从包裹里拔出。

B.4.1.5 测量冻品内部温度：

a) 敏感元件从包裹中拔出后应立即插入要测试的冻品内；

b) 敏感元件应插到被测冻品的中心；

c) 待温度稳定后记录此时的温度值；

d) 测完冻品温度后的敏感元件应放回包裹中，以备再用。

B.4.2 采用B.3.4规定的测量仪器进行测量。

B.4.2.1 将温度记录仪的探针插入待冻品，随待冻品一起进行冻结。

B.4.2.2 标准冻品出料后，通过程序读取记录仪的记录信息，读取冻品出料时的温度。

ICS 67.160.10
X 61

中华人民共和国国家标准

GB/T 22735—2008

地理标志产品 景芝神酿酒

Product of geographical indication—Jingzhishenniang liquor

2008-12-28 发布 2009-06-01 实施

中华人民共和国国家质量监督检验检疫总局
中国国家标准化管理委员会 发布

前　　言

本标准依据《地理标志产品保护规定》和 GB/T 17924《地理标志产品标准通用要求》制定。

本标准的附录 A 为规范性附录。

本标准由全国原产地域产品标准化工作组提出并归口。

本标准起草单位：山东景芝酒业股份有限公司。

本标准主要起草人：来安贵、季克良、沈怡方、高景炎、高月明、杨明、周利祥。

地理标志产品　景芝神酿酒

1　范围

本标准规定了景芝神酿酒的术语和定义、地理标志产品保护范围、要求、试验方法、检验规则和标志、标签、包装、运输、贮存。

本标准适用于国家质量监督检验检疫行政主管部门根据《地理标志产品保护规定》批准保护的地理标志产品景芝神酿酒。

2　规范性引用文件

下列文件中的条款通过本标准的引用而成为本标准的条款。凡是注日期的引用文件，其随后所有的修改单(不包括勘误的内容)或修订版均不适用于本标准，然而，鼓励根据本标准达成协议的各方研究是否可使用这些文件的最新版本。凡是不注日期的引用文件，其最新版本适用于本标准。

GB 1351　小麦

GB 2757　蒸馏酒及配制酒卫生标准

GB/T 5009.48　蒸馏酒与配制酒卫生标准的分析方法

GB 5749　生活饮用水卫生标准

GB 7718　预包装食品标签通则

GB/T 8231　高粱

GB 10344　预包装饮料酒标签通则

GB/T 10345　白酒分析方法

GB/T 10346　白酒检验规则和标志、包装、运输、贮存

GB/T 15109　白酒工业术语

JJF 1070　定量包装商品净含量计量检验规则

国家质量监督检验检疫总局令 2005 第 75 号《定量包装商品计量监督管理办法》

3　术语和定义

GB/T 15109 确立的以及下列术语和定义适用于本标准。

3.1

景芝神酿酒　Jingzhishenniang liquor

以优质高粱、小麦、麸皮和水为主要原料，并在地理标志产品保护范围内利用传统工艺和现代生物技术相结合生产的芝麻香型白酒。

3.2

景芝神酿酒大曲　Daqu starter of Jingzhishenniang

以优质小麦为原料，经粉碎、加水拌料、成型入房，利用保护地域范围内特定的自然菌群培养成的中、高温曲。

3.3

多微麸曲　Fuqu starter of multi-microorganism

以优质麸皮等为培养基，分别接种河内白曲、酿酒生香酵母和细菌，培养成糖化发酵剂后按比例混合而成。

3.4

酒龄 storage time of liquor

原酒入库到出库贮存老熟的时间，以年为单位。

3.5

发酵周期 formentation cycle

粮糟从入窖到出窖发酵所需要的时间，以天为单位。

3.6

泥底砖窖 brick fermentation pit with fermentation mud bottom

窖壁用红砖砌成，窖底铺有一层发酵窖泥的发酵容器。

3.7

三高一长 the three high processes and one long-term process

“三高”指高氮碳比配料、高温堆积、高温发酵；“一长”指原酒贮存时间长，酒龄 3 a 以上。

4 地理标志产品保护范围

景芝神酿酒地理标志产品保护范围限于国家质量监督检验检疫行政主管部门根据《地理标志产品保护规定》批准的地域范围，见附录 A。

5 要求

5.1 原料

5.1.1 水

符合 GB 5749 的规定，取自景芝镇保护范围内的地下水。

5.1.2 高粱

符合 GB/T 8231 规定的优质高粱。

5.1.3 小麦

符合 GB 1351 规定的优质小麦。

5.1.4 麸皮

利用符合 GB 1351 规定的优质小麦加工而成，要求新鲜片大，均匀疏松，无霉变，无异味，无杂质。

5.1.5 大曲

采用景芝神酿酒大曲。

5.1.6 麸曲

采用多微麸曲。

5.2 酿造环境

本地域位于东经 119°23′～119°27′、北纬 36°18′～36°21′之间，平均海拔 42 m，年平均降水量 711 mm，年平均气温 21 ℃，气候温和、四季分明、日照充足、水源丰富，优越的自然生态环境特别适宜景芝神酿酒酿造微生物的生长与繁衍。

5.3 生产工艺

景芝神酿酒是独特的传统工艺与现代生物技术有机结合的产物，其生产以高粱、小麦、麸皮为主要原料，采用“清蒸续糙，泥底砖窖，大麸结合，多微共酵，三高一长”工艺。发酵周期 40 d 左右。出窖酒醅分层蒸馏，量质摘酒，分级入库，陶坛贮存，再经品评、分析、勾兑、调味、陈酿后包装出厂。

5.4 感官要求

符合表 1 的规定。

表 1　感官要求

项　　目	酒精度≥40.0%vol	酒精度<40.0%vol
色　　泽	无色(或微黄),清亮透明,无悬浮物,无沉淀[a]	
香　　气	芝麻香突出,幽雅纯正	芝麻香明显,幽雅纯正
口　　味	醇厚细腻,丰满谐调,回味悠长	醇和细腻,香味谐调,余味长
风　　格	具有本品独特的风格	
[a] 当酒的温度低于 10 ℃时,允许出现白色絮状沉淀物质或失光。10 ℃以上时应逐渐恢复正常。		

5.5　**理化指标**

符合表 2 的规定。

表 2　理化指标

项　　目		要　　求	
		酒精度(20 ℃)≥40.0%vol	酒精度(20 ℃)<40.0%vol
总酸(以乙酸计)/(g/L)	≥	0.60	0.50
总酯(以乙酸乙酯计)/(g/L)	≥	2.50	2.00
乙酸乙酯/(g/L)	≥	0.70	0.60
己酸乙酯/(g/L)	≤	1.00	0.80
3-甲硫基丙醇/(mg/L)	≥	0.60	0.40
固型物/(g/L)	≤	0.60	0.80
注:酒精度允许公差为±1.0%vol。			

5.6　**卫生指标**

按 GB 2757 的规定执行。

5.7　**净含量**

按国家质量监督检验检疫总局令[2005]第 75 号的规定执行。

6　试验方法

6.1　感官要求、理化指标按 GB/T 10345 的规定执行。

6.2　卫生指标按 GB/T 5009.48 的规定执行。

6.3　净含量按 JJF 1070 的规定执行。

7　检验规则

按 GB/T 10346 的规定执行。

8 标志、标签、包装、运输、贮存

8.1 标志、标签

按 GB 10344 和 GB 7718 的规定执行，并可以同时标注“地理标志产品”标志。

8.2 包装、运输、贮存

按 GB/T 10346 的规定执行。

附 录 A
（规范性附录）
景芝神酿酒地理标志产品保护范围图

景芝神酿酒地理标志产品保护范围见图 A.1。

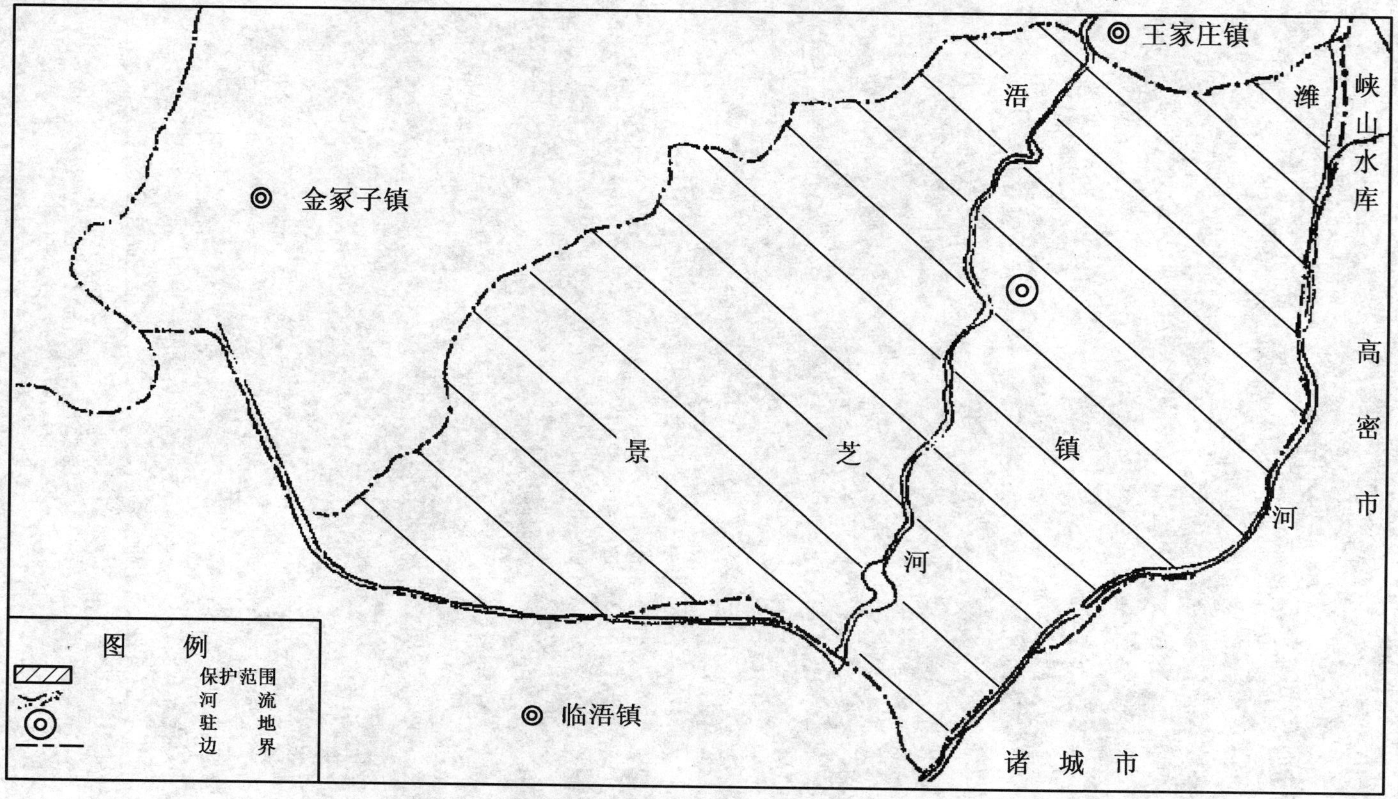

图 A.1 景芝神酿酒地理标志产品保护范围图

ICS 67.160.10
X 61

GB

中华人民共和国国家标准

GB/T 22736—2008

地理标志产品　酒鬼酒

Product of geographical indication—Jiugui liquor

2008-12-28 发布　　2009-06-01 实施

中华人民共和国国家质量监督检验检疫总局
中国国家标准化管理委员会　发布

前　言

本标准根据国家质量监督检验检疫总局颁布的《地理标志产品保护规定》、GB/T 17924《地理标志产品标准通用要求》制定。

本标准的附录 A 为规范性附录。

本标准由全国原产地域产品标准化工作组提出并归口。

本标准起草单位:酒鬼酒股份有限公司。

本标准主要起草人:吴晓萍、季克良、沈怡方、高景炎、高月明、杨明、樊林。

地理标志产品 酒鬼酒

1 范围

本标准规定了酒鬼酒的术语和定义、地理标志产品保护范围、要求、试验方法、检验规则、标志、包装、运输与贮存。

本标准适用于国家质量监督检验检疫行政主管部门根据《地理标志产品保护规定》批准保护的地理标志产品酒鬼酒的生产、流通和质量管理。

2 规范性引用文件

下列文件中的条款通过本标准的引用而成为本标准的条款。凡是注日期的引用文件，其随后所有的修改单(不包括勘误的内容)或修订版均不适用于本标准，然而，鼓励根据本标准达成协议的各方研究是否可使用这些文件的最新版本。凡是不注日期的引用文件，其最新版本适用于本标准。

GB 1351 小麦

GB 1353 玉米

GB 1354 大米

GB 2757 蒸馏酒及配制酒卫生标准

GB/T 5009.48 蒸馏酒与配制酒卫生标准的分析方法

GB 5749 生活饮用水卫生标准

GB 7718 预包装食品标签通则

GB/T 8231 高粱

GB 10344 预包装饮料酒标签通则

GB/T 10345 白酒分析方法

GB/T 10346 白酒检验规则和标志、包装、运输、贮存

GB/T 15109 白酒工业术语

JJF 1070 定量包装商品净含量计量检验规则

国家质量监督检验检疫总局令[2005]第75号《定量包装商品计量监督管理办法》

3 术语和定义

GB/T 15109 确立的以及下列术语和定义适用于本标准。

3.1

馥郁香型白酒 Fuyu style liquor

香味具有前浓、中清、后酱独特风格的白酒。

3.2

酒鬼酒 Jiugui liquor

在本标准第4章保护范围内，选用3 a酒龄的优质基础酒和5 a酒龄以上洞藏调味酒，经精心勾调而成的馥郁香型白酒。

3.3

酒龄 storage time of liquor

基础酒或调味酒在储存容器中陈酿老熟的时间，以年为单位。

3.4

发酵周期 fermentation cycle

从粮糟入窖到开窖，发酵所需要的时间，以天为单位。

3.5

立体制曲　3D starter making(production)

采用地面与架子相结合培菌生产大曲的方式。

3.6

酒鬼酒大曲　Daqu starter of Jiugui liquor

按酒鬼酒传统立体制曲工艺制成的糖化发酵剂。

4　地理标志产品保护范围

地理标志产品酒鬼酒的产地范围限于国家质量监督检验检疫行政主管部门根据《地理标志产品保护规定》批准保护的范围，见附录 A。

5　要求

5.1　原料要求

5.1.1　水

符合 GB 5749 的规定，取自保护区范围内的泉水。

5.1.2　高粱

符合 GB/T 8231 规定的优质高粱。

5.1.3　小麦

符合 GB 1351 规定的优质小麦。

5.1.4　玉米

符合 GB 1353 规定的优质玉米。

5.1.5　大米和糯米

符合 GB 1354 规定的优质大米和糯米。

5.2　酿造环境

本地域属于亚热带季风湿润气候，年平均气温 15.8 ℃～16.9 ℃，年平均降雨量 1 295 mm～1 450 mm，年平均日照 1 219 h～1 406 h，气温较高，日照充足，雨量充沛，四季分明，无霜期长，常年相对湿度大。这种生态环境孕育出了酒鬼酒独特的微生物类群。

5.3　生产工艺

以高粱、大米、糯米、小麦、玉米为原料，温水浸泡，蒸煮、摊凉、入箱，加根霉曲糖化 24 h～48 h，出箱续糟配醅加酒鬼酒大曲，低温入泥窖发酵，基础酒发酵周期为 50 d 左右，调味酒采用特殊发酵工艺，发酵期 100 d 以上。蒸粮、蒸酒分开，分层起糟，分层堆糟，分层缓火蒸馏，中温流酒。基础酒分级入库储存，调味酒洞藏陈酿。经品评、分析、精心勾调，陈酿后包装出厂。

5.4　感官要求

感官要求应符合表 1 的规定。

表 1　感官要求

项　目	优　级	一　级
色泽和外观	无色或微黄，清亮透明，无悬浮物，无沉淀[a]	
香　气	馥郁香幽雅	馥郁香优雅
口　味	酒体醇厚丰满，绵甜圆润，余味净爽悠长	酒体醇和协调、绵甜圆润，后味净爽
风　格	具有本品独特的风格	
[a] 当酒的温度低于 10 ℃时，允许出现白色絮状沉淀物质或失光。10 ℃以上时应逐渐恢复正常。		

5.5 理化指标

理化指标符合表 2 的规定。

表 2 理化指标

项目	优级	一级	优级	一级
酒精度(20 ℃)/%vol	≥40.0		<40.0	
总酸(以乙酸计)/(g/L) ≥	0.40	0.30	0.30	0.25
总酯(以乙酸乙酯计)/(g/L) ≥	2.00	1.50	1.50	1.00
乙酸乙酯/(g/L) ≥	0.60	0.30	0.40	0.20
己酸乙酯/(g/L) ≥	0.80	0.50	0.60	0.40
正丙醇/(g/L) ≥	0.10		0.08	
固形物/(g/L) ≤	0.60		0.80	
注：酒精度允许误差为±1.0%vol。				

5.6 卫生指标

按 GB 2757 规定执行。

6 试验方法

感官要求、理化指标按 GB/T 10345 规定执行，卫生指标按 GB/T 5009.48 规定执行。

7 检验规则

按 GB/T 10346、JJF 1070 和国家质量监督检验检疫总局令[2005]第 75 号规定执行。

8 标志、标签

按 GB 7718、GB/T 10344 规定执行，也可同时标注“地理标志产品”标志。

9 包装、运输、贮存

按 GB/T 10346 规定执行。

附 录 A
(规范性附录)
酒鬼酒地理标志产品保护范围图

酒鬼酒地理标志产品保护范围见图 A.1。

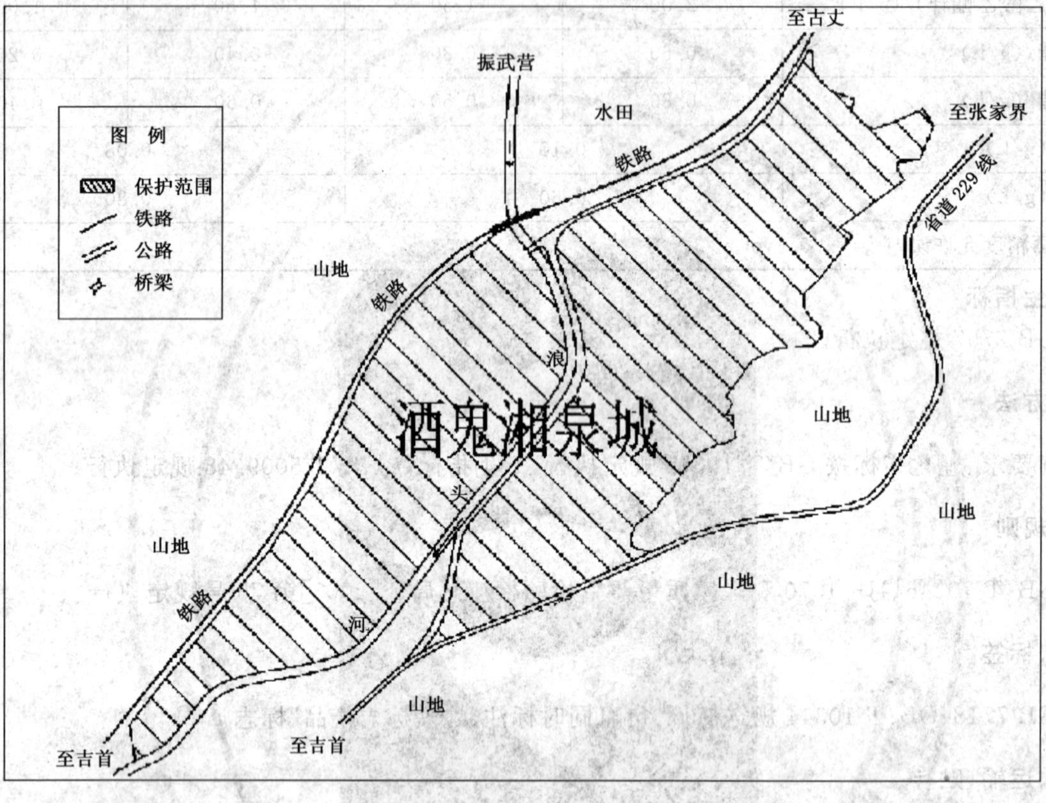

注：酒鬼酒地理标志产品保护范围为振武营酒鬼湘泉城行政区内，经纬度：东经 109°45′35″～109°46′19″，北纬 28°21′24″～28°21′45″，海拔 200 m～210 m。

图 A.1 酒鬼酒地理标志产品保护范围图

ICS 67.140.10
X 55

中华人民共和国国家标准

GB/T 22737—2008

地理标志产品　信阳毛尖茶

Product of geographical indication—Xinyang Maojian tea

2008-12-28 发布　　2009-06-01 实施

中华人民共和国国家质量监督检验检疫总局
中国国家标准化管理委员会　发布

前　言

本标准根据国家质量监督检验检疫总局颁布的《地理标志产品保护规定》和 GB/T 17924—2008《地理标志产品标准通用要求》制定。

本标准的附录 A 为规范性附录，附录 B 为资料性附录。

本标准由全国原产地域产品标准化工作组提出并归口。

本标准主要起草单位：信阳农业高等专科学校茶叶研究所、信阳市质量技术监督局、河南信阳五云茶叶(集团)有限公司、信阳市茶产业办公室。

本标准主要起草人：陈世勋、尹德华、胡亚丽、李成杰、郭桂义、王运梅、阚贵元、苏凯、李凯军、张德源、王艺文、阚贵前。

地理标志产品 信阳毛尖茶

1 范围

本标准规定了地理标志产品信阳毛尖茶的术语和定义、地理标志产品保护范围、分级和实物标准样、要求、试验方法、检验规则及标志、标签、包装、运输和贮存。

本标准适用于国家质量监督检验检疫行政主管部门根据《地理标志产品保护规定》批准保护的信阳毛尖茶。

2 规范性引用文件

下列文件中的条款通过本标准的引用而成为本标准的条款。凡是注日期的引用文件，其随后所有的修改单(不包括勘误的内容)或修订版均不适用于本标准，然而，鼓励根据本标准达成协议的各方研究是否可使用这些文件的最新版本。凡是不注日期的引用文件，其最新版本适用于本标准。

GB/T 191 包装储运图示标志
GB 2762 食品中污染物限量
GB 2763 食品中农药最大残留限量
GB 4285 农药安全使用标准
GB 7718 预包装食品标签通则
GB/T 8302 茶 取样
GB/T 8303 茶 磨碎试样的制备及其干物质含量测定
GB/T 8304 茶 水分测定
GB/T 8305 茶 水浸出物测定
GB/T 8306 茶 总灰分测定
GB/T 8310 茶 粗纤维测定
GB/T 8311 茶 粉末和碎茶含量测定
GB/T 8321(所有部分) 农药合理使用准则
GB 11680 食品包装用原纸卫生标准
GB 11767 茶树种苗
GB/T 14487 茶叶感官审评术语
GB 14881 食品企业通用卫生规范
GB/T 17924 地理标志产品标准通用要求
GB/T 18795 茶叶标准样品制备技术条件
JJF 1070 定量包装商品净含量计量检验规则
SB/T 10035 茶叶销售包装通用技术条件
SB/T 10157 茶叶感官审评方法
定量包装商品计量监督管理办法(国家质量监督检验检疫总局令[2005]第75号)

3 术语和定义

GB/T 14487 确立的以及下列术语和定义适用于本标准。

3.1

信阳毛尖茶 Xinyang Maojian tea

在第4章规定范围内的自然生态环境条件下，采自当地传统的茶树群体种或适宜的茶树良种进行繁育、栽培的茶树的幼嫩芽叶，经独特的工艺加工而成，具有特定品质的条形绿茶。

4 地理标志产品保护范围

信阳毛尖茶地理标志产品的保护范围限于国家质量监督检验检疫行政主管部门根据《地理标志产品保护规定》批准的地域范围，即现河南省信阳市管辖的行政区域内，见附录A。

5 分级和实物标准样

5.1 分级

信阳毛尖茶以其鲜叶采摘期和质量分为：珍品、特级、一级、二级、三级、四级。

5.2 实物标准样

每级设一个实物标准样，每三年更换一次，实物标准样的制备应符合GB/T 18795的规定。

6 要求

6.1 产地环境条件

6.1.1 地理

信阳市地处大别山西段北坡和桐柏山区的东段北坡，北纬31.38°～32.45°，东经113.75°～115.92°的区域。地势南高北低，是以山地、丘陵为主的地貌特征。茶园主要分布于缓坡、土层深厚、易耕作的丘陵山地。

6.1.2 气候

信阳地属亚热带向暖温带过度气候类型，季节气候明显，又兼有山地气候特点。光照充足，雨量丰沛，气候温暖湿润。年平均日照1 900 h～2 100 h，年平均气温15.1 ℃～15.3 ℃，日平均气温稳定通过10 ℃的有效积温为4 820 ℃～4 970 ℃，无霜期长，平均220 d～230d，日平均气温低于0 ℃的日数年平均30 d左右；降雨丰沛，年均降雨量900 mm～1 400 mm，空气湿润，相对湿度年均77%。

6.1.3 土壤

茶园土壤以黄棕壤土居多，其次为黄褐土。土壤有机质含量1%以上，pH值4.0～6.5之间。

6.2 茶树品种

主要选择抗病虫、抗寒、抗旱等性能好，生长势强，种性纯，产量高、品质好，适合制作信阳毛尖茶的优良品种，种苗质量应符合GB 11767中的规定。

6.3 茶树种植和管理

茶树种植和管理参见附录B。

6.4 鲜叶

6.4.1 鲜叶质量

信阳毛尖茶加工的鲜叶应采自符合信阳毛尖茶产地环境条件的茶园的茶树新梢，应保持芽叶完整、新鲜、匀净，无污染和无其他非茶类夹杂物。鲜叶分级指标应符合表1的规定。

表1 鲜叶分级指标

级别	芽叶组成	采期
珍品	85%以上为单芽，其余为一芽一叶初展	春季
特级	85%以上一芽一叶初展，其余为一芽一叶	春季
一级	70%以上一芽一叶，其余为一芽二叶初展	春季
二级	60%以上一芽二叶初展，其余为一芽二叶或同等嫩度的对夹叶	春季
三级	60%以上一芽二叶，其余为同等嫩度的单叶、对夹叶或一芽三叶	春季
	60%以上一芽一叶，其余为一芽二叶或同等嫩度的对夹叶	夏秋季
四级	60%以上一芽二叶，其余为一芽三叶及同等嫩度的单叶或对夹叶	夏秋季

6.4.2 鲜叶采摘

遵循采养结合、量质兼顾和因园制宜的原则适时采摘。手工采茶应保持芽叶完整、鲜嫩、匀净;机采时应使用无铅汽油和机油,防止污染茶叶、茶树和土壤。采摘后采用清洁、通风性能良好的竹编、网眼茶篮或篓筐盛装鲜叶。

6.4.3 鲜叶装运

采用清洁、卫生、通透性好的盛具,装叶量以不影响品质为度。采下鲜叶应采取措施防止鲜叶变质和杜绝混入有异味、有害物质。

6.5 加工

6.5.1 加工条件

6.5.1.1 手工炒制时应有专用加工场地,加工场地应清洁、卫生、无异味,有阻止家禽、家畜及宠物出入加工场所的设施;应使用专用制茶锅、灶,炉灶口和烟囱口应设在室外,防止污染茶叶。

6.5.1.2 机械炒制时应有加工厂,加工厂应建在地势高,空气新鲜、水质好,距离居民生活区、垃圾场、畜牧场、医院等影响茶叶品质的地方较远,无污染,且位于其他工厂及潜在污染源全年主导风向的上风处。加工厂厂房、车间应根据茶叶生产工艺流程进行合理布局,贮青室要安装换气扇,保持空气新鲜,加工车间要安排排气、防尘装置。设备应不污染茶叶,使用前后均应清洗,不得使用含铅材料的设备。

6.5.1.3 每个茶季开始前应全面、彻底打扫卫生,清洁盛放器具加工设备和用具,除去防锈油和锈斑。加工期间应每天至少清扫一次。

6.5.1.4 从事茶叶加工和包装的人员应身体健康,上岗前应经培训,掌握加工技术和操作技能,炒制茶叶前应洗手。

6.5.2 加工工艺

6.5.2.1 手工炒制

鲜叶分级→摊放→生锅→熟锅→初烘→摊凉→复烘→毛茶整理→再复烘。如采用筛分方法,分级可在摊放后、生锅前进行。

6.5.2.2 机械炒制

鲜叶分级→摊放→杀青→揉捻→解块→理条→初烘→摊凉→复烘。如采用筛分方法,分级可在摊放后、杀青前进行。

6.5.3 加工环境

符合 GB 14881 的规定。

6.6 质量要求

6.6.1 感官品质

6.6.1.1 基本要求

品质正常、无劣变、无异味,不含有非茶类夹杂物,不加入任何添加物。

6.6.1.2 感官品质要求

各质量等级信阳毛尖茶的感官品质要求应符合表 2 的规定。

表 2 各质量等级信阳毛尖茶的感官品质要求

级别	外形				内质			
	条索	色泽	整碎	净度	汤色	香气	滋味	叶底
珍品	紧秀圆直	嫩绿多白毫	匀整	净	嫩绿明亮	嫩香持久	鲜爽	嫩绿鲜活匀亮
特级	细圆紧尚直	嫩绿显白毫	匀整	净	嫩绿明亮	清香高长	鲜爽	嫩绿明亮匀整

表 2（续）

级别	外形				内质			
	条索	色泽	整碎	净度	汤色	香气	滋味	叶底
一级	圆尚直 尚紧细	绿润有白毫	较匀整	净	绿明亮	栗香或清香	醇厚	绿尚亮 尚匀整
二级	尚直较紧	尚绿润 稍有白毫	较匀整	尚净	绿尚亮	纯正	较醇厚	绿 较匀整
三级	尚紧直	深绿	尚匀整	尚净	黄绿尚亮	纯正	较浓	绿 较匀
四级	尚紧直	深绿	尚匀整	稍有茎片	黄绿	尚纯正	浓略涩	绿欠亮

6.6.2 **理化指标**

信阳毛尖茶的理化指标应符合表 3 的规定。

表 3 信阳毛尖茶理化指标

项目		指标					
		珍品	特级	一级	二级	三级	四级
水分/%	≤	6.5					
总灰分/%	≤	6.5					
粉末/%	≤	2.0					
水浸出物/%	≥	36.0				34.0	
粗纤维/%	≤	12.0				14.0	

6.6.3 **污染物限量指标**

污染物限量指标应符合 GB 2762 的规定。

6.6.4 **农药最大残留限量指标**

农药最大残留限量指标应符合 GB 2763 的规定。

6.6.5 **净含量**

信阳毛尖茶产品净含量的允许短缺量应符合《定量包装商品计量监督管理办法》的规定。

7 试验方法

7.1 取样和试样制备

7.1.1 取样按 GB/T 8302 的规定执行。

7.1.2 试样制备按 GB/T 8303 的规定执行。

7.2 感官品质评价

按 SB/T 10157 规定执行。

7.3 理化指标

7.3.1 水分按 GB/T 8304 规定执行。

7.3.2 总灰分按 GB/T 8306 规定执行。

7.3.3 粉末按 GB/T 8311 规定执行。

7.3.4 水浸出物按 GB/T 8305 规定执行。

7.3.5 粗纤维按 GB/T 8310 规定执行。

7.4 污染物限量指标

污染物限量指标按 GB 2762 规定方法执行。

7.5 农药最大残留限量指标

农药最大残留限量指标按 GB 2763 规定方法执行。

7.6 净含量检验

按 JJF 1070 规定执行。

8 检验规则

8.1 组批及取样

8.1.1 组批：以同一原料、同一工艺、同一规格、同一生产周期内所生产的产品为一批。

8.1.2 取样：按 GB/T 8302 的规定进行。

8.2 出厂检验

每批产品均需由生产企业质量检验部门检验，经检验合格，签发合格证后方可出厂销售。出厂应检验项目为感官品质、水分、粉末、净含量和标签。

8.3 型式检验

产品正常生产情况下，每一年进行一次，型式检验项目为本标准 6.6 规定的全部项目。有下列情况之一时，亦应进行型式检验：

a) 当原料、生产工艺有较大改变时；

b) 出厂检验结果与上一次型式检验结果有较大差异时；

c) 产品停产一年以上，又恢复生产时；

d) 国家质量监督机构提出型式检验要求时。

8.4 判定规则

8.4.1 检验结果的每个项目均符合标准要求，则判定该批产品合格。

8.4.2 污染物限量指标和农药最大残留限量指标有一项不符合标准要求，则判定该批产品不合格。

8.4.3 感官品质、理化指标和净含量有一项不符合标准要求，可用留存样对不符合的项目进行复检，若复检结果符合标准要求，则判定该批产品合格。若复检结果有一项不符合标准要求，则判定该批产品不合格。

8.5 复检

对检验结果有争议时，可用留存样或在同批产品中重新按 GB/T 8302 规定加倍取样，对有争议的项目进行复检，以复检结果为准。

9 标志、标签、包装、运输、贮存

9.1 标志

9.1.1 获准使用地理标志产品专用标志的生产者，可在其产品包装上使用防伪专用标志，应符合 GB/T 17924 的规定。

9.1.2 运输包装箱的图示标志应符合 GB/T 191 的规定。

9.2 标签

标签应符合 GB 7718 的规定。

9.3 包装

9.3.1 包装应符合 SB/T 10035 的规定。包装应牢固、洁净、防潮，能保护茶叶品质，便于长途运输。

9.3.2 接触茶叶的内包装纸应符合 GB 11680 的规定，包装容器应干燥、密封、清洁、卫生安全、无异味。

9.4 运输

9.4.1 运输工具应清洁、卫生、无异味、无污染。

9.4.2 运输时应防雨、防潮、防曝晒。

9.4.3 严禁与有毒、有害、有异味、易污染的物品混装、混运。

9.5 贮存

9.5.1 应有足够的原料、辅料、半成品、成品仓库或场地。原料、辅料、半成品、成品应分开放置，不得混放。

9.5.2 产品应贮存在清洁、避光、干燥、阴凉、无异味的专用仓库内，仓库周围应无异味气体污染。

9.5.3 禁止与有毒、有害、有异味、易污染的物品混贮、混放。

9.6 保质期

保质期由生产者根据包装材料、运输和贮存条件等因素自行确定。

附 录 A
（规范性附录）
信阳毛尖茶地理标志产品保护范围

信阳毛尖茶地理标志产品保护范围见图 A.1。

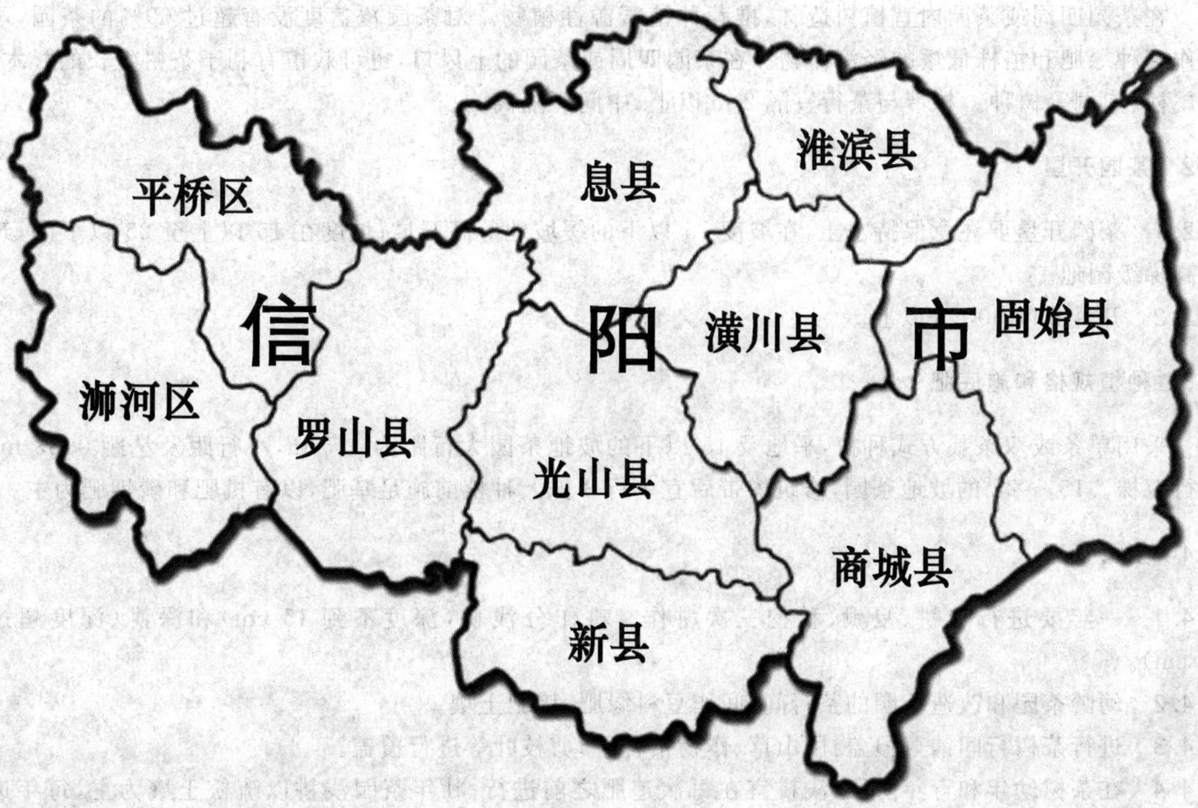

图 A.1 信阳毛尖茶地理标志产品保护范围图

附　录　B
（资料性附录）
茶树种植和管理

B.1　茶园生态建设

在茶园四周或茶园内宜植树造林，推荐种植蜜源性植物。对茶园覆盖度没有超过60%的茶园，可间作套种绿肥和植株低矮的经济作物。在茶园四周或茶园的上风口，也可栽植有利于茶树生长的杉木、马尾松、泡桐等树种。林带与茶行宜隔2 m以上，中间开隔离沟。

B.2　茶园开垦

B.2.1　茶园开垦要注意保持水土，在坡度15°以下的缓坡地等高开垦；坡度在15°以上至25°以下的，筑等高梯级园地。

B.2.2　开垦深度50 cm以上。

B.3　种植规格和施底肥

采用单条或双条栽方式种植，平地及15°以下的坡地茶园大行距为1.5 m，小行距及丛距0.33 m，双行双株。15°～25°的坡地茶园，修筑梯带后宜单行3株。种植前施足基肥，以有机肥和磷钾肥为主。

B.4　土壤管理

B.4.1　一年要进行春耕、夏锄、秋挖三次耕作。耕作分浅耕（深度不到15 cm）和深耕（深度超过15 cm）。

B.4.2　幼龄茶园和改造茶园的茶行间，间作豆科绿肥，培肥土壤。

B.4.3　进行茶树行间铺草覆盖：用山草、作物秸秆、修剪枝叶等进行覆盖。

B.4.4　在茶树幼年和青年阶段，浅耕宜在每次追肥之前进行；壮年茶园浅耕以疏松土壤为主，每年进行2次浅耕为宜。

B.4.5　幼龄茶园深耕宜在9月结合施基肥进行；成年茶园宜在10月结合施基肥进行；衰老茶园一般结合低产茶园改造，在秋末冬初结合施用有机肥料深耕。

B.5　施肥

以经过无害化处理的农家肥为主，配合施生物肥和无机肥料。农家肥以堆肥、沤肥、家畜粪尿、厩肥、绿肥、沼气肥、秸秆、饼肥为主；生物肥以生物活性有机肥为主；无机肥以氮、磷、钾肥按3∶1∶1比例的茶树专用肥为主。

B.6　茶树修剪

幼龄茶树应进行三次定型修剪；生产茶园应根据茶树的树龄、生长势等适时进行轻修剪、深修剪、重修剪或台刈等，修剪后应加强肥培管理。不断复壮树势，塑造高产优质树冠。

B.7　病虫害防治

B.7.1　防治原则

遵循防重于治的方针，综合运用各种防治措施，优先采用农业防治；大力推广物理防治和生物防治；

掌握防治适期。保持茶园生态系统平衡和生物多样化，将有害生物控制在允许的经济阈值以下。

B.7.2 农药的使用

使用农药应严格遵守GB 4285、GB/T 8321（所有部分）的规定，不得使用国家明令禁止在茶树上使用的农药，应严格执行农药安全间隔期。

中国科学技术协会
年　鉴
2018

中国科学技术出版社
·北　京·

图书在版编目（CIP）数据

中国科学技术协会年鉴．2018 / 中国科学技术协会组织编写．—北京：中国科学技术出版社，2020.12
ISBN 978-7-5046-8720-3

Ⅰ．①中…　Ⅱ．①中…　Ⅲ．①中国科学技术协会—2018—年鉴　Ⅳ．①G322.25-54

中国版本图书馆 CIP 数据核字（2020）第 118290 号

责任编辑　韩　颖
装帧设计　中文天地
责任校对　焦　宁　邓雪梅　吕传新　张晓莉
责任印制　李晓霖

出　　版　中国科学技术出版社
发　　行　中国科学技术出版社有限公司发行部
地　　址　北京市海淀区中关村南大街16号
邮　　编　100081
发行电话　010-62173865
传　　真　010-62173081
网　　址　http://www.cspbooks.com.cn

开　　本　889mm × 1194mm　1/16
字　　数　2395千字
印　　张　61.75
印　　数　1—1600册
版　　次　2020年12月第1版
印　　次　2020年12月第1次印刷
印　　刷　北京华联印刷有限公司
书　　号　ISBN 978-7-5046-8720-3 /G·861
定　　价　150.00元